신경향

측량 및 지형공간정보 실무

이영욱 | 안병구 | 이영수 공저

세진사

머리말

측량이란 인간활동이 미치는 모든 범위, 즉 지상·지하·해양·우주 등의 제점 상호간에 위치를 결정하고 그 특성을 해석하는 학문으로 최근 측량기기와 컴퓨터의 발달로 원격탐측, GPS, GSIS 등을 이용하여 여러 분야에서 광범위하게 활용도가 증가되고 있다.

측량 및 지형공간정보는 오늘날 실생활에 요구되는 지형 및 공간에 대한 정보수집을 위한 측량뿐만 아니라 항공사진 및 인공위성을 통한 지리정보를 구축하고 분석할 수 있는 전문적인 기술을 갖춘 인력을 양성하기 위하여 제정된 학문으로 본서는 측량 및 지형공간정보에 있어 필수적으로 필요한 현장측량 및 계산을 위하여 측량관련기술자격을 취득하는 수험생과 측량 및 공간정보 현업에 종사하는 실무자들을 위하여 마련하였다.

특히 측량 및 지형공간정보기사 및 산업기사 국가기술자격과 관련하여 실기부분에서 작업형과 내업형으로 나누어지기에 수험생 입장에서 이해하기 쉽게 집필하였다.

본서의 특징

- 각 단원마다 수험생 및 실무자가 이해해야 할 핵심이론 및 기본공식을 정리하였다.
- 각 단원마다 기초이론에 근거한 국가기술자격 기출문제와 향후 출제될 수 있는 예상문제를 다루어 실기시험에 대비할 수 있도록 하였다.
- 각 단원마다 문제의 상세한 설명으로 흐름을 파악할 수 있도록 하였다.
- 새로운 경향의 문제에 대비할 수 있도록 첨단측량분야 문제를 수록하였다.

이러한 특징 위주로 본서를 편찬하였으나 아직 미숙한 점이 있으리라 사료되며 앞으로 더 수험생 및 국가기술자격을 필요로 하는 분들에게 필수적인 수험서가 되도록 독자 여러분의 많은 격려와 충고를 부탁드리며, 이 책을 활용하는 모든 분들의 뜻하신 바가 이루어지기를 진심으로 기원합니다.

끝으로 본서에 도움을 주신 모든 분들에게 감사의 말씀을 전하며, 도서출판 세진사 문형진 사장님께 깊은 감사를 드립니다.

저자 일동

차 례

제1편 사진측량 및 공간정보이론

제2편 응용측량

제3편 지상측량

제4편 측량외업

PART 01

사진측량 및 공간정보이론

朱子曰 勿謂今日不學而有來日하며 勿謂今年不學而有來年하라
日月逝矣나 歲不我延이니 嗚呼老矣라 是誰之愆고

주자가 말씀하기를
오늘 해야 될 공부를 내일로 미루지 말고, 금년에 배울 공부를 내년으로 미루지 마라.
세월은 나를 기다려 주지 않고 흘러간다. 세월이 흘러간 뒤 후회해도 소용없다. 내 탓이다.

Chapter 01

사진측량

1.1 사진측량의 정의

사진측량(Photogrammetry)은 사진영상을 이용하여 피사체에 대한 정량적(위치, 형상, 크기 등의 결정) 및 정성적(자원과 환경현상의 특성 조사 및 분석) 해석을 하는 학문이다.

① 정량적 해석 : 위치, 형상, 크기 등의 결정

② 정성적 해석 : 자원과 환경현상의 특성 조사 및 분석

1.2 사진측량의 장·단점

1) 장점

① 정량적 및 정성적 측정이 가능하다.

② 정확도가 균일하다.

㉠ 평면(X, Y) 정도 : $(10\sim30)\mu\times$촬영축척의 분모수(M)

$$\mu=\left(\frac{10}{1{,}000}\sim\frac{30}{1{,}000}\right)\text{mm}$$

㉡ 높이(H) 정도 : $\left(\frac{1}{10{,}000}\sim\frac{2}{10{,}000}\right)\times$촬영고도($H$)

여기서, $1\mu=\frac{1}{1{,}000}$

M : 촬영축척의 분모수

H : 촬영고도

③ 동체측정에 의한 현상보존이 가능하다.
④ 접근하기 어려운 대상물의 측정도 가능하다.
⑤ 축척변경도 가능하다.
⑥ 분업화로 작업을 능률적으로 할 수 있다.
⑦ 경제성이 높다.
⑧ 4차원의 측정이 가능하다.
⑨ 비지형측량이 가능하다.

2) 단점

① 좁은 지역에서는 비경제적이다.
② 기자재가 고가이다.(시설 비용이 많이 든다.)
③ 피사체에 대한 식별의 난해가 있다.(지명, 행정경계, 건물명, 음영에 의하여 분별하기 힘든 곳 등의 측정은 현장의 작업으로 보충측량이 요구된다.)
④ 기상조건에 영향을 받는다.
⑤ 태양고도 등에 영향을 받는다.

1.3 사진측량의 분류

1) 촬영방향에 의한 분류

분류	특징
수직사진	① 광축이 연직선과 거의 일치하도록 카메라의 경사가 3° 이내의 기울기로 촬영된 사진 ② 항공사진측량에 의한 지형도 제작 시에는 거의 수직사진에 의한 촬영
경사사진	광축이 연직선 또는 수평선에 경사지도록 촬영한 경사각 3° 이상의 사진으로 지평선이 사진에 나타나는 고각도 경사사진과 사진이 나타나지 않는 저각도 경사사진이 있다. ① 고각도 경사사진 : 3° 이상으로 지평선이 나타난다. ② 저각도 경사사진 : 3° 이상으로 지평선이 나타나지 않는다.
수평사진	광축이 수평선에 거의 일치하도록 지상에서 촬영한 사진

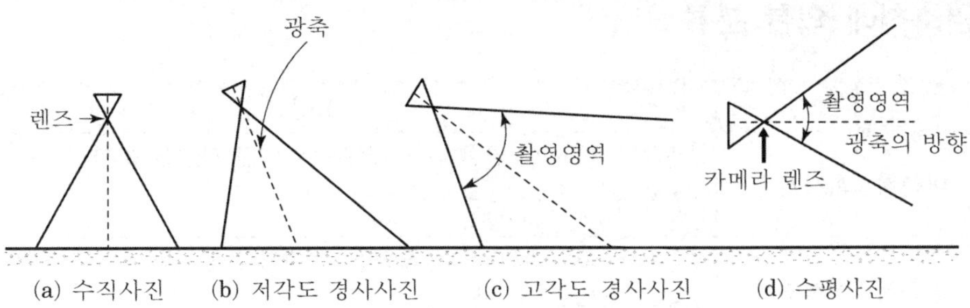

[촬영방향에 의한 분류]

2) 사용 카메라에 의한 분류

종류	렌즈의 화각	화면크기(cm)	용도	비고
초광각사진	120°	23×23	소축척 도화용	완전평지에 이용
광각사진	90°	23×23	일반도화, 사진판독용	경제적, 일반도화
보통각사진	60°	18×18	산림조사용	산악지대, 도심지 촬영, 정면도 제작
협각사진	약 60° 이하		특수한 대축척, 도화용	특수한 평면도 제작

3) 측량방법에 의한 분류

분류	특징
항공사진측량 (Aerial Photogrammerty)	지형도 작성 및 판독에 주로 이용되며 항공기 및 기구 등에 탑재된 측량용 사진기로 중복하여 연속촬영된 사진을 정성적 분석 및 정량적 분석을 하는 측량방법이다.
지상사진측량 (Terrestrial Photogrammerty)	지상사진측량은 지상에서 촬영한 사진을 이용하여 건조물이나 시설물의 형태 및 변위계측과 고산지대의 지형을 해석한다.(건물의 정면도, 입면도 제작에 주로 이용된다.)
수중사진측량 (Underwater Photogrammerty)	수중사진기에 의해 얻어진 영상을 해석함으로써 수중자원 및 환경을 조사하는 것으로 플랑크톤량, 수질조사, 해저의 기복상태, 해저의 유물조사, 수중식물의 활력도에 주로 이용된다.
원격탐측 (Remote Sensing)	원격탐측은 지상에서 반사 또는 방사하는 각종 파장의 전자기파를 수집 처리하여 환경 및 자원문제에 이용하는 사진측량의 새로운 기법 중의 하나이다.
비지형사진측량 (Non-Topography Photogrammerty)	지도작성 이외의 목적으로 X선, 무아레사진, 홀로그래픽(레이저사진) 등을 이용하여 의학, 고고학, 문화재조사에 주로 이용된다.

4) 촬영축척에 의한 분류

분류	특징
대축척도화사진	촬영고도 800m(저공촬영) 이내에서 얻어진 사진을 도화 (축척 $\frac{1}{500} \sim \frac{1}{3,000}$)
중축척도화사진	촬영고도 800~3,000m(중공촬영) 이내에서 얻어진 사진을 도화 (축척 $\frac{1}{5,000} \sim \frac{1}{25,000}$)

5) 필름에 의한 분류

분류	특징
팬크로 사진	일반적으로 가장 많이 사용되는 흑백사진이며, 가시광선($0.4\mu \sim 0.75\mu$)에 해당하는 전자파로 이루어진 사진
적외선 사진	지도작성, 지질, 토양, 수자원 및 산림조사 등의 판독에 이용
위색 사진	식물의 잎은 적색, 그 외는 청색으로 나타나며 생물 및 식물의 연구조사 등에 이용
팬인플러사진	팬크로 사진과 적외선 사진 중간에 속하며 적외선용 필름과 황색 필터를 사용
천연색 사진	조사, 판독용

1.4 사진의 일반성

1) 측량용 사진기와 촬영용 항공기의 특징

분류	특징
측량용 사진기	① 초점길이가 길다. ② 화각이 크다. ③ 렌즈지름이 크다. ④ 거대하고 중량이 크다. ⑤ 해상력과 선명도가 높다. ⑥ 셔터의 속도는 1/100~1/1,000초이다. ⑦ 파인더로 사진의 중복도를 조정한다. ⑧ 수차가 극히 적으며 왜곡수차가 있더라도 보정판을 이용하여 수차를 제거한다.

분류	특징
촬영용 항공기	① 안정성이 좋을 것 ② 조작성이 좋을 것 ③ 시계가 좋을 것 ④ 항공 거리가 길 것 ⑤ 이륙거리가 짧을 것 ⑥ 상승속도가 클 것 ⑦ 상승한계가 높을 것 ⑧ 요구되는 속도를 얻을 수 있을 것

2) 촬영보조 기계

종류	특징
수평선사진기 (horizontal camera)	주사진기의 광축에 직각방향으로 광축이 향하도록 부착시킨 소형사진기
고도차계(statoscope)	고도차계는 U자관을 이용하여 촬영점 간의 기압차 관측에 의하여 촬영점 간의 고차를 환산 기록하는 것이다.
A.P.R (airborne profile recorder)	A.P.R은 비행고도자동기록계라고도 하며 항공기에서 바로 밑으로 전파를 보내고 지상에서 반사되어 돌아오는 전파를 수신하여 촬영비행 중의 대지촬영고도를 연속적으로 기록하는 것이다.
항공망원경 (navigation telescope)	접안격자판에 비행방향, 횡중복도가 30%인 경우의 유효폭 및 인접촬영경로, 연직점 위치 등이 새겨져 있어서, 예정촬영경로에서 항공기가 이탈되지 않고 항로를 유지하는 데 이용된다.
FMC (Forward Motion Compensation) : **떨림방지기구**	FMC는 Image Motion Compensator라고도 하며 항공사진기에 부착되어 영상을 취득하는 동안 비행기의 흔들림이나 움직이는 물체의 촬영 등으로 인해 발생되는 Shifting 현상을 제거하는 장치이다.
자이로스코프 (gyroscope) : **자동평형경**	회전체의 역학적인 운동을 관찰하는 실험기구로 회전의라고도 한다. 이를 이용하여 지구가 자전하는 것을 실험적으로 증명할 수 있다. 한편 로켓의 관성유도장치로 사용되는 자이로스코프, 이 원리를 응용한 나침반인 자이로컴퍼스, 선박의 안전장치로 사용되는 자이로 안정기, 비행기의 동요 등이 카메라에 주는 영향을 막기 위하여 이용되는 등 넓은 의미에서 응용되고 있다.

3) 항공사진의 보조자료

종류	특징
촬영고도	사진측량의 정확한 축척결정에 이용된다.
초점거리	축척결정이나 도화에 중요한 요소로 이용된다.
고도차	앞 고도와의 차를 기록
수준기	촬영 시 카메라의 경사상태를 알아보기 위해 부착한다.
지표	여러 형태로 표시되어 있으며 필름 신축 보정 시 이용
촬영시간	셔터를 누르는 순간 시각을 표시한다.
사진번호	촬영순서를 구분하는 데 이용

4) Sensor(탐측기)

감지기는 전자기파(electromagnetic wave)를 수집하는 장비로서 수동적 감지기와 능동적 감지기로 대별된다. 수동방식(受動方式, passive sensor)은 태양광의 반사 또는 대상물에서 복사되는 전자파를 수집하는 방식이고, 능동방식(能動方式, active sensor)은 대상물에 전자파를 쏘아 그 대상물에서 반사되어 오는 전자파를 수집하는 방식이다.

(1) LIDAR(Light Detection and Ranging)

레이저에 의한 대상물 위치 결정방법으로 기상 조건에 좌우되지 않고 산림이나 수목지대에서도 투과율이 높다.

(2) SLAR(Side Looking Airborne Radar)

능동적 탐측기는 극초단파를 이용하여 극초단파 중 레이더파를 지표면에 주사하여 반사파로부터 2차원을 얻는 탐측기로 SLAR이라 한다. SLAR에는 RAR과 SAR 등이 있다.

수동적 탐측기 (受動的探測機)	비주사방식 (非走査方式)	비영상방식 (非映像方式)	地磁氣測量		
			重力測量		
			기타		
		영상방식 (映像方式)	單一사진기	흑백사진	
				천연색사진	
				적외사진	
				적외컬러사진	
				기타사진	
			다중파장대 (多重波長帶) 사진기	단일렌즈	단일필름
					다중필름
				다중렌즈	단일필름
					다중필름
	주사방식 (走査方式)	영상면주사방식 (映像面走査方式)	TV사진기(vidicon 사진기)		
			古體走査機		
		대상물면주사방식(對象物面走査方式)	多重波長帶 走査機	Analogue방식	
				Digital방식	MSS
					TM
					HRV
			극초단파주사기(microwave radiometer)		
능동적 탐측기 (能動的探測機)	非走査方式	Laser spectrometer			
		Laser 거리측량기(距離測量機)			
	走査方式	레이더			
		SLAR	RAR(Rear Aperture Radar)		
			SAR(Synthetic Aperture Radar)		

1.5 사진촬영 계획

1) 사진축척

기준면에 대한 축척	$M = \frac{1}{m} = \frac{f}{H} = \frac{l}{L}$ 여기서, M : 축척분모수 H : 촬영고도 f : 초점거리	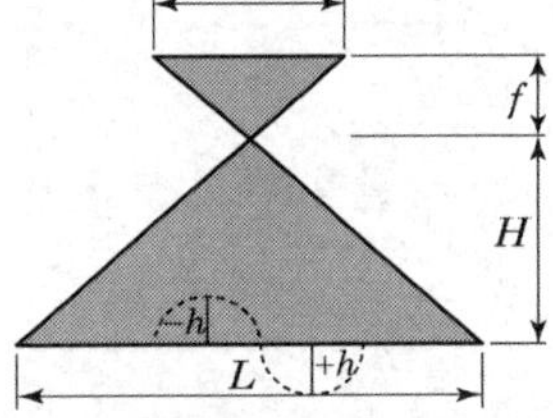 [기준면에 대한 축척]
비고가 있을 경우 축척	$M = \frac{1}{m} = \left(\frac{f}{H \pm h}\right)$	

2) 중복도

<table>
<tr><td>종중복도</td><td>촬영진행방향에 따라 중복시키는 것으로 보통 60%, 최소한 50% 이상 중복을 주어야 한다.
종중복도$(p) = \frac{p_1m_1 + m_1m_2 + m_2p_2}{a} \times 100(\%)$
여기서, $p_1m_1 = p_1m_2 - m_1m_2$
m_1, m_2 : 주점기선길이(b_0)
a : 화면크기(사진크기)</td><td rowspan="2">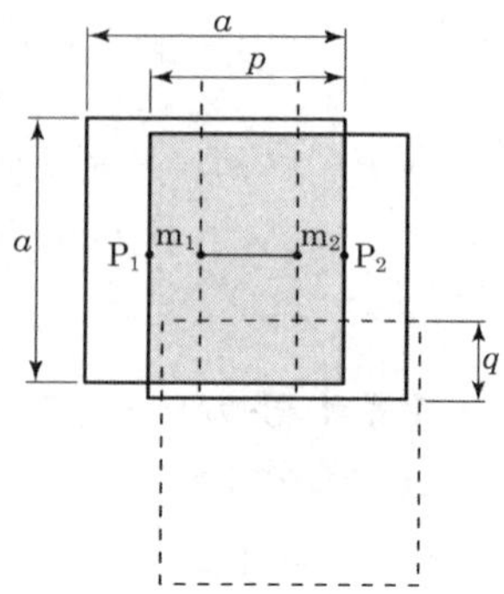[중복도]</td></tr>
<tr><td>횡중복도</td><td>① 촬영진행방향에 직각으로 중복시키며 보통 30%, 최소한 5% 이상 중복을 주어 촬영한다.
② 산악지역(사진상에 고저차가 촬영고도의 10% 이상인 지역)이나 고층빌딩이 밀접한 시가지는 10~20% 이상 중복도를 높여서 촬영하거나 2단 촬영을 한다.(사각부분을 없애기 위함)</td></tr>
</table>

3) 촬영기선장

하나의 촬영코스 중에 하나의 촬영점(셔터를 누른 점)으로부터 다음 촬영점까지의 거리를 촬영기선장이라 한다.

주점기선장(b_0)	$b_0 = a(1 - \frac{p}{100})$
촬영종기선길이	$B = m \cdot b_0 = m \cdot a\left(1 - \frac{p}{100}\right)$
촬영횡기선길이	$C = m \cdot a\left(1 - \frac{q}{100}\right)$ 여기서, a : 화면크기, p : 종중복도, q : 횡중복도, m : 축척분모수

4) 촬영고도 및 촬영코스 등

촬영고도	$H = C \times \Delta h$ 여기서, H : 촬영고도 C : C 계수(도화기의 성능과 정도를 표시하는 상수) Δh : 최소 등고선의 간격

촬영코스	① 촬영코스는 촬영지역을 완전히 덮고 코스 사이의 중복도를 고려하여 결정한다. ② 일반적으로 넓은 지역을 촬영할 경우에는 동서방향으로 직선코스를 취하여 계획한다. ③ 도로, 하천과 같은 선형 물체를 촬영할 때는 이것에 따른 직선코스를 조합하여 촬영한다. ④ 지역이 남북으로 긴 경우는 남북방향으로 촬영코스를 계획하며 일반적으로 코스 길이의 연장은 보통 30km를 한도로 한다.
표정점 배치 (Distribution of Points)	일반적으로 대지표정(절대표정)에 필요로 하는 최소 표정점은 삼각점(x, y) 2점과 수준점(z) 3점이며, 스트립 항공삼각측량인 경우 표정점은 각 코스 최초의 모델(중복부)에 4점, 최후의 모델에 최소한 2점, 중간에 4~5모델째마다 1점을 둔다.
촬영일시	촬영은 구름이 없는 쾌청일의 오전 10시부터 오후 2시경까지의 태양각이 45° 이상인 경우가 최적이며 계절별로는 늦가을부터 초봄까지가 최적기이다. 우리나라의 연평균 쾌청일수는 80일이다.
촬영카메라 선정	동일촬영고도의 경우 광각 사진기 쪽이 축척은 작지만 촬영면적이 넓고 또한 일정한 구역을 촬영하기 위한 코스 수나 사진매수가 적게 되어 경제적이다.
촬영계획도 작성	기존의 소축척지도(일반적으로 $\frac{1}{50,000}$ 지형도) 상에 촬영계획도를 작성하고 축척은 촬영 축척의 $\frac{1}{2}$ 정도 지형도로 택하는 것이 적당하다.

5) 유효 면적

사진 한 매의 경우 **(실제면적)**	$A=(m\times a)(m\times a)=m^2a^2=(ma)^2$ $=\frac{a^2H^2}{f^2}$ 여기서, A : 1매 사진의 크기(a×a)상에 나타나 있는 면적 m : 축척의 분모수 a : 사진의 크기	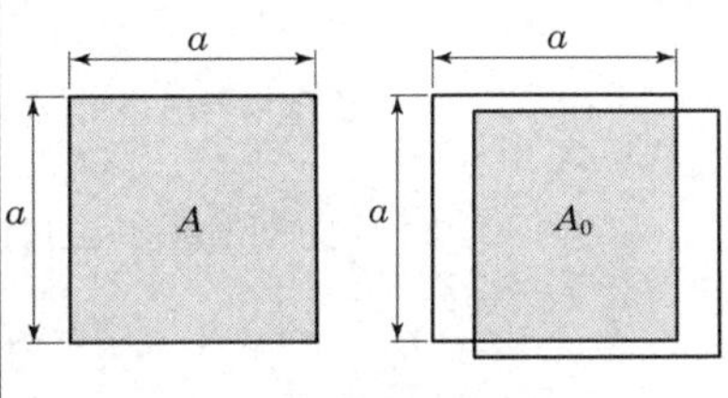
단코스의 경우	$A_0=(ma)^2\left(1-\frac{p}{100}\right)$	[사진면적]
복코스의 경우	$A_0=(ma)^2\left(1-\frac{p}{100}\right)\left(1-\frac{q}{100}\right)$	

6) 사진의 매수 및 지상기준점측량의 작업량

촬영지역의 면적에 의한 사진의 매수	사진의 매수 $N=\frac{F}{A_0}$ 여기서, F : 촬영대상지역의 면적 A_0 : 촬영유효면적
안전율을 고려할 때 사진의 매수	$N=\frac{F}{A_0}\times(1+\text{안전율})$
모델수에 의한 사진 매수	종모델수$=\frac{\text{코스길이}}{\text{종기선길이}}=\frac{S_1}{B}=\frac{S_1}{ma\left(1-\frac{p}{100}\right)}$
	횡모델수$=\frac{\text{코스횡길이}}{\text{횡기선길이}}=\frac{S_2}{C_0}=\frac{S_2}{ma\left(1-\frac{q}{100}\right)}$
총모델수	종모델수×횡모델수
사진의 매수	(종모델수+1)×횡모델수
삼각점수	총모델수×2
수준측량 총 거리	[촬영경로의 종방향길이×{2(촬영경로의 수)+1}촬영경로의 횡방향길이×2]km

예상문제 초점거리 88mm인 초광각 사진기로 촬영고도 3,000m에서 종중복도 60%, 횡중복도 30%로 가로 50km, 세로 40km인 지역을 촬영하려고 한다. 사진크기가 23×23cm일 때 촬영계획을 수립하시오.(단, 안전율 30%)

사진축척$(M)=\frac{1}{m}=\frac{f}{H}=\frac{88\text{mm}}{3000\text{m}}=\frac{0.088}{3000}=\frac{1}{34{,}091}$

촬영기선길이$(B)=ma(1-\frac{p}{100})=34091\times0.23(1-\frac{60}{100})=3136.37\text{m}$

촬영횡기선길이$(C_0)=ma(1-\frac{q}{100})=34091\times0.23(1-\frac{30}{100})=5{,}488.65\text{m}$

(1) 안전율을 고려한 경우

① 유효면적$(A_0)=(ma)^2(1-\frac{p}{100})(1-\frac{q}{100})=17.21\text{km}^2$

② 사진매수$(N)=\frac{F}{A_0}\times1.3=\frac{50\times40}{17.21}\times1.3=151.07\fallingdotseq152$매

(2) 안전율을 고려하지 않은 경우

① 종모델수$(D) = \frac{S_1}{B} = \frac{50\text{km}}{3.136\text{km}} = 15.94 ≒ 16$모델

② 횡모델수$(D') = \frac{S_2}{C_0} = \frac{40\text{km}}{5.488\text{km}} = 7.29 ≒ 8$모델

③ 총모델수(입체모형수)$= D \times D' = 16 \times 8 = 128$모델

④ 사진매수$= (D+1) \times D' = (16+1) \times 8 = 136$매

⑤ 삼각점수= 모델수$\times 2 = 128 \times 2 = 256$점

⑥ 수준측량거리$= 50 \times (2 \times 9 + 1) + (40 \times 2) = 1{,}030\text{km}$

1.6 사진촬영

사진촬영 시 고려할 사항	① 높은 고도에서 촬영할 경우에는 고속기를 이용하는 것이 좋다. ② 낮은 고도에서의 촬영에서는 노출 중의 편류에 의한 촬영에 주의할 필요가 있다. ③ 촬영은 지정된 촬영경로에서 촬영경로 간격의 10% 이상 차이가 없도록 한다. ④ 고도는 지정고도에서 5% 이상 낮게 혹은 10% 이상 높게 진동하지 않도록 직선상에서 일정한 거리를 유지하면서 촬영한다. ⑤ 앞뒤 사진간의 회전각(편류각)은 5° 이내, 촬영 시의 사진기 경사(tilt)는 3° 이내로 한다.
노출시간	① $T_l = \frac{\Delta S \cdot m}{V}$ ② $T_s = \frac{B}{V}$ 여기서, T_l : 최장노출시간(sec) T_s : 최소노출시간(sec) ΔS : 흔들림의 양(mm) V : 항공기의 초속 B : 촬영기선길이$(B) = ma(1 - \frac{p}{100})$ m : 축척분모수

1) 촬영사진의 성과 검사

항공사진이 사진측정학용으로 적당한지의 여부를 판정하는 데는 중복도 이외에 사진의 경사, 편류, 축척, 구름의 유무 등에 대하여 검사하고 부적당하다고 판단되면 전부 또는 일부를 재촬영해야 한다.

재촬영하여야 할 경우	양호한 사진이 갖추어야 할 점
① 촬영 대상 구역의 일부분이라도 촬영범위 외에 있는 경우 ② 종중복도가 50% 이하인 경우 ③ 횡중복도가 5% 이하인 경우 ④ 스모그(smog), 수증기 등으로 사진상이 선명하지 못한 경우 ⑤ 구름 또는 구름의 그림자, 산의 그림자 등으로 지표면이 밝게 찍혀 있지 않은 부분이 상당히 많은 경우 ⑥ 적설 등으로 지표면의 상태가 명료하지 않은 경우	① 촬영사진기가 조정검사되어 있을 것 ② 사진기 렌즈는 왜곡이 작을 것 ③ 노출시간이 짧을 것 ④ 필름은 신축, 변질의 위험성이 없을 것 ⑤ 도화하는 부분이 공백부가 없고 사진의 입체부분으로 찍혀 있을 것 ⑥ 구름이나 구름의 그림자가 찍혀 있지 않을 것 ⑦ 적설, 홍수 등의 이상상태일 때의 사진이 아닐 것 ⑧ 촬영고도가 거의 일정할 것 ⑨ 중복도가 지정된 값에 가깝고 촬영경로 사이에 공백부가 없을 것 ⑩ 헐레이션이 없을 것

1.7 사진의 특성

1) 중심투영과 정사투영

항공사진과 지도는 지표면이 평탄한 곳에서는 지도와 사진은 같으나 지표면의 높낮이가 있는 경우에는 사진의 형상이 다르다. 항공사진은 중심투영이고 지도는 정사투영이다.

중심투영 (Central Projection)	사진의 상은 피사체로부터 반사된 광이 렌즈중심을 직진하여 평면인 필름면에 투영되어 나타나는 것을 말하며 사진을 제작할 때 사용(사진측량의 원리)
정사투영 (Orthopro-jetcion)	항공사진과 지형도를 비교하면 같으나, 지표면의 높낮이가 있는 경우에는 평탄한 곳은 같으나 평탄치 않은 곳은 사진의 형상이 다르다. 정사투영은 지도를 제작할 때 사용
왜곡수차 (Distortion)	이론적인 중심투영에 의하여 만들어진 점과 실제점의 변위를 말하며 왜곡수차의 보정방법은 다음과 같다. ① 포로-코페(Porro Koppe)의 방법 ② 보정판을 사용하는 방법 ③ 화면거리를 변화시키는 방법

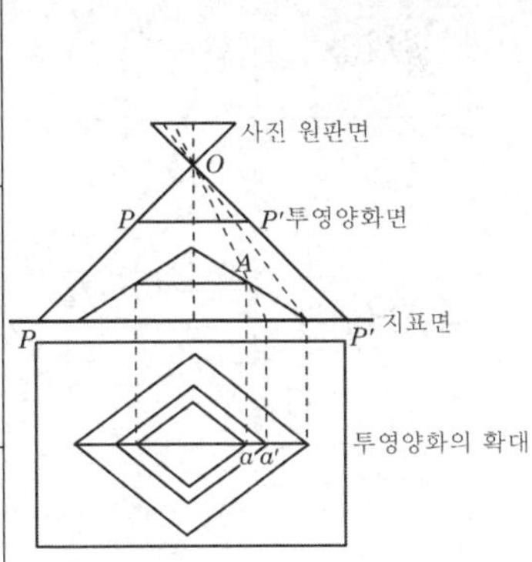

[정사투영과 중심투영의 비교]

2) 항공사진의 특수 3점

주점 (Principal Point)	주점은 사진의 중심점이라고도 한다. 주점은 렌즈중심으로부터 화면(사진면)에 내린 수선의 발을 말하며 렌즈의 광축과 화면이 교차하는 점이다.
연직점 (Nadir Point)	① 렌즈중심으로부터 지표면에 내린 수선의 발을 말하고 N을 지상연직점(피사체연직점), 그 선을 연장하여 화면(사진면)과 만나는 점을 화면연직점(n)이라 한다. ② 주점에서 연직점까지의 거리(mn)$=f\tan i$
등각점 (Isocenter)	주점과 연직점이 이루는 각을 2등분한 점으로 또한 사진면과 지표면에서 교차되는 점을 말한다.

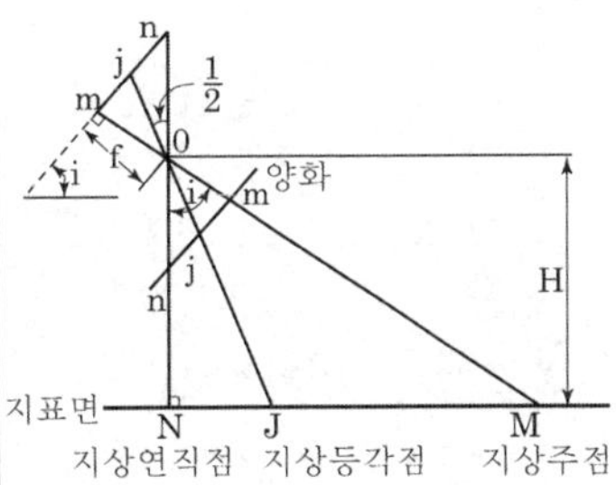

[항공사진의 특수3점]

3) 기복변위

대상물에 기복이 있는 경우 연직으로 촬영하여도 축척은 동일하지 않되, 사진면에서 연직점을 중심으로 방사상의 변위가 발생하는데 이를 기복변위라 한다.

<table>
<tr><td>변위량</td><td>$\Delta r = \frac{h}{H} \cdot r$</td><td rowspan="2">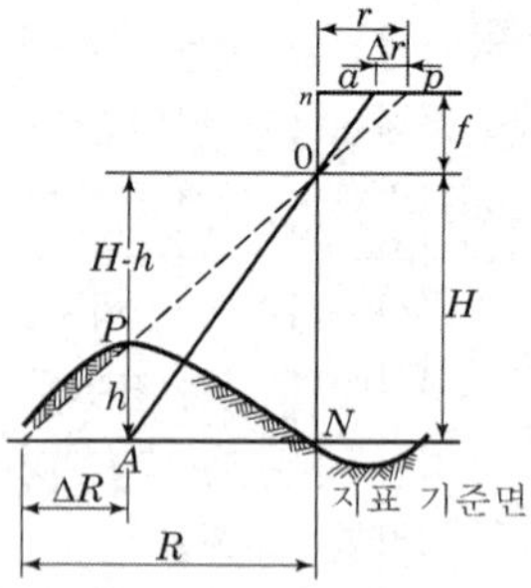

[기복변위]</td></tr>
<tr><td>최대변위량</td><td>$\Delta r_{\max} = \frac{h}{H} \cdot r_{\max}$
단, $r_{\max} = \frac{\sqrt{2}}{2} \cdot a$</td></tr>
</table>

1.8 입체 사진측량

중복사진을 명시거리에서 왼쪽의 사진을 왼쪽 눈, 오른쪽의 사진을 오른쪽 눈으로 보면 좌우의 상이 하나로 융합되면서 입체감을 얻게 된다. 이것을 입체시 또는 정입체시라 한다.

정입체시	어느 대상물을 택하여 찍은 중복 사진을 명시거리(약 25cm 정도)에서 왼쪽의 사진을 왼쪽 눈으로, 오른쪽 사진을 오른쪽 눈으로 보면 좌우의 상이 하나로 융합되면서 입체감을 얻게 되는데 이 현상을 입체시 또는 정입체시라 한다.
역입체시	입체시 과정에서 높은 것이 낮게, 낮은 것이 높게 보이는 현상이다. ① 정입체시할 수 있는 사진을 오른쪽과 왼쪽 위치를 바꿔 놓을 때 ② 여색입체사진을 청색과 적색의 색안경을 좌우로 바꿔서 볼 때 ③ 멀티플렉스의 모델을 좌우의 색안경을 교환해서 입체시할 때
여색입체시	여색입체사진이 오른쪽은 적색, 왼쪽은 청색으로 인쇄되었을 때 왼쪽은 적색, 오른쪽은 청색의 안경으로 보아야 바른 입체시가 된다.
입체사진의 조건	① 1쌍의 사진을 촬영한 카메라의 광축은 거의 동일 평면 내에 있어야 한다. ② 2매의 사진축척은 거의 같아야 한다. ③ 기선고도비가 적당해야 한다. 기선고도비$= \frac{B}{H} = \frac{m \cdot a\left(1-\frac{p}{100}\right)}{m \cdot f}$
육안에 의한 입체시의 방법	① 손가락에 의한 방법 ② 스테레오그램에 의한 방법
기구에 의한 입체시	① 입체경 : 렌즈식 입체경과 반사식 입체경이 있다. ② 여색입체시 : 왼쪽은 적색, 오른쪽은 청색의 안경으로 보면 입체감을 얻는다.

1) 입체상의 변화

렌즈의 초점거리 변화에 의한 변화	렌즈의 초점거리가 긴 사진이 짧은 사진보다 더 낮게 보인다.
촬영기선의 변화에 의한 변화	촬영기선이 긴 경우 짧은 때보다 높게 보인다.
촬영고도의 차에 의한 변화	촬영고도가 낮은 사진이 높은 사진보다 더 높게 보인다.
눈을 옆으로 돌렸을 때의 변화	눈을 좌우로 움직여 옆에서 바라볼 때 항공기의 방향선상에서 움직이면 눈이 움직이는 쪽으로 기울어져 보인다.
눈의 높이에 따른 변화	눈의 위치가 높아짐에 따라 입체상은 더 높게 보인다.

2) 카메론 효과(Cameron Effect)와 과고감(Vertical Exaggeration)

카메론 효과 (Cameron Effect)	항공사진으로 도로변 상공 위의 항공기에서 주행 중인 차량을 연속하여 촬영하여 이것을 입체화시켜 볼 때 차량이 비행방향과 동일방향으로 주행하고 있다면 가라앉아 보이고, 반대방향으로 주행하고 있다면 부상(浮上 : 뜨는 것)하여 보인다. 또한 뜨거나 가라앉는 높이는 차량의 속도에 비례하고 있다. 이와 같이 이동하는 피사체가 뜨거나 가라앉아 보이는 현상을 카메론 효과라고 한다.
과고감 (Vertical Exaggeration)	항공사진을 입체시하는 경우 산의 높이 등이 실제보다 과장되어 보이는 현상을 말한다. 평면축척에 대하여 수직축척이 크게 되기 때문에 실제 도형보다 산이 더 높게 보인다. 항공사진을 입체시하여 얻은 입체상의 높이가 실제보다 산지는 돌출하여 높고 기복이 심하며, 계곡은 실제보다 깊고 경사면은 실제의 경사보다 급하게 보이는 것을 과고감이라 한다. ① 항공사진은 평면축척에 비해 수직축척이 크므로 다소 과장되어 나타난다. ② 대상물의 고도, 경사율 등을 반드시 고려해야 한다. ③ 과고감은 필요에 따라 사진판독요소로 사용될 수 있다. ④ 과고감은 사진의 기선고도비와 이에 상응하는 입체시의 기선고도비의 불일치에 의해서 발생한다. ⑤ 과고감은 촬영고도 H에 대한 촬영기선길이 B와의 비인 기선고도비 B/H에 비례한다.

3) 시차

두 장의 연속된 사진에서 발생하는 동일지점의 사진상의 변위를 시차라 한다.

시차차에 의한 변위량	$h : H = \Delta P : P_a$ $h = \frac{H}{P_a}\Delta P = \frac{H}{P_r + \Delta P}\Delta P$ 여기서, H : 비행고도, P_r : 기준면의 시차차 h : 시차(굴뚝의 높이) ΔP(시차차) : $P_a - \Delta P$ P_a : 건물정상의 시차
ΔP가 P_r보다 무시할 정도로 작을 때($P_r = b_0$)	$\therefore h = \frac{H}{P_r} \cdot \Delta P = \frac{H}{b_0} \cdot \Delta P$ $\therefore \Delta P = \frac{h}{H} \cdot P_r = \frac{h}{H} \cdot b_0$
주점 기선장 대신 기준면의 시차를 적용할 경우	$h = \frac{H}{P_r + \Delta P}\Delta P = \frac{H}{P_a}\Delta P$

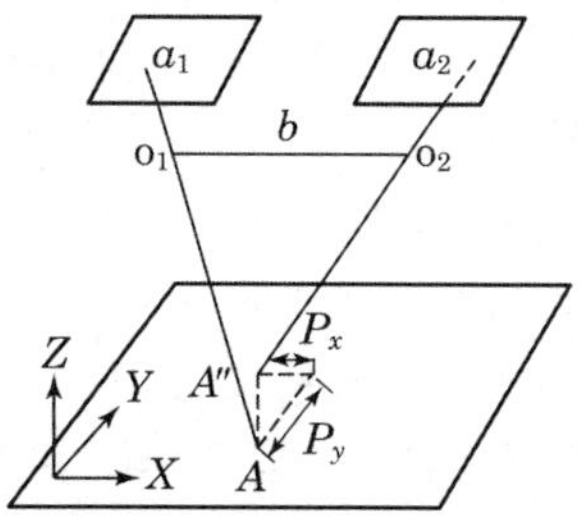

(a) 시차

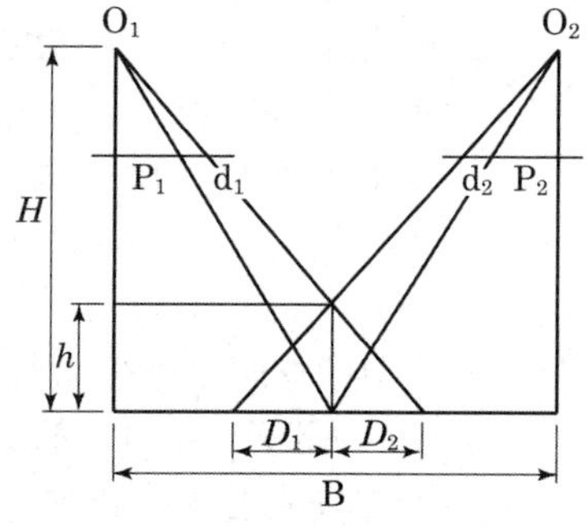

(b) 시차공식

[시차]

1.9 표정

사진상 임의의 점과 대응되는 땅의 점과의 상호관계를 정하는 방법으로 지형의 정확한 입체모델을 기하학적으로 재현하는 과정을 말한다.

1) 표정의 순서

내부표정 → 상호표정 → 절대표정 → 접합표정

종류	특징
내부표정	내부표정이란 도화기의 투영기에 촬영 당시와 똑같은 상태로 양화건판을 정착시키는 작업이다. ① 주점의 위치결정 ② 화면거리(f)의 조정 ③ 건판의 신축 측정, 대기굴절, 지구곡률보정, 렌즈수차 보정
상호표정	지상과의 관계는 고려하지 않고 좌우사진의 양 투영기에서 나오는 광속이 촬영 당시 촬영면에 이루어지는 종시차(ϕ)를 소거하여 목표 지형물의 상대위치를 맞추는 작업 ① 비행기의 수평회전을 재현해 주는(κ, b_y) ② 비행기의 전후 기울기를 재현해 주는(ϕ, b_z) ③ 비행기의 좌우 기울기를 재현해 주는(ω) ④ 과잉수정계수(o, c, f)$=\frac{1}{2}\left(\frac{h^2}{d^2}-1\right)$ ⑤ 상호표정인자 : (κ, ϕ, ω, b_y, b_z) 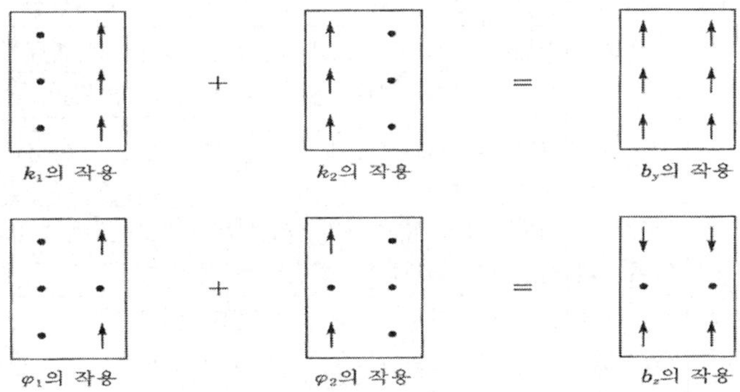
절대표정	상호표정이 끝난 입체모델을 지상기준점(피사체기준점)을 이용하여 지상좌표(피사체좌표계)와 일치하도록 하는 작업 ① 축척의 결정 ② 수준면(표고, 경사)의 결정 ③ 위치(방위)의 결정 ④ 절대표정인자 : λ, ϕ, ω, κ, b_x, b_y, b_z(7개의 인자로 구성)
접합표정	한 쌍의 입체사진 내에서 한쪽의 표정인자는 전혀 움직이지 않고 다른 한쪽만을 움직여 그 다른 쪽에 접합시키는 표정법을 말하며, 삼각측정에 사용한다. ① 7개의 표정인자 결정(λ, κ, ω, ϕ, c_x, c_y, c_z) ② 모델 간, 스트립 간의 접합요소 결정(축척, 미소변위, 위치 및 방위)

1.10 사진판독

사진판독은 사진면으로부터 얻어진 여러 가지 피사체(대상물)의 정보 중 특성을 목적에 따라 적절히 해석하는 기술로서 이것을 기초로 하여 대상체를 종합분석함으로써 피사체(대상물) 또는 지표면의 형상, 지질, 식생, 토양 등의 연구수단으로 이용하고 있다.

1) 사진판독 요소

요소	분류	특징
주요소	색조	피사체(대상물)가 갖는 빛의 반사에 의한 것으로 수목의 종류를 판독하는 것을 말한다.
	모양	피사체(대상물)의 배열상황에 의하여 판별하는 것으로 사진상에서 볼 수 있는 식생, 지형 또는 지표상의 색조 등을 말한다.
	질감	색조, 형상, 크기, 음영 등의 여러 요소의 조합으로 구성된 조밀, 거칠음, 세밀함 등으로 표현하며 초목 및 식물의 구분을 나타낸다.
	형상	개체나 목표물의 구성, 배치 및 일반적인 형태를 나타낸다.
	크기	어느 피사체(대상물)가 갖는 입체적, 평면적인 넓이와 길이를 나타낸다.
	음영	판독 시 빛의 방향과 촬영 시의 빛의 방향을 일치시키는 것이 입체감을 얻는데 용이하다.
보조요소	상호 위치관계	어떤 사진상이 주위의 사진상과 어떠한 관계가 있는가 파악하는 것으로 주위의 사진상과 연관되어 성립되는 것이 일반적인 경우이다.
	과고감	과고감은 지표면의 기복을 과장하여 나타낸 것으로 낮고 평평한 지역에서의 지형판독에 도움이 되는 반면 경사면의 경사는 실제보다 급하게 보이므로 오판에 주의해야 한다.

2) 사진판독의 장·단점

장점	단점
① 단시간에 넓은 지역의 정보를 얻을 수 있다. ② 대상지역의 여러 가지 정보를 종합적으로 획득할 수 있다. ③ 현지에 직접 들어가기 곤란한 경우도 정보 취득이 가능하다. ④ 정보가 사진에 의해 정확히 기록·보존된다.	① 상대적인 판별이 불가능하다. ② 직접적으로 표면 또는 표면 근처에 있는 정보취득이 불가능하다. ③ 색조, 모양, 입체감 등이 나타나지 않는 지역의 판독이 불가능하다. ④ 항공사진의 경우는 항공기를 사용하므로 기후 및 태양고도에 좌우된다.

3) 판독의 응용

① 토지이용 및 도시계획조사

② 지형 및 지질 판독

③ 환경오염 및 재해 판독

1.11 사진지도

1) 사진지도의 종류

종류	특징
약조정집성사진지도	카메라의 경사에 의한 변위, 지표면의 비고에 의한 변위를 수정하지 않고 사진 그대로 접합한 지도
반조정집성사진지도	일부만 수정한 지도
조정집성사진지도	카메라의 경사에 의한 변위를 수정하고 축척도 조정한 지도
정사투영사진지도	카메라의 경사, 지표면의 비고를 수정하고 등고선도 삽입된 지도

2) 사진지도의 장·단점

장점	단점
① 넓은 지역을 한눈에 알 수 있다. ② 조사하는 데 편리하다. ③ 지표면에 있는 단속적인 징후도 경사로 되어 연속으로 보인다. ④ 지형, 지질이 다른 것을 사진상에서 추적할 수 있다.	① 산지와 평지에서는 지형이 일치하지 않는다. ② 운반하는 데 불편하다. ③ 사진의 색조가 다르므로 오판할 경우가 많다. ④ 산의 사면이 실제보다 깊게 찍혀 있다.

1.12 지상사진측량

사진측량은 전자기파를 이용하여 대상물에 대한 위치, 형상(정량적 해석) 및 특성(정성적 해석)을 해석하는 측량방법으로 측량방법에 의한 분류상 항공사진측량, 지상사진측량, 수중사진측량, 원격탐측, 비지형 사진측량으로 분류되며 이 중 지상사진측량은 촬영한 사진을 이용하여 건축모양, 시설물의 형태 및 변위관측을 위한 측량방법이다.

1) 지상사진측량의 특징

항공사진측량	지상사진측량
• 후방교회법	• 전방교회법
• 감광도에 중점을 둔다.	• 렌즈수차만 작으면 된다.
• 광각사진이 경제적이다.	• 보통각이 좋다.
• 대규모 지역에 경제적이다.	• 소규모 지역에 경제적이다.
• 지상 전역에 걸쳐 찍을 수 있다.	• 보충촬영이 필요하다.
• 축척변경이 용이	• 축척변경이 용이하지 않다.
• 평면위치는 정확도가 높다.	• 평면위치는 정확도가 떨어진다.
• 높이의 정도는 낮다.	• 높이의 정도는 좋다.

2) 지상측량방법

구분	특징
직각수평촬영	① 양 사진기의 광축을 촬영기선 b에 대해 수평 또는 직각 방향으로 향하게 하여 평면(수평) 촬영하는 방법 ② 기선길이는 대상물까지의 거리에 대하여 $\frac{1}{5} \sim \frac{1}{20}$ 정도로 택함
편각수평촬영	① 양 사진기의 촬영축을 촬영기에 대하여 일정한 각도만큼 좌 또는 우로 수평편차하며 촬영하는 방법 ② 즉, 사진기축을 특정한 각도만큼 좌, 우로 움직여 평행 촬영을 하는 방법 ③ 종래 댐 및 교량지점의 지상사진측량에 자주 사용했던 방법 ④ 초광각과 같은 렌즈 효과를 얻을 수 있음
수렴수평촬영	서로 사진기의 광축을 교차시켜 촬영하는 방법

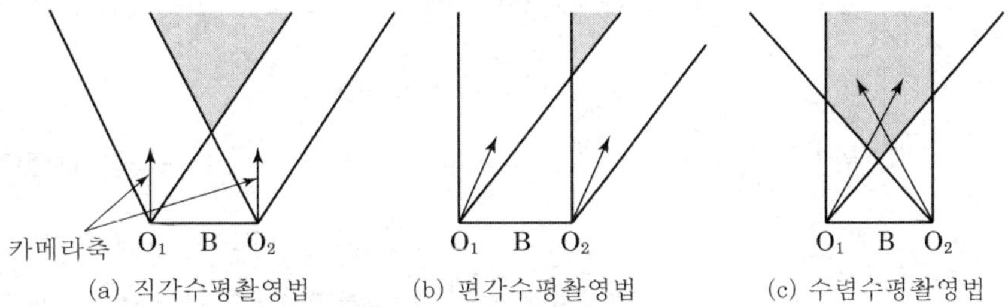

[지상사진의 촬영법]

1.13 원격탐측

원격탐측(Remote sensing)이란 지상이나 항공기 및 인공위성 등의 탑재기(Platform)에 설치된 탐측기(Sensor)를 이용하여 지표, 지상, 지하, 대기권 및 우주공간의 대상에서 반사 혹은 방사되는 전자기파를 탐지하고 이들 자료로부터 토지, 환경 및 자원에 대한 정보를 얻어 이를 해석하는 기법이다.

1) 특징

① 짧은 시간에 넓은 지역을 동시에 측정할 수 있으며 반복측정이 가능하다.

② 다중파장대에 의한 지구표면 정보획득이 용이하며 측정자료가 기록되어 판독이 자동적이고 정량화가 가능하다.

③ 회전주기가 일정하므로 원하는 지점 및 시기에 관측하기가 어렵다.

④ 관측이 좁은 시야각으로 얻어진 영상은 정사투영에 가깝다.

⑤ 탐사된 자료가 즉시 이용될 수 있으므로 재해, 환경문제 해결에 편리하다.

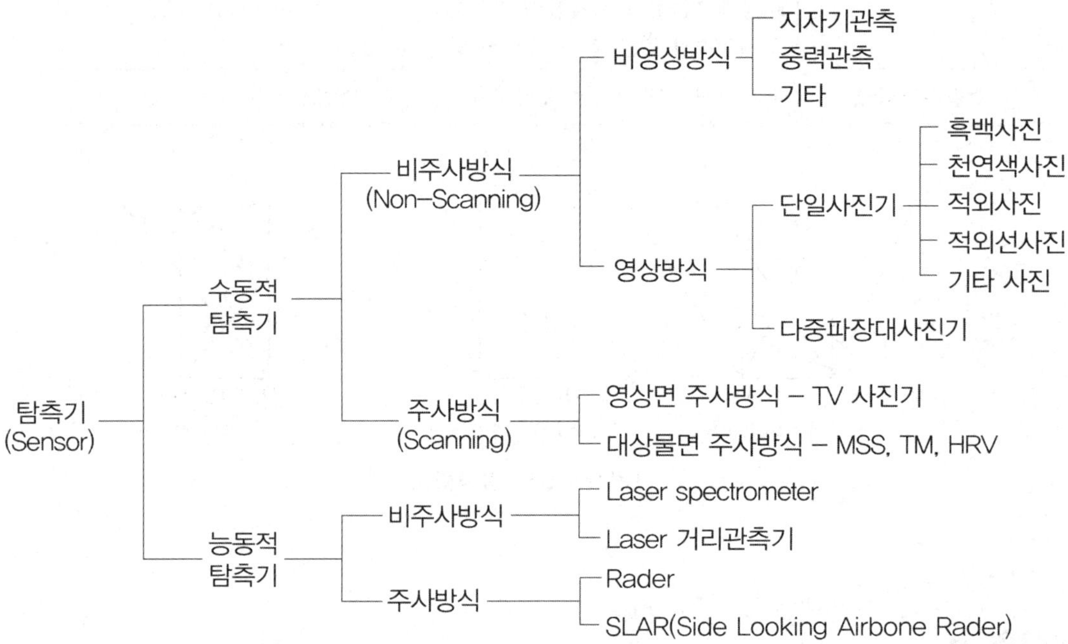

Chapter 01

실전문제

01

축척 $\frac{1}{5,000}$ 의 항공사진을 시속 200km로 촬영할 경우에 허용 흔들림량을 사진상에서 0.01mm로 한다면 최장 노출시간은?

최장노출시간$(T_t) = \frac{\Delta S \cdot m}{V} = \frac{0.01 \times 5,000}{200 \times 1,000,000 \times \frac{1}{3600}} = 0.0009$초

02

초점거리 15cm의 광각카메라를 가지고 촬영고도 3,000m에서 200km/h의 속도로 항공사진을 촬영할 때 사진 노출시간의 최소 소요 시간은? (단, 사진의 크기는 23cm×23cm이고 진행방향 중복도는 60%이다.)

1) 축척계산 : $M = \frac{1}{m} = \frac{f}{H}$

$$m = \frac{H}{f} = \frac{3000}{0.15} = 20,000$$

2) 촬영종기선길이 : $B = ma\left(1 - \frac{p}{100}\right) = 20,000 \times 0.23 \times \left(1 - \frac{60}{100}\right) = 1,840\text{m}$

3) 최소 소요시간 : $T_s = \frac{B}{V} = \frac{1840}{200 \times 1000 \times \frac{1}{3600}} = 33.117$초

03

카메라의 노출시간이 $\frac{1}{100}$초인 카메라로 축척 1 : 25,000의 항공사진을 촬영할 때 허용 흔들림량을 0.02mm로 하기 위한 비행기의 촬영운항 속도는?

1) 최장 노출시간 : $T_l = \dfrac{\Delta S \cdot m}{V}$

2) 촬영운항속도 : $V = \dfrac{\Delta S \cdot m}{T_l} = \dfrac{0.0,000,0002 \times 3,600 \times 25,000}{\frac{1}{100}} = 180\text{km/sec}$

3) 검산 : $T_l = \dfrac{\Delta S \cdot m}{V} = \dfrac{0.02 \times 25,000}{180 \times 1,000,000 \times \frac{1}{3,600}} = \dfrac{1}{100}$초

04

초점거리 15cm, 사진크기 23cm×23cm인 광각사진기로 종중복도 60%, 노출점 간 최소 소요기간 40초, 촬영고도 3,000m로 촬영계획하면 항공기 운항속도는 몇 km/hr로 유지해야 하는가?

1) 최소 노출시간 : $T_S = \dfrac{B}{V} = \dfrac{ma\left(1 - \frac{p}{100}\right)}{V}$

2) 축척계산 : $M = \dfrac{1}{m} = \dfrac{f}{H} = \dfrac{0.15}{3,000} = \dfrac{1}{20,000}$

3) 운항속도 : $V = \dfrac{ma\left(1 - \frac{p}{100}\right)}{T_S} = \dfrac{20,000 \times 0.23 \times \left(1 - \frac{60}{100}\right)}{40} = 46\text{m/sec}$

$\therefore$ 46 × 3,600초 = 165,600m/hr = 165.6km/hr

05

비행속도 시속 180km/h인 항공기에서 초점거리 150mm인 카메라로 어느 시가지를 촬영한 항공사진이 있다. 허용 흔들림량이 사진상에서 0.01mm, 최장 허용 노출시간이 1/250초, 사진크기 23cm×23cm일 때, 이 사진상에서 연직점으로부터 6cm 떨어진 위치에 있는 건물의 사진상 변위가 0.26cm라면 이 건물의 실제 높이는?

1) 최장 노출시간 : $T_l = \dfrac{\Delta S \cdot m}{V} = \dfrac{\text{흔들리는 양} \times \text{축척분모수}}{\text{항공기속도}}$

2) 축척분모수 : $\frac{1}{250\text{s}}=\frac{0.01\times m}{\frac{180\times10^6}{60\times60}}$

$\therefore m=20{,}000$

3) 촬영고도 계산 : $\frac{1}{m}=\frac{f}{H}$

$\frac{1}{20{,}000}=\frac{0.15}{H}\qquad \therefore H=3{,}000\text{m}$

4) 건물의 높이 : $\Delta r=\frac{h}{H}\times r=\frac{h}{3{,}000}\times0.06=0.0026$

$\therefore h=130\text{m}$

06

화면거리 15.5cm의 사진에서 평지의 사진축척은 $\frac{1}{20{,}000}$이었다. 주점에서의 거리가 80.5mm, 평지에서의 비고(比高) 250m일 때 비고에 의한 기복변위량(혹은 변위량)은?

1) 촬영고도 계산

$\frac{1}{m}=\frac{f}{H}$에서 $H=m\times f=20{,}000\times0.155=3{,}100\text{m}$

2) 기복변위량 : $\Delta r=\frac{h}{H}\cdot r=\frac{250}{3{,}100}\times80.5=6.5\text{mm}$

07

항공사진의 초점거리 153mm, 사진 23cm×23cm, 사진축척 1/20,000, 기준면으로부터의 높이 35m일 때, 비고(比高)에 의한 사진의 최대편위(最大編位)는?

1) 촬영고도 계산

$\frac{1}{m}=\frac{f}{H}$에서 $H=m\times f=20{,}000\times0.153=3.060\text{m}$

2) 최대 화면 연직점에서의 거리

$r_{\max}=\frac{\sqrt{2}}{2}\times a=\frac{\sqrt{2}}{2}\times0.23=0.163\text{m}$

3) 최대변위량 : $\Delta r_{\max}=\frac{h}{H}\cdot r_{\max}=\frac{35}{3{,}060}\times0.163=0.00186\text{m}=0.186\text{cm}$

08

지면이 비고 40m인 산악지에 있어서 초점거리 15.3cm의 사진기로 촬영한 사진이 23cm× 23cm의 크기로 축척이 1/20,000이었다. 이 사진의 비고에 의한 최대 기복변위는?

1) 최대 화면 연직점에서의 거리 : $r_{\max} = \frac{\sqrt{2}}{2}a = \frac{\sqrt{2}}{2} \times 23 = 16.26\text{cm}$

2) 촬영고도 계산 : $H = m \cdot f = 20{,}000 \times 0.153 = 3{,}060\text{m}$

3) 최대 기복변위 : $\Delta r_{\max} = \frac{h}{H} r_{\max}$

$$= \frac{40}{3{,}060} \times 0.1626 = 0.0021\text{m} = 0.21\text{cm}$$

09

비행속도 시속 180km/h인 항공기에서 초점거리 150mm인 카메라로 어느 시가지를 촬영한 항공사진이 있다. 허용 흔들림량이 사진상에서 0.01mm, 최장 허용 노출시간이 1/250초, 사진 크기 23cm×23cm일 때, 이 사진상에서 연직점으로부터 6cm 떨어진 위치에 있는 건물의 사진상 변위가 0.26cm라면 이 건물의 실제 높이는?

1) 최장 노출시간 : $T_l = \frac{\Delta S \cdot m}{V}$

2) 축척분모수 계산 : $m = \frac{T_l \cdot V}{\Delta S} = \frac{\frac{1}{250} \times 180 \times 1{,}000{,}000 \times \frac{1}{3{,}600}}{0.01}$

$$= \frac{200}{0.01} = 20{,}000$$

3) 촬영고도 계산 : $M = \frac{1}{m} = \frac{f}{H}$

$$H = mf = 20{,}000 \times 0.15 = 3{,}000$$

4) 건물의 실제높이 : $\Delta r = \frac{h}{H} \times r$

$$h = \frac{H}{r}\Delta r = \frac{300{,}000}{6} \times 0.26 = 13{,}000\text{cm} = 130\text{m}$$

10

비행속도 시속 190km/h인 항공기에서 초점거리 153mm인 카메라로 어느 시가지를 촬영한 항공사진이 있다. 허용 흔들림량이 사진상에서 0.01mm, 최장 허용 노출시간이 1/250초, 사진 크기 23cm×23cm일 때, 이 사진상에서 연직점으로부터 7cm 떨어진 위치에 있는 건물의 실제 높이가 120m라면 이 건물이 사진상 변위는?

1) 축척분모수 계산 : $T_l = \dfrac{\Delta S \cdot m}{V}$

$$m = \frac{T_l \cdot V}{\Delta S} = \frac{\frac{1}{250} \times 190 \times 1{,}000{,}000 \times \frac{1}{3{,}600}}{0.01} = \frac{211.11}{0.01} = 21{,}111$$

2) 촬영고도 계산 : $M = \dfrac{1}{m} = \dfrac{f}{H}$

$$H = mf = 21{,}111 \times 0.153 = 3{,}230$$

3) 사진상의 변위계산 : $\Delta r = \dfrac{h}{H} \times r = \dfrac{120}{3{,}230} \times 0.07 = 0.0026\text{m} = 2.6\text{mm}$

11

축척 1 : 30,000로 촬영한 카메라의 초점거리가 15cm, 사진의 크기는 23cm×23cm, 종중복도 60%일 때 이 사진의 기선고도비는?

1) 촬영종기선길이 계산

$$B = m \cdot a\left(1 - \frac{p}{100}\right) = 30{,}000 \times 0.23 \times \left(1 - \frac{60}{100}\right) = 2{,}760\text{m}$$

2) 촬영고도 계산 : $H = m \cdot f = 30{,}000 \times 0.23 = 4{,}500\text{m}$

3) 기선고도비 : $\dfrac{B}{H} = \dfrac{2{,}760}{4{,}500} = 0.61$

12

촬영고도 5,000m에서 촬영한 항공사진상에 나타난 건물 정상의 시차를 주점에서 측정하니 19.32mm이고, 건물 밑부분의 시차를 주점에서 측정하니 18.88mm이었다. 한 층의 높이를 3m로 가정할 때 이 건물은 약 몇 층 건물인가?

1) 건물의 높이 계산

$$h=\frac{H}{P_r+\Delta P}\times \Delta P=\frac{5{,}000{,}000}{18.88+(19.32-18.88)}\times(19.32-18.88)=113{,}872\text{mm}$$

2) 층수 계산

대략 114m이고, 1층의 높이가 3m이므로 층수$=\frac{114}{3}=38$층이 된다.

(h : 높이, H : 비행고도, P_a : 정상의 시차, P_r : 기준면의 시차)

13

주점기선장이 밀착 사진에서 7.2cm일 때 18cm×18cm의 공중 사진의 중복도는?

1) 주점기선장 : $b_0=a\left(1-\frac{p}{100}\right)$

2) 중복도 계산 : $p=\left(1-\frac{b_0}{a}\right)\times 100=\left(1-\frac{7.2}{18}\right)\times 100=60\%$

14

축척 1/10,000로 촬영한 수직사진이 있다. 사진의 크기를 23cm×23cm, 종중복도를 60%로 하면 촬영기선의 길이는?

$$B=m\cdot a\left(1-\frac{p}{100}\right)=10{,}000\times 0.23\left(1-\frac{60}{100}\right)=920\text{m}$$

15

표고 300m의 지점을 초점거리 15cm의 카메라로 고도 3,000m에서 촬영된 사진의 축척은 얼마인가?

$M=\frac{1}{m}=\frac{f}{H}=\frac{f}{H-h_1}$에서

$$\frac{f}{H-h_1}=\frac{0.15}{3000-300}=\frac{1}{18{,}000}$$

16

초점거리가 210mm인 사진기로 비고 640m 지점의 기념탑을 1/50,000의 사진축척으로 촬영한 연직사진이 있다. 이때 촬영고도는 얼마인가?

$M=\frac{1}{m}=\frac{f}{H_A}=\frac{f}{H-h_1}$에서 $\frac{1}{m}=\frac{f}{H-h_1}$ $\quad \because H-h_1=m \cdot f$

$\therefore H=m \cdot f+h_1=50{,}000\times 0.210+640=11{,}140\text{m}=11.140\text{km}$

17

지상고도 2,000m의 비행기 위에서 초점거리 152.7mm의 사진기로 촬영한 수직항공 사진에서 길이 50m인 교량의 사진상의 길이는?

1) 축척계산 : $\frac{1}{m}=\frac{f}{H}$에서 $m=\frac{H}{f}=\frac{2{,}000}{0.1527}=\frac{1}{13{,}098}$

2) 도상거리 계산

$$\frac{1}{m}=\frac{l}{L}=\frac{\text{도상거리}}{\text{실제거리}}$$

$$\text{도상거리}=\frac{\text{실제거리}}{m}=\frac{50}{13{,}098}=0.0038\text{m}=3.8\text{mm}$$

18

항공사진의 축척이 1/40,000이고 C-factor가 600인 도화기로 도화작업을 할 때 등고선의 최소 간격은? (단, 사진화면의 거리는 150mm이다.)

1) 촬영고도 계산 : $\frac{1}{m}=\frac{f}{H}$에서

$$H=m\times f=40{,}000\times 0.15=6{,}000\text{m}$$

2) 등고선 최소 간격

$$H=C\times \Delta h$$

여기서, C : 계수(도화기의 성능과 정도를 표시하는 상수)

Δh : 최소등고선의 간격

H : 촬영고도

$$\Delta h=\frac{H}{C}=\frac{6{,}000}{600}=10\text{m}$$

19

광각 카메라를 사용하여 축척 1 : 20,000 사진을 만들었을 때, 등고선 간격이 2m이었다면 C 계수는? (단, 초점거리는 150mm이다.)

1) 촬영고도 계산 : $M=\frac{1}{m}=\frac{f}{H}=\frac{l}{L}$에서

$$H=m\cdot f=20{,}000\times 0.15=3{,}000\text{m}$$

2) C 계수 : $H=C\cdot \Delta h$에서

$$C=\frac{H}{\Delta h}=\frac{3{,}000}{2}=1{,}500$$

여기서, C : 도화기에 따른 상수, Δh : 등고선 간격

20

상호표정에서 과잉수정을 위한 속도율은? (단, 표정점의 투영거리 : 종간격길이=h : d=4 : 2)

Speed Ratio(SR, 속도율)$=\dfrac{h\cdot dw}{h(1+\frac{d^2}{h^2})dw}=\dfrac{1}{1+\frac{2^2}{4^2}}=0.8$

21

완전입체모델에서 상호표정을 하고자 한다. w_2의 인자를 사용했을 때 $\frac{p_2}{p_6}$의 속도율은 얼마인가? (단, $z=-200$mm, $d=100$mm)

$$\frac{p_2}{p_6}=\frac{h\cdot dw}{h(1+\frac{d^2}{z^2})dw}=\frac{1}{1+(\frac{100}{200})^2}=\frac{1}{1+\frac{1}{4}}=\frac{4}{5}=0.8$$

22

초점거리가 150mm, 화면크기가 23cm×23cm인 사진기로 고도 2,000m에서 촬영을 하였다. 촬영된 사진상에서 건물의 높이를 측정하였더니 옥상부분이 15.28mm, 저면부분이 10.13mm 이었다. 이때 건물의 높이를 구하시오. (단, 촬영기선 길이는 1,200m이다.)

Parallax(시차)는 한 쌍의 사진상에 있어서 동일점에 대한 상점이 연직하에서 만나야 되는 한 점에서 생기는 종, 횡의 시각적인 오차를 말한다.

1) 건물의 높이(비고) : $h=\dfrac{H}{P_r+\Delta P}\Delta P$

2) 기준면의 시차 대신 주점기선 길이를 관측한 경우 : $h=\dfrac{H}{b_0+\Delta P}\Delta P$

3) 시차가 주점기선 길이보다 무시할 정도로 작을 때 : $h=\dfrac{H}{b_0}\Delta P$

여기서, H : 비행고도　　P_a : 정상시차
P_r : 기준면시차　　ΔP : 시차차(P_a-P_r)
b_0 : 주점기선 길이

건물의 높이(1번 식을 이용)

$$h=\frac{H}{P_r+\Delta P}\Delta P$$
$$=\frac{2{,}000\text{m}\times 1{,}000\text{mm}}{10.13+(15.28-10.13)}\times(15.28-10.13)$$
$$=674{,}083.8\text{mm}=674.08\text{m}$$

23

촬영고도 3,000m인 밀착사진이 있다. 이 사진에서 비고 400m에 대한 시차차의 크기는 얼마인가? (단, 초점거리 150mm, 사진크기 23cm×23cm, 사진의 종중복도는 60%이다.)

시차공식 : $h=\dfrac{H}{b_0}\Delta P=\dfrac{H}{a(1-\frac{p}{100})}\Delta P$ 에서

$$\Delta P=\frac{a(1-\frac{p}{100})}{H}\times h$$
$$=\frac{0.23\times(1-\frac{60}{100})}{3{,}000}\times 400$$
$$=0.0123\text{m}=12.3\text{mm}$$

24

사진에 나타난 건물 정상의 시차값이 18.00mm, 건물기준 밑부분의 시차값은 16.76mm이었다. 이 건물의 높이는 얼마인가? (단, 촬영고도는 5,000m이다.)

$$h = \frac{H}{P_r + \Delta P} \times \Delta P$$

$$= \frac{5{,}000 \times 1{,}000\,\text{mm}}{16.76 + (18.00 - 16.76)} \times (18.00 - 16.76)$$

$$= 344{,}444.4\,\text{mm} = 344.44\,\text{m}$$

25

동서 30km, 남북 20km인 대상지역을 초점거리 150mm인 항공카메라를 이용하여 비행고도 6,000m에서 촬영하였을 때 입체모델수와 필요한 수평위치 기준점수는? (단, 사진크기는 23cm×23cm, 종중복도 60%, 횡중복도 30%, 촬영은 동서방향으로 한다.)

1) 사진축적 계산 : $M = \frac{1}{m} = \frac{f}{H} = \frac{l}{L}$ 에서

$$M = \frac{1}{m} = \frac{f}{H} = \frac{0.15}{6{,}000} = \frac{1}{40{,}000}$$

2) 종 모델수

$$D = \frac{S_1}{B} = \frac{S_1}{ma\left(1 - \frac{p}{100}\right)}$$

$$= \frac{30 \times 1{,}000}{40{,}000 \times 0.23\left(1 - \frac{60}{100}\right)} = 8.152 = 9\text{모델}$$

3) 횡 모델수

$$D' = \frac{S_2}{C} = \frac{S_2}{ma\left(1 - \frac{q}{100}\right)}$$

$$= \frac{20 \times 1{,}000}{40{,}000 \times 0.23\left(1 - \frac{30}{100}\right)} = 3.106 = 4\text{모델}$$

4) 총 모델수

유효면적 $= D \times D' = 9 \times 4 = 36$모델

5) 삼각점(수평위치기준점) 수

유효면적=총 모델수×2=36×2=72

26

비고 300m이고 20km×40km인 면적의 지역을 해발고도 3,300m에서 초점거리 150mm의 카메라로 촬영했을 때 사진의 매수는? (단, 종중복 60%, 횡중복 30%, 사진크기 23cm×23cm, 안전율은 무시하고, 입체모델의 면적으로 간이법으로 계산한다.)

1) 축척계산 : $M=\frac{1}{m}=\frac{f}{H\pm h}=\frac{l}{L}$에서

$$M=\frac{f}{H-h}=\frac{0.15}{3,300-300}=\frac{1}{20,000}$$

2) 안전율을 고려하지 않았을 경우

① 유효면적 : $A_0=(ma)^2(1-\frac{p}{100})(1-\frac{q}{100})$

$$=(20,000\times0.23)^2(1-\frac{60}{100})(1-\frac{30}{100})$$

$$=5,924,800\text{m}^2=5.925\text{km}^2$$

② 사진매수(간이법으로 계산)

사진매수 $=\frac{F}{A_0}=\frac{20\times40}{5.925}=135.02=136$매

27

동서로 약간 긴 면적 386km²를 초점거리 153mm, 사진크기 23cm×23cm의 카메라로, 고도 2,300m에서 종중복도 60%, 횡중복도 30%로 촬영하면 사진매수는 얼마인가? (단, 안전율은 35%)

1) 사진축척 : $M=\frac{1}{m}=\frac{f}{H}=\frac{l}{L}$에서

$$\frac{1}{m}=\frac{f}{H}=\frac{0.153}{2300}=\frac{1}{15032.68}$$

2) 촬영 종기선 길이 : $B=ma(1-\frac{p}{100})$

$$=15032.68\times0.23\times(1-\frac{60}{100})=1,383.00\text{m}$$

3) 촬영 횡기선 길이 : $B=ma(1-\frac{q}{100})$

$$=15032.68\times0.23\times(1-\frac{30}{100})=2,420.26\text{m}$$

4) 안전율을 고려한 경우

① 유효면적(A_0) : $A_0=(ma)^2(1-\frac{p}{100})(1-\frac{q}{100})$

$=(15032.68\times0.23)^2\times(1-\frac{60}{100})\times(1-\frac{30}{100})$

$=3{,}347{,}237.504\text{m}^2=3.347\text{km}^2$

② 사진매수 : $N=\frac{F}{A_0}\times(1+\text{안전율})$

$=\frac{386}{3.347}\times(1+0.35)=155.69$매

28

가로 27km, 세로 9km의 토지를 축척 1 : 20,000으로 항공사진을 촬영할 때에 입체 모델수는 얼마인가? (단, 23cm×23cm의 광각사진이며, 종중복도 60%, 횡중복도 30%이다.)

1) 종 모델수(D)

$$D=\frac{S_1}{B}=\frac{S_1}{ma(1-\frac{p}{100})}=\frac{27{,}000}{20{,}000\times0.23\times(1-\frac{60}{100})}=14.67=15\text{모델}$$

2) 횡 모델수(D')

$$D'=\frac{S_2}{C}=\frac{S_2}{ma(1-\frac{q}{100})}=\frac{9{,}000}{20{,}000\times0.23\times(1-\frac{30}{100})}=2.79=3\text{모델}$$

3) 총 모델수

유효면적$=D\times D'=15\times3=45$모델

29

평지를 촬영고도 4,500m에서 촬영한 연직사진의 종중복도가 60%, 횡중복도가 30%일 때, 이 연직사진의 유효모델의 면적은? (단, 사진면의 크기=23cm×23cm, 초점거리=150mm)

1) 사진종기선길이 : $0.23\times(1-\frac{60}{100})=0.092\text{m}$

2) 사진횡기선길이 : $0.23\times(1-\frac{30}{100})=0.161\text{m}$

3) 실제 종축지상길이$=\frac{h}{f}\times$사진상종축길이$=\frac{4,500}{0.150}\times 0.092=2,760\text{m}=2.760\text{km}$

4) 실제 횡축지상길이$=\frac{h}{f}\times$사진상횡축길이$=\frac{4,500}{0.150}\times 0.161=4,830\text{m}=4.830\text{km}$

5) 실제 유효모델면적$=2.76\text{km}\times 4.83\text{km}=13.3\text{km}^2$

30

사진크기 23cm×23cm인 항공사진에서 주점기선장이 10.5cm라면 인접사진과의 중복도는 얼마인가?

1) 주점기선 길이$(b_0)=a(1-\frac{p}{100})$에서

2) 중복도 계산 : $p=(1-\frac{b_0}{a})\times 100=(1-\frac{10.5}{23})\times 100=54\%$

31

초점거리 150mm, 사진크기 23cm×23cm의 카메라를 사용하여 촬영고도 3,000m에서 촬영한 평지에 대한 연직사진에서 서로 이웃하는 2장의 사진의 주점 간 거리를 1 : 25,000 지형도상에서 측정하니 80.6mm인 경우 이 사진의 종중복도는?

1) 사진기의 축척 : $M=\frac{1}{m}=\frac{f}{H}=\frac{l}{L}$에서

$$\frac{1}{m}=\frac{f}{H}==\frac{0.15}{3,000}=\frac{1}{20,000}$$

2) 촬영종기선길이$(B)=m\times b_0=25,000\times 0.0806=2,015\text{m}$

[주점기선길이$(b_0)=a(1-\frac{p}{100})$]

3) 종중복도 계산 : $B=ma(1-\frac{p}{100})$이므로

$$1-\frac{p}{100}=\frac{B}{ma}$$

$$\frac{p}{100}=1-\frac{B}{ma}$$

$$\therefore\ p=(1-\frac{B}{ma})\times 100=(1-\frac{2,015}{20,000\times 0.23})\times 100=56\%$$

32

지상에서 두 지점 A, B를 관측한 결과 수평거리가 1,000m로 측정되었다. 두 지점을 화면의 크기가 23cm×23cm인 사진기로 촬영한 연직사진상에서 관측한 결과 8cm로 측정되었다. 이 연직사진을 도화하기 위한 도화기의 C 계수가 1,500일 때, 이 도화기로 도화할 수 있는 최소등고선 간격이 1.5m였다면 기선고도비는 얼마인가? (단, 종중복은 60%, 횡중복은 30%, 계산은 소수 4자리에서 반올림할 것)

1) 축척 계산 : $M=\dfrac{1}{m}=\dfrac{f}{H}=\dfrac{l}{L}$ 에서

$$\frac{1}{m}=\frac{l}{L}=\frac{0.08}{1,000}=\frac{1}{12,500}$$

2) 비행고도 계산 : $H=C\cdot\Delta h=1,500\times1.5=2,250\text{m}$

3) 기선고도비 계산 : $\dfrac{B}{H}=\dfrac{ma(1-\frac{p}{100})}{H}=\dfrac{12,500\times0.23\times(1-\frac{60}{100})}{2,250}=0.511$

33

사진크기 23cm×23cm, 축척 1 : 10,000, 종중복도 60%로 초점거리 210mm인 사진기에 의해 평탄한 지형을 촬영하였다. 이 사진의 기선고도비는 얼마인가?

1) 촬영고도 계산 : $M=\dfrac{1}{m}=\dfrac{f}{H}=\dfrac{l}{L}$ 에서

$$H=m\cdot f$$

2) 촬영기선길이 : $B=m\cdot b_0=ma(1-\dfrac{p}{100})$

3) 주점기선길이 : $b_0=a(1-\dfrac{p}{100})$

4) 기선고도비 : $\dfrac{B}{H}=\dfrac{ma(1-\frac{p}{100})}{m\cdot f}=\dfrac{a(1-\frac{p}{100})}{f}=\dfrac{0.23\times(1-\frac{60}{100})}{0.21}=0.44$

34

초점거리 150mm의 카메라를 사용하여 종중복도 60%와 23cm×23cm 크기의 사진 포맷으로 수직촬영을 하였다. 촬영기선 길이에 대한 촬영고도의 기선고도비($\frac{B}{H}$)와 과고감을 구하시오. (단, 입체시의 기선고도비($\frac{b_e}{h}$)는 0.20이다.)

1) 축척계산 : $M=\frac{1}{m}=\frac{f}{H}=\frac{l}{L}$ 에서

$$m=\frac{H}{f}$$

2) 기선고도비 : $\frac{B}{H}=\frac{ma(1-\frac{p}{100})}{H}=\frac{\frac{H}{f}a(1-\frac{p}{100})}{H}$

$$=\frac{a(1-\frac{p}{100})}{f}=\frac{0.23\times(1-\frac{60}{100})}{0.150}=0.61$$

3) 과고감 계산 : 과고감$(V)=(\frac{B}{H})\times(\frac{h}{b_e})=0.61\times\frac{1}{0.2}=3.05$

35

촬영고도 750m에서 촬영한 사진상에 굴뚝의 윗부분이 연직점으로부터 80mm 떨어져 나타나 있으며, 굴뚝의 변위가 2.5mm일 때 굴뚝의 높이는 얼마인가?

기복변위(relief displacement) : 대상물(또는 지표면)에 기복이 있을 경우 연직으로 촬영하여도 축척은 동일하지 않으며, 사진면에서 연직점을 중심으로 방사상의 변위가 생기는데 이를 기복변위라 한다.

1) 기복변위 공식 : $\Delta r=\frac{h}{H}r$

여기서, Δr : 기복변위량, h : 비고, H : 촬영고도, r : 비고

2) 굴뚝의 높이 계산

$$h=\frac{\Delta r}{r}H=\frac{2.5}{80}\times(750\times1,000)=2343.75\text{mm}=23.4\text{m}$$

36

초점거리 152mm인 연직사진상에서 어느 평지에 대한 사진축척이 1 : 20,000이다. 연직점에서의 거리가 70mm, 표고차가 250m인 지점의 기복변위량은?

1) 촬영고도 계산 : $M=\frac{1}{m}=\frac{f}{H}=\frac{l}{L}$ 에서

$$H=m\cdot f=20{,}000\times 0.152=3{,}040\text{m}$$

2) 기복변위 : $\Delta r=\frac{h}{H}\times r$

$$=\frac{250}{3{,}040}\times 0.0700=0.0058\text{m}=5.8\text{mm}$$

37

지면이 비고 40m인 산악지에 있어서 초점거리 15.3cm의 사진기로 촬영한 사진이 23cm×23cm의 크기로 축척이 1 : 20,000이었다. 이 사진의 비고에 의한 최대 기복변위는?

1) 촬영고도 계산 : $M=\frac{1}{m}=\frac{f}{H}=\frac{l}{L}$ 에서

$$H=m\cdot f=20{,}000\times 0.153=3{,}060\text{m}$$

2) 최대 화면 연직점에서의 거리 : $r_{max}=\frac{\sqrt{2}}{2}a=\frac{\sqrt{2}}{2}\times 0.23=16.26\text{cm}$

3) 최대 기복변위 계산 : $\Delta r_{max}=\frac{h}{H}\times r_{max}$

$$=\frac{40}{3{,}060}\times 0.1626=0.0021=0.21\text{cm}$$

38

축척 1 : 30,000 지도상에서 $\overline{ab}$의 길이가 6cm였다. 초점거리 150mm, 화면크기 23cm×23cm인 사진기로 촬영한 연직사진상에서 이 $\overline{ab}$를 관측한 결과 8cm였다면 이 값들을 이용하여 다음 물음에 답하시오. (단, 종중복은 60%, 횡중복은 30%이며 계산은 소수 반올림을 하여 거리는 m 단위까지, 면적은 m^2 단위까지 구할 것)

1) 사진축척 **2) 촬영고도**

3) 촬영기선길이 **4) 촬영경로간격**

5) 1장의 사진에 찍히는 지상면적

1) 사진축척 : $M=\frac{1}{m}=\frac{f}{H}=\frac{l}{L}$ 에서

① $\frac{1}{m}=\frac{l}{L}=\frac{\text{도상거리}}{\text{실제거리}}$ 에서

$\frac{1}{30,000}=\frac{0.06}{x}$

∴ 실제거리(L)=30,000×0.06=1,800m

② $\frac{1}{m}=\frac{l}{L}=\frac{0.08}{1,800}=\frac{1}{22,500}$

2) 촬영고도 : $\frac{1}{m}=\frac{f}{H}$ 에서

$\frac{1}{22,500}=\frac{0.15}{H}$

∴ 22,500×0.15=3,375m

3) 촬영기선길이 : $B=ma(1-\frac{P}{100})=22,500\times0.23\times(1-\frac{60}{100})=2,070\text{m}$

4) 촬영경로간격(촬영횡기선길이)

$C=ma(1-\frac{q}{100})=22,500\times0.23\times(1-\frac{30}{100})=3,622.5\text{m}$

5) 1장의 사진에 찍히는 지상면적

$A=(m\cdot a)(m\cdot a)=(m\cdot a)^2=(22,500\times0.23)^2=26,780,625\text{m}^2$

39

축척이 1 : 30,000인 지도상에서 두 점 a, b의 길이가 5cm였다. 초점거리 150mm, 화면의 크기 23cm×23cm인 사진기로 촬영한 연직 사진상에서 이 $\overline{ab}$를 관측한 결과 6cm였을 때 다음 사항을 구하시오. (단, 종중복은 60%, 횡중복은 30%이며 계산은 소수 반올림을 하여 거리는 m 단위까지, 면적은 m^2 단위까지 구할 것)

1) 사진의 축척
2) 촬영고도
3) 촬영기선길이
4) 촬영경로간격
5) 1장의 사진에 찍히는 지상면적

1) 사진의 축척 계산 : $M=\frac{1}{m}=\frac{f}{H}=\frac{l}{L}$ 에서

① $L=m\cdot l=30,000\times0.05=1,500\text{m}$

② $M=\frac{1}{m}=\frac{l}{L}=\frac{0.06}{1,500}=\frac{1}{25,000}$

2) 촬영고도 : $\frac{1}{m}=\frac{f}{H}$ 에서

$H=m\times f=25,000\times0.15=3,750\text{m}$

3) 촬영기선길이 : $B_0=ma(1-\frac{p}{100})=25{,}000\times 0.23(1-\frac{60}{100})=2{,}300\text{m}$

4) 촬영경로간격(촬영횡기선 길이) : $C_0=ma(1-\frac{q}{100})=25{,}000\times 0.23\times(1-\frac{30}{100})=4{,}025\text{m}$

5) 1장의 사진에 찍히는 지상면적(유효면적)

$$A_0=(ma)^2(1-\frac{p}{100})(1-\frac{q}{100})$$

$$=(25{,}000\times 0.23)^2\times(1-\frac{60}{100})\times(1-\frac{30}{100})=9{,}257{,}500\text{m}^2$$

40

가로 30km, 세로 40km인 장방형의 지역을 초점거리 150mm, 화면크기 23cm×23cm의 엄밀 수직사진으로 찍은 항공사진상에서 삼각점 a, b의 거리가 160.0mm이고, 이에 대응하는 삼각점의 평면좌표 (x, y)는 A(34,763.49m, 33,545.10m), B(32,763.49m, 31,309.03m)이다. 비행코스 방향의 중복도를 60%로 하며, 비행코스 간의 중복도를 30%로 하였다. 다음 요구사항에 답하시오.

1) 사진축척

2) 촬영기선의 길이

3) 촬영경로 간의 길이

4) 사진 1매의 피복면적

5) 사진의 매수

1) 사진축척 : $M=\frac{1}{m}=\frac{f}{H}=\frac{l}{L}$에서

① $\overline{AB}=\sqrt{(\Delta x)^2+(\Delta y)^2}=\sqrt{(2{,}000)^2+(2236.07)^2}=3{,}000.00\text{m}$

② $\frac{1}{m}=\frac{l}{L}=\frac{0.16}{3{,}000}=\frac{1}{18{,}750}$

2) 촬영기선의 길이 : $B=ma(1-\frac{p}{100})=18{,}750\times 0.23\times(1-\frac{60}{100})=1{,}725.00\text{m}$

3) 촬영경로 간의 길이 : $C=ma(1-\frac{q}{100})=18{,}750\times 0.23\times(1-\frac{30}{100})=3{,}018.75\text{m}$

4) 사진 1매의 피복면적

$A=(m\cdot a)\times(m\cdot a)=(m\cdot a)^2=(18{,}750\times 0.23)^2=18{,}597{,}656.25\text{m}^2=18.60\text{km}^2$

5) 사진의 매수

① 종 모델수$(D)=\frac{S_1}{B}=\frac{30\times 1{,}000}{1{,}725}=17.4=18$ 모델

② 횡 모델수$(D')=\frac{S_2}{C}=\frac{40\times 1{,}000}{3{,}018.75}=13.25=14$모델

③ 사진매수$=(D+1)\times D'=(18+1)\times 14=266$매

41

항공사진의 평균촬영고도가 3,000m, 초점거리가 150mm, 필름 포맷의 크기가 23cm×23cm, 종중복도가 60%, 횡중복도가 30%일 때, 다음 요구사항을 구하시오.
1) 사진축척 **2) 사진 한 장의 지상피복면적**
3) 지상 모델 면적

1) 사진축척 : $M=\frac{1}{m}=\frac{f}{H}=\frac{l}{L}$ 에서

$$\frac{1}{m}=\frac{f}{H}=\frac{0.15}{3,000}=\frac{1}{20,000}$$

2) 사진 한 장의 지상피복면적

지상피복면적$(A_0)=(m \cdot a)^2=(20,000\times 0.23)^2=21,160,000\text{m}^2=21.2\text{km}^2$

3) 지상 모델 면적 : $A_0=(m \cdot a)^2(1-\frac{p}{100})(1-\frac{q}{100})$

$$=(20,000\times 0.23)^2(1-\frac{60}{100})(1-\frac{30}{100})=59,424,800\text{m}^2=5.92\text{km}^2$$

42

촬영고도 3,000m, 초점거리 150mm의 카메라를 사용하여 수직사진을 획득하였다. 대상점 A, B에 상응하는 상점을 a, b라 하고 이들의 사진좌표는 X_a=-62.36mm, Y_a=-58.28mm, X_b=50.63mm, Y_b=43.87mm, A와 B의 표고가 203m와 165m라고 할 경우 $\overline{AB}$의 지상수평거리를 구하시오. (단, 소수 3자리에서 반올림하여 소수 2자리까지 구할 것)

1) 축척계산 : $\frac{1}{m}=\frac{f}{H}=\frac{l}{L}$ 에서

$$\frac{1}{m}=\frac{0.150}{3,000}=\frac{1}{20,000}$$

2) $\overline{AB}$의 거리 : 사진상 $\overline{ab}=\sqrt{\Delta x^2+\Delta y^2}=\sqrt{(112.99)^2+(102.15)^2}=152.32\text{mm}=0.15\text{m}$

$\Delta x=(X_a-X_b)=-62.36-50.63=-112.99\text{mm}$

$\Delta y=(Y_a-Y_b)=-58.28-43.87=-102.15\text{mm}$

$\frac{1}{m}=\frac{l}{L}$ 에서 $\frac{1}{20,000}=\frac{0.15}{L}$

$\therefore L=20,000\times 0.15=3,000\text{m}$

3) $\overline{AB}$ 지표면상 수평거리$=\sqrt{(AB\text{ 거리})^2-h^2}=\sqrt{(3,000)^2-(203-165)^2}=2999.76\text{m}$

$\therefore$ $\overline{AB}$ 수평거리$=2999.76\text{m}$

43

동서 30km, 남북 20km인 사각형의 촬영지역을 횡중복도 30%, 종중복도 60%로 촬영하였다. 이 작업에 필요한 삼각점의 수는 최소 몇 점이 있어야 하는가? (단, 사진의 크기 23cm×23cm, 초점거리 150mm, 촬영고도 3,000m이고 엄밀법으로 계산하고 촬영은 동서방향으로 한다.)

1) 사진축척 : $M=\frac{1}{m}=\frac{f}{H}=\frac{0.15}{3000}=\frac{1}{20,000}$

2) 종모델수 : $D=\frac{S_1}{B}=\frac{S_1}{ma(1-\frac{p}{100})}=\frac{30,000\text{m}}{20,000\times 0.23\times(1-\frac{60}{100})}=16.304=17$모델

3) 횡모델수 : $D=\frac{S_1}{C_0}=\frac{S_1}{ma(1-\frac{q}{100})}=\frac{20,000\text{m}}{20,000\times 0.23\times(1-\frac{30}{100})}=6.211=7$모델

4) 총모델수=종모델수×횡모델수$=17\times 7=119$모델

5) 삼각점(수평위치기준점) 수 : 유효면적=총모델수×2$=119\times 2=238$점

44

초점거리 150mm인 광각사진기로 촬영고도 4,500m에서 종중복도 60%, 횡중복도 30%인 가로 50km, 세로 30km인 지역을 촬영하려고 한다. 사진크기가 23cm×23cm일 때, 안전율을 고려한 경우의 사진매수와 안전율을 고려하지 않는 경우에 대한 기준점 측량 작업량을 구하시오. (단, 안전율은 30%이다.)

- 촬영경로의 촬영 중 임의의 촬영점으로부터 다음 촬영점까지의 실제거리를 촬영종기선길이(air base) B라 하며, 촬영경로 간격을 나타내는 C를 촬영횡기선길이라 한다.
- 주점기선길이는 인접하는 중복사진에서 첫째 사진 주점과 둘째 사진의 주점 간의 사진상에서의 길이이다.

1) 사진축척 : $M=\frac{1}{m}=\frac{f}{H}=\frac{0.15}{4,500}=\frac{1}{30,000}$

2) 촬영종기선길이 : $B=m\cdot a(1-\frac{p}{100})=30,000\times 0.23\times(1-\frac{60}{100})=2,760\text{m}$

3) 촬영횡기선길이 : $C=m\cdot a(1-\frac{q}{100})=30,000\times 0.23\times(1-\frac{30}{100})=4,830\text{m}$

4) 안전율을 고려한 경우

유효입체모형면적 $A_0 = (m \cdot a)^2 (1 - \frac{p}{100})(1 - \frac{q}{100}) = B \times C$

$= 2{,}760 \times 4{,}830 = 13{,}330{,}800\text{m}^2 = 13.331\text{km}^2$

사진매수 $N = \frac{F}{A_0} \times (1 + \text{안전율}) = \frac{50 \times 30}{13.331}(1 + 0.3) = 146.28 = 147$매

5) 안전율을 고려하지 않은 경우

① 단 촬영경로의 입체모형수$(D) = \frac{\text{촬영경로의 종방향길이}}{\text{촬영기선길이}(B)} = \frac{50}{2.76} = 18.12 = 19$

② 촬영경로수$(D') = \frac{\text{촬영경로의 횡방향길이}}{\text{촬영 횡기선길이}(C)} = \frac{30}{4.83} = 6.21 = 7$

③ 복 촬영경로의 입체모형수(총모델수) : $N_m = D \times D' = 19 \times 7 = 133$입체모형

④ 복 촬영경로의 사진매수 : $N = (D+1) \times D' = (19+1) \times 7 = 140$매

⑤ 삼각점수=입체모형수×2=133×2=266점

⑥ 수준측량거리

$= [\text{촬영경로의 종방향길이} \times (2 \times \text{촬영경로수} + 1) + (\text{촬영경로의 횡방향길이} \times 2)]$

$= 50 \times (2 \times 7 + 1) + 30 \times 2 = 810\text{km}$

45

초점거리 88mm인 초광각 사진기로 촬영고도 3,000m에서 종중복도 60%, 횡중복도 30%로 가로 50km, 세로 40km인 지역을 촬영하려고 한다. 사진크기가 23cm×23cm일 때 촬영계획을 수립하시오. (단, 안전율 30%)

1) 사진축척$(M) = \frac{1}{m} = \frac{f}{H} = \frac{88\text{mm}}{3{,}000\text{m}} = \frac{0.088}{3{,}000} = \frac{1}{34{,}091}$

2) 촬영기선길이$(B) = ma(1 - \frac{p}{100}) = 34{,}091 \times 0.23(1 - \frac{60}{100}) = 3136.37\text{m}$

3) 촬영횡기선길이$(C_0) = ma(1 - \frac{q}{100}) = 34{,}091 \times 0.23(1 - \frac{30}{100}) = 5488.65\text{m}$

4) 안전율을 고려한 경우

① 유효면적$(A_0) = (m \cdot a)^2 (1 - \frac{p}{100})(1 - \frac{q}{100}) = 17.21\text{km}^2$

② 사진매수$(N) = \frac{F}{A_0} \times 1.3 = \frac{50 \times 40}{17.21} \times 1.3 = 157.07 \fallingdotseq 158$매

5) 안전율을 고려하지 않은 경우

① 종모델수$(D) = \frac{S_1}{B} = \frac{50\text{km}}{3.136\text{km}} = 15.94 \fallingdotseq 16$모델

② 횡모델수$(D') = \frac{S_2}{C_0} = \frac{40\text{km}}{5.488\text{km}} = 7.29 \fallingdotseq 8$모델

③ 총모델수 $= D \times D' = 16 \times 8 = 128$모델
④ 사진매수 $= (D+1) \times D' = (16+1) \times 8 = 136$매
⑤ 삼각점수 $=$ 모델수 $\times 2 = 128 \times 2 = 256$점
⑥ 수준측량거리 $= 50 \times (2 \times 9 + 1) + (40 \times 2) = 930$km

46

수치사진측량을 수행하기 위해 모니터상의 영상좌표로 A점에 대해 (150pixels, 200pixels)을 획득하였다. (단, 1pixels의 크기는 0.007mm이고 한 사진의 크기는 4,000×2,800pixels이며 계산은 소수 셋째 자리에서 반올림할 것)

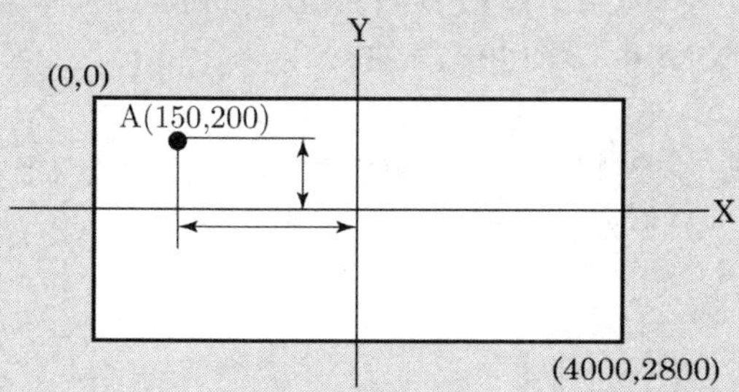

1) X_A= ________ mm **2) X_B= ________ mm**

1) 픽셀 크기 계산
① 전체 픽셀 크기
4,000×0.007=28mm
2,800×0.007=19.6mm
② A점 픽셀 크기
150×0.007=1.05mm
200×0.007=1.4mm

2) X_A, Y_A 계산
$X_A = 14 - 1.05 = -12.95$mm, $X_B = 9.8 - 1.4 = 8.4$mm

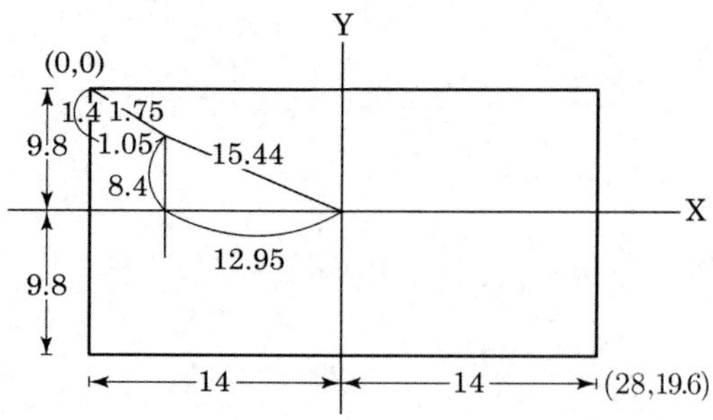

47

입체영상을 해석하기 위한 기계식 도화에서는 내부표정, 상호표정, 절대표정을 수행하게 되는데 각 표정단계에 해당하는 내용을 선택하시오.

① 건판신축 보정
② 수준면(또는 경사조정의 결정)
③ 주점거리의 조정
④ 렌즈왜곡의 보정
⑤ 절대위치의 결정
⑥ 대기굴절 보정
⑦ 지구곡률 보정
⑧ 위치·방위의 결정
⑨ 사진주점을 투영기 중심에 일치
⑩ 종시차 소거
⑪ 축척의 결정

1. 내부표정(①, ③, ④, ⑥, ⑦, ⑨)
2. 상호표정(⑩)
3. 절대표정(②, ⑤, ⑧, ⑪)

[표정의 종류]

1. 내부표정
   ① 사진주점을 생성
   ② 화면거리(f)의 조정
   ③ 건판신축, 대기굴절, 지구곡률, 렌즈수차 보정
2. 외부표정
   1) 상호표정
      ① 5개의 표정인자(κ, ϕ, ω, b_y, b_x)
   2) 절대표정
      ① 7개의 표정인자(λ, κ, ϕ, ω, S_x, S_y, S_z)
      ② 축척의 결정
      ③ 위치·방위의 결정
      ④ 표고·경사의 결정
   3) 접합표정
      ① 7개의 표정인자(λ, κ, ϕ, ω, C_x, C_y, C_z)
      ② 모델 간, 스트립 간의 접합

48

다음과 같은 3×3 크기의 영상자료에 sobel edge 추출 연산자를 적용하면 중앙 위치에 할당될 값은?

4	6	9
7	2	8
3	9	4

Sobel mask

수직마스크

−1	0	1
−2	0	2
−1	0	1

수평마스크

1	2	1
0	0	0
−1	−2	−1

−4	0	9
−14	0	16
−3	0	4

4	12	9
0	0	0
−3	−18	−4

수직과 수평값과 위 기본의 같은 위치값을 곱한다.

9개의 수를 개별적으로 더해주고 절대값을 산출하면 8(수직)+0(수평)이라는 값이 나온다.

−4	0	9	5
−14	0	16	2
−3	0	4	1
			8ⓐ

4	12	19	
0	0	0	
−3	−18	−4	
1	−6	5	0ⓑ

ⓐ+ⓑ=8

− 1차 미분에 의한 에지 추출방법 : $\nabla G \approx |G_x| + |G_y|$

∴ 중앙 위치에 할당될 값은 8이다.

※ 소벨(Sobel) 에지 추출

X =

-1	0	1
-2	0	2
-1	0	1

수직 마스크

Y =

1	2	1
0	0	0
-1	-2	-1

수평 마스크

① 에지 추출의 가장 대표적인 1차 미분 연산자 중 하나
② 소벨 마스크의 특징
- 모든 방향의 에지 추출
- 돌출한 화소값을 비교적 평균화하므로 잡음에 대체적으로 강함
- 수직 수평 방향 에지보다 대각선 방향 에지에 더 민감하게 반응

③ 소벨 마스크의 크기 3×3으로 고정된 것은 아님

49

다음과 같은 3×3 크기의 수치영상에 중앙값 필터를 적용할 경우 정중앙 픽셀에 할당될 값은?

204	212	234
201	100	198
167	200	210

중앙값 필터(median filter)

1) 중앙값 필터(median filter)는 영상에서 잡음, 특히 산탄잡음(shot noise : 영상과 아무 관계가 없는 밝기값)을 제거하는 데 효과적이다.
2) 중앙값 필터는 이웃 화소에 대해 최소부터 최대까지 순서대로 나열해서 그 중에 중앙값을 선택한다.

100	167	198	200	**201**	204	210	212	234

3) 중앙 픽셀에 할당될 값은 201이다.

50

다음과 같은 영상에 3×3 평균필터를 적용하면 영상에서 행렬 (2, 2)의 위치에 생성되는 영상소 값은?

45	120	24
35	32	12
22	16	18

				열 합계
	45	120	24	189
	35	32	12	79
	22	16	18	56
행 합계	102	168	54	324

2행 2열 위치(32)에 생성되는 영상소 값

행렬$(3 \times 3) = 9$

$\therefore \frac{324}{9} = 36$

51

다음 수치영상의 영상변환방법이 아닌 것은?

1) 푸리에(Fourier) 변환 **2) 호텔링(Hotelling) 변환**

3) 특성(character) 변환 **4) 월시(Walsh) 변환**

수치영상변환방법

1) 푸리에 변환(Fourier Transforms)
   ① 시간에 대한 함수를 주파수에 대한 함수로 변환
   ② 이 변환을 통해 미분이나 적분이 쉽게 계산이 가능하다.
2) 호텔링 변환(Hotelling Transforms)
   ① Vector 표현의 통계적 속성에 기반을 둔다.
   ② 자료량의 축소와 영상의 회전에 응용
   ③ Random vector의 모집단 고려
3) 월시 변환(Walsh Transforms)
   ① 삼각함수를 기본으로 하는 푸리에 변환과는 다르게 Walsh 변환은 +1과 −1의 값을 가지는 급수전개를 기본함수로 구성
   ② 데이터 수를 N이 N=2일 때 discrete Walsh transform은 W(u)로 표시되고, kernel g(x,u)를 대치함으로써 결정
4) Discrete Cosine Transform(DCT : 이산 코사인 변환)
   ① 변환행렬의 제1행 전부를 1, 제2행 이후는 (3.5−45)식의 요소를 이용한 직교변환

② 모든 함수는 cosine 함수의 조합으로 표현 가능
③ 허수 부분을 제외한 실수부분만을 취함
④ 실제적 구현상 적합한 모양을 띰
⑤ Inverse function의 모양이 계수의 위치만 틀림
⑥ Image date compression을 위한 방법으로 선택

5) Slant Transform(경사 변환)
① 이산적 톱니파 모양의 벡터를 가진 변환
② 화상 중에서의 라인에 따른 완만한 농도변화를 효율적으로 표현 가능

6) Haar Transform
① practice에 유용하지 않은 변환으로 잘 알려져 있지 않다.
② Haar function인 hk(z)가 기본
③ 변환 결과가 원화상의 전체 화소의 값에 따라서 결정되는 영역과, 원화상의 일부분의 화소값에 따라서 결정되는 영역으로 구성된다.

52

60%의 종중복도로 촬영된 5장의 연속된 항공사진에 가운데(3번째) 사진에 나타나는 종접합점의 최대 개수는?

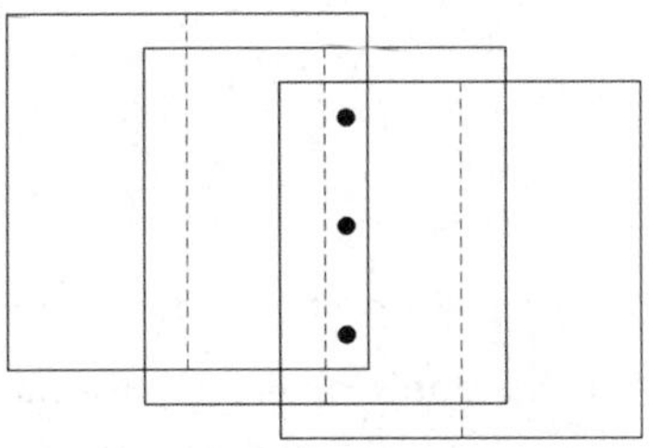

60%로 중복시키면 3번째 사진까지 3번 중복되므로 종접합점의 개수는 3×3=9점이 된다.

53

어떤 지상물체의 분광반사율이 57%라고 가정할 때 임의의 전자기 복사에너지 파장대에서 그 지상물체에서 반사되는 복사에너지가 15.3Wm^{-2}sr^{-1}이었다면 이 지상물체로 입사되는 총 복사에너지는?

1) Albedo는 입사광에 대한 반사광 강도의 비 : $57\% = \dfrac{15.3\text{Wm}^{-2}\text{sr}^{-1}}{\text{입사광 강도}}$

2) 입사광 에너지$= \dfrac{15.3}{0.57} = 26.842\text{Wm}^{-2}\text{sr}^{-1}$

54

지역 1, 2, 3에 대해서 LANDSAT-7의 3번(RED)과 4번(NIR) 밴드의 화소값을 구한 결과가 아래와 같다. 각 지역의 정규화 식생지수(NDVI)값으로 옳은 것은?

화소값 \ 지역	지역 1	지역 2	지역 3
밴드 3(가시광선, Red)	100	100	20
밴드 4(근적외선, NIR)	100	250	15

식생지표(植生指標)란 기상위성이나 지구관측위성의 화상자료로부터 지구규모의 식생분포 상황을 파악하기 위한 것이다.

정규화 식생지표(正規化植生指標 : Normalized Difference Vegetation Index, NDVI)

$$NDVI=\frac{NIR-VIS}{NIR+VIS}$$

여기서, NIR : 근적외역의 관측치

VIS : 가시역의 관측치(분광되고 있는 경우는 적색역)

지역 1	지역 2	지역 3
$\frac{100-100}{100+100}=0$	$\frac{250-100}{250+100}=0.428$	$\frac{15-20}{15+20}=-0.14$

55

항공사진의 사진좌표를 결정하기 위해 선형등각사상변환식(Linear conformal transformation 또는 Similarity transformation)을 이용하여 내부표정요소를 계산하여 다음과 같은 결과를 얻었다. 이 경우 Comparator(좌표측정기)에서 측정한 어떤 점의 기계좌표값이 $x=25$cm, $y=30$cm, 원점이동량은 기계좌표에서 사진좌표로 이동할 때 이 점의 사진좌표값을 계산하시오. (단, 단위는 cm로 계산하고, 반올림하여 2자리까지 구할 것)

원점이동량	$x_o=-30$cm, $y=-40$cm
축척	S=0.85
회전각	$\theta=10°$(반시계방향)

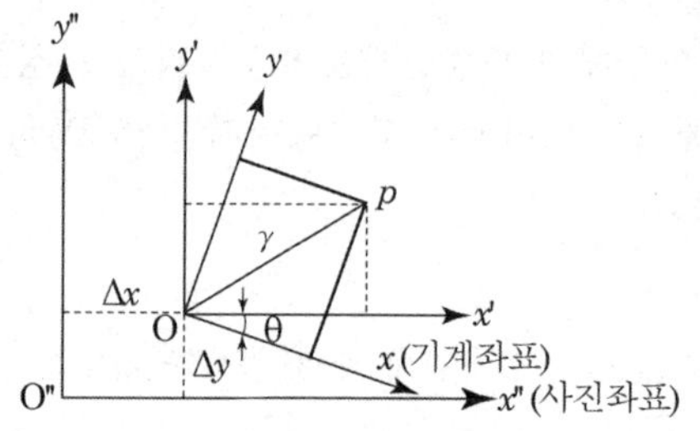

2차원 등각사상변환은 축척변환(Scaling), 회전(Rotation), 평형변위(Translation)의 세 단계로 이루어지며 변환의 영향은 위치 및 방향의 간단한 변환에서 각 좌표축에 대하여 일정한 크기의 축척변환(모양의 변화는 없음) 및 모양의 변화, 비선형 차수에 의한 크기 변화까지 변환한다. 여기서는 축척변환(Scaling), 회전(Rotation), 평형변위(Translation) 이동량을 고려한 좌표변환은 2차원 등각사상변환(2D Conformal Transformation)을 이용하여 회전변환한 후 평행이동을 실시하여 구한다.

$$\begin{bmatrix} x \\ y \end{bmatrix}_{사진좌표} = S \cdot R \begin{bmatrix} x' \\ y' \end{bmatrix}_{기계좌표} + \begin{bmatrix} x_o \\ y_o \end{bmatrix}$$

$$= 0.85 \begin{bmatrix} \cos10° & \sin10° \\ -\sin10° & \cos10° \end{bmatrix} \begin{bmatrix} 25 \\ 30 \end{bmatrix} + \begin{bmatrix} 30 \\ 40 \end{bmatrix}$$

→ 원점 이동량 ($\begin{bmatrix} 30 \\ 40 \end{bmatrix}$)
→ 기계 좌표값 ($\begin{bmatrix} 25 \\ 30 \end{bmatrix}$)

①식

$$= 0.85 \begin{bmatrix} \cos10° \times 25 \\ \sin10° \times 30 \end{bmatrix}$$

$$= 0.85 \times \cos10° \times 25 = 20.93$$
$$0.85 \times \sin10° \times 30 = 4.43$$
$$\therefore 20.93 + 4.43 = 25.36$$

좌표이동량이 30cm이므로 25.36 + 30 = 55.36cm

②식

$$= 0.85 \begin{bmatrix} -\sin10° \times 25 \\ \cos10° \times 30 \end{bmatrix}$$

$$= 0.85 \times (-\sin10°) \times 25 = -3.69$$
$$0.85 \times \cos10° \times 30 = 25.11$$
$$\therefore 25.11 - 3.69 = 21.42\text{cm}$$

좌표이동량이 40cm이므로 21.42 + 40 = 61.42cm

[정답]

$x''_{사진좌표} = 55.36\text{cm}$
$y''_{사진좌표} = 61.42\text{cm}$

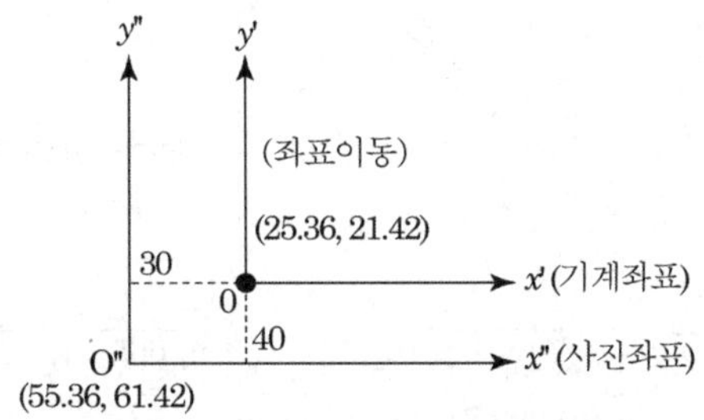

56

아래 그림은 측량용 사진기의 방사왜곡(Radial distortion) 곡선이다. 이 사진기의 아래 값을 이용하여 방사왜곡이 보정된 정확한 사진좌표(x, y)를 구하시오. (단, 단위는 μm으로 계산하고 소수 2자리까지 구하시오)

주점의 좌표	$x_p = -0.25\mu m$, $y_p = -0.15\mu m$
초점거리	150mm
사진좌표	$x = -40mm$, $y = -30mm$

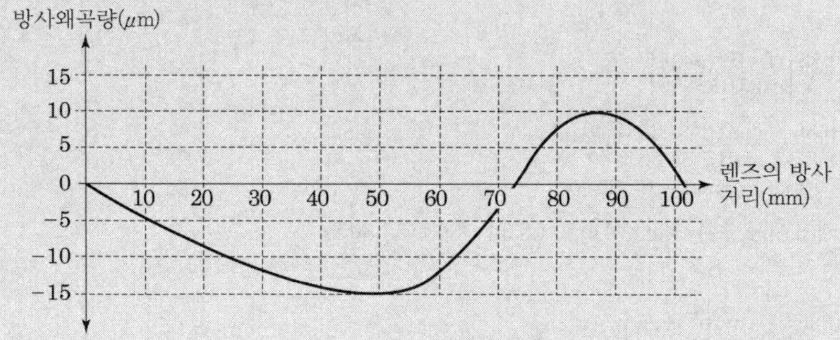

1) 주점좌표에서 사진좌표까지의 거리 계산

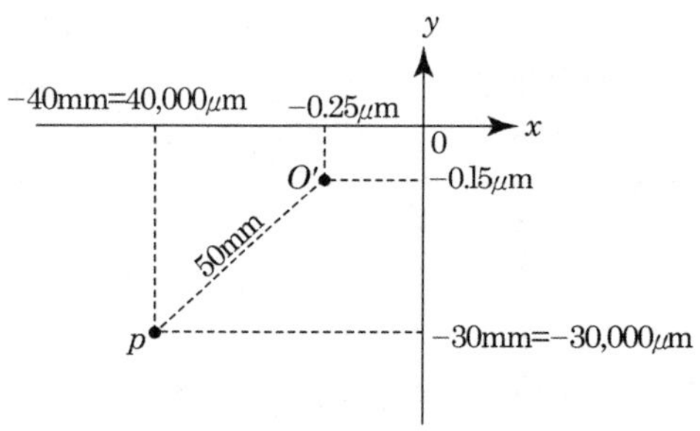

$$\overline{O'P} = \sqrt{(\Delta x)^2 + (\Delta y)^2} = \sqrt{(40,000-0.25)^2 + (30,000-0.15)^2}$$
$$= 49,999.71\mu m ≒ 50mm$$

2) 사진좌표 계산

위 도표에서 50mm일 때의 왜곡량$= -15\mu m$

$$\frac{\Delta x}{x} = \frac{\Delta y}{y} = \frac{\Delta r}{r} \text{에서 } \Delta x = \frac{\Delta r}{r}x = \frac{-15}{50} \times (-40) = 12\mu m$$

$$\Delta y = \frac{\Delta r}{r}x = \frac{-15}{50} \times (-30) = 9\mu m$$

그러므로 사진좌표값은

$x = x - \Delta x = -40,000 - 12 = -39,988\mu m$

$y = y - \Delta y = -30,000 - 9 = -29,991\mu m$

57

영상의 재배열(부영양소 보간방법)에 대한 설명이다. 다음 설명에 해당하는 방법을 고르시오?

1. 내삽점(보간점)에 가장 가까운 관측점의 영상소(화소)값을 구하고자 하는 영상소(화소)값을 선택하는 방법이다.

2. 내삽점 주위 4점의 영상소값을 이용하여 구하고자 하는 영상소값을 선형식으로 내삽하는 방법이다.

3. 내삽하고 싶은 점 주위의 16개 관측점의 영상소값을 이용하여 구하는 영상소값을 3차함수를 이용하여 내삽하는 방법이다.

1) 영상 재배열(image resampling) : 일반적으로 원 영상에 현존하는 밝기값을 할당하거나 인접영상의 밝기값들을 이용하여 보간하는 것을 말한다. 영상의 재배열은 수치영상이 기하학적 변환을 위해 수행되고 원래의 수치영상과 변환된 수치영상 관계에 있어 영상소의 중심이 정확히 일치하지 않으므로 영상소를 일대일 대응관계로 재배열할 경우 영상의 왜곡이 발생한다.

2) 영상 재배열 방법

① 최근린 보간법(Nearest Neighbor Interpolation) : 내삽점(보간점)에 가장 가까운 관측점의 영상소(화소)값을 구하고자 하는 영상소(화소)값으로 한다. 이 방법에서 위치 오차는 최대 1/2 픽셀 정도 생기나 원래 영상소값을 흠내지 않으며 처리속도가 빠르다는 이점이 있다.

② 공일차 내삽법(Bilinear Interpolation) : 내삽점 주위 4점의 영상소값을 이용하여 구하고자 하는 영상소값을 선형식으로 내삽한다. 이 방식에는 원자료가 흠이 나는 결점이 있으나 평균하기 때문에 Smoothing(평활화) 효과가 있다.

③ 공삼차 내삽법(Bicubic Interpolation) : 내삽하고 싶은 점 주위의 16개 관측점의 영상소값을 이용하여 구하는 영상소값을 3차 함수를 이용하여 내삽한다. 이 방식에는 원 자료가 흠이 나는 결점이 있으나 영상의 평활화와 동시에 선명성의 효과가 있어 고화질이 얻어진다.

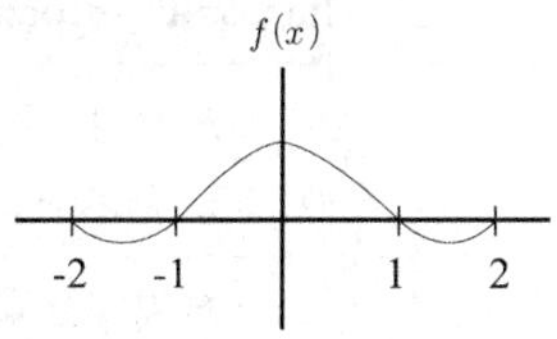

(c) 3차 중첩 함수

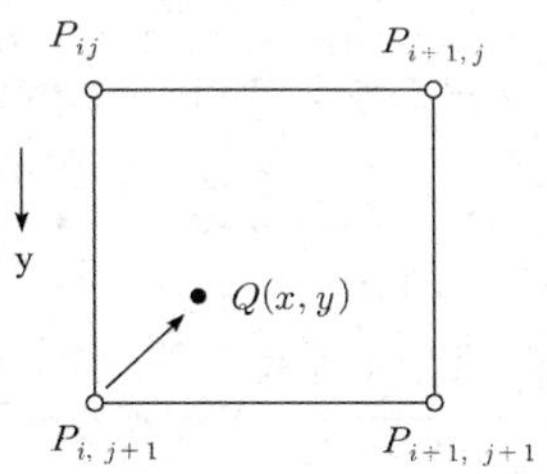

(a) 최근린보간

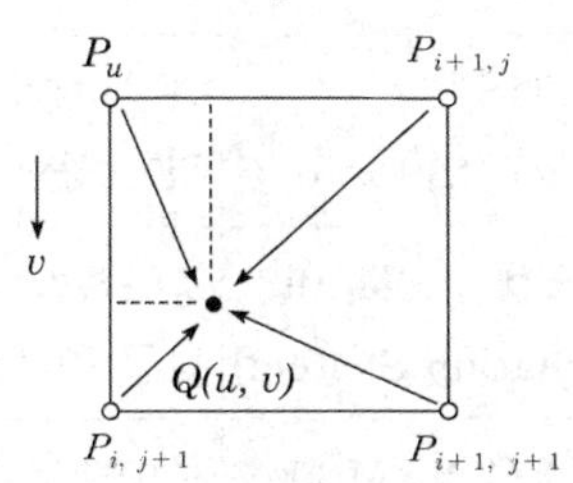

(b) 쌍1차보간

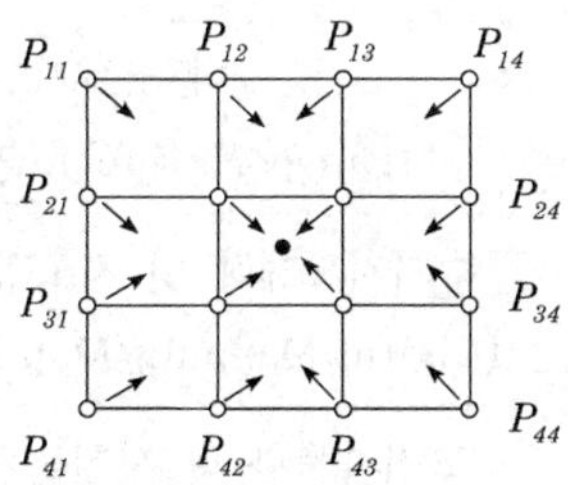

(d) Cubic Convolution

[정답] 1. 최근린 보간법(Nearest Neighbor Interpolation)
2. 공일차 보간법(Bilinear Interpolation)
3. 공삼차 보간법(Bicubic Interpolation)

Chapter 02

공간정보이론

2.1 지형공간정보 총론

국토계획, 지역계획, 자원개발계획, 공사계획 등 각종 계획의 입안과 추진을 성공적으로 수행하기 위해서는 토지, 자원, 환경 또는 이와 관련된 사회, 경제적 현황에 대한 방대한 양의 정보가 필요하다. 이러한 요구를 충족하기 위하여 이와 관련된 각종 정보 등을 전산기(Computer)에 의해 종합적, 연계적으로 처리하는 방식이 지형공간정보체계이다.

1) 분류

지역정보시스템 : RIS (Regional Information System)	건설공사계획수립을 위한 지질, 지형자료의 구축, 각종 토지이용계획의 수립 및 관리에 활용
도시정보체계 : UIS (Urban Information System)	도시현황파악, 도시계획, 도시정비, 도시기반시설관리, 도시행정, 도시방재 등의 분야에 활용
토지정보체계 : LIS (Land Information System)	다목적 국토정보, 토지이용계획수립, 지형분석 및 경관정보추출, 토지부동산관리, 지적정보구축에 활용
교통정보시스템 : TIS (Transportation Information System)	육상·해상·항공교통의 관리, 교통계획 및 교통영향평가 등에 활용
수치지도제작 및 지도정보시스템 : DM/MIS (Digital Mapping/Map Information System)	중소축척 지도·제작 각종 주제도 제작에 활용
도면자동화 및 시설물관리시스템 : AM/FM (Automated Mapping and Facility Management)	도면작성자동화 상하수도시설관리, 통신시설관리 등에 활용
측량정보시스템 : SIS (Surveying Information System)	측지정보, 사진측량정보, 원격탐사정보를 체계화하는 데 활용

도형 및 영상정보체계 : GIIS (Graphic/Image Information System)	수치영상처리, 전산도형해석, 전산지원설계, 모의관측 분야 등에 활용
환경정보시스템 : EIS (Environmental information System)	대기오염, 수질, 폐기물 관련정보 관리에 활용
자원정보시스템 : RIS (Resource Information System)	농수산자원정보, 산림자원정보의 관리, 수자원정보, 에너지자원, 광물자원 등을 관리하는 데 활용
조경 및 경관정보시스템 : LIS/VIS (Landscape and Viewscape Information System)	조경설계, 각종경관분석, 자원경관과 경관개선대책의 수립 등에 활용
재해정보체계 : DIS (Disaster Information System)	각종 자연재해방제, 대기오염경보 등의 분야에 활용
해양정보체계 : MIS (Marine Information System)	해저영상수집, 해저지형정보, 해저지질정보, 해양에너지조사에 활용
기상정보시스템 : MIS (Meteorological Information System)	기상변동추적 및 일기예보, 기상정보의 실시간처리, 태풍경로추적 및 피해예측 등에 활용
국방정보체계 : NDIS (Nation Defence Information System)	DTM(Digital Terrain Modelling)을 활용한 가시도분석, 국방행정 관련정보자료기반, 작전정보구축 등에 활용

2) 공간정보의 특징 및 기대효과

특징	기대 효과
① 대량의 정보를 저장하고 관리할 수 있어 복잡한 정보분석에 유용하다. ② 원하는 정보를 쉽게 찾아볼 수 있으며 복잡한 정보의 분류에 유용하다. ③ 새로운 정보의 추가와 수정이 용이하다. ④ 지도의 축소 및 확대가 자유롭다. ⑤ 자료의 중첩을 통하여 종합적 정보의 획득이 용이하다. ⑥ 적합한 입지선정이 용이하다.	① 정책일관성 확보 ② 최신 정보 이용 및 과학적 정책 결정 ③ 업무의 신속성 및 비용 절감 ④ 합리적 도시계획 ⑤ 일상 업무 지원

3) 구성 요소

인간의 생활에 필요한 토지정보를 효율적으로 활용하기 위한 지형공간정보체계는 자료의 입력과 확인, 자료의 저장에 필요한 하드웨어, 소프트웨어, 데이터베이스, 조직과 인력으로 구성된다.

<table>
<tr><td rowspan="4">하드웨어
(Hardware)</td><td colspan="2">지형공간정보체계를 운용하는 데 필요한 컴퓨터와 각종 입·출력장치 및 자료관리장치를 말하며 하드웨어의 범주에는 데스크탑 PC, 워크스테이션뿐만 아니라 스캐너, 프린터, 플로터, 디지타이저를 비롯한 각종 주변장치들을 포함한다.</td></tr>
<tr><td>입력장치</td><td>도면이나 종이지도 또는 문자정보를 컴퓨터에서 이용할 수 있도록 디지털화하는 장비로 디지타이저, 스캐너, 키보드 등이 있다.
– 디지타이저 : 디지타이저는 입력원본의 좌표를 판독하여 컴퓨터의 설계도면이나 도형을 입력하는 데 사용하는 정교한 입력장치로 주로 새로운 이미지를 스케치하거나 이전의 이미지를 트레이싱하는 데 사용하는 장치이다.</td></tr>
<tr><td>저장장치</td><td>디지털화된 자료를 저장하기 위한 장비로 개인용 컴퓨터와 워크스테이션을 이용하여 데이터 분석 등을 하는 연산장비로 자기디스크, 자기테이프(magnetic tape), 개인용 컴퓨터, 워크스테이션 등이 있다.
– 워크스테이션(workstation) : 공학적 용도(CAD/CAM)나 소프트웨어 개발, 그래픽 디자인 등 연산능력과 뛰어난 그래픽 능력을 필요로 하는 일에 주로 사용되는 고성능의 컴퓨터로서 일반 컴퓨터보다 성능이 월등히 높고 처리속도가 빠른 반면에 가격은 비싼 편이다.
– 자기디스크 : 대용량의 보조기억장치
– 개인용 컴퓨터 : 퍼스널컴퓨터, 퍼스컴</td></tr>
<tr><td>출력장치</td><td>분석결과를 출력하기 위한 장비로는 플로터, 프린터, 모니터 등이 있다.</td></tr>
<tr><td>소프트웨어
(Software)</td><td colspan="2">토지정보체계의 자료를 입력, 출력, 관리하기 위해 프로그램인 소프트웨어가 반드시 필요하며 자료입력 및 검색을 위한 입력소프트웨어, 입력된 각종 정보를 저장 및 관리하는 관리소프트웨어 그리고 데이터베이스의 분석결과를 출력할 수 있는 출력소프트웨어로 구성된다.
각종 정보를 저장·분석·출력할 수 있는 기능을 지원하는 도구로서 정보의 입력 및 중첩기능, 데이터베이스 관리기능, 질의 분석, 시각화 기능 등의 주요 기능을 갖는다.</td></tr>
<tr><td>데이터베이스
(Database)</td><td colspan="2">토지정보체계는 많은 자료를 입력하거나 관리하는 것으로 이루어지며 입력된 자료를 활용하여 토지정보체계의 응용시스템을 구축할 수 있으며 이러한 자료들은 속성정보(각종 공부와 대장)와 도형정보(지적도, 임야도, 지하시설물도, 도시계획도 등)로 분류된다.
① 지도로부터 추출한 도형정보와 각종 공부와 대장으로부터 추출한 속성정보를 말한다.
② 최근에는 지도 외에 항공사진이나 인공위성영상으로부터 많은 정보를 획득하고 있다.
③ 토지정보체계의 핵심적인 요소로 구축에 많은 시간과 노력이 필요하다.</td></tr>
<tr><td>인적 자원
(Man Power)</td><td colspan="2">전문 인력은 토지정보체계의 구성요소 중에서 가장 중요한 요소로서 데이터(data)를 구축하고 실제 업무에 활용하는 사람으로 전문적인 기술을 필요로 하므로 이에 전념할 수 있는 숙련된 전담요원과 기관을 필요로 하며 시스템을 설계하고 관리하는 전문인력과 일상 업무에 토지정보체계를 활용하는 사용자 모두가 포함된다.</td></tr>
</table>

4) 지형공간정보체계의 처리

지형공간정보체계의 자료처리는 크게 자료입력, 자료처리, 자료출력의 3단계로 구분할 수 있다.

구분	항목	내용
자료의 입력	자료입력	– 자료의 입력 방식에는 수동방식과 자동방식이 있다. – 기본의 투영법 및 축척 등에 맞도록 재편집
	부호화	– 점, 선, 면, 다각형 등에 포함되어 있는 변량을 부호화 – 부호화 방식에는 선추적방식(Vector coding), 격자방식(Raster coding)
자료처리	자료정비	– 지형공간정보체계의 효율적 작업의 성공여부에 매우 중요 – 모든 자료의 등록, 저장, 재생 및 유지에 관련된 일련의 프로그램으로 구성
	조작처리	– 표면분석 : 하나의 자료층상에 있는 변량들 간의 관계분석 적용 – 중첩분석 : 둘 이상의 자료층에 있는 변량들 간의 관계분석 적용
자료출력	① 도면이나 도표의 형태로 검색 및 출력 ② 사진이나 필름기록으로 출력	

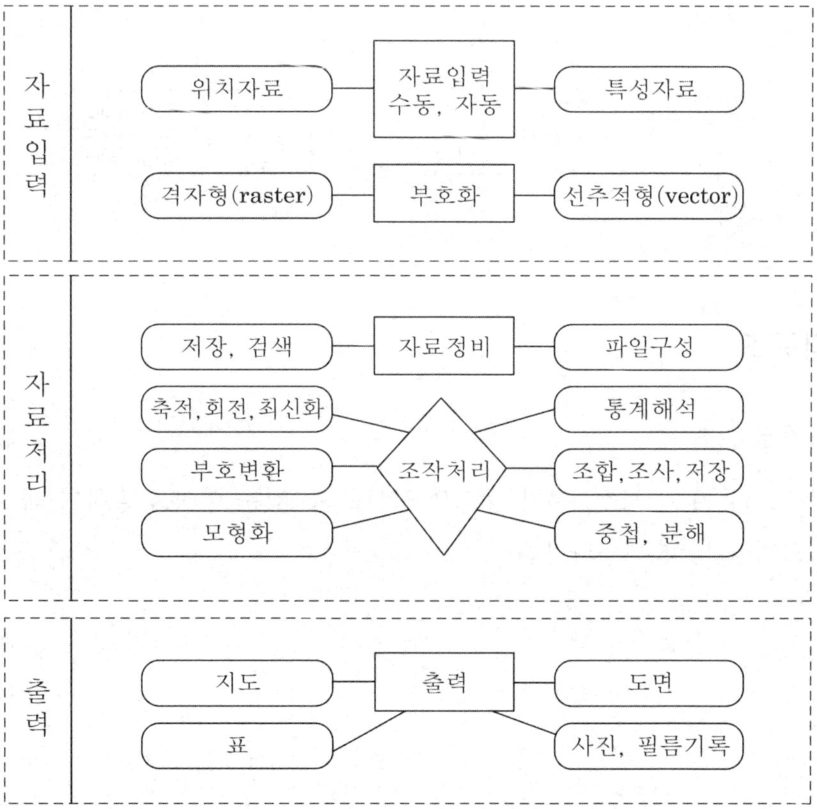

[지리정보체계의 흐름]

2.2 데이터의 구조

1) 자료구성

위치자료 (positional data)	절대위치	실제공간의 위치(ex. 경도, 위도, 좌표, 표고)
	상대위치	model 공간의 위치(임의의 기준으로부터 결정되는 위치 (ex. 설계도)
특성자료 (descriptive data)	도형자료 (graphic data)	위치자료를 이용한 대상의 가시화 도형정보는 점, 선, 면, 격자셀, 영상소, 기호 또는 주석과 같은 형태로 입력되고 표현된다.
	영상자료 (image data)	센서(scanner, lidar, laser, 항공사진기 등)에 의해 취득된 사진
	속성자료 (attributive data)	도형이나 영상 속의 내용

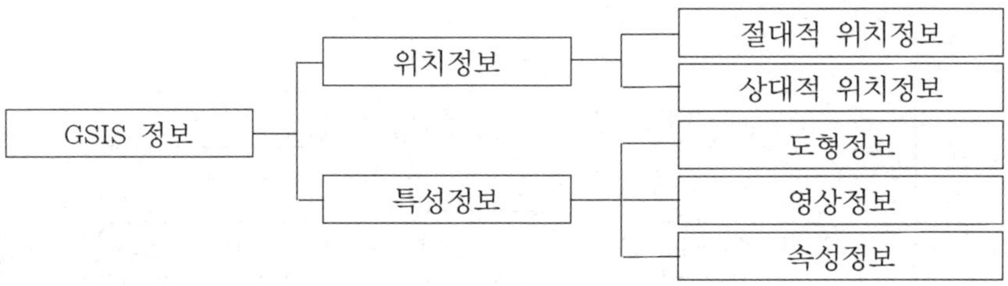

2) 데이터구조

(1) 벡터자료구조

벡터자료구조는 기호, 도형, 문자 등으로 인식할 수 있는 형태를 말하며 객체들의 지리적 위치를 크기와 방향으로 나타낸다.

① 기본요소

점(Point)	점은 차원이 존재하지 않으며 대상물의 지점 및 장소를 나타내고 기호를 이용하여 공간형상을 표현한다.
선(Line)	선은 가장 간단한 형태로 1차원 대상물은 두 점을 연결한 직선이다. 대축척(면사상), 소축척(선사상)으로 지적도, 임야도의 경계선을 나타내는 데 효과적이다. Arc, String, Chain이라는 다양한 용어로도 사용된다. ① Arc : 곡선을 형상하는 점들의 자취를 의미한다. ② String : 연속적인 Line segments를 의미한다. ③ Chain : 시작노드와 끝노드에 대한 위상정보를 가지며 자치꼬임이 허용되지 않은 위상기본요소를 의미한다.
면	면은 경계선 내의 영역을 정의하고 면적을 가지며, 호수, 삼림을 나타내며 지적도의 필지, 행정구역이 대표적이다.

② 저장방법

스파게티 자료구조	① 객체들 간에 정보를 갖지 못하고 국수가락처럼 좌표들이 길게 연결되어 있어 스파게티 자료구조라고 한다. ② 객체가 좌표에 의한 그래픽 형태(점, 선, 면적)로 저장되며 위상관계를 정의하지 않는다. ③ 경계선을 다각형으로 구축할 경우에는 각각 구분되어 입력되므로 중복되어 기록된다. ④ 스파게티 자료구조는 하나의 점(X, Y좌표)을 기본으로 하고 있어 구조가 간단하다. ⑤ 자료구조가 단순하여 파일의 용량이 작은 장점이 있다. ⑥ 객체들 간의 공간관계가 설정되지 않아 공간분석에 비효율적이다. ⑦ 상호 연관성에 관한 정보가 없어 인접한 객체들의 특징과 관련성, 연결성을 파악하기가 힘들다.
위상구조	위상이란 도형 간의 공간상의 상관관계를 의미하는데 위상은 특정변화에 의해 불변으로 남는 기하학적 속성을 다루는 수학의 한 분야로 위상모델의 전제조건으로는 모든 선의 연결성과 폐합성이 필요하다.

㉠ 위상구조의 특징과 분석

<table>
<tr><td>위상구조의 특징</td><td colspan="2">① 토지정보시스템에서 매우 유용한 데이터구조로서 점, 선, 면으로 객체 간의 공간관계를 파악할 수 있다.
② 벡터데이터의 기본적인 구조로 점으로 표현되며 객체는 점들을 직선으로 연결하여 표현할 수 있다.
③ 토폴로지는 폴리곤토플로지, 아크토폴로지, 노드토폴로지로 구분된다.
- Arc : 일련의 점으로 구성된 선형의 도형을 말하며 시작점과 끝점이 노드로 되어 있다.
- Node : 둘 이상의 선이 교차하여 만드는 점이나 아크의 시작이나 끝이 되는 특정한 의미를 가진 점을 말한다.
- Topology : 인접한 도형들 간의 공간적 위치관계를 수학적으로 표현한 것을 말한다.
④ 점, 선, 폴리곤으로 나타낸 객체들이 위상구조를 갖게 되면 주변객체들 간의 공간상에서의 관계를 인식할 수 있다.
⑤ 폴리곤 구조는 형상과 인접성, 계급성의 세 가지 특성을 지닌다.
⑥ 관계형 데이터베이스를 이용하여 다량의 속성자료를 공간객체와 연결할 수 있으며 용이한 자료의 검색 또한 가능하다.
⑦ 공간객체의 인접성과 연결성에 관한 정보는 많은 분야에서 위상정보를 바탕으로 분석이 이루어진다.</td></tr>
<tr><td rowspan="4">위상구조의 분석</td><td colspan="2">각 공간객체 사이의 관계가 인접성, 연결성, 포함성 등의 관점에서 묘사되며, 스파게티모델에 비해 다양한 공간분석이 가능하다.</td></tr>
<tr><td>인접성
(Adjacency)</td><td>관심대상 사상의 좌측과 우측에 어떤 사상이 있는지를 정의하고 두 개의 객체가 서로 인접하는지를 판단한다.</td></tr>
<tr><td>연결성
(Connectivity)</td><td>특정 사상이 어떤 사상과 연결되어 있는지를 정의하고 두 개 이상의 객체가 연결되어 있는지를 파악한다.</td></tr>
<tr><td>포함성
(Containment)</td><td>특정 사상이 다른 사상의 내부에 포함되느냐 혹은 다른 사상을 포함하느냐를 정의한다.</td></tr>
</table>

㉡ 위상구조의 장·단점

장점	① 좌표 데이터를 사용하지 않고도 인접성, 연결성 분석과 같은 공간분석이 가능 ② 공간적인 관계를 구현하는 데 필요한 처리시간을 줄일 수 있다. ③ 입력된 도형정보에 대하여 일단 위상과 관련되는 정보를 정리하여 공간 데이터베이스에 저장하여 둔다. ④ 저장된 위상정보는 추후 위상을 필요로 하는 많은 분석이 빠르고 용이하게 이루어지도록 할 수 있다.
단점	① 컴퓨터 같은 장비구입 비용이 많이 소요된다. ② 위상을 구축하는 과정이 반복되므로 컴퓨터 프로그램의 사용이 필수적이다. ③ 컴퓨터 프로그램이나 하드웨어의 성능에 따라서 소요되는 시간에는 많은 차이가 있다. ④ 위상을 정립하는 과정은 기본적으로 선의 연결이 끊어지지 않도록 하고 폐합된 도형의 형태를 갖도록 하는 시간이 많이 소요되는 편집과정이 선행되어야 한다.

㉢ 벡터자료구조의 장·단점

장점	① 래스터자료에 비하여 훨씬 압축되어 간결한 형태이다. ② 위상관계를 입력하기 용이하여 위상관계정보를 요구하는 분석에 효과적이다. ③ 수작업에 의하여 완성된 도면과 거의 비슷한 형태의 도형을 제작하는 데 적합하다. ④ 지형학적 자료를 필요로 하는 경우 망조직 분석에 매우 효과적이다.
단점	① 격자형보다 훨씬 복잡한 구조를 가지고 있다. ② 중첩기능을 수행하기가 어렵고 공간적 편의를 나타내는 데 비효율적이다. ③ 수치 이미지 조작이 비효율적이다. ④ 자료의 조작과 영상의 질을 향상시키는 데 효과적이지 못하다.

㉣ 벡터자료의 파일형식

수치화된 벡터자료는 자료의 출력과 분석을 위해 다양한 소프트웨어에 따라 특정한 파일형식으로 컴퓨터에 저장된다.

Shape 파일형식	① ESRI사의 Arcview에서 사용되는 자료형식 ② Shape 파일은 비위상적 위치정보와 속성정보를 포함
Coverage 파일형식	① ESRI사의 Arc/Info에서 사용되는 자료형식 ② Coverage 파일은 위상모델을 적용하여 각 사상 간 관계를 적용하는 구조임
CAD 파일형식	① Autodesk사의 AutoCAD 소프트웨어에서는 DWG와 DXF 등의 파일형식을 사용 ② DXF 파일형식은 GIS 관련 소프트웨어뿐만 아니라 원격탐사 소프트웨어에서도 사용할 수 있음
DLG 파일형식	① Digital Line Graph의 약자로서 U.S.Geological Survey에서 지도학적 정보를 표현하기 위해 고안한 디지털 벡터파일형식 ② DLG는 ASCII 문자형식으로 구성
VPF 파일형식	① Vector Product Format의 약자 ② 미 국방성의 NIMA(National Imagery and Mapping Agency)에서 개발한 군사적 목적의 벡터형 파일형식
TIGER 파일형식	① Topologically Integrated Geographic Encoding and Referencing System의 약자 ② U.S. Census Bureau에서 인구조사를 위해 개발한 벡터형 파일형식

(2) 래스터자료구조

래스터자료구조는 매우 간단하며 일정한 격자간격의 셀이 데이터의 위치와 그 값을 표현하므로 격자데이터라고도 하며 도면을 스케닝하여 취득한 자료와 위상영상자료들에 의하여 구성된다. 래스터구조는 구현의 용이성과 단순한 파일구조에도 불구하고 정밀도가 셀의 크기에 따라 좌우되며 해상력을 높이면 자료의 크기가 방대해진다. 각 셀들의 크기에 따라 데이터의 해상도와 저장크기가 달라지게 되는데 셀 크기가 작으면 작을수록 보다 정밀한 공간현상을 잘 표현할 수 있다.

① 래스터자료의 장·단점

장점	① 간단한 자료구조를 가지고 있으며 중첩에 대한 조작이 용이하여 매우 효과적이다. ② 수치이미지 조작이 효율적이다. ③ 자료의 조작과정이 매우 효과적이고 수치영상의 질을 향상시키는 데 매우 효과적이다. ④ 다양한 공간적 편의가 격자형태로 나타난다.
단점	① 위상적인 관계 설정이 어렵다. ② 주로 격자형의 네모난 형태를 가지고 있기 때문에 수작업에 의해서 그려진 완화된 선에 비해서 미관상 매끄럽지 못하다. ③ 데이터의 용량이 크다. ④ 압축되어 사용되는 경우가 드물며 지형관계를 나타내기가 휠씬 어렵다.

② 압축방법

㉠ Run-length 코드기법(연속분할부호, 連續分割符號)

① 각 행마다 왼쪽에서 오른쪽으로 진행하면서 동일한 수치를 갖는 셀들을 묶어 압축시키는 방법
② Run이란 하나의 행에서 동일한 속성값을 갖는 격자를 말한다.
③ 동일한 속성값을 개별적으로 저장하는 대신 하나의 Run에 해당되는 속성값이 한 번만 저장되고 Run의 길이와 위치가 저장되는 방식이다.
④ 각 행에 대해서 왼쪽에서 오른쪽으로 시작셀과 끝셀을 표시한다.

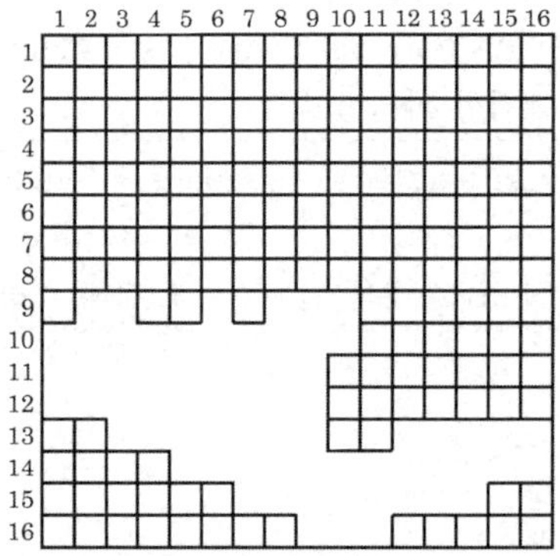

9행: 2, 3, 6.6
10행: 1, 10
11행: 1, 9
12행: 1, 9
13행: 3, 9, 12, 15
14행: 5, 16
15행: 7, 14
16행: 9, 11

[연속분할부호]

㉡ Quadtree 기법(사지수형, 四枝樹型)

① Quadtree 기법은 Run-length 코드기법과 함께 많이 쓰이는 자료압축기법이다.
② 크기가 다른 정사각형을 이용하여 Run-length 코드보다 더 많은 자료의 압축이 가능하다.
③ 전체 대상지역에 대하여 하나 이상의 속성이 존재할 경우 전체 지도는 4개의 동일한 면적으로 나뉘어지는데 이를 quadrant라 한다.
④ $2^n \times 2^n$ 점의 전체배열은 사지수의 중심절점(root node)이고, 나무의 최대높이는 n단계이다.
⑤ 각 절점은 NW(북서), NE(북동), SW(남서), SE(남동) 4개의 가지를 갖는다.
⑥ 잎절점(leaf node)은 더 이상 작게 분할할 수 없는 4분할을 가리킨다.
⑦ 각 절점은 2비트로 표현하는데 이것은 끝이 "안(↑↓)"인지 "밖(↓↑)"인지 혹은 현재 위치의 절점이 "안(↑↓)"인지 "밖(↓↑)"인지를 정의한다.

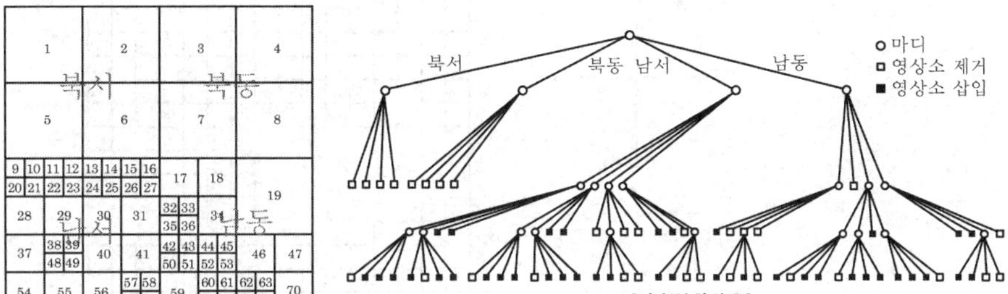

[연속분할부호]

㉢ Block 코드기법(블록부호)

① Run-length 코드기법에 기반을 둔 것으로 정사각형으로 전체 객체의 형상을 나누어 데이터를 구축하는 방법이다.
② 자료구조는 원점으로부터의 좌표 및 정사각형의 한 변의 길이로 구성되는 세 개의 숫자만으로 표시가 가능하다.
③ 원점(중심부나 좌측 하단)의 XY 좌표와 정사각형의 기준거리를 표시한다.
④ 그림에 나타난 영역은 16단위의 셀 한 개로 이루어진 정사각형과 9개의 4단위 정사각형 17개의 1단위 정사각형으로 정의된다.

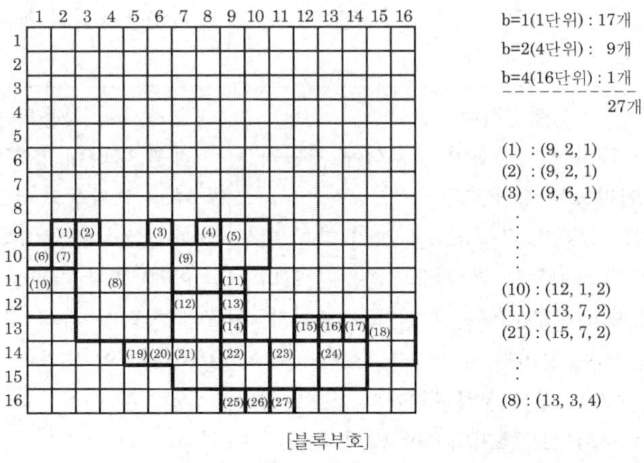

[블록부호]

㉣ Chain 코드기법(사슬부호)

① Chain 코드기법은 대상지역에 해당하는 격자들의 연속적인 연결상태를 파악하여 동일한 지역의 정보를 제공하는 방법
② 자료의 시작점에서 동서남북으로 방향을 이동하는 단위거리를 통해서 표현하는 기법이다.
③ 각 방향은 동쪽은 0, 북쪽은 1, 서쪽은 2, 남쪽은 3 등 숫자로 방향을 정의한다.
④ 픽셀의 수는 상첨자로 표시한다.

$0, 1, 0^2, 3, , 0^2, 1, 0, 3, 0, 1, , 0^3, , 3^2, 2, , 3^3, 0^2, 1, , 0^5$

$3^2, 2^2, 3, 2^3 3,, 2^3, 1, 2^2, 1, 2^2, 1, 2^2, 1, 2^2$

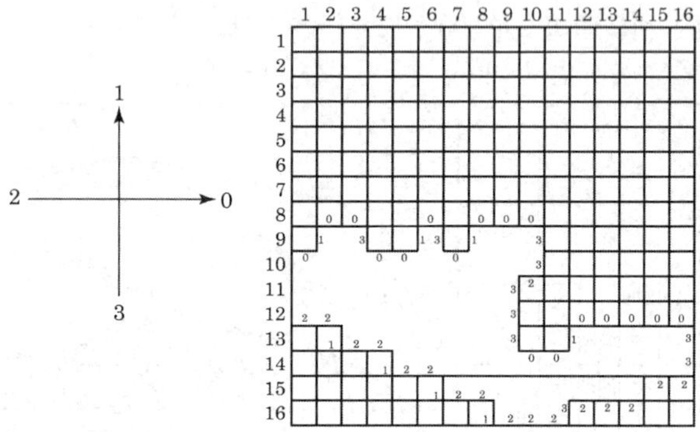

[사슬부호]

(3) 벡터자료와 래스터자료의 비교

구분	벡터자료	래스터자료
장점	① 복잡한 현실세계의 묘사가 가능하다. ② 보다 압축된 자료구조를 제공하며 따라서 데이터 용량의 축소가 용이하다. ③ 위상에 관한 정보가 제공되므로 관망분석과 같은 다양한 공간분석이 가능하다. ④ 그래픽의 정확도가 높다. ⑤ 그래픽과 관련된 속성정보의 추출 및 일반화, 갱신 등이 용이하다.	① 간단한 자료구조를 가지고 있다. ② 중첩에 대한 조작이 용이하여 매우 효과적이다. ③ 자료의 조작과정이 매우 효과적이고 수치영상의 질을 향상시키는 데 매우 효과적이다. ④ 수치이미지 조작이 효율적이다. ⑤ 다양한 공간적 편의가 격자형태로 나타난다.
단점	① 자료구조가 복잡하다. ② 여러 레이어의 중첩이나 분석에 기술적으로 어려움이 수반된다. ③ 각각의 그래픽 구성요소는 각기 다른 위상구조를 가지므로 분석에 어려움이 크다. ④ 그래픽의 정확도가 높은 관계로 도식과 출력에 비싼 장비가 요구된다. ⑤ 일반적으로 값비싼 하드웨어와 소프트웨어가 요구되므로 초기비용이 많이 든다.	① 압축되어 사용되는 경우가 드물며 지형관계를 나타내기가 훨씬 어렵다. ② 주로 격자형의 네모난 형태를 가지고 있기 때문에 수작업에 의해서 그려진 완화된 선에 비해서 미관상 매끄럽지 못하다. ③ 위상적인 관계 설정이 어렵다. ④ 데이터의 용량이 크다.

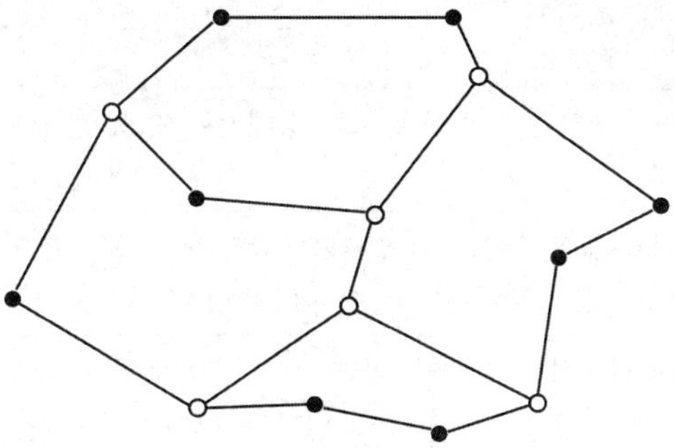

벡터 위상 구조

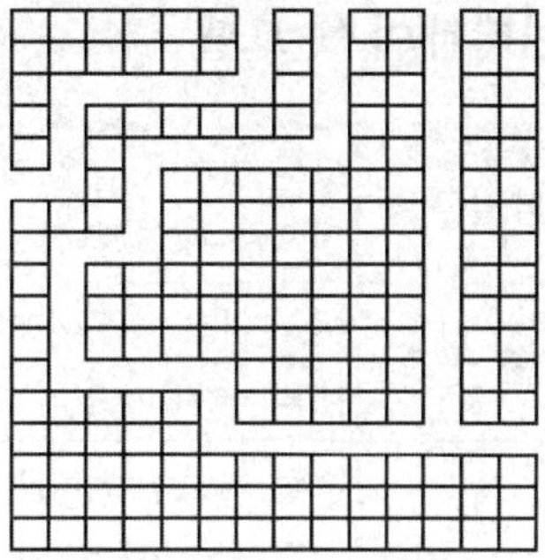

래스터 위상 구조

2.3 데이터의 관리

1) 자료 데이터베이스

데이터베이스는 서로 연관성이 있는 특별한 의미를 갖는 자료의 모임을 의미하며, 즉 하나의 조직 안에서 다수의 사용자들이 공동으로 사용할 수 있도록 통합 및 저장되어 있는 운용 자료의 집합을 의미한다.

(1) 데이터베이스의 특징

장점	단점
① 자료를 한 곳에 저장할 수 있다.	① 관련 전문가를 필요로 한다.
② 자료가 표준화되고 구조적으로 저장될 수 있다.	② 초기 구축비용과 유지 및 관리 비용이 고가이다.
③ 서로 원천이 다른 데이터끼리 데이터베이스 내에서 연결되어 함께 사용할 수 있다.	③ 제공되는 정보의 가격이 고가이다.
④ 자료의 검색과 정보의 추출을 빠르고 용이하게 할 수 있다.	④ 사용자는 데이터베이스의 구축을 위하여 정해진 자료의 효율과 구성을 갖추어야 한다.
⑤ 많은 사용자가 자료를 동시에 공유하여 함께 사용할 수 있다.	⑤ 자료의 분실이나 망실에 대비한 보안조치가 갖추어져야 한다.
⑥ 다양한 응용프로그램에서 서로 다른 목적으로 편집되고 저장된 데이터가 사용될 수 있다.	
⑦ 자료의 효율적 관리 및 중복을 방지할 수 있다.	

(2) 데이터베이스 모델

평면파일구조	모든 기록이 같은 자료항목을 가지며 검색자에 의해 정해지는 자료 항목에 따라 순차적으로 배열된다.
계층형 구조	여러 자료 항목이 하나의 기록에 포함되고, 파일 내의 각각의 기록은 각기 다른 파일 내의 상위 계층의 기록과 연관을 갖는 구조로 이루어져 있다.
망구조	다른 파일 내에 있는 기록에 접근하는 경로가 다양하고 기록들 사이에 다양한 연관이 있더라도 반복하여 자료항목을 생성하지 않아도 된다는 것이 장점이다.
관계구조	자료 항목들은 표(table)라고 불리는 서로 다른 평면구조의 파일에 저장되고 표 내에 있는 각각의 사상(entity)은 반복되는 영역이 없는 하나의 자료 항목 구조를 갖는다.

2) 파일처리방식

파일(File)은 기본적으로 유사한 성질이나 관계를 가진 자료의 집합으로 데이터 파일은 Record, Field, Key의 세 가지로 구성된다.

(1) 구성

데이터 파일은 기록(Record), 영역(Field), 검색자(Key) 세 가지로 구성된다.

기록(Record)	하나의 주제에 관한 자료를 저장한다. 기록은 아래 표에서 행(row)이라고 하며 학생 개개인에 관한 정보를 보여주고 성명, 학년, 전공, 학점의 네 개 필드로 구성되어 있다.
필드(Field)	레코드를 구성하는 각각의 항목에 관한 것을 의미한다. 필드는 성명, 학년, 전공, 학점의 네 개 필드로 구성되어 있다.
키(Key)	파일에서 정보를 추출할 때 쓰이는 필드로서 키로 사용되는 필드를 키필드라 한다. 표에서는 이름을 검색자로 볼 수 있으며 그 외의 영역들은 속성영역(Attribute field)이라고 한다.

	성명	학년	전공	학점
레코드1	홍길동	2	지적부동산학	3.5
레코드2	이해창	3	측지정보과	4.3
레코드3	최창영	1	지적정보과	3.9
레코드4	박규동	4	부동산학과	4.1

[데이터파일의 레코드 구성]

(2) 특징

① 파일처리방식은 GIS에서 필요한 자료 추출을 위해 각각의 파일에 대하여 자세한 정보가 필요한데 이는 많은 양의 중복작업을 유발시킨다.

② 자료에 수정이 이루어질 경우 해당 자료를 필요로 하는 각 응용프로그램에 이를 상기시켜야 한다.

③ 관련 데이터를 여러 응용프로그램에서 사용할 때 동시 사용을 위한 조정과 자료수정에 관한 전반적인 제어 기능이 불가능하다.

④ 즉, 누구에 의하여 어떠한 유형의 자료는 수정이 가능하다는 등의 통제가 데이터베이스에 적용될 수 없다는 단점이 있다.

3) DBMS(DataBase Management System : 데이터베이스 관리시스템) 방식

DBMS는 자료의 저장, 조작, 검색, 변화를 처리하는 특별한 소프트웨어를 사용하는 컴퓨터 프로그램의 일종으로 정보의 저장과 관리와 같은 정보관리를 목적으로 하는 프로그램으로 파일처리방식의 단점을 보완하기 위해 도입되었으며 자료의 중복을 최소화하여 검색시간을 단축시키며 작업의 효율성을 향상시키게 된다.

(1) 필수기능

정의기능	데이터의 유형(type)과 구조에 대한 정의, 이용 방식, 제약 조건 등 데이터베이스의 저장에 대한 내용을 명시하는 기능이다.
조작기능	사용자의 요구에 따라 검색, 갱신, 삽입, 삭제 등을 지원하는 기능으로 체계적으로 처리하기 위해 사용자와 DBMS 사이의 인터페이스를 위한 수단을 제공하는 기능이다.
제어기능	데이터베이스의 내용에 대해 무결성, 보안 및 권한 검사, 병행 수행 제어 등 정확성과 안전성을 유지할 수 있는 제어 기능을 가지고 있어야 한다.

(2) 데이터 언어

<table>
<tr><td rowspan="6">DDL
(데이터 정의어)</td><td colspan="2">데이터의 구조를 정의하며 새로운 테이블을 만들고, 기존의 테이블을 변경·삭제하는 등의 데이터를 정의하는 역할을 한다.</td></tr>
<tr><td>CREATE</td><td>새로운 테이블을 생성한다.</td></tr>
<tr><td>ALTER</td><td>기존의 테이블을 변경한다.</td></tr>
<tr><td>DROP</td><td>기존의 테이블을 삭제한다.</td></tr>
<tr><td>RENAME</td><td>테이블의 이름을 변경한다.</td></tr>
<tr><td>TRUNCATE</td><td>테이블을 잘라낸다.</td></tr>
</table>

<table>
<tr><td rowspan="4">DML
(데이터 조작어)</td><td colspan="2">데이터를 조회하거나 변경하며 새로운 데이터를 삽입·변경·삭제하는 등의 데이터를 조작하는 역할을 한다.</td></tr>
<tr><td>INSERT</td><td>새로운 데이터를 삽입한다.</td></tr>
<tr><td>UPDATE</td><td>기존의 데이터를 변경한다.</td></tr>
<tr><td>DELETE</td><td>기존의 데이터를 삭제한다.</td></tr>
<tr><td rowspan="3">DCL
(데이터 제어어)</td><td colspan="2">데이터베이스 사용자에게 부여된 권한을 정의하며 데이터 접근 권한을 다루는 역할을 한다.</td></tr>
<tr><td>* GRANT</td><td>권한을 준다.</td></tr>
<tr><td>REVOKE</td><td>권한을 제거한다.</td></tr>
</table>

(3) 장 · 단점

장점	단점
① 중앙제어기능 ② 효율적인 자료의 호환 ③ 데이터의 독립성 ④ 새로운 응용프로그램 개발의 용이성 ⑤ 직접적인 사용자 접근 가능 ⑥ 자료 중복 방지 ⑦ 다양한 양식의 자료 제공	① 장비가 고가 ② 시스템의 복잡성 ③ 중앙집약적인 위험 부담

(4) 종류

계층형 DBMS (HDBMS : Hierarchical DataBase Management System)	① 계층구조 내의 자료들이 논리적으로 관련이 있는 영역으로 나누어지며 하나의 주된 영역 밑에 나머지 영역들이 나뭇가지와 같은 형태로 배열되는 형태로서 데이터베이스를 구성하는 각 레코드가 계층구조 또는 트리구조를 이루는 구조이다. ② 모든 레코드는 부모(상위) 레코드와 자식(하위) 레코드를 가지고 있으며 각각의 객체는 단 하나만의 부모(상위) 레코드를 가지고 있다.
관망형 DBMS (NDBMS : Network DataBase Management System)	① 계층형 DBMS의 단점을 보완한 것으로 망구조 데이터베이스 관리시스템은 계층형과 유사하지만 망을 형성하는 것처럼 파일 사이에 다양한 연결이 존재한다는 점에서 계층형과 차이가 있다. ② 각각의 객체는 여러 개의 부모 레코드와 자식 레코드를 가질 수 있다.

관계형 DBMS (RDBMS : Relationship DataBase Management System)	① 영역들이 갖는 계층구조를 제거하여 시스템의 유연성을 높이기 위해서 만들어진 구조이다. ② 데이터의 무결성, 보안, 권한, 로킹(Locking) 등 이전의 응용분야에서 처리해야 했던 많은 기능들을 지원한다. ③ 상이한 정보 간 검색, 결합, 비교, 자료가감 등이 용이하다.
객체지향형 DBMS (OODBMS : Object Oriented DataBase Management System)	객체지향(Object Oriented)에 기반을 둔 논리적 구조를 가지고 개발된 관리시스템으로 자료를 다루는 방식을 하나로 묶어 객체(Object)라는 개념을 사용하여 실세계를 표현하고 모델링하는 구조이다.
객체관계형 DBMS (ORDBMS : Object Relational DataBase Management System)	관계형과 객체지향형의 장점을 수용하여 개발한 데이터베이스 관리시스템으로 관계형 체계에 새로운 객체 저장능력을 추가하고 있어 기존의 RDBMS를 기반으로 하는 많은 DB 시스템과의 호환이 가능하다는 장점이 있다.

2.4 데이터의 흐름 및 분석

1) 데이터 입력

GIS의 정보는 크게 입력, 처리, 출력의 단계를 거치며 사용자가 원하는 결론을 이끌어내기 위해 다양한 방법으로 분석된다. 자료입력방법은 자료를 입력하는 부분과 부호화하는 부분으로 대별할 수 있으며 지리정보체계 자료기반을 위해 전산기가 자료를 읽고 쓸 수 있는 형식으로 자료를 부호화시키는 절차이다. 자료를 입력하는 부분은 Scanner, Digitizer를 사용하며 도면을 수치화한 후 컴퓨터에 입력하는 방법, 항공사진이나 위성영상 등을 전송하는 방법, GPS나 토털스테이션 등에 의해 수치 좌표값을 직접 컴퓨터에 입력하는 방법, 수치 지도를 GIS 자료로 불러들이는 방법 등이 있다.

(1) 데이터의 입력

① Digitizing(수동방식)

디지타이저라는 테이블에 컴퓨터와 연결된 마우스를 이용하여 필요한 주제의 형태를 컴퓨터에 입력시키는 방법으로 수동으로 도면을 입력하는 경우 모든 절점의 좌표가 절대좌표로 입력될 수 있다.

㉠ 특징

장점	단점
① 자료입력형태는 벡터형식이다. ② 레이어별로 나누어 입력할 수 있어 효과적이다. ③ 불필요한 도형이나 주기를 선별적으로 입력할 수 있다. ④ 지도의 보관상태에 영향을 적게 받는다. ⑤ 작업과정이 간단하고 가격이 저렴하다. ⑥ 작업자가 입력내용을 판단할 수 있어 다소 훼손된 도면도 입력할 수 있다.	① 수동방식이므로 많은 시간과 노력이 필요하다. ② 작업자의 숙련도와 사용되는 소프트웨어의 성능에 좌우된다. ③ 입력 시 누락이 발생할 수 있다. ④ 단순도형 입력 시에는 비효율적이다. ⑤ 복잡한 도형은 입력하기가 어렵다.

㉡ 오차

오류형태	설명
Overshoot (기준선 초과 오류)	교차점을 지나서 연결선이나 절점이 끝나기 때문에 발생하는 오류
Undershoot (기준선 미달 오류)	교차점에 미치지 못하는 연결선이나 절점으로 인해 발생하는 오류
Spike	교차점에서 두 개의 선분이 만나는 과정에서 잘못된 좌표가 입력되어 발생하는 오차
Sliver	하나의 선으로 입력되어야 할 곳에 두 개의 선으로 약간 어긋나게 입력되어 가늘고 긴 불편한 폴리곤을 형성한 상태의 오차(선 사이의 틈)
Overlapping (점 선 중복)	주로 영역의 경계선에서 점 선이 이중으로 입력되어 발생하는 오차로 중복된 점 선은 삭제한다.
Dangle	매달린 노드의 형태로 발생하는 오류로 오버슈트나 언더슈트와 같은 형태로 한쪽 끝이 다른 연결선이나 절점에 연결되지 않은 상태의 오차

② Scanning(자동방식)

레이저 광선을 지도에 주사하고 반사되는 값에 수치값을 부여하여 컴퓨터에 저장시킴으로써 기존의 지도, 사진 또는 중첩자료 등의 아날로그 자료형식을 컴퓨터에 의해 수치형식(영상)으로 입력하는 방법이다.

㉠ 특징

장점	단점
① 자료입력형태는 격자형식이다. ② 이미지상에서 삭제, 수정 등을 할 수 있다. ③ 스캐너의 성능에 따라 해상도를 조절할 수 있다. ④ 컬러 필터를 사용하면 컬러 영상을 얻을 수 있다.	① 훼손된 도면은 입력이 어렵다. ② 격자의 크기가 작아지면 정밀하지만 자료의 양이 방대해진다. ③ 문자나 그래픽 심벌과 같은 부수적인 정보를 많이 포함한 도면을 입력하는 데 부적합하다.

③ COGO(COordinate GeOmetry : 기하학적 좌표)

실제 현장에서 측량의 결과로 얻어진 자료를 이용하여 수치지도를 작성하는 방식으로 실제 현장에서 각 측량 지점의 측량결과를 컴퓨터에 입력시킨 후 지형분석용 소프트웨어를 이용하여 지표면의 형태를 생성한 후 수치지도 형태로 저장시키는 방식이다.

(2) 자료변환

부호화(Coding)는 각종 도형 자료를 컴퓨터 언어로 변환시켜 컴퓨터가 직접 조정할 수 있는 형태로 바꾸어 준 형태를 의미하는 것으로 벡터 방식의 자료와 격자 방식의 자료가 있다.

벡터화 (Vectorization)	벡터자료는 선추적방식이라 부르는 지역단위의 경계선을 수치부호화하여 저장하는 방식으로 래스터자료에 비해 정확하게 경계선 설정이 가능하기 때문에 망이나 등고선과 같은 선형 자료 입력에 주로 이용하는 방식이다. 격자에서 벡터구조로 변환하는 것으로 동일한 수치값을 갖는 격자들은 하나의 폴리곤을 이루게 되며, 격자가 갖는 수치값은 해당 폴리곤의 속성으로 저장한다.
격자화 (Rasterization)	래스터자료는 격자방식 또는 격자방안방식이라 부르고 하나의 셀 또는 격자 내에 자료형태의 상대적인 양을 기록함으로써 표현하며 각 격자들을 조합하여 자료가 형성되며 격자의 크기를 작게 하면 세밀하고 효과적인 모델링이 가능하지만 자료의 양은 기하학적으로 증가한다. 벡터에서 격자구조로 변환하는 것으로 벡터구조를 일정한 크기로 나눈 다음, 동일한 폴리곤에 속하는 모든 격자는 해당 폴리곤의 속성값으로 격자에 저장된다.

2) 자료의 저장

(1) 자료 저장기기

① 종이 서류

② 마이크로필름(Microfilm)

③ 테이프 드라이브(Tape Drive or Magnetic Tape)

④ 디스크 드라이브(Disk Drive) : 하드디스크, CD, DVD 등

(2) 영상자료저장형식

BIL(Band Interleaved by Line) : **라인별 영상**	주어진 선에 대한 모든 자료의 파장대를 연속적으로 파일 내에 저장하는 형식이다. BIL형식에 있어 파일 내의 각 기록은 단일 파장대에 대해 열의 형태인 자료의 격자형 입력선을 포함하고 있다.
BSQ(Band SeQuential) : **밴드별 영상**	각 파장대는 분리된 파일을 포함하여 단일 파장대가 쉽게 읽혀지고 보일 수 있으며 다중 파장대는 목적에 따라 불러올 수 있다.
BIP(Band Interleaved by Pixel) : **픽셀별 영상**	각 파장대의 값들이 주어진 영상소 내에서 순서적으로 배열되며 영상소는 저장장치에 연속적으로 배열된다. 구형이므로 거의 사용되지 않는다.

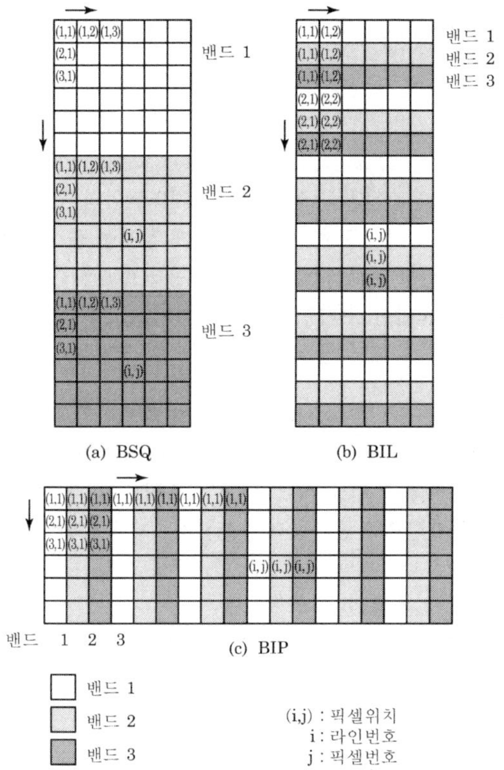

[영상데이터 포맷(3밴드인 경우)]

3) 데이터의 공간분석(Spatial Analysis)

GIS 공간자료분석은 지리적 현상의 공간적 변화과정과 이동과정을 분석하고 이를 바탕으로 지리적 현상의 공간조직, 공간구조 및 공간시스템을 분석하는 다양한 방법론을 공간구조분석이라 한다. 공간분석은 의사결정을 도와주거나 복잡한 공간문제를 해결하는 데 있어 지리자료를 이용하여 수행되는 과정의 일부이다.

(1) 형태에 따른 분석

표면분석	하나의 자료층상에 있는 변량들 간의 관계분석 적용
중첩분석	둘 이상의 자료층에 있는 변량들 간의 관계분석 적용은 분석 방법으로 중첩에 의한 정량적 해석 및 예측모델에 의한 분석을 수행한다.

(2) 공간분석을 위한 연산

공간질의에 이용되는 연산은 일반적으로 논리연산, 산술연산, 기하연산, 통계연산 등으로 범주화 가능

논리연산 (Logic Operation)	논리적 연산은 개체 사이의 크기나 관계를 비교하는 연산으로서 일반적으로 논리 연산자 또는 불리언 연산자를 통해 처리	
	논리연산자	개체 사이의 크기를 비교할 수 있는 연산자로 ‘=’, ‘>’, ‘<’, ‘≥’, ‘≤’ 등이 있음
	불리언 연산자	개체 사이의 관계를 비교하여 참과 거짓의 결과를 도출하는 연산자로서 ‘AND’, ‘OR’, ‘NOR’, ‘NOT’ 등이 있음
산술연산 (Arithmetic Operation)	산술연산은 속성자료뿐만 아니라 위치자료에도 적용 가능	
	산술연산자에는 일반적인 사칙연산자, 즉 ‘ + ’, ‘−’, ‘ * ’, ‘/’ 등과 지수승, 삼각함수 연산자 등이 있음	
기하연산 (Geometric Operation)	위치자료에 기반하여 거리, 면적, 부피, 방향, 면형객체의 중심점(Centroid) 등을 계산하는 연산	
통계연산 (Statistical Operation)	주로 속성자료를 이용하여 수행되는 연산	
	통계연산자	합(Sum), 최대값(Maximum Value), 최소값(Minimum Value), 평균(Average), 표준편차(Standard Deviation) 등의 일반적인 통계치를 산출

(3) 공간보간기법

① 보간법(interpolation)

보간법 **(interpolation)** **정의**	① 이미 특정지역을 측정하였거나 지형도와 같이 알고 있는 특정 지점이나 지역의 속성값을 이용하여 미지의 지점에 대한 지점이나 지역의 속성값을 찾아내는 것을 말한다. ② 기 산출된 두 점의 기지값을 이용해서 두 점 사이의 임의점에서 값을 생성할 때도 사용된다. ③ 영상 내의 픽셀들을 움직이거나 픽셀들을 생성한다. ④ 곡선상에 놓여 있는 위치 좌표들 사이에서 임의의 공간 위치값을 유도하는 과정이다.

② 보간법(interpolation)의 분류

구분			내용
점보간	티센다각형 (thiesen polygons)		등거리 연산자를 사용하여 원의 방사방향으로 원을 확대할 때, 상호의 원이 교차하는 등거리 분할선에 의하여 주어진다.
	가중평균 (weighted average)		보간할 점을 중심으로 6~8점의 관측치에 반경 d_{max} 인 원 속에 들어오도록 원을 그려 가중평균으로 주어진다.
선보간	엄밀보간	최근린보간	최단 거리에 있는 관측치를 사용하여 보간한다.
		선형보간	두 개의 인접하는 관측치를 직선으로 연결한다.
		3차곡선	2개의 인접한 관측점에서 곡선의 1차 미분 및 2차 미분이 연속이라는 조건으로 3차 곡선을 접합한다. 이러한 곡선을 스플라인이라고 한다.
	근사보간	이동평균	윈도우를 이동시키면서 윈도우 내의 평균값을 차례로 구한다.
		B스플라인	B스플라인곡선은 측정점을 반드시 통과하지 않는 곡선
		최소제곱법	가장 근사하다고 생각되는 함수 $y=f(x)$를 선정하고 관측치에 대하여 잔차의 제곱의 합이 최소가 되는 미지계수를 구한다.
면보간	격자배열면 보간	공일차보간	4개의 격자점으로 둘러싸인 격자 내의 표고를 구한다.
		공삼차보간	원하는 위치를 둘러싼 $4\times4=16$개의 격자점을 이용한다.
	불규칙배열면보간(TIN)		TIN은 불규칙하게 배치되어 있는 지형점으로부터 삼각망을 생성하여 삼각형 내의 표고를 삼각평면으로부터 보간하는 DEM의 일종이다.

최근린 보간법 (Nearest Neighbor Interpolation)	영상처리에서 출력픽셀로 생성된 주소의 가장 가까운 원시픽셀을 출력픽셀로 할당하는 방식이다. 이웃하는 최근접의 픽셀을 이용해 빈 픽셀을 채움으로써 보간한다. 이 방법은 처리방법은 빠르지만 영상의 성질을 바뀌게 하는 커다란 장애 요소가 되어 선형 보간법보다 상당량의 이미지가 파손된다는 단점을 가지고 있다.	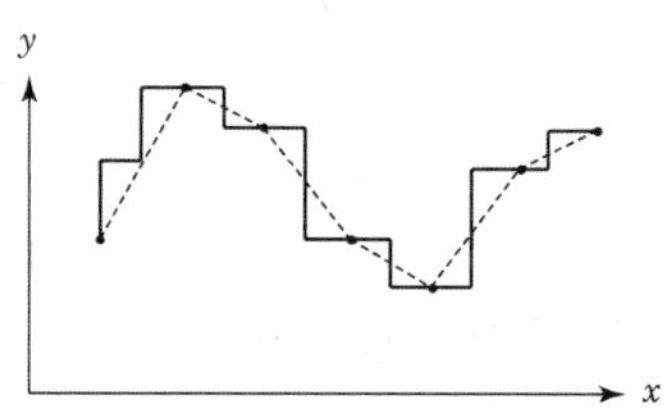 [최근린 보간법]

<table>
<tr><td rowspan="3">선형 보간법
(Simple Bilinear Interpolation)</td><td>평균값을 이용한 보간법은 확대 영상에서 주변 픽셀들의 평균값을 계산하여 할당받지 못한 빈 픽셀에 대입시키는 방법이다.</td><td rowspan="3">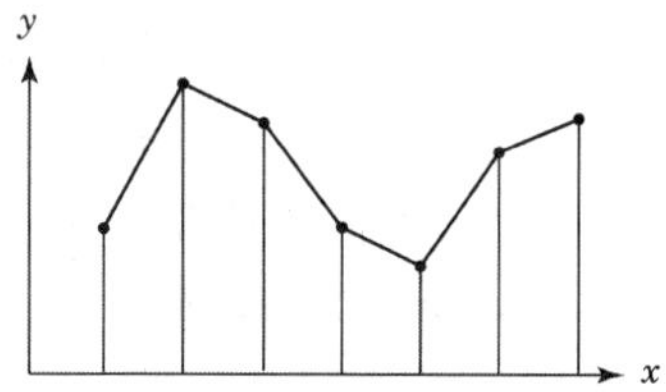
[선형 보간법]</td></tr>
<tr><td>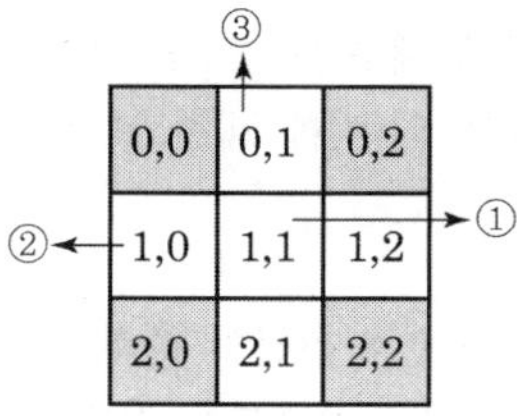

○ $(1,1)=\frac{(0,0)+(0,2)+(2,0)+(2,2)}{4}$
○ $(1,0)=\frac{(0,0)+(2,0)}{2}$
○ $(0,1)=\frac{(0,0)+(0,2)}{2}$</td></tr>
<tr><td>① 4개의 주어진 값들 사이의 새로운 값을 만들어내는 방법이다.
② 새롭게 생성된 픽셀의 값이 네 개의 가장 가까운 픽셀들에 가중치를 곱한 값이 된다.
③ 하나의 픽셀을 보간하기 위해 3번의 계산이 필요하며, 최근린 보간법보다는 많은 계산이 요구되지만 더 매끄러운 영상이 생성된다.</td></tr>
<tr><td>3차 곡선법
(Spline보간법)</td><td>2개의 인접한 관측점에서 곡선의 일차미분 및 2차 미분이 연속이라는 조건으로 3차 곡선을 접합한다. 이러한 곡선을 스플라인(Spline)이라고 한다.
$y=ax^3+bx^2+cx+d$</td><td>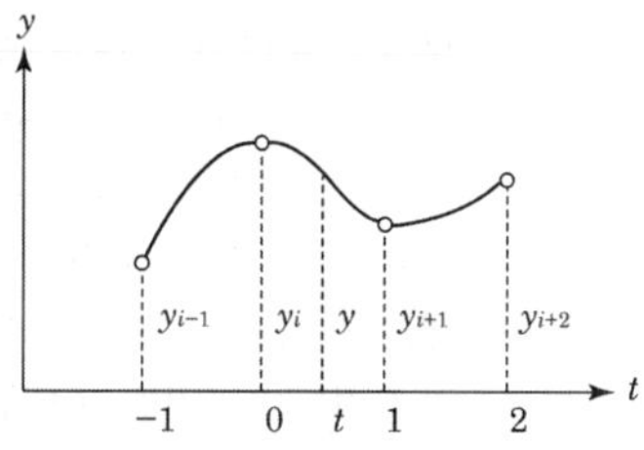
[Spline 보간법]</td></tr>
<tr><td>공일차 보간법</td><td>정방형 격자 표고 데이터가 주어진 경우 4개의 격자점으로 둘러싸인 격자 내의 표고를 구하는 방법이다.</td><td>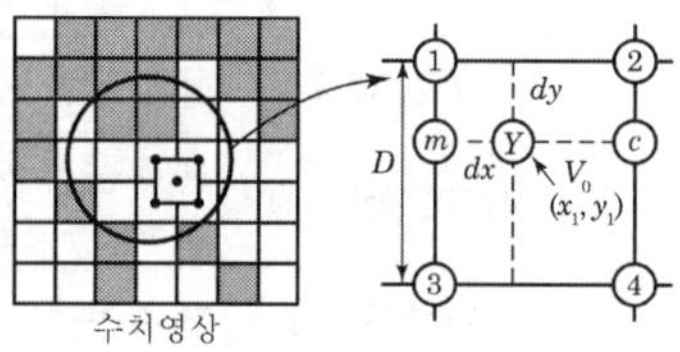

[공일차 보간법]</td></tr>
</table>

공삼차 보간법	원하는 위치를 둘러싼 4×4＝16개의 격자점을 이용한다. 4점을 이용하여 3차식 spline 곡선을 만든다. 격자간격을 단위로 하는 정규화 좌표계를 도입, 격자 내의 구하고자 하는 임의의 점에 대한 표고를 구하는 방법이다.	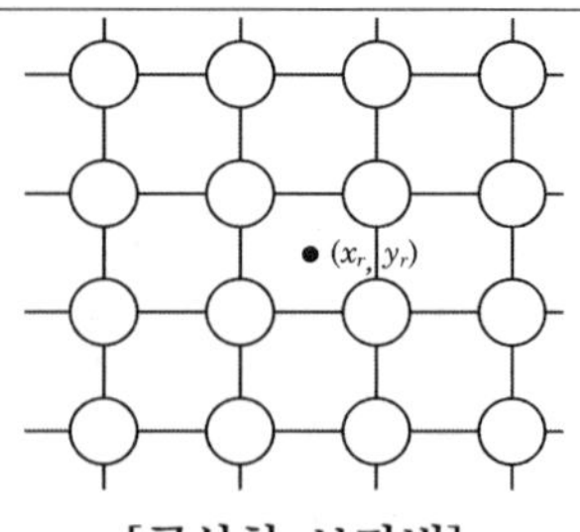 **[공삼차 보간법]**
가중평균 보간법 **(weight average)**	보간할 점을 중심으로 6~8점의 관측치에 반경 $d_{\max}$인 원 속에 들어오도록 원을 그린다. 이때 보간값은 다음 가중 평균으로 주어진다. $Z=\dfrac{\Sigma w_i Z_i}{\Sigma w_i}$ 여기서, w_i : 가중값, Z_i : 관측치 Z : 보간값	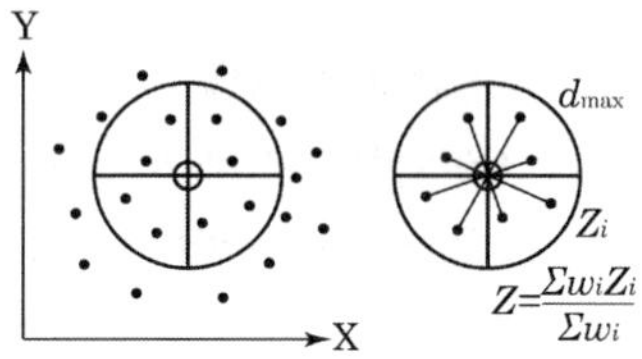

(4) 공간분석기법

① 중첩분석

① 두 지도를 겹쳐 통합적인 정보를 갖는 지도를 생성하는 것

② 도형과 속성자료가 각기 구축된 레이어를 중첩시켜 새로운 형태의 도형과 속성레이어를 생성하는 기능
- 폴리곤 위의 점의 중첩
- 폴리곤 위의 선의 중첩
- 폴리곤 위의 폴리곤 중첩

③ 새로운 자료나 커버리지를 만들어내기 위해 두 개 이상의 GIS 커버리지를 결합하거나 중첩(공통된 좌표체계에 의해 데이터베이스에 등록된다)한 것

예) 식생, 토양, 경사도 레이어를 중첩하여 침식가능 구역도 등을 만들어 냄

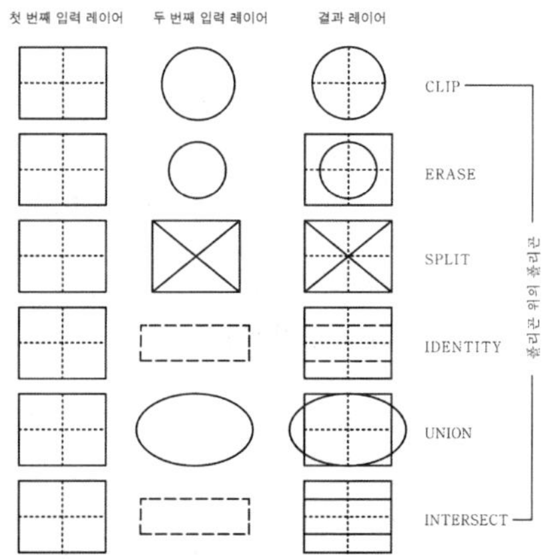

UNION	폴리곤을 중첩하고 두 레이어의 모든 면적을 유지한다.
INTERSECT	폴리곤을 중첩하지만 두 번째 입력 레이어 폴리곤 안에 첫 번째 입력 레이어 객체를 놓아 그들의 부분만을 유지한다.
IDENTIFY	폴리곤을 중첩하고 입력 레이어 객체들을 유지한다.
CLIP	쿠키 절단기처럼 두 번째 입력 레이어를 사용하여 첫 번째 입력자료의 조각을 잘라낸다.
ERASE	두 번째 입력 레이어를 사용하여 첫 번째 입력 레이어의 일부를 지운다.
SPLIT	두 번째 입력 레이어를 기초로 더 작은 많은 레이어로 첫 번째 입력 레이어를 나눈다.

버퍼분석	① 버퍼분석(Buffer Analysis)은 공간적 근접성(Spatial Proximity)을 정의할 때 이용되는 것으로서 점, 선, 면 또는 면 주변에 지정된 범위의 면사상으로 구성 ② 버퍼분석을 위해서는 먼저 버퍼 존(Buffer Zone)의 정의가 필요 ③ 버퍼 존은 입력사상과 버퍼를 위한 거리(Buffer Distance)를 지정한 이후 생성 ④ 일반적으로 거리는 단순한 직선거리인 유클리디언 거리(Euclidian Distance) 이용 ⑤ 즉, 입력된 자료의 점으로부터 직선거리를 계산하여 이를 버퍼 존으로 표현하는데, 다음과 같은 유클리디언 거리 계산공식에 의해 버퍼 존 형성 • 두 점 사이의 거리= $\sqrt{(x_1-x_2)^2+(y_1+y_2)^2}$ ⑥ 버퍼 존은 입력사상별로 원형, 선형, 면형 등 다양한 형태로 표현 가능 ⑦ 점사상 주변에 버퍼 존을 형성하는 경우 점사상의 중심에서부터 동일한 거리에 있는 지역을 버퍼 존으로 설정 ⑧ 면사상 주변에 버퍼 존을 형성하는 경우 면사상의 중심이 아니라 면사상의 경계에서부터 지정된 거리에 있는 지점을 면형으로 연결하여 버퍼 존으로 설정
네트워크 분석	① 현실세계에는 사람, 에너지, 물자, 정보 등의 흐름을 가능하게 하는 도로, 케이블, 파이프라인 등의 하부구조(Infrastructure)가 존재하는데, 이러한 하부구조는 GIS 분석과정에서 네트워크(Network)로 모델링 가능 ② 네트워크형 벡터자료는 특정 사물의 이동성 또는 흐름의 방향성(Flow Direction)을 제공 ③ 대부분의 GIS 시스템은 위상모델로 표현된 벡터자료의 연결된 선사상인 네트워크 분석을 지원 ④ 이러한 네트워크 분석은 크게 시설물 네트워크(Utility Network)와 교통 네트워크(Transportation Network)로 구분 가능 ⑤ 일반적으로 네트워크는 점사상인 노드와 선사상인 링크로 구성 • 노드에는 도로의 교차점, 퓨즈, 스위치, 하천의 합류점 등이 포함될 수 있음 • 링크에는 도로, 전송라인(Transmission Line), 파이프, 하천 등이 포함될 수 있음 ⑥ 네트워크 분석을 통해 • 최단경로(Shortest Route) : 주어진 기원지와 목적지를 잇는 최단거리의 경로 분석 • 최소비용경로(Least Cost Route) : 기원지와 목적지를 연결하는 네트워크 상에서 최소의 비용으로 이동하기 위한 경로를 탐색할 수 있음 ⑦ 이외에 차량경로 탐색과 교통량 할당(Traffic Allocation) 문제 등 다양한 분야에서 이용될 수 있음

2.5 데이터의 오차

입력자료의 질에 따른 오차	Database 구축 시 발생하는 오차
① 위치정확도에 따른 오차 ② 속성정확도에 따른 오차 ③ 논리적 일관성에 따른 오차 ④ 완결성에 따른 오차 ⑤ 자료변천과정에 따른 오차	① 절대위치자료 생성 시 기준점의 오차 ② 위치자료 생성 시 발생되는 항공사진 및 위성영상의 정확도에 따른 오차 ③ 점의 조정 시 정확도 불균등에 따른 오차 ④ 디지타이징 시 발생되는 점양식, 흐름양식에 의해 발생되는 오차 ⑤ 좌표변환 시 투영법에 따른 오차 ⑥ 항공사진 판독 및 위성영상으로 분류되는 속성오차 ⑦ 사회자료 부정확성에 따른 오차 ⑧ 지형분할을 수행하는 과정에서 발생되는 편집오차 ⑨ 자료처리 시 발생되는 오차

2.6 공간정보의 표준화

1) GIS의 표준화

GIS 표준은 다양하게 변화하는 GIS 데이터를 정의하고 만들거나 응용하는 데 있어서 발생되는 문제점을 해결하기 위하여 정의되었다. GIS 표준화는 보통 7가지 영역으로 분류될 수 있다.

(1) 표준화의 필요성

비용 절감	지리정보시스템(GIS)은 그 특성상 대용량의 자료를 사용하며 효율적인 자료 교환이 불가능하다면 데이터 공유가 매우 어려울 뿐만 아니라 공통 데이터의 중복 보관 및 관리로 인해 막대한 경제적 손실을 가져온다.
접근 용이성	GIS 구축에 사용되는 총비용 중 수치데이터베이스 구축에만 약 75%의 비용이 사용되는 것을 감안하면 한 번 수집된 정보를 재활용하는 것은 매우 중요하다. 기존 데이터를 다른 목적을 위해 재사용할 수 있게 하기 위해서는 기존에 구축되어 있는 모든 데이터에 쉽게 접근할 수 있어야 하며, 이를 위해서는 공간정보에 대한 표준화가 반드시 필요하다.
상호 연계성	기존의 GIS 환경하에서 시스템 간의 연동조건 및 상호교환을 필요로 하는 표준적인 정보 항목 등을 정의하여 다양한 시스템에서 GIS 상호 연동성을 확보할 수 있게 하는 것이 필요하다.
활용의 극대화	지리정보는 사회간접(infrastructure) 자본의 성격이 강하므로 앞으로 정부, 자치단체뿐만 아니라 일반 기업과 개인의 지리정보 사용이 기하급수적으로 증가할 것이다. 따라서 장기적으로 보았을 때 지리정보에 대한 표준화가 선행되어야 한다.

(2) 표준화 요소

표준화 요소		
표준화 요소	① 데이터 모델의 표준화	② 데이터 내용의 표준화
	③ 데이터 수집의 표준화	④ 데이터 질의 표준화
	⑤ 위치기준의 표준화	⑥ 메타데이터의 표준화
	⑦ 데이터 교환의 표준화	

(3) 표준화의 특성

특성	내용
다양한 분야와의 결합	GIS 표준은 다양한 분야와 GIS가 결합되어 구현된다. 즉, 전산, 토목, 지리, 전자공학, 측지분야 등 다양한 분야의 기술과 표준이 결합되어 GIS 표준을 구성하며 이들 간에는 상호연계성이 있으므로, 각 기술 방법론에 관련 표준들이 영향을 받게 된다.
공간정보구축 범주에서 수행	GIS 표준은 그 표준화 활동 자체가 중요한 의미를 지니지만, 공간정보구축이라는 커다란 범주 내에서 수행되고 있다. 따라서 표준의 제정 및 사용은 직접 공간정보 구축과제에 연결되어 적용된다. 예를 들면 주요 GIS 표준들이 수치지도 제작 및 유통 등에 적용되어 활용되고 있다.
넓은 범주 분야 표준에 의존	GIS 표준에 적용되는 방법, 기술 등은 넓은 범주의 정보기술분야 표준에 의존하거나 크게 영향을 받는 경향이 있다. 기존에는 정보기술분야 표준에 의존하거나 GIS 분야가 개별적인 발전 추세를 가지고 있었으나 다른 정보기술분야의 표준이 GIS 표준에 반영, 적용되고 있다. 즉, DBMS 표준, 객체환경 표준, 개방환경 표준, 네트워크 표준 등 대표적인 정보기술분야 표준을 토대로 GIS 표준이 제정되고 있다.

2) GIS의 표준화 기구

(1) SDTS(Spatial Date Transfer Standard : 공간자료 교환표준)

공간자료 교환표준(Spatial Data Transfer Standard, SDTS)은 공간자료를 서로 다른 컴퓨터 시스템 간에 정보의 누락 없이 자료를 주고받을 수 있게 해주는 방법이다. 이는 자료 교환표준으로서 공간자료, 속성, 위치체계, 자료의 질, 자료 사전, 기타 메타데이터 등을 모두 포함하는 표준이다.

SDTS는 미국 USGS를 중심으로 연구가 진행되어 1990년대 초에 연방표준국(National Institute of Standard Technology : NIST)에서 표준으로 채택하였다. 중립적인 규정이며 모듈화되어 있고, 지속적으로 갱신이 가능하며, 적용에 있어서 매우 탄력적인 일종의 "열린 시스템" 표준이다.

① SDTS의 구성요소(components)

SDTS는 기본규정(base specification) 1~3부문과 다중 프로파일(multiple profiles) 4~7부문으로 구성되어 있다. 기본규정은 공간자료의 교환을 위한 콘텐츠, 구조, 형식(format) 등에 관한 개념적 모델과 구체적인 규정을 정하고 있고 다중 프로파일은 SDTS를 특정 타입의 자료에 적용하기 위한 특정 규칙(rules)과 형식을 정하고 있다.

제1부문 (Part 1)	논리적 규정 (logical specification)	세 개의 주요 장(section)으로 구성되어 있으며 SDTS의 개념적 모델과 SDTS 공간객체 타입, 자료의 질에 관한 보고서에서 담아야 할 구성요소, SDTS 전체 모듈에 대한 설계(layout)를 담고 있다.
제2부문 (Part 2)	공간적 객체들 (spatial features)	공간객체들에 관한 카달로그와 관련된 속성에 관한 내용을 담고 있다. 범용 공간객체에 관한 용어 정의를 포함하는 데 이는 자료의 교환 시 적합성(compatibility)을 향상시키기 위한 것이다. 내용은 주로 중/소축척의 지형도 및 수자원도에서 통상 이용되는 공간객체에 국한되어 있다.
제3부문 (Part 3)	ISO 8211 코딩화 (ISO 8211 encoding)	일반 목적의 파일 교환표준(ISO 8211) 이용에 대한 설명을 하고 있다. 이는 교환을 위한 SDTS 파일세트(filesets)의 생성에 이용된다.
제4부문 (Part 4)	위상벡터 프로파일 (topological vector profile, TVP)	TVP는 SDTS 프로파일 중에서 가장 처음 고안된 것으로서 기본규정(1~3부문)이 어떻게 특정 타입의 데이터에 적용되는지를 정하고 있다. 위상학적 구조를 갖는 선형(linear)·면형(area) 자료의 이용에 국한되어 있다.
제5부문 (Part 5)	래스터 프로파일 및 추가형식 (raster profile & extensions, RP)	RP는 2차원의 래스터 형식 영상과 그리드 자료에 이용된다. ISO의 BIIF(Basic Image Interchange Format), GeoTIFF (Georeferenced Tagged Information File Format) 형식과 같은 또 다른 이미지 파일 포맷도 수용한다.
제6부문 (Part 6)	점 프로파일 (point profile, PP)	PP는 지리학적 점 자료에 관한 규정을 제공한다. 이는 제4부문 TVP를 일부 수정하여 적용한 것으로서 TVP의 규정과 유사하다.
제7부문 (Part 7)	CAD 및 드래프트 프로파일 (CAD and draft profiles)	CADD는 벡터 기반의 지리자료가 CAD 소프트웨어에서 표현될 때 사용하는 규정이다. CADD와 GIS 간의 자료의 호환 시 자료의 손실을 막기 위하여 고안된 규정이다. 가장 최근에 추가된 프로파일이다.

(2) 메타데이터(metadata) 표준

메타데이터란 데이터에 관한 데이터로서 데이터의 구축과 이용 확대에 따른 상호 이해와 호환의 폭을 넓히기 위하여 고안된 개념이다. 메타데이터는 데이터에 관한 다양한 측면을 서술하는 매우 중요한 자료로서 이에 관하여 표준화가 활발히 진행되고 있다.

미국 연방지리정보위원회(FGDC)에서는 디지털 지형공간 메타데이터에 관한 내용표준(Content Standard for Digital Geospatial Metadata)을 정하고 있는데 여기에서는 메타데이터의 논리적 구조와 내용에 관한 표준을 정하고 있다. 총 11개의 장으로 구성되어 있으며 7개의 주요장(main section)과 3개의 보조장(supporting section)으로 이루어져 있다.

이 중 제1장(개요)과 제7장(메타데이터 참조정보)은 반드시 포함하도록 하고 있으며 나머지 장들은 권고사항으로 되어 있다.

제1장	**식별정보** (identification information)	인용, 자료에 대한 묘사, 제작시기, 공간영역, 키 워드, 접근제한, 사용제한, 연락처 등
제2장	**자료의 질 정보** (data quality information)	속성정보 정확도, 논리적 일관성, 완결성, 위치정보 정확도, 계통(lineage) 정보 등
제3장	**공간자료 구성정보** (spatial data organization information)	간접 공간참조자료(주소체계), 직접 공간참조자료, 점과 벡터 객체 정보, 위상관계, 래스터 객체 정보 등
제4장	**공간좌표정보** (spatial reference information)	평면 및 수직 좌표계
제5장	**사상과 속성정보** (entity & attribute information)	사상타입, 속성 등
제6장	**배포정보** (distribution information)	배포자, 주문방법, 법적 의무, 디지털 자료형태 등
제7장	**메타데이터 참조정보** (metadata reference information)	메타데이터 작성시기, 버전, 메타데이터 표준이름, 사용 제한, 접근 제한 등
제8장	**인용정보**(citation)	출판일, 출판시기, 원 제작자, 제목, 시리즈 정보 등
제9장	**제작 시기**(time period)	일정 시점, 다중 시점, 일정 시기 등
제10장	**연락처**(contact)	연락자, 연락기관, 주소 등

(3) ISO TC 211

국제표준기구(International Organization for Standard)는 1994년에 GIS 표준기술위원회(Technical Committee 211)를 구성하여 표준작업을 진행하고 있다.

공식명칭은 Geographic Information/Geometics으로서 TC211 위원회(이하 ISO/TC 211)는 수치화된 지리정보분야의 표준화를 위한 기술위원회이며 지구의 지리적 위치와 직/간접적으로 관계가 있는 객체나 현상에 대한 정보 표준 규격을 수립함에 그 목적을 두고 있다.

① 5개의 작업그룹(Working Group)으로 구성

작업그룹 (Working Group)	① Framework and reference model(WG1) ② Geospatial data models and operators(WG2) ③ Geospatial data administration(WG3) ④ Geospatial services(WG4) ⑤ Profiles and functional standards(WG5)

Chapter 02

실전문제

01

지형분석, 토지의 이용, 개발, 행정, 다목적지적 등 토지자원에 관련된 문제 해결을 위한 정보분석체계는?

토지정보체계(Land Information System : LIS)

02

공간좌표 또는 지리좌표에 관련된 도형 및 측정자료를 효율적으로 수집, 저장, 분석하기 위한 정보체계는?

지리정보체계(Geographic Information System : GIS)

03

도시계획 및 도시화 현상에서 발생하는 인구, 자원 및 교통의 관리, 건물면적, 지명, 환경변화 등에 관한 자료를 다루는 정보체계는?

도시정보체계(Urban Information System : UIS)

04

대기오염정보, 수질오염정보, 폐기물처리정보, 유해폐기물위치 평가와 관련된 정보체계는?

환경정보체계(Environmental Information System : EIS)

05

농산자원정보, 삼림자원정보, 수자원정보 등과 관련된 정보체계는?

자원정보체계(Resources Information System : RIS)

06

지형공간정보체계(Geo-Spatial Information System : GSIS)의 주요 특징 5가지는?

① 원하는 정보를 쉽게 찾아볼 수 있다.
② 새로운 정보의 추가와 수정이 용이하다.
③ 대량의 정보를 저장하고 관리할 수 있다.
④ 복잡한 정보의 분류나 분석 작업에 유용하다.
⑤ 지도의 축소, 확대가 자유롭고 계측이 용이하다.

07

지형공간정보(GSIS)의 자료처리단계는?

1) 자료처리 3단계 : ① 자료의 입력, ② 자료의 처리, ③ 자료의 출력
2) 자료처리 5단계 : ① 자료의 입력, ② 부호화, ③ 자료정비, ④ 자료의 처리, ⑤ 자료의 출력

08

지형공간정보체계의 주요 구성요소는?

1) 3요소 : ① Hardware, ② Software, ③ Database
2) 5요소 : ① Hardware, ② Software, ③ Database, ④ Man power, ⑤ Application

09

지형공간정보체계를 이루는 지형공간정보는?

1) 위치정보(Position Information)
   ① 절대위치정보
   ② 상대위치정보
2) 특성정보(Descriptive Information)
   ① 도형정보(Graphic Information)
   ② 영상정보(Image Information)
   ③ 속성정보(Attribute Information)

10

도형정보의 6가지 도형요소는?

① Point ② Line ③ Area
④ Pixel ⑤ Grid cell ⑥ Symbol

11

전산화 관련자료의 구조는?

1) File 구조
2) 자료기반(Database)의 구조
3) 자료기반관리체계(Database Management System : DBMS)
4) 의사결정지원체계(Decision-Making Support System : DMSS)
5) 전문가체계(Expert System)

12

도형정보에 대한 설명이다. 다음 물음에 답하시오.

1) 기하학적 위치를 나타내는 0차원(무차원)인 도형요소는?
2) 점의 특수한 형태로 역시 0차원이고 위상적 연결이나 끝점을 나타내는 도형요소는?
3) 1차원적 표현으로 String(문자열), Arc(호), Chain(사슬)이 있는 도형요소는?
4) 한정되고 연속적인 2차원적 표현이고 경계를 포함하는 것과 포함하지 않는 도형요소는?
5) 영상에서 눈에 보이는 가장 작은 셀로 2차원적 요소는?
6) 연속적인 면의 단위 셀을 나타내는 2차원적 표현 요소는?
7) 지도 위에 점의 특성을 나타내는 도형요소는?
8) 지도 위에 도형적으로 나타낸 이름이고, 도로명, 지명, 고유번호, 차원을 기록한 요소는?

1) Point(점) 2) Node(절점) 3) Line(선)
4) Area(면) 5) Pixel(영상소) 6) Grid cell(격자셀)
7) Symbol(기호) 8) Annotation(주석)

13

File 구조의 구성요소는?

① record ② field ③ key

14

File의 종류는?

① 단순목록(Simple list)
② 순차파일(Sequential File)
③ 색인파일(Indexed Files)

15

자료기반(Database)의 구조는?

① 평면구조(Flat Structure)
② 계층구조(Hierarchical Structure)
③ 조직망구조(Network Structure)
④ 관계구조(Relational Structure)

16

자료기반(Database)의 장·단점은?

1) 장점
① 통제의 집중화를 이룰 수 있다.
② 자료의 효율적인 분리가 가능하다.
③ 자료의 독립성이 유지된다.
④ 자료기반의 새로운 응용을 용이하게 수용할 수 있다.
⑤ 직접적인 사용자 접근이 가능하다.
⑥ 자료의 중복을 방지할 수 있다.
2) 단점
① 비용면에서 자료기반체계에 관한 소프트웨어와 이와 관련된 처리장비가 비싸다.
② 부가적인 복잡성이 존재한다.
③ 집중된 통제에 따른 위험이 존재한다.

17

지형공간정보체계의 관리체계는?

① 자료기반관리체계(Data Base Management System : DBMS)
② 의사결정지원체계(Decision-Making Support System : DMSS)
③ 전문가체계(Expert System)

18

지형공간정보체계의 관리체계이다. 다음 물음에 답하시오.

1) 자료의 저장, 조작, 검색, 변화를 조작하는 특별한 소프트웨어를 가지고 있는 전산기 프로그램은?
2) 어떤 계획을 결정하기 위해 여러 가지 형태의 이해와 요구를 수용하여 하나의 공통된 목표를 도출하여 결정하게 되는데 때로는 해결하기 힘든 문제가 발생할 때가 있다. 이런 경우를 대비하여 해석적 모형화와 같은 결정탐색과정을 도입하여 의사결정에 도움을 줄 수 있는 체계는?
3) 체계 내에서 그들의 요구를 정형화시키는 방법을 정확히 알지 못하는 비전문가를 위하여 전문가의 지식이나 경험을 전산기 체계 내에 배치함으로써 이용이 용이하도록 설계한 체계는?

1) 자료기반관리체계(Data Base Management System : DBMS)
2) 의사결정지원체계(Decision-Making Support System : DMSS)
3) 전문가체계(Expert System)

19

데이터베이스 모델의 특징에 관한 설명이다. 다음 물음에 답하시오.

1) 이론적 구조가 계층성질을 갖는 수직형태의 데이터 구조로 자료의 조작이 빠르고 편리하며 속성에 대한 수정과 확장이 용이하나 검색에 많은 시간소요와 자료저장과 조작에 비용이 많이 드는 데이터 모델은?
2) 그래프의 성질을 가지며 자료의 중복을 막아주고 가능한 정보를 효율적으로 이용하는 장점이 있으나 데이터베이스를 변형시킬 때마다 새로 수정하는 단점을 가지는 데이터 모델은?
3) 수학적인 이론에 기초를 두고 있으며 추상적이고 인위적인 데이터 모델은?
4) 관계형 체계에 새로운 객체 저장능력을 추가하고 있는 체계로서 관계형과 객체지향형의 장점을 고루 살린 진보된 방식의 데이터 모델은?
5) 데이터베이스의 응용분야가 확대됨에 따라 관계형 데이터베이스의 단점을 보완하기 위한 데이터 모델은?

1) 계층형 데이터 모델(Hierarchical Date Model)
2) 관망형 데이터 모델(Network Date Model)
3) 관계형 데이터 모델(Relation Date Model)
4) 객체관계형 데이터 모델(Object Relation Date Model)
5) 객체지향형 데이터 모델(Object Oriented Date Model)

20

특성정보에 관한 설명이다. 다음 물음에 답하시오.
1) 도면 또는 지도에 의한 정보는?
2) 일반사진, 항공사진, 인공위성영상, 비디오 및 각종 영상에 관한 정보는?
3) 대상물의 자연, 인문, 사회, 행정, 경제, 환경적 특징을 나타내는 정보는?

1) 도형정보(Graphic Information)
2) 영상정보(Image Information)
3) 속성정보(Attribute Information)

21

지형공간정보체계의 자료생성방법이다. 다음 물음에 답하시오.
1) 가장 간단한 방법이며 가격이 저렴하고 신속하나 정확도가 낮은 방법은?
2) 비교적 정확한 취득방법이나 대규모 지역에서는 비용이 고가이고 영역에 한계가 있다는 방법은?
3) 가장 일반적인 방법이며 정확도가 높고 대규모지역의 자료생성에 유용한 방법은?
4) 광학센서의 다중밴드영상을 사용하며 대규모 지역의 자료취득에 효과적이나 비용이 높은 방법은?

1) 기존지도를 이용하는 방법
2) 지상측량에 의한 방법
3) 항공사진측량에 의한 방법
4) 위성측량에 의한 방법

22

지형공간정보체계 자료구조 중 격자모양의 분할된 공간에 영상자료가 들어가 있고 각 영상자료에는 도형적 표현이나 속성값을 가지고 실세계를 표현하는 자료구조는?

Raster 자료구조

23

GIS 자료는 래스터자료(Raster Data)와 벡터자료(Vector Data)로 구분된다. 다음 물음에 답하시오.
1) 두 자료에서 위치를 나타내는 단위는?
2) 중첩분석을 수행하기 어려운 것과 용이한 것은?
3) 대상물에 표현의 정확도가 높은 것은?

1) 래스터자료(Raster Data) : 격자
   벡터자료(Vector Data) : 점, 선, 면
2) 중첩분석이 용이한 것 : 격자자료(Raster Data)
   중첩분석이 어려운 것 : 벡터자료(Vector Data)
3) 벡터자료(Vector Data)

24

지형공간정보체계의 공간분석방법에 대한 설명이다. 다음 물음에 답하시오.
1) 최단경로, 최소비용경로, 최단경로탐색과 교통량 할당 문제 등의 분석, 상하수도 관망 분석에 유용한 분석방법은?
2) 방향, 경사도분석, 3차원 입체지형생성에 유용한 분석방법은?
3) 공간적 근접성 분석에 유용한 분석방법은?
4) 다양한 레이어의 좌표체계가 동일성을 갖고 적지분석에 유용한 분석방법은?

1) 네트워크 분석(Network Analysis)
2) 3차원 분석
3) 버퍼분석(Buffer Analysis)
4) 중첩분석(Overlay Analysis)

25

지형공간정보체계 자료구조 중 공간정보의 기본 단위인 점, 선, 면을 사용하여 실세계 위치를 2차원이나 3차원의 좌표값 형태로 데이터베이스에 저장한 자료로서 가능한 한 정확하게 대상물을 표시하는 자료구조는?

Vector 자료구조

26

우리나라에서 제작되고 있는 수치지도와 수치지형도의 축척은?

공간정보의 구축 및 관리 등에 관한 법률 시행규칙 제13조
국토지리정보원장이 간행하는 지도의 종류(축척)는 다음과 같다.

축척	수치지도	수치지형도(종이)	비고(○ : 제작)
1 : 1,000	○	×	연구진행 중 국가기본도(전국대상제작)
1 : 2,500	×	×	
1 : 5,000	○	○	
1 : 10,000	×	×	과거에 발행
1 : 25,000	○	○	
1 : 50,000	×	○	
1 : 100,000	×	×	
1 : 250,000	○	○	
1 : 500,000	×	×	
1 : 1,000,000	×	○	

※ 국가기본도 : 전국을 대상으로 하여 제작된 지형도 중 규격이 일정하고 정확도가 통일된 것으로서 축척이 최대인 것이어야 한다.

[지적도 축척]
지적도 : 1 : 500, 1 : 600, 1 : 1,000, 1 : 1,200, 1 : 2,400, 1 : 3,000, 1 : 6,000
임야도 : 1 : 3,000, 1 : 6,000

27

수치주제도의 종류는?

공간정보의 구축 및 관리 등에 관한 법률 시행령 제4조
수치주제도의 종류는 다음과 같다.

토지이용현황도	자연공원현황도
지하시설물도	생태·자연도
도시계획도	지질도
국토이용계획도	토지비옥도
토지적성도	임상도
도로망도	토양도
지하수맥도	식생도
하천현황도	관광지도
수계도	풍수해보험관리지도
산림이용기본도	재해지도

28

우리나라 수치지도와 지적도에 표시되는 좌표계에 대한 물음에 답하시오.
1) 우리나라에서 사용되는 지도와 지적도제작에 사용되는 직각좌표의 기준이 되는 투영법은?
2) 수치지도와 지적도에 표시되는 표고의 기준면은?
3) 우리나라 평면직각좌표계 4원점의 명칭과 위치요소(경도와 위도)는?
4) 평면직각좌표계원점의 좌표값은?

1) 투영법
① 수치지도 : 횡메르카토르(Transverse Mercator : TM)
② 지적도 : 가우스 상사 이중투영법(Gauss-conformal Double Projection)

2) 수치지도에 표시되는 표고의 기준 : 인천만의 평균해수면

3) 평면직각좌표계

원점명	경도	위도	비고
서부원점	동경 125° E	북위 38° N	토지조사사업 당시
중부원점	동경 127° E	북위 38° N	토지조사사업 당시
동부원점	동경 129° E	북위 38° N	토지조사사업 당시
동해원점	동경 131° E	북위 38° N	2003년 신설

4) 평면직각좌표계원점의 좌표값
① 좌표원점의 좌표 : X 좌표=600,000
② 좌표원점의 좌표 : Y 좌표=200,000

29

다음 물음에 답하시오.

1) 하나의 자료층상에 있는 변량들 간의 관계분석에 적용되는 것은?
2) 둘 이상의 자료층에 있는 변량들 간의 관계분석에 적용되는 것은?

1) 표면분석(Surface Analysis)
2) 중첩분석(Overlay Analysis)

30

다음 물음에 대하여 답하시오.

1) 수치화된 도형자료만을 나타내며 한 주제를 다루는 데 중첩이 되는 다양한 자료는?
2) 수치화된 도형자료와 관련된 속성데이터를 함께 가지며 자료분석을 위해 여러 지도 요소를 겹칠 때 그 지도요소 하나하나를 나타내는 것은?
3) 점의 특수한 형태로 무차원이며 위상적 연결이나 끝점을 나타내는 것은?

1) 층(Layer)
2) 커버리지(Coverage)
3) 노드(Node)

31

다음은 수치처리에 이용되는 거리를 설명한 것이다. 다음 물음에 답하시오.

1) 2개의 관측치를 연결하는 직선거리는?
2) 축방향의 모집단 분산차를 표준편차로 정규화한 거리는?
3) 격자모양의 시가지를 걸어가는 것과 같은 경우의 거리는?
4) 정규분포의 확률밀도함수 f(x)가 주어졌을 때 분포의 중심으로부터 임의의 점에 이르는 확률적 거리는?
5) 지구를 구라고 가정할 때 지구상의 두 점의 거리를 구의 표면을 따라 측정한 거리는?
6) 어떤 교통수단을 이용할 때 어느 지점에서 특정지점까지 소요되는 시간을 말하는 거리는?

1) 유클리드거리(Euclidean distance)
2) 표준유클리드거리(Normalized Euclidean distance)
3) 맨해튼거리(Manhattan distance)

4) 마할라노비스의 거리(Mahalanobis distance)
5) 대원거리(Great circle distance)
6) 시간거리(Time distance)

32

지형을 3차원으로 표시하기 위한 수치지형모형에 대한 설명이다. 다음 물음에 답하시오.

1) 지형의 표고뿐만 아니라 지표상의 다른 속성도 포함하므로 자료가 복잡하고 대용량의 정보를 가지고 있으며 여러 가지 속성 레이어를 이용하여 다양한 정보제공이 가능한 자료는?
2) 지형의 높이를 단순히 수치의 형태로 표현한 모델을 말하며 자료가 단순하기 때문에 정보의 용량이 적고 사용처는 주로 절토량, 성토량 등의 토량 계산에 이용되는 자료는?
3) 지표면 위의 시설물이나 나무 등을 포함하는 표면을 표현하는 일정한 간격의 격자마다 수치로 기록되는 자료는?
4) 불규칙하게 분포된 지역의 표고를 가지고 각각의 위치를 삼각형으로 연결하여 일정지역 전체를 표현하는 방식으로 격자자료의 단점인 해상력 저하, 해상력 조절, 중요한 정보 상실에 대한 가능성이 해소되고 자료량 조절이 용이하여 3차원 지형분석이나 경사가 급한 지역에 적합한 방법은?

1) 수치지형모델(Digital Terrain Model : DTM)
2) 수치고도모델(Digital Elevation Model : DEM)
3) 수치표면모델(Digital Surface Model : DSM=DTED)
4) 불규칙 삼각망(Triangulated Irregular Network : TIN)

33

공간자료의 위상관계(Topology)에 있어 인접성(Neighborhood or Adjacency) 또는 연결성(Connectivity) 또는 포함성(Hierarchy or Containment)에 대한 설명이다. 다음 물음에 답하시오.

1) 서로 이웃하여 있는 폴리곤 간의 관계를 의미한다. 하나의 폴리곤의 정확한 인접성 파악을 위해서는 해당 폴리곤에 속하는 점이나 선을 공유하는 이웃의 폴리곤에 관한 사항이 세부적으로 파악되어야 한다. 또한 이웃하여 있는 경우에는 상, 하, 좌, 우와 같은 상대적 위치성 또한 파악되어야 할 중요한 요소이다.
2) 폴리곤 간의 포함관계를 나타낸다. 어떤 면 객체에 점, 선, 면 등의 다른 객체가 포함되어 있거나 반대로 다른 면 객체에 포함될 때와 같은 객체 간의 공간관계를 의미한다.
3) 서로 연결된 지역의 공간객체들의 특징을 파악하는 것으로 서로 연결된 지역은 하나 혹은 그 이상의 특징을 가지고 구성된 공간 객체들의 집합으로 이루어지는 공간관계를 의미한다.

1) 인접성(Neighborhood or Adjacency)
2) 포함성(Hierarchy or Containment)
3) 연결성(Connectivity)

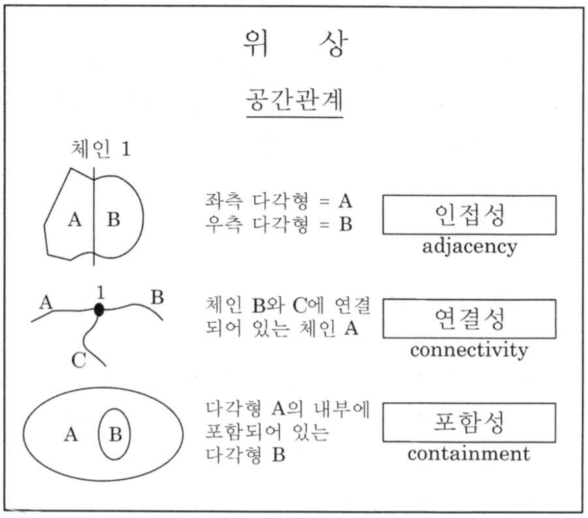

위상이란 전체의 벡터구조를 각각의 점, 선, 면의 단위원소로 분류하여 각각의 원소에 대하여 형상과 인접성(Neighborhood or Adjacency), 연결성(Connectivity), 포함성에 관한 정보를 파악하고 각종 도형구조들의 관계를 정의함으로써 각각의 원소 간의 관계를 효율적으로 정리한 것이다.

형상이란 폴리곤이 지닌 독특한 형태를 의미하며, 주어진 형상에서 폴리곤의 면적과 주변길이를 계산할 수 있다. 따라서 폴리곤의 형상을 정확히 파악하기 위해서는 우선적으로 폴리곤을 형성하는 각각의 점에 대한 X, Y좌표가 확인되어야 한다. 그 다음 각각의 점(Node)으로 연결된 선(Arc)의 길이가 계산되어야 폴리곤 주변 길이와 면적의 정확한 산출이 가능하다.

[위상관계와 공간관계]

위상관계에는 그 우수한 기능을 수행하기 위하여 몇몇의 주요한 자료구조 특성이 사용된다. 첫째, 결절(node), 사이점(vertex), 좌표(Coordinate), 체인(Chain) 등의 벡터자료구조의 요소가 데이터베이스 내에 저장되어 있다. 관계형 데이터베이스를 통하여 자료의 모든 부분과 기능적·방법적으로 연결 가능하다.

위상관계의 중요한 측면은 주변 지형지물을 인식하고 사용할 수 있는 능력이다. 의도된 것과 같이 가능하기 위하여, 자료구조 전체는 위상관계로 자동 연결된다. 위상관계에 부속된 주요 특성들은 다음 세 가지와 같다.

① 인접성(Adjacency) : 일반적으로 어떠한 지형지물에 대하여, 오른쪽에 있는 무엇 또는 왼쪽에 있는 무엇이라는 형식으로 위상관계는 인접지형지물을 연결시킨다. 그림에서 오른편·왼편 다각형은 체인1에 데이터베이스에 기록된 속성이다.

② 연결성(Connectivity) : 위상관계는 연결된 전체 지형지물의 자취를 보존한다. 결절 1에 대하여, 체인 A, B, C는 데이터베이스에 기록된다. 그렇게 하여 체인 A가 결절 1을 경유하여 다른

체인들과 연결될 수 있다.

③ 포함성(Containment) : 다각형 내부에 존재하는 것에 대한 것이다. 다각형 B는 다각형 A 내에 있다.(또는 다각형 A는 그 내부에 다각형 B를 가지고 있다.) 포함성은 자료구조 프로그래밍의 특히 어려운 문제이다. 그러나 섬(island), 공동(hole), 다른 것에 둘러싸인 지형지물과 같은 항목들을 표현하는 데 필수적이다.

공간분석의 수행은 입력된 자료를 가공하여 분석에 필요한 자료로 변환한 이후 공간질의(Spatial Query)와 탐색과정을 통해 속성자료 테이블에서 필요한 자료를 불러들여 각종 연산기법을 통해 원하는 결과물을 얻기 위한 과정이다.

1. 공간분석을 위한 연산

1) 논리연산(Logic Operation)

① 논리적 연산은 개체 사이의 크기나 관계를 비교하는 연산으로서 일반적으로 논리 연산자 또는 불리언 연산자를 통해 처리

② 논리연산자 : 개체 사이의 크기를 비교할 수 있는 연산자로, =, >, <, ≥, ≤ 등이 있음

③ 불리언 연산자 : 개체 사이의 관계를 비교하여 참과 거짓의 결과를 도출하는 연산자로서 AND, OR, NOR, NOT 등이 있음

2) 산술연산(Arithmetic Operation)

① 산술연산은 속성자료뿐 아니라 위치자료에도 적용 가능

② 산술연산자에는 일반적인 사칙연산자, 즉 +, −, *, / 등과 지수승, 삼각함수 연산자 등이 있음

3) 기하연산(Geometric Operation) : 위치자료에 기반하여 거리, 면적, 부피, 방향, 면형객체의 중심점(Centroid) 등을 계산하는 연산

4) 통계연산(Statistical Operation)

① 주로 속성자료를 이용하여 수행되는 연산

② 통계연산자 : 합(Sum), 최대값(Maximum Value), 최소값(Minimum Value), 평균(Average), 표준편차(Standard Deviation) 등의 일반적인 통계값을 산출

34

두 격자자료의 입력값이 0과 1일 때, 각 논리 연산자 AND, OR, NOR, XOR, NOT에 의한 결과를 각각 그림으로 표현하시오. (단, True일 때 1, False일 때 0)

1	1	0
1	1	0
0	0	0

0	1	1
0	1	1
0	0	1

1) 논리적 AND에 의한 중첩

1×0	1×1	0×1
1×0	1×1	0×1
0×0	0×0	0×1

→

0	1	0
0	1	0
0	0	0

2) 논리적 OR에 의한 중첩(재분류 : 2=1)

1+0	1+1	0+1
1+0	1+1	0+1
0+0	0+0	0+1

→

1	2	1
1	2	1
0	0	1

→

1	1	1
1	1	1
0	0	1

3) 논리적 XOR에 의한 중첩(재분류 : 2 =0)

1+0	1+1	0+1
1+0	1+1	0+1
0+0	0+0	0+1

→

1	2	1
1	2	1
0	0	1

→

1	0	1
1	0	1
0	0	1

4) 논리적 NOT에 의한 중첩

1	1	0
1	1	0
0	0	0

0	1	1
0	1	1
0	0	1

→

0	0	1
0	0	1
1	1	1

→

1	0	0
1	0	0
1	1	0

래스터 기반의 자료처리과정에서 중첩분석은 논리 또는 산술연산자를 사용한다. 논리적인 중첩방법은 두 입력 레이어로부터 새로운 레이어를 만들기 위해 논리적인 AND, OR, XOR(배타적 OR)을 사용한다.

1. AND 연산 : 입력 레이어에 대응하는 셀들의 개별적인 값을 곱으로 연산한다. 연산자의 결과는 두 연산항 중 어느 하나가 거짓이면 무조건 거짓이고, 모두 사실이면 사실이 된다. 비트 연산인 경우는 두 비트가 1인 경우에만 1이며, 나머지 경우는 모두 0이 된다.
2. OR 연산과 XOR 연산 : 논리적 OR과 XOR 연산은 입력 레이어에 대응하는 셀들의 개별적인 값을 더하기 연산한다. 논리적인 OR과 XOR의 다른 점은 2진 레이어의 결과를 생산하는 방법에 있다. OR은 2의 출력 셀 값을 1로 재분류하는 것에 반하여 XOR은 2를 0의 출력 셀 값으로 재분류한다.
   ① OR 연산 : 연산자의 결과는 두 연산항 중 어느 하나가 사실(참)이면 사실(참)값이 되고, 나머지 경우는 거짓이 된다. 비트 연산인 경우는 어느 한 비트 이상이 1이면 무조건 1이 되고, 그렇지 않으면 0이 된다.
   ② XOR 연산 : 연산자의 결과는 한 연산항이 사실이고 다른 연산항이 거짓일 때만 사실이 되며, 나머지 경우는 모두 거짓이 된다. 비트 연산인 경우 한 비트가 0일 때 다른 비트가 1일 때만 1이 되고 나머지 경우는 모두 0이 된다.
3. NOT 연산 : 연산자는 단항 논리 연산자로 그 결과는 사실이면 거짓으로, 거짓이면 사실로 된다. 비트 연산인 경우 0은 1로, 1은 0으로 된다.

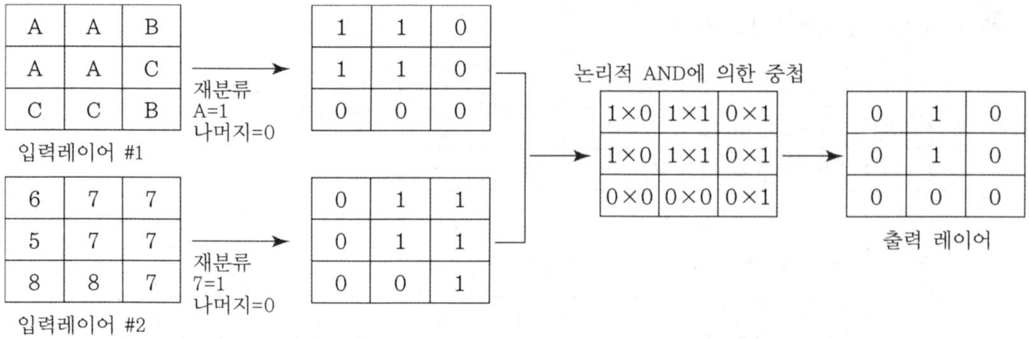

[(a) 입력 래스터 레이어에서 "A"와 "7"을 찾아서 논리적 AND로 중첩]

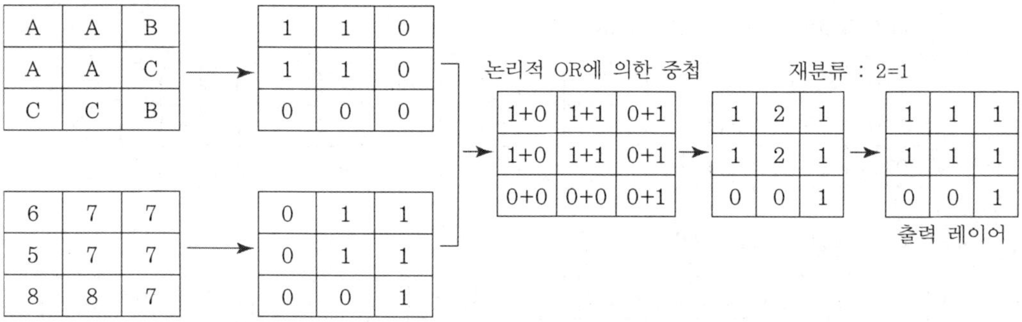

[(b) 입력 래스터 레이어에서 "A"와 "7"을 찾아서 논리적 OR로 중첩]

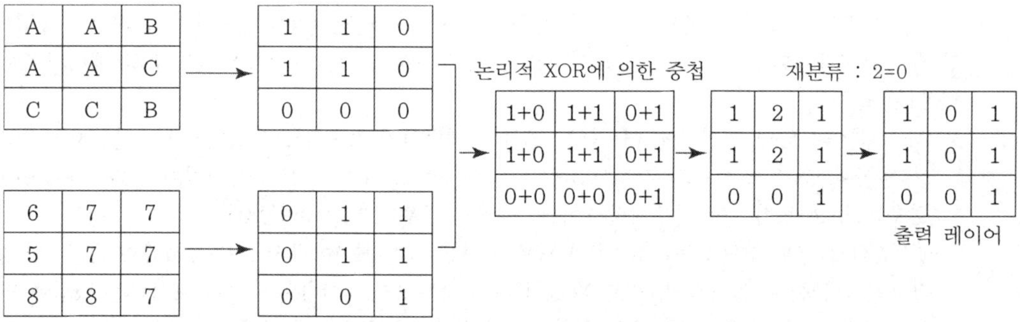

[(c) 입력 래스터 레이어에서 "A"와 "7"을 찾아서 논리적 XOR로 중첩]

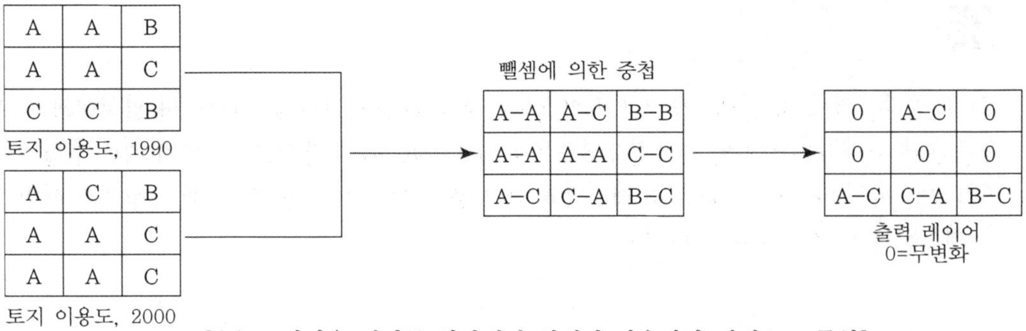

[(a) 토지이용 변화를 알아내기 위해서 산술적인 빼셈으로 중첩]

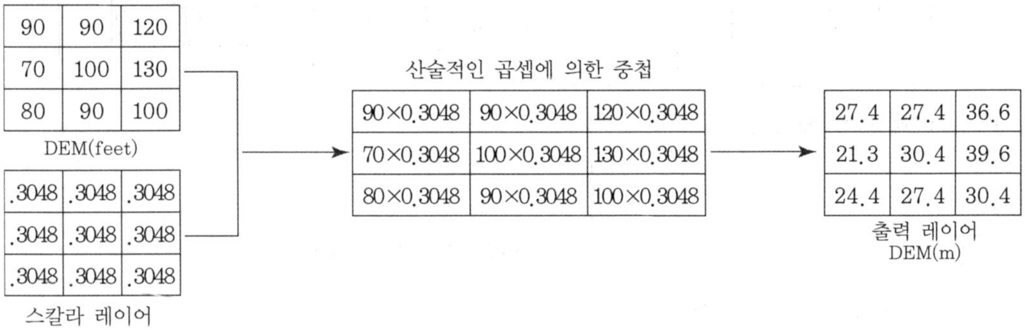

[(b) DEM 자료를 feet 단위에서 m 단위로 변환하기 위해서 곱셈으로 중첩]

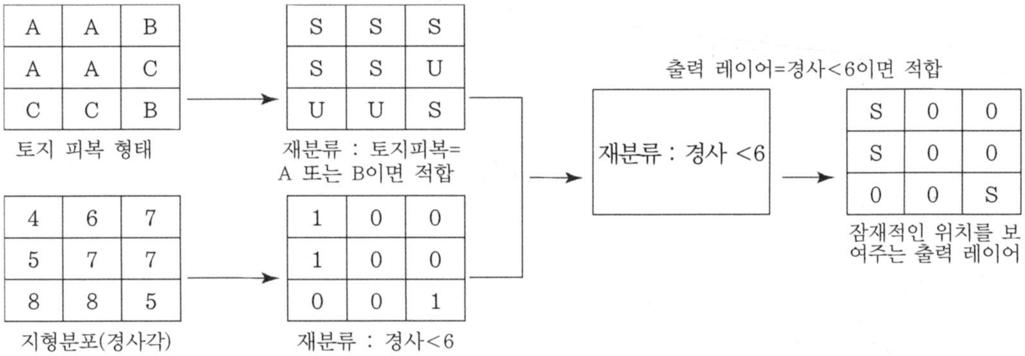

[(c) 적합한 위치를 선택하기 위해 산술적 할당으로 중첩]

35

GIS의 공간분석 중 중첩분석은 기본적이면서도 중요한 분석기능 중 하나이며 현실세계의 다양한 문제를 해결하기 위한 의사결정수단으로 사용되고 있다. 중첩분석방법에 대하여 입력레이어, Union, Intersect, Identity 레이어를 각각 중첩하여 그 결과 레이어를 그림으로 표현하고 레이어의 폴리곤 수를 구하시오.

입력 레이어

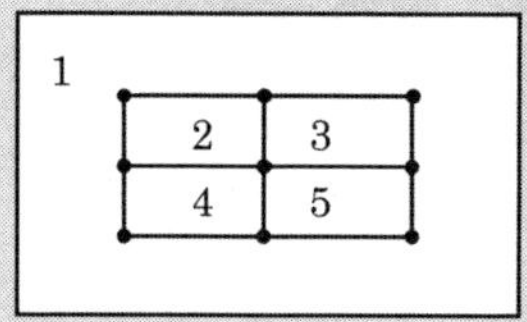

UNION,
INTERSECT,
IDENITIY레이어

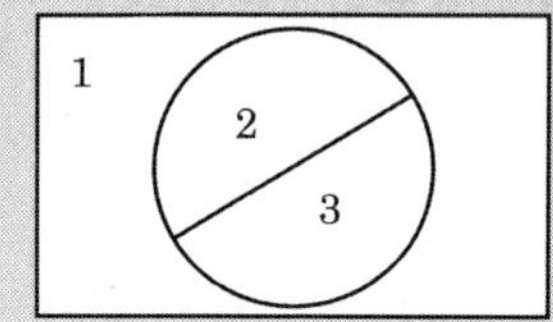

레이어 도형들의
크기 비교

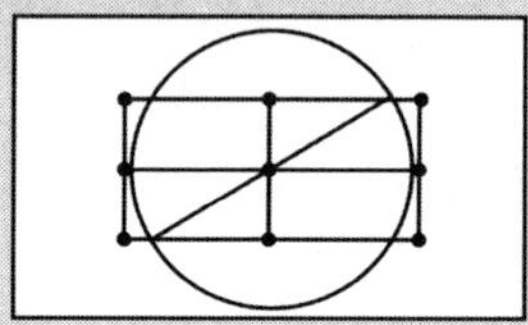

1) UNION 결과 레이어

폴리곤 수 : (   )개

2) INTERSECT 결과 레이어

폴리곤 수 : (   )개

3) IDENTITY 결과 레이어

폴리곤 수 : (   )개

1) UNION 결과 레이어

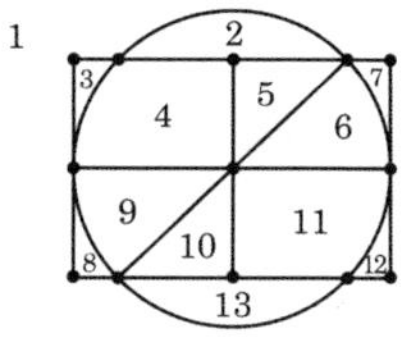

폴리곤 수 : (13)개

2) INTERSECT 결과 레이어

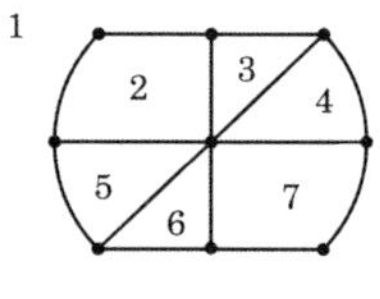

폴리곤 수 : (7)개

3) IDENTITY 결과 레이어

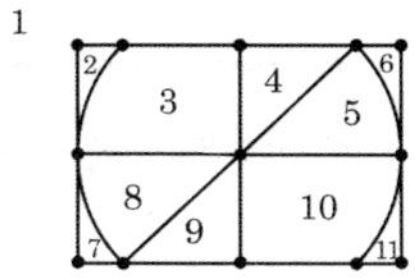

폴리곤 수 : (11)개

[위상적 중첩 연산자]

폴리곤과 폴리곤의 중첩을 위해 다른 연산자들은 하나의 출력 레이어에 두 개 이상의 입력 레이어를 조합하여 사용한다. 위상적 중첩연산은 아래와 같다.

1. Union(합집합) : 입력 데이터 셋의 공간적 범위에 포함되어 있는 형상을 보호하는 두 개의 다각형 커버리지의 위상중첩. 즉 두 개의 커버리지로부터 모든 형상은 유지된다. 테이블에 행과 행을 합치는데 첫 번째 열을 기준으로 오름차순 정렬되어 출력된다. 또한 전체 행에서 동일한 행이 존재하면 중복을 제거한 후 1개 행만 보여준다.

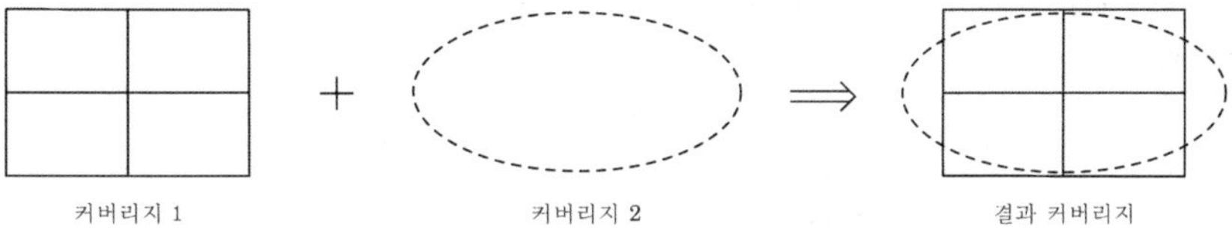

2. Intersect(교집합) : 양쪽 커버리지의 공통의 공간범위에 들어가는 특징을 보존하는 2개의 커버리지의 위상학적인 통합. 즉 폴리곤을 중첩하지만 두 번째 입력 레이어 폴리곤 안에 첫 번째 입력 레이어 객체를 놓아 그들의 부분만을 유지한다.

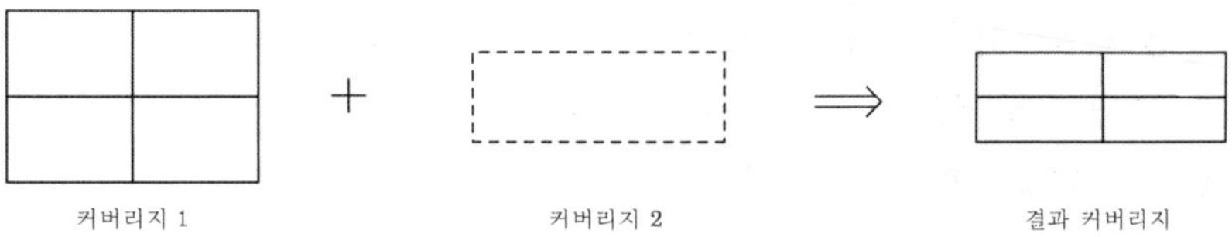

3. Identity(동일성) : 선이나 다각형 커버리지와 다른 다각형 커버리지의 기하학적 교차를 계산하는 위상학적 오버레이. 오버레이한 결과로 생기는 커버리지는 오버레이된 다각형 커버리지의 부분들도 포함되어 모든 입력 커버리지가 보존된다. 즉 입력 레이어와 부분적으로 중복되는 Identity 레이어의 폴리곤만 결과가 레이어에 포함된다.

36

영상재배열은 디지털 영상의 기하학적 변환을 위한 방법이다. 다음에 열거하는 3가지 영상재배열 방법의 특징에 적합한 각각의 보간법은 무엇인가?

1) (　　　　　), 　　2) (　　　　　), 　　3) (　　　　　)

1) 입력격자상에서 가장 가까운 영상소(Pixel)의 밝기값을 이용하여 출력 격자로 변화시키는 보간법으로, 원래의 자료를 그대로 사용하기 때문에 자료가 손실되지 않는다.

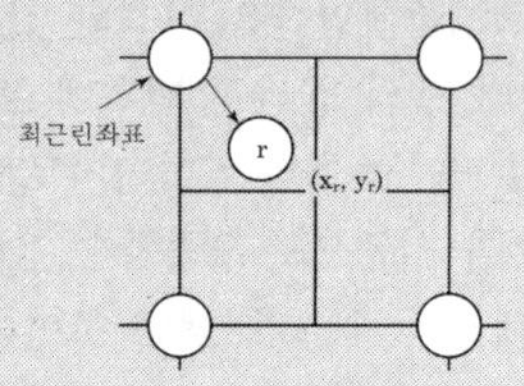

2) 입력격자상에서 가까운 4개의 영상소의 밝기값을 이용하여 출력 격자로 변화시키는 보간법이다.

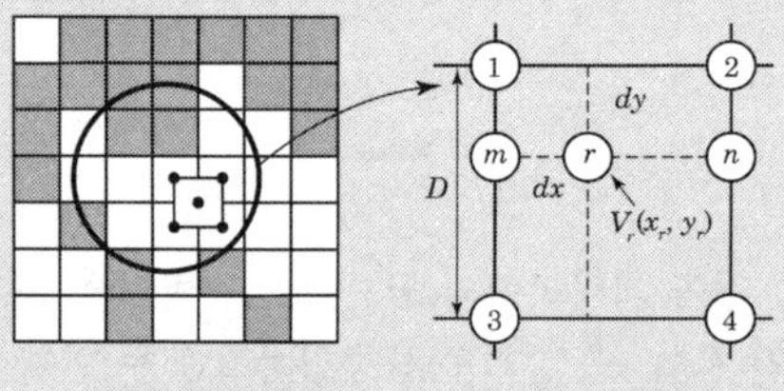

3) 입력 격자상에서 4×4 배열에 해당하는 16개 영상소의 밝기값을 이용하여 출력 격자로 변화시키는 보간법이다. 이는 1) 방법에 의해 나타날 수 있는 지표면의 불연속적인 현상을 줄일 수 있고 2) 방법보다 나은 영상을 얻을 수 있다. 그러나 이는 다른 보간 방법에 비해 계산시간이 2~3배 정도 오래 걸린다.

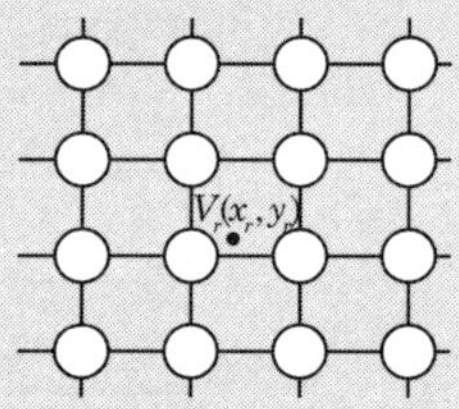

1) 최근린 보간법(Nearest Neighbor Interpolation)
2) 공일차 보간법(Bilinear Interpolation)
3) 공삼차 보간법(Bicubic Interpolation)

[보간(Interpolation)]

보간이란 그 수가 유한한 관측치로부터 관측점 이외의 지점에 위치한 임의점에 대한 값을 추정하는 방법을 말한다. 즉, 구하고자 하는 점의 높이값을 그 주변의 주어진 자료와 좌표값으로부터 보간함수를 적용하여 추정 계산하는 것이다. 기하학적 왜곡을 가진 영상을 목적으로 하는 지도좌표계 영상(geocoded image)으로 출력하기 위해 보간과 재배열을 하여야 한다.

1. 재배열(Resampling) : 지상기준점과 결정된 좌표 변환식을 사용하여 정방형 격자의 원영상을 지도좌표계로 변환하면 왜곡된 영상이 얻어진다. 그 영상에 지도좌표계로 잘려진 정방형 격자를 중첩하고 격자점의 영상을 인접영상데이터를 사용하여 보간하면 Geocoded image가 얻어지게 된다. 지도좌표계에 정방형 격자를 중첩할 때 일반적으로 격자점은 변환된 영상점과는 일치하지 않으므

로 인접데이터로부터 보간할 필요가 있다.

통상적인 기하보정에서는 보정 후 출력지도 좌표계상에 정사각형 격자를 설정하고 그 격자점에 대응하는 화상자료를 구한다. 그러나 이 출력화상 좌표계의 격자점에 대응하는 입력화상의 좌표는 일반적으로 정수값이 되지 않기 때문에 구하고자 하는 점의 화소값을 입력화상의 주변 화소값으로부터 보간(Interpolation)으로 구해야 한다.

기하보정의 마지막 단계로서 기하왜곡의 보정식에 의해 입력화상을 재배열(Resampling)하고 왜곡이 없는 화상으로 출력할 필요가 있다. 재배열 방법에는 다음 2가지 방법이 있다.

1) 입력화상의 각 화소에 대해 변환 후 출력화상 좌표계상에서의 대응위치에 각 화소의 자료를 투영하는 방법
2) 출력화상 각 화소에 대해 입력화상 좌표계에서의 대응위치를 역으로 계산하고, 그 위치에서 화소자료를 구하는 방법. 이 방법이 일반적이다.

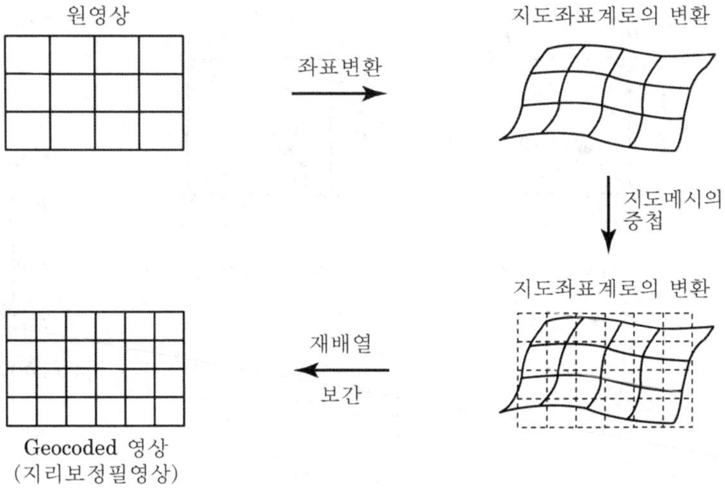

[재배열 및 보간 수순]

2. 보간(Interpolation) : 통상적인 기하보정에서는 보정 후 출력지도 좌표계상에 정사각형 격자를 설정하고 그 격자점에 대응하는 화상자료를 구한다. 그러나 이 출력화상 좌표계의 격자점에 대응하는 입력화상의 좌표는 일반적으로 정수값이 되지 않기 때문에 구하고자 하는 점의 화소값을 입력화상의 주변 화소값으로부터 보간(Interpolation)으로 구해야 한다. 기하보정을 위한 주요한 보간 보정방법에는 최근린 내삽법, 공일차 내삽법, 공삼차 내삽법이 있다.
   1) 최근린 보간(Nearest Neighbor Interpolation)
      ① 원형 셀에 가장 근접한 것과 동등한 속성값을 출력래스터 레이어 셀에 지정하는 것
      ② 재배열 후의 영상데이터를 제일 가까운 영상데이터로 치환한다.
      ③ 이 방법의 장점은 원영상의 데이터를 손상시키지 않는다.
   2) 쌍1차 보간(Bilinear Interpolation)
      ① 편의 수정된 영상소 자료값은 재변환된 좌표위치(X_r, Y_r)와 입력영상내용의 가장 가까운 4개의 영상소 사이의 거리에 의해 처리한다.
      ② 내삽점 주위 4점의 영상소값을 이용하여 구하고자 하는 영상소값을 선형식을 내삽한다.
      ③ 출력영상에서 나타나는 지표면이 불연속적으로 나타나는 것을 줄일 수 있다.

④ 이 방식은 원자료가 흠이 나는 결점이 있으나 평균하기 때문에 Smoothing(평활화) 효과가 있다.

3) 쌍3차 보간(Bi-cuvic Interpolation)

① 출력 좌표값을 결정하기 위해 4×4 배열의 16개 영상소를 평균한다.

② 내삽하고 싶은 점 주위의 16개 관측점의 영상소값을 이용하여 구하는 영상소값을 3차 함수를 이용하여 내삽한다.

③ 최근린방법에서 나타날 수 있는 지표면의 불연속 표현을 줄일 수 있다.

④ 이 방식은 원자료가 흠이 나는 결점이 있으나 영상의 평활화와 동시에 선명성의 효과가 있어 고화질이 얻어진다.

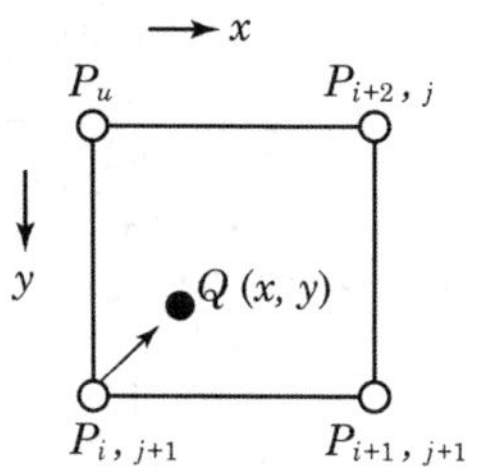

(a) 최근린보간

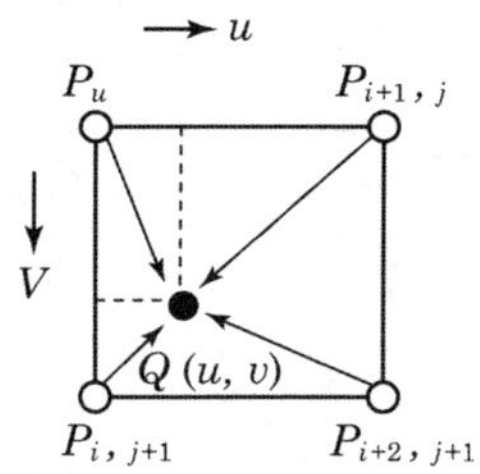

(b) 쌍1차보간

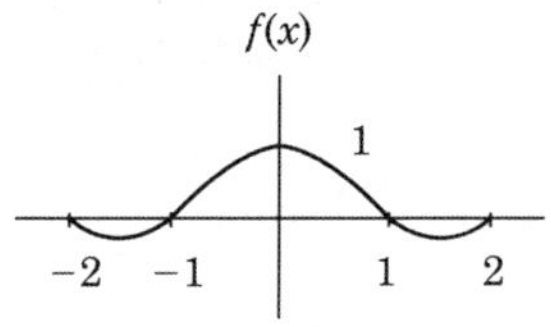

(c) 3차 중첩 함수

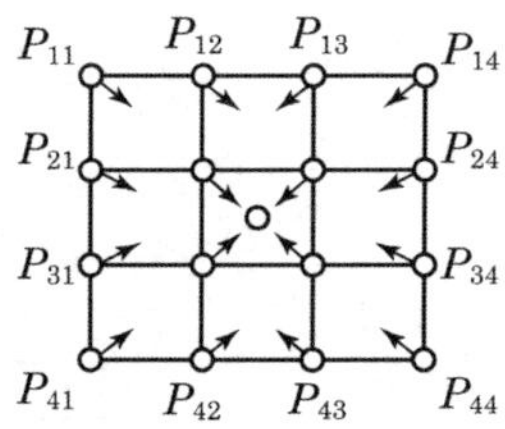

(d) Cubic Convolution

37

그림은 간격이 10m인 격자형 공간의 지점별 표고를 나타낸 것이다. A, B, C, D, E지점의 표고를 이용하여 F지점의 표고를 최단거리 보간법(Nearest Interpolation)을 수행할 경우 F점의 표고는?

지점	표고(m)
A	130
B	120
C	80
D	100
E	150

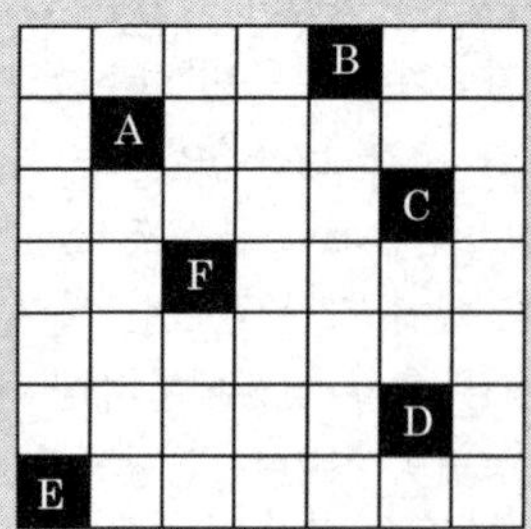

최근린 보간법은 원형 셀에 가장 근접한 것과 동등한 속성값이 출력 레스터 레이어 셀에 지정되는 방법이다.

F점의 표고=130m

38

그림은 간격이 10m인 격자형 공간의 지점별 표고를 나타낸 것이다. 이때 A, B, C, D지점의 표고를 이용하여 E점의 표고를 구할 때 다음 물음에 답하시오. (단, 계산은 소수 5자리에서 반올림하여 소수 4자리까지 구할 것)

지점	표고(m)
A	135
B	105
C	110
D	80

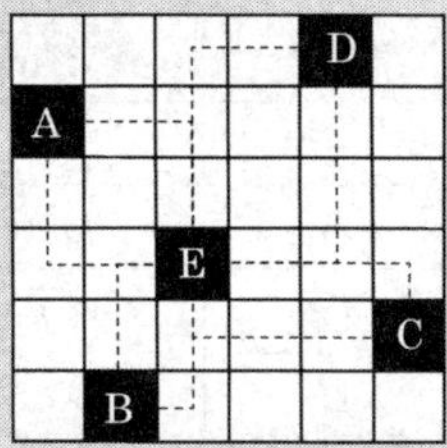

1) 기지점과 미지점 간의 거리를 계산하시오. (제곱근의 형태로 표현할 것. 예 $A\sqrt{B}$)

	AE	BE	CE	DE
점간의 거리				

2) E지점의 표고를 IWD(Inverse Weighted Distance) 방법으로 보간하시오.

E의 표고 : __________

1) 기지점과 미지점 간의 거리 계산 : E점으로부터 거리 계산은 격자셀 크기가 10m×10m이므로 다음과 같이 계산한다.

$\overline{AE}$ 거리 $= \sqrt{20^2+20^2} = \sqrt{800} = 10\sqrt{8}$

$\overline{BE}$ 거리 $= \sqrt{20^2+10^2} = \sqrt{500} = 10\sqrt{5}$

$\overline{CE}$ 거리 $= \sqrt{10^2+30^2} = \sqrt{1000} = 10\sqrt{10}$

$\overline{DE}$ 거리 $= \sqrt{30^2+20^2} = \sqrt{1300} = 10\sqrt{13}$

(단위 : m)

	AE	BE	CE	DE
점간의 거리	$10\sqrt{8}$	$10\sqrt{5}$	$10\sqrt{10}$	$10\sqrt{13}$

2) E지점의 표고를 IWD(Inverse Weighted Distance)방법으로 보간

① 역거리제곱의 경중률의 합(d_{sum})

$$d_{sum} = \Sigma\left(\frac{1}{X^2}\right) = \frac{1}{800} + \frac{1}{500} + \frac{1}{1000} + \frac{1}{1300} = 0.0050$$

② 표고와 제곱거리비의 합(Z_{sum})

$$Z_{sum} = \Sigma\left(\frac{Z_1}{X^2}\right) = \frac{135}{800} + \frac{105}{500} + \frac{110}{1000} + \frac{80}{1300} = 0.5503$$

③ 미지점의 표고

$$H_E = \frac{Z_{sum}}{d_{sum}} = \frac{0.5503}{0.0050} = 110.06$$

∴ E의 표고 = 110.06m

39

그림은 간격이 10m인 격자형 공간의 지점별 표고를 나타낸 것이다. 이때 A, B, C, D지점의 표고를 이용하여 E점의 표고를 구할 때 다음 물음에 답하시오. (단, 계산은 소수 5자리에서 반올림하여 소수 4자리까지 구할 것)

지점	표고(m)
A	135
B	105
C	110
D	80

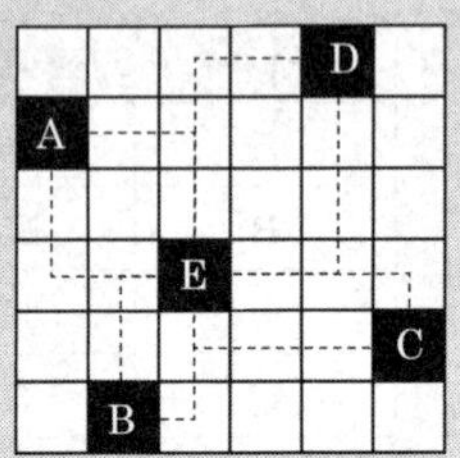

1) 기지점과 미지점 간의 면적을 계산하시오.

2) E지점의 표고를 공일차(Bilinear) 방법으로 보간하시오.

E의 표고 : ________

1) 기지점과 미지점 간의 면적 계산

$\overline{AE}$의 면적 $=(10\times10)\times4=400\text{m}^2$

$\overline{BE}$의 면적 $=(10\times10)\times2=200\text{m}^2$

$\overline{CE}$의 면적 $=(10\times10)\times3=300\text{m}^2$

$\overline{DE}$의 면적 $=(10\times10)\times6=600\text{m}^2$

2) E지점의 표고를 공일차(Bilinear) 방법으로 보간

공일차 보간법은 점에서 점까지의 거리에 경중률을 주는 것이 아니라, 한 점에서 다른 점까지의 거리에 따른 면적에 대한 경중률을 주어서 보간하는 방법이다.

① 역면적 경중률의 합(d_{sum})

$$d_{sum}=\Sigma\left(\frac{1}{X^2}\right)=\frac{1}{400}+\frac{1}{200}+\frac{1}{300}+\frac{1}{600}=0.0125$$

② 표고와 제곱거리(면적)비의 합(Z_{sum})

$$Z_{sum}=\Sigma\left(\frac{Z_1}{X^2}\right)=\frac{135}{400}+\frac{105}{200}+\frac{110}{300}+\frac{80}{600}=1.3625$$

③ 미지점의 표고

$$H_E=\frac{Z_{sum}}{d_{sum}}=\frac{1.3625}{0.0125}=109\text{m}$$

∴ E의 표고 $=109\text{m}$

40

아래 그림은 어느 지형의 격자형 수치지형모델(DTM)이다. 격자모서리점의 숫자는 기준면으로부터 측정한 표고를 나타낸 값이고 이 표고값들은 선형관계에 있다고 할 때 다음 요구사항을 구하시오. (단, 계산은 소수 4자리에서 반올림하여 소수 3자리까지 구할 것)

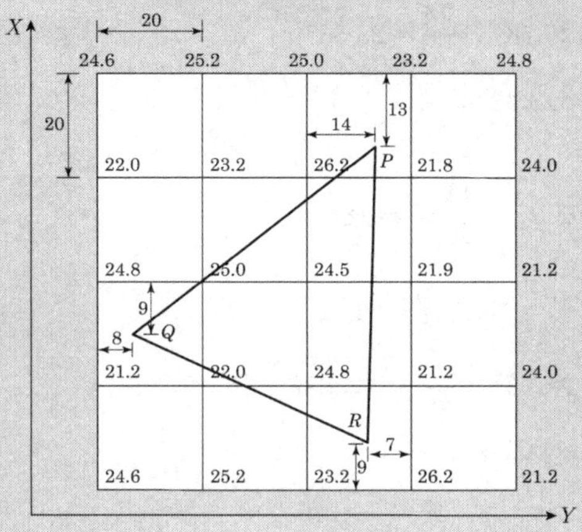

1) 기준면에서의 각 측정 간 거리($\overline{PQ}$, $\overline{PR}$, $\overline{QR}$)

2) 기준면에서 삼각형의 면적(A)

3) 기준면으로부터 P, Q, R점의 표고

1) 기준면에서의 각 측정 간 거리($\overline{PQ}$, $\overline{PR}$, $\overline{QR}$)

① $\overline{PQ}=\sqrt{\Delta X^2+\Delta Y^2}=\sqrt{(67-31)^2+(54-8)^2}=58.412\text{m}$

② $\overline{PR}=\sqrt{\Delta X^2+\Delta Y^2}=\sqrt{(67-9)^2+(54-53)^2}=58.009\text{m}$

③ $\overline{QR}=\sqrt{\Delta X^2+\Delta Y^2}=\sqrt{(31-9)^2+(8-53)^2}=50.090\text{m}$

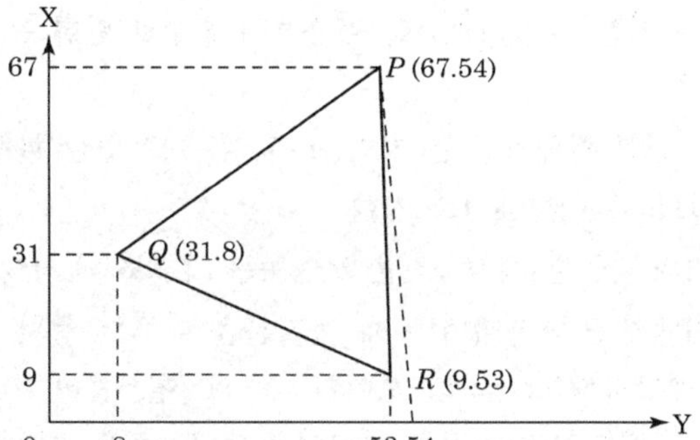

2) 기준면에서 삼각형의 면적(A)

$S=\frac{1}{2}(a+b+c)=\frac{1}{2}(58.412+58.009+50.090)=83.256$

$A=\sqrt{S(S-a)(S-b)(S-c)}$

$=\sqrt{83.256(83.256-58.412)(83.256-58.009)(83.256-50.090)}=1316.043\text{m}^2$

3) 기준면으로부터 P, Q, R점의 표고 : 직선 보간법 사용

① P점 표고

$$26.2+(25.0-26.2)\times\frac{7}{20}=25.78\text{m}$$

$$21.8+(23.2-21.8)\times\frac{7}{20}=22.29\text{m}$$

$$25.78+(22.29-25.78)\times\frac{14}{20}=23.337\text{m}$$

∴ P점의 표고 = 23.337m

② Q점 표고

$$21.2+(24.8.0-21.2)\times\frac{11}{20}=23.18\text{m}$$

$$22.0+(25.0-22.0)\times\frac{11}{20}=23.65\text{m}$$

$$23.18+(23.65-23.18)\times\frac{8}{20}=23.368\text{m}$$

∴ Q점의 표고 = 23.368m

③ R점 표고

$$23.2+(24.8-23.2)\times\frac{9}{20}=23.92\text{m}$$

$$26.2+(21.2-26.2)\times\frac{9}{20}=23.95\text{m}$$

$$23.92+(23.95-23.92)\times\frac{13}{20}=23.940\text{m}$$

∴ R점의 표고 = 23.940m

41

공간분석의 방법 중 중첩분석(Overlay)을 이용하여 홍수로 인한 농경지의 피해액을 산출하고자 한다.

1) [그림 1]은 홍수로 인한 피해가 없는 지역(A_1)과 홍수로 인한 피해지역(A_2)을 나타내며, 폴리곤을 이루는 점의 좌표는 표 1과 같다.

2) [그림 2]는 농경지의 작물별 재배공간을 보여주는 것으로 B_1지역은 오이, B_2지역은 콩, B_3지역은 상추의 재배지를 나타내며 이때 폴리곤을 이루는 점의 좌표는 표 2와 같다.

작목별 단위면적당 예상피해액은 각각 오이가 100,000원, 콩이 200,000원, 상추가 300,000원이라면 이때 상추 재배지의 피해액을 구하시오. (단, 아래 그림에서 좌하단의 좌표(0, 0), 우상단의 좌표(14, 14)이며 이때 (X_i, Y_i)의 좌표를 꼭지점으로 가지는 면의 면적은 다음과 같이 계산한다.)

$$A=\frac{1}{2}\left|\sum_{i=0}^{n-1}(X_iY_{i+1}-Y_iX_{i+1})\right|$$

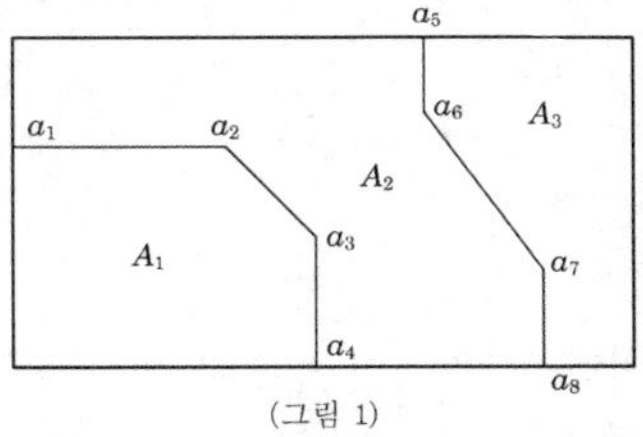

(그림 1)

지점	좌표	지점	좌표
a_1	(10, 0)	a_5	(14, 10)
a_2	(10, 4)	a_6	(11, 10)
a_3	(6, 7)	a_7	(5, 13)
a_4	(0, 7)	a_8	(0, 13)

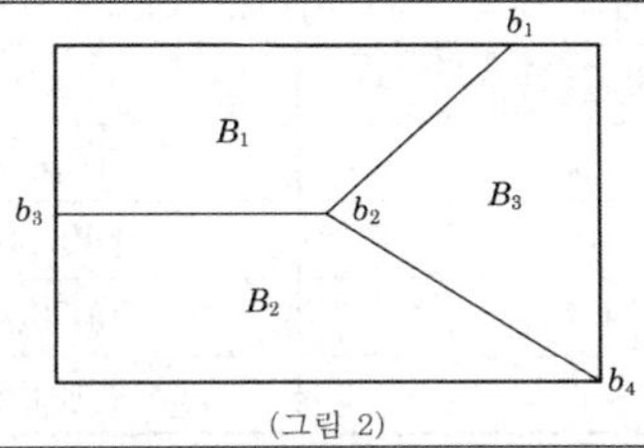

(그림 2)

지점	좌표
b_1	(14, 13)
b_2	(6, 7)
b_3	(6, 0)
b_4	(0, 14)

1) 두 자료를 중첩하여 상추 재배지 중 홍수로 인한 피해 구역을 빗금으로 표시

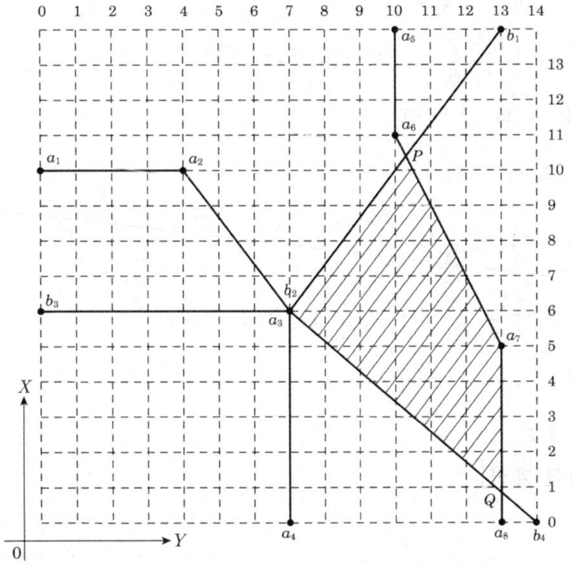

2) 상추 재배지 중 홍수로 인한 피해구역의 면적

① 방위각 계산

㉠ $V_{a7}^{a6}(\overline{a_7a_6}$ 방위각)

$$\tan\theta = \frac{\Delta Y}{\Delta X} = \frac{Y_{a6} - Y_{a7}}{X_{a6} - X_{a7}}$$

$$\theta = \tan^{-1}\frac{10-13}{11-5} = 26°33'54.18''\text{ (4상한)}$$

$$\therefore\ V_{a7}^{a6} = 333°26'5.82''$$

㉡ V_{a7}^{a8}($\overline{a_7a_8}$ 방위각)

$$\tan\theta = \frac{\Delta Y}{\Delta X} = \frac{Y_{a8} - Y_{a7}}{X_{a8} - X_{a7}}$$

$$\theta = \tan^{-1}\frac{13-13}{0-5} = 180°00'00''$$ (2상한)

∴ $V_{a7}^{a8} = 180°00'00''$ (식 자체는 부정이지만, 도형에서 방위각을 아는 것이 쉽다.)

(종선차(ΔX), 횡선차(ΔY)에 어느 항이 0이 되면 방위각은 다음과 같다.)

종선차	횡선차	방위각
+수	0	0°00′00″
−수	0	180°00′00″
0	+수	90°00′00″
0	−수	270°00′00″

㉢ $V_{b_2}^{b_1}$($\overline{b_2b_1}$ 방위각)

$$\tan\theta = \frac{\Delta Y}{\Delta X} = \frac{Y_{b_1} - Y_{b_2}}{X_{b_1} - X_{b_2}}$$

$$\theta = \tan^{-1}\frac{13-7}{14-6} = 36°52'11.63''$$ (1상한)

∴ $V_{b_2}^{b_1} = 36°52'11.63''$

㉣ $V_{b_2}^{b_4}$($\overline{b_2b_4}$ 방위각)

$$\tan\theta = \frac{\Delta Y}{\Delta X} = \frac{Y_{b_4} - Y_{b_2}}{X_{b_4} - X_{b_2}}$$

$$\theta = \tan^{-1}\frac{7-14}{6-0} = 49°23'55.34''$$ (2상한)

∴ $V_{b_2}^{b_4} = 130°36'4.66''$

② 좌표 계산(P, Q)

[P점 좌표 계산]

참고

[직선과 직선 교차점 계산(직선 교차로 점의 위치를 결정할 경우)]

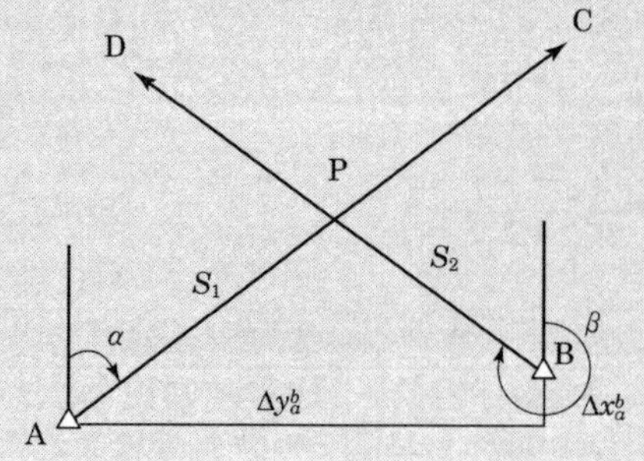

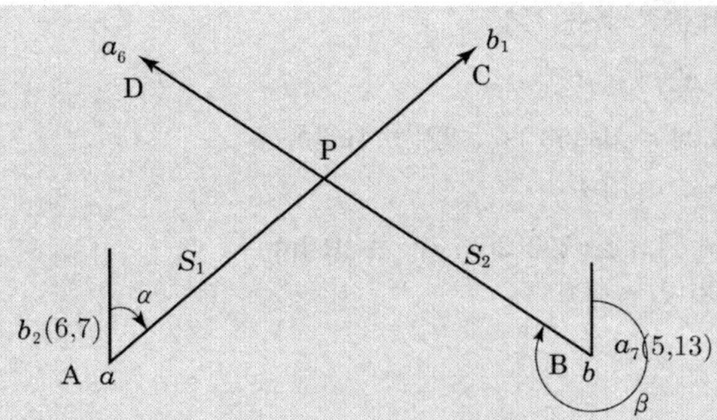

① 좌표 계산

A점에서 $P_x = A_x + S_1 \cdot \cos V_a$

$P_y = A_y + S_1 \cdot \sin V_a$

B점에서 $P_x = B_x + S_1 \cdot \cos V_b$

$P_y = B_y + S_1 \cdot \sin V_b$

② 거리 계산

$$S_1 = \frac{\Delta y_a^b \cdot \cos\beta - \Delta x_a^b \cdot \sin\beta}{\sin(\alpha-\beta)},\ S_2 = \frac{\Delta y_a^b \cdot \cos\alpha - \Delta x_a^b \cdot \sin\alpha}{\sin(\alpha-\beta)}$$

$$S_1 = \frac{\Delta y_a^b \cdot \cos\beta - \Delta x_a^b \cdot \sin\beta}{\sin(\alpha-\beta)},\ S_2 = \frac{\Delta y_a^b \cdot \cos\alpha - \Delta x_a^b \cdot \sin\alpha}{\sin(\alpha-\beta)}$$

$$S_1 = \frac{(13-7)\times\cos 333°26'5.82'' - (5-6)\times\sin 333°26'5.82''}{\sin(36°52'11.63'' - 333°26'5.82'')}$$

$$= \frac{4.919349624}{\sin(36°52'11.63'' - 333°26'5.82'')} = 5.5\text{m}$$

$$S_2 = \frac{(13-7)\times\cos 36°52'11.63'' - (5-6)\times\sin 36°52'11.63''}{\sin 63°26'5.81''}$$

$$= \frac{5.400000021}{\sin 63°26'5.81''} = 6.04\text{m}$$

[$\alpha - \beta$ 계산]

$36°52'11.63'' - 333°26'5.82'' = -296°33'54.1''$

$-296°33'54.1'' + 360° = 63°26'5.81''$

∴ 소구점 P의 계산

㉠ $A(b_2)$에서 P점 좌표 계산

$P_x = A_x + S_1 \cdot \cos\alpha$

$= 6 + 5.5 \times \cos 36°52'11.63'' = 10.4\text{m}$

$P_y = A_y + S_1 \cdot \sin\alpha$

$= 7 + 5.5 \times \sin 36°52'11.63'' = 10.3\text{m}$

㉡ $B(a_7)$에서 P점 좌표 계산

$P_x = B_x + S_2 \cdot \cos\beta$

$= 5 + 6.04 \times \cos 333°26'5.82'' = 10.4\text{m}$

$P_y = B_y + S_2 \cdot \sin\beta$

$= 13 + 6.04 \times \sin 333°26'5.82'' = 10.3\text{m}$

㉢ P점 좌표결정(평균)

$P_x = 10.4$

$P_y = 10.3$

[Q점 좌표 계산]

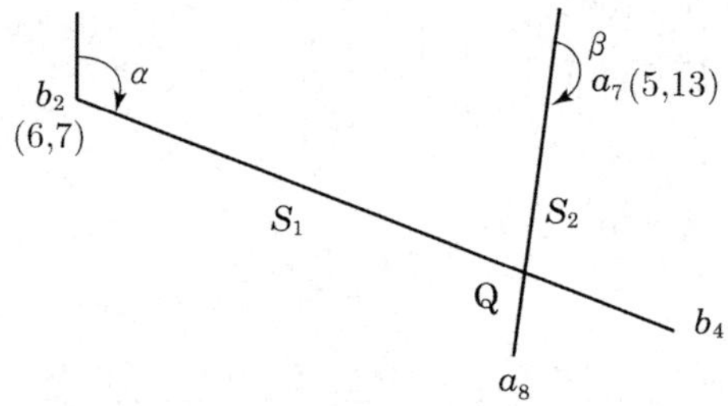

$$S_1 = \frac{(13-7)\times\cos 180° - (5-6)\times\sin 180°}{\sin(36°52'11.63'' - 333°26'5.82'')} = 7.9\text{m}$$

$$S_2 = \frac{(13-7)\times\cos 130°36'4.66'' - (5-6)\times\sin 130°36'4.66''}{\sin 130°36'4.66'' - 180°} = 4.14\text{m}$$

㉠ b_2에서 Q점 좌표 계산

$Q_x = b_{2x} + S_1 \cdot \cos V_{b2}^{b4}$

$= 6 + 7.9 \times \cos 130°36'4.66''$

$= 0.86\text{m}$

$Q_x = a_{7x} + S_2 \cdot \cos V_{a7}^{a8}$

$= 5 + 4.14 \times \cos 180° = 0.86\text{m}$

㉡ a_7에서 Q점 좌표 계산

$Q_y = b_{2y} + S_1 \cdot \sin V_{b2}^{b4}$

$= 7 + 7.9 \times \sin 130°36'4.66''$

$= 13.0\text{m}$

$Q_y = a_{7y} + S_2 \cdot \sin V_{a7}^{a8}$

$= 13 + 4.14 \times \sin 180° = 13.0\text{m}$

㉢ Q점 좌표 결정

$Q_x = 0.86\text{m}$

$Q_y = 13.0\text{m}$

참고

0°, 30°, 45°, 90°의 삼각함수

삼각함수 \ ∠A	0°	30°	45°	60°	90°	180°	270°	360°
sin∠A	0	$\frac{1}{2}$	$\frac{1}{\sqrt{2}}$	$\frac{\sqrt{3}}{2}$	1	0	−1	0
cos∠A	1	$\frac{\sqrt{3}}{2}$	$\frac{1}{\sqrt{2}}$	$\frac{1}{2}$	0	−1	0	1
tan∠A	0	$\frac{1}{\sqrt{3}}$	1	$\sqrt{3}$	∞	0	∞	0

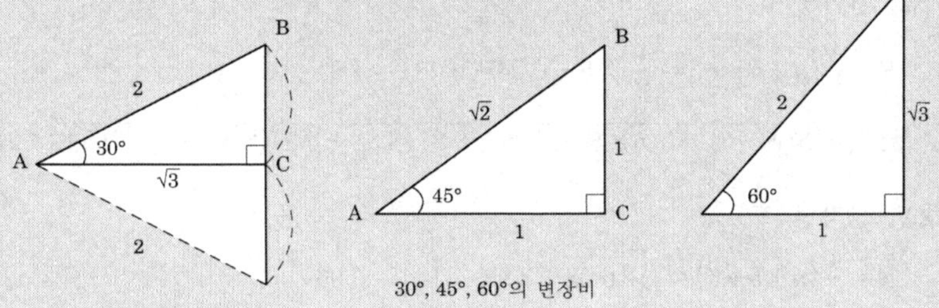

30°, 45°, 60°의 변장비

③ 상추 재배지 홍수 피해지역

측점	X(m)	Y(m)	X_{i-1}(m)	X_{i+1}(m)	$(X_{i-1}-X_{i+1})\times Y_i$
b_2	6.0	7.0	0.86	10.40	(0.86−10.40)×7.0=−66.78
P	10.4	10.3	6.00	5.00	(6.00−5.00)×10.3=10.30
a_7	5.0	13.0	10.40	0.86	(10.40−0.86)×13.0=124.02
Q	0.86	13.0	5.00	6.00	(5.00−6.00)×13.0=−13
계					54.54

배면적$=54.54\text{m}^2$

$\therefore$ 면적$=\frac{\text{배면적}}{2}=27.27\text{m}$

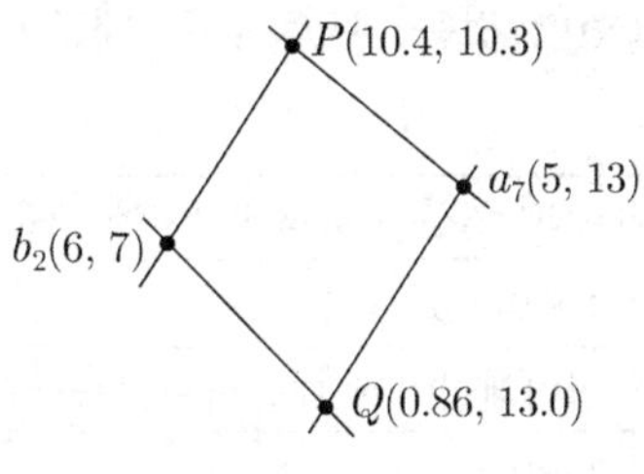

3) 상추 재배지의 예상 피해액

피해액= 면적×단위 면적당 피해액

27.27×300,000=8,181,000원

별해(다른 방법)

1) 각 변 길이 계산

$\overline{b_2,P}$ 거리계산$=\sqrt{\Delta x^2+\Delta y^2}=\sqrt{(6-10.4)^2+(7-10.3)^2}=5.5\text{m}$

$\overline{b_2,Q}$ 거리계산$=\sqrt{(6-0.86)^2+(7-13)^2}=7.9\text{m}$

$\overline{a_7,P}$ 거리계산$=\sqrt{(5-10.4)^2+(13-10.3)^2}=6.04\text{m}$

$\overline{a_7,Q}$ 거리계산$=\sqrt{(5-0.86)^2+(13-13)^2}=4.14\text{m}$

$\overline{b_2,a_7}$ 거리계산 $= \sqrt{(6-5)^2+(7-13)^2} = 6.08\text{m}$

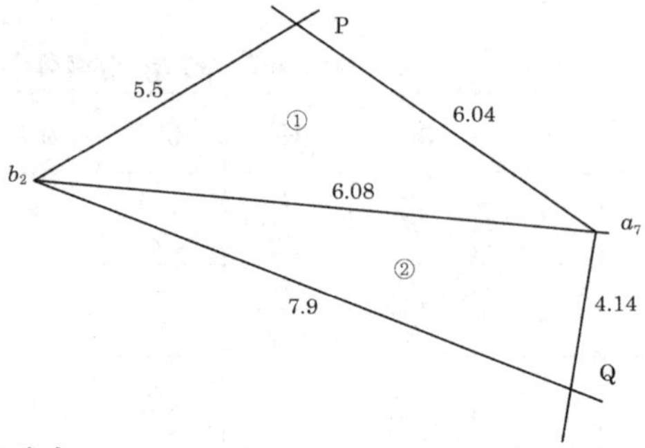

2) 삼변법에 의하여 면적 계산

①번 삼각형

$$S = \frac{1}{2}(a+b+c) = \frac{1}{2}(5.5+6.04+6.08) = 8.81$$

$$A = \sqrt{S(S-a)(S-b)(S-c)} = \sqrt{8.81(8.81-5.5)(8.81-6.04)(8.81-6.08)} = 14.85\text{m}^2$$

②번 삼각형

$$S = \frac{1}{2}(a+b+c) = \frac{1}{2}(6.08+7.9+4.14) = 9.06$$

$$A = \sqrt{S(S-a)(S-b)(S-c)} = \sqrt{9.06(9.06-6.08)(9.06-7.9)(9.06-4.14)} = 12.41\text{m}^2$$

$\therefore$ 전체면적 : $A = A_1 + A_2 = 14.85 + 12.41 = 27.26\text{m}^2$

3) 홍수로 인한 상추 재배지의 예상 피해액

피해액=면적×단위 면적당 피해액=27.26×300,000=8,178,000원

42

두 격자 자료의 입력값이 각각 0과 1일 때, 각 논리연산자 AND, OR, NOT, XOR의 결과를 순서대로 옳게 표현한 것은? (단, 참일 때 1, 거짓일 때 0)

AND	AND 연산은 입력레이어에 대응하는 셀들의 개별적인 값들을 곱으로 연산한다.
	$1\times0=0$
OR	입력레이어에 대응하는 셀들의 개별적인 값들을 더하기로 연산한다.
	$1+0=1$
NOT	논리부정
	조건값은 반대값을 만든다.
XOR	입력레이어에 대응하는 셀들의 개별적인 값들을 더하기로 연산한다.
	$1+0=1$

논리연산자 AND, OR, NOT, XOR의 결과는 0-1-1-1이다.

43

다음 두 테이블을 intersect한 결과로 맞는 것은?

ID	color	size
1	blue	big
2	green	big
3	red	small
4	black	big
5	mauve	tiny
6	dun	huge
7	ecru	small

ID	color	size
1	blue	big
5	mauve	tiny
9	ivory	big

중첩연산의 기능에 따른 분류 : 중첩시킬 때 두 커버리지 간에 연산하는 방법은 여러 가지 유형이 있으며, 연산방법에 따라 산출되는 결과물도 매우 달라진다. 따라서 중첩기능을 수행할 때 주된 관심사는 각 커버리지상의 형상을 서로 어떻게 관련시켜 나타내고자 하는가를 결정하는 일이다. 연산기능의 특성은 다음과 같다.

교차 (Intersect : A and B)	첫 번째 커버리지 A형상에 두 번째 커버리지 B형상을 교차시키는 경우로 그 결과 커버리지 B형상은 커버리지 B 안에 있는 형상들만 나타나게 된다.
결합 (Union : A or B)	커버리지 A와 커버리지 B를 결합시키면 두 커버리지 간에 겹치거나 부분적으로 교차하는 모든 형상이 포함된 산출 커버리지가 나타나게 된다.
동일성(Identity)	첫 번째 입력 커버리지 A의 모든 형상은 그대로 유지되지만 커버리지 B의 형상은 커버리지 A안에 있는 형상들만 나타나게 된다.
자르기(Clip)	두 번째 커버리지 B를 이용하여 첫 번째 커버리지 A를 잘라내는 것이다.
지우기(Erase)	두 번째 커버리지 B를 이용하여 첫 번째 입력 커버리지 A의 일부분을 지우는 것이다.
조각내기(Split)	첫 번째 커버리지 A를 두 번째 커버리지 B를 토대로 하여 작은 구역으로 면적을 분할하여 조각으로 분리하는 것이다.

그러므로 연산기능의 특성은 다음과 같다.

ID	color	size
1	blue	big
5	mauve	tiny

44

입력이 어느 하나라도 1이면 출력이 1이 되고, 입력이 모두 0일 때만 출력이 0이 되는 논리연산자는? (단, 참은 1, 거짓은 0)

가. OR　　나. AND　　다. NOT　　라. XOR

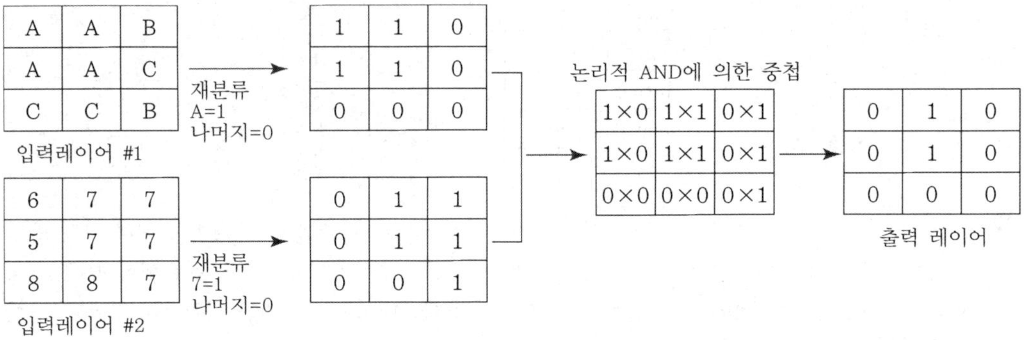

[(a) 입력 래스터 레이어에서 "A"와 "7"을 찾아서 논리적 AND로 중첩]

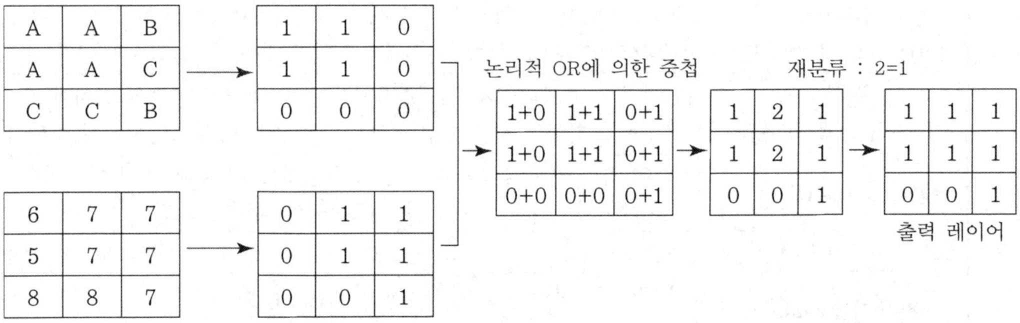

[(b) 입력 래스터 레이어에서 "A"와 "7"을 찾아서 논리적 OR로 중첩]

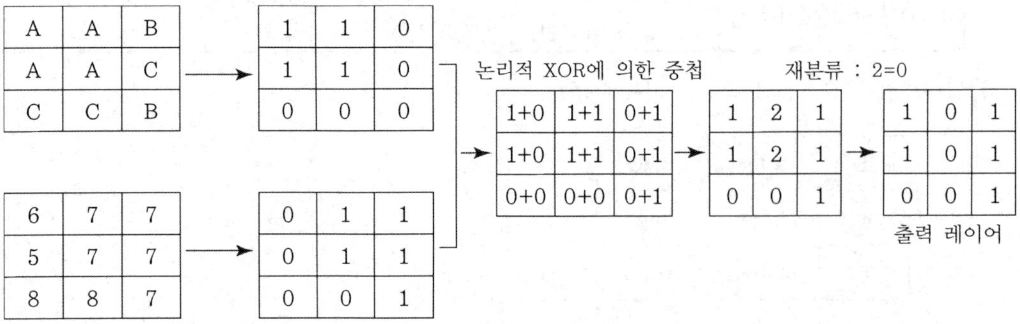

[(c) 입력 래스터 레이어에서 "A"와 "7"을 찾아서 논리적 XOR로 중첩]

[답] 가.

45

DEM과 식생 지도를 중첩 분석하여 표고에 따른 식생 분포를 분석하고자 한다. 대상지역에서 표고 100m 이상의 지역 중에서 침엽수가 분포하는 지역의 비율은? (단, 픽셀 해상도는 100m 이다.)

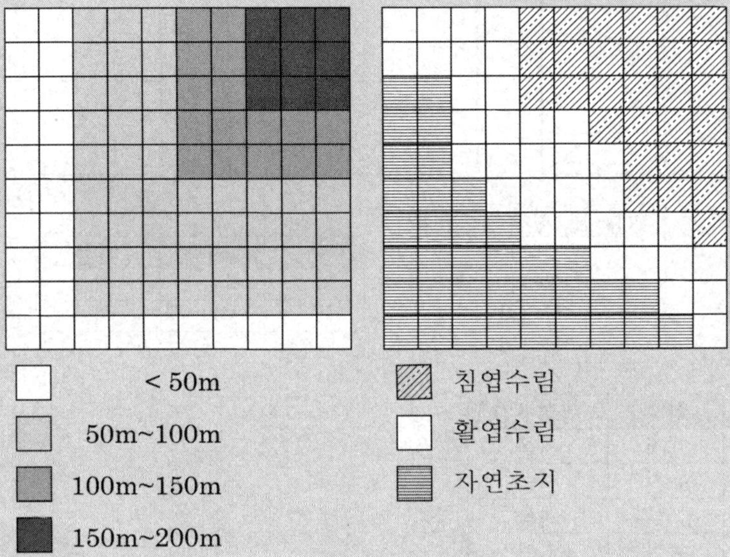

가. 100% 나. 94% 다. 88% 라. 82%

침엽수가 분포하는 지역의 비율

$$\frac{\text{표고 100 이상 지역에서 침엽수림 픽셀수}}{\text{표고 100 이상 지역에서 픽셀수}} \times 100 = \frac{25-3}{25} \times 100 = 88\%$$

[답] 다.

46

다음과 같이 도시계획 레이어와 행정구역 레이어를 중첩 분석하였을 때 결과 테이블로 옳은 것은?

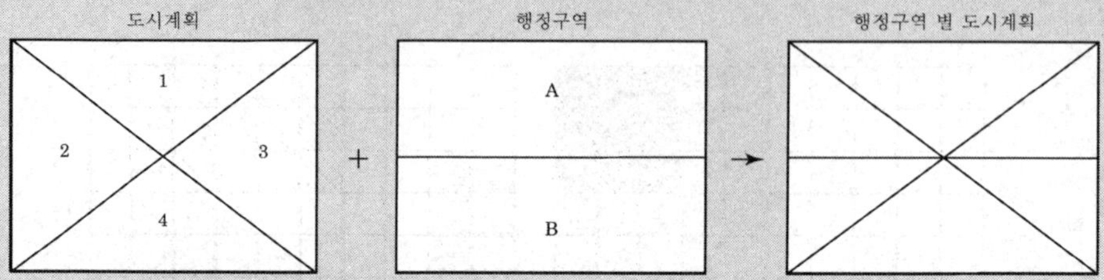

Poly	항목	면적
1	택지	2
2	농지	2
3	상업지	2
4	공업지	2

\+

Poly	행정구역	면적
A	서울	4
B	경기	4

가.

Poly	항목	행정구역
1A	택지	서울
2A	농지	서울
3A	상업지	서울
1B	농지	경기
2B	상업지	경기
3B	공업지	경기

나.

Poly	항목	행정구역	면적
1A	택지	서울	2
2A	농지	서울	1
3A	상업지	서울	1
2B	농지	경기	1
3B	상업지	경기	1
4B	공업지	경기	2

다.

Poly1	Poly2	항목	행정구역	면적1	면적2
1	A	택지	서울	2	4
2	A	농지	서울	2	4
3	A	상업지	서울	2	4
2	B	농지	경기	2	4
3	B	상업지	경기	2	4
4	B	공업지	경기	2	4

라.

Poly	행정구역 별 도시계획	면적
A	서울(택지, 농지, 상업지)	4
B	경기(농지, 상업지, 공업지)	4

① 도시계획 4개 도형과 행정구역 2개 도형을 중첩 분석한 결과가 6개 도형이므로 결과 속성테이블도 6개의 데이터로 구성되어야 한다.

② 6개의 도형은 도시계획 도형과 행정구역 도형을 바탕으로 생성되었지만 다른 모양을 하고 있으므로 ID값은 새로 부여되며 도시계획 ID 1, 2, 3, 4나 행정구역 ID A, B를 그대로 써서는 안 되고 1A, 2A와 같은 형태로 구성되어야 한다.

③ 그리고 6개의 데이터는 도형의 위치에 따른 속성을 그대로 가져와야 하므로 1A의 속성데이터는 A의 행정구역과 1의 도시계획 데이터를 담고 있어야 하고 면적은 새로 계산된 면적으로 입력해야 한다.

[답] 나.

47

논리연산(AND) 처리 후 ①~④의 결과값을 순서대로 바르게 표시한 것은?

1	1	0
1	1	0
0	0	0

0	1	0
1	1	0
1	0	0

AND

①		
②		
③		④

가. 1-1-1-0　　　　나. 0-1-0-1

다. 1-0-1-0　　　　라. 0-1-0-0

1	1	0	0	1	0		1×0=0	1×1=1	0×0=0
1	1	0	1	1	0	AND	1×1=1	1×1=1	0×0=0
0	0	0	1	0	0		0×1=0	0×0=0	0×0=0

[답] 라.

48

KLIS의 전국 토지 피복 데이터를 가지고, 서울시 경계데이터를 이용해서 서울시 토지 피복 데이터를 생성하려면 어떤 위상적 중첩 연산자를 사용하여야 하는가? (단, 두 데이터는 벡터 기반의 폴리곤 데이터이다.)

가. UNION　　　　나. INTERSECT
다. CLIP　　　　라. IDENTIFY

1) 위상적 중첩 연산자

폴리곤과 폴리곤의 중첩을 위해 다른 연산자들은 하나의 출력 레이어에 두 개 이상의 입력 레이어를 조합하여 사용한다.

① 위상적 중첩 연산자의 종류

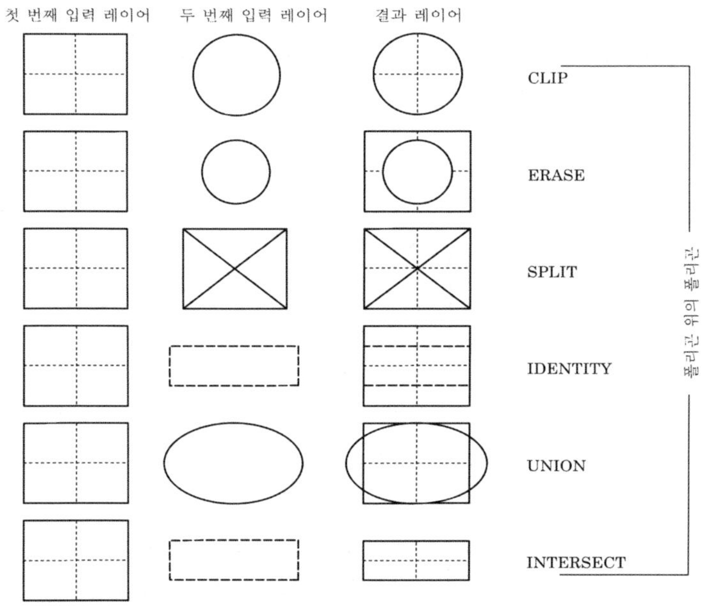

UNION	폴리곤을 중첩하고 두 레이어의 모든 면적을 유지한다.
INTERSECT	폴리곤을 중첩하지만 두 번째 입력 레이어 폴리곤 안에 첫 번째 입력 레이어 객체를 놓아 그들의 부분만을 유지한다.
IDENTIFY	폴리곤을 중첩하고 입력 레이어 객체들을 유지한다.
CLIP	쿠키 절단기처럼 두 번째 입력 레이어를 사용하여 첫 번째 입력자료의 조각을 잘라낸다.
ERASE	두 번째 입력 레이어를 사용하여 첫 번째 입력 레이어의 일부를 지운다.
SPLIT	두 번째 입력 레이어를 기초로 더 작은 많은 레이어로 첫 번째 입력 레이어를 나눈다.

[답] 다.

49

1 : 1,000 수치지도를 만든 후, 데이터의 정확도 검증을 위해 10개의 지점에 대해 수치지도상에서 측정한 좌표와 현장에서 검증한 좌표 간의 오차가 아래와 같을 때 위치정확도는?

0.12m, 0.15m, 0.14m, 0.13m, 0.14m
0.14m, 0.13m, 0.16m, 0.14m, 0.13m

$$\text{RMSE}=\sqrt{\frac{vv}{n-1}}=\frac{\sqrt{a_1^2+a_2^2+a_3^2\cdots a_n^2}}{n-1}=\sqrt{\frac{0.1916}{9}}=\sqrt{0.021289}=0.145907\fallingdotseq 0.15$$

50

지리정보체계의 구축 시 실세계의 참값과 구축된 시스템의 값을 비교 분석하고 카파계수를 계산함으로써 오차의 정도를 알아내는 방법은?

가. 오차행렬　　나. 카파행렬
다. 표본행렬　　라. 검증행렬

1) 오차행렬 : 클래스에 할당된 표본 단위의 수를 표현한 정방형 행렬
   ① 지리정보체계 구축시 부호화된 값(지도상 혹은 데이터베이스 내의 데이터 값)과 그에 대응하는 표본의 위치에 대한 참조값 또는 실제값 사이의 차에 대한 빈도를 보여주기 위해 오차행렬이 구성된다.
   ② 오차행렬은 원격탐측영상의 분류 정확도를 평가하기 위한 방법으로 폭넓게 사용된다.
   ③ 오차행렬은 벡터나 래스터형 지리데이터의 정확도 검사를 위해 사용된다.
   ④ 오차행렬은 지리적 데이터의 속성 정확도를 설명하는 효과적인 방법이다.
2) 카파행렬 : 오차행렬 구현의 한 방식으로 카파계수 혹은 일치성 카파지수에 의한 행렬 계산 방법으로 계수 산정에 있어 대각선을 벗어난 모든 값을 포함시켜 과장된 PCC지수(데이터 전체 지수)를 제어할 수 있는 행렬
3) 표본행렬 : 획득된 원자료는 분산 또는 공분산행렬로 변환하여 이를 통해 표본을 취득하여 계산
4) 검증행렬 : 행렬을 통한 오류 사항 검증으로 실제에 적용하는 다양한 변수를 적용하여 프로세스를 검증하는 행렬

[답] 가.

51

아래와 같은 데이터를 등빈도(quantile) 방법을 이용하여 4개의 그룹으로 분류하시오.

{2, 10, 11, 12, 16, 16, 17, 22, 25, 26, 31, 34, 36, 37, 39, 40}

1) 등빈도(Quantile) 방법

자료의 값을 작은 값부터 크기순으로 나열한 후 각 그룹에 속하는 자료의 수가 동일하도록 자료를 분류하는 방법이다. 단, 각 그룹의 시작 경계값과 끝 경계값은 각 그룹에 속하는 자료의 최소값과 최대값으로 한다.

2) 분류값

{2, 10, 11, 12,}, {16, 16, 17, 22}, {25, 26, 31, 34}, {36, 37, 39, 40}

52

그림은 6×6화소 크기의 래스터 데이터를 수치적으로 표현한 것이다. 이 데이터를 2×2화소 크기의 데이터로 영상 재배열(resampling)하고자 한다. 2×2화소 데이터의 수치값을 결정하는 방법으로 중앙값 방법(Median Method)을 사용하고자 할 때 결과는?

2	1	3	2	1	3
2	3	2	2	2	2
2	2	2	2	2	2
2	1	3	2	1	3
2	3	2	2	3	2
2	2	2	3	3	3

1) 중앙값 방법(Median Method) : 영상결함을 제거하는 기법으로 어떤 영상소의 주변의 값을 작은 값부터 재배열한 후 가장 중앙의 값을 새로운 값으로 설정 후 치환하는 방법이다.

2	1	3
2	3	2
2	2	2

→ 1 2 2 2 2 2 2 3 3

2	1	3
2	2	2
2	2	2

→ 1 2 2 2 2 2 2 2 3

2	1	3
2	3	2
2	2	2

→ 1 2 2 2 2 2 2 3 3

2	1	3
2	3	2
3	3	3

→ 1 2 2 2 3 3 3 3 3

2) 따라서, 새로 생성되는 2×2영상소는

2	2
2	3

53

아래의 래스터 데이터에 최대값 윈도우(Max kernel)를 3×3 크기로 적용한 결과로 옳은 것은?

7	3	5	7	1
7	5	5	1	7
5	4	2	5	9
9	2	3	8	3
0	7	1	4	7

1) 최대값 필터(Maximum Filter)

영상에서 한 화소의 주변 화소들에 윈도우를 씌워서 이웃 화소들 중에서 최대값을 출력 영상에 출력하는 필터링을 말한다.

7	3	5			3	5	7			5	7	1		
7	5	5	→	7	5	5	1	→	7	5	1	7	→	9
5	4	2			4	2	5			2	5	9		
7	5	5			5	5	1			5	1	7		
5	4	2	→	9	4	2	5	→	8	2	5	9	→	9
9	2	3			2	3	8			3	8	3		
5	4	2			4	2	5			2	5	9		
9	2	3	→	9	2	3	8	→	8	3	8	3	→	9
0	7	1			7	1	4			1	4	7		

2) 3×3 크기로 적용한 결과값

7	7	9
9	8	9
9	8	9

54

A집에 2명, B집에 1명, C집에 3명, D집에 4명 등 A, B, C, D 4개의 집에 총 10명의 사람이 살고 있다. 10명 전체가 모일 경우 사람들의 걸음을 최소로 할 수 있는 중간 지점 E의 좌표는?

[각 집의 위치 좌표]=A(1,1), B(4,3), C(6,5), D(2, 7)

1) 무게중심을 구하는 문제

A집에 2명 → (1,1) (1,1)

B집에 1명 → (4,3)

C집에 3명 → (6,5) (6,5) (6,5)

D집에 4명 → (2,7) (2,7) (2,7) (2,7)

2) E점의 좌표값 계산

X=1+1+4+6+6+6+2+2+2+2=32, 32/10=3.2

y=1+1+3+5+5+5+7+7+7+7=48, 48/10=4.8

55

그림은 다익스트라 알고리즘을 이용한 최단 경로 계산의 사례를 보여주고 있다. A점에서 출발하여 G지점에 도착하는 최단경로는?

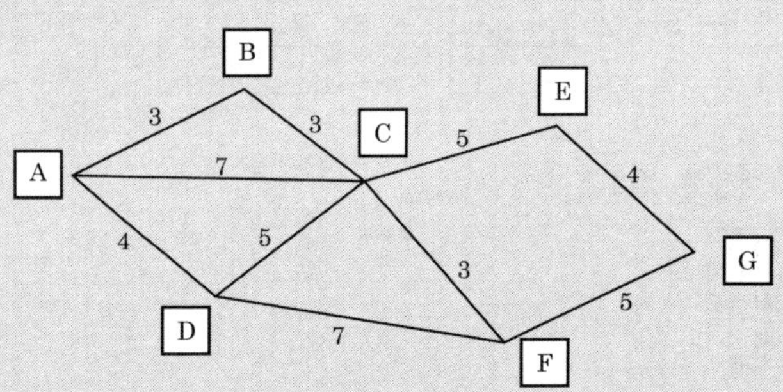

1) 경로 계산

ABCFG=3+3+3+5=14

ACFG=7+3+5=15

ACEG=7+5+4=16

ABCEG=3+3+5+4=15

2) 최단 경로

ABCFG=3+3+3+5=14

56

공간연산방법 중에서 공간연산 후 연산에 참여한 모든 데이터들이 결과 파일에 나타나는 것은?

가. Union　　　　나. Overlay
다. Difference　　　　라. Intersection

1) Union(합집합) : 입력 데이터 셋의 공간적 범위에 포함되어 있는 형상을 보호하는 두 개의 다각형 커버리지의 위상 중첩. 즉, 두 개의 커버리지로부터 모든 형상은 유지된다.
2) Intersection(교집합) : 양쪽 커버리지의 공통의 공간범위에 들어가는 특징을 보존하는 2개의 커버리지의 위상학적인 통합
3) Difference

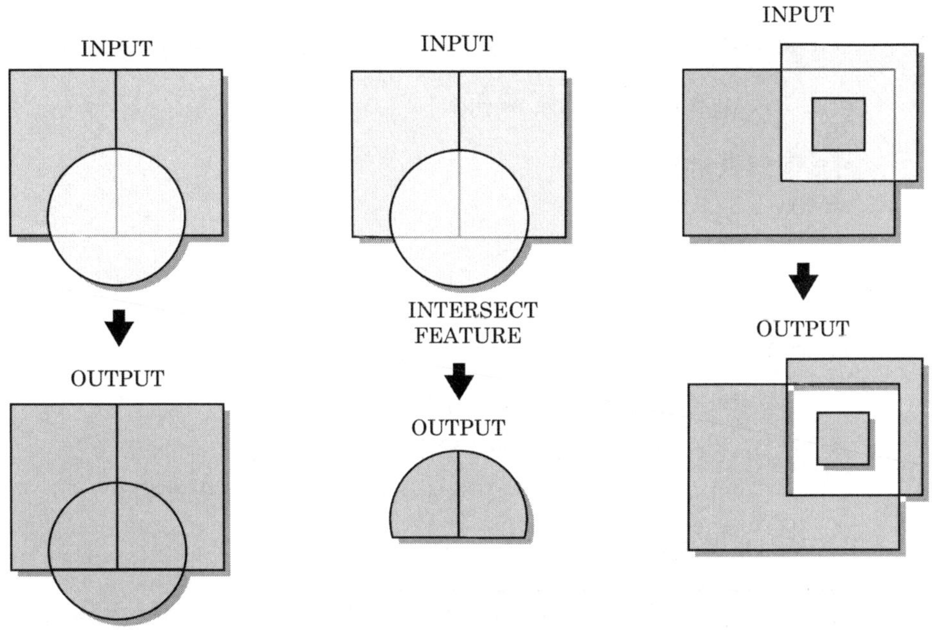

[Union]　　[Intersection]　　[Difference]

4) Overlay는 Arc_GIS 공간연산방법의 큰 범주
[답] 가.

57

수치지도의 속성정확도 검증을 위하여 아래와 같은 오차행렬을 작성하였다. 오차행렬로부터 계산한 정확도는?

구분		검증데이터			합
		수계	초지	농경지	
수치지도	수계	75	15	10	100
	초지	20	120	60	200
	농경지	5	15	80	100
합		100	150	150	400

1) 데이터의 전체 정확도 : PCC(Percent Correctly Classified) 지수(데이터 전체지수)

$$PCC = \frac{S_d}{n} \times 100\% = \frac{275}{400} \times 100 = 68.75\%$$

$S_d = 75 + 120 + 80 = 275$

$n = 400$

여기서, S_d : 대각선의 합

n : 합계

2) 사용자 정확도$= \dfrac{R_i}{R_t} \times 100\%$

여기서, R_i : 행에서 정확하게 분류된 표본

R_t : 행에서 표본의 총수

위임오차(error of commission)=100−사용자 정확도

① 수계 사용자 정확도 : $\dfrac{75}{100} \times 100 = 75.0\%$

구분		검증데이터			합
		수계	초지	농경지	
수치지도	수계	75	15	10	100
	초지	20	120	60	200
	농경지	5	15	80	100
합		100	150	150	400

② 초지 사용자 정확도 : $\dfrac{120}{200} \times 100 = 60\%$

구분		검증데이터			합
		수계	초지	농경지	
수치지도	수계	75	15	10	100
	초지	20	120	60	200
	농경지	5	15	80	100
합		100	150	150	400

③ 농경지 사용자 정확도 : $\frac{80}{100} \times 100 = 80\%$

구분		검증데이터			합
		수계	초지	농경지	
수치지도	수계	75	15	10	100
	초지	20	120	60	200
	농경지	5	15	80	100
합		100	150	150	400

3) 생산자의 정확도$= \frac{C_i}{C_t} \times 100\%$

여기서, C_i : 열에서 정확하게 분류된 표본

C_t : 열에서 표본의 총수

위임오차(error of commission)=100−사용자 정확도

① 수계 생산자 정확도 : $\frac{75}{100} \times 100 = 75\%$

② 초지 생산자 정확도 : $\frac{120}{150} \times 100 = 80\%$

③ 농경지 생산자 정확도 : $\frac{80}{150} \times 100 = 53.3\%$

4) 정확도 값

① 전체정확도 : 68.8%

② 수계의 사용자정확도 : 75.0%

③ 초지의 사용자정확도 : 60.0%

④ 농경지의 사용자정확도 : 80.0%

58

벡터 데이터 모델에서 속성정보가 가질 수 있는 척도가 아닌 것은?

가. 서열척도 **나. 등간척도**

다. 비율척도 **라. 가치척도**

측정에서의 척도의 종류

1) 명목척도(nominal scale) : 단순히 이름으로 구별만 가능한 것
2) 서열척도(ordinal scale) : 순서는 구별되지만 등간, 비율과 같이 연산은 되지 않는다.
3) 등간척도(interval scale) : 값 사이에 간격이 일정하지만 +, − 연산은 되지만 *, /는 되지 않는다.
4) 비율척도(ratio scale) : 등간척도인 동시에 *, /도 성립된다.

[답] 라.

59

"수치지도 작성의 기준시점은 원시자료 또는 조사자료의 취득시점과 일치하여야 한다."는 지리정보 품질요소 중 어느 항목에 대한 설명인가?

가. 정보의 완전성　　나. 논리적 일관성
다. 시간정확도　　라. 주제정확도

지리정보 데이터 품질 요소 : 다음의 데이터 품질 요소는 데이터 셋이 제품 사양 기준을 얼마나 잘 만족하고 있는지 설명되어야 한다.

1) 정보의 완전성 : 지형지물의 유무와 지형지물의 속성 및 관계
2) 논리적 일관성 : 데이터 구조·속성 및 관계의 논리적 원칙의 준수 정도
   (데이터 구조는 개념적, 논리적, 물리적이 될 수 있다.
3) 위치 정확도 : 지형지물의 위치 정확도
4) 시간 정확도 : 시간 속성 및 지형지물의 시간 관계 정확도
5) 주제 정확도 : 정량적, 비정량적 속성의 정확도와 지형지물과 지형지물 관계의 분류 정확도

[답] 다.

60

그림의 2차원 쿼드트리 (quadtree)의 총 면적은 얼마인가? (단, 최하단에서 하나의 셀의 면적을 1로 가정한다.)

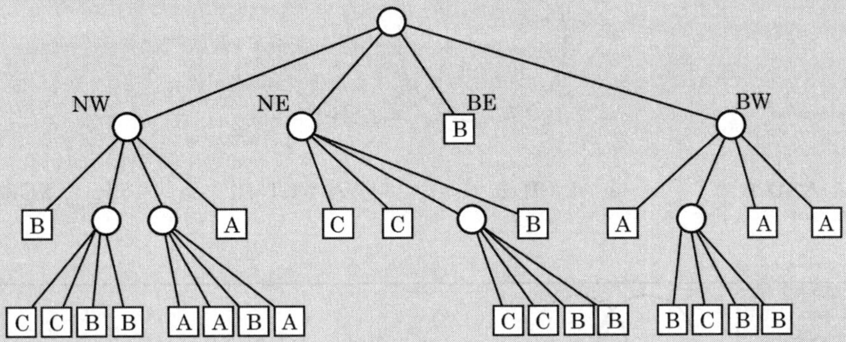

가. 16　　나. 25　　다. 64　　라. 128

구분	B의 면적	C의 면적	A의 면적
네번째단	8개×1=8	5개×1=5	3개×1=3
세번째단	2개×4(단위면적의 4배)=8	2개×4=8	4개×4 = 16
두번째단	1개 ×16(단위면적의 16배)=16		
소계	32	13	19
합계	64		

[답] 다.

61

부울(Boolean)논리를 적용한 레이어의 중첩에서 그림의 색칠한 부분과 같은 논리연산을 바르게 나타낸 것은?

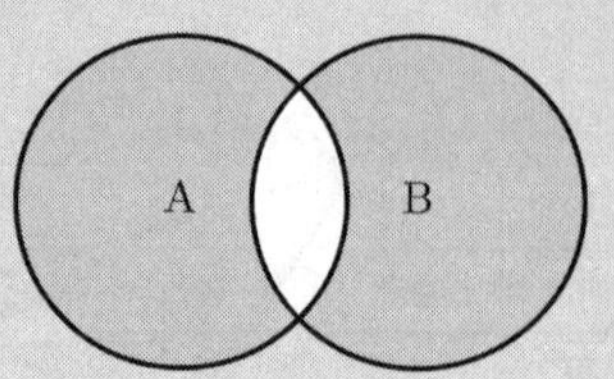

가. A AND B　　나. A OR B　　다. A NOT B　　라. A XOR B

A AND B	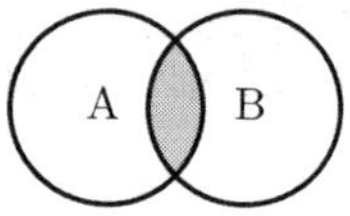	A, B 교차하는 부분만 나타난다.
A XOR B	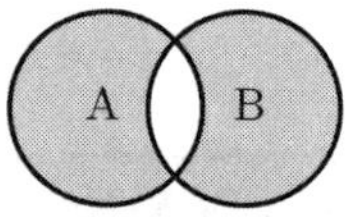	두 개 사상이 존재하는 곳은 포함하고 교차 지점은 포함 안 함
A NOT B	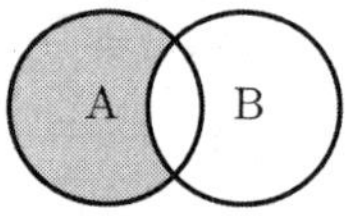	B를 포함하지 않는 모든 A부분
A OR B	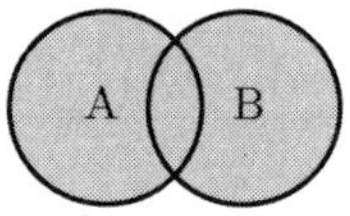	A, B 모든 부분

[답] 라.

PART 02

응용측량

少年은 易老하고 學難成하니 一寸光陰이라도 不可輕하라
未覺池塘에 春草夢인데 階前梧葉이 已秋聲이라

젊은 시절은 금방 지나가고 학문은 이루기 어려우니 시간을 아껴라
연못가 풀들은 봄꿈에 젖어있는데 섬돌 앞 오동나무 잎은 가을을 알린다.

* (잎이 큰 오동나무는 일찍 단풍이 들고 마른 잎은 바람이 불면 바스락거린다.
마른 오동나무 잎이 바람에 바스락 거리는 소리 = 가을 소리)

Chapter 01

노선측량

1.1 노선측량의 정의

도로, 철도, 운하 등의 교통로의 측량, 수력발전의 도수로 측량, 상·하수도의 도수관의 부설에 따른 측량 등 폭이 좁고 길이가 긴 구역의 측량을 말한다. 그러므로 노선의 목적과 종류에 따라 측량도 약간 다르게 된다. 삼각측량 또는 다각측량에 의하여 골조를 정하고 이를 기본으로 지형도를 작성하고 종·횡단면도 작성, 토량 등도 계산하게 되는 것이다.

1.2 분류

- 곡선 (Curve)
  - 수평곡선 (Horizontal curve)
    - 원곡선 (Circular curve)
      - 단곡선(Simple curve)
      - 복심곡선(Compound curve)
      - 반향곡선(Reverse curve)
      - 배향곡선(Hairpin curve)
    - 완화곡선 (Transition curve)
      - 클로소이드(Clothoid) : 도로
      - 렘니스케이트(Lemniscate) : 시가지 지하철
      - 3차 포물선(Cubic curve) : 철도
      - sine체감곡선 : 고속철도
  - 수직곡선
    - 종곡선 (Vertical curve)
      - 원곡선(Circular curve) : 철도
      - 2차 포물선(Parabola) : 도로
    - 횡단곡선
      - 직선
      - 쌍곡선
      - 2차 포물선

1.3 노선측량의 작업과정 및 방법 비교

1) 노선측량 작업 과정

도상계획	지형도상에서 한두 개의 계획노선을 선정한다.
현장 답사	도상계획노선에 따라 현장 답사를 한다.
예측	답사에 의하여 유망한 노선이 결정되면 그 노선을 더욱 자세히 조사하기 위하여 트래버스측량과 주변에 대한 측량을 실시한다.
도상선정	예측이 끝나면 노선의 기울기, 곡선, 토공량, 터널과 같은 구조물의 위치와 크기, 공사비 등을 고려하여 가장 바람직한 노선을 지형도 위에 기입하는 단계이다.
현장실측	도상에서 선정된 최저노선을 지상에 측설하는 것이다.

2) 노선측량 작업 과정 및 방법

노선선정(路線選定)	도상선정	국토지리정보원 발행의 1/50,000 지형도(또는 1/25,000 지형도, 필요에 따라 1/200,000 지형도)를 사용하여, 생각하는 노선은 전부 취하여 검토하고, 여러 개의 노선을 선정한다.
	종단면도 작성	도상선정의 노선에 관하여 지형도에서부터 종단면도(축척 종단 1/2,000, 횡단 1/25,000)를 작성한다.
	현지답사	이상의 노선에 대하여 현지답사를 하여 수정할 개소는 수정하고 비교 검토하여 개략의 노선(route)을 결정한다.
계획조사 측량(計劃調査測量)	지형도 작성	계획선의 중심에서, 폭 약 300m(비교선이 어느 정도 떨어져 있는 경우는 필요에 따라 폭을 넓힌다)에 대하여, 항공사진의 도화(축척 1/5,000 또는 1/2,500)를 한다.
	비교노선의 선정	1/5,000의 지형도상에 비교노선을 기입하고, 평면선형을 검토한다. 관측점의 간격은 100m로 한다.
	종단면도 작성	지형도에서 종단면도(축척 종 1/500, 횡 1/5,000 또는 종 1/250, 횡 1/2,500)를 작성한다.
	횡단면도 작성	비교선의 각 관측점의 횡단면도(축척 1/200)를 지형도에서 작성한다.
	개략노선의 결정	이상의 결과를 현지답사에 의하여 수정하여, 개산공사비를 산출해서 비교 검토하고 계획중심선을 결정한다.

<table>
<tr><td rowspan="7">실시설계
측량(實施
設計測量)</td><td>지형도
작성</td><td colspan="2">계획선의 중심에서 폭 약 100m(필요에 따라 폭을 넓힐 수 있다)에 대하여 항공사진의 도화(1/1,000)를 한다.</td></tr>
<tr><td>중심선의
선정</td><td colspan="2">중심선이 결정되지 않은 경우에는 1/1,000의 지형도상에 비교선을 기입하여, 종횡단면도를 작성하고, 필요하면 현지답사를 실시하여 중심선을 결정한다.</td></tr>
<tr><td>중심선
설치(도상)</td><td colspan="2">1/1,000의 지형도상에서, 다각형의 관측점의 위치를 결정하여 교각을 관측하고, 곡선표, 클로소이드표 등을 이용하여 도해법으로 중심선을 정하여, 보조말뚝 및 20m마다의 중심말뚝 위치를 지형도에 기입한다.</td></tr>
<tr><td>다각측량</td><td colspan="2">용지폭말뚝의 위치를 지적측량의 정확도로 얻기 위하여, 각 관측점 위치의 좌표를 정확히 구하여 측량의 정확도 향상과 신속히 하기 위하여 IP(교점 : Intersection point)점을 연결한 다각측량 혹은 노선을 따라서 다각측량을 실시한다. IP점 간에서 시준이 되지 않을 때는 적당한 중간에 절점을 설치한다.</td></tr>
<tr><td>중심선설치
(현지)</td><td colspan="2">다각측량의 결과 IP점에 있어서의 교각과 IP점 간의 거리가 직접 혹은 간접으로 정확히 구해지므로, 이것을 기초로 하여 완화곡선과 단곡선의 계산을 하여 직접 지형도에 기입하고, 다시 현지에 중심말뚝을 설치한다.</td></tr>
<tr><td rowspan="2">고저측량</td><td>고저측량</td><td>중심선을 따라서 고저측량을 실시한다. 고저기준점(BM, Bench Mark)의 간격은 500m~1,000m로 하고, 노선에서 약간 떨어진 곳에 설치한다.</td></tr>
<tr><td>종단면도
작성</td><td>중심선을 따라서 종단측량과 횡단측량을 실시하여, 종단면도(축척 종 1/100, 횡 1/1,000)와 횡단면도(축척 1/100 또는 1/200)를 작성한다.</td></tr>
<tr><td>세부측량
(細部測量)</td><td colspan="3">구조물의 장소에 대해서, 지형도(축척 종 1/500~1/100)와 종횡단면도(축척 종 1/100, 횡 1/500~1/100)를 작성한다.</td></tr>
<tr><td>용지측량
(用地測量)</td><td colspan="3">횡단면도에 계획단면을 기입하여 용지 폭을 정하고, 축척 1/500 또는 1/600로 용지도를 작성한다. 용지폭말뚝을 설치할 때는 중심선에 직각인 방향을 구하는 것에 주의해야 한다. 구점의 요구 정확도에 따라 직각기 혹은 트랜싯, 레벨(수평분도원이 부착된 것)을 이용하여 방향을 구하고, 관측에는 천줄자 또는 쇠줄자 등을 이용하든가, 시거측량이나 관측봉을 이용하는 방법을 취한다.</td></tr>
<tr><td rowspan="2">공사측량
(工事測量)</td><td>검사관측</td><td colspan="2">중심말뚝의 검사관측, TBM(가고저기준점 : Temporary Bench Mark)과 중심말뚝의 높이의 검사관측을 실시한다.</td></tr>
<tr><td>가인조점
등의 설치</td><td colspan="2">필요하면, TBM을 500m 이내에 1개 정도로 설치한다. 또, 중요한 보조말뚝의 외측에 인조점을 설치하고, 토공의 기준틀, 콘크리트 구조물의 형간의 위치 측량 등을 실시한다.</td></tr>
</table>

3) 노선 조건

① 가능한 한 직선으로 할 것
② 가능한 한 경사가 완만할 것
③ 토공량이 적고 절토와 성토가 짧은 구간에서 균형을 이룰 것
④ 절토의 운반거리가 짧을 것
⑤ 배수가 완전할 것

4) 노선측량

(1) 종단측량

종단측량은 중심선에 설치된 관측점 및 변화점에 박은 중심말뚝, 추가말뚝 및 보조말뚝을 기준으로 하여 중심선의 지반고를 측량하고 연직으로 토지를 절단하여 종단면도를 만드는 측량이다.

① 종단면도 작성

외업이 끝나면 종단면도를 작성한다. 수직축척은 일반적으로 수평축척보다 크게 잡으며 고저차를 명확히 알아볼 수 있도록 한다.

② 종단면도 기재사항

㉠ 관측점 위치
㉡ 관측점 간의 수평거리
㉢ 각 관측점의 기점에서의 누가거리
㉣ 각 관측점의 지반고 및 고저기준점(BM)의 높이
㉤ 관측점에서의 계획고
㉥ 지반고와 계획고의 차(성토 절토별)
㉦ 계획선의 경사

(2) 횡단측량

횡단측량에서는 중심말뚝이 설치되어 있는 지점에서 중심선의 접선에 대하여 직각방향(법선방향)으로 지표면을 절단한 면을 얻어야 하는데 이때 중심말뚝을 기준으로 하여 좌우의 지반고가 변화하고 있는 점의 고저 및 중심말뚝에서의 거리를 관측하는 측량이 횡단측량이다.

1.4 단곡선의 각 부 명칭 및 공식

1) 단곡선(Simple curve)의 각 부 명칭

B.C	곡선시점(Beginning of curve)
E.C	곡선종점(End of curve)
S.P	곡선중점(Secant Point)
I.P	교점(Intersection Point)
I	교각(Intersection angle)
∠AOB	중심각(Central angle): I
R	곡선반경(Radius of curve)
$\overset{\frown}{AB}$	곡선장(Curve length) : C.L
AB	현장(Long chord) : C
T.L	접선장(Tangent length) : AD, BD
M	중앙종거(Middle ordinate)
E	외할(External secant)
δ	편각(Deflection angle) : ∠VAG

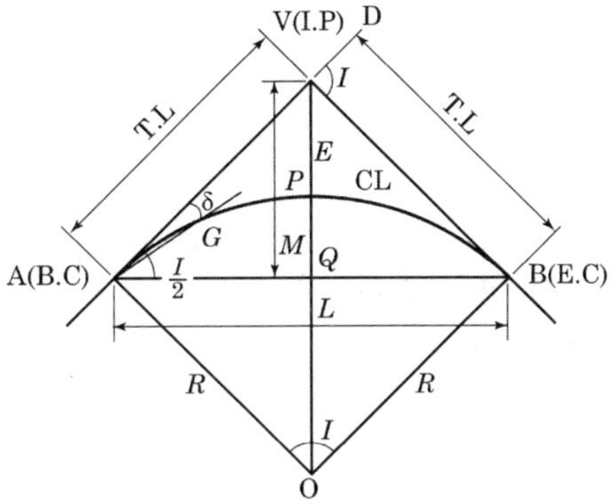

[단곡선의 명칭]

2) 공식

접선장 (Tangent length)	$\tan\frac{I}{2}=\frac{TL}{R}$ 에서 $TL=R\cdot\tan\frac{I}{2}$ $R=\frac{TL}{\tan\frac{I}{2}}=TL\cdot\cot\frac{I}{2}$	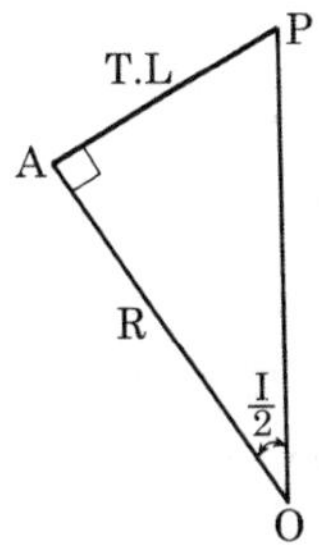

곡선장 (Curve length)	원둘레 : $2\pi R$ 중심각 1°에 대한 원둘레 길이 : $\dfrac{2\pi R}{360°}$ $2\pi R : CL = 360° : I°$ $\therefore\ CL = \dfrac{\pi}{180°} \cdot R \cdot I°$ $= 0.0174533 RI°$ $\therefore\ CL = \dfrac{\pi}{180° \times 60'} RI'$ $= 0.0002909 RI'$	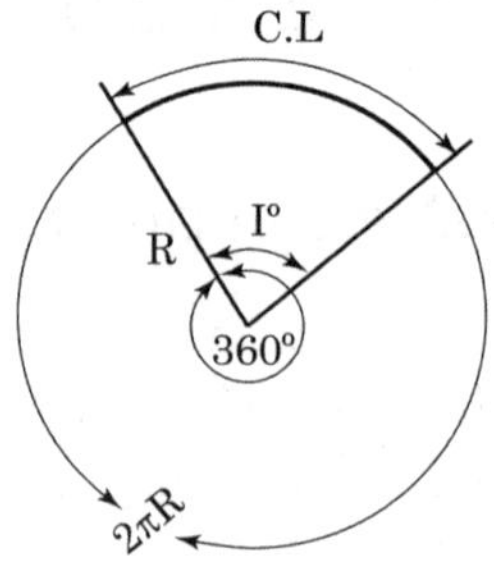
외할 또는 외거 (External secant)	$\sec\dfrac{I}{2} = \dfrac{OP}{R}$ 에서 $OP = R \cdot \sec\dfrac{I}{2}$ $E(S.L) = OP - R$ $= R \cdot \sec\dfrac{I}{2} - R$ $= R(\sec\dfrac{I}{2} - 1)$	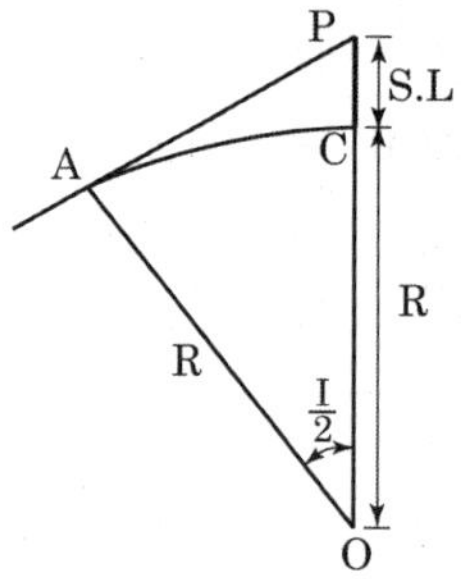
중앙종거 (Middle ordinate)	$\cos\dfrac{I}{2} = \dfrac{OD}{R}$ 에서 $OD = R \cdot \cos\dfrac{I}{2}$ $M = R - OD$ $= R - R \cdot \cos\dfrac{I}{2}$ $= R(1 - \cos\dfrac{I}{2})$	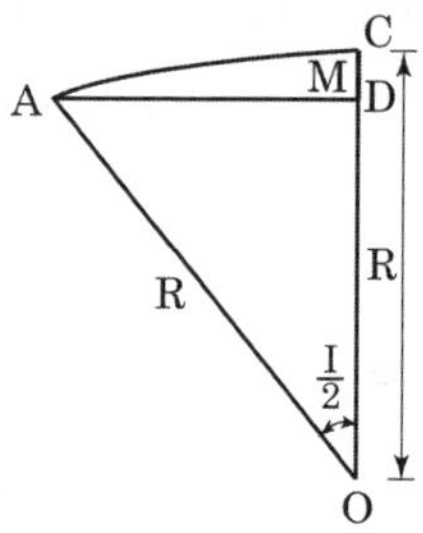
현장 (Long chord)	$\sin\dfrac{I}{2} = \dfrac{\frac{C}{2}}{R} = \dfrac{C}{2R}$ $\therefore C = 2R \cdot \sin\dfrac{I}{2}$	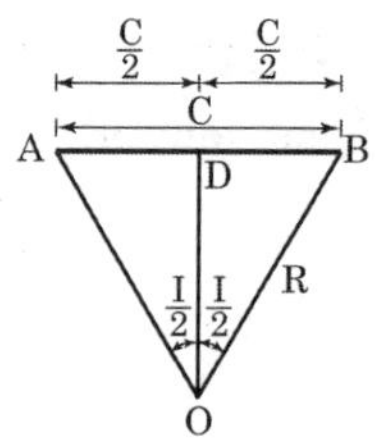

편각 **(Deflection angle)**	$\overline{AP} \fallingdotseq \widehat{AP} = l$이라면 $l = R2\delta$ $\delta = \dfrac{l}{2R}$라디안 $= \dfrac{l}{2R}\left(\dfrac{180° \times 60'}{\pi}\right)$ $= \dfrac{l}{2R}3437.75'$ $\therefore\ \delta = 1718.87'\dfrac{l}{R}$	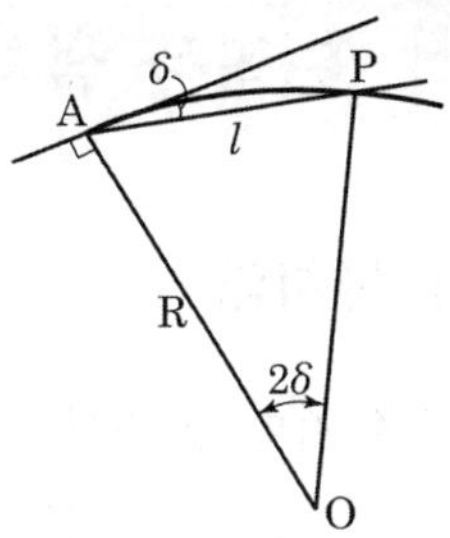
호(장)길이(CL)와 **현(장)길이(L)의 차**	$L = C - \dfrac{L^3}{24R^2}$ $C - L = \dfrac{C^3}{24R^2}$	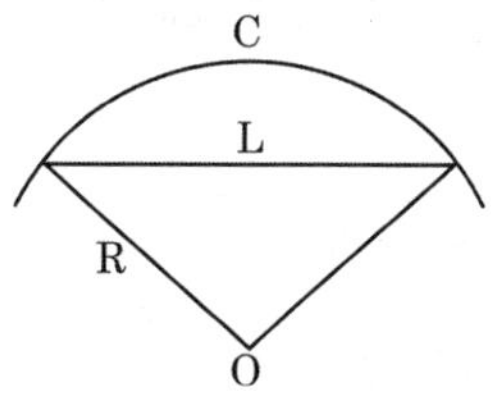
중앙종거와 **곡률반경의 관계**	$R^2 - (\dfrac{L}{2})^2 = (R-M)^2$ $\therefore\ R = \dfrac{L^2}{8M} + \dfrac{M}{2}$ (여기서, M의 값이 L의 값에 비해 작으면 $\dfrac{M}{2}$은 무시한다.)	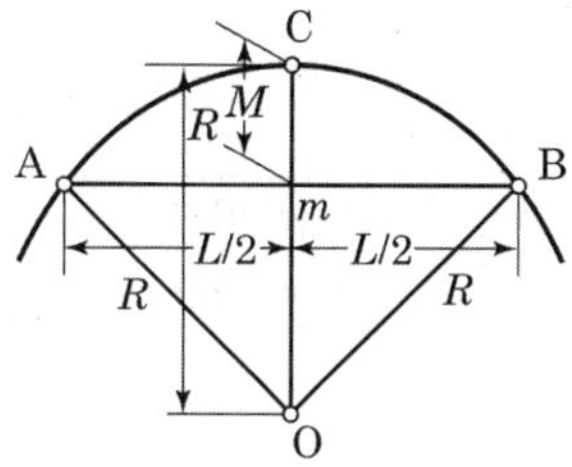
교각(I)=중심각	$\angle AOB + \angle BPA = 180°$ $\angle I + \angle BPA = 180°$ $\therefore\ \angle I = \angle AOB$	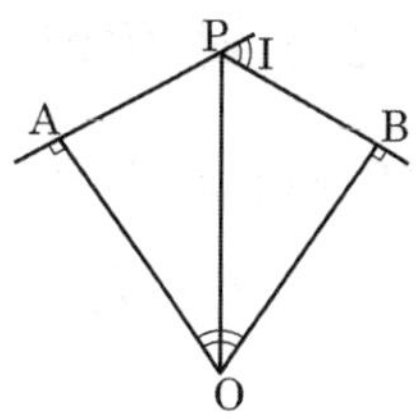
곡선시점	$B.C = I.P - T.L$	
곡선종점	$E.C = B.C + C.L$	
시단현	$l_1 = B.C$점부터 $B.C$ 다음 말뚝까지의 거리	
종단현	$l_2 = E.C$점부터 $E.C$ 바로 앞말뚝까지의 거리	

1.5 단곡선 설치 방법

1) 편각 설치법

원곡선 설치법 중에서 가장 정밀한 결과를 얻을 수 있으나 계산이 복잡하고 시간이 많이 걸린다. 철도, 도로 등의 곡선 설치에 가장 일반적인 방법이며, 다른 방법에 비해 정확하나 반경이 작을 때 오차가 많이 발생한다.

시단현 편각

$$\delta_1 = \frac{l_1}{R} \times \frac{90° \times 60'}{\pi} = 1718.87' \times \frac{l_1}{R}$$

종단현 편각

$$\delta_2 = \frac{l_2}{R} \times \frac{90° \times 60'}{\pi} = 1718.87' \times \frac{l_2}{R}$$

말뚝간격에 대한 편각

$$\delta = \frac{l}{R} \times \frac{90° \times 60'}{\pi} = 1718.87' \times \frac{l}{R}$$

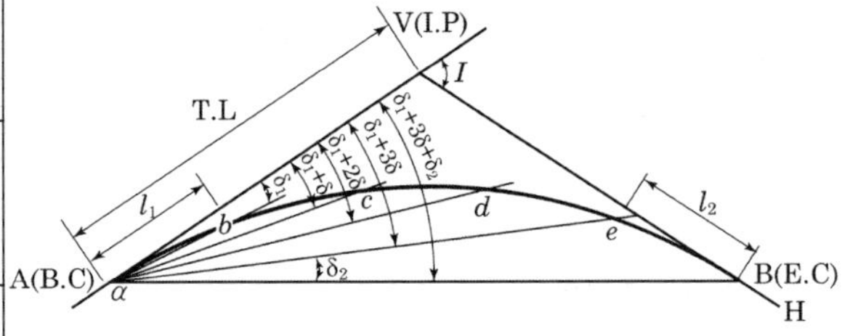

[편각법에 의한 곡선 설치]

2) 접선편거 및 현편거법에 의한 원곡선 설치법

트랜싯을 사용하지 못할 때 폴과 테이프로 설치하는 방법으로 지방도로에 이용되며 정밀도는 편각법보다 떨어지나 설치가 간단하여 많이 사용한다.

$OP_1 : P_1P_2 = P_1P_2 : P_2P_2'$

$\therefore\ R : l = l : d$

현편거$(P_2 \cdot P_2' = d)$ $d = \dfrac{l^2}{R}$

접선편거$(E \cdot P_1 = t)$ $t = \dfrac{d}{2} = \dfrac{l^2}{2R}$

접선횡거(AE) $AE = \sqrt{l^2 - t^2}$ 에서

$\therefore\ AE = \dfrac{l}{2R}\sqrt{(2R+l)(2R-l)}$

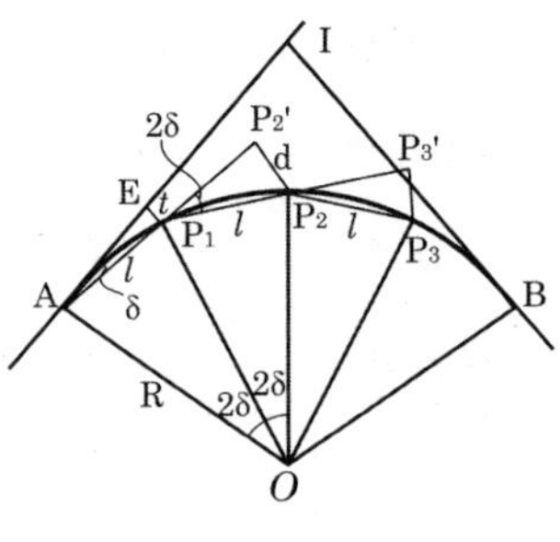

[접선편거, 현편거법]

3) 지거법에 의한 단곡선 설치

(1) 접선지거법(接線支距法)

양 접선에 지거를 내려 곡선을 설치하는 방법으로 터널 내의 곡선설치와 산림지에서 벌채량을 줄일 경우에 적당한 방법이다.

$R^2=(R-y)^2+x^2$에서

$y=R-\sqrt{R^2-x^2}$

y는 $2R$에 비하면 미소하므로

$x^2=R^2-(R-y)^2=(2R-y)y \fallingdotseq 2Ry$

$\therefore\ y=\dfrac{x^2}{2R}$

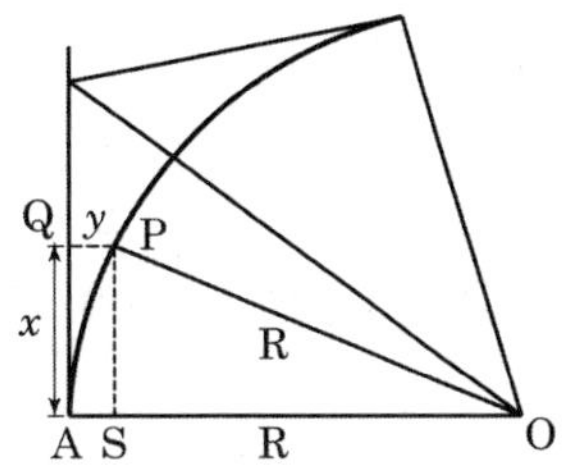

(2) 중앙종거법(中央縱距法)

폴과 줄자만을 가지고 설치하는데 곡선반경이 작은 도심지 곡선 설치에 유리하며 기설곡선의 검사나 정정에 편리하다. 일반적으로 1/4법이라고도 한다. 중앙종거법은 최초에 중앙종거 M_1을 구하고 다음에 M_2 · M_3 ....로 하여 작은 중앙종거를 구하여 적당한 간격마다 곡선의 중심말뚝을 박는 방법이다.

$M_1=R(1-\cos\dfrac{I}{2})$

$M_2=R(1-\cos\dfrac{I}{4})$

$M_3=R(1-\cos\dfrac{I}{8})$

$M_4=R(1-\cos\dfrac{I}{16})$

$\therefore\ M_1=4M_2$

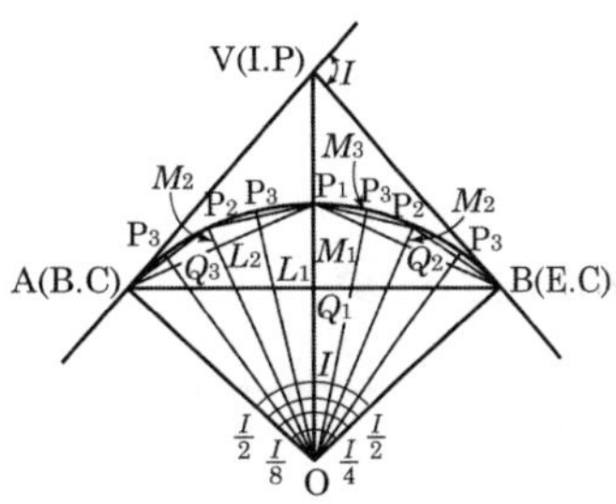

(3) 장현지거법(長弦支距法)

곡선반경이 짧은 곳에 많이 이용되는 방법으로 곡선시점에서 곡선종점을 연결한 선을 횡축으로 하고 F점에서 AB에 그은 수선을 종축이라 하면 곡선상의 P의 좌표를 식에 의해 구한다.

$$y=\sqrt{R^2-x^2}-OF$$
$$=\sqrt{R^2-x^2}-\sqrt{R^2-(\frac{C}{2})^2}$$

여기서, 현장($\overline{AB}=C$)

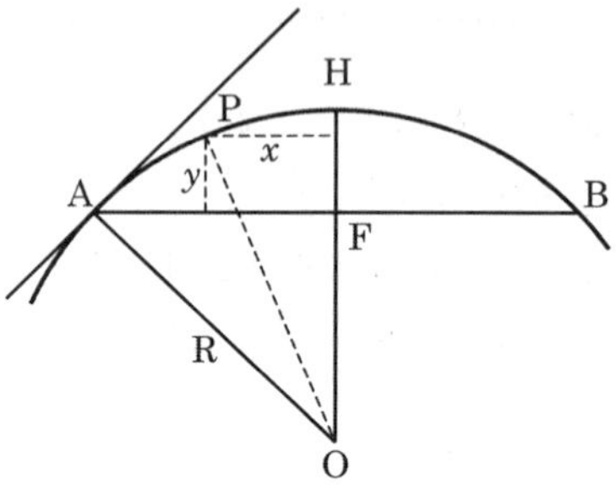

4) 장애물이 있는 경우의 단곡선 설치

(1) 교점에 장애물이 있는 경우

$$I=\alpha+\beta$$
$$TL=R\tan\frac{I}{2}$$
$$\overline{CP}=\frac{\sin\beta}{\sin i}\times l$$
$$\overline{DP}=\frac{\sin\alpha}{\sin i}\times l$$
$$\overline{AC}=TL-\overline{CP}$$
$$\overline{BD}=TL-\overline{DP}$$

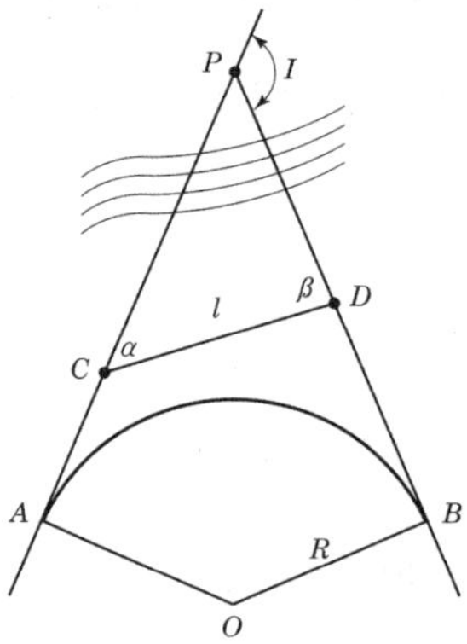

(2) 곡선시점과 곡선종점에 장애물이 있을 경우

교점 V에서 O점 방향으로 E에 해당한 H점을 잡으면 곡선의 접선이 되므로 BC점에 곡선을 설치하는 방법과 같이 측설하면 된다.

$$E = VH = (\sec\frac{I}{2} - 1)$$

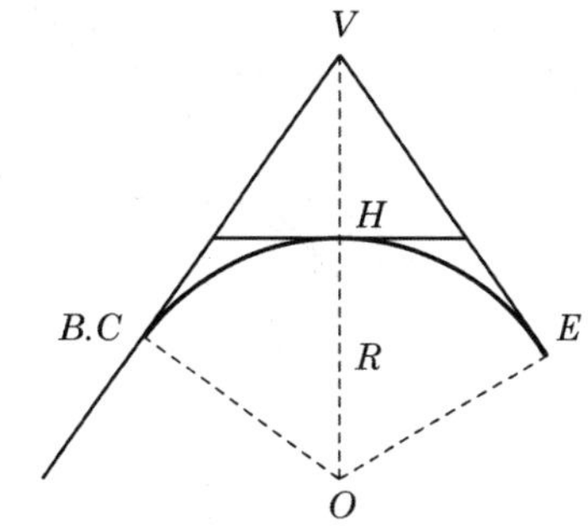

(3) 곡선시점에서 곡선을 전부 설치할 수 없는 경우

① AE의 편각 $\frac{\alpha}{2}$를 계산한 후 E점에 기계를 세운다.

② B버니어의 0을 수평 분도원의 180°에 일치시키고 망원경 반위로 A점을 시준한다.

③ 고정나사를 풀어 상부를 $\frac{\alpha}{2}$만큼 접선방향으로 전진시켜 놓으면 이때의 망원경의 시준선은 E점에서 곡선의 접선방향과 일치한다.

④ 망원경을 정위로 한 후 ①에서 한 것과 같은 방법에 의하여 곡선을 설치한다.

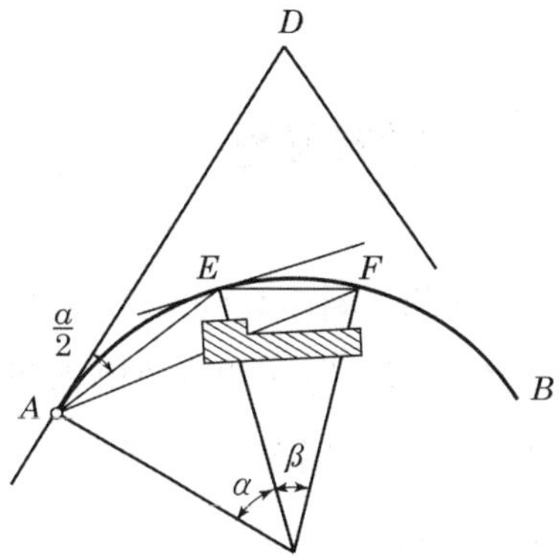

1.6 복심곡선 및 반향곡선

복심곡선 (Compound curve)	반경이 다른 2개의 원곡선이 1개의 공통접선을 갖고 접선의 같은 쪽에서 연결하는 곡선을 말한다. 복심곡선을 사용하면 그 접속점에서 곡률이 급격히 변화하므로 될 수 있는 한 피하는 것이 좋다.
반향곡선 (Reverse curve)	반경이 같지 않은 2개의 원곡선이 1개의 공통접선의 양쪽에 서로 곡선중심을 가지고 연결한 곡선이다. 반향곡선을 사용하면 접속점에서 핸들의 급격한 회전이 생기므로 가급적 피하는 것이 좋다.
배향곡선 (Hairpin curve)	반향곡선을 연속시켜 머리핀 같은 형태의 곡선으로 된 것을 말한다. 산지에서 기울기를 낮추기 위해 쓰이므로 철도에서 Switch Back에 적합하여 산허리를 누비듯이 나아가는 노선에 적용한다.

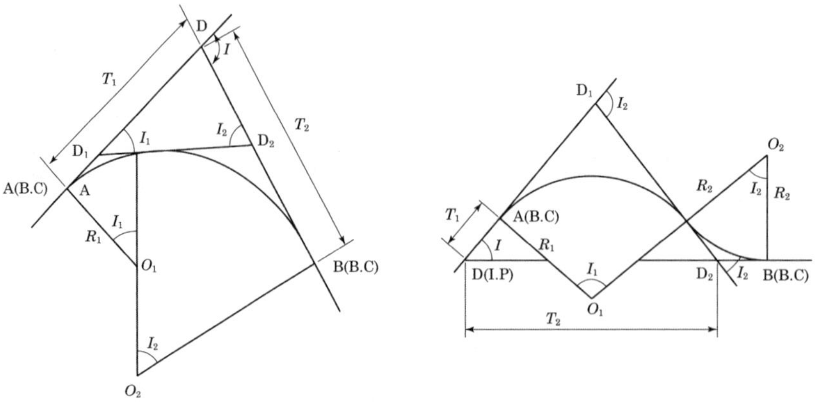

(a) 복심곡선　　　(b) 반향곡선

1.7 완화곡선

완화곡선(Transition Curve)은 차량의 급격한 회전 시 원심력에 의한 횡방향 힘의 작용으로 인해 발생하는 차량운행의 불안정과 승객의 불쾌감을 줄이는 목적으로 곡률을 0에서 조금씩 증가시켜 일정한 값에 이르게 하기 위해 직선부와 곡선부 사이에 넣는 매끄러운 곡선을 말한다.

1) 완화곡선의 성질

완화곡선의 특징	① 곡선반경은 완화곡선의 시점에서 무한대, 종점에서 원곡선 R로 된다. ② 완화곡선의 접선은 시점에서 직선에, 종점에서 원호에 접한다. ③ 완화곡선에 연한 곡선반경의 감소율은 캔트와 같다. ④ 완화곡선의 종점의 캔트와 원곡선 시점의 캔트는 같다. ⑤ 완화곡선은 이정의 중앙을 통과한다.
완화곡선의 길이	$L=\frac{N}{1,000}\cdot C=\frac{N}{1,000}\cdot\frac{SV^2}{gR}$ 여기서, C : Cant, g : 중력가속도, S : 궤간 거리 N : 완화곡선과 캔트와 비, V : 열차의 속도

이정(f)	$f=\frac{L^2}{24R}$ 이정량(移程量 : shift) : 클로소이드 곡선이 삽입될 경우 클로소이드 곡선의 중심에서 내린 수선의 길이와 접속되는 원곡선의 반지름과의 차이	
완화곡선의 접선길이	$TL=\frac{L}{2}+(R+f)\tan\frac{I}{2}$	
완화곡선의 종류	① 클로소이드 : 고속도로 ② 렘니스케이트 : 시가지 철도 ③ 3차 포물선 : 철도 ④ sine 체감곡선 : 고속철도	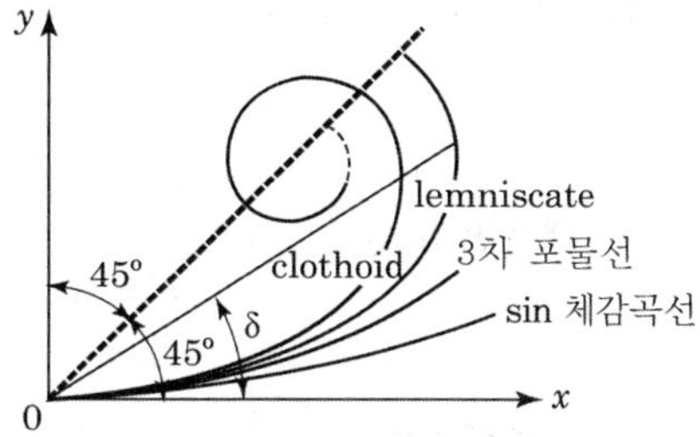

2) 캔트(Cant)와 확폭(Slack)

캔트(Cant)	곡선부를 통과하는 차량이 원심력이 발생하여 접선 방향으로 탈선하려는 것을 방지하기 위해 바깥쪽 노면을 안쪽 노면보다 높이는 정도를 말하며 편경사라고 한다.
$\tan\alpha=\frac{\frac{mV^2}{R}}{mg}=\frac{V^2}{gR}$ $\therefore\ C=S\cdot\tan\alpha=\frac{SV^2}{gR}$ 여기서, C : 캔트 $B=S$: 궤간 V : 차량속도 R : 곡선반경 g : 중력가속도	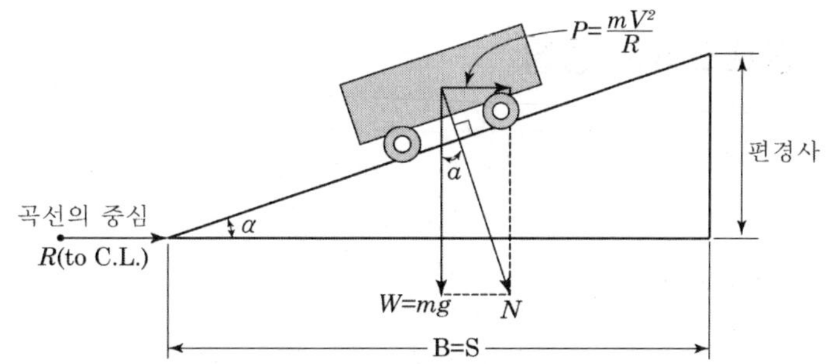
확폭(Slack)	차량과 레일이 꼭 끼어서 서로 힘을 입게 되면 때로는 탈선의 위험도 생긴다. 이러한 위험을 막기 위해서 레일 안쪽을 움직여 곡선부에서는 궤간을 넓힐 필요가 있다. 이 넓힌 치수를 말한다. 확폭이라고도 한다.
슬랙 : $\varepsilon=\frac{L^2}{2R}$ 여기서, ε : 확폭량 L : 차량 앞바퀴에서 뒷바퀴까지의 거리 R : 차선중심선의 반경	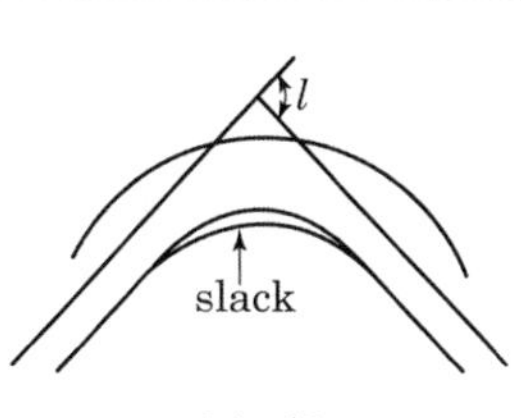 [슬랙] 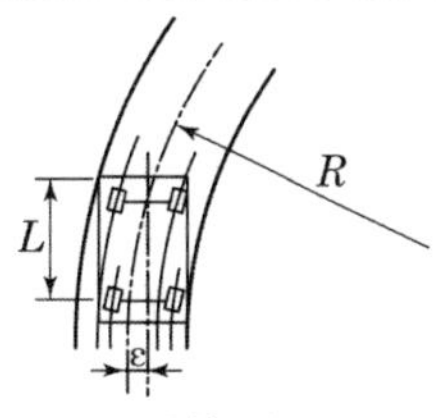 [확도]

1.8 클로소이드 곡선

곡률이 곡선장에 비례하는 곡선을 클로소이드(clothoid) 곡선이라 한다.

1) 클로소이드 공식

매개변수(A)	$A=\sqrt{RL}=l\cdot R=L\cdot r=\frac{L}{\sqrt{2\tau}}=\sqrt{2\tau}\cdot R$ $A^2=RL=\frac{L^2}{2\tau}=2\tau R^2$
곡률반경(R)	$R=\frac{A^2}{L}=\frac{A}{l}=\frac{L}{2\tau}=\frac{A}{2\tau}$
곡선장(L)	$L=\frac{A^2}{R}=\frac{A}{r}=2\tau R=A\sqrt{2\tau}$
접선각(τ)	$\tau=\frac{L}{2R}=\frac{L^2}{2A^2}=\frac{A^2}{2R^2}$

2) 클로소이드 성질

클로소이드 성질	① 클로소이드는 나선의 일종이다. ② 모든 클로소이드는 닮은꼴이다.(상사성이다.) ③ 단위가 있는 것도 있고 없는 것도 있다. ④ τ는 30°가 적당하다. ⑤ 확대율을 가지고 있다. ⑥ τ는 라디안으로 구한다.

3) 클로소이드 형식

기본형	직선, 클로소이드, 원곡선 순으로 나란히 설치되어 있는 것	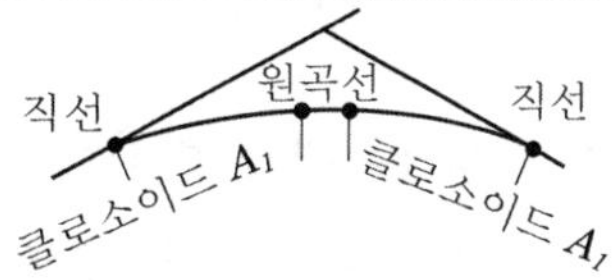
S형	반향곡선의 사이에 클로소이드를 삽입한 것	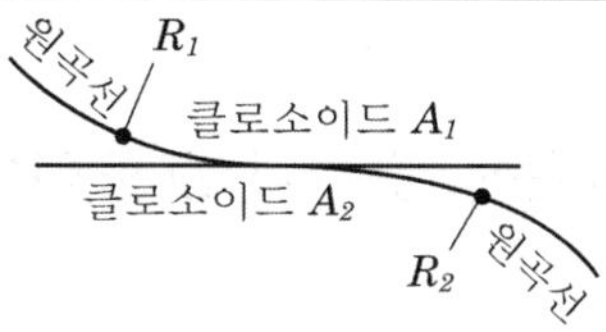
난형	복심곡선의 사이에 클로소이드를 삽입한 것	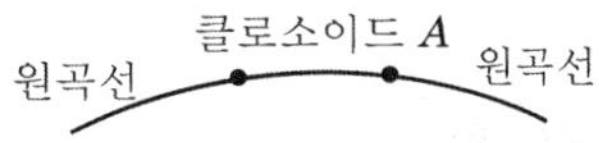
凸형	같은 방향으로 구부러진 2개 이상의 클로소이드를 직선적으로 삽입한 것	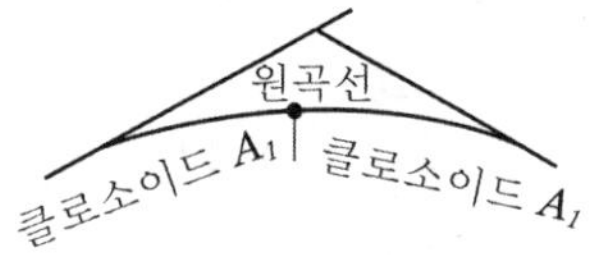
복합형	같은 방향으로 구부러진 2개 이상의 클로소이드를 이은 것으로 모든 접합부에서 곡률은 같다.	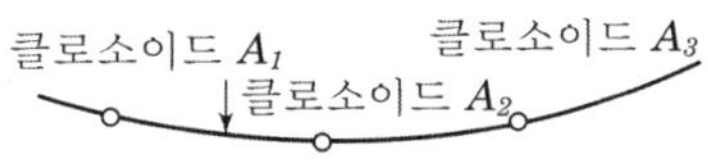

4) 클로소이드 설치법

클로소이드 설치법	직각좌표에 의한 방법	주접선에서 직각좌표에 의한 설치법 현에서 직각좌표에 의한 설치법 접선으로부터 직각좌표에 의한 설치법
	극좌표에 의한 방법	극각 동경법에 의한 설치법 극각 현장법에 의한 설치법 현각 현장법에 의한 설치법
	기타에 의한 방법	2/8법에 의한 설치법 현다각으로부터의 설치법

1.9 종단곡선(수직곡선)

노선의 종단구배가 변하는 곳에 충격을 완화하고 충분한 시거를 확보해 줄 목적으로 적당한 곡선을 설치하여 차량이 원활하게 주행할 수 있도록 설치한 곡선을 말한다.

1) 원곡선 및 2차 포물선에 의한 종단곡선

구분			식
곡선길이 (L)	도로		$L=\frac{(m-n)}{360}V^2$
	철도	원곡선	$L=\frac{R}{2}(m-n)=\frac{R}{2}(\frac{m}{1,000}-\frac{n}{1,000})$
		포물선	$L=4(m-n)=4(\frac{m}{1,000}-\frac{n}{1,000})$
종거(y)	도로		$y=\frac{(m-(-n))}{2L}x^2$
	철도		$y=\frac{x^2}{2R}$
구배선 계획고(H')			$H'=H_0+\frac{m}{100}\cdot x$
종곡선 계획고(H)			$H=H'-y=H_0+(\frac{M}{100}\cdot x)-y$
여기서			L : 종곡선길이 R : 곡선반경 m과 n : 구배(상향 +, 하향 −) x : 곡선시점에서 종거까지의 거리 H': 구배선 계획고 H : 종곡선 계획고 H_0 : A점의 표고 V : 속도(km/h)

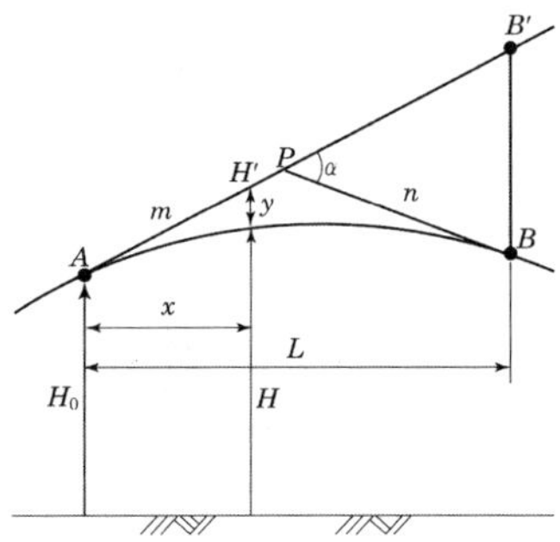

Chapter 01

실전문제

01

출발점에서 교점까지의 거리가 321.18m이고 곡선의 R=200m, 교각이 41°인 단곡선을 편각법으로 측설하시오. (단, 중심점 간의 거리는 20m이다.)

1) $TL = R \cdot \tan\frac{I}{2} = 200 \cdot \tan\frac{I}{2}$

$200\tan 20°30' = 74.78\text{m}$

$BC = IP - TL = 321.18 - 74.78 = 246.40\text{m}$

∴ 노선 출발점에서 곡선시점(BC)까지의 chain당 거리는

$BC = 246.40 \div 20$
NO.12 + 6.40m

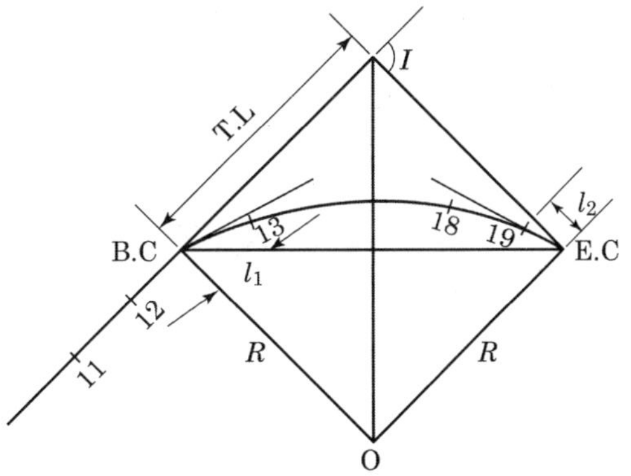

∴ 시단현 길이(l_1) = 1chain당 거리 − 6.40

$= 20 - 6.40 = 13.6\text{m}$

2) $EC = BC + CL$

$CL = 0.01745R \cdot I = 0.01745 \times 200 \times 41° = 143.09\text{m}$

$EC = BC + CL = 246.40 + 143.09 = 389.49\text{m}$

$EC = 389.49 \div 20 = \text{No.}19 + 9.49$

∴ 종단현 길이(l_2) = 9.49m

3) 편각(δ) $= 1718.87' \times \dfrac{l}{R} = 1718.87 \times \dfrac{20}{200}$

$= 171.887' = 2°51'53''$

4) 시단현 편각(δ_1) $= 1718.87' \times \dfrac{l_1}{R}$

$= 1718.87' \times \dfrac{13.60}{200}$

$= 1°56'53''$

5) 종단현 편각(δ_2) $= 1718.87' \times \dfrac{l_2}{R}$

$= 1718.87' \times \dfrac{9.49}{200}$

$= 86.717' = 21°33'62''$

02

노선측량에서 다음과 같은 단곡선일 때 곡률반지름(R)=100m, 교각(I)=60°00′이라면 현장, 접선장과 중앙종거, 외할을 구하시오.

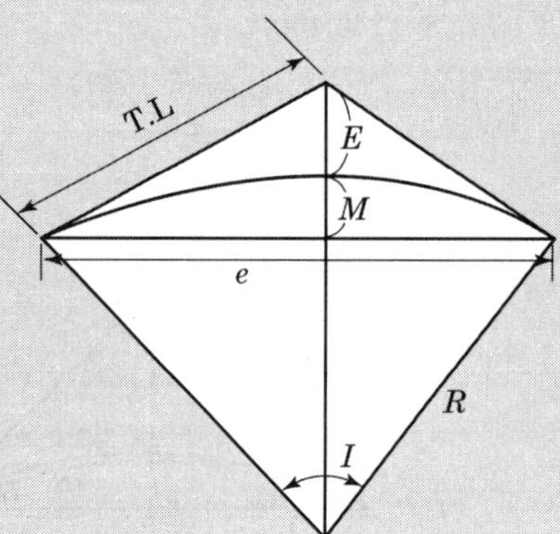

1) 접선장 $TL = R \cdot \tan\dfrac{I}{2}$

$= 100 \times \tan\dfrac{60°}{2} = 57.74\text{m}$

2) 중앙종거 $M = R(1 - \cos\dfrac{I}{2})$

$= 100(1 - \cos 30°) = 13.397\text{m}$

3) 외할 $E = SL = R(\sec\dfrac{I}{2} - 1) = 100(\sec\dfrac{60°}{2} - 1)$

$= 100(\dfrac{1}{\cos 30°} - 1) = 15.47\text{m}$

4) 현장 $C = 2R \cdot \sin\dfrac{I}{2} = 2 \times 100 \times \sin\dfrac{60°}{2}$

$= 2 \times 100 \times \sin 30° = 100\text{m}$

03

그림에 있어서 AD, DB 간에 단곡선을 설치함에 있어서 ∠ADB 2등분선상의 C점을 곡선의 중심으로 선정하기로 했다. IP점 기점(NO, 0)에서의 거리를 380.40m로 하면 이 곡선의 시점(B.C)의 기점에서의 거리와 기점에서 EC까지의 거리를 구하시오. (단, SL(E)=10m, I=80°20′이다.)

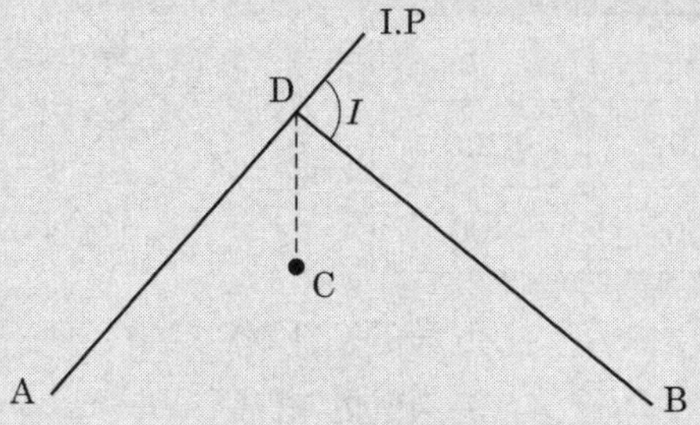

1) $SL = R(\sec\frac{I}{2} - 1)$

$$R = \frac{SL}{\sec\frac{1}{2} - 1}$$

$$R = \frac{10}{(\frac{1}{\cos 40°10'} - 1)} = 32.4\text{m}$$

$$TL = R \cdot \tan\frac{I}{2}$$

$$= 32.4 \cdot \tan 40°10' = 27.3\text{m}$$

2) BC까지의 거리 $= IP - TL$

$$= 380.40 - 27.3 = 353.10\text{m}$$

3) EC까지의 거리

$$CL = 0.01745 R \cdot I$$

$$= 0.01745 \times 32.4 \times 80°20' = 45.42\text{m}$$

$$EC = BC + CL$$

$$= 353.10 + 45.42 = 398.52\text{m}$$

04

단곡선을 설치하고자 한다. 다음의 구성요소들을 계산하시오. (단, 소수 첫째자리에서 반올림하시오. 중심말뚝 간 거리는 20.0m이고 반경 R=300m이다.)

측점좌표	X(m)	Y(m)
A	0	0
B	150	1100
P(I.P)	400	400

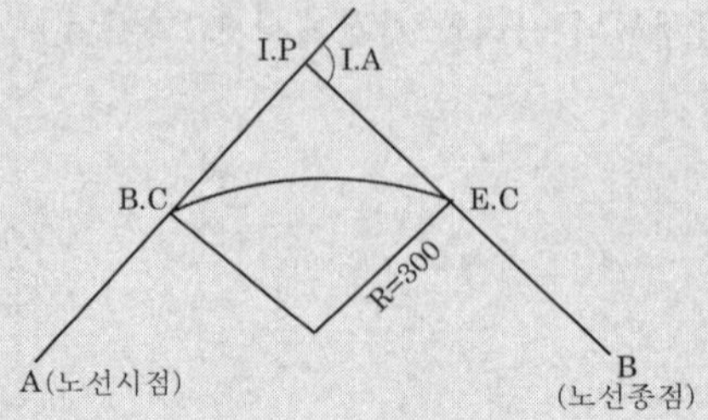

1) 교각(I.A) **2) 중앙종거(M)** **3) 외할(E)**
4) EC까지의 추가거리 **5) 시단현 편각** **6) 종단현 편각**

1) 교각(I.A) $=\overline{PB}$방위각 $-\overline{AP}$방위각

① $\overline{AP}$의 방위각

$$\theta=\tan^{-1}\frac{Y_P-Y_B}{X_P-X_A}=\frac{400-0}{400-0}\quad \tan^{-1}1=45°(1\text{상한})$$

$\therefore$ $\overline{AP}$의 방위각 $=45°$

② $\overline{PB}$의 방위각

$$\theta=\tan^{-1}\frac{Y_B-Y_P}{X_B-X_P}=\frac{1100-400}{150-400}=\tan^{-1}\frac{700}{-250}=70°20'46''\ (2\text{상한})$$

$\therefore$ $\overline{PB}$의 방위각 $=109°39'14''\ (180°-\theta)$

$IA=V_P^B-V_A^P=109°39'14''-45°=64°39'14''$

2) 중앙종거(M)

$$M=R(1-\cos\frac{I}{2})=300(1-\cos\frac{64°39'14''}{2})=46.50\text{m}=46\text{m}$$

3) 외할(E)

$$E=SL=R(\sec\frac{I}{2}-1)=300(\sec\frac{64°39'14''}{2}-1)=55.02=55\text{m}$$

4) EC까지의 추가거리

① A점에서 IP까지의 거리 : $A\sim IP=\sqrt{400^2+400^2}=565.685=566\text{m}$

② $T.L=R\cdot\tan\frac{I}{2}=300\times\tan\frac{64°39'14''}{2}=189.85=190\text{m}$

③ $C.L=0.01745R\cdot I=0.01745\times300\times64°39'14''=338.46=338\text{m}$

④ $BC=IP-TL=566-190=376\text{m}$

⑤ $EC=BC+CL=376+338=714\text{m}$

5) 시단현 편각

① 시단현 길이(l_1) $=380-376=4\text{m}$

(or. $376 \div 20 = \text{No.}8+16$ $\quad \therefore\ l_1 = 20-16 = 4\text{m}$)

② 시단현 편각(δ_1) $=1718.87' \times \dfrac{l_1}{R} = 1718.87' \times \dfrac{4}{300} = 0°22'55''$

6) 종단현 편각

① 종단현 길이 $=714-700=14\text{m}$

② 종단현 편각(δ_2) $=1718.87' \times \dfrac{l_2}{R} = 1718.87' \times \dfrac{14}{300} = 1°20'13''$

05

다음과 같은 단곡선에서 AC 및 BD 사이의 거리를 편각법으로 설치하고자 한다. 그러나 중간에 장애물이 있어 CD의 거리 및 α, β를 측정하여 CD=200m, $\alpha=50°$, $\beta=40°$를 얻었다. C점의 위치가 도보 시점(BC)으로부터 150.40m이고 C를 곡선의 시점으로 할 때 다음 요소들을 구하시오. (단, 거리는 소수 첫째자리, 각은 1″ 단위 계산)

1) 접선장(TL)

2) 곡선반경(R)

3) 곡선장(CL)

4) 중앙종거(M)

5) 외할(E)

6) 도로시점(BC)에서 곡선종점까지 추가거리

7) 시단현, 종단현 길이

8) 편각(δ_1, δ_2)

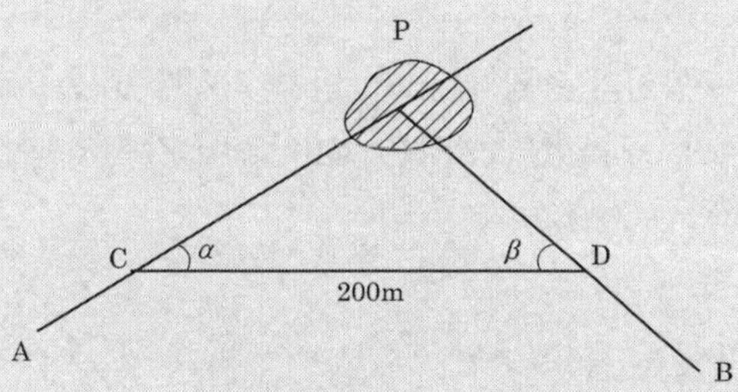

1) 접선장(TL)

$$TL = \frac{TL}{\sin 40°} = \frac{200}{\sin 90°}$$

$$TL = \frac{\sin 40° \times 200}{\sin 90°} = 128.56 = 128.6\text{m}$$

2) 곡선반경(R)

$$TL = R \cdot \tan\frac{I}{2}$$

$$128.6 = R \cdot \tan\frac{90°}{2}$$

$$R = \frac{128.6}{\tan 45°} = 128.6\text{m}$$

3) 곡선장(CL)

$$CL = 0.01745R \cdot I = 0.01745 \times 128.6 \times 90° = 202.0$$

4) 중앙종거(M)

$$M = R(1-\cos\frac{I}{2}) = 128.6(1-\cos\frac{90°}{2}) = 37.7\text{m}$$

5) 외할(E)

$$E = R(\sec\frac{I}{2}-1) = 128.6(\sec\frac{90°}{2}-1) = 53.3\text{m}$$

6) 도로시점(BC)에서 곡선종점까지 추가거리

$EC = BC + CL = 150.40 + 202.0 = 352.4\text{m}$

7) 시단현, 종단현 길이

① $l_1 = 160 - 150.40 = 9.6\text{m}$

② $l_2 = 352.4 - 340 = 12.4\text{m}$

8) 시단현 편각(δ_1), 종단현 편각(δ_2)

① $\delta_1 = 1718.87' \dfrac{l_1}{R} = 1718.87' \times \dfrac{9.6}{128.6} = 2°8'18''$

② $\delta_2 = 1718.87' \dfrac{l_2}{R} = 1718.87' \times \dfrac{12.4}{128.6} = 2°45'44''$

06

구곡선의 중앙에서 10m만큼 곡선을 내측으로 옮기고자 한다. 신곡선의 반경을 구하시오. (단, 구곡선의 반경은 200이고 교각은 60°이다. 접선방향은 변하지 않은 것으로 한다.)

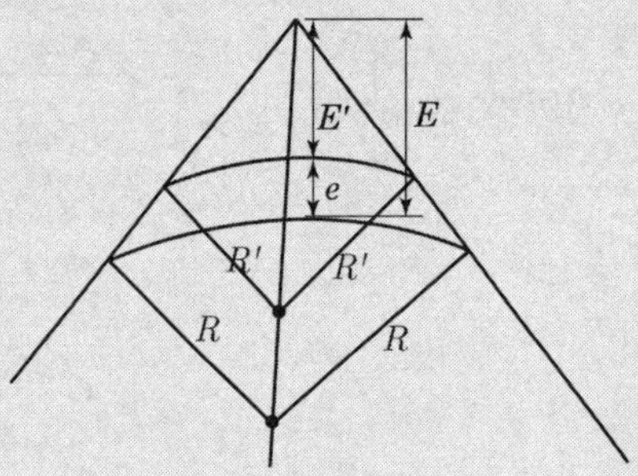

$E = SL = R(\sec\frac{I}{2}-1)$

$E' = R'(\sec\frac{I}{2}-1)$

$E = R(\sec\frac{I}{2}-1)$

곡선의 중점을 내측으로 $e = 10\text{m}$만큼 옮겼다면

$E = E' + e$

$R(\sec\frac{I}{2}-1) = R'(\sec\frac{I}{2}-1) + e$

$$\therefore R = R' + \frac{e}{\sec\frac{1}{2} - 1} = 200 + \frac{10}{\sec 30° - 1}$$

$$= 200 + 64.64 = 264.64\text{m}$$

$$\text{or } R = \frac{R'(\sec\frac{I}{2} - 1) + e}{\sec\frac{I}{2} - 1} = \frac{200(\frac{1}{\cos 30°} - 1) + 10}{\frac{1}{\cos 30°} - 1} = \frac{40.94}{0.1547}$$

$$= 264.64\text{m}$$

07

다음 그림과 같이 교각 I=60°, R=100m인 구곡선이 있다. 곡선의 시점 A의 위치는 그대로 하고 종점 B에서의 접선 $\overline{BD}$만을 외측을 10m 평행이동하여 도로를 개수하고자 한다면 신곡선의 반경은 몇 m가 되는가?

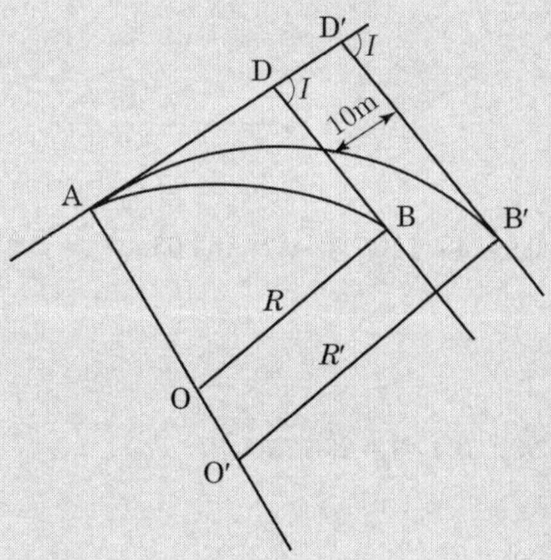

1) 구곡선의 접선장

$$TL = R \cdot \tan\frac{I}{2} = 100 \times \tan\frac{60°}{2} = 57.74$$

2) 신곡선의 접선장

$$TL = 57.74 + 10 = 67.74$$

3) 신곡선의 반경

$$TL = R \cdot \tan\frac{I}{2}\text{에서}$$

$$67.74 = R \cdot \tan\frac{60°}{2}$$

$$R = \frac{67.74}{\tan 30}$$

$$= 117.33\text{m}$$

08

다음 그림에서 D에 있어서 I=94°, 반경 100m 기점으로부터 계산하여 곡선시점의 추가거리는 132.7m이다. 곡선은 A점부터 편각법에 의하여 설치하고 중심말뚝은 20m마다 설치할 때 20m에 대한 편각과 시단현 및 종단현에 대한 편각을 계산하시오.

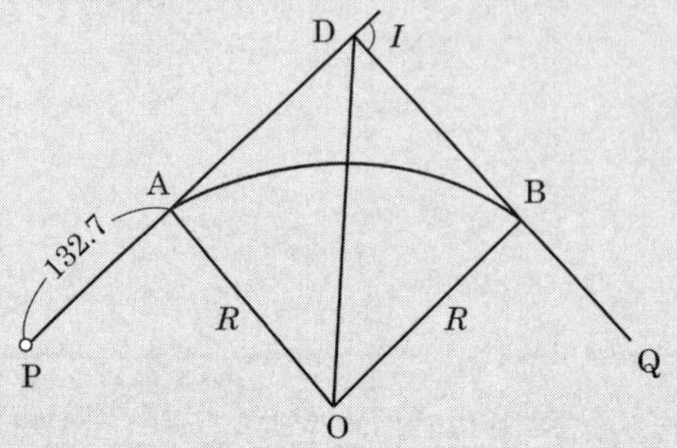

1) 20m에 대한 편각(δ_{20})
2) 시단현에 대한 편각(δ_1)
3) 종단현에 대한 편각(δ_2)

1) 곡선장(CL)

$CL = 0.01745R \cdot I = 0.01745 \times 100 \times 94° = 164.03\text{m}$

2) 곡선의 시점(BC)

$BC = 132.7\text{m}$

3) 곡선의 종점(EC)

$EC = BC + CL = 132.7 + 164.03 = 296.73\text{m}$

4) 시단현 길이(l_1)

$l_1 = 140 - 132.7 = 7.3\text{m}$

5) 종단현 길이(l_2)

$l_2 = 296.73 - 280 = 16.73\text{m}$

6) 20m에 대한 편각(δ_{20})

$$\delta = 1718.87'' \frac{l}{R} = 1718.87' \times \frac{20}{100} = 5°43'46''$$

7) 시단현에 대한 편각

$$\delta_1 = 1718.87'' \frac{l_1}{R} = 1718.87' \times \frac{7.3}{100} = 2°5'29''$$

8) 종단현에 대한 편각

$$\delta_2 = 1718.87'' \frac{l_2}{R} = 1718.87' \times \frac{16.7}{100} = 4°47'03''$$

09

다음 단곡선에서 TL, CL, 외선장(E)을 구하고 중앙종거법에 의하여 M, M_1, M_2를 구하시오.

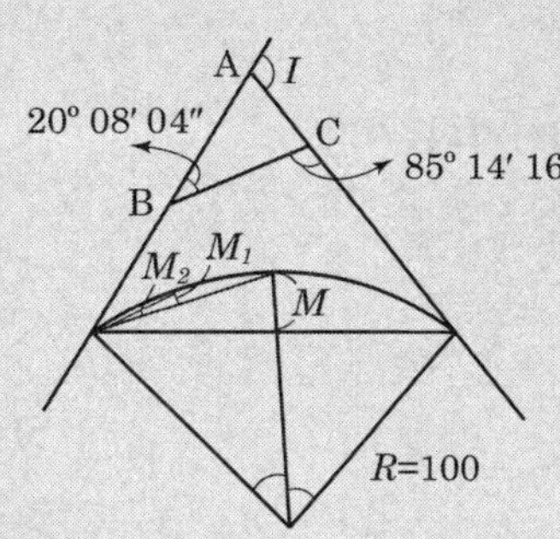

1) 접선장

① 교각(I)

$I = 20°08'04'' + (180° - 85°14'16'')$

$= 20°08'04'' + 94°45'44''$

$= 114°53'58''$

② $TL = R \cdot \tan\frac{I}{2}$

$= 100 \times \tan\frac{114°53'58''}{2} = 156.665\text{m}$

2) 곡선장 계산

$CL = 0.01745R \cdot I$

$= 0.01745 \times 100 \times 114°53'58'' = 200.500\text{m}$

3) 외선장(E) 계산

$E = R(\sec\frac{I}{2} - 1) = 100 \times (\sec\frac{114°53'58''}{2} - 1)$

$= 85.860\text{m}$

4) 중앙종거 계산

$M = R(1 - \cos\frac{I}{2}) = 100(1 - \cos\frac{114°53'58''}{2}) = 46.196\text{m}$

$M_1 = R(1 - \cos\frac{I}{4}) = 100(1 - \cos\frac{114°53'58''}{4}) = 12.306\text{m}$

$M_2 = R(1 - \cos\frac{I}{8}) = 100(1 - \cos\frac{114°53'58''}{8}) = 3.125\text{m}$

10

교각이 30°30′, 곡선반경이 500m, 기점으로부터 곡선시점의 위치가 621.740m일 때, 다음을 구하시오. (중심말뚝의 거리는 20m, 계산은 소수 둘째자리까지, 각은 초단위까지 구하시오.)

1) 접선길이(TL)

2) 기점으로부터 곡선 종점(EC)까지의 거리

3) 시단현 길이(l_1)

4) 종단현 길이(l_2)

5) 시단현 편각(δ_1)

6) 종단현 편각(δ_2)

1) 접선길이(TL)

$$TL = R \cdot \tan\frac{I}{2}$$
$$= 500 \times \tan\frac{30°30'}{2} = 136.32\text{m}$$

2) 기점으로부터 곡선 종점(EC)까지의 거리

$$EC = BC + CL$$
$$= 621.740 + 0.0174533 \times 500 \times 30°30' = 887.85\text{m}$$

3) 시단현 길이(l_1)

$$l_1 = 640 - 621.740 = 18.26\text{m}$$

4) 종단현 길이(l_2)

$$l_2 = 887.85 - 880 = 7.85\text{m}$$

5) 시단현 편각(δ_1)

$$\delta_1 = 1718.87' \times \frac{l_1}{R}$$
$$= 1718.87' \times \frac{18.26}{500} = 1°2'46''$$

6) 종단현 편각(δ_2)

$$\delta_2 = 1718.87' \times \frac{l_2}{R}$$
$$= 1718.87' \times \frac{7.85}{500} = 0°26'59''$$

7) 중심말뚝에 대한 편각

$$\delta_{20} = 1718.87' \times \frac{l}{R}$$
$$= 1718.87' \times \frac{20}{500} = 1°8'45''$$

11

다음 AB점과 P점 사이에 단곡선을 설치함에 있어서 ∠APB 사이의 이등분선상에 있는 C점을 곡선의 중심으로 하고 도로 시점에서 P점까지의 거리 540.50m, 외할 E=24.5m, 교각 I=65°25′30″이다. 다음 요소를 구하시오. (단, 거리 : 소수 3자리, 각 : 초단위)

1) 곡선의 반지름 R
2) 접선길이 TL
3) 곡선길이 CL
4) 시점까지의 거리 BC
5) 곡선종점까지의 거리 EC
6) 시단현 길이 l_1
7) 종단현 길이 l_2
8) 시단현 및 종단현의 편각 δ_1, δ_2

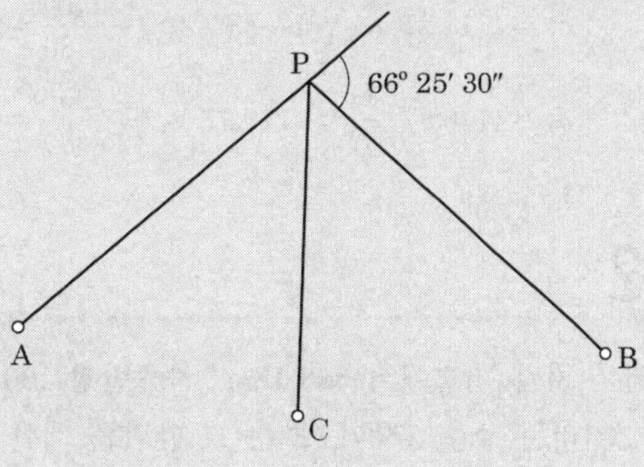

1) 곡선의 반지름 R

$$E = R\left(\sec\frac{I}{2} - 1\right)$$

$$24.5 = R\left(\sec\frac{I}{2} - 1\right)$$

$$R = \frac{24.5}{\sec\frac{I}{2} - 1} = \frac{24.5}{\sec\frac{66°25'30''}{2} - 1} = \frac{24.5}{0.195250} = 125.480\text{m}$$

2) 접선길이 TL

$$TL = R \cdot \tan\frac{I}{2} = 125.48\text{m} \times \tan\frac{66°25'30''}{2} = 82.151\text{m}$$

3) 곡선길이 CL

$$CL = 0.01745R \cdot I = 0.01745 \times 125.48 \times 66°25'30'' = 145.446\text{m}$$

4) 시점까지의 거리 BC

$$BC = IP - TL = 540.50 - 82.151 = 488.349\text{m}$$

5) 곡선종점까지의 거리 EC

$$EC = BC + CL = 488.349 + 145.446 = 603.795\text{m}$$

6) 곡선시점 BC의 측점번호 계산

$488.349 - 480 = 8.349$

No.24 + 8.349

7) 곡선종점 측점번호 계산

$603.795 - 600 = 3.795$

No.30 + 3.795

8) 시단현 길이 l_1

$l_1 = 500 - 488.349 = 11.651\text{m}$

9) 종단현 길이 l_2

$l_2 = 603.795 - 600 = 3.795\text{m}$

10) 시단현 및 종단현의 편각 δ_1, δ_2

$$\delta_1 = 1718.87'' \frac{l_1}{R} = 1718.87' \times \frac{11.651}{125.480} = 2°39'36''$$

$$\delta_2 = 1718.87'' \frac{l_2}{R} = 1718.87' \times \frac{3.795}{125.480} = 0°51'58.81''$$

12

IP의 위치가 기점에서 326.18m, 곡률반경 100m, 교각 41°00′의 원곡선을 측설하시오. (단, 거리는 소수 2자리, 초는 1″ 단위를 계산, 중심말뚝은 20m)

1) $TL = R \cdot \tan\frac{I}{2} = 100\text{m} \times \tan 20°30' = 37.39\text{m}$

2) $CL = 0.01745R \cdot I = 0.01745 \times 100 \times 41° = 71.54\text{m}$

3) $E = R(\sec\frac{I}{2} - 1) = 100 \times (\sec\frac{41°}{2} - 1) = 6.76$

4) BC의 위치

$BC = IP - TL = 326.18 - 37.39 = 288.79\text{m}$

5) 시단현의 길이

$300 - 288.79 = 11.21\text{m}$

$l_1 = 20 - 8.79 = 11.21\text{m}$

6) EC의 위치

$EC = BC + CL = 288.79 + 71.54 = 360.33\text{m}$

7) 종단현의 길이

$\text{No.}18 + 0.33\text{m} = 0.33\text{m}$

8) 편각 계산

① 20m에 대한 편각

$$\delta = 1718.87' \times \frac{20}{100} = 5°43'46''$$

② 시단현에 대한 편각

$$\delta_1 = 1718.87' \times \frac{11.21}{100} = 3°12'41''$$

③ 종단현에 대한 편각

$$\delta_2 = 1718.87' \times \frac{0.33}{100} = 0°5'40''$$

13

교점 IP까지의 추가거리 1,000m, 중앙종거 M=7.612m일 경우 접선길이(TL), 현장(C), 곡선길이(CL), 외할(E), 시점까지의 거리(BC)를 계산하시오. (단, 거리는 소수 2자리, 각은 초)

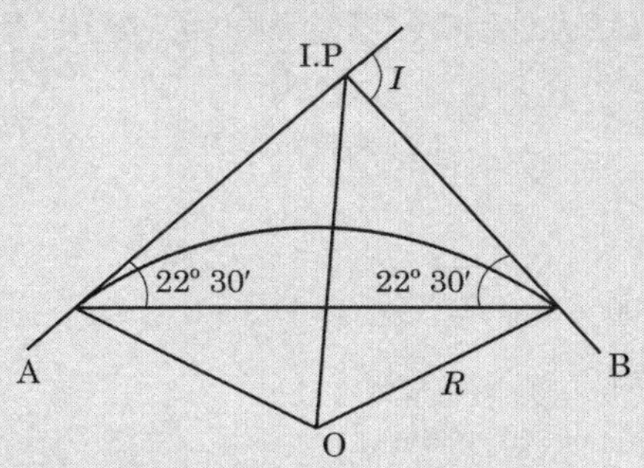

1) 교각 I값은 $22°30' + 22°30' = 45°$이다.

$M = R(1-\cos\frac{I}{2})$에서

$$7.612 = R(1-\cos\frac{45°}{2})$$
$$= R(1-\cos 22°30')$$
$$= R \times 0.0761205$$
$$\therefore\ R = 100\text{m}$$

2) $TL = R \cdot \tan\frac{I}{2} = 100 \cdot \tan\frac{45°}{2} = 41.42\text{m}$

3) $C = 2R \cdot \sin\frac{I}{2} = 2 \times 100 \times \sin\frac{45°}{2} = 76.54\text{m}$

4) $CL = 0.01745R \cdot I = 0.01745 \times 100 \times 45° = 78.54\text{m}$

5) $E = R(\sec\frac{I}{2} - 1)$

$$= 100(\frac{1}{\cos\frac{I}{2}} - 1)$$
$$= 100(\frac{1}{\cos\frac{45°}{2}} - 1) = 8.239 = 8.24\text{m}$$

6) $BC = IP - TL = 1000 - 41.42 = 958.58\text{m}$

14

교각 I=58°30′, 반경 R=100의 원곡선이 있다. 지금 IP를 제1접선의 BC방향으로 20m 움직이고 그것에 따라서 평행이동하였을 경우 점 BC의 위치를 변하지 않고 곡선을 설치한다고 하면 반경은 얼마이고 외선장(TL), 곡선장(CL), 중앙종거(M), 외할(E)을 구하시오. (단, 거리는 소수 2자리, 각은 초단위까지)

1) 변경 전의 TL

$$TL = R \cdot \tan\frac{I}{2} = 100 \cdot \tan\frac{58°30'}{2} = 56.00\text{m}$$

2) 곡선을 변경하였을 때

외접선 길이 $TL = 56.00 - 20 = 36\text{m}$

3) 곡선반경 R은

$$36\text{m} = R \cdot \tan\frac{58°30'}{2}$$

$$R = \frac{36}{\tan\frac{58°30'}{2}} = 64.28\text{m}$$

4) $CL = 0.01745R \cdot I = 0.01745 \times 64.28 \times 58°30' = 65.62$

5) $M = R(1 - \cos\frac{I}{2}) = 64.28(1 - \cos\frac{58°30'}{2}) = 8.20\text{m}$

6) $E = R(\sec\frac{I}{2} - 1) = 64.28(\sec\frac{58°30'}{2} - 1) = 9.39\text{m}$

15

장애물이 있어서 IP에 기계를 세울 수 없고, 곡선시점 BC 또는 곡선종점 EC에 기계를 세울 수 없다. 노선 CD, CE선상에 임의의 점 D, E에 기계를 세워 ∠α=60°, ∠β=30° 및 DE의 길이 l=400m를 측정하였다. 반경은 150m로 단곡선을 설치하려고 한다. 다음 요소를 구하시오.

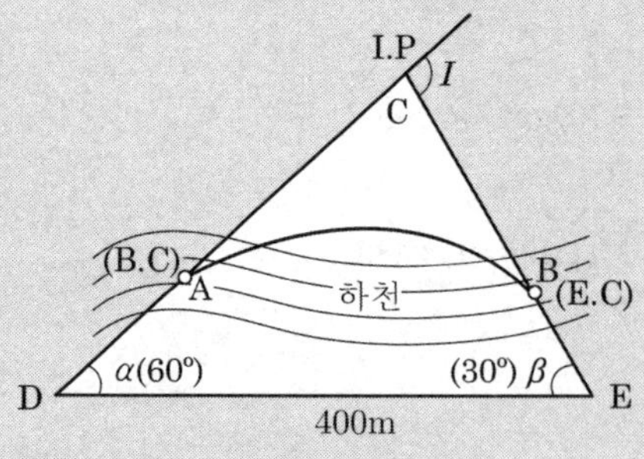

1) 교각(I)
2) TL
3) CL
4) D에서 A의 거리
5) E에서 B의 거리

1) 교각 $I = \angle\alpha + \angle\beta = 60° + 30° = 180 - \theta = 180° - 90° = 90°$

2) $TL = R \cdot \tan\frac{I}{2} = 150 \cdot \tan\frac{90°}{2} = 150\text{m}$

3) $CL = 0.01745R \cdot I = 0.01745 \times 150 \times 90° = 235.58$

4) D에서 A의 거리 계산

$$\overline{CD} = \frac{L \cdot \sin\beta}{\sin I} = \frac{400 \times \sin 30°}{\sin 90°} = 200\text{m}$$

$$\overline{AD} = \overline{CD} - \overline{CA} = \overline{CD} - TL = 200 - 150 = 50\text{m}$$

5) E에서 B의 거리 계산

$$\overline{CE} = \frac{L \cdot \sin\alpha}{\sin I} = \frac{400 \times \sin 60°}{\sin 90°} = 346.41\text{m}$$

$$\overline{BE} = \overline{CE} - \overline{CB} = \overline{CE} - TL = 346.41 - 150 = 196.41\text{m}$$

16

$I = 38°20'$, $R = 200$의 원곡선을 중앙종거법에 의해 설치하시오.

$\frac{I}{2} = \frac{38°20'}{2} = 19°10'$, $\cos\frac{I}{2} = 0.94457$, $\cos\frac{I}{4} = 0.98604$, $\cos\frac{I}{8} = 0.99650$, $\cos\frac{I}{16} = 0.99913$

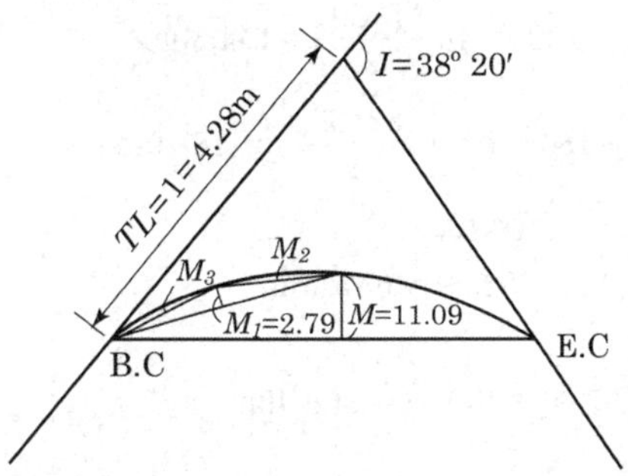

$$M = R(1 - \cos\frac{I}{2}) = 200 \times 0.05543 = 11.086\text{m}$$

$$M_1 = R(1 - \cos\frac{I}{4}) = 200 \times 0.01395 = 2.79\text{m}$$

$$M_2 = R(1 - \cos\frac{I}{8}) = 200 \times 0.00345 = 0.69\text{m}$$

$$M_3 = R(1 - \cos\frac{I}{16}) = 200 \times 0.00087 = 0.17\text{m}$$

17

반경 150m인 원곡선을 설치하려고 한다. 도로의 시점으로부터 740.25m에 있는 교점 IP점에 장애물이 있어 그림과 같이 ∠A, ∠B를 관측하였을 때 다음 요소들을 계산하시오.

1) 교각
2) TL(접선장)
3) CL(곡선장)
4) C(현장)
5) M(중앙종거)
6) BC의 측점번호, EC의 측점번호
7) 시단현, 종단현 길이
8) 시단현 편각, 종단현 편각

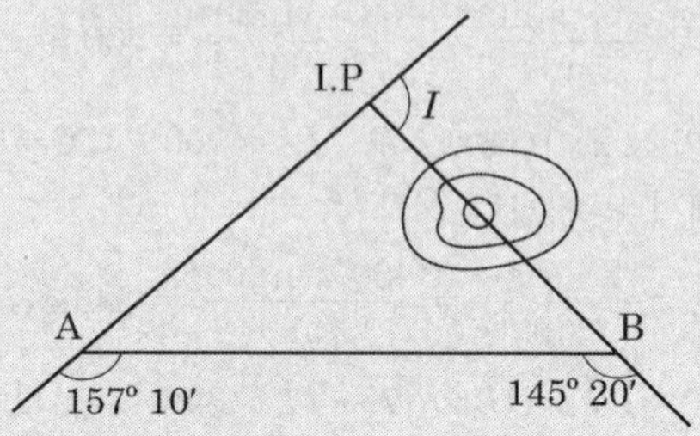

1) 교각

① $\angle A = 180 - 157°10' = 22°50'$

② $\angle B = 180 - 145°20' = 34°40'$

③ 교각$(I) = 22°50' + 34°40' = 57°30'$

2) $TL = R \cdot \tan\frac{I}{2} = 150 \cdot \tan\frac{57°30'}{2} = 82.29\text{m}$

3) $CL = 0.01745R \cdot I = 0.01745 \times 150 \times 57°30' = 150.53\text{m}$

4) $C = 2R \cdot \sin\frac{I}{2} = 2 \times 150 \times \sin\frac{57°30'}{2} = 144.30\text{m}$

5) $M = R(1 - \cos\frac{I}{2}) = 150(1 - \cos\frac{57°30'}{2}) = 18.49\text{m}$

6) BC의 측점번호, EC의 측점번호

$BC = IP - TL = 740.25 - 82.29 = 657.96\text{m}$

No.32 + 17.96

$EC = BC + CL = 657.96 + 150.53 = 808.49\text{m}$

No.40 + 8.49

7) 시단현, 종단현 길이

$l_1 = 660 - 657.96 = 2.04\text{m}$

$l_2 = 808.49 - 800 = 8.49\text{m}$

8) 시단현 편각, 종단현 편각

① 20m에 대한 편각

$$\delta = 1718.87'' \times \frac{20}{150} = 3°49'11''$$

② 시단현에 대한 편각

$$\delta_1 = 1718.87'' \times \frac{2.04}{150} = 0°23'22.6''$$

③ 종단현에 대한 편각

$$\delta_2 = 1718.87'' \times \frac{8.49}{150} = 1°37'17.28''$$

18

다음의 그림과 같이 A와 B 노선 사이에 노선을 계획할 때 P점에 장애물이 있어 C와 D점에서 ∠C, ∠D 및 CD의 거리를 측정하여 아래의 조건으로 단곡선을 설치하고자 한다. 다음 요소들을 구하시오. (단, 곡선반경 R=100m, $\overline{CD}$=100m, ∠C=30°, ∠D=80°, $\overline{AC}$의 거리는 453.02m이고 중심말뚝 간격은 20m, 소수 첫째자리, 각은 초단위)

1) 교각(I)
2) 접선장(TL)
3) 곡선장(CL)
4) 시단현, 종단현 길이
5) 시단현 편각
6) 종단현 편각
7) 20m에 대한 편각

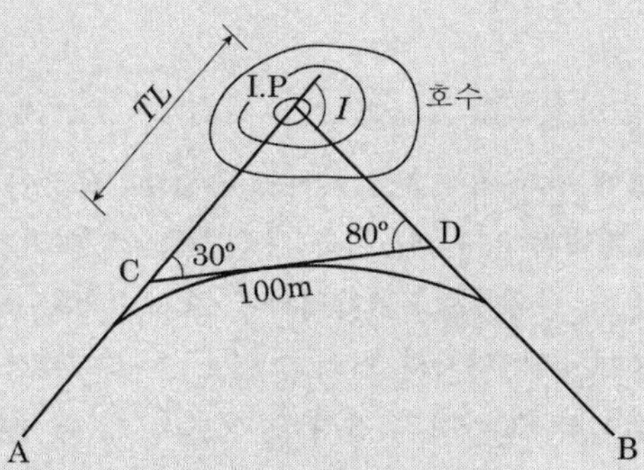

1) 교각(I)

$\angle C + \angle D = 30° + 80° = 110°$

2) 접선장(TL)

$$TL = R \cdot \tan\frac{I}{2} = 100 \cdot \tan\frac{110°}{2} = 142.8\text{m}$$

3) 곡선장(CL)

$CL = 0.01745R \cdot I = 0.01745 \times 100 \times 110° = 192.0\text{m}$

4) 곡선부 시점(BC), 곡선부 종점(EC)

① $\overline{CP}$거리 $= \dfrac{100}{\sin\angle P} = \dfrac{\overline{CP}}{\sin\angle D}$

$$\overline{CP} = \frac{100 \times \sin 80°}{\sin 70°} = 104.8\text{m}$$

② BC 계산

총거리 $- TL = (453.02 + 104.8) - 142.8 = 415.02\text{m}$

(No.20 + 15.02m)

③ EC 계산

$BC + CL = 415.02 + 192.0 = 607.02\text{m}$

(No.30 + 7.02m)

5) 시단현, 종단현 길이

$l_1 = 20 - 15.02 = 4.98\text{m}$

$l_2 = (\text{No.30})600 + 7.02 = 7.02\text{m}$

6) 시단현 편각, 종단현 편각

시단현에 대한 편각 $\delta_1 = 1718.87'' \times \dfrac{4.98}{100} = 1°25'35.98''$

종단현에 대한 편각 $\delta_2 = 1718.87'' \times \dfrac{7.02}{100} = 2°0'39.88''$

7) 20m에 대한 편각

$\delta = 1718.87'' \times \dfrac{20}{100} = 5°43'46''$

19

편각 설치법에 의해 곡선을 설치하고자 할 때 교각이 30°30′, 곡선반경이 200m, 공사 시 교점(IP)까지의 거리가 339.45m이고 중심말뚝 간 거리가 20m일 때 다음 사항을 계산하시오. (단, 거리는 m 단위, 소수 2자리까지 표시, 각은 초단위까지 표기)

1) 공사시점에서 BC까지의 거리
2) 시단현 길이
3) 공사시점에서 EC까지의 거리
4) 종단현 길이
5) 시단현에 대한 편각
6) 종단현에 대한 편각

1) 공사시점에서 BC까지의 계산

$BC = \text{총거리} - TL$

$= 339.45 - \left(200 \times \tan\dfrac{30°30'}{2}\right) = 284.92$

No.14 + 4.92m

2) 시단현 길이

$l_1 = 20 - 4.92 = 15.08\text{m}$

3) 공사시점에서 EC까지의 거리

$EC = BC + CL = 284.92 + (0.0174533 \times 200 \times 30°30')$

$= 391.39\text{m}\ (\text{No.19} + 11.39\text{m})$

4) 종단현 길이

$l_2 = 11.39\text{m}$

5) 시단현에 대한 편각

$\delta_1 = 1718.87' \times \dfrac{15.08}{200} = 2°09'36''$

6) 종단현에 대한 편각

$\delta_2 = 1718.87' \times \dfrac{11.39}{200} = 1°37'53''$

20

다음과 같은 단곡선에 대하여 다음을 계산하시오. AB의 방위각 35°40′35″, BC의 방위각 137°42′38″일 경우 현장(C), 접선장(TL), 곡선장(CL)을 구하시오.

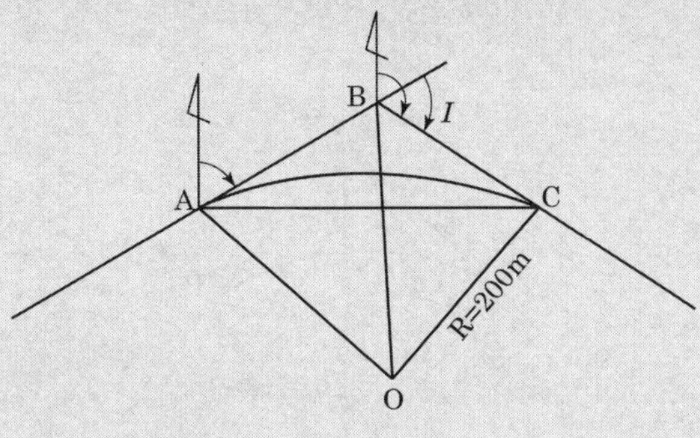

1) 교각 $I = AB$방위각$- BC$방위각

$I = 137°42'38'' - 35°40'35'' = 102°2'3''$

2) $C = 2R \cdot \sin\frac{I}{2} = 2 \times 200 \times \sin\frac{102°2'3''}{2} = 310.93\text{m}$

3) $TL = R \cdot \tan\frac{I}{2} = 200 \cdot \tan\frac{102°2'3''}{2} = 247.13\text{m}$

4) $CL = 0.01745R \cdot I = 0.01745 \times 200 \times 102°2'3'' = 356.10\text{m}$

21

원곡선을 설치하는 데 있어서 접선길이가 120m, 교각이 70°일 때의 반경과 곡선길이를 구하시오.

1) 반경 계산

접선길이(TL)

$$TL = R \cdot \tan\frac{I}{2}$$

$$R = \frac{TL}{\tan\frac{I}{2}} = \frac{120}{\tan 35°} = 171.38\text{m}$$

2) 곡선길이(CL)

$$CL = \frac{\pi R \cdot I}{180°} = 0.01745R \cdot I = 0.01745 \times 171.38 \times 70$$

$$= 209.34\text{m}$$

22

P에서 Q까지 단곡선을 설치하는데 그림과 같이 노선의 시점부근에 장애물이 있어 P점으로부터 180m되는 지점에 C를 설치하고 80m의 기선 DC를 설치하였을 때 다음을 계산하시오. (단, $\alpha=82°20'$, $\beta=67°40'$, I=85°, R=100m, 중심말뚝거리는 20m이며, 거리는 소수 2자리, 각도는 초단위)

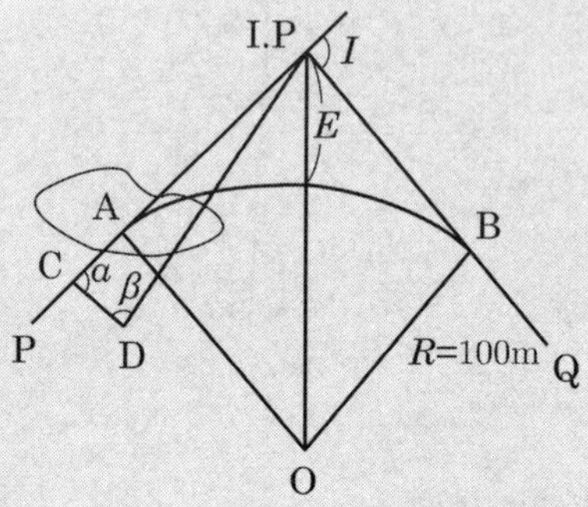

1) 곡선길이
2) 외할
3) 접선장
4) C점과 곡선시점 A와의 거리 $\overline{CA}$를 구하시오.

1) 곡선길이

$$CL=\frac{\pi R\cdot I}{180°}=0.01745R\cdot I$$
$$=0.01745\times100\times85°=148.33$$

2) 외할

$$E=SL=R(\sec\frac{I}{2}-1)=100(\sec\frac{85°}{2}-1)$$
$$=100\times(\sec 42°30'-1)=35.63\text{m}$$

3) C점과 곡선시점 A와의 거리

① C ~ IP 거리

$$\frac{C\sim IP}{\sin 67°40'}=\frac{80}{\sin 30°}$$
$$C\sim IP=\frac{\sin 67°40'}{\sin 30°}\times 80=148\text{m}$$

② 접선장 : $TL=R\cdot\tan\frac{I}{2}$

$$=100\cdot\tan\frac{85°}{2}=91.63\text{m}$$

4) $\overline{CA}=\overline{C\sim IP}-TL=148-91.63=56.37\text{m}$

23

교각 I=89°40′의 두 직선 PA, QB 사이에 곡률반경 100m의 원곡선을 계획하였다. 그러나 지형의 관계로 원곡선의 중점 E를 VO 위에 E′까지(EE' =10m) 중심 O를 향하여 이동해야 한다. 새로운 원곡선의 반경과 시점과 종점을 각각 A′, B′로 하면 AA′와 BB′의 거리는 얼마인가?

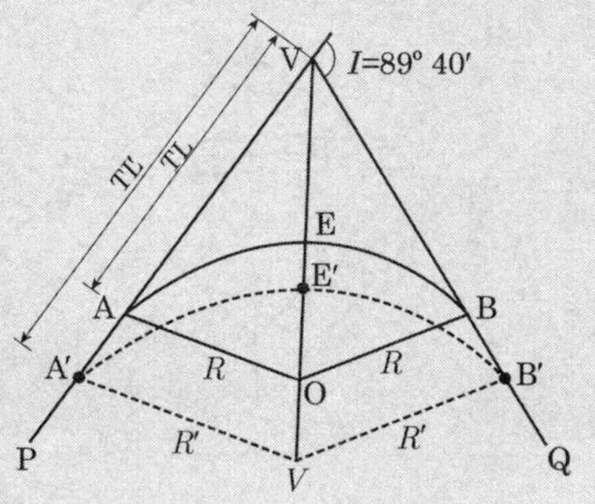

중심각 $\angle AOB = \angle I$이므로

$\angle AOV = \frac{1}{2}$, $\angle VOB = \frac{I}{2}$

외할 $E = VE = R(\sec\frac{I}{2} - 1)$

$$TL = VA = VB = R \cdot \tan\frac{I}{2}$$

1) $E(VE) = R(\sec\frac{I}{2} - 1) = 100 \times (\sec\frac{89°40'}{2} - 1)$

$$= 100 \times (\sec 44°50' - 1)$$

$$= 100 \times (\frac{1}{\cos 44°50'} - 1) = 100 \times (1.41 - 1) = 41\text{m}$$

2) $TL = VA = VB = R \cdot \tan\frac{I}{2} = 100 \cdot \tan\frac{89°40'}{2} = 99.42\text{m}$

새로운 곡선의 외할 $= 41 + 10 = 51\text{m}$

새로운 곡선의 반경 : $VE' = R'(\sec\frac{I}{2} - 1)$

$$51 = R'(\sec\frac{I}{2} - 1)$$

$$R' = (\frac{51}{\sec\frac{89°40'}{2} - 1}) = 124.35\text{m}$$

새로운 곡선의 접선길이 : $VA' = VB' = R'\tan\frac{I}{2} = 124.35 \times \tan\frac{89°40'}{2} = 123.63\text{m}$

$\therefore AA' = BB' = VA' - VA = 123.63 - 99.42 = 24.21\text{m}$

24

원곡선의 교각 I=50°, 외할 E=10m인 기존의 원곡선에서 반지름(R), 접선장(TL), 중앙종거(M)를 구하고 외할을 e만큼 연장하여 E_N으로 변화시켰을 경우의 새로운 원곡선의 반지름(R_N)을 구하시오.

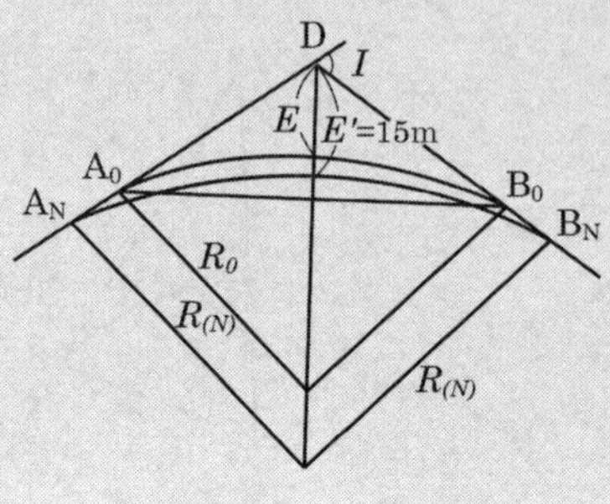

1) 기존 원곡선의 반지름(R_0)

$$E = R_0(\sec\frac{I}{2} - 1)$$

$$10 = R_0(\sec\frac{50°}{2} - 1)$$

$$R_0 = \frac{10}{\sec 25° - 1} = 96.73\text{m}$$

2) 기존 원곡선의 접선장(TL)

$$TL = R \cdot \tan\frac{I}{2} = 96.73 \cdot \tan\frac{50°}{2} = 45.11\text{m}$$

3) 기존 원곡선의 중앙종거(M)

$$M = R(1 - \cos\frac{I}{2}) = 96.73(1 - \cos\frac{50°}{2}) = 9.06\text{m}$$

4) 새로운 원곡선의 곡선 반지름(R_N)

$$E_N = R_N(\sec\frac{I}{2} - 1)$$

$$15 = R_N(\sec\frac{50°}{2} - 1)$$

$$R_N = \frac{15}{\sec 25° - 1}$$

$$= \frac{15}{\frac{1}{\cos 25°} - 1}$$

$$= \frac{15}{0.103377919}$$

$$= 145.10\text{m}$$

25

곡선의 반지름이 300m, 편각 I=8°20′인 단곡선을 편각법에 의해 현장에 설치하려 한다. 기점으로부터 교점(P)까지의 거리가 74.28m, 중심말뚝 간 간격이 20m일 때 다음 물음에 답하시오.

① 접선장(TL) ② 곡선장(CL)

③ 시단현, 종단현 ④ 접선에 대한 편각

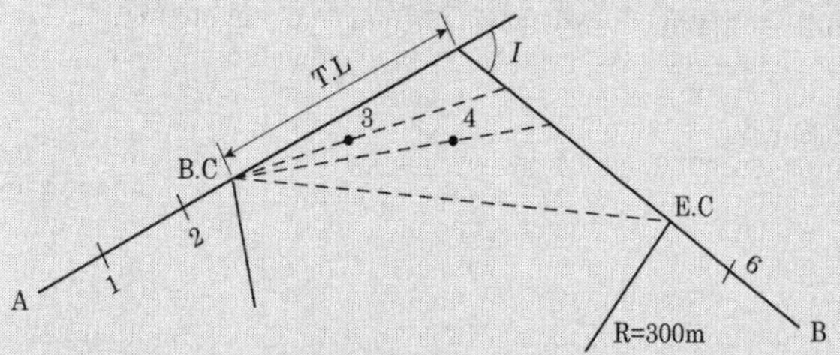

측점	추가거리	편각(계산과정 및 답)
NO.3		
NO.4		
NO.5		
EC		

1) 접선장 계산

$$TL = R \cdot \tan\frac{I}{2} = 300 \times \tan\frac{8°20'}{2} = 21.86\text{m}$$

2) 곡선장 계산

$$CL = \frac{\pi R \cdot I}{180°} = 0.01745R \cdot I = 0.01745 \times 300 \times 8°20' = 43.63\text{m}$$

3) 시단현, 종단현 계산

① 시단현(l_1)

BC= 총거리 $- TL = 74.28 - 21.86 = 52.42$m

No.2+12.42m

$l_1 = 20 - B.C$ 추가거리 $= 20 - 12.42 = 7.58$m

② 종단현(l_2)

$EC = BC + CL = 52.42 + 43.63 = 96.05$m

No.4+16.05 = 16.05m

4) 접선에 대한 편각

① 시단현에 대한 편각 : $\delta_1 = 1718.87' \times \frac{7.58}{300} = 0°43'26''$

② 종단현에 대한 편각 : $\delta_2 = 1718.87' \times \frac{16.05}{300} = 1°31'58''$

③ 20m에 대한 편각(δ_{20}) $= 1718.87' \times \frac{20}{300} = 1°54'35''$

5)

측점	추가거리	편각(계산과정 및 답)
No.3	7.58	0°43′26″
No.4	27.58	0°43′26″ + 1°54′35″ = 2°38′01″
No.5	47.58	$\delta_1 + (\delta_{20} \times 2) = 0°43'26'' + (1°54'35'' \times 2) = 4°32'36''$
EC	63.63	$\delta_1 + (\delta_{20} \times 2) + \delta_2 = 0°43'26'' + (1°54'35'' \times 2) + 1°31'58'' = 6°4'34''$

26

다음 조건하에서 철도에 완화곡선을 삽입하고자 한다. 이때 이정량을 계산하시오.
(단, 교각 I=48°56′, 원곡선의 반지름 R=500m, 캔트(C)=140mm, 경사 $\frac{1}{n}=\frac{1}{800}$)

완화곡선길이$(L)=\frac{N}{1000}\cdot C=\frac{800}{1000}\times 140=112\text{m}$ 여기서, C:cant, N: 완화곡선정수

이정량$(f)=\frac{L^2}{24R}=\frac{112^2}{24\times 800}=1.045 \fallingdotseq 1.05\text{m}$

27

상향구배 $\frac{4.5}{1000}$와 하향구배 $\frac{35}{1000}$가 반지름 2,000m의 곡선 중에서 만날 경우에 곡선시점에서 20m 떨어진 점의 종거 Y의 값은?

1) 접선길이$(l)=\frac{R}{2}(\frac{M}{1000}-\frac{N}{1000})$

$=\frac{2000}{2}(\frac{4.5}{1000}-\frac{-35}{1000})=39.5\text{m}$

2) 종거$(Y)=\frac{(m-n)}{2L}x^2$

$=\frac{\frac{4.5}{1,000}-\frac{-3.5}{1,000}}{2(2\times l)}\times 20^2$

$=\frac{0.0395}{2\times(2\times 39.5)}\times 20^2$

$=0.1\text{m}$

or $Y=\frac{x^2}{2R}=\frac{20^2}{2\times 2000}=0.1\text{m}$

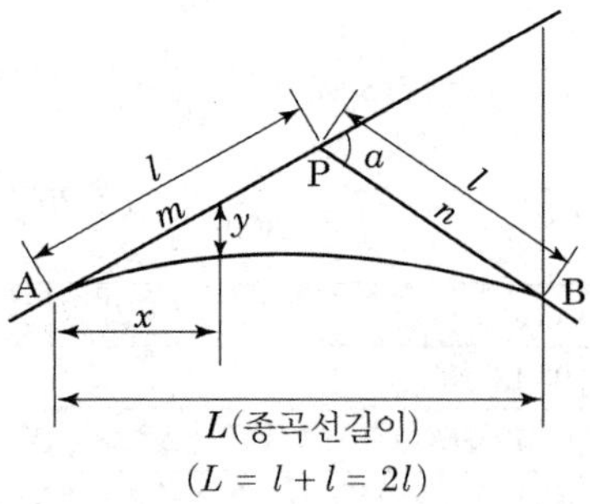

28

반경이 500m, 접선길이 235.636일 때 다음을 계산하시오.
(단, 각도는 분 단위, 거리는 소수 2자리까지 구할 것)

1) 접선길이(TL)
2) 곡선길이(CL)
3) 중앙종거(M)
4) 현의 길이(C)
5) 외할(E)

1) 접선길이(TL)

$$TL = R \cdot \tan\frac{I}{2}$$

$$235.636 = 500 \times \tan\frac{I}{2}$$

$$\frac{I}{2} = \tan^{-1}\frac{235.636}{500}$$

$$I = \tan^{-1}\frac{235.636}{500} \times 2 = 50°28'$$

2) 곡선길이(CL)

$$CL = 0.01745R \cdot I = 0.01745 \times 500 \times 50°28' = 440.32\text{m}$$

3) 중앙종거(M)

$$M = R(1-\cos\frac{I}{2}) = 500(1-\cos\frac{50°28'}{2}) = 47.71\text{m}$$

4) 현의 길이(C)

$$C = 2R \cdot \sin\frac{I}{2} = 2 \times 500 \times \sin 25°14' = 426.31\text{m}$$

5) 외할(E)

$$E = R(\sec\frac{I}{2}-1) = 500(\sec\frac{50°28'}{2}-1) = 52.74\text{m}$$

Chapter 02

면적 및 체적측량

2.1 경계선이 직선으로 된 경우의 면적 계산

<table>
<tr><td>삼사법</td><td>밑변과 높이를 관측하여 면적을 구하는 방법</td><td>$A=\frac{1}{2}ah$</td><td>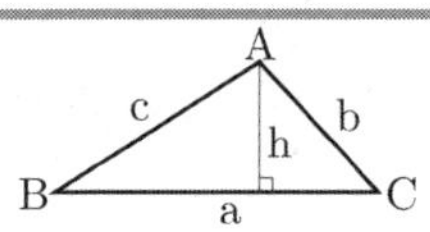</td></tr>
<tr><td>이변법</td><td>두 변의 길이와 그 사잇각(협각)을 관측하여 면적을 구하는 방법</td><td>$A=\frac{1}{2}ab\sin\gamma$
$=\frac{1}{2}ac\sin\beta$
$=\frac{1}{2}bc\sin\alpha$</td><td>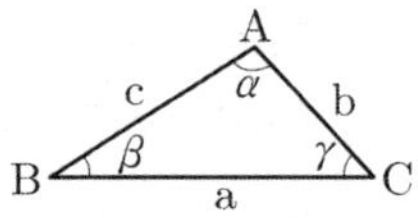</td></tr>
<tr><td>삼변법</td><td>삼각변의 3변 a, b, c를 관측하여 면적을 구하는 방법</td><td>$A=\sqrt{S(S-a)(S-b)(S-c)}$
$S=\frac{1}{2}(a+b+c)$</td><td>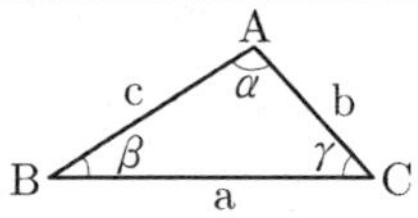</td></tr>
<tr><td>좌표법</td><td colspan="2">

합위거 (x)	합경거 (y)	$(x_{i+1}-x_{i-1})\times y$	배면적
x_1	y_1	$(x_2-x_4)\times y_1=$	
x_2	y_2	$(x_3-x_1)\times y_2=$	
x_3	y_3	$(x_4-x_2)\times y_3=$	
x_4	y_4	$(x_1-x_3)\times y_4=$	

$A=\frac{1}{2}\Sigma y_i(x_{i+1}-x_{i-1})=\frac{1}{2}\Sigma x_i(y_{i+1}-y_{i-1})$

</td><td>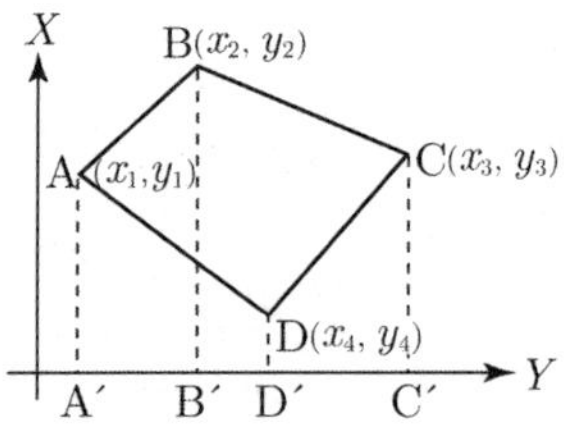
[좌표에 의한 면적 계산]</td></tr>
</table>

2.2 경계선이 곡선으로 된 경우의 면적 계산

<table>
<tr>
<td>심프슨
제1법칙</td>
<td>① 지거 간격을 2개씩 1개조로 하여 경계선을 2차 포물선으로 간주
② A=사다리꼴(ABCD)+포물선(BCD)
$=\frac{d}{3}y_0+y_n+4(y_1+y_3+\dots+y_{n-1})$
$+2(y_2+y_4+\dots+y_{n-2})$
$=\frac{d}{3}y_0+y_n+4(\Sigma_y$ 홀수$)+2(\Sigma_y$ 짝수$)$
$=\frac{d}{3}y_1+y_n+4(\Sigma_y$ 짝수$)+2(\Sigma_y$ 홀수$)$
③ n(지거의 수)은 짝수이어야 하며, 홀수인 경우 끝의 것은 사다리꼴 공식으로 계산하여 합산
or. y_n의 값은 홀수로 끝날 것. 만약 짝수로 끝나면 마지막 1개의 면적은 사다리꼴로 추가 계산한다.(y_1, y_2, ⋯ 시작에서)</td>
<td>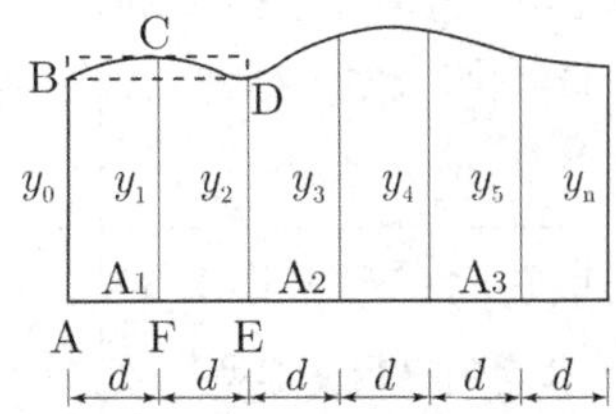
</td>
</tr>
<tr>
<td>심프슨
제2법칙</td>
<td>① 지거 간격을 3개씩 1개조로 하여 경계선을 3차 포물선으로 간주
② $A=\frac{3}{8}d\{y_0+y_n+3(y_1+y_2+y_4+y_5+\dots+y_{n-2}$
$+y_{n-1})+2(y_3+y_6+\dots+y_{n-3})\}$
③ $n-1$이 3배수여야 하며, 3배수를 넘을 때에는 나머지는 사다리꼴 공식으로 계산하여 합산
or. y_n의 값은 y의 3의 배수 +1로 끝날 것. 만약 아니면 나머지 면적은 사다리꼴로 추가 계산한다.</td>
<td>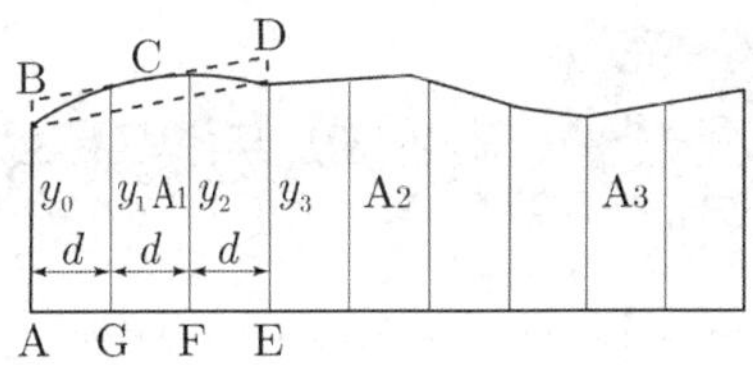
</td>
</tr>
<tr>
<td>지거법</td>
<td>① 경계선을 직선으로 간주
$A=d_1(\frac{y_1+y_2}{2})+d_2(\frac{y_2+y_3}{2})+\dots$
$+d_{n-1}(\frac{y_{n-1}+y_n}{2})$
$\therefore A=d\left[\frac{y_0+y_n}{2}+y_1+y_2+y_3+\dots\dots+y_{n-1}\right]$</td>
<td>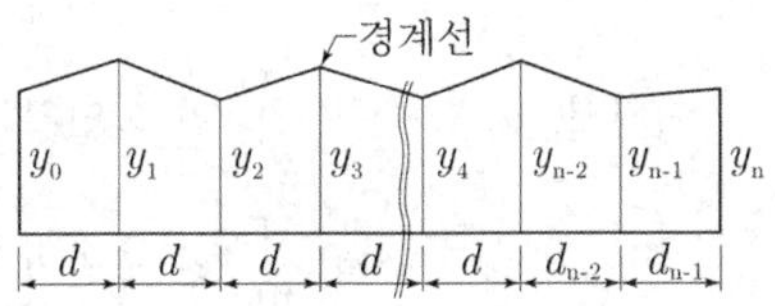
</td>
</tr>
</table>

2.3 구적기(Planimeter)에 의한 면적 계산

등고선과 같이 경계선이 매우 불규칙한 도형의 면적을 신속하고 간단하게 구할 수 있어 건설공사에 매우 활용도가 높으며 극식과 무극식이 있다.

<table>
<tr><td>도면의 종(M_1)·횡(M_2) 축척이 같을 경우 ($M_1=M_2$)</td><td>$A=(\frac{M}{m})^2 \cdot C \cdot n$</td><td rowspan="2">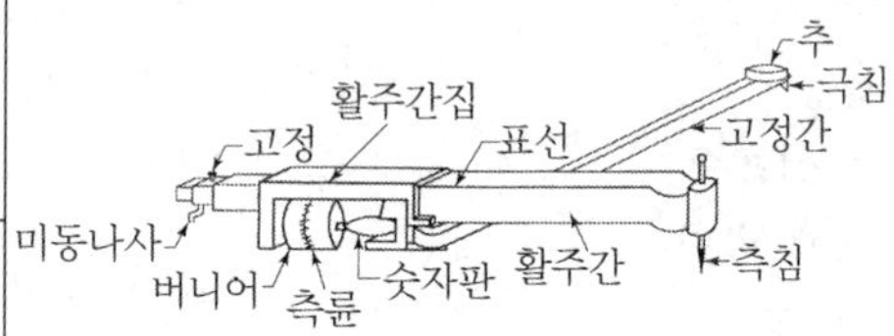

[플래니미터의 구조(극식)]</td></tr>
<tr><td>도면의 종(M_1)·횡(M_2) 축척이 다른 경우 ($M_1 \neq M_2$)</td><td>$A=(\frac{M_1 \times M_2}{m^2}) \cdot C \cdot n$</td></tr>
</table>

여기서, M : 도면의 축척 분모수 m : 구적기의 축척 분모수 C : 구적기의 계수
n : 회전 눈금수(시계방향 : 제2읽기−제1읽기, 반시계방향 : 제1읽기−제2읽기)
n_0 : 영원(Zero circle)의 면적

2.4 축척과 단위면적과의 관계

$m_1^2 : a_1 = m_2^2 : a_2$ $\therefore\ a_2=(\frac{m_2}{m_1})^2 a_1$	$a=\frac{m^2}{1,000} d\pi l$ $\therefore\ l=\frac{1,000 \cdot a}{m^2 d\pi}$
여기서, a_1 : 축척 $\frac{1}{m_1}$ 인 도면의 단위면적 a_2 : 축척 $\frac{1}{m_2}$ 인 도면의 단위면적	여기서, a : 축척 $\frac{1}{m}$ 인 경우의 단위면적 d : 측륜의 직경 l : 측간의 길이 $\frac{d\pi}{100}$: 측륜한 눈금의 크기

2.5 축횡단면적 측정법

1) 수평 단면(지반이 수평인 경우)

① 방법 1

$$d_1 = d_2 = \frac{w}{2} + sh$$

$$A = c(w + sh)$$

② 방법 2

사다리꼴 공식

여기서, s : 경사

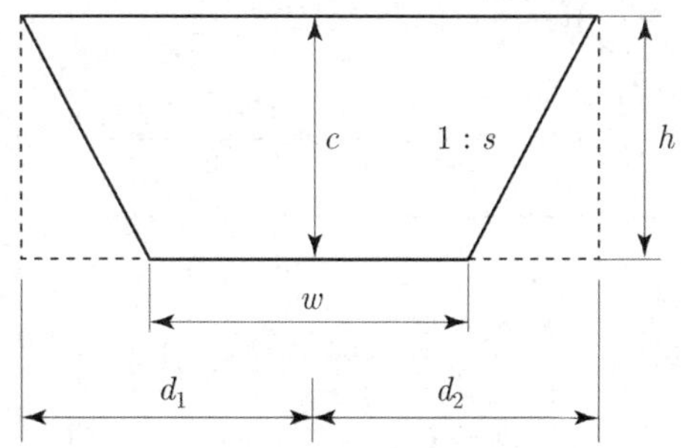

2) 같은 경사 단면(양 측점의 높이가 다르고 그 사이가 일정한 경사로 되어 있는 경우)

$$d_1 = (c + \frac{w}{2s})(\frac{ns}{n+s})$$

$$d_2 = (c + \frac{w}{2s})(\frac{ns}{n-s})$$

$$A = \frac{d_1 d_2}{s} - \frac{w^2}{4s}$$

$$= sh_1h_2 + \frac{w}{2}(h_1 + h_2)$$

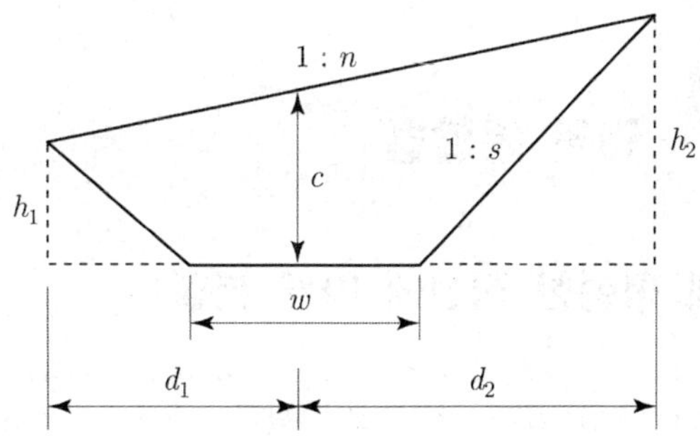

3) 세 점의 높이가 다른 단면(3점의 높이가 주어진 경우)

① 방법 1

$$d_1 = (c + \frac{w}{2s})(\frac{n_1 s}{n_1 + s})$$

$$d_2 = (c + \frac{w}{2s})(\frac{n_2 s}{n_2 - s})$$

$$A = \frac{d_1 + d_2}{2} \cdot (c + \frac{w}{2s}) - \frac{w^2}{4s} = \frac{c(d_1 + d_2)}{2} + \frac{w}{4}(h_1 + h_2)$$

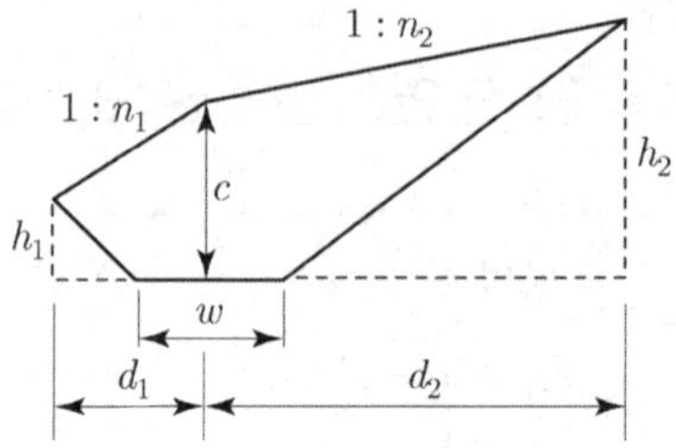

② 방법 2

좌측면적$(A_1) = (\frac{h_1 + C}{2} \cdot d_1) -$  면적

우측면적$(A_2) = (\frac{h_2 + C}{2} \cdot d_2) -$  면적

$\therefore\ A = A_1 + A_2$

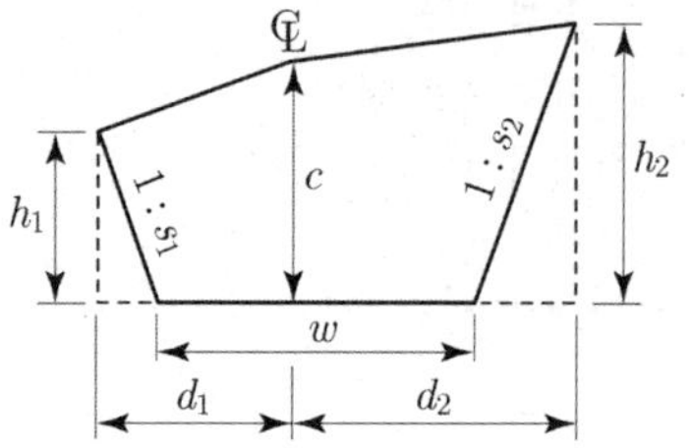

2.6 면적 분할법

1) 1변에 평행한 직선에 따른 분할

$\triangle ADE : DBCE = m : n$으로 분할

$$\frac{\triangle ADE}{\triangle ABC} = \frac{m}{m+n} = (\frac{DE}{BC})^2 = (\frac{AD}{AB})^2 = (\frac{AE}{AC})^2$$

$$\therefore\ AD = AB\sqrt{\frac{m}{m+n}}$$

$$\therefore\ AE = AC\sqrt{\frac{m}{m+n}}$$

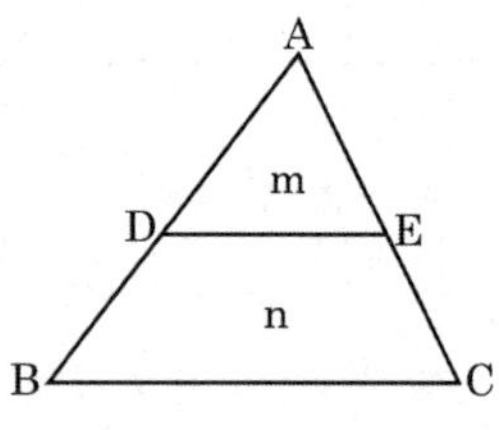

2) 변상의 정점을 통하는 분할

$\triangle ABC : \triangle ADP = (m+n) : m$ 으로 분할

$$\frac{\triangle ADP}{\triangle ABC} = \frac{m}{m+n} = \frac{AP \times AD}{AB \times AC}$$

$$\therefore AD = \frac{AB \times AC}{AP} \cdot \frac{m}{m+n}$$

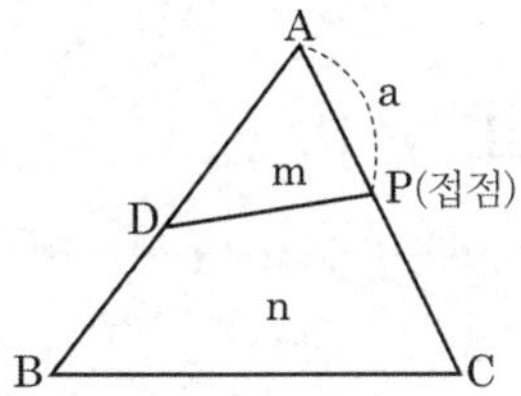

3) 삼각형이 정점(꼭지점)을 통하는 분할

$\triangle ABC : \triangle ABP = (m+n) : m$ 으로 분할

$$\frac{\triangle ABP}{\triangle ABC} = \frac{m}{m+n} = \frac{BP}{BC}$$

$$\therefore BP = \frac{m}{m+n} \cdot BC$$

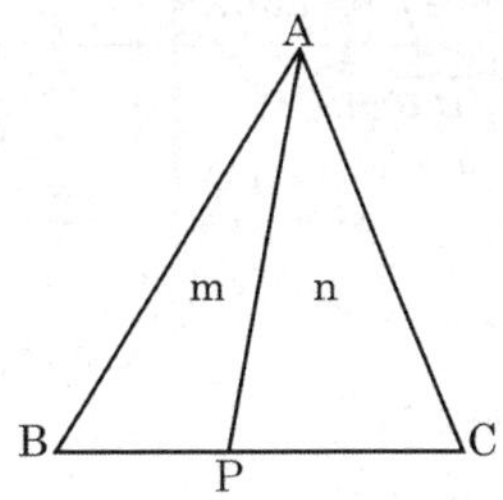

4) 사변형의 분할(밑변의 평행 분할)

$$EF = \sqrt{\frac{mAD^2 + nBC^2}{m+n}}$$

$$\therefore AE = AB \cdot \frac{AD - EF}{AD - BC}$$

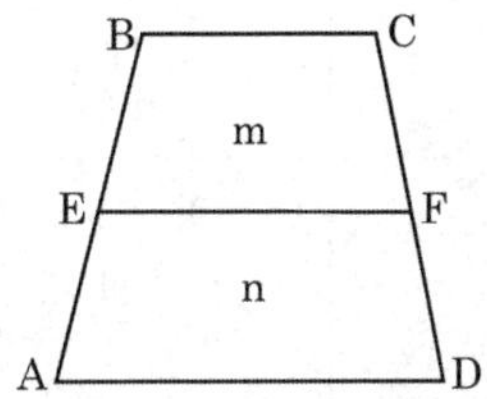

2.7 체적 측량

1) 단면법

양단면평균법 (End area formula)	$V=\frac{1}{2}(A_1+A_2)\cdot l$ 여기서, A_1, A_2 : 양끝단면적 A_m : 중앙단면적 l : A_1에서 A_2까지의 길이	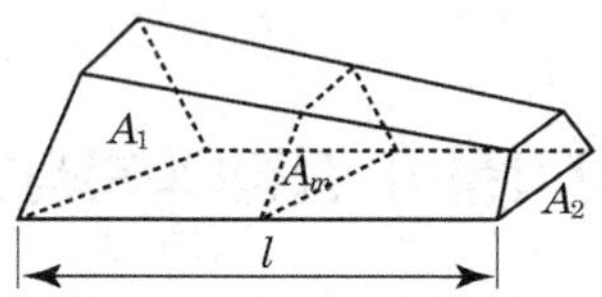
중앙단면법 (Middle area formula)	$V=A_m\cdot l$	
각주공식 (Prismoidal formula)	$V=\frac{l}{6}(A_1+4A_m+A_2)$	

2) 점고법

직사각형으로 분할하는 경우	① 토량 $V=\frac{A}{4}(\Sigma h_1+2\Sigma h_2+3\Sigma h_3+4\Sigma h_4)$ (단, $A=a\times b$) ② 계획고 $h=\frac{V_0}{nA}$(단, n : 사각형의 분할개수)	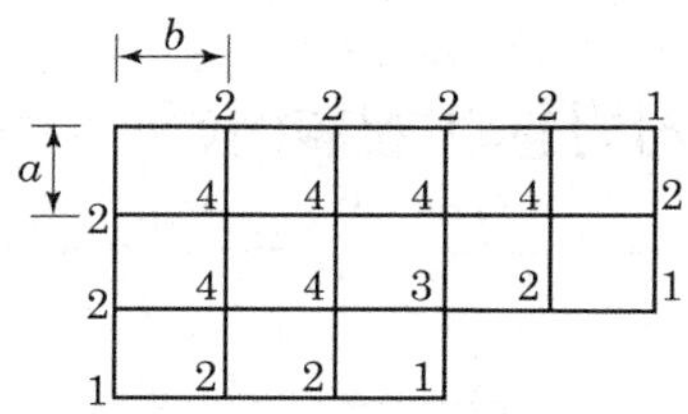
삼각형으로 분할하는 경우	① 토량 $V_0=\frac{A}{3}(\Sigma h_1+2\Sigma h_2+3\Sigma h_3+4\Sigma h_4$ $+5\Sigma h_5+6\Sigma h_6+7\Sigma h_7+8\Sigma h8)$ (단, $A=\frac{1}{2}a\times b$) ② 계획고 : $h=\frac{V_0}{nA}$	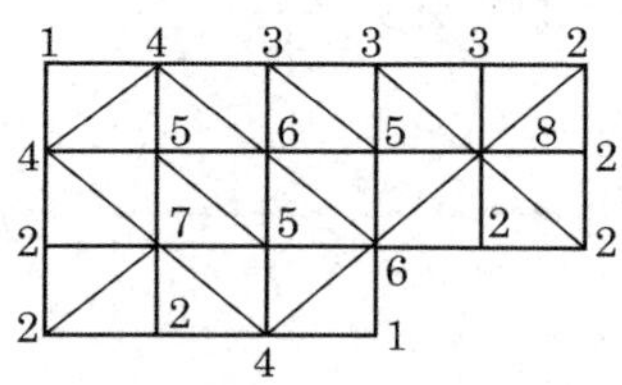

3) 등고선법

토량 산정, Dam, 저수지의 저수량 산정

$$V_0 = \frac{h}{3}\{A_0 + A_n + 4(A_1 + A_3) + 2(A_2 + A_4)\}$$

여기서, A_0, A_1, A_2 $\cdots$: 각 등고선 높이에 따른 면적

n : 등고선 간격

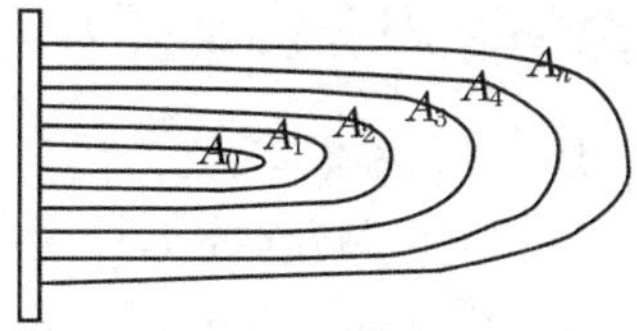

2.8 관측면적 및 체적의 정확도

1) 관측면적의 정확도

① 거리관측이 동일한 정도가 아닌 경우

- 면적$(A) = x \cdot y$
- 면적오차$(dA) = y \cdot dx + x \cdot dy$
- 면적의 정도$(\frac{dA}{A}) = \frac{y \cdot dx + x \cdot dy}{x \cdot y}$

$$= \frac{dx}{x} + \frac{dy}{y}$$

(면적의 정도는 거리 정도의 합이다.)

② 거리관측이 동일한 경우(정방형)

$\frac{dx}{x} = \frac{dy}{y} = \frac{dl}{l}$ 일 때

면적의 정도 $\frac{dA}{A} = 2 \cdot \frac{dl}{l}$

(면적의 정도는 거리관측 정도의 2배이다.)

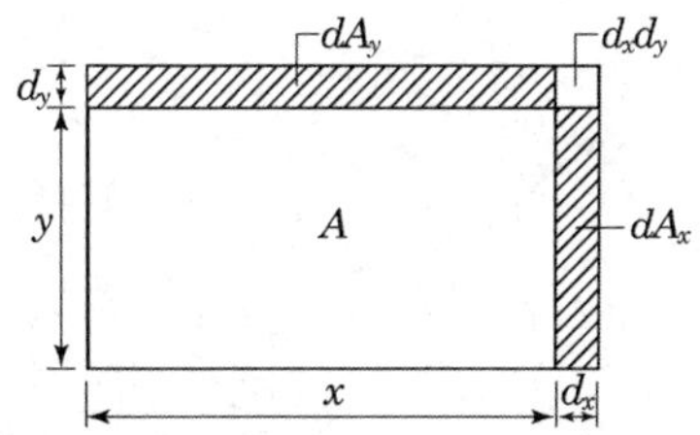

2) 체적의 정확도

$\frac{dv}{V} = \frac{dz}{Z} + \frac{dy}{Y} + \frac{dx}{X}$ $(\frac{dz}{Z} = \frac{dy}{Y} = \frac{dx}{X} = \frac{dl}{L}$ 이라고 할 때) 체적의 정도 $\frac{dV}{V} = 3 \cdot \frac{dl}{l}$ 여기서, V : 체적 dV : 체적오차 $\frac{dl}{l}$: 거리관측 허용 정확도 (체적의 정도는 거리관측 정도의 3배가 된다.)	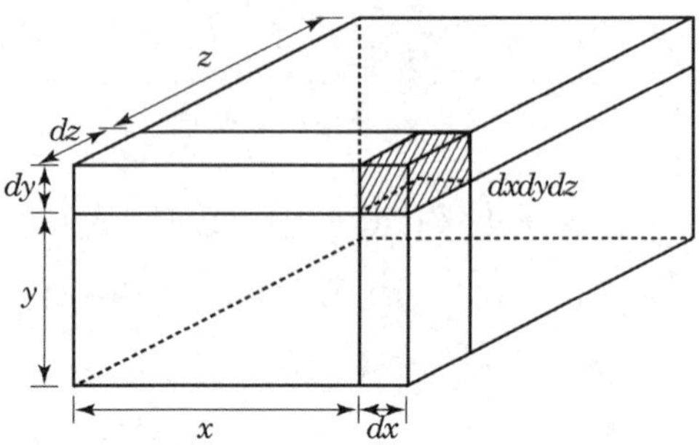

Chapter 02

실전문제

01

다음과 같은 그림에서 지거법을 이용하여 면적을 구하시오.

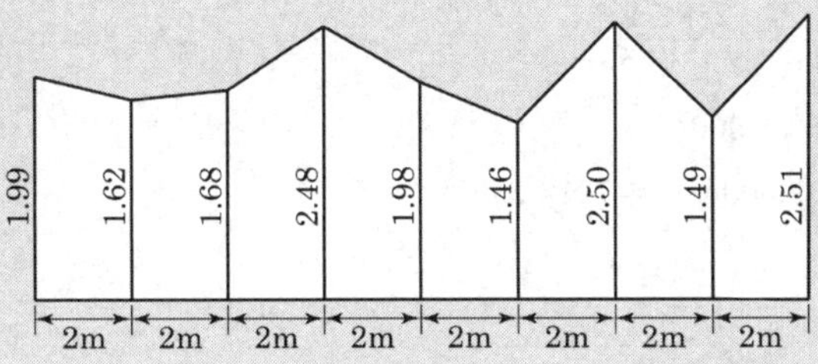

$$A = d\left[\frac{y_0 + y_n}{2} + y_1 + y_2 + y_3 + \cdots\right]$$
$$= 2\left[\frac{1.99 + 2.51}{2} + 1.62 + 1.68 + 2.48 + 1.98 + 1.46 + 2.50 + 1.49\right]$$
$$= 30.92\text{m}^2$$

02

다음과 같은 단면에서의 면적을 심프슨 제1법칙을 이용하여 구하시오.

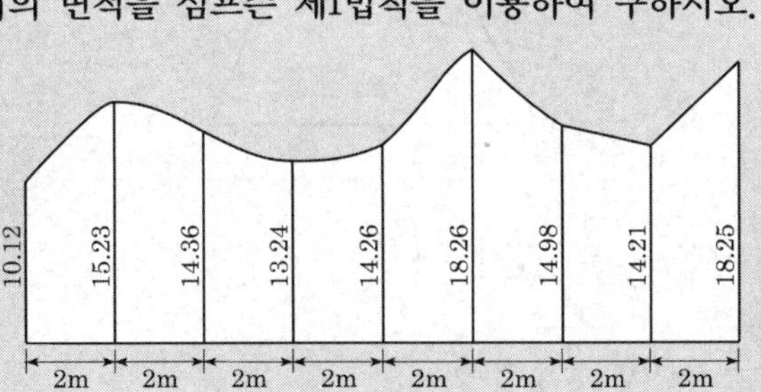

$$A = \frac{d}{3}[y_0 + y_n + 4(y_1 + y_3 + y_5) + 2(y_2 + y_4 + y_6)]$$
$$= \frac{2}{3}[10.12 + 18.25 + 4(15.23 + 13.24 + 18.26 + 14.21) + 2(14.36 + 14.26 + 14.98)$$
$$= 239.55\text{m}^2$$

03

축척 $\frac{1}{500}$ 도상에서 3변의 길이가 각각 20.5cm, 32.4cm, 28.5cm이다. 이때 실제의 면적은 얼마인가?

$$S=\frac{1}{2}(a+b+c)=\frac{1}{2}(20.5+32.4+28.5)=40.7\text{cm}$$

$$A=\sqrt{s(S-a)(S-b)(S-c)}$$
$$=\sqrt{40.7(40.7-20.5)\cdot(40.7-32.4)(40.7-28.5)}$$
$$=288.53\text{cm}^2$$

$$\left(\frac{1}{500}\right)^2=\frac{\text{도상면적}}{\text{실제면적}}=\frac{288.53}{\text{실제면적}}$$

$$\therefore \text{실제면적}=288.53\times500^2$$
$$=72{,}132{,}500\text{cm}^2=7213.25\text{m}^2$$

04

그림과 같은 토지의 한 변 BC에 평행으로 $m:n=1:3$의 비율로 분할하려면 AB=50m일 때 AX는 얼마인가?

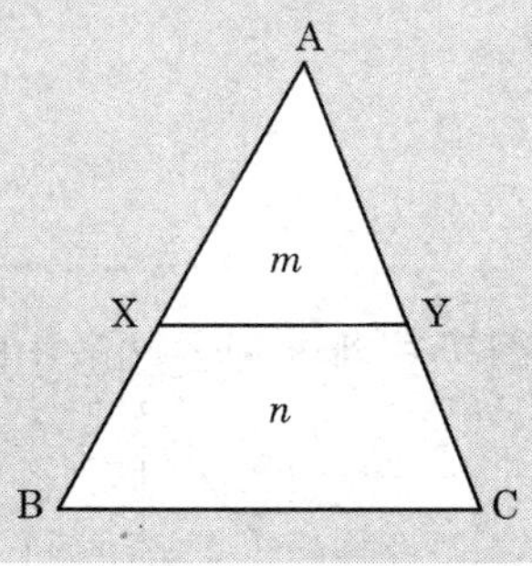

$$\frac{\triangle AXY}{\triangle ABC}=\frac{m}{m+n}=\left(\frac{XY}{BC}\right)^2=\left(\frac{AX}{AB}\right)^2=\left(\frac{AY}{AC}\right)^2$$

$$\therefore AX=AB\sqrt{\frac{m}{m+n}}=50\sqrt{\frac{1}{1+3}}=25\text{m}$$

05

그림과 같이 토지의 한 변 BC=50m 위의 점 D와 AC=45m 위의 점 E를 연결하여 직선 DE로써 △ABC의 면적을 2등분하려면 AE의 길이는 얼마가 되어야 하는가?

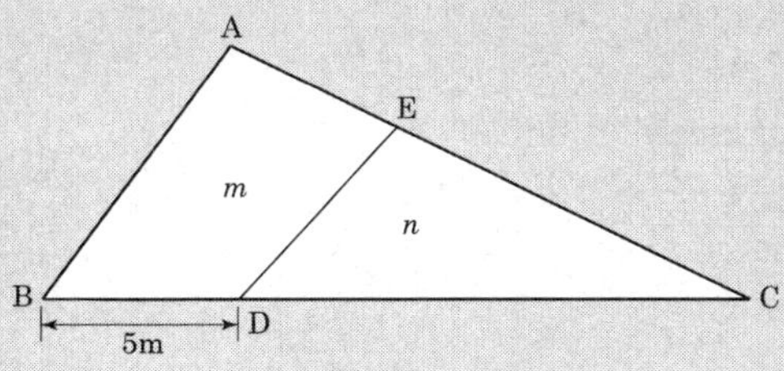

$\triangle CDE : \triangle CBA = (CD \times CE) : (CB \times CA) = n : (m+n)$

$\therefore \ CE = \dfrac{AC \times BC}{CD} \cdot \dfrac{n}{m+n}$

$= \dfrac{45 \times 50}{(50-5)} \times \dfrac{1}{1+1} = 25\text{m}$

$AE = 45 - 25 = 20\text{m}$

06

다음과 같은 단면에서의 토량은 얼마인가?

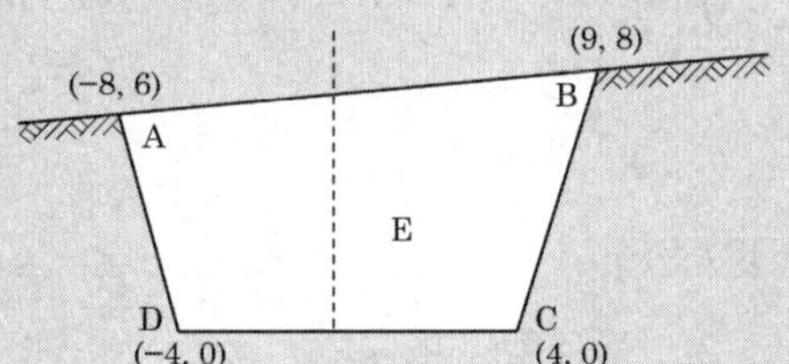

$\dfrac{0}{-4+} \times \dfrac{6}{-8+} \times \dfrac{8}{+9-} \times \dfrac{0}{+4-}$

$2A = 6 \times (4+9) + 8(8+4) = 174$

$A = 87\text{m}^3$

$\Sigma \searrow = (0 \times 8) + (6 \times 9) + (8 \times 4) = 86$

$\Sigma \swarrow = (6 \times 4) + (8 \times 8) + (0 \times 9) = 88$

174

$A = \dfrac{A}{2} = \dfrac{174}{2} = 87$

측점	X(m)	Y(m)	$(X_{i-1}-X_{i+1})Y_i$
A	−8	6	((−4)−9)×6=−78
B	9	8	((−8)−4)×8=−96
C	4	0	(9−(−4))×0=0
D	−4	0	(4−(−8)×0=0

$\therefore\ 2A=-174,\ A=87\text{m}^3$

07

그림과 같이 양 측점의 높이가 다르고 그 사이가 일정한 경사로 되어 있을 때 횡단면적을 구하시오.

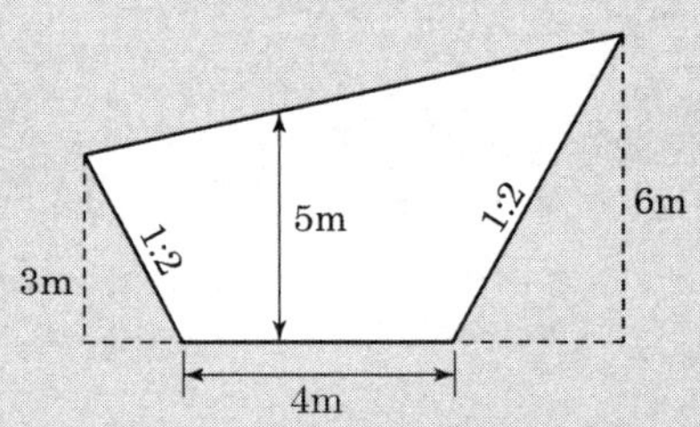

$A=\dfrac{d_1d_2}{S}-\dfrac{w^2}{4S}=sh_1h_2+\dfrac{w}{2}(h_1+h_2)=(2\times3\times6)+\dfrac{4}{2}(3+6)=54\text{m}^2$

별해)

1) $A=\dfrac{3+6}{2}\times(6+4+12)=99$

 $=\dfrac{3\times6}{2}=9$  $=\dfrac{6\times12}{2}=36$

$\therefore\ A=99-(9+36)=54\text{m}^2$

2) $A=\dfrac{d_1d_2}{S}-\dfrac{w^2}{4S}$

$=\dfrac{(2+6)\times(2+12)}{2}-\dfrac{4^2}{4\times2}$

$=56-2=54\text{m}^2$

08

3점의 높이를 알고 있을 경우 그림에서 횡단면적을 구하시오.

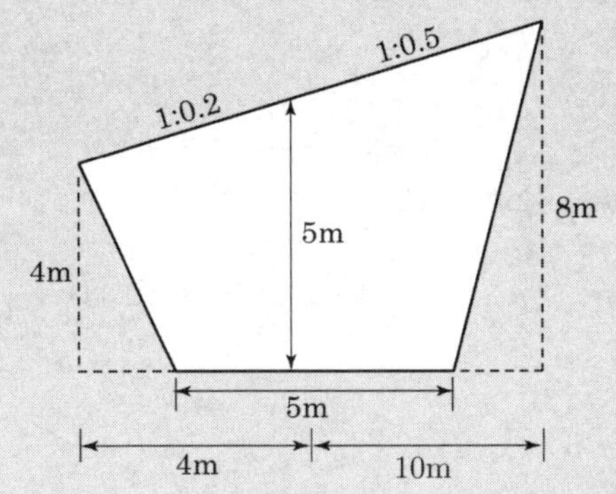

$$A=\frac{c(d_1+d_2)}{2}+\frac{w}{4}(h_1+h_2)=\frac{5(4+10)}{2}+\frac{5}{4}(4+8)=50\text{m}^2$$

09

양단면의 면적이 $A_1=65\text{m}^2$, $A_2=27\text{m}^2$, 중간단면적 $A_m=45\text{m}^2$가 되는 단면이 있을 때 $h=$ 20m이면 체적은 얼마인가?

$$V_0=\frac{h}{6}(A_1+4A_m+A_2)$$

$$=\frac{20}{6}(65+(4\times 45)+27)$$

$$=906.67\text{m}^3$$

10

다음 그림과 같은 지구의 표고를 얼마로 하면 적당한가?

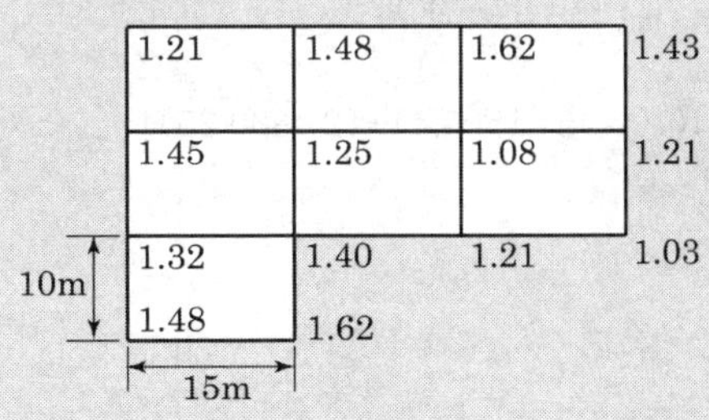

$\sum h_1 = 1.21 + 1.43 + 1.03 + 1.62 + 1.48 = 6.77$

$\sum h_2 = 1.48 + 1.62 + 1.21 + 1.21 + 1.32 + 1.45 = 8.29$

$\sum h_3 = 1.40$

$\sum h_4 = 1.25 + 1.08 = 2.33$

① 토량

$$V_0 = \frac{1}{4} A[\sum h_1 + 2\sum h_2 + 3\sum h_3 + 4\sum h_4]$$

$$= \frac{1}{4} \times 10 \times 15 [6.77 + (2 \times 8.29) + (3 \times 1.40) + (4 \times 2.33)]$$

$$= 1382.625\text{m}^3$$

② 계획고

$$h = \frac{V_0}{nA} = \frac{1382.625}{7 \times 10 \times 15} = 1.32\text{m}$$

11

그림과 같이 5m 간격의 등고선이 새겨진 산에서 85m 이상의 체적을 구하였다. 각 등고선에 이르는 면적이 다음과 같을 때 체적은 얼마인가?

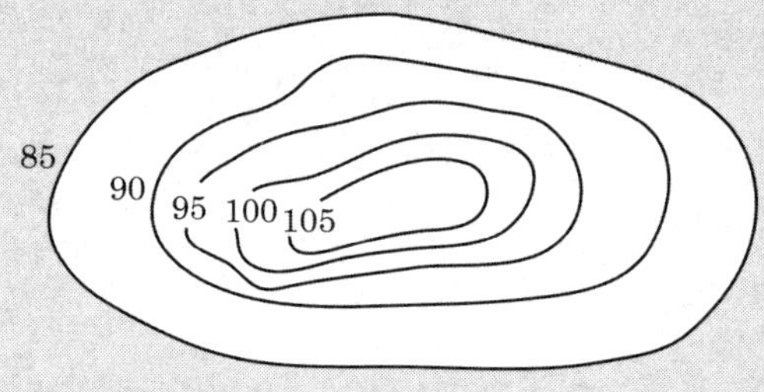

- 105m 등고선 내의 면적 : 50.25m²
- 100m 등고선 내의 면적 : 100.45m²
- 95m 등고선 내의 면적 : 800.25m²
- 90m 등고선 내의 면적 : 1500.4m²
- 85m 등고선 내의 면적 : 2500.5m²

$$V_0 = \frac{h}{3}\{A_0 + A_n + 4(A_1 + A_3) + 2(A_2 + A_4)\}$$

$$= \frac{5}{3}[50.25 + 2500.5 + 4(100.45 + 1500.4) + (2 \times 800.25)]$$

$$= 17{,}591\text{m}^3$$

12

다음 그림과 같은 지역의 토량과 표고를 구하시오.

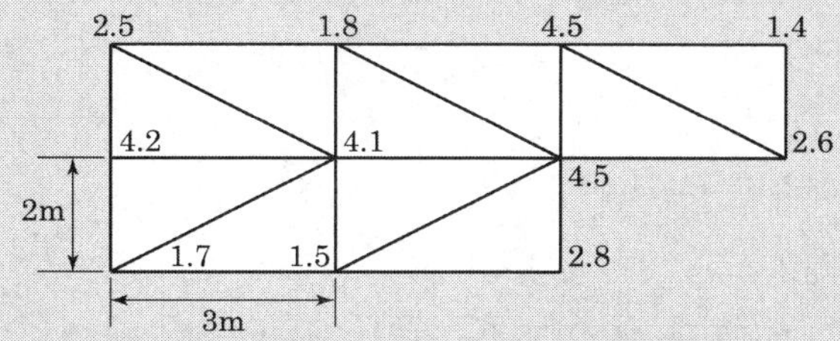

V_0(토량)$=\frac{1}{3}A\{\Sigma h_1+2\Sigma h_2+3\Sigma h_3+\cdots 8\Sigma h_8\}$

h(표고)$=\frac{V_0}{nA}$

$V_0=$① $\Sigma h_1=1.4+2.8=4.2$

② $\Sigma h_2=2.5+2.6+1.7+4.2=11$

③ $\Sigma h_3=1.8+4.5+1.5=7.8$

④ $\Sigma h_4=0$

⑤ $\Sigma h_5=4.5$

⑥ $\Sigma h_6=4.1$

$\Rightarrow \frac{1}{3}\times\frac{2\times3}{2}\{4.2+(2\times11)+(3\times7.8)+(5\times4.5)+(6\times4.1)\}=96.7\text{m}^3$

표고$(h)=\frac{96.7}{10\times2\times3\times\frac{1}{2}}=3.22\text{m}$

13

지거를 5m의 등간격으로 택하고 각 지거가 $y_1=3.2\text{m}$, $y_2=4.8\text{m}$, $y_3=9.5\text{m}$, $y_4=10.6\text{m}$, $y_5=8.5\text{m}$이었다. Simpson 제1법칙을 이용하여 면적을 구하시오.

$A=\frac{d}{3}\{y_0+y_n+4(y_1+y_3+y_5)+2(y_2+y_4+y_6)\}$

$A=\frac{d}{3}\{y_0+y_n+4(y_1+y_3)+2(y_2)\}$

$=\frac{5}{3}\{3.2+8.5+4(4.8+10.6)+2(9.5)\}=153.83\text{m}^2$

14

3변의 길이가 각각 25.4m, 40.8m, 50.6m일 때 축척 1/500에서의 면적은 몇 cm^2인가?

$$S=\frac{1}{2}(a+b+c)$$

$$=\frac{1}{2}(25.4+40.8+50.6)=58.4m$$

$$A=\sqrt{S(S-a)(S-b)(S-c)}$$

$$=\sqrt{58.4(58.4-25.4)(58.4-40.8)(58.4-50.6)}$$

$$=514.36m^2$$

⇨ 축척 $\frac{1}{500}$에서 면적

$$(\text{축척})^2=\frac{\text{도상면적}}{\text{실제면적}}$$

$$\left(\frac{1}{500}\right)^2=\frac{\text{도상면적}}{514.36}$$

$$\therefore \text{도상면적}=\frac{514.36}{500^2}=0.002m^2=20cm^2$$

15

댐 지수변의 높이를 110m로 할 때 저수지의 저수량은 얼마가 되는가?

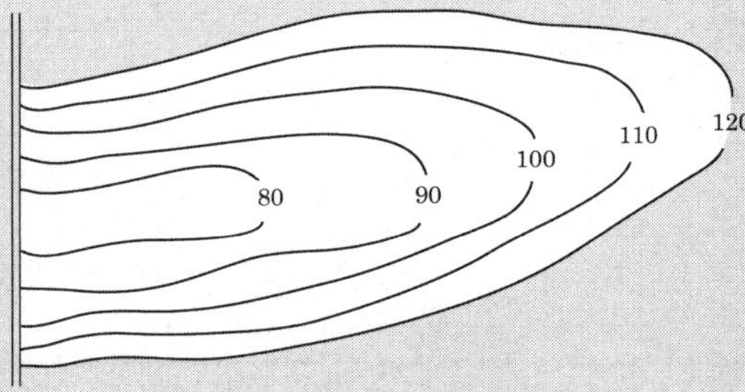

- **80m 등고선 내의 면적 : 1,500m^2**
- **90m 등고선 내의 면적 : 12,500m^2**
- **100m 등고선 내의 면적 : 18,000m^2**
- **110m 등고선 내의 면적 : 25,000m^2**
- **120m 등고선 내의 면적 : 42,500m^2**

등고선 내의 면적은 120m까지 측정하였지만 110m까지의 면적을 구하는 것으로 120m의 면적은 제외한다.

$$V_0=\frac{h}{3}\{A_0+A_n+4(A_1)+2(A_2)\}$$

$$=\frac{10}{3}\{1,500+25,000+4(12,500)+2(18,000)\}=375,000m^3$$

16

다음 그림과 같은 흙의 토량은 얼마인가? (단, 각주공식을 사용하여 계산할 것)

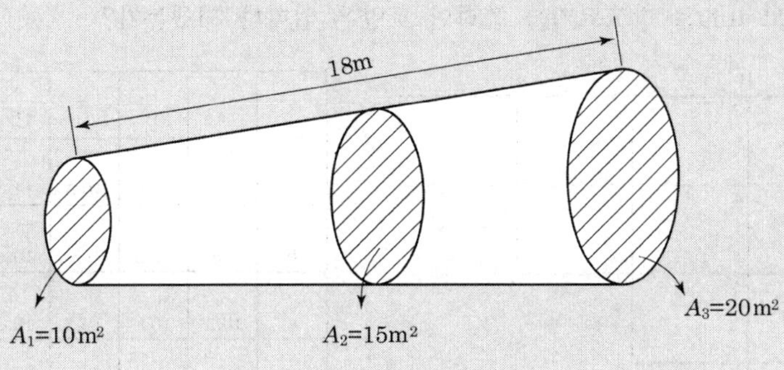

$$V_0=\frac{h}{6}(A_1+4A_m+A_2)=\frac{18}{6}(10+(4\times 15)+20)=270\text{m}^3$$

17

다음과 같은 지역의 단면적은?

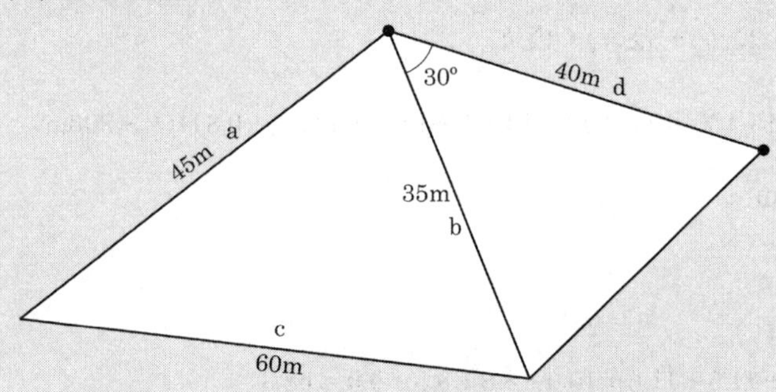

삼각형 하나는 3변을 알고 있고 다른 하나는 두 개의 변과 사잇각을 알고 있으므로 삼사법을 사용

① 삼변법 $S=\frac{1}{2}(a+b+c)=\frac{1}{2}(45+35+60)=70$

$\therefore\ A_1=\sqrt{70(70-45)(70-35)(70-60)}=782.62\text{m}^2$

② 삼사법 계산

$A_2=\frac{1}{2}b\cdot d\sin\alpha=\frac{1}{2}\times 35\times 40\times \sin 30°=350\text{m}^2$

③ 전체면적

$A_1+A_2=A$

$A=782.62+350=1132.62\text{m}^2$

18

다음과 같이 같은 지구를 20×15m의 지형으로 나누어 각 점의 표고를 측정한 결과 다음과 같다. 전구획을 계획고 10m로 땅고르기를 하려면 토량은 얼마나 되겠는가?

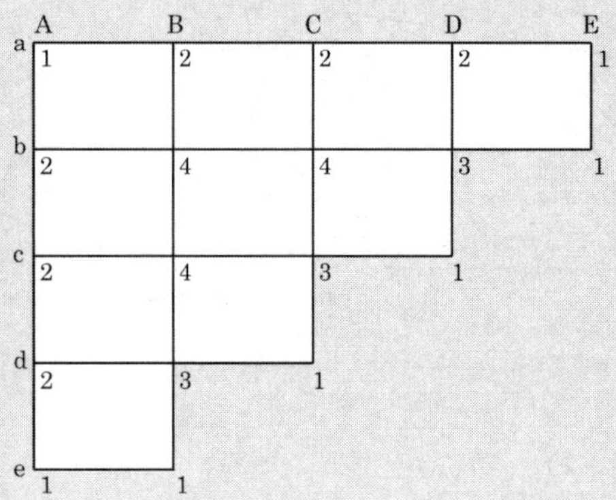

	A	B	C	D	E
a	9.5	10.0	10.5	11.0	11.5
b	9.8	10.5	9.5	10.8	11.0
c	10.3	10.8	10.3	10.0	
d	9.5	9.0	8.8		
e	9.0	8.5			

$\sum h_1 = 0.5 - 1.5 - 1 + 1.2 + 1.5 + 1 = 1.7$

$\sum h_2 = -0.5 - 1 + 0.5 - 0.3 + 0.2 = -1.1$

$\sum h_3 = -0.8 - 0.3 + 1 = -0.1$

$\sum h_4 = -0.5 + 0.5 - 0.8 = -0.8$

$$V_0 = \frac{A}{4}[\sum h_1 + 2\sum h_2 + 3\sum h_3 + 4\sum h_4]$$

$$= \frac{1}{4} \times 20 \times 15[1.7 + (2 \times 1.1) + \{3 \times (-0.1)\} + \{4 \times (-0.8)\}] = +300\text{m}^3$$

$\therefore$ 절토량 300m^3

별해)

1) 체적 산정(V_1)

$\sum h_1 = 9.5 + 11.5 + 11.0 + 10.0 + 8.8 + 8.5 + 9.0 = 68.3$

$2\sum h_2 = (10.0 + 10.5 + 11.0 + 9.5 + 10.3 + 9.8) \times 2 = 122.2$

$3\sum h_3 = 3(10.8 + 10.3 + 9.0) = 90.3$

$4\sum h_4 = 4(10.5 + 9.5 + 10.8) = 123.2$

$$V_1 = \frac{A}{4}(\sum h_1 + 2\sum h_2 + 3\sum h_3 + 4\sum h_4)$$

$$= \frac{20 \times 15}{4}(68.3 + 122.2 + 90.3 + 123.2) = 30{,}300\text{m}^3$$

2) 표고 10m일 경우 체적 산정(V_2)

$V_2 = A \cdot h \cdot n = 20 \times 15 \times 10 \times 10 = 30{,}000\text{m}^3$

3) 토공량 산정

$V = V_2 - V_1 = 30{,}000 - 30{,}300 = -300\text{m}^3$

$\therefore$ 절토량$(V) = 300\text{m}^3$

19

다음과 같은 횡단도의 넓이는?

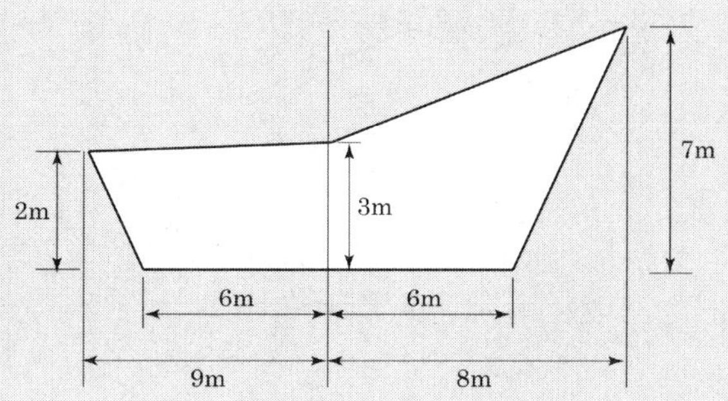

$$A=\frac{c(d_1+d_2)}{2}+\frac{w}{4}(h_1+h_2)=\frac{3(9+8)}{2}+\frac{12}{4}(2+7)=52.5\text{m}^2$$

20

다음과 같은 삼각형의 꼭지점 A로부터 밑변을 향해서 직선으로 $m:n$=2 : 8의 비율로 면적을 분할하려면 BP의 거리는 얼마로 해야 하는가? (단, BC=200m로 한다.)

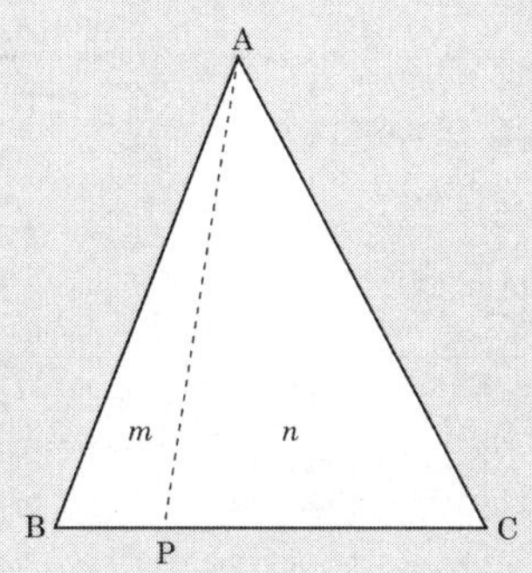

$$\triangle\text{ABC} : \triangle\text{ABP} = (m+n) : m$$

$$\frac{\triangle\text{ABP}}{\triangle\text{ABC}}=\frac{m}{m+n}=\frac{\text{BP}}{\text{BC}}$$

$$\therefore\ \text{BP}=\frac{m}{m+n}\times\text{BC}$$

$$\text{BP}=\frac{m}{m+n}\times\text{BC}=\frac{2}{2+8}\times 200=40\text{m}$$

21

다음 그림과 같은 단면의 단면적을 구하시오.

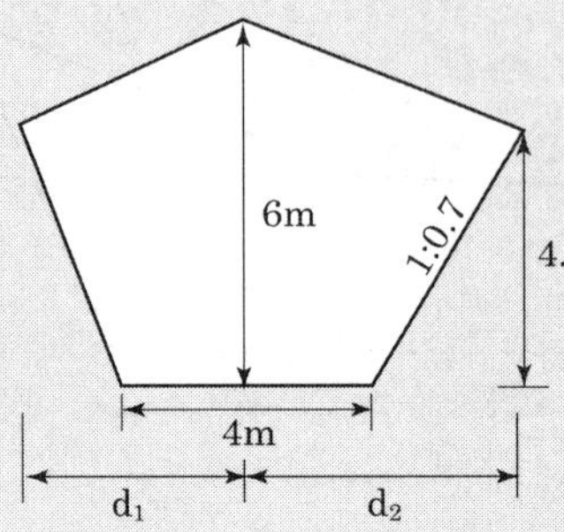

$d_1 = d_2 = \frac{w}{2} + sh$

$= \frac{4}{2} + 0.7 \times 4.5$

$\therefore\ d_1 = d_2 \Rightarrow 5.15\text{m}$

$A = \{(\frac{4.5+6}{2} \times 5.15) \times 2 - (3.15 \times 4.5 \times \frac{1}{2}) \times 2\} = 39.9\text{m}^2$

22

다음과 같은 단면에서 횡단면적은 얼마인가?

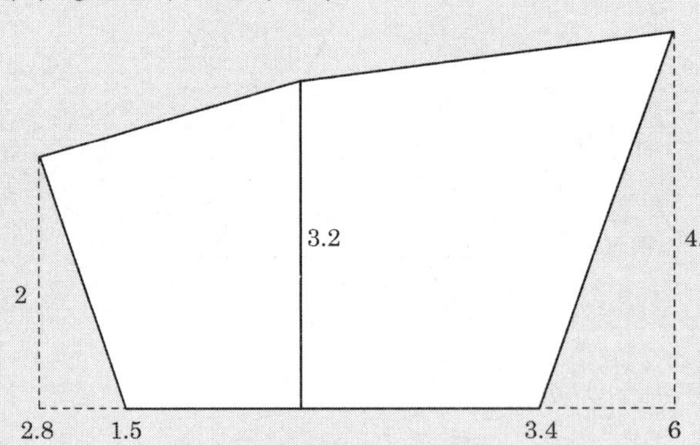

1) 좌측면적$(A_1) = \frac{2+3.2}{2} \times 2.8 - (2.8-1.5) \times 2 \times \frac{1}{2} = 5.98\text{m}^2$

2) 우측면적$(A_2) = \frac{4.5+3.2}{2} \times 6 - (6-3.4) \times 4.5 \times \frac{1}{2} = 17.25\text{m}^2$

$\therefore\ A = A_1 + A_2 = 5.98 + 17.25 = 23.23\text{m}^2$

23

도로의 중심선을 따라 20m 간격의 종단측량을 해서 표와 같은 결과를 얻었다. 측점1과 측점5의 지반고를 연결하는 도로 계획선을 설정한다면 이 계획선의 구배는?

구배$(i)=\frac{h}{D}$ 측점 지반고 측점1과 측점5의 높이차를 구한다.

$73.63-70.83=2.8\text{m}$

구배$(i)=\frac{h}{D}=\frac{2.8}{80}=0.035$

∴ 측점1이 높고 측점5가 낮기 때문에 −3.5%이다.

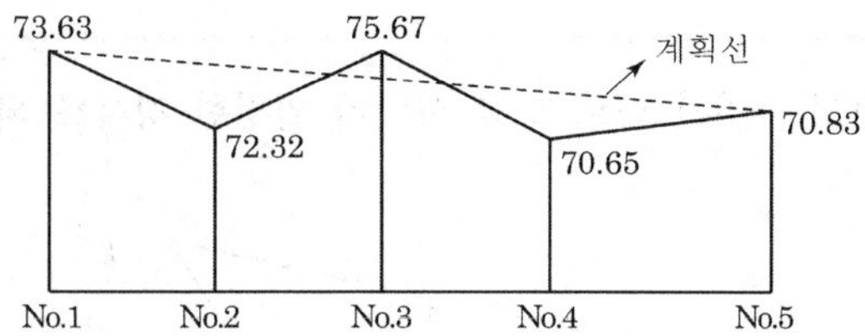

24

지거를 5m의 등간격으로 택하였을 때 각 지거가 $y_1=2.8\text{m}$, $y_2=9.4\text{m}$, $y_3=11.6\text{m}$, $y_4=13.8\text{m}$, $y_5=6.4\text{m}$, $y_6=2.0\text{m}$, $y_7=1.5\text{m}$일 때 Simpson 제1법칙을 사용하여 면적을 구한 값은?

$$A=\frac{d}{3}\{y_1+4(\Sigma y\text{짝수})+2(\Sigma y\text{홀수})+y_n\}$$

$$=\frac{d}{3}\{y_1+4(y_2+y_4+y_6)+2(y_3+y_5)+y_7\}$$

$$=\frac{5}{3}\{2.8+4(9.4+13.8+2.0)+2(11.6+6.4)+1.5\}=235.17\text{m}^2$$

25

축척 1/1,000일 때 단위면적이 10m^2의 측간의 위치에서 축척 1/100의 면적을 측정하고자 한다. 단위면적은?

$m_1^2 : a_1 = m_2^2 : a_2$

$$a_2=(\frac{m_2}{m_1})^2\cdot a_1=(\frac{100}{1000})^2\times 10=0.1\text{m}^2$$

26

축척 1/1,500 도면상의 면적을 축척 1/1,000로 잘못 측정하여 24,000m^2를 얻었을 때 실제의 면적은?

$m_1^2 : a_1 = m_2^2 : a_2$

$a_1 = (\frac{m_1}{m_2})^2 \cdot a_2 = (\frac{1500}{1000})^2 \times 24000 = 54,000m^2$

27

그림과 같이 양 측점의 높이가 다르고 그 사이가 일정한 경사로 되어 있을 때 횡단면적으로 옳은 것은?

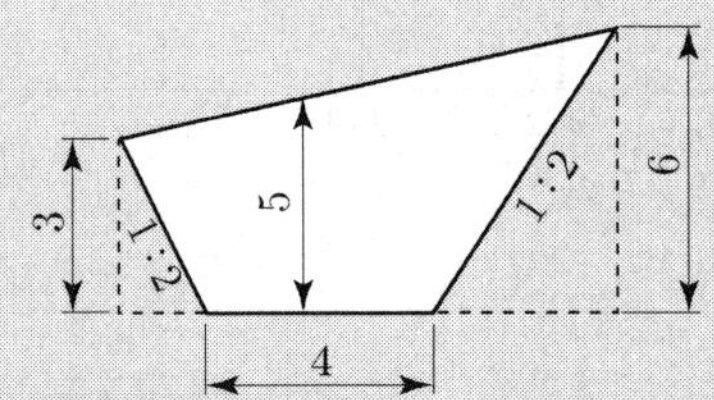

$A = \frac{3+6}{2} \times (6+4+12) - (\frac{1}{2} \times 12 \times 6) - \frac{6 \times 3}{2} = 54m^2$

28

그림과 같이 3점의 높이를 알고 있을 경우의 횡단면적으로 옳은 것은?

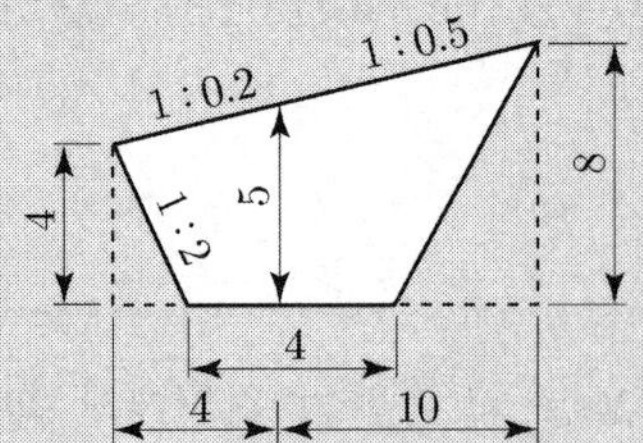

$A_1 = (\frac{5+4}{2} \times 4) - (\frac{1}{2} \times 4 \times 1.5) = 15m^2$

$A_2 = (\frac{8+5}{2} \times 10) - (\frac{1}{2} \times 7.5 \times 8) = 35m^2$

$\therefore A_1 + A_2 = 15 + 35 = 50m^2$

29

다음과 같은 단면에서 토공량을 구하기 위한 절토 단면적은?

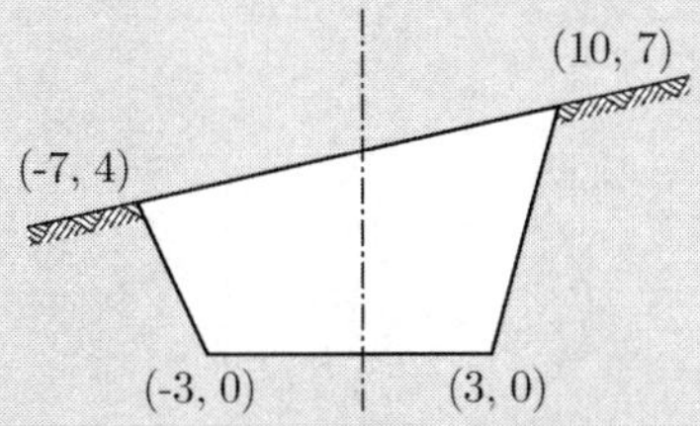

측점	X	Y	$(X_{i-1}-X_{i+1})\times Y=$ 배면적
A	3	0	$(10-(-3))\times 0=0$
B	−3	0	$(3-(-7))\times 0=0$
C	−7	4	$((-3)-10)\times 4=-52$
D	10	7	$((-7)-3)\times 7=-70$

$\therefore$ 면적 $=\dfrac{\text{배면적}}{2}=\dfrac{122}{2}=61\text{m}^2$

30

$2{,}500\text{m}^2$의 면적을 0.1m^2까지 정확하게 구하려면 거리관측의 최소단위를 얼마까지 읽어야 하는가?

1) 한 변의 길이(l) 계산 $l\times l=A,\ l^2=A,\ l=\sqrt{A}=\sqrt{2500}=50\text{m}$
2) 면적의 정밀도(면적의 정도는 거리 정도의 2배이므로)

$\dfrac{dA}{A}=2\cdot\dfrac{dl}{l}$ 에서

$dl=\dfrac{dA}{A}\cdot\dfrac{l}{2}=\dfrac{0.1}{2{,}500}\times\dfrac{50}{2}=0.001\text{m}=1\text{mm}$

31

$2{,}000\text{m}^3$의 체적을 산출할 때 수평 및 수직거리를 동일한 정확도로 관측하여 체적산정 오차를 0.3m^3 이내에 들게 하려면 거리관측의 허용 정확도는?

체적의 정도$\left(\dfrac{dV}{V}\right)=3\cdot\dfrac{dl}{l}$ 에서

$\dfrac{dl}{l}=\dfrac{1}{3}\cdot\dfrac{dV}{V}=\dfrac{1}{3}\times\dfrac{0.3}{2{,}000}=\dfrac{1}{20{,}000}$

32

그림과 같은 측량 결과가 얻어졌다면 이 지형의 토량은?

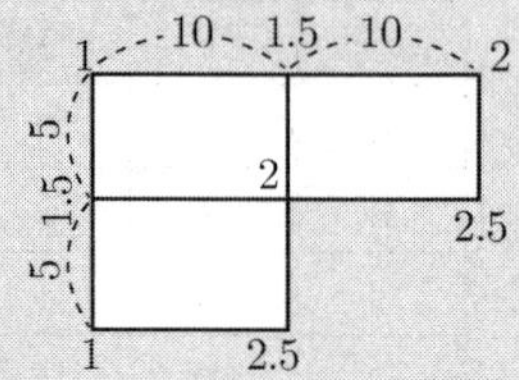

$V = \frac{A}{4}\Sigma h_1 + 2\Sigma h_2 + 3\Sigma h_3 + 4\Sigma h_4$

$= \frac{5 \times 10}{4}(1+1+2.5+2.5+2) + 2 \times (1.5+1.5) + 3 \times 2 = 263\text{m}^3$

33

댐의 저수면 높이를 110m로 할 경우 저수량은? (단, 80m 등고선 내의 면적 : 1,000m², 90m 등고선 내의 면적 : 1,500m², 100m 등고선 내의 면적 : 2,000m², 110m 등고선 내의 면적 : 2,500m², 120m 등고선 내의 면적 : 3,000m²)

$V = \frac{h}{3}\{A_0 + A_n + 4(\text{짝}) + 2(\text{홀})\}$

$= \frac{10}{3}\{1000 + 4(1500) + 2(2000) + 2500\} = 45{,}000\text{m}^3$

34

그림과 같은 사각형 ABCD의 면적은? (단, 단위는 m)

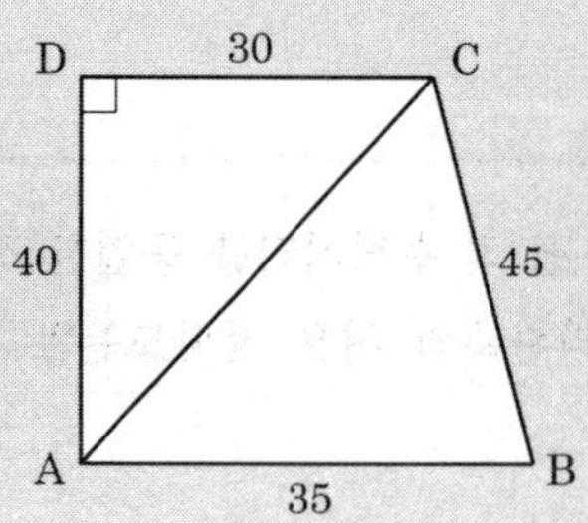

1) x의 계산

$$x = \sqrt{30^2 + 40^2} = 50\text{m}$$

$$A_1 = \frac{1}{2}(ab\sin\theta) = \frac{1}{2}(30 \times 40 \times \sin 90°) = 600\text{m}^2$$

$$A_2 = \sqrt{S(S-a)(S-b)(S-c)}$$

여기서, $S = \frac{1}{2}(a+b+c)$

$$S = \frac{1}{2}(50+35+45) = 65\text{m}$$

$$A_2 = \sqrt{65(65-50) \times (65-35) \times (65-45)} = 764.85\text{m}^2$$

따라서, 사각형 ABCD의 면적은 $A = A_1 + A_2 = 600\text{m}^2 + 764.85\text{m}^2 = 1{,}364.85\text{m}^2$

35

다음 그림과 같은 면적을 계산하시오.

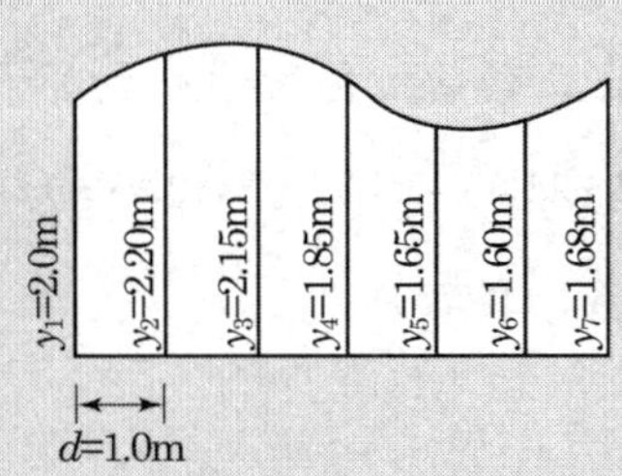

1) 심프슨 제1법칙으로 계산하시오.

2) 심프슨 제2법칙으로 계산하시오.

1) 심프슨 제1법칙

$$A = \frac{d}{3}[y_1 + y_n + 4(y_2 + y_4 + y_6) + 2(y_3 + y_5)]$$
$$= \frac{1}{3}[2 + 1.68 + 4(2.2 + 1.85 + 1.6) + 2(2.15 + 1.65)]$$
$$= 11.29\text{m}^2$$

2) 심프슨 제2법칙(3의 배수)

$$A = \frac{3}{8}d[y_1 + y_n + 3(y_2 + y_3 + y_5 + y_6) + 2(y_4)]$$
$$= \frac{3}{8} \times 1[2 + 1.68 + 3(2.2 + 2.15 + 1.65 + 1.6) + 2(1.85)]$$
$$= 11.32\text{m}^2$$

36

다음 그림과 같은 면적을 계산하시오. (단, 단위는 m)

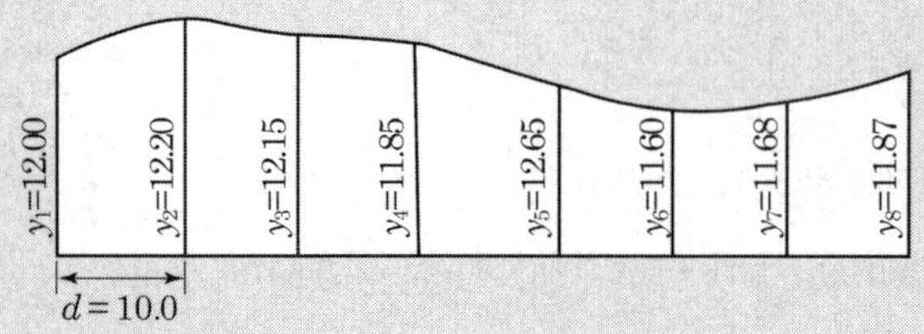

1) 심프슨 제1법칙으로 계산하시오.

2) 심프슨 제2법칙으로 계산하시오.

1) 심프슨 제1법칙

y_n의 값이 홀수로 끝날 것(시작이 y_1에서 …), 만약 짝수로 끝나면 1개의 면적은 사다리꼴로 추가 계산한다.

$$A=\frac{d}{3}[y_1+y_n+4(y_2+y_4+y_6)+2(y_3+y_5+y_7)+(\frac{y_7+y_8}{2})d]$$
$$=\frac{10}{3}[12+11.68+4(12.2+11.85+11.6)+2(12.15+12.65)+(\frac{11.68+11.87}{2})\times 10]$$
$$=\frac{10}{3}(23.68+142.6+49.6+117.75)$$
$$=1{,}112.10\text{m}^2$$

2) 심프슨 제2법칙

y_n의 값이 y의 3의 배수+1로 끝날 것, 만약 그렇지 않으면 나머지 면적은 사다리꼴로 추가 계산한다.

예) y_1으로 시작할 때, y의 3의 배수 +1로 끝나는 것은

y_4	y_7	y_{10}	
$3\times1+1$	$3\times2+1$	$3\times3+1$	…

$$A=\frac{3d}{8}[y_1+y_7+3(y_2+y_3+y_5+y_6)+2(y_4)+(\frac{y_7+y_8}{2})d$$
$$=\frac{3\times10}{8}[12+11.68+3(12.2+12.15+12.65+11.60)+2(11.85)+(\frac{11.68+11.87}{2})\times 10]$$
$$=\frac{3\times10}{8}(23.68+145.8+23.7+117.75)$$
$$=1{,}165.99\text{m}^2$$

37

양단면 면적이 $A_1=65\text{m}^2$, $A_2=30\text{m}^2$, $A_m=40\text{m}^2$일 때 체적을 계산하시오.

1) 양단면 평균법으로 계산하시오.
2) 각주공식으로 계산하시오.
3) 중앙 단면법으로 계산하시오.

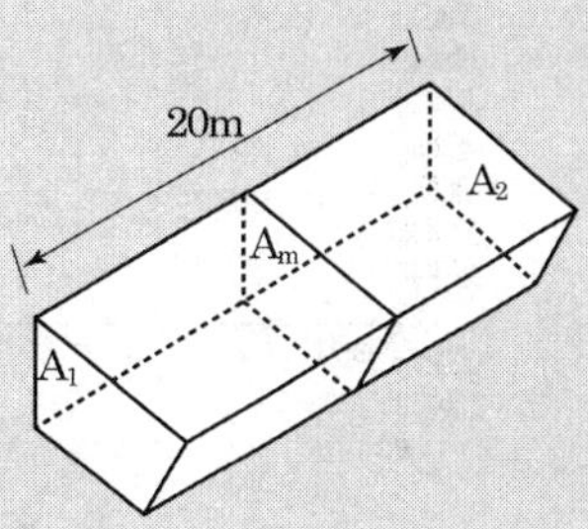

1) 양단면 평균법

$$V=\frac{A_1+A_2}{2}\times h=\frac{65+30}{2}\times 20=950\text{m}^3$$

2) 각주공식

$$V=\frac{h}{6}(A_1+4A_m+A_2)=\frac{20}{6}(65+4\times 40+30)=850\text{m}^3$$

3) 중앙 단면법

$$V=A_m\times h=40\times 20=800\text{m}^3$$

∴ 양단면 평균법 > 각주공식 > 중앙 단면법

38

노선측량의 성과가 다음과 같을 때 토량계산서를 완성하고 유토곡선을 작성하시오. (단, 토량 환산계수 $f=0.9$이다. 계산은 소수 아래 첫 자리까지 구할 것)

측점	거리	절토			성토					차인토량 (m^3)	누가토량 (m^3)	횡방향 토량 (m^3)
No.	m	단면적 (m^2)	평균 단면적 (m^2)	토량 (m^3)	단면적 (m^2)	평균 단면적 (m^2)	토량 (m^3)	토량환산계수	보정토량 (m^3)			
No.0	0	0			0							
1	20	20			10							
2	20	50			20							
3	20	30			10							
4	20	20			10							
5	20	10			30							
6	20	30			20							
7	20	10			40							
8	20	0			10							
9	20	10			20							
10	20	20			10							
계	200											

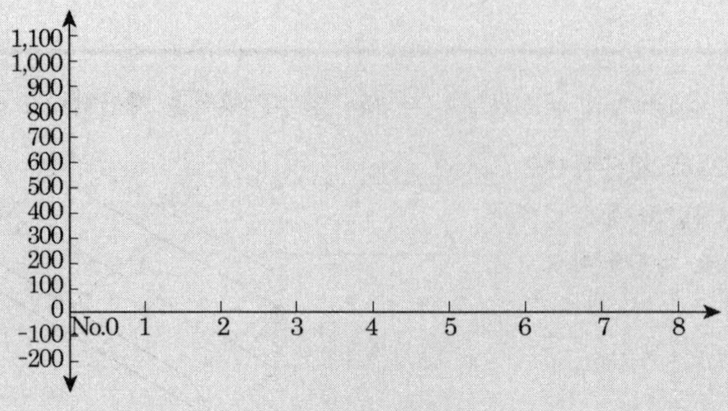

[Mass Curve]

측점	거리	절토			성토					차인토량 (m^3)	누가토량 (m^3)	횡방향 토량 (m^3)
No.	m	단면적 (m^2)	평균 단면적 (m^2)	토량 (m^3)	단면적 (m^2)	평균 단면적 (m^2)	토량 (m^3)	토량환산계수	보정토량 (m^3)			
No.0	0	0			0					0.0	0.0	
1	20	20	10	200	10	5	100		111.1	88.9	88.9	111.1
2	20	50	35	700	20	15	300		333.3	366.7	455.6	333.3
3	20	30	40	800	10	15	300		333.3	466.7	922.3	333.3
4	20	20	25	500	10	10	200	0.9	222.2	277.8	1200.1	222.2
5	20	10	15	300	30	20	400		444.4	−144.4	1055.7	300.0
6	20	30	20	400	20	25	500		555.6	−155.6	900.1	400.0
7	20	10	20	400	40	30	600		666.7	−266.7	633.4	400.0
8	20	0	5	100	10	25	500		555.6	−455.6	177.8	100.0
9	20	10	5	100	20	15	300		333.3	−233.3	−55.5	100.0
10	20	20	15	300	10	15	300		333.3	−33.3	−88.8	300.0
계	20		190	3,800					3,888.8	−88.8		2,599.9

1) 평균단면적(m^2)= $\dfrac{\text{전 측점단면적} + \text{그 측점 단면적}}{2}$

2) 토량(m^3)=평균단면적×거리

측점	거리	절토		
No.	m	단면적(m^2)	평균단면적(m^2)	토량(m^3)
No.0	0	0		
1	20	20	$\frac{0+20}{2}=10$	10×20=200
2	20	50	$\frac{20+50}{2}=35$	35×20=700
3	20	30	$\frac{50+30}{2}=40$	40×20=800
4	20	20	$\frac{30+20}{2}=25$	25×20=500
5	20	10	$\frac{20+10}{2}=15$	15×20=300
6	20	30	$\frac{10+30}{2}=20$	20×20=400
7	20	10	$\frac{30+10}{2}=20$	20×20=400
8	20	0	$\frac{10+0}{2}=5$	5×20=100
9	20	10	$\frac{0+10}{2}=5$	5×20=100
10	20	20	$\frac{10+20}{2}=15$	15×20=300
계	200		190	3,800

3) 보정토량$=\frac{\text{토량}}{\text{토량환산계수}}$

측점	거리	성토				
No.	m	단면적(m^2)	평균단면적(m^2)	토량(m^3)	토량환산계수	보정토량(m^3)
No.0	0	0				
1	20	10	$\frac{0+10}{2}=5$	5×20=100		$\frac{100}{0.9}=111.1$
2	20	20	$\frac{10+20}{2}=15$	15×20=300		$\frac{300}{0.9}=333.3$
3	20	10	$\frac{20+10}{2}=15$	15×20=300		$\frac{300}{0.9}=333.3$
4	20	10	$\frac{10+10}{2}=10$	10×20=200		$\frac{200}{0.9}=222.2$
5	20	30	$\frac{10+30}{2}=20$	20×20=400	0.9	$\frac{400}{0.9}=444.4$
6	20	20	$\frac{30+20}{2}=25$	25×20=500		$\frac{500}{0.9}=555.6$
7	20	40	$\frac{20+40}{2}=30$	30×20=600		$\frac{600}{0.9}=666.7$
8	20	10	$\frac{40+10}{2}=25$	25×20=500		$\frac{500}{0.9}=555.6$
9	20	20	$\frac{10+20}{2}=15$	15×20=300		$\frac{300}{0.9}=333.3$
10	20	10	$\frac{20+10}{2}=15$	15×20=300		$\frac{300}{0.9}=333.3$
계	200		175	3,500		3,888.8

4) 차인(차인)토량=절토량−성토량(보정토량)
5) 누가토량=차인토량의 합
6) 횡방향 토량=절토량과 성토량(보정토량) 중 작은 값
7) 유토곡선은 X축을 각 측점의 축으로 Y축을 토량계산서에서 계산된 누가토량으로 하여 작성한다.

측점	거리	절토	성토		차인토량(m^3)	누가토량(m^3)	횡방향 토량(m^3)
No.	m	토량 (m^3)	토량 환산 계수	보정 토량 (m^3)			
No.0	0		0.9		0.0	0.0	
1	20	200		111.1	200−111.1=88.9	88.9	111.1
2	20	700		333.3	700−333.3=366.7	88.9+366.7=455.6	333.3
3	20	800		333.3	800−333.3=466.7	455.6+466.7=922.3	333.3
4	20	500		222.2	500−222.2=277.8	922.3+277.8=1200.1	222.2
5	20	300		444.4	300−444.4=−144.4	1200.1−144.4=1055.7	300.0
6	20	400		555.6	400−555.6=−155.6	1055.7−155.6=900.1	400.0
7	20	400		666.7	400−666.7=−266.7	900.1−266.7=633.4	400.0
8	20	100		555.6	100−555.6=−455.6	633.4−455.6=177.8	100.0
9	20	100		333.3	100−333.3=−233.3	177.8−233.3=−55.5	100.0
10	20	300		333.3	300−333.3=−33.3	−55.5−33.3=−88.8	300.0
계	200				−88.8		2,599.9

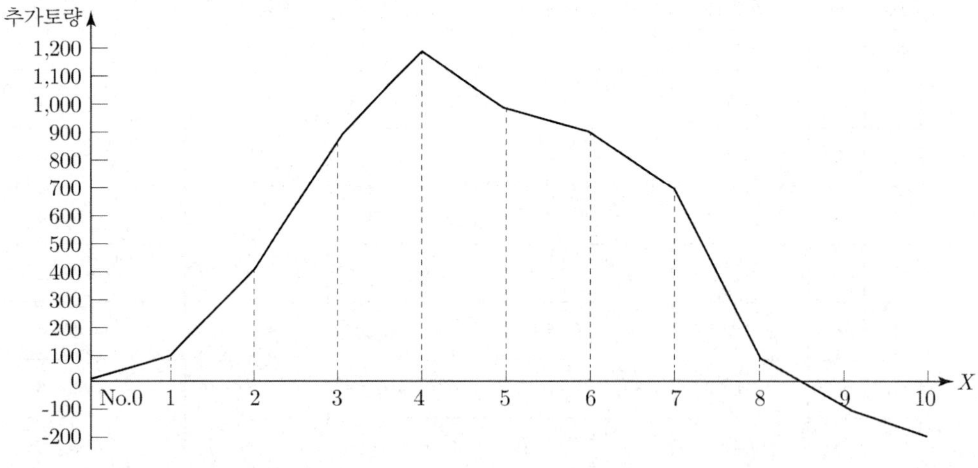

∴ 사토량=−88.8m^3

39

그림과 같은 유토곡선(Mass Curve)에서 유토곡선의 성질에 대하여 답하시오.

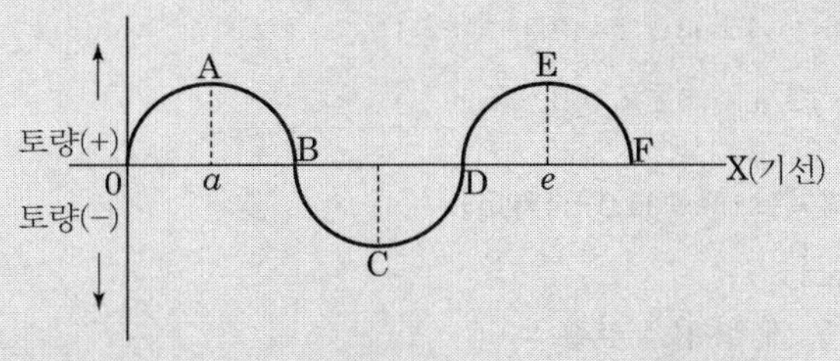

1) 유토곡선의 절토부분은?
2) 유토곡선의 성토부분은?
3) 토적곡선의 Loop가 산 모양일 때는 절취굴착토가 어느 쪽으로 이동되는가?
4) 기선 OX상에서 토량이동이 없는 곳은?
5) OB에서는 절·성토량이 같다, 다르다?
6) 토적곡선이 기선 OX보다 아래에서 끝날 때는?

1) 토적곡선의 상승부분인 OA, CE 부분
2) 토적곡선의 하향부분인 AC, EF 부분
3) 절취굴착토가 왼쪽에서 오른쪽으로 이동한다.
4) B, D, F점
5) 같다.
6) 토량이 부족하다.

40

그림과 같이 수준측량을 하였다. 전체 구역을 계획고 10m로 땅고르기 작업을 하려고 할 때 토공량을 계산 하시오. (단, 성·절토량인지 구분할 것)

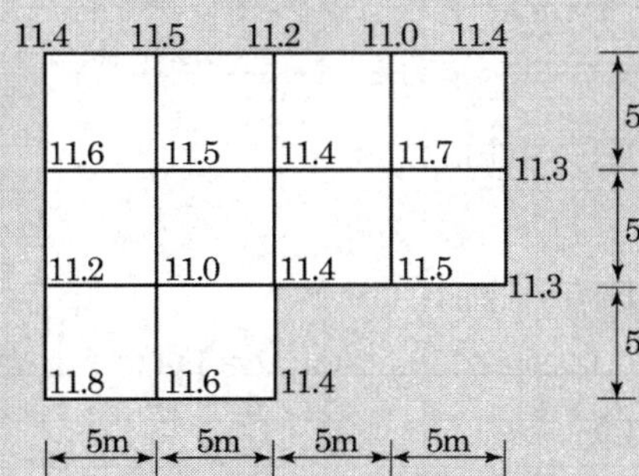

1) 체적 산정(V_1)

$\sum h_1 = 11.4+11.4+11.3+11.4+11.8 = 57.3$
$2\sum h_2 = 2(11.5+11.2+11.0+11.3+11.5+11.6+11.2+11.6) = 181.8$
$3\sum h_3 = 3(11.4) = 34.2$
$4\sum h_4 = 4(11.5+11.4+11.7+11.0) = 182.4$

$$V_1 = \frac{A}{4}(\sum h_1 + 2\sum h_2 + 3\sum h_3 + 4\sum h_4)$$
$$= \frac{5\times5}{4}(57.3+181.8+34.2+182.4)$$
$$= 2,848.125\text{m}^3$$

2) 표고 10m일 경우 체적(V_2) 산정

$$V_2 = A\cdot h\cdot n$$
$$= (5\times5)\times10\times10$$
$$= 2,500\text{m}^3$$

3) 토공량(V) 산정

$$V = V_2 - V_1$$
$$= 2,500.000 - 2,848.125$$
$$= -348.125\text{m}^3$$

∴ 절토량(V)$=348.125\text{m}^3$

41

그림과 같이 수준측량을 하였다. 절·성토량이 균형을 이루는 지반고와 계획지반고를 10m로 할 경우의 토량을 구하시오. (단, 지반고는 소수 2자리까지 구하고 성·절토량인지 구분할 것)

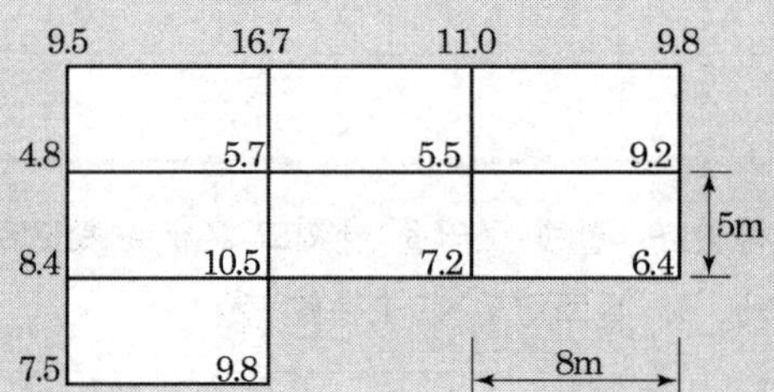

1) 절·성토량이 균형을 이루는 지반고

① 체적 산정(V_1)

$\sum h_1 = 9.5+9.8+6.4+9.8+7.5 = 43$

$2\sum h_2 = 2(16.7+11.0+9.2+7.2+8.4+4.8) = 114.6$

$3\sum h_3 = 3(10.5) = 31.5$

$4\sum h_4 = 4(5.7+5.5) = 44.8$

$$V_1 = \frac{A}{4}(\Sigma h_1 + 2\Sigma h_2 + 3\Sigma h_3 + 4\Sigma h_4)$$
$$= \frac{5\times 8}{4}(43 + 114.6 + 31.5 + 44.8)$$
$$= 2{,}339\text{m}^3$$

② 시공기준고(h) 산정

$$h = \frac{V}{nA} = \frac{2{,}339}{7\times(5\times 8)} = 8.35\text{m}$$

2) 계획지반고가 10m인 경우 토량

① 체적(V_2) 산정

$$V_2 = A\cdot h\cdot n = (5\times 8)\times 10\times 7 = 2{,}800\text{m}^3$$

② 10m인 경우 토량(토공량=계획고−체적=+성토고−절토고)

$$V = 2{,}800 - 2{,}339 = 461\text{m}^3$$

∴ 성토량(V)=461m³

42

130m에서 만수위가 되는 그림과 같은 저수지의 면적이 다음과 같다.

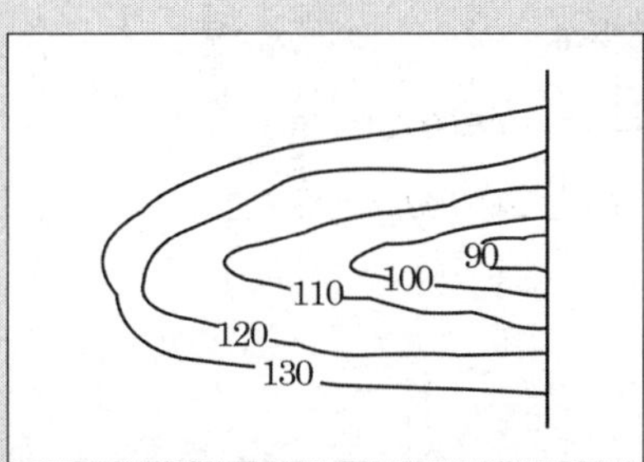

등고선(m)	면적(m²)
90	4,000
100	12,000
110	28,000
120	43,000
130	52,000

1) 만수위 때의 저수용량을 각주공식과 양단면평균법으로 구하시오.

2) 저수용량이 900,000m³될 때의 수면의 높이(표고)는 얼마인가? (단, 양단면 평균법을 사용하고, 소수 2자리까지 구하라 또한 체적의 증감은 높이에 정비례한다고 본다.)

1) 만수위 때의 저수용량

① 각주공식

$$V = \frac{h}{3}[A_1 + A_5 + 4(A_2 + A_4) + 2(A_3)]$$
$$= \frac{10}{3}[4{,}000 + 52{,}000 + 4(12{,}000 + 43{,}000) + 2(28{,}000)]$$
$$= \frac{10}{3}(56{,}000 + 220{,}000 + 56{,}000)$$
$$= 1{,}106{,}666.667\text{m}^3$$

② 양단면 평균법

$$V=[(\frac{A_1+A_n}{2})+A_2+A_3+A_4+A_{n-1}]\times h$$

$$=[(\frac{4,000+52,000}{2})+12,000+28,000+43,000]\times 10$$

$$=1,110,000\text{m}^3$$

2) 저수용량이 900,000m^{3}될 때의 수면의 높이(표고)

① 만수위 130m까지의 용량은 $V=1,110,000\text{m}^3$

② 120m까지의 용량을 구하면

$$V_1=[(\frac{4,000+43,000}{2})+12,000+28,000]\times 10$$

$$=635,000\text{m}^3$$

체적이 900,000m^{3}이 안 되므로 120m보다는 수면의 높이가 높다.

③ 120~130m 저수량(양단면 평균법)

$$V_2=(\frac{43,000+52,000}{2})\times 10=475,000\text{m}^3$$

$\therefore\ 900,000-635,000=265,000\text{m}^3$

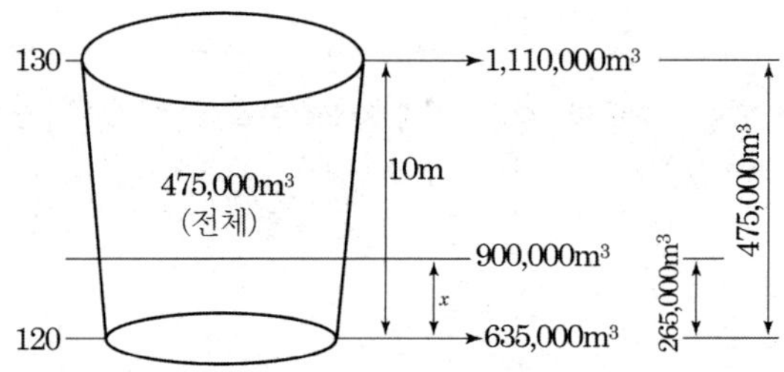

④ $475,000:10=265,000:x$

$$x=\frac{265,000\times 10}{475,000}=5.58\text{m}$$

그러므로 구하고자 하는 저수용량 900,000m^{3}일 경우 표고는 120+5.58=125.58m이다.

43

아래 그림은 DAM 건설예정지의 지형이다. 기준면으로부터 332m 선이 최고만수위라고 한다. 최고만수위 때의 저수량과 저수지에 물이 반($\frac{1}{2}$) 찼을 때의 수면의 높이를 구하시오. (단, 각 등고선으로 둘러싸인 면적은 다음과 같고 체적은 양단면 평균법에 의하며 이때 290m 이하의 체적은 무시한다. 또한 인접등고선 산지 내에서의 체적의 증감은 높이에 정비례한다고 가정한다.)

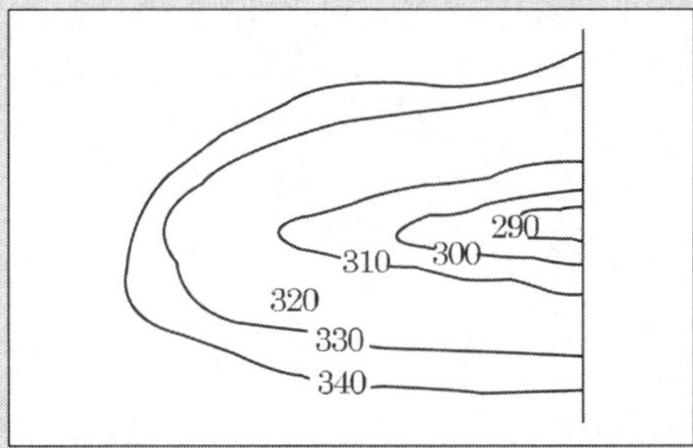

등고선(m)	면적(m^2)
290	40,000
300	89,000
310	112,000
320	167,000
330	206,000
340	265,000

1) 최고만수위일 때의 저수량

① 340m일 때 저수량

$$V=(\frac{A_1+A_n}{2}+A_2+A_3+A_4+A_{n-1})\times h$$

$$=[(\frac{40,000+265,000}{2})+89,000+112,000+167,000+206,000)\times 10$$

$$=7,265,000\text{m}^3$$

② 330m일 때 저수량

$$V=[(\frac{40,000+206,000}{2})+89,000+112,000+167,000]\times 10$$

$$=4,910,000\text{m}^3$$

③ 최고만수위 저수량(332m)

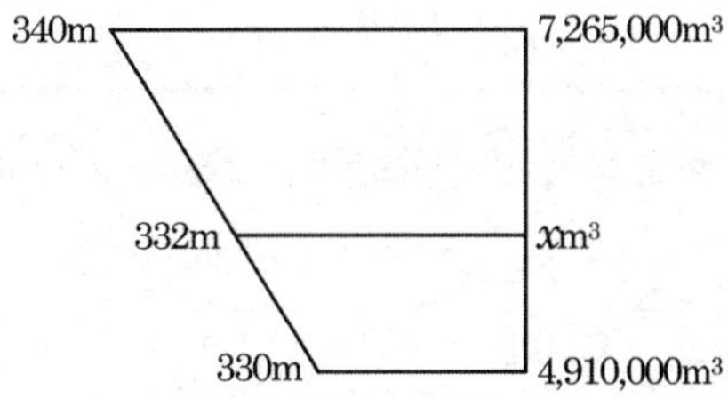

비례식으로 구하면 $(7,265,000-4,910,000):10=x:2$

$$x=\frac{2\times 2,355,000}{10}=471,000\text{m}^3$$

그러므로 332m일 때의 저수량은 $V=4,910,000+471,000=5,381,000\text{m}^3$이다.

2) 저수위에 물이 반($\frac{1}{2}$)만 찼을 때의 수면의 높이

① 만수위(332m)일 경우 저수량

$V=5,381,000\text{m}^3$

② 저수지에 물이 반($\frac{1}{2}$)만 찼을 때의 저수량

$$V=\frac{5,381,000}{2}=2,690,500\text{m}^3$$

③ 310m까지의 저수량

$$V=[(\frac{40,000+112,000}{2})+89,000]\times 10$$
$$=1,650,000\text{m}^3$$

④ 320m까지의 저수량

$$V=[(\frac{40,000+167,000}{2})+89,000+112,000]\times 10$$
$$=3,045,000\text{m}^3$$

⑤ 저수위에 물이 반($\frac{1}{2}$)만 찼을 때의 수면의 높이

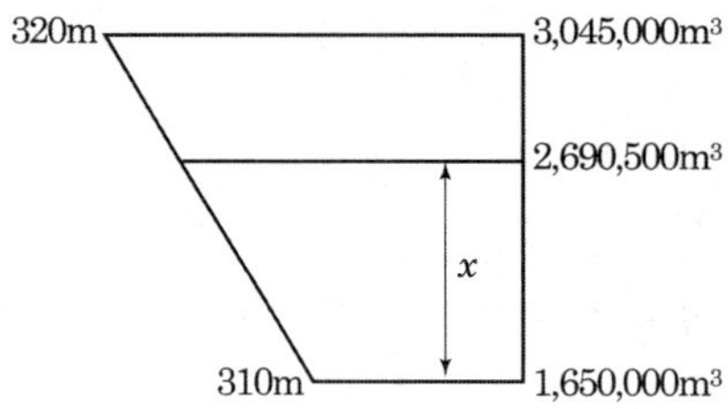

비례식으로 수면에 물이 반 찼을 때의 높이를 구하면

$$(3,045,000-1,650,000) : 10=(2,690,500-1,650,000) : x$$

$$x=\frac{10\times 1,040,500}{1,395,000}=7.46\text{m}$$

그러므로 저수지에 물이 반 찼을 때의 수면의 높이는 310+7.46=317.46m이다.

44

다음의 부지 측량결과를 이용하여 절·성토량이 같도록 지구의 계획고를 계산하시오.

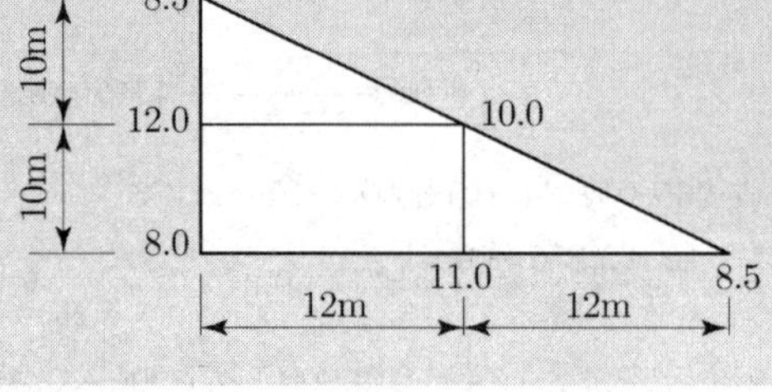

1) 사각형 분할

① 체적 $V_1 = \frac{A}{4}\{\Sigma h_1 + 2\Sigma h_2 + 3\Sigma h_3 + 4\Sigma h_4\}$

$= \frac{10 \times 12}{4}\{12 + 10 + 11 + 8\}$

$= 1{,}230\text{m}^3$

② 계획고 $h_1 = \frac{V_1}{nA} = \frac{1{,}230}{1 \times 10 \times 12} = 10.25\text{m}$

2) 삼각형 분할

① 체적 $V_2 = \frac{A}{3}\{\Sigma h_1 + 2\Sigma h_2 + 3\Sigma h_3 + \cdots + 9\Sigma h_9\}$

$= \frac{1}{3} \times \frac{10 \times 12}{2}\{8.5 + 12 + 11 + 8.5 + (2 \times 10)\}$

$= 1{,}200\text{m}^3$

② 계획고 $h_2 = \frac{V_2}{nA} = \frac{1{,}200}{2 \times \frac{10 \times 12}{2}} = 10\text{m}$

3) 평균계획고

$h = \frac{h_1 + h_2}{2} = \frac{10.25 + 10}{2} = 10.125\text{m}$

45

3m의 같은 간격으로 각 지거를 $y_0 = 3.8\text{m}$, $y_1 = 9.7\text{m}$, $y_2 = 13.4\text{m}$, $y_3 = 11.2\text{m}$, $y_4 = 7.6\text{m}$로 하였을 때, 사다리꼴공식, 심프슨의 제1, 제2법칙 공식에 의한 면적을 각각 구하시오.

- 사다리꼴공식

$A = \frac{d}{2}(y_0 + y_n + 2\Sigma y_i) = \frac{3}{2} \times [3.8 + 7.6 + 2(9.7 + 13.4 + 11.2)] = 120.0\text{m}^3$

- 심프슨의 제1법칙

$\therefore\ A = \frac{d}{3}[y_0 + 2(y_2 + y_4 + \cdots +) + 4(y_1 + y_3 \cdots) + y_n]$

$= \frac{3}{3}[3.8 + 2 \times (13.4) + 4 \times (9.7 + 11.2) + 7.6] = 121.8\text{m}^2$

- 심프슨 제2법칙

$A = \frac{3}{8}d[\,y_0 = y_n = 3(h_1 + h_2 + h_4 + h_5 + h_7 + h_8 + h_{10}) + 2(h_3 + h_6 + h_9)]$

$= \frac{3}{8} \times 3 \times [3.8 + 7.6 + 3(9.7 + 13.4) + 2 \times (11.2)] = 116.0\text{m}^2$

46

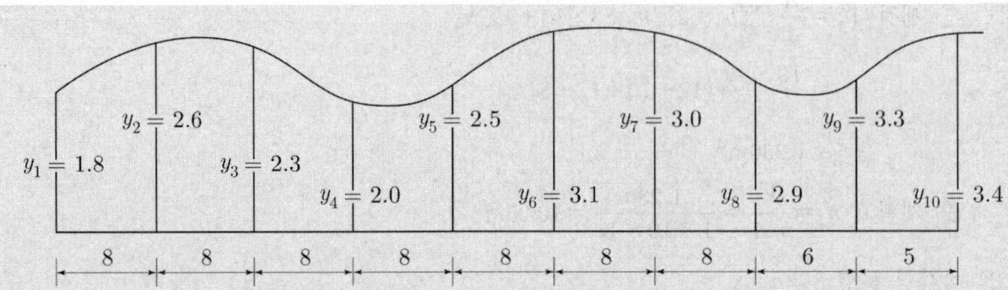

1. 사다리꼴
2. 심프스 1
3. 심프스 2

1. $A = 8\left\{\frac{1.8+2.9}{2} + 2.6 + 2.3 + 2.0 + 2.5 + 3.1 + 3.0\right\} + \left\{\frac{(2.9+3.3)\times 6}{2}\right\} + \left\{\frac{(3.3+3.4)\times 5}{2}\right\}\}$

$= 178.15\text{m}^2$

2. 심프슨 제1법칙

$$A = \frac{8}{3}\{1.8 + 3.0 + 4(2.6 + 2.0 + 3.1) + 2(2.3 + 2.5)\}$$
$$+ \left\{\frac{(3.0+2.9)\times 8}{2}\right\} + \left\{\frac{2.9+3.3)\times 6}{2}\right\} + \left\{\frac{(3.3+3.4)\times 5}{2}\right\}$$
$$= 179.48\text{m}^2$$

3. 심프슨 제2법칙

$$A = \frac{3\times 8}{8}\{1.8 + 3.0 + 3(2.6 + 2.3 + 2.5 + 3.1) + 2(2.0)\}$$
$$+ \left\{\frac{(3.0+2.9)\times 8}{2}\right\} + \left\{\frac{2.9+3.3)\times 6}{2}\right\} + \left\{\frac{(3.3+3.4)\times 5}{2}\right\}$$
$$= 178.95\text{m}^2$$

판정은 곡선의 변화에서 중간값이 제일근사값이다.

47

각 꼭지점의 표고가 그림과 같을 때 체적을 구하면?

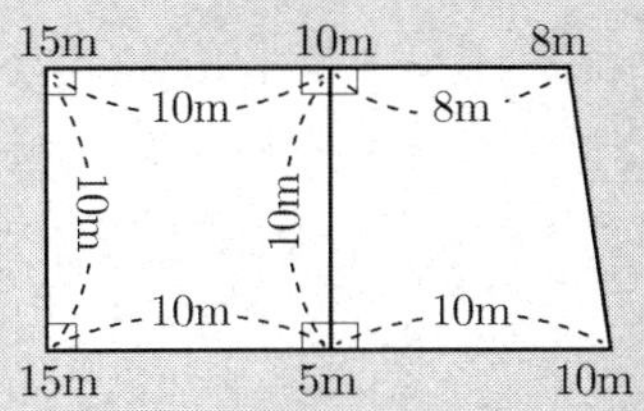

① $V=\dfrac{A}{4}(\Sigma h_1+2\Sigma h_2+\cdots)=\dfrac{10\times 10}{4}(15+10+5+10)=1{,}000\text{m}^3$

② $V=\dfrac{A}{3}(\Sigma h_1+2\Sigma h_2+\cdots)=\dfrac{\frac{1}{2}\times 10\times 8}{3}(10+9+5)=320\text{m}^3$

③ $V=\dfrac{A}{3}(\Sigma h_1+2\Sigma h_2+\cdots)=\dfrac{\frac{1}{2}\times 10\times 10}{3}(5+10+9)=400\text{m}^3$

$\therefore\ 100+320+400=1{,}720\text{m}^3$

PART 03

지상측량

陶淵明詩에 云盛年은 不重來하고 一日은 難再晨이니

及時當勉勵하라 歲月은 不待人이니라

도연명의 시에 적혀있는 바

꽃다운 청춘은 두 번 오지 않고 매일 오는 새벽도 똑같은 날들이 아니다.

세월은 기다려 주지 않으니 총기(聰氣)있는 젊은 시절에 학문에 힘써라.

* 도연명: 365~427, 중국 東晋과 宋代의 시인

Chapter 01

트래버스측량

여러 개의 측점을 연결하여 생긴 다각형의 각 변의 길이와 방위각을 순차로 측정하고, 그 결과에서 각 변의 위거, 경거를 계산하여 이 점들의 좌표를 결정하여 도상기준점의 위치를 결정하는 측량을 말한다.

1.1 트래버스측량의 특징

(1) 삼각점이 멀리 배치되어 있어 좁은 지역에 세부측량의 기준이 되는 점을 추가 설치할 경우에 편리하다.
(2) 복잡한 시가지나 지형의 기복이 심하여 시준이 어려운 지역의 측량에 적합하다.
(3) 선로(도로, 하천, 철도)와 같이 좁고 긴 곳의 측량에 적합하다.
(4) 거리와 각을 관측하여 도식해법에 의하여 모든 점의 위치를 결정할 경우 편리하다.
(5) 삼각측량과 같이 높은 정도를 요구하지 않는 골조측량에 이용한다.

1.2 트래버스의 종류

결합트래버스	기지점에서 출발하여 다른 기지점으로 결합시키는 방법으로 대규모 지역의 정확성을 요하는 측량에 이용한다.	
폐합트래버스	기지점에서 출발하여 원래의 기지점으로 폐합시키는 트래버스로 측량 결과가 검토는 되나 결합다각형보다 정확도가 낮아 소규모 지역의 측량에 좋다.	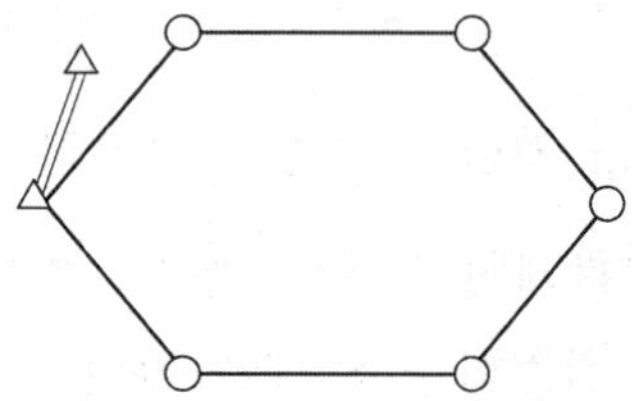
개방트래버스	임의의 점에서 임의의 점으로 끝나는 트래버스로 측량 결과의 점검이 안 되어 노선측량의 답사에는 편리한 방법이다. 시작되는 점과 끝나는 점 간에 아무런 조건이 없다.	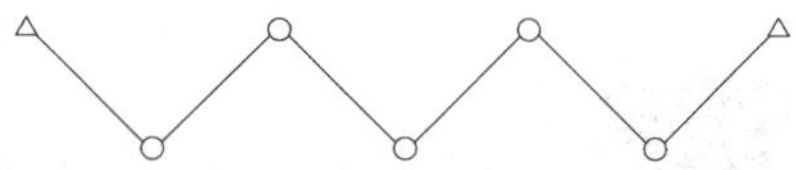

1.3 트래버스측량의 측각법

교각법	어떤 측선이 그 앞의 측선과 이루는 각을 관측하는 것을 교각법이라 한다.	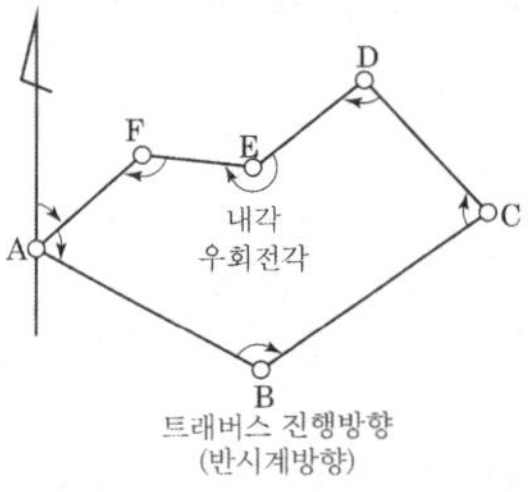 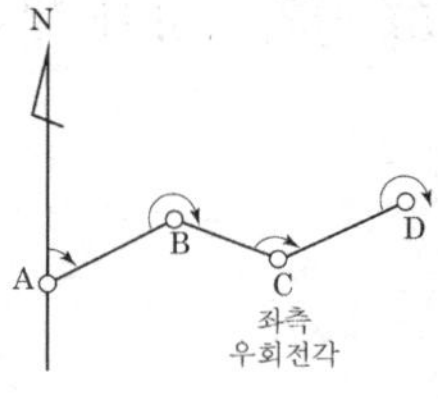

편각법	각 측선이 그 앞 측선의 연장과 이루는 각을 관측하는 방법	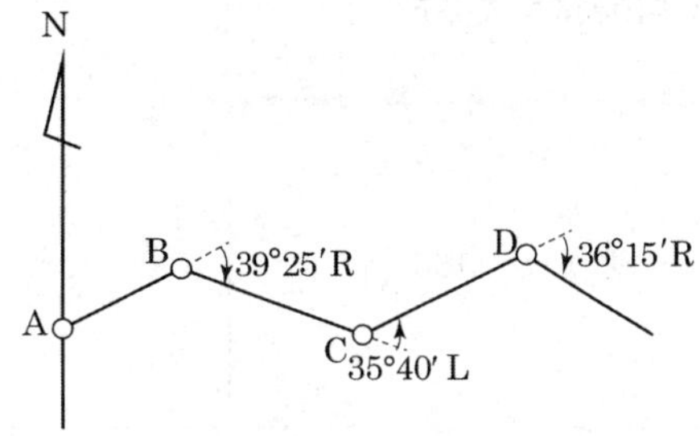
방위각법	각 측선이 일정한 기준선인 자오선과 이루는 각을 우회로 관측하는 방법	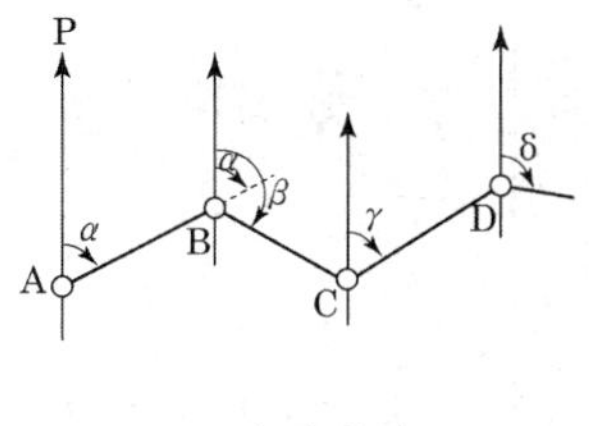 [방위각법] 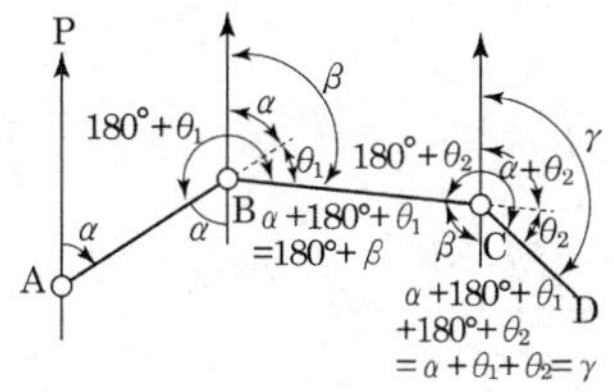 [역방위각법]

1.4 측각오차의 조정

1) 폐합트래버스 경우

내각 측정 시	다각형의 내각의 합은 $180°(n-2)$이므로 $\therefore\ E=[a]-180(n-2)$	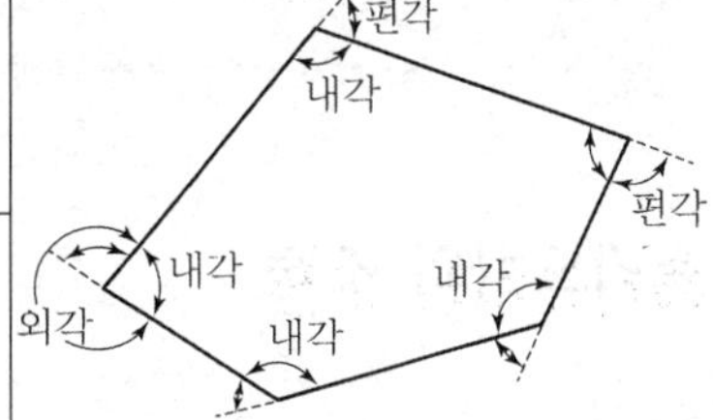
외각 측정 시	다각형에서 외각은(360°−내각)이므로 외각의 합은 (360°×n−내각의 합). 즉, $360°\times n-180°(n-2)=180°(n+2)$이 된다. $\therefore\ E=[a]-180(n+2)$	
편각 측정 시	편각은 (180°−내각)이므로 편각의 합은 $180°\times n-180°(n-2)=360°$ $\therefore\ E=[a]-360°$ 여기서, E : 폐합트래버스 오차 $[a]$: 각의 총합 n : 각의 수	

2) 결합트래버스 경우

$E=W_a-W_b+[a]-180°(n+1)$	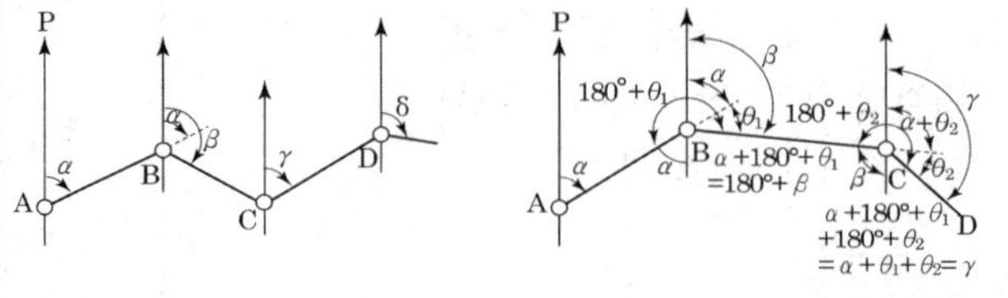
$E=W_a-W_b+[a]-180°(n-1)$	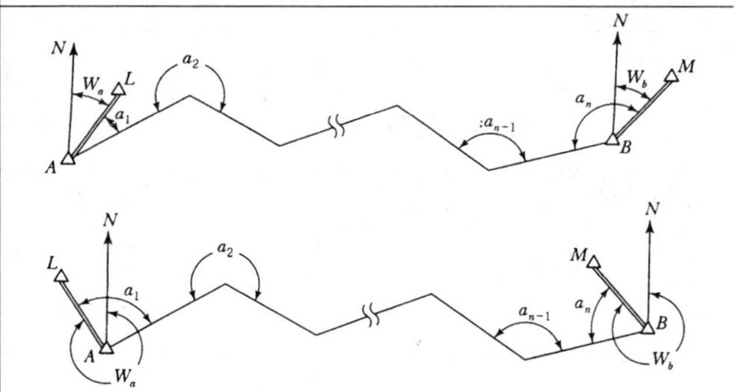
$E=W_a-W_b+[a]-180°(n-3)$	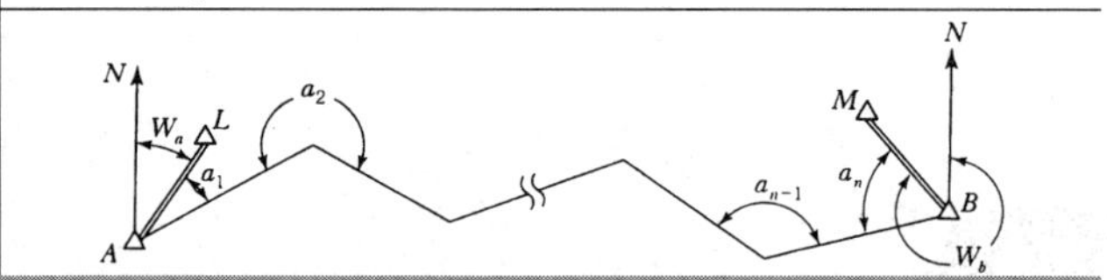

3) 측각오차의 허용범위

임야지 또는 복잡한 경사지	$1.5'\sqrt{n}$(분) $=90''\sqrt{n}$(초)
완만한 경사지 또는 평탄지	$0.5'\sqrt{n}\sim1'\sqrt{n}$(분) $=30''\sqrt{n}\sim60''\sqrt{n}$(초)
시가지	$0.3'\sqrt{n}\sim0.5'\sqrt{n}$(분) $=20''\sqrt{n}\sim30''\sqrt{n}$(초) 여기서, n : 트래버스의 변의 수

4) 측각오차의 조정

오차 $E_a=\pm\varepsilon_a\sqrt{n}$

여기서, E_a : n개의 각의 각오차

ε_a : 1개 각의 각오차

n : 측각수

1.5 방위각 및 방위 계산

1) 방위각 계산

(1) 교각법에 의한 방위각 계산

교각을 시계방향으로 측정할 때 (진행방향의 우측각)	방위각=하나 앞 측선의 방위각+180°-그 측선의 교각 $\therefore V=\alpha+180°-a_2$
교각을 반시계방향으로 측정할 때 (진행방향의 좌측각)	방위각=하나 앞 측선의 방위각+180°+그 측선의 교각 $\therefore V=\alpha+180°+a_2$

(2) 편각을 측정한 경우의 방위각 계산

방위각=하나 앞 측선의 방위각±그 측선의 편각
(우편각(+), 좌편각(−))

(3) 역방위각 계산

역방위각=방위각+180°

2) 방위계산

상환	방위	방위각	위거	경거
I	$N\ \theta_1\ E$	$a=\theta_1$	+	+
II	$S\ \theta_2\ E$	$a=180°-\theta_2$	−	+
III	$S\ \theta_3\ W$	$a=180°+\theta_3$	−	−
IV	$N\ \theta_4\ W$	$a=360°-\theta_4$	+	−

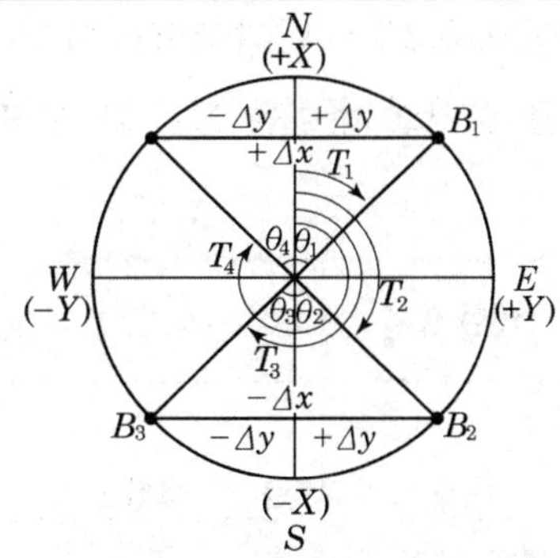

방위

1.6 위거 및 경거 계산

구분	내용	
위거(Latitude)	측선에서 NS선의 차이 $L_{AB}=l\cdot\cos\theta$	
경거(Departure)	측선에서 EW선의 차이 $D_{AB}=l\cdot\sin\theta$	
AB의 거리	$AB=\sqrt{(X_B-X_A)^2+(Y_B-Y_A)^2}$	
방위	$\tan\theta=\dfrac{\Delta Y}{\Delta X}=\dfrac{Y_B-Y_A}{X_B-X_A}$ $\theta=\tan^{-1}\dfrac{\Delta Y}{\Delta X}$(? 상환)	
방위각	1상환	$a=\theta_1$
	2상환	$a=180°-\theta_2$
	3상환	$a=180°+\theta_3$
	4상환	$a=360°-\theta_4$

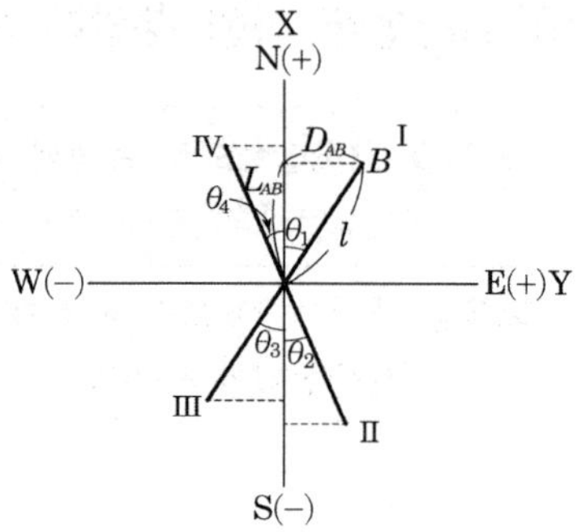

1.7 폐합오차와 폐합비

1) 폐합트래버스

폐합오차(E)는 다각측량에서 거리와 각을 관측하여 출발점에 돌아왔을 때 거리와 각의 오차로 위거의 대수합(ΣL)과 경거의 대수합(ΣD)이 0이 안 된다. 이때의 오차를 말한다.

구분	내용
폐합오차	$E=\sqrt{(\Delta L)^2+(\Delta D)^2}$
폐합비(정도)	$\dfrac{1}{M}=\dfrac{\text{폐합오차}}{\text{총길이}}=\dfrac{\sqrt{(\Delta L)^2+(\Delta D)^2}}{\Sigma l}$ 여기서, Δl : 위거오차 ΔD: 경거오차

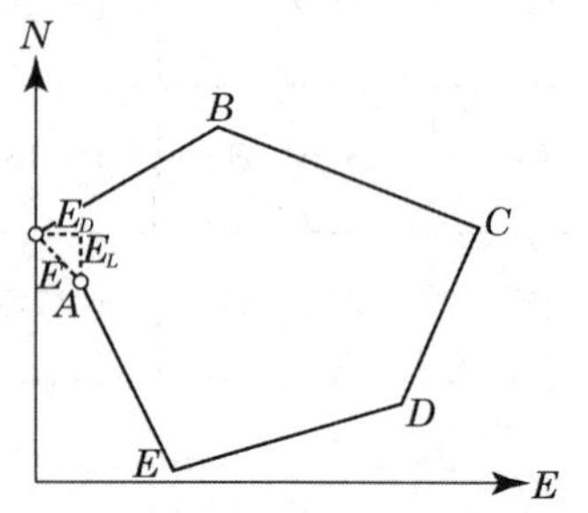

2) 결합트래버스

시점 A의 좌표가 (X_A, Y_A), 종점 B의 좌표가 (X_B, Y_B)라 할 때 위거·경거의 오차는 다음 식으로 구한다.

<table>
<tr>
<td>위거오차,
경거오차</td>
<td>$\Delta l = (X_A + \Sigma L) - X_B$
or. $\Sigma L - (X_n - X_A)$
$\Delta d = (Y_A + \Sigma D) - Y_B$
or. $\Sigma D - (Y_n - Y_A)$
여기서, Δl : 위거의 오차
Δd : 경거의 오차
ΣL : 위거의 합
ΣD : 경거의 합</td>
<td>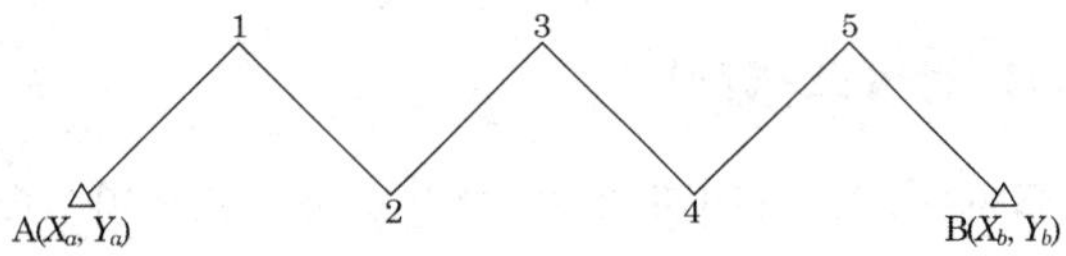
</td>
</tr>
</table>

주의 : 위거, 경거 오차가 (+)이면 (−), (−)이면 (+)값으로 보정한다.
위 식에서 주의할 것(만약 반대에서 빼면 부호는 나오는 대로 보정한다.)

3) 폐합비의 허용범위

시가지	$\frac{1}{5,000} \sim \frac{1}{10,000}$
평지	$\frac{1}{1,000} \sim \frac{1}{2,000}$
산지 및 임야지	$\frac{1}{500} \sim \frac{1}{1,000}$
산악지 및 복잡한 지형	$\frac{1}{300} \sim \frac{1}{1,000}$

1.8 트래버스의 조정

1) 폐합오차의 조정

폐합오차를 합리적으로 배분하여 트래버스가 폐합하도록 하는데 오차의 배분방법은 다음 두 가지가 있다.

(1) 컴퍼스 법칙

각관측과 거리관측의 정밀도가 같을 때 조정하는 방법으로 각 측선길이에 비례하여 폐합오차를 배분한다.

(2) 트랜싯 법칙

각관측의 정밀도가 거리관측의 정밀도보다 높을 때 조정하는 방법으로 위거, 경거의 크기에 비례하여 폐합오차를 배분한다.

컴퍼스법칙	$\text{위거조정량} = \dfrac{\text{그 측선거리}}{\text{전 측선거리}} \times \text{위거오차} = \dfrac{L}{\Sigma L} \times E_L$
	$\text{경거조정량} = \dfrac{\text{그 측선거리}}{\text{전 측선거리}} \times \text{경거오차} = \dfrac{D}{\Sigma L} \times E_D$
트랜싯법칙	$\text{위거조정량} = \dfrac{\text{그 측선의 위거}}{\lvert\text{위거절대치의 합}\rvert} \times \text{위거오차} = \dfrac{L}{\Sigma \lvert L \rvert} \times E_D$
	$\text{경거조정량} = \dfrac{\text{그 측선의 경거}}{\lvert\text{경거절대치의 합}\rvert} \times \text{경거오차} = \dfrac{D}{\Sigma \lvert D \rvert} \times E_D$

1.9 합위거(X좌표) 및 합경거(Y좌표)의 계산

트래버스측량의 좌표는 합위거 및 합경거를 의미하며 트래버스측량의 목적은 점(X, Y) 좌표를 구하는 데 있다. 이때 위거는 X, 경거는 Y를 의미한다.

좌표 계산	① 최초의 측점을 원점으로 한다.
	② 임의 측선의 합위(경)거 = 앞 측선의 합위(경)거 + 그 측선의 조정 위(경)거
	③ 마지막 측선의 합위(경)거 = 그 측선의 조정 위(경)거와 같고 부호가 반대

구분	좌표	그림
A점 좌표	$x_1 = x_1$ $y_1 = y_1$	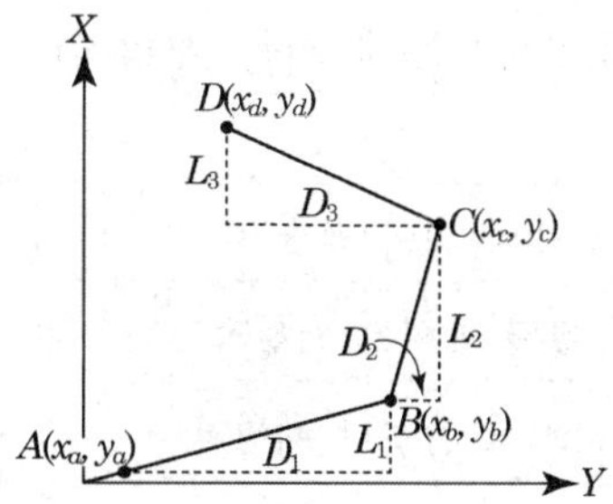
B점 좌표	$x_2 = x_1 + L_1$ $y_2 = y_1 + D_1$	
C점 좌표	$x_3 = x_1 + L_1 + L_2$ $y_3 = y_1 + D_1 + D_2$	

1.10 면적 계산

1) 횡거

어떤 측선의 중심에서 어떤 시준선에 내린 수선의 길이를 횡거라 한다.

횡거	$\overline{NN'} = \overline{N'P} + \overline{PQ} + \overline{QN}$ $= \overline{MM'} + \frac{1}{2}\overline{BB'} + \frac{1}{2}\overline{CC''}$ 여기서, NN' : 측선 BC의 횡거 MM' : 측선 AB의 횡거 BB' : 측선 AB의 횡거 CC'' : 측선 BC의 횡거
임의 측선의 횡거	=하나 앞 측선의 횡거 하나 $+\frac{\text{하나 앞 측선의 경거}}{2}+\frac{\text{그 측선의 경거}}{2}$

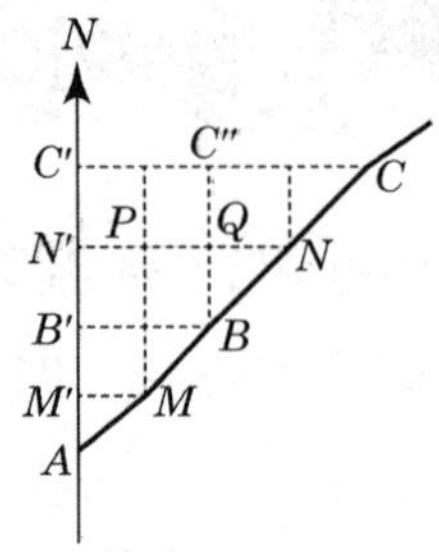

[횡거 및 배횡거]

2) 배횡거

면적을 계산할 때 횡거를 그대로 사용하면 분수가 생겨서 불편하므로 계산의 편리상 횡거를 2배하는데 이를 배횡거라 한다.

제1측선의 배횡거	그 측선의 경거
임의 측선의 배횡거	앞 측선의 배횡거 + 앞 측선의 경거 + 그 측선의 경거
마지막 측선의 배횡거	그 측선의 경거(부호는 반대)

3) 면적

(1) 배면적=배횡거×위거

(2) 면적$=\frac{\text{배면적}}{2}$

4) 좌표법에 의한 면적계산

$A=\frac{1}{2}\{y_1(x_n-x_2)+y_2(x_1-x_3)+y_3(x_2-x_4)+\cdots y_n(x_{n-1}-x_1)\}$ $=\frac{1}{2}\{y_n(x_{n-1}-x_{n+1})\}$	
$A=\frac{1}{2}\{x_1(y_n-y_2)+x_2(y_1-y_3)+x_3(y_2-y_4)+\cdots y_x(y_{n-1}-y_1)\}$ $=\frac{1}{2}\{x_n(y_{n-1}-y_{n+1})\}$	

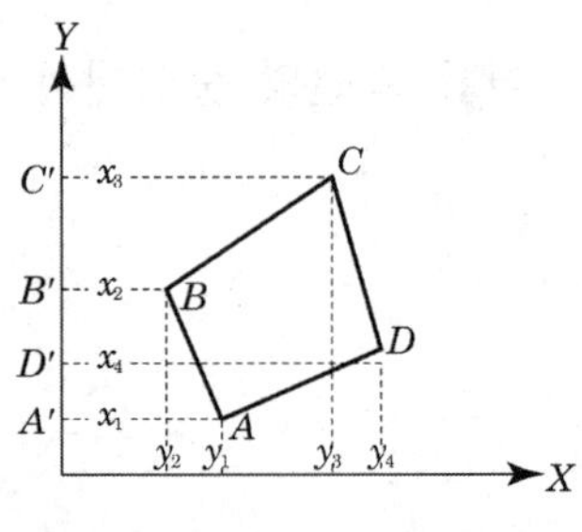

예상문제 ABCD의 좌표값을 가지고 사각형의 면적을 구하라.

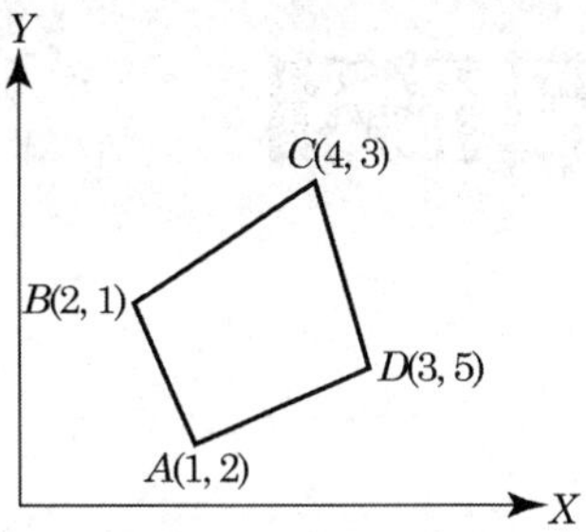

	A	B	C	D	A
X 좌표	1	2	4	3	1
Y 좌표	2	1	3	5	2

$\sum \searrow = (1+6+20+6) = 33$

$\sum \swarrow = (4+4+9+5) = 22$

$\therefore\ 33-22 = 11\text{m}^2$(배면적)

면적$= \dfrac{11}{2} = 5.5\text{m}^2$

Chapter 01

실전문제

01

그림과 같은 폐합트래버스의 측량 결과이다. 대지의 면적을 구하시오.
(단, 경거, 위거는 소수 3째자리까지 계산할 것)

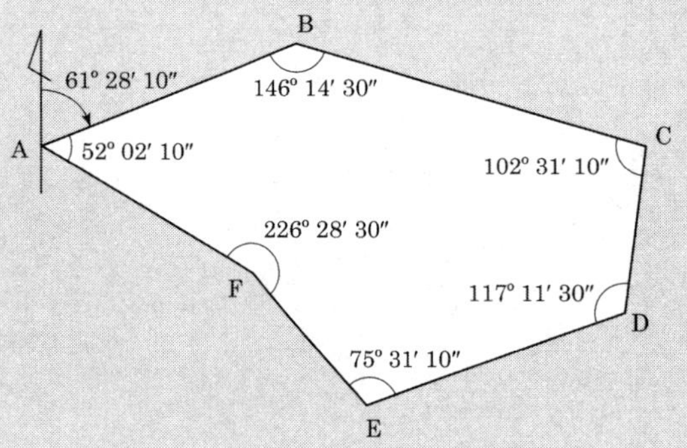

측선	거리	측정각
A−B	71.47	52°02′10″
B−C	102.59	146°14′30″
C−D	53.45	102°31′10″
D−E	104.72	117°11′30″
E−F	63.72	75°31′10″
F−A	69.37	226°28′30″
계	465.32	719°59′00″

1. 폐합트래버스(각 관측오차 계산)

내각 관측 시 : $E_a = [a] - 180°(n-2)$

외각 관측 시 : $E_a = [a] - 180°(n+2)$

편각 관측 시 : $E_a = [a] - 360°$

조정량(내각 관측) $E_a = [a] - 180°(n-2)$

$= 719°59' - 180°(6-2)$

$= -1' = -60''$

$\therefore$ 오차량 $= \dfrac{E_a}{n} = \dfrac{60''}{6} = 10''$

$\therefore$ $+10''$ 씩 보정한다.

2. 방위각 및 방위 계산

1) 방위각 계산

방위각=전 측선의 방위각+180°−교각

$V_A^B = 61°28'10''$

$V_B^C = 61°28'10'' + 180° - 146°14'40'' = 95°13'30''$

$V_C^D = 95°13'30'' + 180° - 102°31'20'' = 172°42'10''$

$V_D^E = 172°42'10'' + 180° - 117°11'40'' = 235°30'30''$

$V_E^F = 235°30'30'' + 180° - 75°31'20'' = 339°59'10''$

$V_F^A = 339°59'10'' + 180° - 226°28'40'' = 293°30'30''$

2) 방위 계산

① $\overline{AB}$의 방위 $= N\ 61°28'10''\ E$

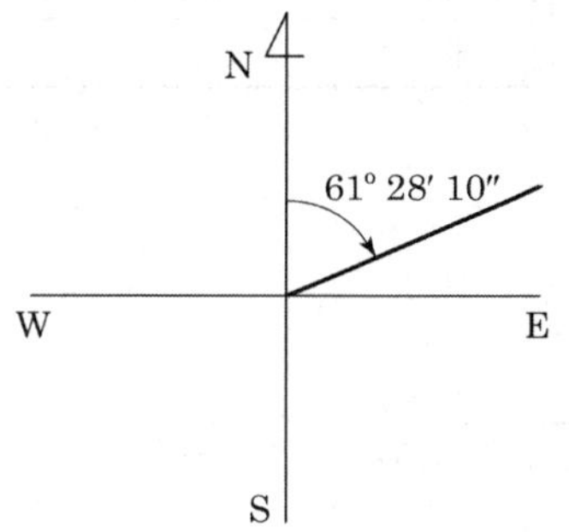

② $\overline{BC}$의 방위 $= S\ 84°46'30''\ E$

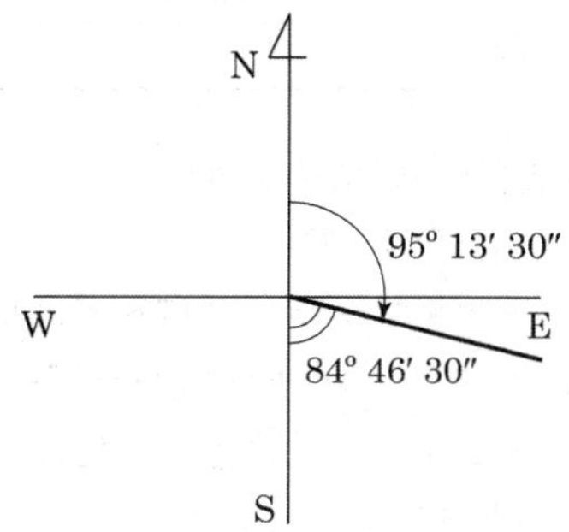

③ $\overline{CD}$의 방위 $= S\ 7°17'50''\ E$

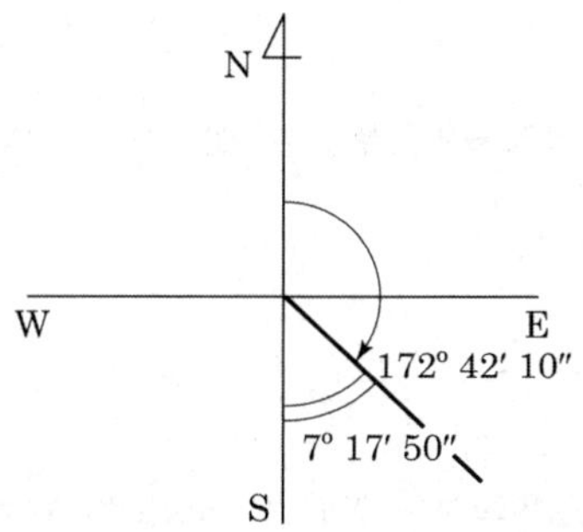

④ $\overline{DE}$의 방위 $= S\ 55°30'30''\ W$

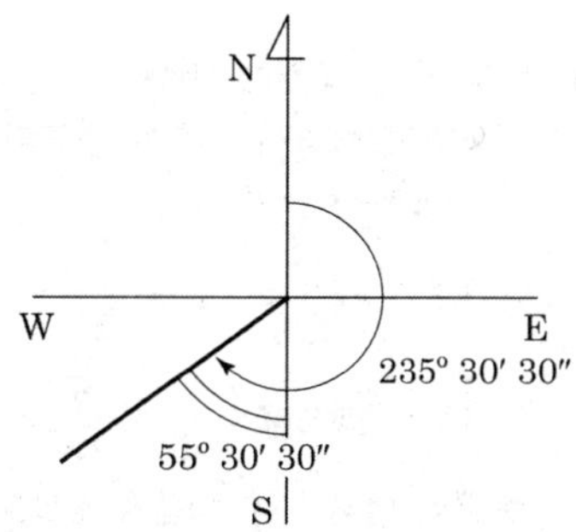

⑤ $\overline{EF}$의 방위 $= N\ 20°00'50''\ W$

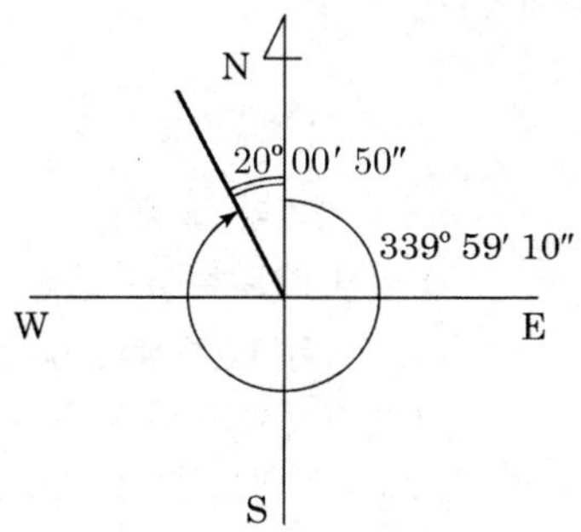

⑥ $\overline{FA}$의 방위 $= N\ 66°29'30''\ W$

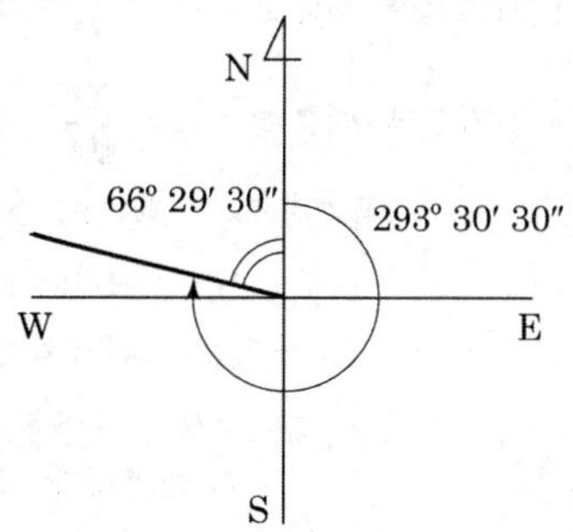

3. 위거, 경거의 계산

측선	위거($L=l\cos v$)	측선	경거($D=l\sin v$)
A–B	$71.47\times\cos 61°28'10''=34.136$	A–B	$71.47\times\sin 61°28'10''=62.791$
B–C	$102.59\times\cos 95°13'30''=-9.343$	B–C	$102.59\times\sin 95°13'30''=102.164$
C–D	$53.45\times\cos 172°42'10''=-53.017$	C–D	$53.45\times\sin 172°42'10''=6.789$
D–E	$104.72\times\cos 235°30'30''=-59.302$	D–E	$104.72\times\sin 235°30'30''=-86.311$
E–F	$63.72\times\cos 339°59'10''=59.872$	E–F	$63.72\times\sin 339°59'10''=-21.808$
F–A	$69.37\times\cos 293°30'30''=27.670$	F–A	$69.37\times\sin 293°30'30''=-63.612$
계	0.016	계	0.013

4. 폐합오차 및 폐합비 계산

1) 폐합오차

위거차 : $\Delta L=121.678-121.662=0.016$

경거차 : $\Delta D=171.744-171.731=0.013$

폐합차 : $E=\sqrt{(\Delta l)^2+(\Delta d)^2}=\sqrt{(0.016)^2+(0.013)^2}=0.020616$

2) 폐합비 계산

$$\text{폐합비}=\frac{\text{폐합오차}}{\text{전거리}}=\frac{0.020616}{465.32}=\frac{1}{22570.82}$$

5. 위거 및 경거 조정량 계산

1) 컴퍼스 법칙 : 각 관측의 정도와 거리 관측의 정도가 동일할 때 실시하는 방법. 각 측선의 길이에 비례하여 오차 배분

위거오차 배분량 : $\varepsilon_l=\dfrac{l}{\Sigma l}\times\Delta l$

경거오차 배분량 : $\varepsilon_d=\dfrac{d}{\Sigma d}\times\Delta d$

2) 트랜싯 법칙 : 각 측량의 정밀도가 거리의 정밀도보다 높을 때 이용되며 위거, 경거의 오차를 각 측선의 위거, 경거에 비례하여 배분

위거오차 배분량 : $\varepsilon_l=\dfrac{L}{|L|}\times\Delta l$

경거오차 배분량 : $\varepsilon_l=\dfrac{D}{|D|}\times\Delta d$

여기서, ε_l : 위거의 조정량　　ε_d : 경거의 조정량

Σl : 측선장의 합　　l : 보정할 측선의 길이

Δl : 위거의 오차　　$|L|$: 위거절대값의 합

$|D|$: 경거절대값의 합　　L : 보정할 측선의 위거

D : 보정할 측선의 경거　　Δd : 경거오차

3) 컴퍼스 법칙

측선	위거($\frac{\Delta l}{\sum l} \times l$)
$\overline{AB}$	$\frac{0.016}{465.32} \times 71.47 = 0.002$
$\overline{BC}$	$\frac{0.016}{465.32} \times 102.59 = 0.004$
$\overline{CD}$	$\frac{0.016}{465.32} \times 53.45 = 0.002$
$\overline{DE}$	$\frac{0.016}{465.32} \times 104.72 = 0.004$
$\overline{EF}$	$\frac{0.016}{465.32} \times 63.72 = 0.002$
$\overline{FA}$	$\frac{0.016}{465.32} \times 69.37 = 0.002$
	$\sum 0.016$

측선	경거($\frac{\Delta d}{\sum l} \times l$)
$\overline{AB}$	$\frac{0.013}{465.32} \times 71.47 = 0.002$
$\overline{BC}$	$\frac{0.013}{465.32} \times 102.59 = 0.003$
$\overline{CD}$	$\frac{0.013}{465.32} \times 53.45 = 0.001$
$\overline{DE}$	$\frac{0.013}{465.32} \times 104.72 = 0.003$
$\overline{EF}$	$\frac{0.013}{465.32} \times 63.72 = 0.002$
$\overline{FA}$	$\frac{0.013}{465.32} \times 69.37 = 0.002$
	$\sum 0.013$

위거, 경거 조정량 부호결정

$\sum N > \sum S : (-)$

$\sum N < \sum S : (+)$

즉, 위거, 경거 오차의 합($\sum$)이 (−)값이면 (+), (+)값이면 (−)로 보정한다.

6. 조정위거·경거 계산

측선	조정위거
A−B	34.136−0.002=34.134
B−C	−9.343−0.004=−9.347
C−D	−53.017−0.002=−53.019
D−E	−59.302−0.004=−59.306
E−F	59.872−0.002=59.870
F−A	27.670−0.002=27.668
계	$\sum 0$

측선	조정경거
A−B	62.791−0.002=62.789
B−C	102.164−0.003=102.161
C−D	6.789−0.001=6.788
D−E	−86.311−0.003=−86.314
E−F	−21.808−0.002=−21.810
F−A	−63.612−0.002=−63.614
계	$\sum 0$

조정위거[N(+), S(−)]의 합이 0이 되어야 한다.

조정경거[E(+), W(−)]의 합이 0이 되어야 한다.

7. 합위거, 합경거 계산

측점	합위거
A	A=100.000
B	100+34.134=134.134
C	134.134−9.347=124.787
D	124.787−53.019=71.768
E	71.768−59.306=12.462
F	12.462+59.870=72.332
A	72.332+27.668=100.000

측점	합경거
A	A=200.000
B	200+62.789=262.789
C	262.789+102.161=364.950
D	364.950+6.788=371.738
E	371.738−86.314=285.424
F	285.424−21.810=263.614
A	263.614−63.614=200.000

8. 배횡거 계산

제1측선의 배횡거=그 측선의 경거

배횡거=전 측선의 배횡거+전 측선의 경거+그 측선의 경거

마지막 측선 배횡거=그 측선의 경거(단, 부호는 반대)

※ 횡거는 어떤 측선의 중점으로부터 기준선(남북자오선)에 내린 수선의 길이를 말한다.(자오선거리(meridian distance)라고도 한다.) 다각측량에서 면적을 계산할 때는 위거에 의하는데 이때 횡거를 그대로 이용하면 분수가 생겨 계산이 불편하므로 계산의 편의를 위해 횡거의 2배인 배횡거(또는 배자오선거리(double longitude))를 사용한다.

① $\overline{AB}$의 배횡거$=62.789$

② $\overline{BC}$의 배횡거$=62.789+62.789+102.161=227.739$

③ $\overline{CD}$의 배횡거$=227.739+102.161+6.788=336.688$

④ $\overline{DE}$의 배횡거$=336.688+6.788-86.314=257.162$

⑤ $\overline{EF}$의 배횡거$=257.162-86.314-21.810=149.038$

⑥ $\overline{FA}$의 배횡거$=149.038-21.810-63.614=63.614$
(그 측선의 경거와 같다)

9. 배면적 계산 : 배면적=배횡거×위거

① $\overline{AB}$의 배면적$=62.789\times34.134=2143.240$

② $\overline{BC}$의 배면적$=227.739\times-9.347=-2128.676$

③ $\overline{CD}$의 배면적$=336.688\times(-53.019)=-17850.861$

④ $\overline{DE}$의 배면적$=257.162\times(-59.306)=-15251.250$

⑤ $\overline{EF}$의 배면적$=149.038\times59.870=8922.905$

⑥ $\overline{FA}$의 배면적$=63.614\times27.668=1760.072$　　∴ 배면적$=\Sigma 22404.57$

10. 면적 계산 : 횡거 대신 배횡거를 사용한 면적이니까 면적은 2배가 되므로 2등분하면 실제 면적이 된다.

$$\text{면적}=\frac{1}{2}\times\text{배면적}=\frac{1}{2}\times 22404.57=11202.285\text{m}^2$$

측선	관측각	조정량	조정각	방위각	방위	거리
A-B	50°02′10″	10″	50°02′20″	61°28′10″	N 61°28′10″ E	71.47
B-C	146°14′30″	10″	146°14′40″	95°13′30″	S 84°46′30″ E	102.59
C-D	102°31′10″	10″	102°31′20″	172°42′10″	S 7°17′50″ E	53.45
D-E	117°11′30″	10″	117°11′40″	235°30′30″	S 55°30′30″ E	104.72
E-F	75°31′10″	10″	75°31′20″	339°59′10″	N 20°00′50″ W	63.72
F-A	226°28′30″	10″	226°28′40″	293°30′30″	N 66°29′30″ W	69.37
	719°59′00″		719°59′00″			465.32

측선	위거		경거		위거 조정량	경거 조정량	조정위거		조정경거		측점	합위거	합경거	배횡거	배면적
	N(+)	S(−)	E(+)	W(−)			N(+)	S(−)	E(+)	W(−)					
A−B	34.136		62.791		−0.002	−0.002	34.134		62.789		A	100.000	200.000	62.789	2143.240
B−C		9.343	102.164		−0.004	−0.003		9.347	102.161		B	134.134	262.789	227.739	−2128.676
C−D		53.017	6.789		−0.002	−0.001		53.019	6.788		C	124.787	364.950	336.688	−17850.861
D−E		59.302		86.311	−0.004	−0.003		59.306		86.314	D	71.768	371.738	257.162	−15251.250
E−F	59.872			21.808	−0.002	−0.002	59.870			21.810	E	12.462	285.424	149.038	8922.905
F−A	27.670			63.612	−0.002	−0.002	27.668			63.614	F	72.332	263.614	63.614	1760.072
											A	(100000, 200000)		배면적 $\sum 22404.57$	
													면적 $= \frac{\sum 배면적}{2} = 11202.285m^2$		
	121.678	121.662	171.744	171.731	−0.016	−0.013	121.672	121.672	171.738	171.738					

02

그림과 같은 폐합트래버스측량 결과 다음과 같은 결과를 얻었다. 대지의 면적을 구하시오. (단, AB측선의 방위각은 38°23′50″이다.

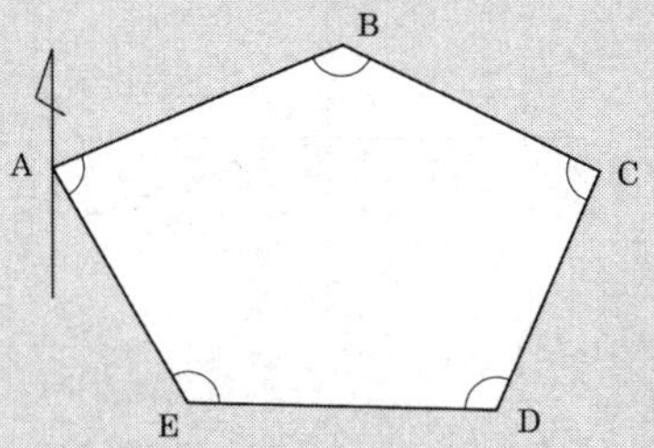

측선	거리	측정각
A－B	53.521	104°02′30″
B－C	56.236	116°07′30″
C－D	57.944	103°39′50″
D－E	58.127	104°51′30″
E－F	56.775	111°19′30″
계	282.603	540°00′50″

1. 폐합트래버스(각 관측오차 계산)

   내각 관측 시 : $E_a = [a] - 180°(n-2)$

   외각 관측 시 : $E_a = [a] - 180°(n+2)$

   편각 관측 시 : $E_a = [a] - 360°$

   조정량(내각 관측) : $E_a = [a] - 180°(n-2)$

   $= 540°00'50'' - 180°(5-2) = 50''$

   ∴ 오차량$= \dfrac{E_a}{n} = \dfrac{50''}{5} = 10''$

   ∴ $-10''$씩 보정한다.

2. 방위각 및 방위 계산

   1) 방위각 계산 : 방위각=전 측선의 방위각+180°－교각

   $V_A^B = 38°23'50''$

   $V_B^C = 38°23'50'' + 180° - 116°07'20'' = 102°16'30''$

   $V_C^D = 102°16'30'' + 180° - 103°39'40'' = 178°36'50''$

   $V_D^E = 178°36'50'' + 180° - 104°51'20'' = 253°45'30''$

   $V_E^A = 235°30'30'' + 180° - 111°19'20'' = 322°26'10''$

2) 방위 계산

① $\overline{AB}$의 방위 $= N\,38°23'50''\,E$

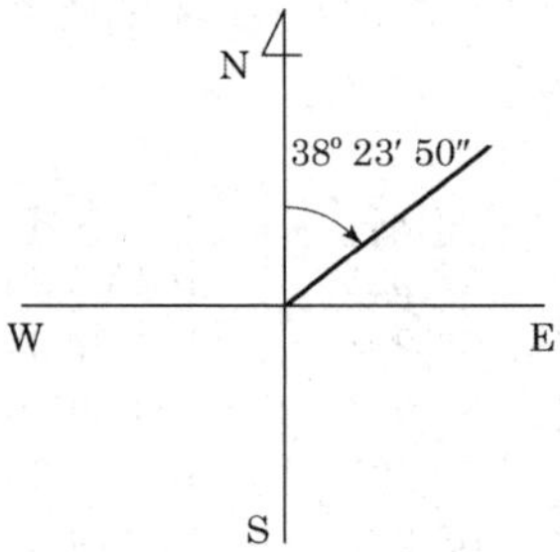

② $\overline{BC}$의 방위 $= S\,77°43'30''\,E$

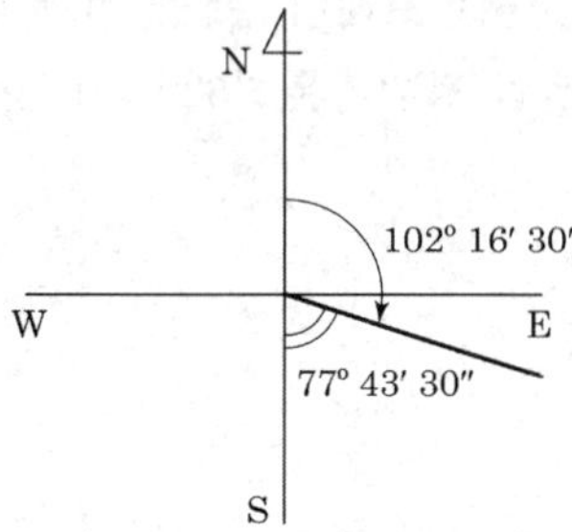

③ $\overline{CD}$의 방위 $= S\,1°23'10''\,E$

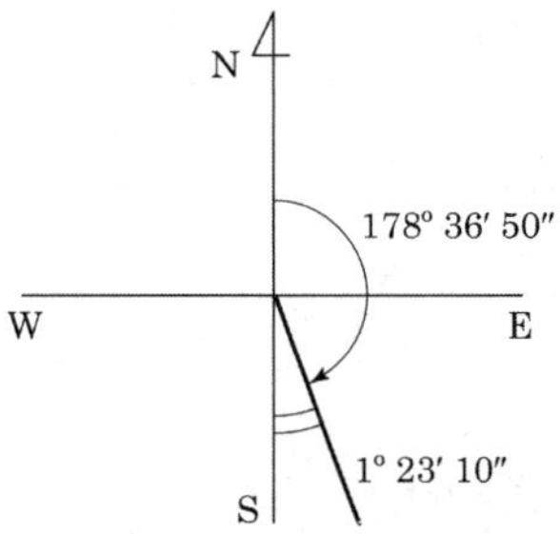

④ $\overline{DE}$의 방위 $= S\,73°45'30''\,W$

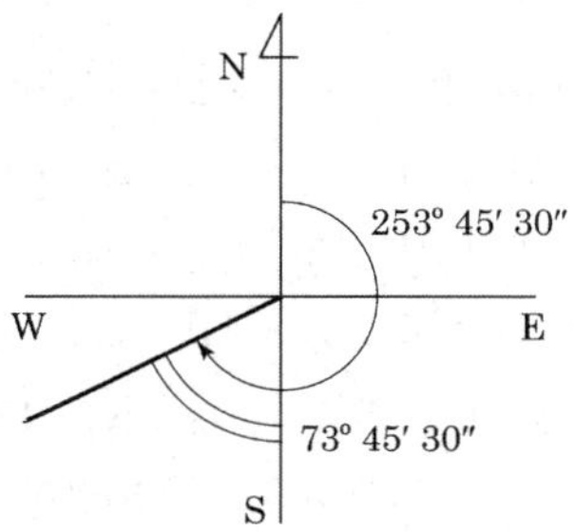

⑤ $\overline{EA}$의 방위 $= N\,37°33'50''\,W$

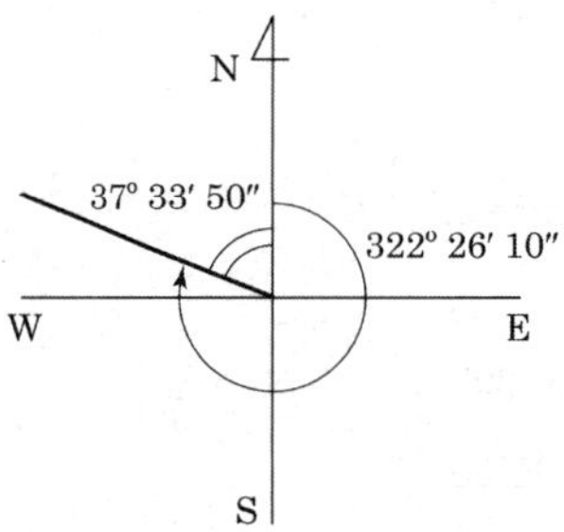

3. 위거, 경거의 계산

측선	위거($L = l\cos v$)
A−B	53.521 × cos38°23′50″ = 41.946
B−C	56.236 × cos102°16′30″ = −11.956
C−D	57.944 × cos178°36′50″ = −57.927
D−E	58.127 × cos253°45′30″ = −16.258
E−A	56.775 × cos322°26′10″ = 45.004
계	0.809

측선	경거($D = l\sin v$)
A−B	53.521 × sin38°23′50″ = 33.242
B−C	56.236 × sin102°16′30″ = 54.950
C−D	57.944 × sin178°36′50″ = 1.402
D−E	58.127 × sin253°45′30″ = −55.807
E−A	56.775 × sin322°26′10″ = −34.613
계	−0.826

4. 폐합오차 및 폐합비 계산

1) 폐합오차

위거차 : $\Delta L = 86.950 - 86.141 = 0.809$

경거차 : $\Delta D = 89.594 - 90.42 = -0.826$

폐합차 : $E = \sqrt{(\Delta l)^2 + (\Delta d)^2} = \sqrt{(0.809)^2 + (0.826)^2} = 1.156$

2) 폐합비 계산 : 폐합비$= \dfrac{\text{폐합오차}}{\text{전거리}} = \dfrac{1.156}{282.603} = \dfrac{1}{244.47}$

5. 위거 및 경거 조정량 계산

1) 컴퍼스 법칙 : 각 관측의 정도와 거리 관측의 정도가 동일할 때 실시하는 방법. 각 측선의 길이에 비례하여 오차 배분

위거오차 배분량 : $\varepsilon_l = \dfrac{l}{\Sigma l} \times \Delta l$

경거오차 배분량 : $\varepsilon_d = \dfrac{d}{\Sigma d} \times \Delta d$

2) 트랜싯 법칙 : 각 측량의 정밀도가 거리의 정밀도보다 높을 때 이용되며 위거, 경거의 오차를 각 측선의 위거, 경거에 비례하여 배분

위거오차 배분량 : $\varepsilon_l = \dfrac{L}{|L|} \times \Delta l$

경거오차 배분량 : $\varepsilon_l = \dfrac{D}{|D|} \times \Delta d$

여기서, ε_l : 위거의 조정량　　$|L|$: 위거절대값의 합

ε_d : 경거의 조정량　　$|D|$: 경거절대값의 합

Σl : 측선장의 합　　L : 보정할 측선의 위거

l : 보정할 측선의 길이　　D : 보정할 측선의 경거

Δl : 위거오차　　Δd : 경거오차

3) 트랜싯 법칙

측선	위거조정량($\frac{\text{조정할 점 위거}}{\text{위거절대치합}}$×위거오차)	측선	경거조정량($\frac{\text{조정할 점 경거}}{\text{경거절대치합}}$×경거오차)
$\overline{AB}$	$\frac{41.946}{173.091} \times 0.809 = 0.196$	$\overline{AB}$	$\frac{33.242}{180.014} \times 0.826 = 0.153$
$\overline{BC}$	$\frac{11.956}{173.091} \times 0.809 = 0.056$	$\overline{BC}$	$\frac{54.950}{180.014} \times 0.826 = 0.252$
$\overline{CD}$	$\frac{57.927}{173.091} \times 0.809 = 0.271$	$\overline{CD}$	$\frac{1.402}{180.014} \times 0.826 = 0.006$
$\overline{DE}$	$\frac{16.258}{173.091} \times 0.809 = 0.076$	$\overline{DE}$	$\frac{55.807}{180.014} \times 0.826 = 0.256$
$\overline{EA}$	$\frac{45.004}{173.091} \times 0.809 = 0.210$	$\overline{EF}$	$\frac{34.613}{180.014} \times 0.826 = 0.159$
	0.809		0.826

∴ 위거오차가 +0.809m이므로 −보정

경거오차가 −0.826m이므로 +보정

6. 조정위거 경거계산

측선	조정위거
A-B	41.946-0.196=41.750
B-C	-11.956-0.056=-12.012
C-D	-57.927-0.271=-58.198
D-E	-16.258-0.076=-16.334
E-A	45.004-0.210=44.794
계	Σ0

측선	조정경거
A-B	33.242+0.153=33.395
B-C	54.950+0.252=55.202
C-D	1.402+0.006=1.408
D-E	-55.807+0.256=-55.551
E-A	-34.613+0.159=-34.454
계	Σ0

조정위거[N(+), S(-)]의 합이 0이 되어야 한다.
조정경거[E(+), W(-)]의 합이 0이 되어야 한다.

7. 합위거, 합경거 계산

측점	합위거
A	A=100.000
B	100+41.750=141.750
C	141.750-12.012=129.738
D	129.738-58.198=71.54
E	71.54-16.334=55.206
A	55.206+44.794=100

측점	합경거
A	A=200.000
B	200+33.395=233.395
C	233.395+55.202=288.597
D	288.597+1.408=290.005
E	290.005-55.551=234.454
A	234.454-34.454=200

8. 배횡거 계산

제1측선의 배횡거=그 측선의 경거
배횡거=전 측선의 배횡거+전 측선의 경거+그 측선의 경거
마지막 측선 배횡거=그 측선의 경거(단, 부호는 반대)

※ 횡거는 어떤 측선의 중점으로부터 기준선(남북자오선)에 내린 수선의 길이를 말한다.(자오선 거리(meridian distance)라고도 한다.) 다각측량에서 면적을 계산할 때는 위거에 의하는데 이 때 횡거를 그대로 이용하면 분수가 생겨 계산이 불편하므로 계산의 편의를 위해 횡거의 2배인 배횡거(또는 배자오선 거리(double longitude))를 사용한다.

① $\overline{AB}$의 배횡거=33.395
② $\overline{BC}$의 배횡거=33.395+33.395+55.202=121.992
③ $\overline{CD}$의 배횡거=121.992+55.202+1.408=178.602
④ $\overline{DE}$의 배횡거=178.602+1.408-55.551=124.459
⑤ $\overline{EA}$의 배횡거=124.459+(-55.551)-34.454=34.454
⑥ $\overline{FA}$의 배횡거=149.038-21.810-34.454=34.454
(그 측선의 경거와 같은데 부호는 반대이면 OK)

9. 배면적 계산 : 배면적=배횡거×위거

① $\overline{AB}$의 배면적 =33.395×41.750=1394.241

② $\overline{BC}$의 배면적 =121.992×(−12.012)=−1465.368

③ $\overline{CD}$의 배면적 =178.602×(−58.198)=−10394.279

④ $\overline{DE}$의 배면적 =124.459×(−16.334)=−2032.913

⑤ $\overline{EA}$의 배면적 =34.454×44.794=1543.332 ∴ 배면적=∑10954.987

10. 면적 계산 : 횡거 대신 배횡거를 사용한 면적이니까 면적은 2배가 되므로 2등분하면 실제 면적이 된다.

$$면적=\frac{1}{2}\times 배면적 = \frac{1}{2}\times 10954.987 = 5477.494\text{m}^2$$

측선	관측각	조정량	조정각	방위각	방위	거리
A–B	104°02′30″	−10″	104°02′20″	38°23′50″	$N\ 38°23'50''E$	53.521
B–C	116°07′30″	−10″	116°07′20″	102°16′30″	$S\ 77°43'30''E$	56.236
C–D	103°39′50″	−10″	103°39′40″	178°36′50″	$S\ 1°23'10''E$	57.944
D–E	104°51′30″	−10″	104°51′20″	253°45′30″	$S\ 73°45'30''W$	58.127
E–A	111°19′30″	−10″	111°19′20″	322°26′10″	$N\ 37°33'50''W$	56.775
	540°00′50″		540°00′00″			282.603

측선	위거		경거		위거 조정량	경거 조정량	조정위거		조정경거		측점	합위거	합경거	배횡거	배면적
	N(+)	S(−)	E(+)	W(−)			N(+)	S(−)	E(+)	W(−)					
A−B	41.946		33.242		−0.196	0.153	41.750		33.395		A	100.000	200.000	33.395	1394.241
B−C		11.956	54.950		−0.056	0.252		12.012	55.202		B	141.750	233.395	121.992	−1465.368
C−D		57.927	1.402		−0.271	0.006		58.198	1.408		C	129.738	288.597	178.602	−10394.279
D−E		16.258		55.807	−0.076	0.256		16.334		55.551	D	71.540	290.005	124.459	−2032.913
E−A	45.004			34.613	−0.210	0.159	44.794			34.454	E	55.206	234.454	34.454	1543.332
											A	(100000,200000)		배면적 10954.987	
													면적 $= \dfrac{\sum 배면적}{2} = 5477.494m^2$		
	86.950	86.141	89.594	90.420	−0.809	0.826	86.544	86.544	90.005	90.005					

03

다음 그림과 같은 터널측량 결과를 이용하여 $\overline{DA}$ 거리 및 $\overline{DA}$ 방위각 및 $\overline{DA}$ 방위를 구하시오. (단, A점의 좌표는 (100,000, 100,000)이고 각은 0.1까지 계산)

측정	관측각	측선	거리
A	30° 20′ 25″		
B	121° 00′ 45″	A−B	36.858
C	210° 35′ 25″	B−C	40.504
D	180° 00′ 00″	C−D	36.367

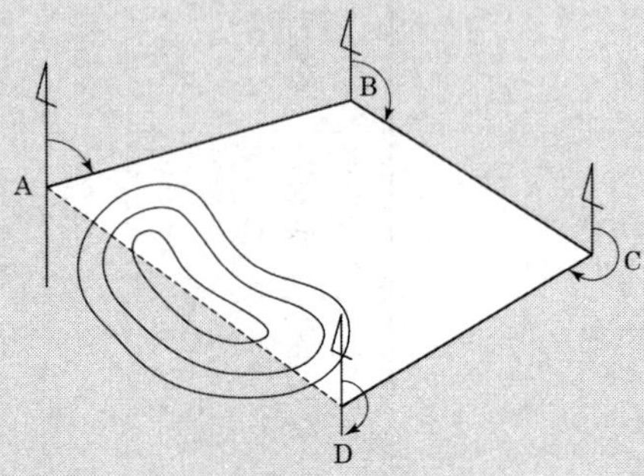

1. 방위 계산

① $\overline{AB}$의 방위 $= N\,30°20'25''\,E$

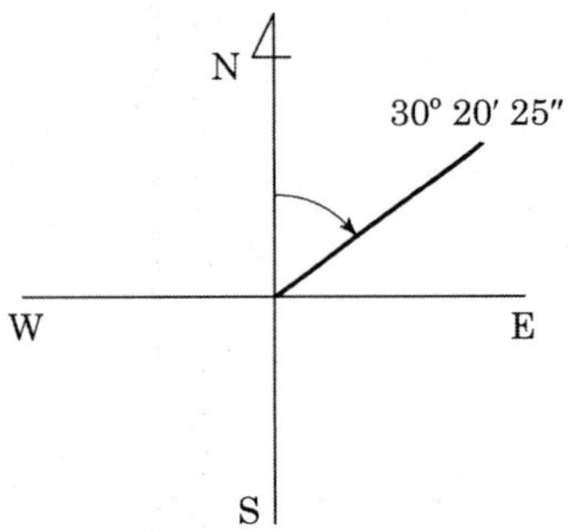

② $\overline{BC}$의 방위 $= S\,58°59'15''\,E$

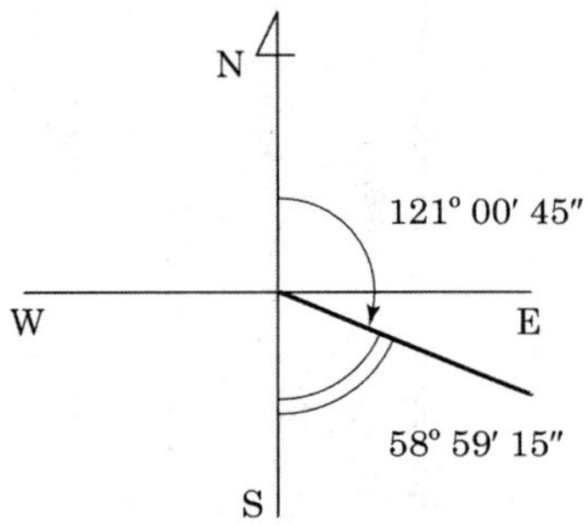

③ $\overline{CD}$의 방위 $= S\,30°35'25''\,W$

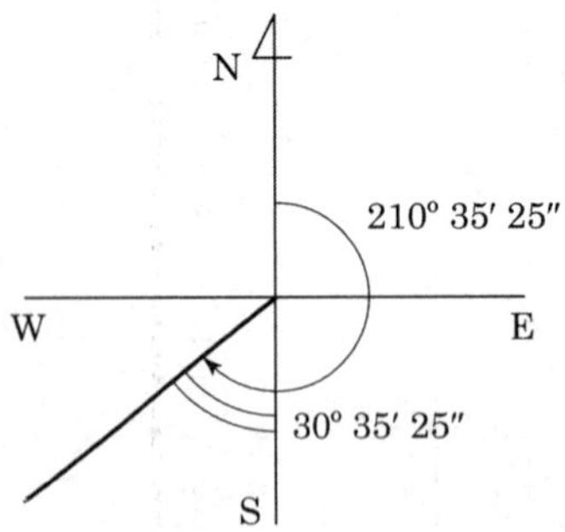

2. 위거, 경거의 계산

측선	위거($L=l\cos v$)
A−B	36.858×cos30°20′25″ =31.810
B−C	40.504×cos121°00′45″ =−20.869
C−D	36.367×cos210°35′25″ =−31.306
D−A	
계	−20.365

측선	경거($D=l\sin v$)
A−B	36.858×sin30°20′25″ =18.618
B−C	40.504×sin121°00′45″ =34.714
C−D	36.367×sin210°35′25″ =−18.507
D−A	
계	34.825

3. 합위거, 합경거 계산

측점	합위거
A	A=100.000
B	100+31.810=131.810
C	131.810−20.869=110.941
D	110.941−31.306=79.635

측점	합경거
A	A=100.000
B	100+18.618=118.618
C	118.618+34.714=153.332
D	153.332−18.507=134.825

4. $\overline{DA}$ 거리 계산

$$\overline{DA}=\sqrt{(X_D-X_A)^2+(Y_D-Y_A)^2}=\sqrt{(79.635-100)^2+(134.825-100)^2}$$

$$=\sqrt{(-20.365)^2+(34.825)^2}=40.342\text{m} \qquad \therefore\ \overline{DA}=40.342\text{m}$$

5. $\overline{DA}$의 방위각 계산

$$\tan\theta=\frac{Y_D-Y_A}{X_D-X_A}$$

$$\theta=\tan^{-1}\frac{34.825}{20.365}=59°40'54.17''\ (2\text{상한})$$

$\therefore\ \overline{DA}$의 방위각$(V_B^A)=180°-59°4654'17''=120°19'6''$

6. $\overline{DA}$의 방위

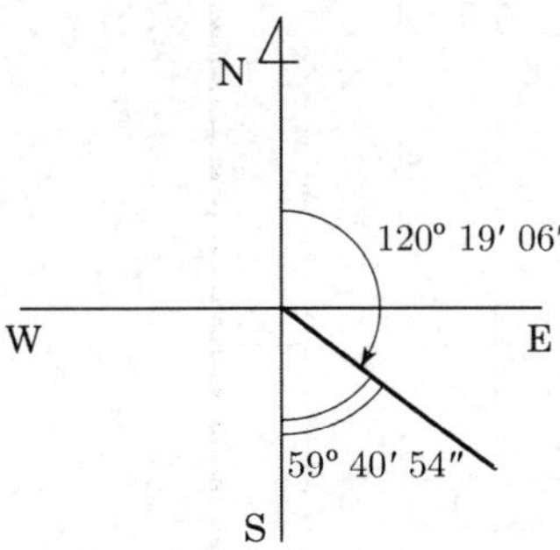

$\therefore\ \overline{DA}$의 방위 $=S\ 59°40'54''\ E$

다각측량성과표(터널측량)

측점	측선	관측각	거리	방위각	방위	위거		경거		합위거	합경거
						N(+)	S(−)	E(+)	W(−)		
A		30°20′25″								100.000	100.000
B	A−B	121°00′45″	36.858	30°20′25″	$N\ 30°20'25''E$	31.810		18.618		131.810	118.618
C	B−C	210°35′25″	40.504	121°00′45″	$S\ 58°59'15''E$		20.869	34.714		110.941	153.332
D	C−D	180°00′00″	36.367	210°35′25″	$S\ 30°35'25''W$		31.306		−18.507	79.635	134.825
						13.810	52.175	53.332	−18.507		

04

다음 그림에서 AB측선을 NS축으로 하고 B점을 원점(0, 0)으로 하여 다음 요소들을 구하시오. (단, 계산은 소수점 아래 4자리에서 반올림하고 각은 초 단위까지, BC 거리는 200m이다.)

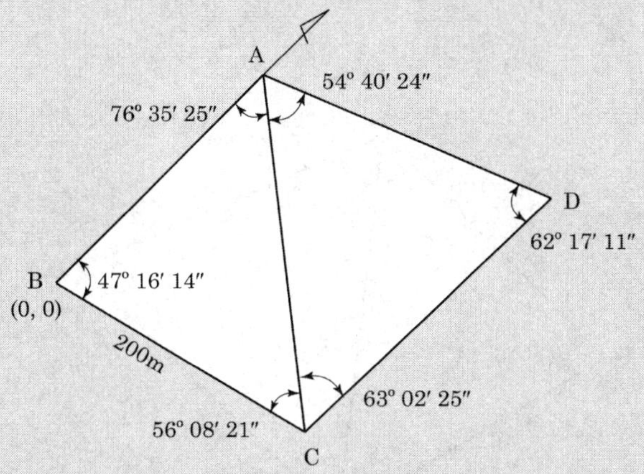

1) AB 거리 2) AC 거리 3) AD 거리
4) AD 방위각 5) AD 위거, AD 경거 6) D 합위거, D 합경거
7) BD 거리

sin법칙 : 소구변장$=\dfrac{\text{소구변대각sin}}{\text{기지변대각sin}}\times$기지변장

1. $\overline{AB}$ 거리 : $\overline{AB}=\dfrac{\sin 56°08'21''}{\sin 76°35'25''}\times 200=170.733\text{m}$

2. $\overline{AC}$거리 : $\overline{AC}=\dfrac{\sin 47°16'14''}{\sin 76°35'25''}\times 200=151.031\text{m}$

3. $\overline{AD}$거리 : $\overline{AD}=\dfrac{\sin 63°02'25''}{\sin 62°17'11''}\times 151.031=152.062\text{m}$

4. V_A^D(AD 방위각) : $V_A^D=180°-(76°35'25''+54°40'24'')=48°44'11''$

5. AD 위거, 경거 계산

   AD 위거$=\overline{AD}$ 거리$\times\cos V=152.062\times\cos 48°44'11''=100.289\text{m}$

   AD 경거$=\overline{AD}$ 거리$\times\sin V=152.062\times\sin 48°44'11''=114.302\text{m}$

6. X_A, X_D 합위거, 합경거(좌표 계산 : AB 측선이 NS축 → A점 좌표(170.733, 0))

   $X_D=X_A+\overline{AD}$ 위거 $=170.733+100.289=271.022\text{m}$

   $Y_D=Y_A+\overline{AD}$ 위거 $=0+114.302=114.302\text{m}$

7. $\overline{BD}$ 거리

   $\overline{BD}=\sqrt{(X_D-X_B)^2+(Y_D-Y_B)^2}$

   $=\sqrt{(271.022-0)^2+(114.302-0)^2}=294.139\text{m}$

05

다음 그림에서 $\overline{AB}$ 측선을 NS축으로 하고 B점을 평면직각좌표 원점으로 하여 성과표를 완성하고 $\overline{BD}$ 두 점의 거리를 구하시오. (단, 계산은 소수 4자리에서 반올림하고 경거, 위거조정은 컴퍼스 법칙으로 할 것)

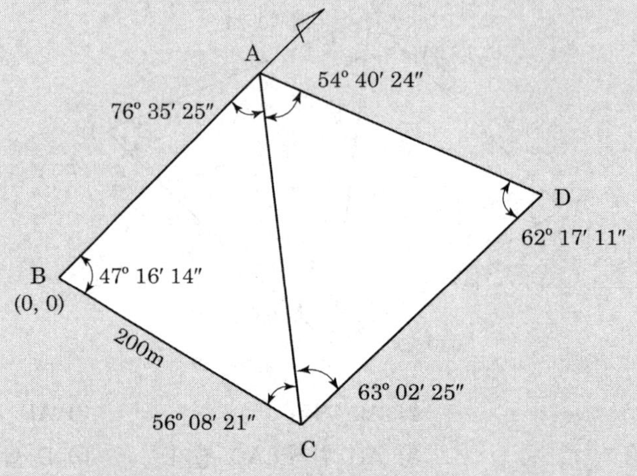

sin법칙 : 소구변장$=\dfrac{\text{소구변대각sin}}{\text{기지변대각sin}}\times$기지변장

1. $\overline{AB}$ 거리 : $\overline{AB}=\dfrac{\sin 56°08'21''}{\sin 76°35'25''}\times 200=170.733\text{m}$

2. $\overline{AC}$ 거리 : $\overline{AC}=\dfrac{\sin 47°16'14''}{\sin 76°35'25''}\times 200=151.031\text{m}$

3. $\overline{AD}$거리 : $\overline{AD}=\dfrac{\sin 63°02'25''}{\sin 62°17'11''}\times 151.031=152.062\text{m}$

4. $\overline{CD}$거리 : $\overline{CD}=\dfrac{\sin 54°40'24''}{\sin 62°17'11''}\times 151.031=139.189\text{m}$

5. V_A^D(AD 방위각)

① $V_A^B=180°$

② $V_B^C=0°0'00''+47°16'14''=47°16'14''$

③ $V_C^D=V_B^C+180°+\angle C$

$=47°16'14''+180°+56°08'21''+63°02'25''$

$=346°27'00''$

④ $V_D^A=V_C^D-180°+\angle D$

$=346°27'-180°+62°17'11''=228°44'11''$

⑤ $V_A^B=228°44'11''-180°+54°40'24''+76°35'25''=180°$

6. 방위 계산

① $\overline{AB}$의 방위 $= S\ 00°00'00''\ E$

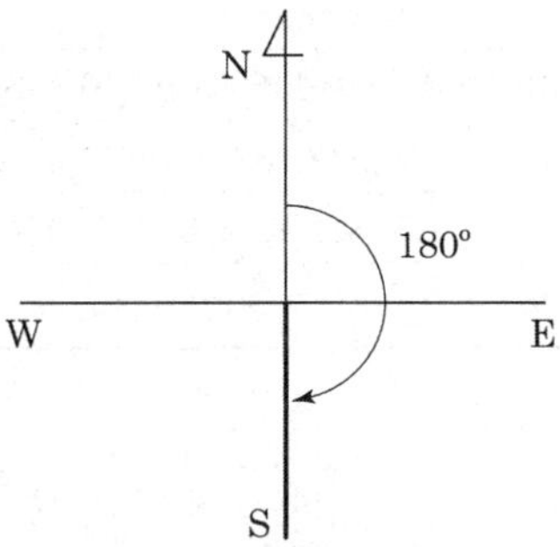

② $\overline{BC}$의 방위 $= N\ 47°16'14''\ E$

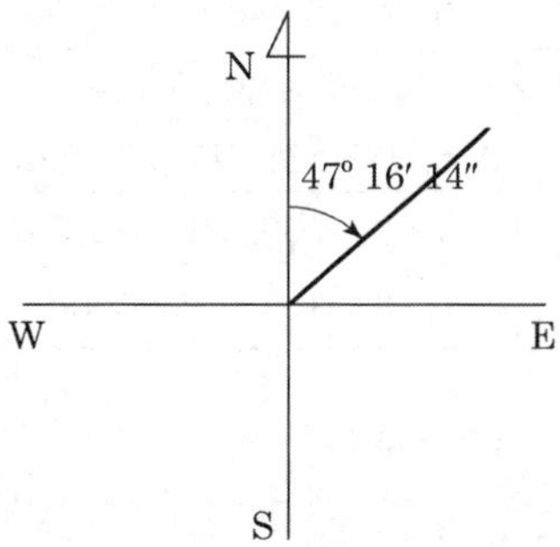

③ $\overline{CD}$의 방위 $= N\ 13°33'\ W$

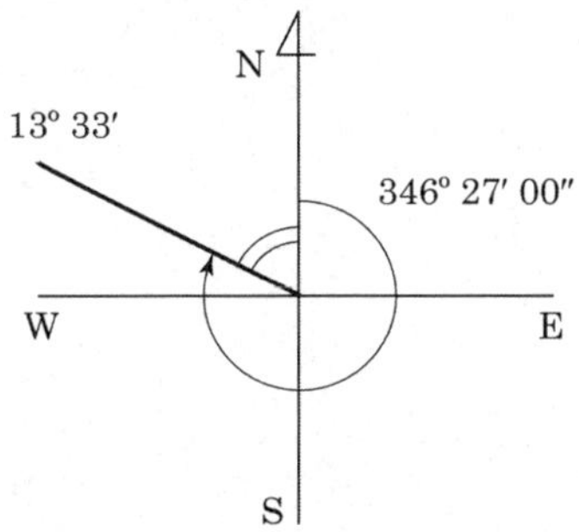

④ $\overline{DA}$의 방위 $= S\ 48°44'11''\ W$

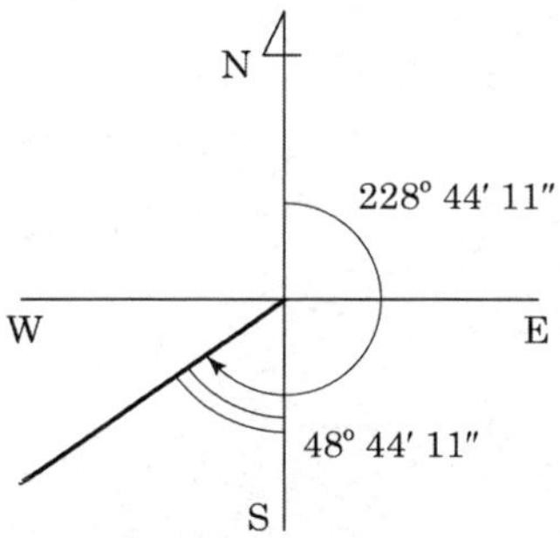

7. 위거, 경거의 계산

측선	위거($L = l\cos v$)
A–B	$170.733 \times \cos 180° = -170.733$
B–C	$200.000 \times \cos 47°16'14'' = 135.707$
C–D	$139.189 \times \cos 346°27' = 135.315$
D–A	$152.062 \times \cos 228°44'11'' = -100.289$
계	$\Sigma 0$

측선	경거($D = l\sin v$)
A–B	$170.733 \times \sin 180° = 0$
B–C	$200.000 \times \sin 47°16'14'' = 146.913$
C–D	$139.189 \times \sin 346°27' = -32.611$
D–A	$152.062 \times \sin 228°44'11'' = -114.302$
계	$\Sigma 0$

8. 위거 및 경거 조정량(컴퍼스 법칙)

$$\text{조정량} = \frac{\text{조정할 측선의 거리}}{\text{전체거리}} \times \text{오차}$$ (위거, 경거오차가 0이므로 조정량이 없다.)

9. 합위거, 합경거 계산

측점	합위거
B	0.000
C	0+135.707=135.707
D	135.707+135.315=271.022
A	271.022−100.289=170.733
B	170.733−170.733=0.000

측점	합경거
B	0.000
C	0.000+146.913=146.913
D	146.913−32.611=114.302
A	114.302−114.302=0.000
B	0.000+0.000=0.000

10. $\overline{BD}$ 거리 계산

$$\overline{BD}=\sqrt{(X_B-X_D)^2+(Y_B-Y_D)^2}$$
$$=\sqrt{(0.000-271.022)^2+(0.000-114.302)^2}=294.139\text{m}$$

다각측량성과표(터널측량)

측선	거리(m)	방위각	방위	위거		경거		위거 조정량	경거 조정량	조정위거		조정경거		측점	합위거	합경거
				(+)	(−)	(+)	(−)			(+)	(−)	(+)	(−)			
B−C	200.000	47°16′14″	N 47°16′14″E	135.707		146.913		0	0	135.707		146.913		B	0.000	0.000
C−D	139.189	346°27′00″	N 13°33′00″W	135.315			32.611	0	0	135.315			32.611	C	135.707	146.913
D−A	152.062	228°44′11″	S 48°44′11″W		100.289		114.302	0	0		100.289		114.302	D	271.022	114.302
A−B	170.733	180°00′00″	S 00°00′00″E		170.733	0		0	0		170.733	0		A	170.733	0.000
														B	0.000	0.000
				271.022	271.022	146.913	146.913									

06

다음 그림과 같은 삼각형의 성과를 이용하여 아래 요소를 계산하시오. (단, 거리는 소수 넷째 자리에서 반올림하고, 각은 0.01초 단위로 계산)

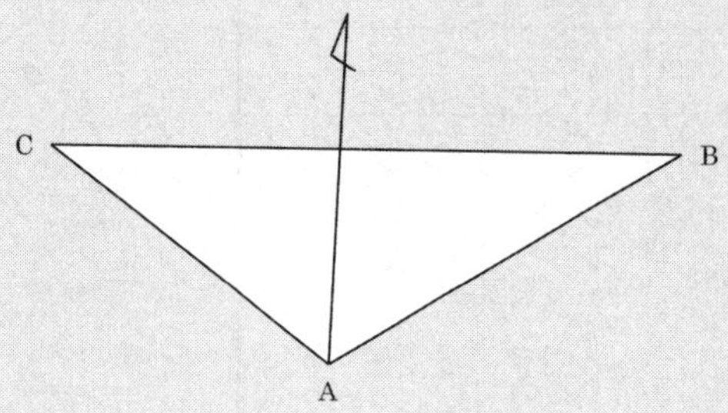

측점	X좌표	Y좌표
A	13381.71	11691.51
B	15451.41	14461.61

측선	방위각
A−C	330°10′30″
B−C	265°32′50″

1) $\overline{AB}$의 거리
2) C점의 각
3) $\overline{AC}$ 및 $\overline{BC}$의 거리
4) C점의 좌표

1. $\overline{AB}$의 거리

$$\overline{AB}=\sqrt{(X_B-X_A)^2+(Y_B-Y_A)^2}$$
$$=\sqrt{(15451.41-13381.71)^2+(14461.61-11691.51)^2}$$
$$=\sqrt{(2069.7)^2+(2770.1)^2}=3457.906\text{m}$$

2. C점의 각

$$\angle C=V_A^C-V_B^C=330°10'30''-265°32'50''=64°37'40''$$

3. $\overline{AC}$ 및 $\overline{BC}$의 거리

① V_A^B(AB의 방위각)

$$\tan\theta=\frac{\Delta Y}{\Delta X}=\frac{Y_B-Y_A}{X_B-X_A}$$

$$\theta=\tan^{-1}\frac{2770.1}{2069.7}=53°14'04.17''\ (1\text{상한})$$

$$V_A^B=53°14'04.17''$$

② $\angle A$의 계산

$$\angle A=360°-V_A^C+V_A^B$$
$$=360°-330°10'30''+53°14'04.17''=83°03'34.17''$$

③ $\angle B$의 계산

$$\angle B=180°-(\angle A+\angle C)$$
$$=180°-(83°03'34.17''+64°37'40'')=32°18'45.83''$$

④ $\overline{AC}$의 거리

$$\text{sin법칙 : 소구변장} = \frac{\text{소구변대각sin}}{\text{기지변대각sin}} \times \text{기지변장}$$

$$\overline{AC} = \frac{\sin B}{\sin C} \times \overline{AB} = \frac{\sin 32°18'45.83''}{\sin 64°37'40''} \times 3457.906 = 2045.713\text{m}$$

⑤ $\overline{BC}$의 거리

$$\overline{BC} = \frac{\sin A}{\sin C} \times \overline{AB} = \frac{\sin 83°03'34.17''}{\sin 64°37'40''} \times 3457.906 = 3799.007\text{m}$$

4. C점의 좌표

1) A → C 방향

$$X_C = X_A + \overline{AC} \times \cos V_C^A$$
$$= 13381.71 + 2045.713 \times \cos 330°10'30'' = 15156.465$$
$$Y_C = Y_A + \overline{AC} \times \sin V_A^C$$
$$= 11691.51 + 2045.713 \times \sin 330°10'30'' = 10674.069$$

2) B → C 방향

$$X_C = X_B + \overline{BC} \times \cos V_B^C$$
$$= 15451.41 + 3799.007 \times \cos 265°32'50'' = 15156.465$$
$$Y_C = Y_B + \overline{BC} \times \sin V_B^C$$
$$= 14461.61 + 3799.007 \times \sin 265°32'50'' = 10674.070$$

∴ C점의 평균좌표

$$X_C = 15156.465\text{m}$$

$$Y_C = \frac{10674.069 + 10674.070}{2} = 10674.070\text{m}$$

$$X_C = X_A + AC\text{측선의 위거} = X_A + AC\text{거리} \times \cos V_A^C$$
$$= X_B + BC\text{측선의 위거} = X_B + BC\text{거리} \times \cos V_B^C$$
$$Y_C = Y_A + AC\text{측선의 위거} = Y_A + AC\text{거리} \times \sin V_A^C$$
$$= Y_B + BC\text{측선의 위거} = Y_B + BC\text{거리} \times \sin V_B^C$$

07

아래 그림과 같이 주어진 값을 이용하여 물음에 답하시오. (단, 거리는 소수 4자리에서 반올림하고, 각은 0.01초 단위로 계산)

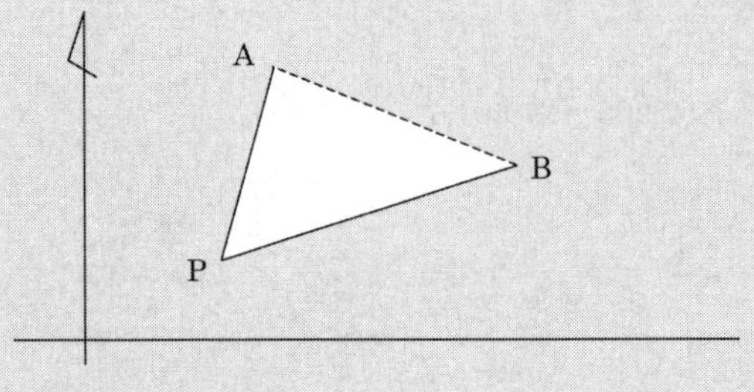

측점	X좌표	Y좌표
A	9614.33	6593.88
B	6031.41	7206.92

$\overline{PA}$ **거리=4176.708m**

$\overline{PB}$ **거리=2739.177m**

1) AB의 거리
2) BA의 방위각
3) BP의 방위각
4) ∠PBA
5) P점의 좌표

1. AB의 거리

$$\overline{AB}=\sqrt{(X_B-X_A)^2+(Y_B-Y_A)^2}$$

$$=\sqrt{(3582.92)^2+(613.04)^2}=3634.987\text{m}$$

2. 방위각 계산

① BA의 방위각 계산(V_B^A)

$$\tan\theta=\frac{\Delta Y}{\Delta X}=\frac{Y_A-Y_B}{X_A-X_B}=\tan^{-1}\frac{6593.88-7206.92}{9614.33-6031.41}$$

$$\theta=\tan^{-1}\frac{-613.04}{3582.92}=9°42'33.57''\ (4상한)$$

$$V_B^A=360°-9°42'33.57''=350°17'26.4''$$

3. ∠PBA 계산 : 코사인 제2법칙 이용

$$\cos\angle A=\frac{c^2+b^2-a^2}{2bc}$$

$$\cos\angle B=\frac{a^2+c^2-b^2}{2ac}$$

$$\cos\angle C=\frac{a^2+b^2-c^2}{2ab}$$

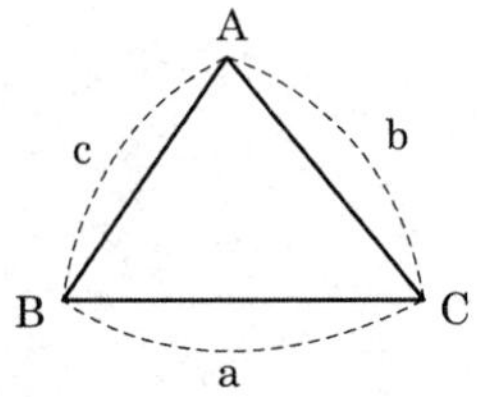

$$\cos\angle B=\frac{(3634.987)^2+(2739.177)^2-(4176.708)^2}{2\times3634.987\times2739.177}$$

$$\angle B=\cos^{-1}\frac{3,271,331.41}{19,913,745.57}=80°32'41.56''$$

4. $\angle PAB$ 계산

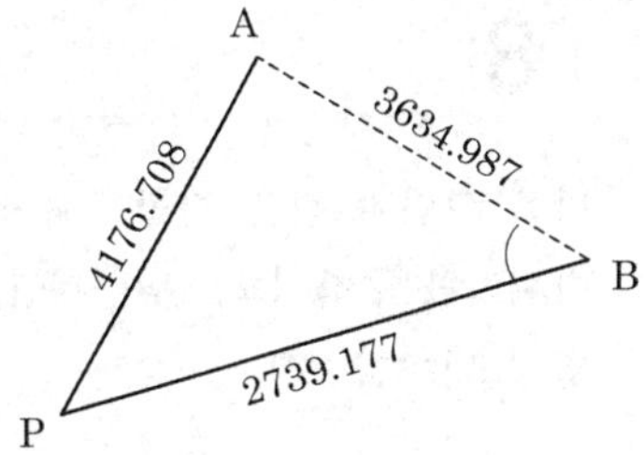

$$\cos\angle A = \frac{(3634.987)^2 + (4176.708)^2 - (2739.177)^2}{2 \times 3634.987 \times 4176.708}$$
$$= 40°18'33.16''$$

5. V_A^P 계산

$$V_A^P = V_A^B + \angle A$$
$$= V_B^A + 180° + \angle A = 350°17'26.4'' + 180° + 40°18'33.16''$$
$$= 210°35'59.5''$$

6. BP의 방위각 계산(V_B^P)

$$V_B^P = V_B^A - \angle B = 350°17'26.4'' - 80°32'41.56'' = 269°44'44.8''$$

7. P점의 좌표

① B→P

$$X_P = X_B + \overline{BP} \times \cos V_B^P$$
$$= 6031.41 + 2739.177 \times \cos 269°44'44.8'' = 6019.256$$
$$Y_P = Y_B + \overline{BP} \times \sin V_B^P$$
$$= 7206.92 + 2739.177 \times \sin 269°44'44.8'' = 4467.770$$

② A→P

$$X_A + \overline{AP} \times \cos V_A^P = 9614.33 + 4176.708 \times \cos 210°35'59.5'' = 6019.257$$
$$Y_A + \overline{AO} \times \sin V_A^P = 6593.88 + 4176.708 \times \sin 210°35'59.5''$$
$$= 4467.771$$

③ P점의 평균좌표

$\therefore\ X_P = 6019.26\text{m}$,

$Y_P = 4467.77\text{m}$

08

다음 그림과 같은 결합트래버스 측량 결과를 이용하여 성과표를 작성하고 $\overline{AD}$ 거리 및 $\overline{AD}$ 방위각을 구하시오. (단, 계산은 소수점 아래 4자리에서 반올림하고 경거, 위거 계산은 컴퍼스 법칙으로 할 것)

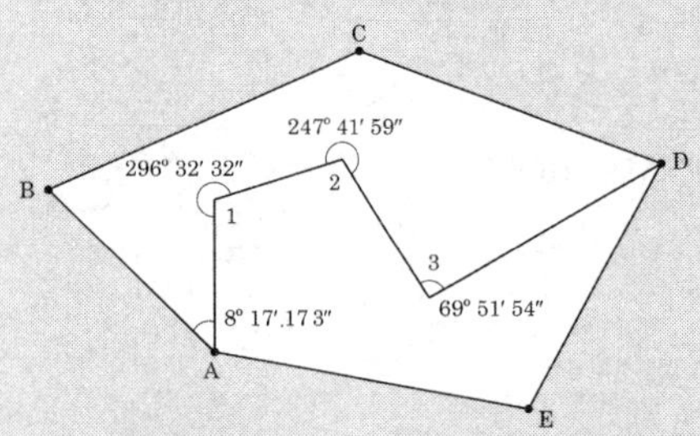

측점	X좌표	Y좌표
A	50.000	100.000
B	80.046	52.547
C	97.548	137.848
D	118.904	171.361
E	−38.592	149.473

측선	거리
A−1	47.925
1−2	53.006
2−3	49.326
3−D	57.174
계	207.431

1) $\overline{AD}$ 거리 계산 2) $\overline{AD}$ 방위각 계산 3) $\overline{AD}$ 방위 계산

1. 방위각 및 방위 계산

1) 거리 계산

$$\overline{AB} = \sqrt{(X_B - X_A)^2 + (Y_B - Y_A)^2}$$
$$= \sqrt{(80.046 - 50.000)^2 + (52.547 - 100.000)^2}$$
$$= \sqrt{(30.046)^2 + (-47.453)^2}$$
$$= 56.165\text{m}$$

2. 방위각 계산

1) BA의 방위각 계산(V_A^B)

$$\tan\theta = \frac{\Delta Y}{\Delta X}$$

$$\theta = \tan^{-1}\frac{-47.453}{30.046} = 57°39'32.68''\ (4\text{상한})$$

$$V_A^B = 360° - 57°39'32.68'' = 302°20'27.3''$$

$$V_A^1 = V_A^B + 8°17'17.3'' = 302°20'27.3'' + 8°17'17.3'' = 310°37'44.6''$$

① $V_1^2 = V_A^1 - 180° + 296°32'32''$

$= 310°37'44.6'' - 180° + 296°32'32'' = 67°10'16.6''$

$V_2^3 = V_2^1 - 180° + 247°41'59''$

$= 67°10'16.6'' - 180° + 247°41'59'' = 134°52'15.6''$

$V_3^D = V_2^3 - 180° + 69°51'54'' = 24°44'9.6''$

2) 방위 계산

① $\overline{A1}$의 방위 $= N\,49°22'15.4''\,W$

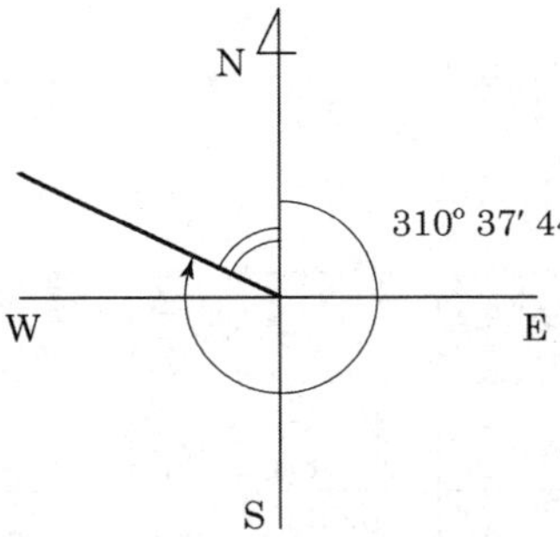

② $\overline{12}$의 방위 $= N\,67°10'16.6''\,E$

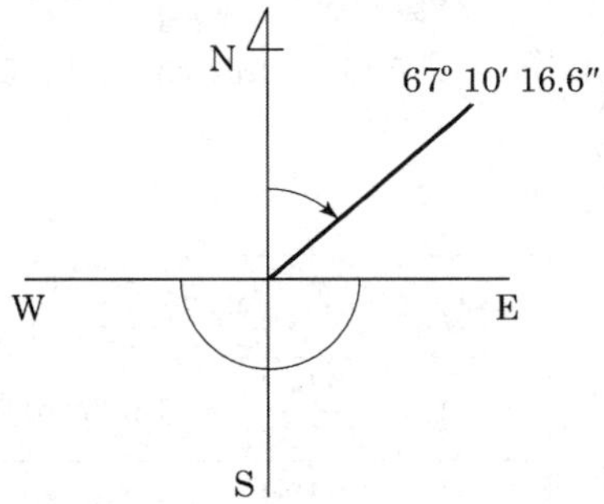

③ $\overline{23}$의 방위 $= S\,45°07'44.4''\,E$

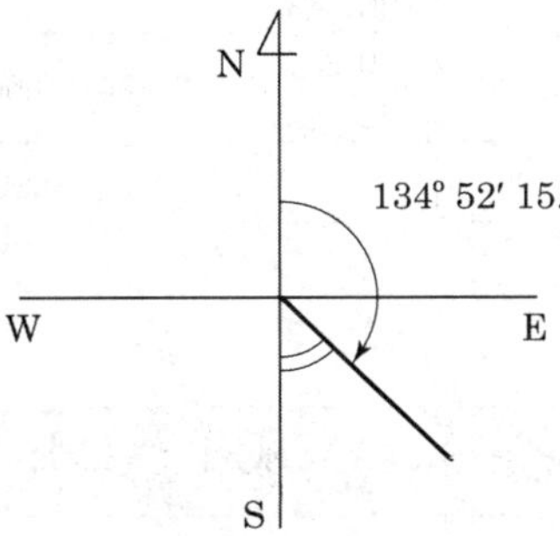

④ $\overline{3D}$의 방위 $= N\,24°44'9.6''\,E$

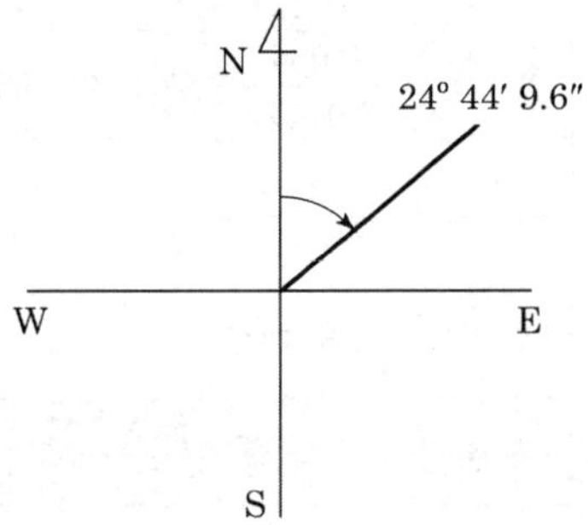

2. 위거, 경거 계산

측선	위거($L=l\cdot\cos V$)
A−1	47.925×cos310° 37'44.6''=31.207
1−2	53.006×cos67° 10'16.6'' =20.565
2−3	49.326×cos134° 52'15.6''=−34.800
3−D	57.174×cos24° 44'09.6'' =51.928
계	68.90

측선	경거($L=l\cdot\sin V$)
A−1	47.925×sin310° 37'44.6''=−36.372
1−2	53.006×sin67° 10'16.6'' =48.854
2−3	49.326×sin134° 52'15.6''=−34.957
3−D	57.174×sin24° 44'09.6'' =23.924
계	71.363

3. 위거, 경거 오차계산

위거오차 $= (X_1 + \Sigma L) - X_n$

$= (50 + 68.90) - 118.904 = -0.004$

경거오차 $= (Y_1 + \Sigma D) - Y_n$

$= (100 + 71.363) - 171.361 = 0.002$

※ 위거오차(+), 경거오차(−)를 보정하되 경거는 큰 숫자에 보정한다.

4. 폐합오차(E), 폐합비(R)

$$E=\sqrt{(0.004)^2+(0.002)^2}=\pm 0.004\text{m}$$

$$R=\frac{\text{폐합오차}}{\text{총거리}}=\frac{0.004}{207.431}=\frac{1}{51857}\fallingdotseq\frac{1}{51858}$$

5. 컴퍼스 법칙

측선	위거$\left(\frac{\Delta l}{\Sigma l}\times l\right)$
A−1	$\frac{0.004}{207.431}\times 47.925=0.001$
1−2	$\frac{0.004}{207.431}\times 53.006=0.001$
2−3	$\frac{0.004}{207.431}\times 49.326=0.001$
3−D	$\frac{0.004}{207.431}\times 57.174=0.001$
계	0.004

측선	경거$\left(\frac{\Delta d}{\Sigma l}\times l\right)$
A−1	$\frac{0.002}{207.431}\times 47.925=0$
1−2	$\frac{0.002}{207.431}\times 53.006=0.001$
2−3	$\frac{0.002}{207.431}\times 49.326=0$
3−D	$\frac{0.002}{207.431}\times 57.174=0.001$
계	0.002

6. 조정 위거, 경거 계산

측선	위거$\left(\frac{\Delta l}{\Sigma l}\times l\right)$
A−1	31.207+0.001=31.208
1−2	20.565+0.001=20.566
2−3	−34.800+0.001=−34.799
3−D	51.928+0.001=51.929
계	

측선	경거$\left(\frac{\Delta d}{\Sigma l}\times l\right)$
A−1	−36.372−0.001=−36.373
1−2	48.854−0.001=48.853
2−3	34.957
3−D	23.924
계	

7. 합위거, 합경거 계산

측점	합위거
A	50.000
1	50+31.208=81.208
2	81.208+20.566=101.774
3	101.774−34.799=66.975
D	66.975+51.929=118.904

측점	합경거
A	100.000
1	100.000−36.373=63.627
2	63.627+48.853=112.480
3	112.480+34.957=147.437
D	147.437+23.924=171.361

8. $\overline{AD}$ 거리 계산

$$\overline{AD} = \sqrt{(X_D - X_A)^2 + (Y_D - Y_A)^2}$$
$$= \sqrt{(118.904 - 50)^2 + (171.361 - 100)^2}$$
$$= \sqrt{(68.904)^2 + (71.361)^2}$$
$$= 99.198\text{m}$$

9. $\overline{AD}$ 방위각 계산

$$\tan\theta = \frac{\Delta Y}{\Delta X}$$

$$\theta = \tan^{-1}\frac{71.361}{68.904} = 46°0'12.74''$$ (1상한)

$$V_A^D = 46°0'12.74''$$

10. $\overline{AD}$ 방위 계산

$\overline{AD}$ 방위$= N\,46°0'12.74''\,E$

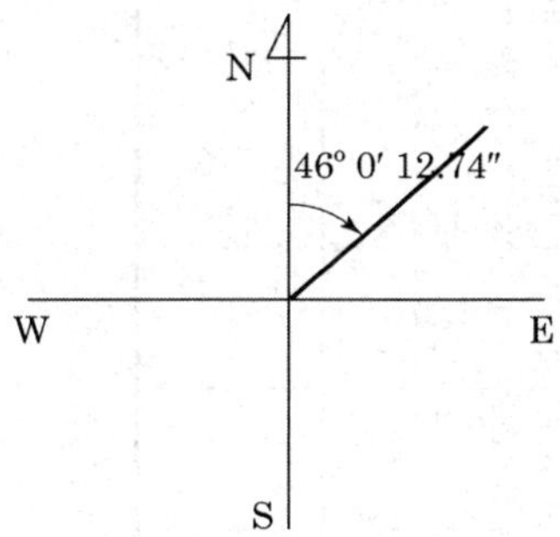

다각측량성과표 (폐합트래버스)

측선	거리(m)	방위각	방위	위거		경거		위거 조정량	경거 조정량	조정위거		조정경거		측점	합위거	합경거
				(+)	(−)	(+)	(−)			(+)	(−)	(+)	(−)			
A−1	47.925	310° 37′44.6″	N 49° 22′ 15.4″ W	31.207			36.372	0.001	−0.001	31.208			36.373	A	50.000	100.000
1−2	53.006	67° 10′16.6″	N 67° 10′ 16.6″ E	20.565		48.854		0.001	−0.001	20.566		48.853		1	81.208	63.627
2−3	49.326	134° 52′15.6″	S 45° 7′ 44.4″ E		34.800	34.957		0.001			34.799	34.957		2	101.774	112.480
3−D	57.174	24° 44′9.6″	N 24° 44′ 9.6″ E	51.928		23.924		0.001		51.929		23.924		3	66.975	147.437
	207.431			103.700	34.800	107.735	36.372	0.004	−0.002					D	118.904	171.361

09

다음과 같은 그림에서 주어진 값을 이용하여 물음에 답하시오. (단, 거리는 소수점 아래 4자리에서 반올림하고 각은 초 단위까지 계산)

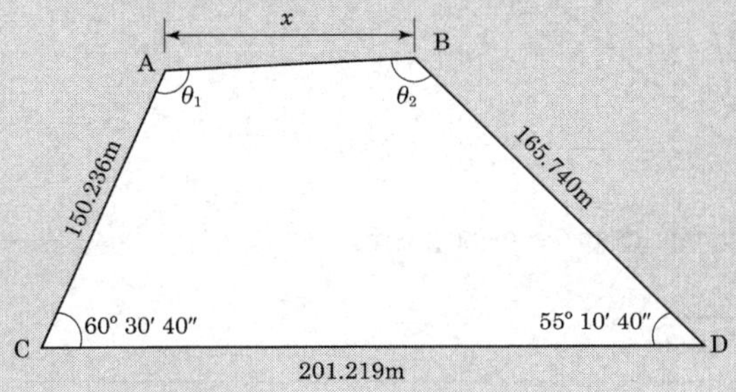

1) θ_1

2) θ_2

3) x

1. $\triangle BCD$에서

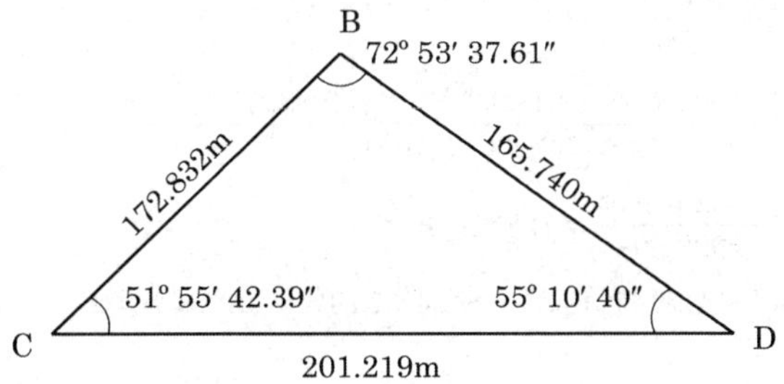

cos 제2법칙에서

① $\overline{BC} = \sqrt{a^2+b^2-2ab\cos\theta}$

$= \sqrt{(165.740)^2+(201.219)^2-2\times165.740\times201.219\times\cos55°10'40''}$

$= \sqrt{67958.834-38087.877} = 172.832\text{m}$

② $\angle C = \cos^{-1}\dfrac{a^2+b^2-c^2}{2ab}$

$= \cos^{-1}\dfrac{(172.832)^2+(201.219)^2-(165.740)^2}{2\times172.832\times201.219}$

$= \cos^{-1}\dfrac{42890.239}{69554.164} = 51°55'42.39''$

③ $\angle B = 180° - \angle C - \angle D$

$= 180° - 51°55'42.39'' - 55°10'40'' = 72°53'37.61''$

2. $\triangle ABC$에서

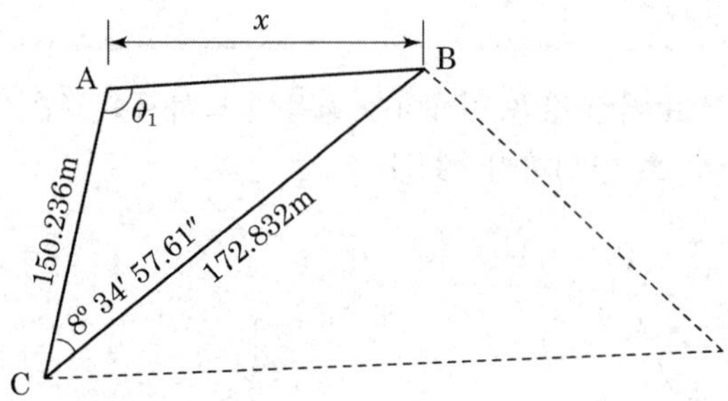

① $\angle C = 60°30'40'' - 51°55'42.39'' = 8°34'57.61''$

② $\overline{AB} = \sqrt{a^2 + b^2 - 2ab\cos\theta}$

$= \sqrt{(150.236)^2 + (172.832)^2 - 2 \times 150.236 \times 172.832 \times \cos 8°34'57.61''}$

$= 33.047\text{m}$

③ $\theta_1 = \cos^{-1}\dfrac{a^2 + b^2 - c^2}{2ab}$

$= \cos^{-1}\dfrac{(150.236)^2 + (33.047)^2 - (172.832)^2}{2 \times 150.236 \times 33.047}$

$= \cos^{-1}\dfrac{-6207.940}{9929.698} = 128°41'45.8''$

④ $\angle B = 180° - 128°41'45.8'' - 8°34'57.61'' = 42°43'16.59''$

3. θ_1, θ_2, x의 값은?

① $\theta_1 = 128°41'45.8''$

② $\theta_2 = 42°43'16.59'' + 72°53'37.61'' = 115°36'54.2''$

③ $x = 33.047\text{m}$

10

아래 그림과 같이 성과를 이용하여 각 요소를 구하시오. (단, 거리계산은 소수점 아래 4자리에서 반올림하고 각은 0.01초까지 계산할 것)

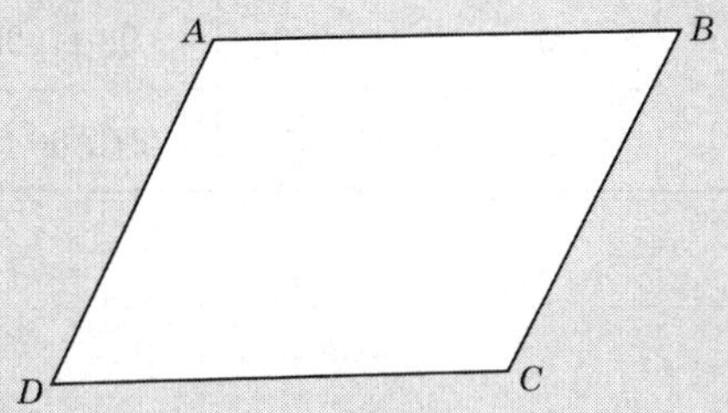

측점	X좌표	Y좌표
A	1261	1236
B	1261	1306
C	1226	1299
D	2226	1211

1) AB의 거리
2) BC의 거리
3) CD의 거리
4) DA의 거리
5) AB의 방위각
6) BC의 방위각
7) CD의 방위각
8) DA의 방위각

1. 거리 계산 : 거리 $= \sqrt{(\Delta X)^2 + (\Delta Y)^2}$

1) $\overline{AB} = \sqrt{(\Delta X)^2 + (\Delta Y)^2}$

$= \sqrt{(X_B - X_A)^2 + (Y_B - Y_A)^2}$

$= \sqrt{(1261-1261)^2 + (1306-1236)^2} = 70.000\text{m}$

2) $\overline{BC} = \sqrt{(X_C - X_B)^2 + (Y_C - Y_B)^2}$

$= \sqrt{(1226-1261)^2 + (1299-1306)^2} = 65.693\text{m}$

3) $\overline{CD} = \sqrt{(X_D - X_C)^2 + (Y_D - Y_C)^2}$

$= \sqrt{(2226-1226)^2 + (1211-1299)^2} = 1003.865\text{m}$

4) $\overline{DA} = \sqrt{(X_A - X_D)^2 + (Y_A - Y_D)^2}$

$= \sqrt{(1261-2226)^2 + (1236-1211)^2} = 365.324\text{m}$

2. 방위각 계산

1) V_A^B

$$\tan\theta = \frac{\Delta Y}{\Delta X} = \tan^{-1}\frac{Y_B - Y_A}{X_B - X_A}$$

$$\theta = \tan^{-1}\frac{1306-1236}{1261-1261} = \tan^{-1}\frac{70}{0} = 90°$$

※ 수식에서는 부정이지만 도형에서 방위각을 알아야 한다. 도형을 그리면 다음과 같다. 그러므로 90°임을 알아야 한다.

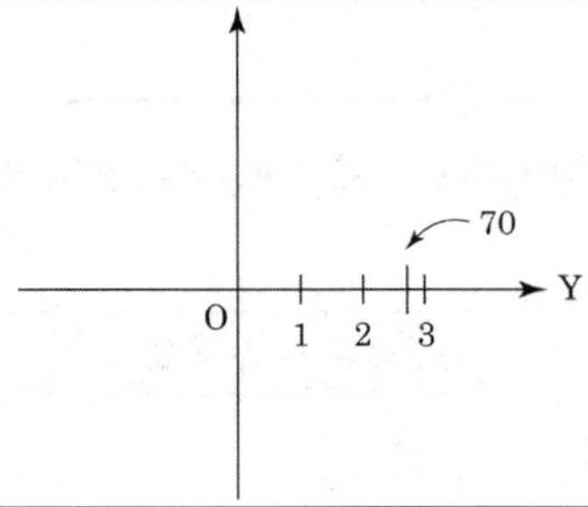

ΔX	ΔY	방위각
+ 숫자	0	0°00′00″
− 숫자	0	180°00′00″
0	+ 숫자	90°00′00″
0	− 숫자	270°00′00″

2) V_B^C

$$\tan\theta = \frac{\Delta Y}{\Delta X}$$

$$\theta = \tan^{-1}\frac{1299-1306}{1226-1261} = \tan^{-1}\frac{-7}{-35}$$

$= 11°18'35.76''$ (3상한)

$\therefore V_B^C = 180° + 11°18'\ 35.76'' = 191°18'\ 35.76''$

3) V_C^D

$$\tan\theta = \frac{\Delta Y}{\Delta X}$$

$$\theta = \tan^{-1}\frac{1211-1299}{2226-1226} = \tan^{-1}\frac{-88}{1000}$$

$= 5°01'44.66''$ (4상한)

$\therefore V_C^D = 360° - 5°01'\ 44.66'' = 354°58'\ 15.3''$

4) V_D^A

$$\tan\theta = \frac{\Delta Y}{\Delta X}$$

$$\theta = \tan^{-1}\frac{1236-1211}{1261-2226} = \tan^{-1}\frac{+25}{-965}$$

$= 1°29'2.45''$ (2상한)

$\therefore 180° - 1°29'2.45'' = 178°30'57.5''$

※ 상한

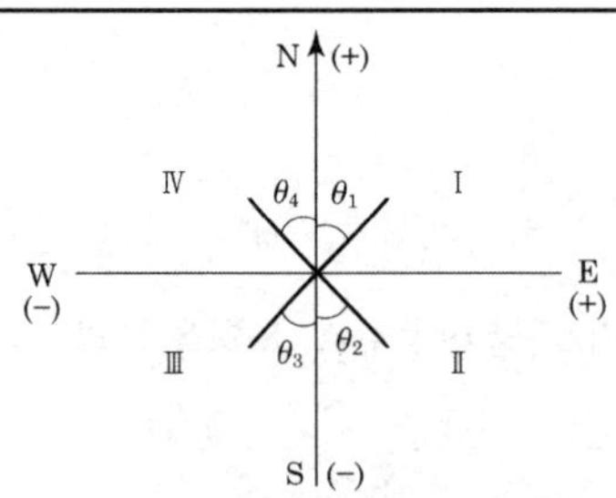

상한	방위	방위각	부호	
			X	Y
Ⅰ	$N\theta_1E$	θ	+	+
Ⅱ	$S\theta_2E$	$180° - \theta_2$	−	+
Ⅲ	$S\theta_3W$	$180° + \theta_3$	−	−
Ⅳ	$N\theta_4W$	$360° - \theta_4$	+	−

11

다음의 결합다각측량결과에 의하여 성과표를 작성하시오.

$w_a = 45°20'16''$ $w_b = 342°27'08''$

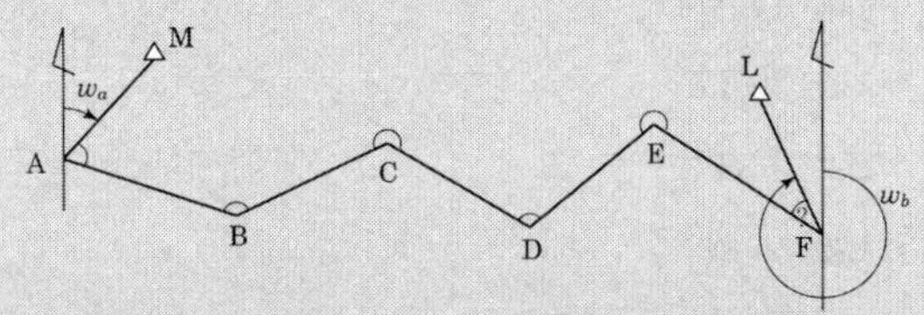

측점	X좌표	Y좌표	각명	관측각
A	300.000	300.000	w_a	45°20′16″
F	284.787	572.209	w_b	342°27′08″

측선	측점	관측각	거리
A−B	A	72°16′22″	56.468
B−C	B	128°36′07″	78.533
C−D	C	241°17′29″	59.122
D−E	D	72°43′16″	83.328
E−F	E	289°42′01″	97.433
F−L	F	32°31′31″	
계		837°06′46″	374.884

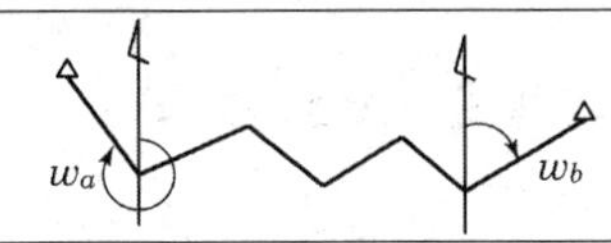	$E_a = W_a - W_b + [a] - 180°(n+1)$
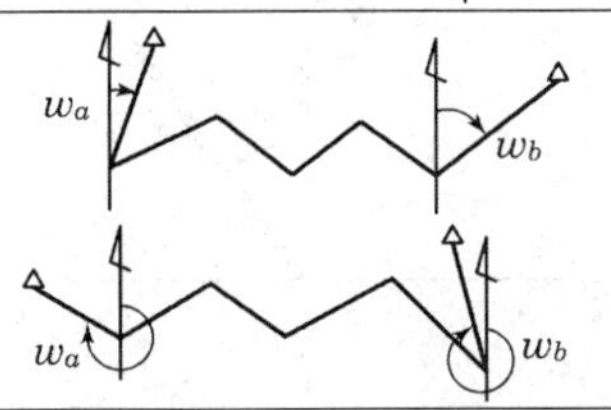	$E_a = W_a - W_b + [a] - 180°(n-1)$
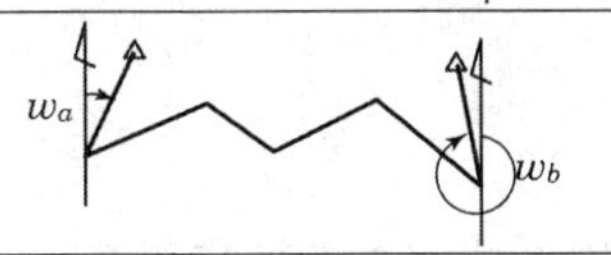	$E_a = W_a - W_b + [a] - 180°(n-3)$

1. 측각오차

$E_a = w_a - w_b + [a] - 180°(n-3)$

$= 45°20'16'' - 342°27'08'' + 837°06'46'' - 180°(6-3)$

$= -6''$

보정량 $= \dfrac{E_a}{n} = \dfrac{6}{6} = 1''$ (+1″씩 보정한다.)

2. 방위각 및 방위 계산

1) 방위각 계산

$V_A^m = w_a = 45°20'16''$

$V_A^B = w_a + \angle A = 45°20'16'' + 72°16'23'' = 117°36'39''$

$V_B^C = 117°36'39'' - 180° + 128°36'08'' = 66°12'47''$

$V_C^D = 66°12'47'' - 180° + 241°17'30'' = 127°30'17''$

$V_D^F = 127°30'17'' - 180° + 72°43'17'' = 20°13'34''$

$V_F^E = 20°13'34'' - 180° + 289°42'02'' = 129°55'36''$

$V_F^L = 129°55'36'' - 180° + 32°31'32'' = 342°27'08''$ (W_b와 동일)

① $\overline{AB}$의 방위 $= S\,62°23'21''\,E$

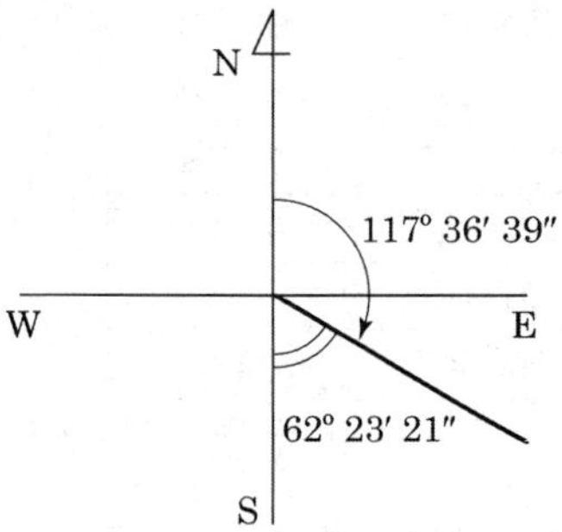

② $\overline{BC}$의 방위 $= N\,66°12'47''\,E$

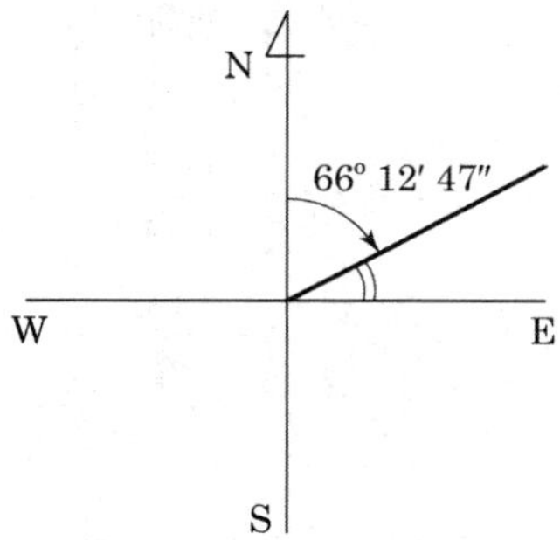

③ $\overline{CD}$의 방위 $= S\,52°29'43''\,E$

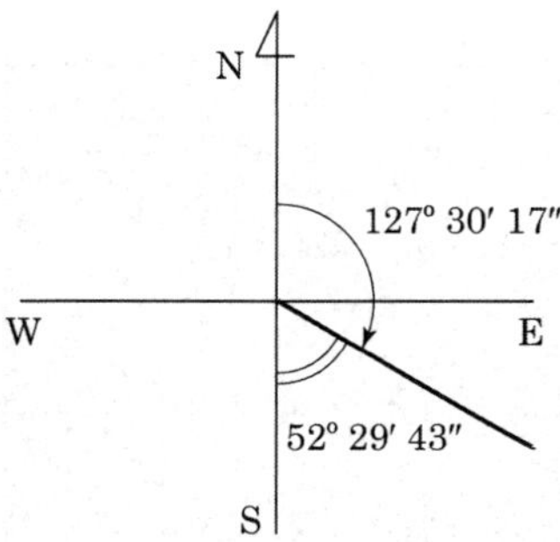

④ $\overline{DE}$의 방위 $= N\,20°13'34''\,E$

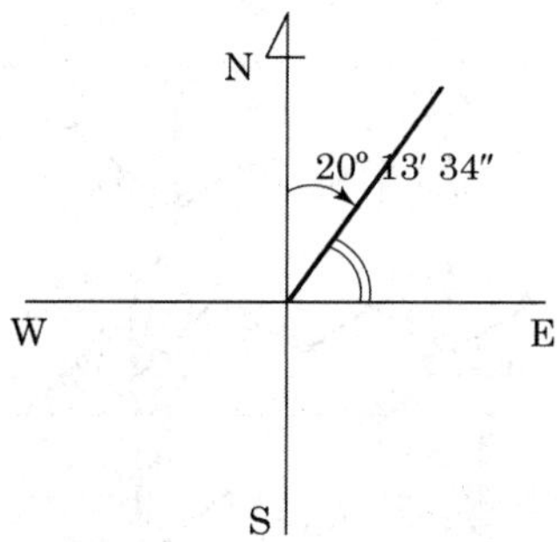

⑤ $\overline{EF}$의 방위 $= S\,50°04'24''\,E$

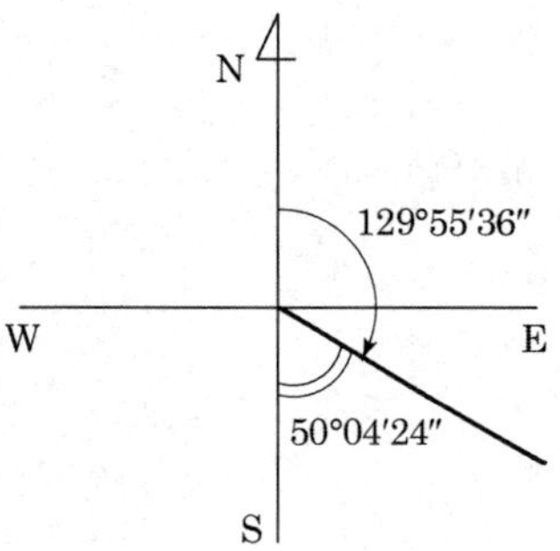

⑥ $\overline{FL}$의 방위 $= N\,17°32'52''\,W$

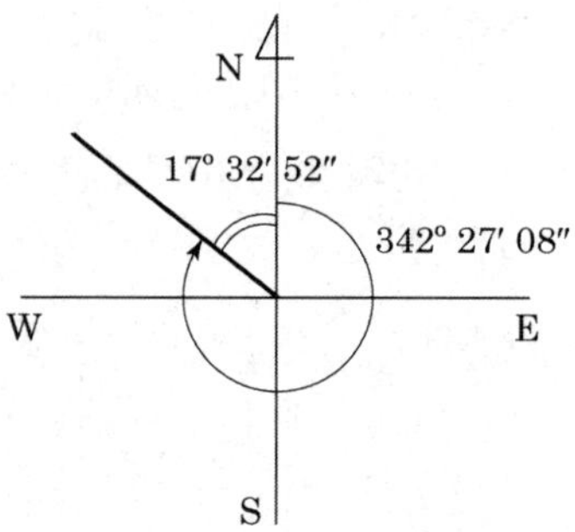

3. 위거, 경거의 계산

측선	위거($L=l\cos v$)
A-B	$56.468\times\cos117°36'39''=-26.171$
B-C	$78.533\times\cos66°12'47''=31.675$
C-D	$59.122\times\cos127°30'17''=-35.995$
D-F	$83.328\times\cos20°13'34''=78.190$
F-L	$97.433\times\cos129°55'36''=-62.533$
계	−14.834

측선	경거($D=l\sin v$)
A-B	$56.468\times\sin117°36'39''=50.037$
B-C	$78.533\times\sin66°12'47''=71.862$
C-D	$59.122\times\sin127°30'17''=46.902$
D-F	$83.328\times\sin20°13'34''=28.809$
F-L	$97.433\times\sin129°55'36''=74.718$
계	272.328

4. 폐합오차 및 폐합비 계산

폐합트래버스	결합트래버스
$E=\sqrt{(\Delta l)^2+(\Delta d)^2}$	$E=\sqrt{(\Delta l)^2+(\Delta d)^2}$
	$\Delta l=X_n-(\Sigma L+X_1)$
	$\Delta d=Y_n-(\Sigma D+Y_1)$
Δl: 위거오차 Δd: 경거오차 ΣL: 조정위거의 합 E: 폐합오차	X_n, X_n = 종점좌표 Y_1, Y_1 = 시점좌표 ΣD: 조정경거의 합

폐합비
$\dfrac{\text{폐합오차}}{\text{전거리}}=\dfrac{\sqrt{(\Delta l)^2+(\Delta d)^2}}{\Sigma l}$
폐합비의 허용범위
시가지 : 1/5,000 ~ 1/10,000 평지 : 1/1,000 ~ 1/3,000 한경사지 : 1/500 ~ 1/1,000 복합지형 : 1/300 ~ 1/500

1) 폐합오차 계산

$$\Delta l=(\Sigma L+X_1)-X_n=\Sigma L-(X_n-X_1)$$
$$\Delta d=(\Sigma D+Y_1)-Y_n=\Sigma D-(Y_n-Y_1)$$

위거, 경거의 총화가 (+)이면 (−)
(−)이면 (+) 보정한다.

$$\Delta l=(-14.834+300)-284.787=+0.379$$
or, $\Delta l=-14.834-(284.787-300)=+0.379$
$$\Delta d=(272.328+300)-572.209=+0.119$$
or, $\Delta d=272.328-(572.209-300)=+0.119$
$$E=\sqrt{(0.379)^2+(0.119)^2}=0.397$$

2) 폐합비의 계산 : 폐합비$=\dfrac{0.397}{374.884}=\dfrac{1}{944.292}$

5. 위거 조정량 및 경거 조정량 계산

① 컴퍼스 법칙

$$\text{위거조정량}=\frac{\text{보정할측선거리}}{\text{전측선거리}}\times\text{위거오차}=\frac{L}{\Sigma L}\times\Delta l$$
$$\text{경거조정량}=\frac{\text{보정할측선거리}}{\text{전측선거리}}\times\text{경거오차}=\frac{L}{\Sigma L}\times\Delta d$$

② 트랜싯 법칙

$$\text{위거조정량}=\frac{\text{보정할측선의위거}}{\text{위거절대값의합}}\times\text{위거오차}=\frac{L}{[\Sigma]}\times\Delta l$$

$$\text{경거조정량}=\frac{\text{보정할측선의경거}}{\text{경거절대값의합}}\times\text{경거오차}=\frac{D}{[\Sigma]}\times\Delta d$$

1) 위거조정량 계산(+0.379이므로 −보정(컴퍼스 법칙))

① $\overline{AB}\text{위거 조정량}=\frac{56.468}{374.884}\times 0.379=-0.057$

② $\overline{BC}\text{위거 조정량}=\frac{78.533}{374.884}\times 0.379=-0.079$

③ $\overline{CD}\text{위거 조정량}=\frac{59.122}{374.884}\times 0.379=-0.060$

④ $\overline{DE}\text{위거 조정량}=\frac{83.328}{374.884}\times 0.379=-0.084$

⑤ $\overline{EF}\text{위거 조정량}=\frac{97.433}{374.884}\times 0.379=-0.099$

$\Sigma 0.379$

2) 경거조정량 계산(+0.119이므로 −보정)

① $\overline{AB}\text{경거 조정량}=\frac{56.468}{374.884}\times 0.119=-0.018$

② $\overline{BC}\text{경거 조정량}=\frac{78.533}{374.884}\times 0.119=-0.025$

③ $\overline{CD}\text{경거 조정량}=\frac{59.122}{374.884}\times 0.119=-0.019$

④ $\overline{DE}\text{경거 조정량}=\frac{83.328}{374.884}\times 0.119=-0.026$

⑤ $\overline{EF}\text{경거 조정량}=\frac{97.433}{374.884}\times 0.119=-0.031$

$\Sigma 0.119$

6. 위거, 경거 조정량 계산

측선	위거	경거
A−B	−26.171−0.057=−26.228	50.037−0.018=50.019
B−C	31.675−0.079=31.596	71.862−0.025=71.837
C−D	−35.995−0.060=−36.055	46.902−0.019=46.883
D−E	78.190−0.084=78.106	28.809−0.026=28.783
E−F	−62.533−0.099=−62.632	74.718−0.031=74.687

7. 합위거, 합경거 계산

측점	합위거
A	300.00
B	300−26.228=273.772
C	273.772+31.596=305.368
D	305.368−36.055=269.313
E	269.313+78.106=347.419
F	347.419−62.632=284.787

측점	합경거
A	300.00
B	300+50.019=350.019
C	350.019+71.837=421.856
D	421.856+46.883=468.739
E	468.739+28.783=497.522
F	497.522+74.687=572.209

다각측량 성과표(결합 트래버스)

측선	관측각	조정량	조정각	방위각	방위	거리
A-B	72°16′22″	+1″	72°16′23″	117°36′39″	S 62°23′21″ E	56.468
B-C	128°36′07″	+1″	128°36′08″	66°12′47″	S 66°12′47″ E	78.533
C-D	241°17′29″	+1″	241°17′30″	127°30′17″	S 52°29′43″ E	59.122
D-E	72°43′16″	+1″	72°43′17″	20°13′34″	N 20°13′34″ E	83.328
E-F	289°42′01″	+1″	289°42′02″	129°55′36″	S 50°04′24″ E	97.433
F-L	32°31′31″	+1″	32°31′32″	342°27′08″	N 17°32′52″ W	
	837°06′46″			837°06′46″		374.884

측선	위거		경거		위거 조정량	경거 조정량	조정위거		조정경거		측점	합위거	합경거
	N(+)	S(−)	E(+)	W(−)			N(+)	S(−)	E(+)	W(−)			
A−B		26.171	50.037		−0.057	−0.018		26.228	50.019		A	300.000	300.000
B−C	31.675		71.862		−0.079	−0.025	31.596		71.837		B	273.772	350.019
C−D		35.995	46.902		−0.060	−0.019		36.055	46.883		C	305.368	421.856
D−E	78.190		28.809		−0.084	−0.026	78.106		28.783		D	269.313	468.739
E−F		62.533	74.718		−0.099	−0.031		62.632	74.687		E	347.419	497.522
											F	284.787	572.209
	109.865	124.699	272.328				109.702	124.915	272.209				

12

다음 그림과 같은 트래버스를 측량한 결과가 아래와 같다. 성과표를 완성하시오.

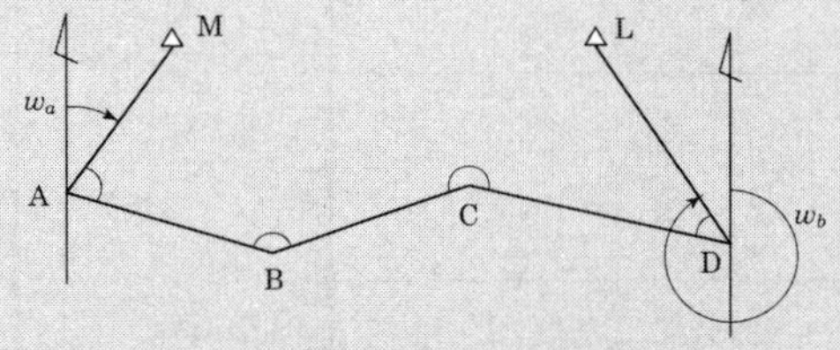

측점	X좌표	Y좌표	각명	관측각
A	500.000	500.000	w_a	18°20′30″
D	540.225	691.969	w_b	308°50′10″

측선	측점	관측각	거리
A−M			
A−B	A	79°20′30″	71.47
B−C	B	127°30′21″	102.59
C−D	C	250°18′25″	53.45
D−L	D	13°20′40″	
계		470°29′56″	227.51

1. 각조정 계산

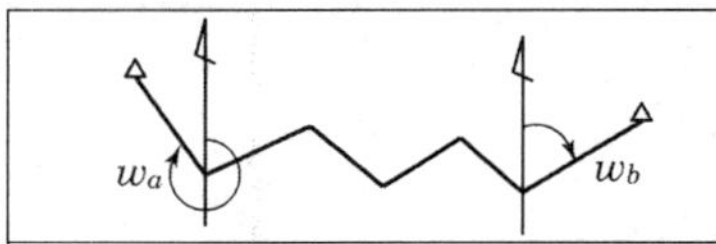	$E_a = W_a - W_b + [a] - 180°(n+1)$
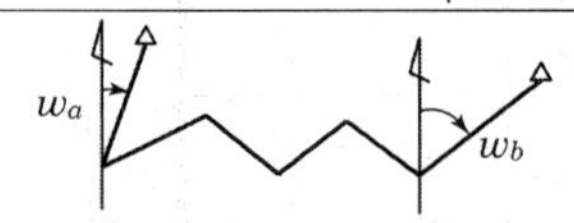 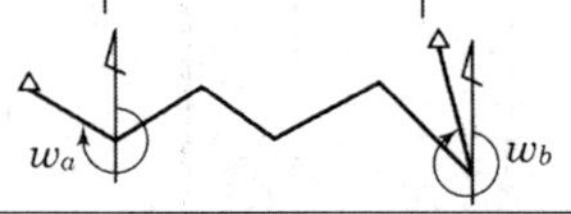	$E_a = W_a - W_b + [a] - 180°(n-1)$
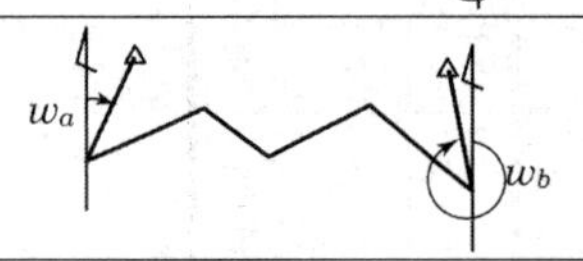	$E_a = W_a - W_b + [a] - 180°(n-3)$

1) 측각오차

$E_a = w_a - w_b + [a] - 180°(n-3)$

$= 18°20'30'' - 308°50'10'' + 470°29'56'' - 180°(4-3)$

$= 16''$

보정량$= \dfrac{E_a}{n} = \dfrac{16}{4} = 4''$ ($-4''$씩 보정한다.)

2. 방위각 및 방위 계산

1) 방위각 계산

$V_A^B = w_a + \angle A = 18°20'30'' + 79°20'26'' = 97°40'56''$

$V_B^C = 97°40'56'' - 180° + 127°30'17'' = 45°11'13''$

$V_C^D = 45°11'13'' - 180° + 250°18'21'' = 115°29'34''$

$V_D^L = 115°29'34'' - 180° + 13°20'36'' = 308°50'10''$ (w_b와 동)

2) 방위 계산

① $\overline{AB}$의 방위 $= S\,82°19'04''\,E$

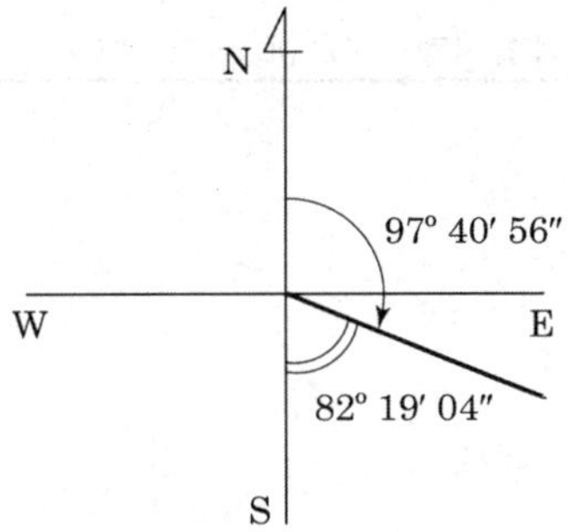

② $\overline{BC}$의 방위 $= N\,45°11'13''\,E$

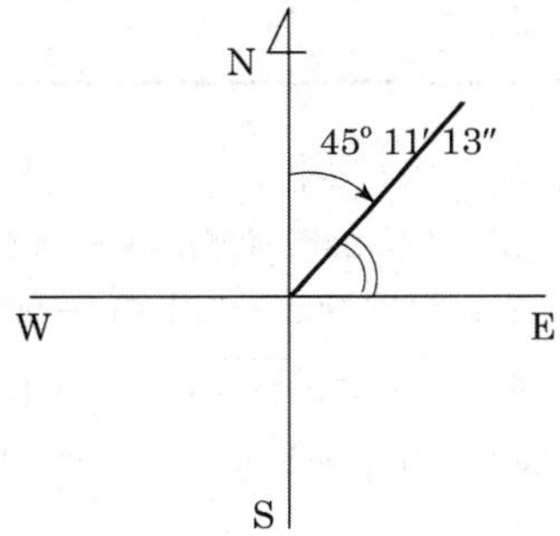

③ $\overline{CD}$의 방위 $= S\,64°30'26''\,E$

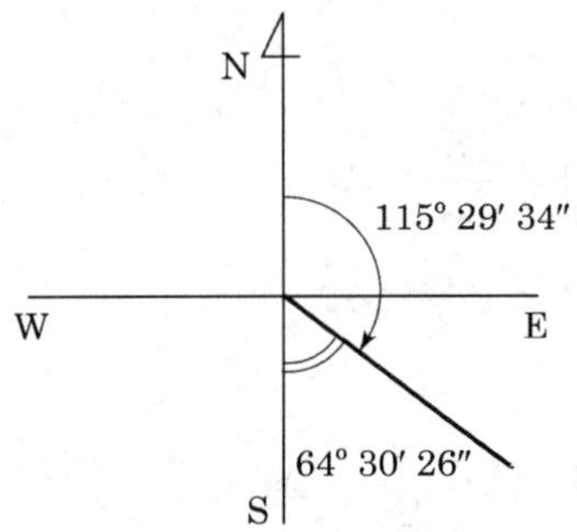

3. 위거, 경거의 계산

측선	위거($L = l\cos v$)	
A−B	$71.47 \times \cos 97°40'56'' = -9.554$	
B−C	$102.59 \times \cos 45°11'13'' = 72.305$	
C−D	$53.45 \times \cos 115°29'34'' = -23.005$	
계	+39.746	
절대치 합		|104.864|

측선	경거($D = l\sin v$)	
A−B	$71.47 \times \sin 97°40'56'' = 70.829$	
B−C	$102.59 \times \sin 45°11'13'' = 72.778$	
C−D	$53.45 \times \sin 115°29'34'' = 48.246$	
계	+191.853	
절대치 합		|191.853|

4. 폐합오차 및 폐합비 계산

<table>
<tr><th>폐합트래버스</th><th>결합트래버스</th></tr>
<tr><td rowspan="3">$E=\sqrt{(\Delta l)^2+(\Delta d)^2}$</td><td>$E=\sqrt{(\Delta l)^2+(\Delta d)^2}$</td></tr>
<tr><td>$\Delta l = X_n-(\Sigma L+X_1)$</td></tr>
<tr><td>$\Delta D = Y_n-(\Sigma D+Y_1)$</td></tr>
<tr><td colspan="2">Δl : 위거오차 X_n, X_n = 종점좌표
Δd : 경거오차 Y_1, Y_1 = 시점좌표
ΣL: 조정위거의 합 ΣD: 조정경거의 합
E: 폐합오차</td></tr>
</table>

<table>
<tr><th>폐합비</th></tr>
<tr><td>$\dfrac{\text{폐합오차}}{\text{전거리}}=\dfrac{\sqrt{(\Delta l)^2+(\Delta D)^2}}{\Sigma l}$</td></tr>
<tr><th>폐합비의 허용범위</th></tr>
<tr><td>시가지 : 1/,5000 ~ 1/10,000
평지 : 1/1,000 ~ 1/3,000
한경사지 : 1/500 ~ 1/1,000
복합지형 : 1/300 ~ 1/500</td></tr>
</table>

1) 폐합오차 계산

$\Delta l = 540.225-(39.746+500)=0.479$

$\Delta D = 691.969-(191.853+500)=0.116$

$E=\sqrt{(0.479)^2+(0.116)^2}=0.493$

※ 위 폐합오차 계산식에서는 부호가 나오는 대로 조정한다.

2) 폐합비의 계산 : 폐합비$=\dfrac{0.493}{227.51}=\dfrac{1}{461.481}$

5. 위거 조정량 및 경거 조정량 계산

① 컴퍼스 법칙

$$\text{위거조정량}=\frac{\text{보정할측선거리}}{\text{전측선거리}}\times\text{위거오차}=\frac{L}{\Sigma L}\times\Delta l$$

$$\text{경거조정량}=\frac{\text{보정할측선거리}}{\text{전측선거리}}\times\text{경거오차}=\frac{L}{\Sigma L}\times\Delta d$$

② 트랜싯 법칙

$$\text{위거조정량}=\frac{\text{보정할 측선의 위거}}{\text{위거절대값의 합}}\times\text{위거오차}=\frac{L}{[\Sigma]}\times\Delta l$$

$$\text{경거조정량}=\frac{\text{보정할 측선의 경거}}{\text{경거절대값의 합}}\times\text{경거오차}=\frac{D}{[\Sigma]}\times\Delta d$$

1) 위거조정량 계산(+0.49이므로 +보정)(트랜싯 법칙)

① $\overline{AB}$위거조정량 $=\dfrac{9.554}{104.864}\times 0.479=0.044$

② $\overline{BC}$위거조정량 $=\dfrac{72.305}{104.864}\times 0.479=0.330$

③ $\overline{CD}$위거조정량 $=\dfrac{23.005}{104.864}\times 0.479=0.105$

$\Sigma 0.479$

2) 경거조정량 계산(+0.116이므로 +보정)

① $\overline{AB}$경거조정량 $=\dfrac{70.829}{191.853}\times 0.116=0.043$

② $\overline{BC}$경거조정량 $=\dfrac{72.778}{191.853}\times 0.116=0.044$

③ $\overline{CD}$경거 조정량 $= \dfrac{48.246}{191.853} \times 0.116 = 0.029$

$\sum 0.116$

6. 조정위거, 경거 계산

측선	조정위거	조정경계
A－B	－9.554＋0.044＝－9.510	70.829＋0.043＝70.872
B－C	72.305＋0.330＝72.635	72.778＋0.044＝72.822
C－D	－23.005＋0.105＝－22.900	48.246＋0.029＝48.275

7. 합위거 및 합경거 계산

측점	합위거
A	500.00
B	500−9.510=490.490
C	490.49+72.635=563.125
D	563.125−22.900=540.225

측점	합경거
A	500.00
B	500+70.872=570.872
C	570.872+72.822=643.694
D	643.694+48.275=691.969

다각측량 성과표(결합 트래버스)

측선	관측각	조정량	조정각	방위각	방위	거리
A–B	79°20′30″	−4″	79°20′26″	97°40′56″	$S\ 82°19'04''E$	71.47
B–C	127°30′21″	−4″	127°30′17″	45°11′13″	$S\ 45°11'13''E$	102.59
C–D	250°18′25″	−4″	250°18′21″	115°29′34″	$S\ 64°30'26''E$	53.45
D–L	13°20′40″	−4″	13°20′36″			
	470°29′56″	−16″	470°29′40″			227.51

측선	위거		경거		위거 조정량	경거 조정량	조정위거		조정경거		측점	합위거	합경거
	N(+)	S(−)	E(+)	W(−)			N(+)	S(−)	E(+)	W(−)			
A–B		9.554	70.829		0.044	0.043		9.510	70.872		A	500.000	500.000
B–C	72.305		72.778		0.330	0.044	72.635		72.822		B	490.490	570.872
C–D		23.005	48.246		0.105	0.029		22.900	48.275		C	563.125	643.694
											D	540.225	691.969
	72.305	32.559	191.853		0.479	0.116	72.635	32.41	191.944				

13

다음 그림과 같은 트래버스를 측량한 결과가 아래와 같다. 성과표를 완성하시오.

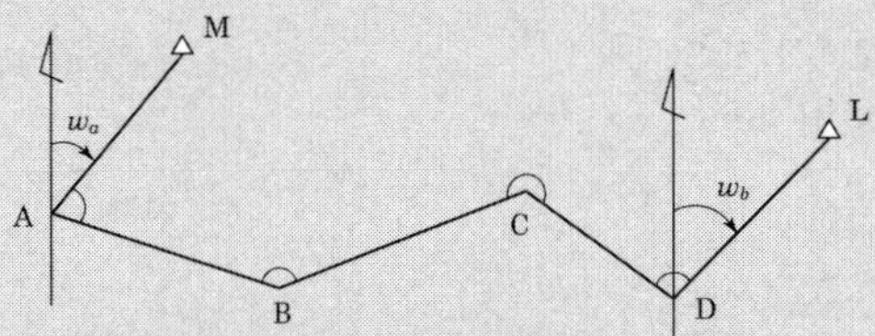

측점	X좌표	Y좌표	각명	관측각
A	200.000	100.000	w_a	25°10′20″
D	147.440	317.911	w_b	38°01′40″

측선	측점	관측각	거리
A−M			
A−B	A	89°20′40″	102.59
B−C	B	98°40′20″	53.45
C−D	C	268°10′10″	104.72
D−L	D	96°40′30″	
계		552°51′40″	260.76

1. 각조정 계산

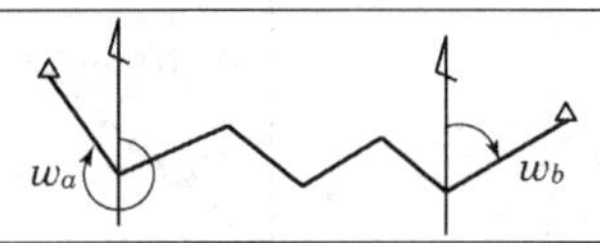	$E_a = W_a - W_b + [a] - 180°(n+1)$
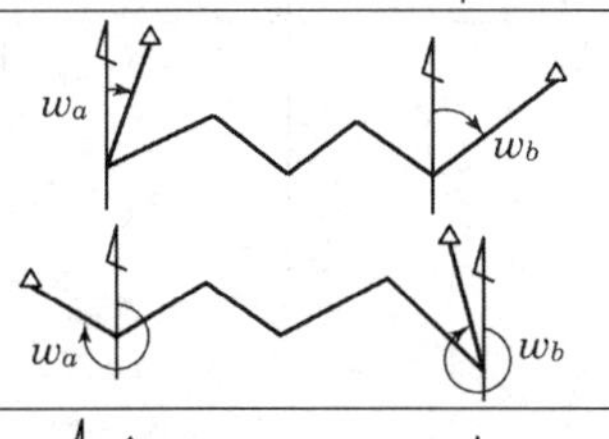	$E_a = W_a - W_b + [a] - 180°(n-1)$
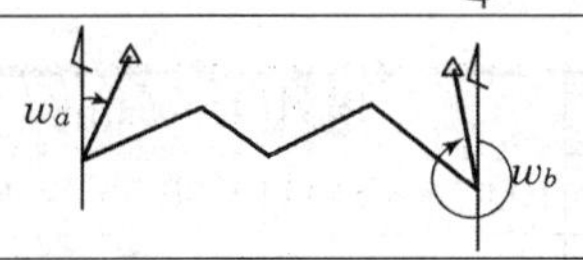	$E_a = W_a - W_b + [a] - 180°(n-3)$

1) 측각오차

$$E_a = w_a - w_b + [a] - 180°(n-1)$$
$$= 25°10'20'' - 38°01'40'' + 552°51'40'' - 180°(4-1)$$
$$= 20''$$

보정량 $= \dfrac{E_a}{n} = \dfrac{20}{4} = 5''$ ($-5''$ 씩 보정한다.)

2. 방위각 및 방위 계산

1) 방위각 계산

$V_A^B = w_a + \angle A = 25°10'20'' + 89°20'35'' = 114°30'55''$

$V_B^C = 114°30'55'' - 180° + 98°40'15'' = 33°11'10''$

$V_C^D = 33°11'10'' - 180° + 268°10'05'' = 121°21'15''$

$V_D^L = 121°21'15'' - 180° + 96°40'25'' = 38°01'40''$

w_b와 같아야 한다.

2) 방위 계산

① $\overline{AB}$의 방위 $= S\,65°29'05''\,E$

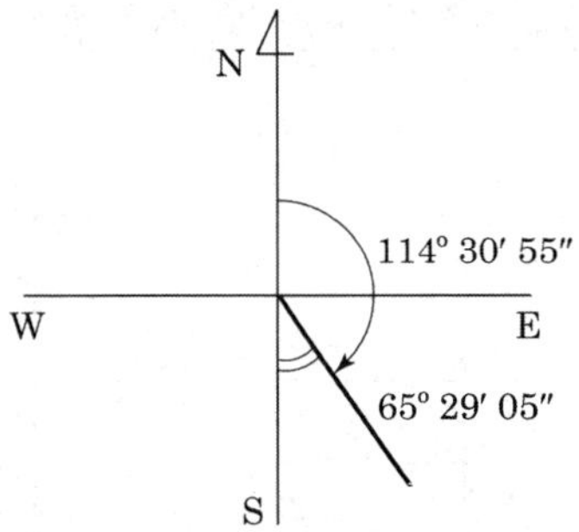

② $\overline{BC}$의 방위 $= N\,33°11'10''\,E$

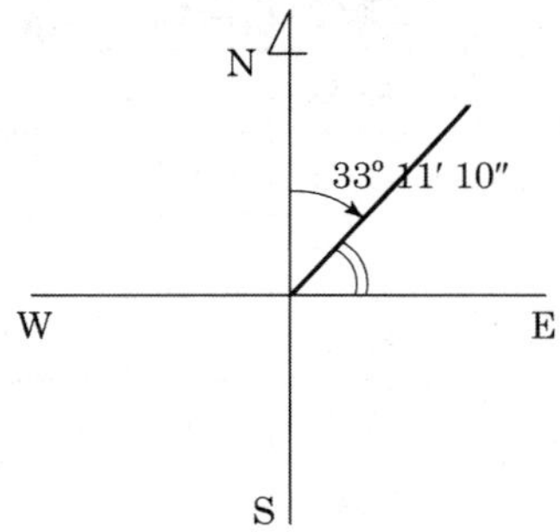

③ $\overline{CD}$의 방위 $= S\,58°38'45''\,E$

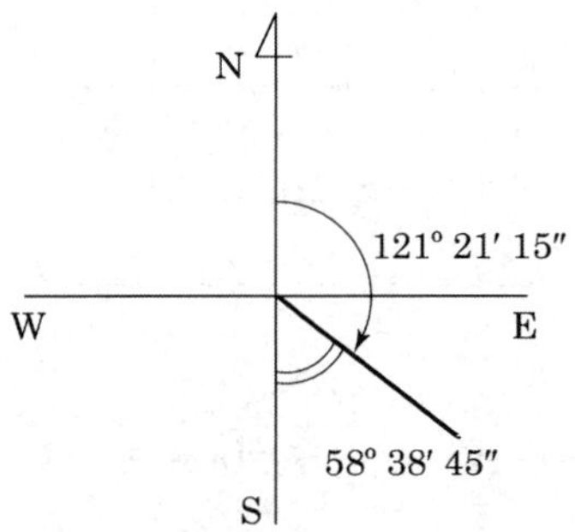

④ $\overline{DL}$의 방위 $= N\,38°01'40''\,E$

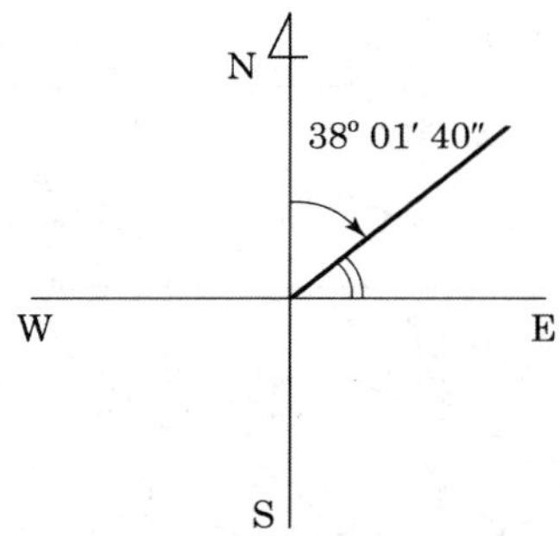

3. 위거, 경거의 계산

측선	위거($L = l\cos v$)
A-B	$102.59 \times \cos 114°30'55'' = -42.568$
B-C	$53.45 \times \cos 33°11'10'' = 44.732$
C-D	$104.72 \times \cos 121°21'15'' = -54.489$
계	−52.325

측선	경거($D = l\sin v$)
A-B	$102.59 \times \sin 114°30'55'' = 99.342$
B-C	$53.45 \times \sin 33°11'10'' = 29.256$
C-D	$104.72 \times \sin 121°21'15'' = 89.427$
계	218.025

4. 폐합오차 및 폐합비 계산

<table>
<tr><th>폐합트래버스</th><th>결합트래버스</th></tr>
<tr><td rowspan="3">$E=\sqrt{(\Delta l)^2+(\Delta d)^2}$</td><td>$E=\sqrt{(\Delta l)^2+(\Delta d)^2}$</td></tr>
<tr><td>$\Delta l = X_n-(\Sigma L+X_1)$</td></tr>
<tr><td>$\Delta D= Y_n-(\Sigma D+ Y_1)$</td></tr>
<tr><td colspan="2">Δl : 위거오차 X_n, X_n = 종점좌표
Δd : 경거오차 Y_1, Y_1 = 시점좌표
ΣL: 조정위거의 합 ΣD: 조정경거의 합
E: 폐합오차</td></tr>
</table>

<table>
<tr><th>폐합비</th></tr>
<tr><td>$\dfrac{\text{폐합오차}}{\text{전거리}}=\dfrac{\sqrt{(\Delta l)^2+(\Delta D)^2}}{\Sigma l}$</td></tr>
<tr><th>폐합비의 허용범위</th></tr>
<tr><td>시가지 : 1/5,000 ~ 1/10,000
평지 : 1/1,000 ~ 1/3,000
한경사지 : 1/500 ~ 1/1,000
복합지형 : 1/300 ~ 1/500</td></tr>
</table>

1) 폐합오차 계산

$\Delta l = 147.440-(-52.325+200) =-0.235$

$\Delta D = 317.911-(218.025+100) =-0.114$

$E=\sqrt{(0.235)^2+(0.114)^2}=0.261\text{m}$

위거, 경거오차가 −이면 −, +이면 +보정한다.(식에 따라 부호가 다름)

2) 폐합비의 계산 : 폐합비$=\dfrac{0.261}{260.76}=\dfrac{1}{999.080}$

5. 위거 조정량 및 경거 조정량 계산

① 컴퍼스 법칙

$$\text{위거조정량}=\frac{\text{보정할 측선거리}}{\text{전측선거리}}\times\text{위거오차}=\frac{L}{\Sigma L}\times\Delta l$$

$$\text{경거조정량}=\frac{\text{보정할 측선거리}}{\text{전측선거리}}\times\text{경거오차}=\frac{L}{\Sigma L}\times\Delta d$$

② 트랜싯 법칙

$$\text{위거조정량}=\frac{\text{보정할 측선의 위거}}{\text{위거절대값의 합}}\times\text{위거오차}=\frac{L}{[\Sigma]}\times\Delta l$$

$$\text{경거조정량}=\frac{\text{보정할 측선의 경거}}{\text{경거절대값의 합}}\times\text{경거오차}=\frac{D}{[\Sigma]}\times\Delta d$$

1) 위거조정량 계산

① $\overline{AB}$위거 조정량 $=\dfrac{102.59}{260.76}\times0.235=-0.092$

② $\overline{BC}$위거 조정량 $=\dfrac{53.45}{260.76}\times0.235=-0.048=-0.049$

③ $\overline{CD}$위거 조정량 $=\dfrac{104.72}{260.76}\times0.235=-0.094$

$\Sigma 0.234$(합위거에서 0.001 차가 생긴다.)

∴ 소거방법은 방위각($90°\times n+45°$)이 각도에 가까운 각에 소거하는 것이 좋다(45°, 135°, 225°, 315°). 그러므로 $B-C$ 측선의 방위각이 45°에 가까우므로 조정량=−0.048에서 −0.049로 조정한다.

2) 경거조정량 계산

① $\overline{AB}$경거조정량 $= \frac{102.59}{260.76} \times 0.114 = -0.045$

② $\overline{BC}$경거조정량 $= \frac{53.45}{260.76} \times 0.114 = -0.023$

③ $\overline{CD}$경거조정량 $= \frac{104.72}{260.76} \times 0.114 = -0.046$

$\Sigma 0.114$

(위거조정량 계산에서 시점, 종점좌표에서 −로 하느냐에 따라서 부호가 + 이나 −이냐로 바뀐다.)

6. 조정위거, 경거 계산

측선	조정위거	조정경계
A−B	−42.568−0.092=−42.660	99.342−0.045=99.297
B−C	44.732−0.049=44.683	29.256−0.023=29.233
C−D	−54.489−0.094=54.583	89.427−0.046=89.381

7. 합위거 및 합경거 계산

측점	합위거
A	200.000
B	200−42.660=157.340
C	157.34+44.683=202.023
D	202.023−54.583=147.443

측점	합경거
A	100.000
B	100+99.297=199.297
C	199.297+29.233=228.530
D	228.530+89.381=317.911

다각측량 성과표(결합 트래버스)

측선	관측각	조정량	조정각	방위각	방위	거리
A–B	89°20′40″	−5″	89°20′35″	114°30′55″	$S\ 65°29'05''E$	102.59
B–C	98°40′20″	−5″	98°40′15″	33°11′10″	$N\ 33°11'10''E$	53.45
C–D	268°10′10″	−5″	268°10′05″	121°21′15″	$S\ 58°38'45''E$	104.72
D–L	96°40′30″	−5″	96°40′25″	38°01′40″	$N\ 38°01'40''E$	
	552°51′40″	−20	552°50′20″			260.76

측선	위거		경거		위거 조정량	경거 조정량	조정위거		조정경거		측점	합위거	합경거
	N(+)	S(−)	E(+)	W(−)			N(+)	S(−)	E(+)	W(−)			
A–B		42.568	99.342		−0.092	−0.045		42.660	99.297		A	200	100
B–C	44.732		29.256		−0.049	−0.023	44.683		29.233		B	157.340	199.297
C–D		54.489	89.427		−0.094	−0.046		54.583	89.381		C	202.023	228.530
											D	147.440	317.911
	44.732	97.057	218.025		−0.234	−0.114	44.684	97.243	217.911	0			

14

다음의 결합다각측량결과에 의하여 성과표를 작성하시오.

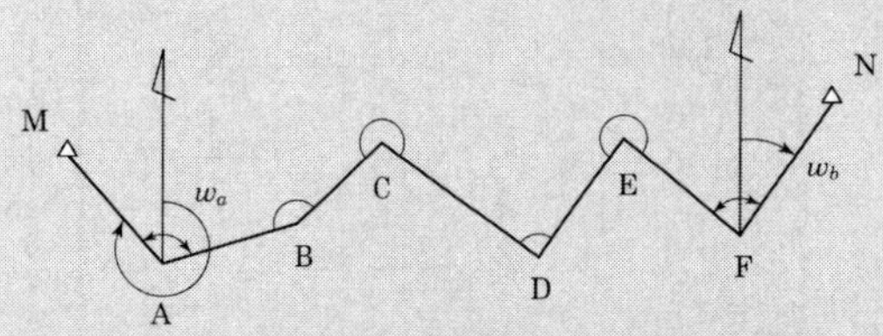

측점	X좌표	Y좌표	각명	관측각
A	200.000	200.000	w_a	345°03′40″
F	380.697	500.666	w_b	59°49′32″

측선	측점	관측각	거리
A−M			
A−B	A	129°06′30″	71.47
B−C	B	108°15′15″	102.59
C−D	C	213°27′25″	53.45
D−E	D	141°43′30″	104.72
E−F	E	195°01′10″	63.72
F−N	F	187°12′14″	
계		974°46′04″	395.95

1. 각조정 계산

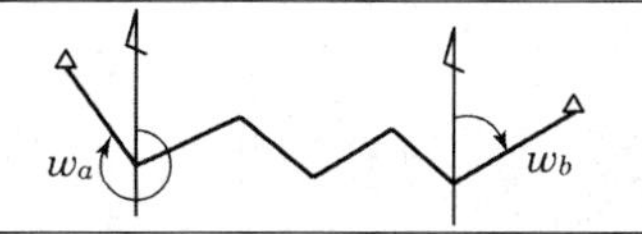	$E_a = W_a - W_b + [a] - 180°(n+1)$
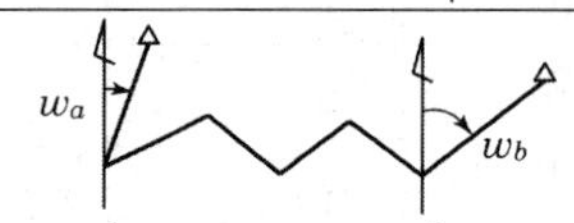 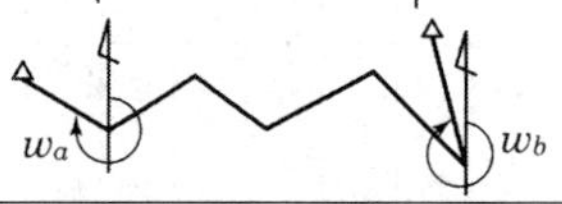	$E_a = W_a - W_b + [a] - 180°(n-1)$
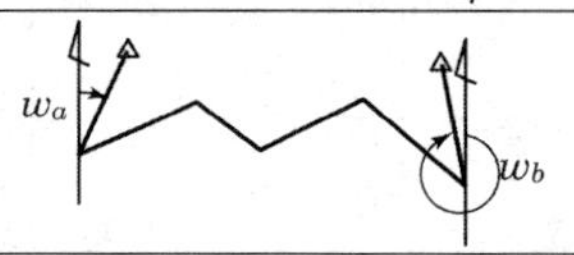	$E_a = W_a - W_b + [a] - 180°(n-3)$

1) 측각오차

$$E_a = w_a - w_b + [a] - 180°(n+1)$$
$$= 345°03'40'' - 59°49'32'' + 974°46'04'' - 180°(6+1)$$
$$= 10''$$

보정량 $= \frac{E_a}{n} = \frac{12}{6} = 2''$ ($-2''$씩 보정한다.)

2. 방위각 및 방위 계산

1) 방위각 계산

$V_A^B \equiv 345°03'40'' + 129°06'28'' - 360° = 114°10'08''$

$V_B^C = 114°10'08'' - 180° + 108°15'13'' = 42°25'21''$

$V_C^D = 42°25'21'' - 180° + 213°27'23'' = 75°52'44''$

$V_D^E = 75°52'44'' - 180° + 141°43'28'' = 37°36'12''$

$V_E^F = 37°36'12'' - 180° + 195°01'08'' = 52°37'20''$

$V_F^N = 52°37'20'' - 180° + 184°12'12'' = 59°49'32'' = w_b = \mathrm{OK}$

2) 방위 계산

① $\overline{AB}$의 방위 $= S\,65°49'52''\,E$

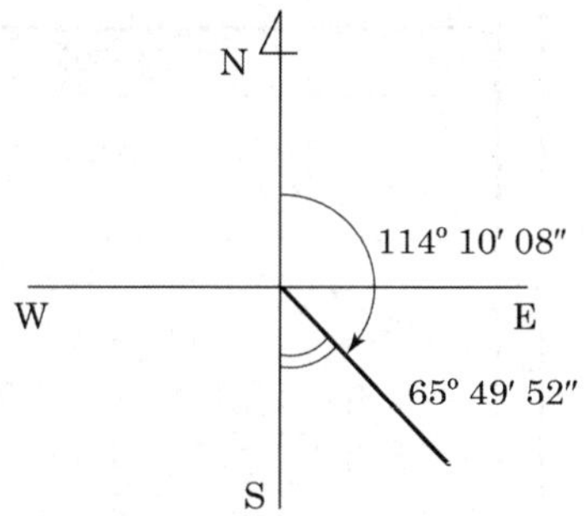

② $\overline{BC}$의 방위 $= N\,42°25'21''\,E$

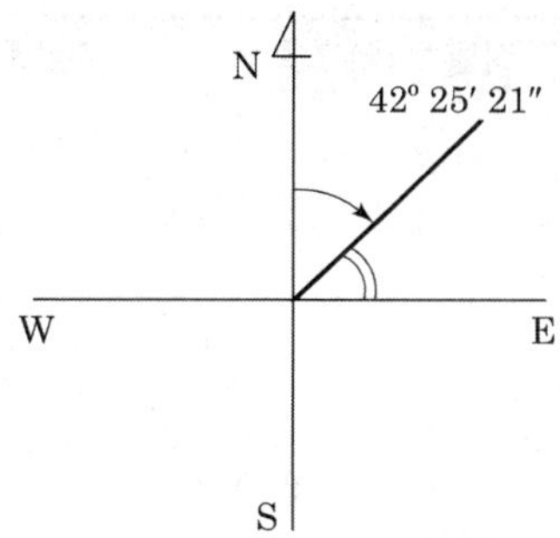

③ $\overline{CD}$의 방위 $= N\,75°52'44''\,E$

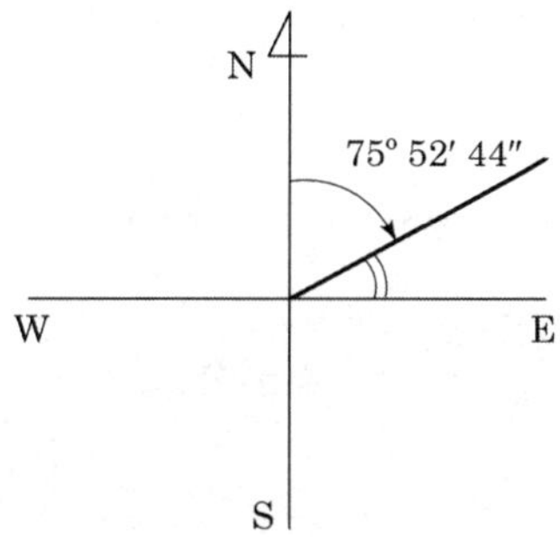

④ $\overline{DE}$의 방위 $= N\,37°36'12''\,E$

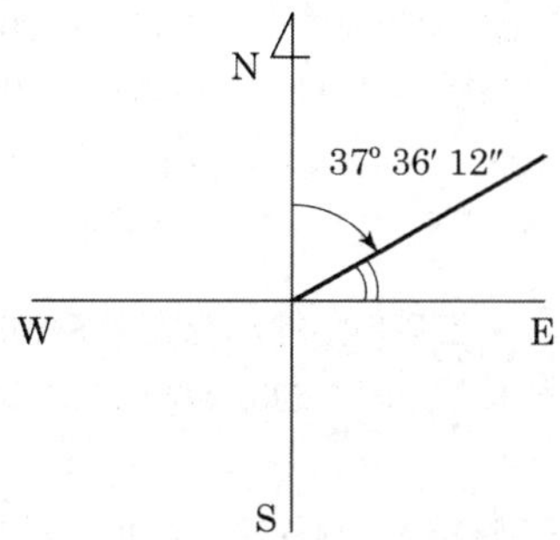

⑤ $\overline{EF}$의 방위 $= N\,52°37'20''\,E$

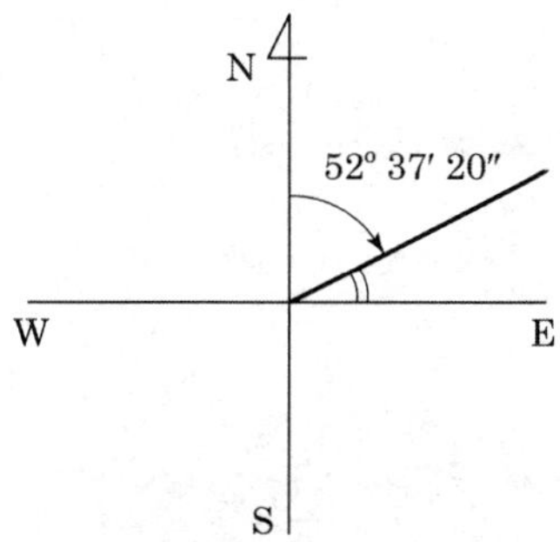

⑥ $\overline{FN}$의 방위 $= N\,59°49'32''\,E$

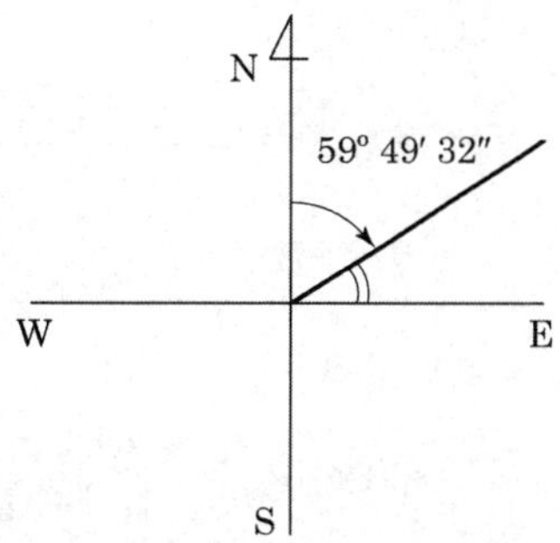

3. 위거, 경거의 계산

측선	위거($L=l\cos v$)
A–B	$71.47\times\cos 114°10'08''=-29.262$
B–C	$102.59\times\cos 42°25'21''=75.731$
C–D	$53.45\times\cos 75°52'44''=13.040$
D–E	$104.72\times\cos 37°36'12''=82.965$
E–F	$63.72\times\cos 52°37'20''=38.682$
계	181.156

측선	경거($D=l\sin v$)
A–B	$71.47\times\sin 114°10'08''=65.205$
B–C	$102.59\times\sin 42°25'21''=69.206$
C–D	$53.45\times\sin 75°52'44''=51.835$
D–E	$104.72\times\sin 37°36'12''=63.899$
E–F	$63.72\times\sin 52°37'20''=50.635$
계	300.78

4. 폐합오차 및 폐합비 계산

폐합트래버스	결합트래버스
$E=\sqrt{(\Delta l)^2+(\Delta d)^2}$	$E=\sqrt{(\Delta l)^2+(\Delta d)^2}$
	$\Delta l=X_n-(\Sigma L+X_1)$
	$\Delta D=Y_n-(\Sigma D+Y_1)$
Δl: 위거오차 Δd: 경거오차 ΣL: 조정위거의 합 E: 폐합오차	X_n, X_n = 종점좌표 Y_1, Y_1 = 시점좌표 ΣD: 조정경거의 합

폐합비
$\dfrac{\text{폐합오차}}{\text{전거리}}=\dfrac{\sqrt{(\Delta l)^2+(\Delta D)^2}}{\Sigma l}$
폐합비의 허용범위
시가지 : 1/5,000 ~ 1/10,000
평지 : 1/1,000 ~ 1/3,000
한경사지 : 1/500 ~ 1/1,000
복합지형 : 1/300 ~ 1/500

1) 폐합오차 계산

$\Delta l=380.697-(181.156+200)=-0.459$

$\Delta D=500.666-(300.78+200)=-0.114$

$E=\sqrt{(0.459)^2+(0.114)^2}=0.473$

* 위거, 경거오차가 −이면 +로, +이면 −로 보정한다.(윗 식에서)

Σ위거 : $181.156-(380.697-200)=0.459$
Σ경거 : $300.780-(500.666-200)=0.114$

2) 폐합비의 계산 : 폐합비$=\dfrac{0.473}{395.95}=\dfrac{1}{837.104}$

5. 위거 조정량 및 경거 조정량 계산(컴퍼스 법칙)

① 컴퍼스 법칙

$$\text{위거조정량}=\frac{\text{보정할측선거리}}{\text{전측선거리}}\times\text{위거오차}=\frac{L}{\Sigma L}\times\Delta l$$

$$\text{경거조정량}=\frac{\text{보정할측선거리}}{\text{전측선거리}}\times\text{경거오차}=\frac{L}{\Sigma L}\times\Delta d$$

② 트랜싯 법칙

$$\text{위거조정량}=\frac{\text{보정할 측선의 위거}}{\text{위거절대값의 합}}\times\text{위거오차}=\frac{L}{[\Sigma]}\times\Delta l$$

$$\text{경거조정량}=\frac{\text{보정할 측선의 경거}}{\text{경거절대값의 합}}\times\text{경거오차}=\frac{D}{[\Sigma]}\times\Delta d$$

1) 위거조정량 계산(−0.459이므로 −보정)

① $\overline{AB}$위거조정량 $= \frac{71.47}{395.95} \times 0.459 = -0.083$

② $\overline{BC}$위거조정량 $= \frac{102.59}{395.95} \times 0.459 = -0.119$

③ $\overline{CD}$위거조정량 $= \frac{53.45}{395.95} \times 0.459 = -0.062$

④ $\overline{DE}$위거조정량 $= \frac{104.72}{395.95} \times 0.459 = -0.121$

⑤ $\overline{EF}$위거조정량 $= \frac{63.72}{395.95} \times 0.459 = -0.074$

$\Sigma -0.459$

2) 경거조정량 계산

① $\overline{AB}$경거조정량 $= \frac{71.47}{395.95} \times 0.114 = -0.021$

② $\overline{BC}$경거조정량 $= \frac{102.59}{395.95} \times 0.114 = -0.030$

③ $\overline{CD}$경거조정량 $= \frac{53.45}{395.95} \times 0.114 = -0.015$

④ $\overline{DE}$경거조정량 $= \frac{104.72}{395.95} \times 0.114 = -0.030$

⑤ $\overline{EF}$경거조정량 $= \frac{63.72}{395.95} \times 0.114 = -0.018$

$\Sigma -0.114$

(위거, 경거조정량 계산에서 시점, 종점좌표에서 −로 하느냐에 따라서 부호 +, −가 바뀐다.)

6. 조정위거, 경거 계산

측선	조정위거	조정경거
A−B	−29.262−0.083=−29.345	65.205−.021=65.184
B−C	75.731−0.119=75.612	69.206−0.030=69.176
C−D	13.040−0.062=12.978	51.835−0,015=51.820
D−E	82.965−0.121=82.844	63.899−0.030=63.869
E−F	38.682−0.074=38.608	50.635−0.018=50.617

7. 합위거 및 합경거 계산

측점	합위거
A	200.000
B	200−29.345=170.655
C	170.655+75.612=246.267
D	246.267+12.978=259.245
E	259.245+82.844=342.089
F	342.089+38.608=380.697

측점	합경거
A	200.000
B	200+65.184=265.184
C	264.184+69.176=334.360
D	334.360+51.820=386.180
E	386.180+63.869=450.049
F	450.049+50.617=500.666

다각측량 성과표(결합 트래버스)

측선	관측각	조정량	조정각	방위각	방위	거리
A–B	129°06′30″	−2″	129°06′28″	114°10′08″	$S\ 65°49'52''\ E$	71.47
B–C	108°15′15″	−2″	108°15′13″	42°25′21″	$N\ 42°25'21''\ E$	102.59
C–D	213°27′25″	−2″	213°27′23″	75°52′44″	$N\ 75°52'44''\ E$	53.45
D–E	141°43′30″	−2″	141°43′28″	37°36′12″	$N\ 37°36'12''\ E$	104.72
E–F	195°01′10″	−2″	195°01′08″	52°37′20″	$N\ 52°37'20''\ E$	63.72
F–L	187°12′14″	−2″	187°12′12″	59°49′32″	$N\ 59°49'32''\ E$	
	974°46′04″					395.95

측선	위거		경거		위거 조정량	경거 조정량	조정위거		조정경거		측점	합위거	합경거
	N(+)	S(−)	E(+)	W(−)			N(+)	S(−)	E(+)	W(−)			
A–B		29.262	65.205		−0.083	−0.021		29.345	65.184		A	200.000	200.000
B–C	75.731		69.206		−0.119	−0.030	75.612		69.176		B	170.655	265.184
C–D	13.040		51.835		−0.062	−0.015	12.978		51.820		C	246.267	334.360
D–E	82.965		63.899		−0.121	−0.030	82.844		63.869		D	259.245	386.180
E–F	38.682		50.635		−0.074	−0.018	38.608		50.617		E	342.089	450.049
											F	380.697	500.666
	210.418	29.262	300.78	0	−0.459	−0.114	210.042	29.345	300.666				

15

다음 같은 터널측량을 한 결과 아래 같은 성과를 얻었다. AF의 거리와 FA의 방위를 계산하시오.

$(V_A^B = 232°30'20'')$

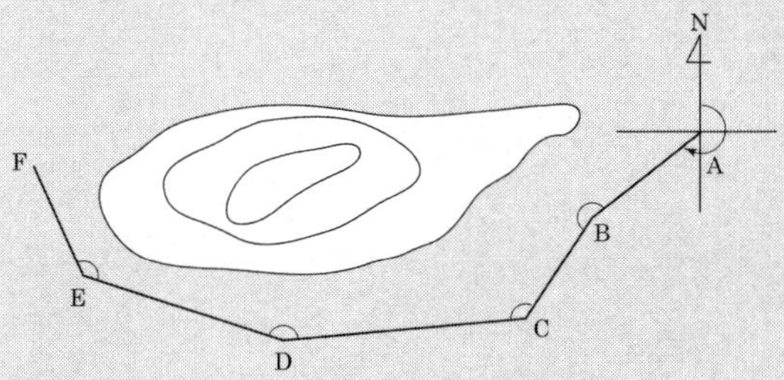

측선	측점	관측각	거리
AB	A	201°22′25″	36.858
BC	B	99°30′48″	40.504
BD	C	151°29′40″	36.367
DE	D	151°29′40″	52.325
EF	E	162°57′58″	39.903

1. 방위각 및 방위 계산

1) 방위각 계산

$V_A^B = 232°30'20''$
$V_B^C = 232°30'20'' + 180° - 201°22'25'' = 211°07'55''$
$V_C^D = 211°07'55'' + 180° - 99°30'48'' = 291°37'07''$
$V_D^E = 291°37'07'' + 180° - 151°29'40'' = 320°07'27''$
$V_E^F = 320°07'27'' + 180° - 162°57'58'' = 337°09'29''$

2) 방위 계산

① $\overline{AB}$의 방위 $= S\,52°30'20''\,W$

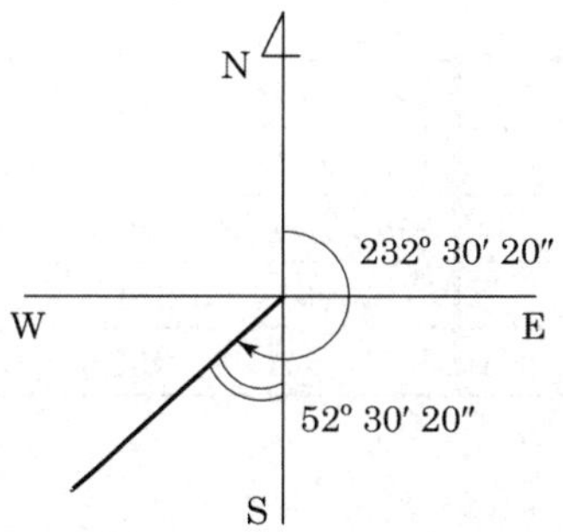

② $\overline{BC}$의 방위 $= S\,31°07'55''\,W$

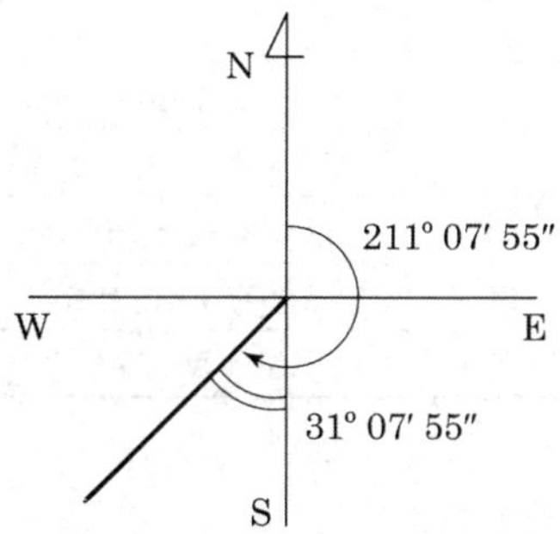

③ $\overline{CD}$의 방위 $= N\,68°22'53''\,W$

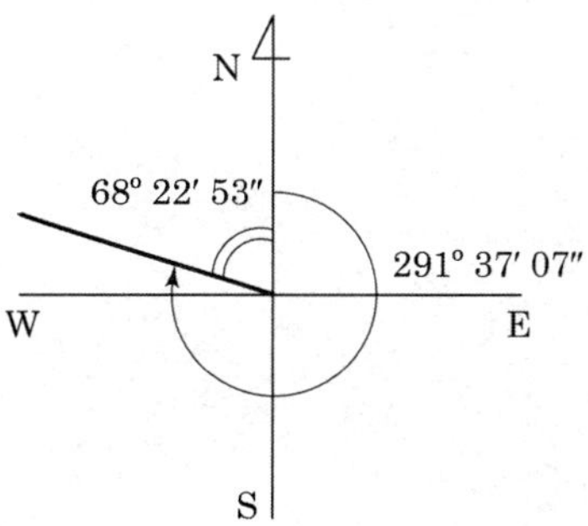

④ $\overline{DE}$의 방위 $= N\,39°52'33''\,W$

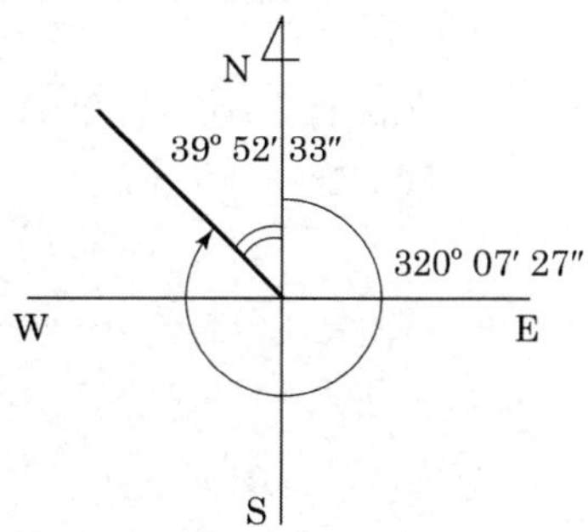

⑤ $\overline{EF}$의 방위 $= N\,22°50'31''\,W$

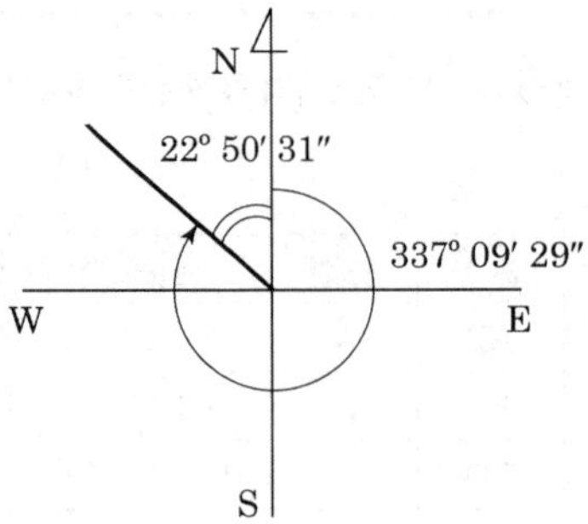

2. 위거, 경거의 계산

측선	위거($L = l\cos v$)
A−B	36.858 × cos232°30′20″ =− 22.435
B−C	40.504 × cos211°07′55″ =− 34.671
C−D	36.367 × cos291°37′07″ = 13.399
D−E	52.325 × cos320°07′27″ = 40.156
E−F	39.903 × cos337°09′29″ = 36.774
계	Σ33.223

측선	경거($D = l\sin v$)
A−B	36.858 × sin232°30′20″ =− 29.244
B−C	40.504 × sin211°07′55″ =− 20.941
C−D	36.367 × sin291°37′07″ =− 33.809
D−E	52.325 × sin320°07′27″ =− 33.547
E−F	39.903 × sin337°09′29″ =− 15.490
계	Σ − 133.031

3. 합위거 및 합경거의 계산

측점	합위거	합경거
A	0	0
B	0 + (−22.435) = −22.435	0 − 29.244 = −29.244
C	−22.435 − 34.671 = −57.106	−29.244 − 20.941 = −50.185
D	−57.106 + 13.399 = −43.707	−50.185 − 33.809 = −83.994
E	−43.707 + 40.156 = −3.551	−83.994 − 33.547 = −117.541
F	−3.551 + 36.774 = 33.223	−117.541 − 15.490 = −133.031

4. AF의 거리

$$\overline{AF} = \sqrt{(F\text{점의 합위거} - A\text{점의 합위거})^2 + (F\text{점의 합경거} - A\text{점의 합경거})^2}$$

$$= \sqrt{(X_F - X_A)^2 + (Y_F - Y_A)^2}$$

$$= \sqrt{(33.223 - 0)^2 + (133.031 - 0)^2}$$

$$= 137.117\text{m}$$

5. FA의 방위각

$$\tan\theta = \frac{\Delta Y}{\Delta X}$$

$$\theta = \tan^{-1}\frac{0-(-133.031)}{0-33.223} = \tan^{-1}\frac{133.031}{-33.223}$$

$= 75°58'40.24''$ (2상한)

$\therefore$ FA의 방위각 $= 180° - 75°58'40.24''$

$= 104°01'19.736''$

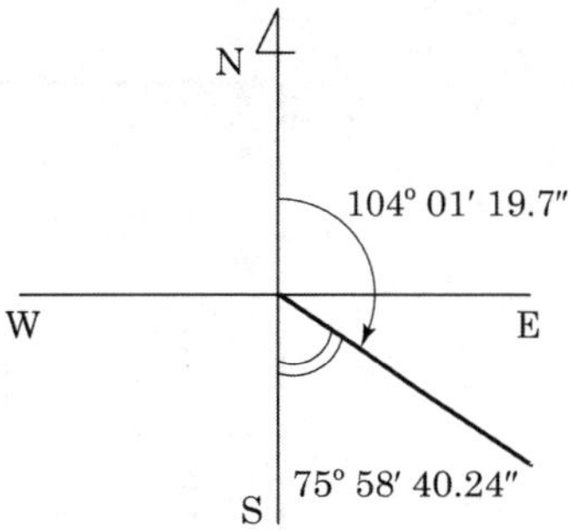

6. FA의 방위 $= S\ 75°58'40.24''\ E$

7. $\overline{BE}$의 거리 및 방위각

① 거리 계산 : 거리 $= \sqrt{(\Delta X)^2 + (\Delta Y)^2}$

$$\overline{BE} = \sqrt{(\Delta X)^2 + (\Delta Y)^2}$$

$$= \sqrt{(X_E - X_B)^2 + (Y_E - Y_B)^2}$$

$$= \sqrt{(18.884)^2 + (-88.297)^2} = 90.294\text{m}$$

② 방위각 계산

$\overline{BE}$의 방위각(V_B^E)

$$\tan\theta = \frac{\Delta Y}{\Delta X}$$

$\theta = \tan^{-1}\dfrac{-88.297}{18.884} = 77°55'41.04''$ (4상한)

$\therefore$ $V_B^E = 360° - 77°55'41.04'' = 282°04'18.96''$

다각측량 성과표(터널측량)

측선	관측각	거리	방위각	방위	위거		경거		측점	합위거	합경거
					N(+)	S(−)	E(+)	W(−)			
A−B	201°22′25″	36.858	232°30′20″	*S* 52°30′20″ *W*		22.435		29.244	A	0	0
B−C	99°30′48″	40.504	211°07′55″	*S* 31°07′55″ *W*		34.671		20.941	B	−22.435	−29.244
C−D	151°29′40″	36.367	291°37′07″	*N* 68°22′53″ *W*	13.399			33.809	C	−57.106	−50.185
D−E	151°29′40″	52.325	320°07′27″	*N* 39°52′33″ *W*	40.156			33.547	D	−43.707	−83.994
E−F	162°57′58″	39.903	337°09′29″	*N* 22°50′31″ *W*	36.774			15.490	E	−3.551	−117.541
									F	33.223	−133.031
		205.957			90.329	57.106	0	133.031			

Chapter 02

GPS

2.1 GPS의 개요

1) GPS(Global Positioning System)의 정의

GPS는 인공위성을 이용한 범세계적 위치결정체계로 정확한 위치를 알고 있는 위성에서 발사한 전파를 수신하여 관측점까지의 소요시간을 관측함으로써 관측점의 위치를 구하는 체계이다. 즉, GPS 측량은 위치가 알려진 다수의 위성을 기지점으로 하여 수신기를 설치한 미지점의 위치를 결정하는 후방교회법(Resection method)에 의한 측량방법이다.

2) GPS의 구성

구성요소	특징	
우주 부문	구성	31개의 GPS 위성
	기능	측위용 전파 상시 방송, 위성궤도정보, 시각신호 등 측위계산에 필요한 정보 방송 ① 궤도형상 : 원궤도 ② 궤도면수 : 6개면 ③ 위성수 : 1궤도면에 4개 위성(24개+보조위성 7개)=31개 ④ 궤도경사각 : 55° ⑤ 궤도고도 : 20,183km ⑥ 사용좌표계 : WGS84 ⑦ 회전주기 : 11시간 58분(0.5항성일) ※ 1항성일은 23시간 56분 4초 ⑧ 궤도간이격 : 60도 ⑨ 기준발진기 : 10.23MHz : 세슘원자시계 2대, 류비듐원자시계 2대

구성요소	특징	
제어 부문	구성	1개의 주제어국, 5개의 추적국 및 3개의 지상안테나(Up Link 안테나 : 전송국)
	기능	주제어국 : 추적국에서 전송된 정보를 사용하여 궤도요소를 분석한 후 신규궤도요소, 시계보정, 항법메시지 및 컨트롤 명령정보, 전리층 및 대류층의 주기적 모형화 등을 지상안테나를 통해 위성으로 전송함
		추적국 : GPS 위성의 신호를 수신하고 위성의 추적 및 작동상태를 감독하여 위성에 대한 정보를 주제어국으로 전송함
		전송국 : 주관제소에서 계산된 결과치로서 시각보정값, 궤도보정치를 사용자에게 전달할 메시지 등을 위성에 송신하는 역할
		① 주제어국 : 콜로라도 스프링스(Colorad Springs) – 미국 콜로라도주 ② 추적국 : 어센션(Ascension Is.) – 대서양 : 디에고 가르시아(Diego Garcia) – 인도양 : 콰잘레인(Kwajalein Is.) – 태평양 : 하와이(Hawaii) – 태평양 ③ 3개의 지상안테나(전송국) : 갱신자료 송신
사용자 부문	구성	GPS 수신기 및 자료처리 S/W
	기능	위성으로부터 전파를 수신하여 수신점의 좌표나 수신점 간의 상대적인 위치관계를 구한다. 사용자부문은 위성으로부터 전송되는 신호정보를 수신할 수 있는 GPS 수신기와 자료처리를 위한 소프트웨어로서 위성으로부터 전송되는 시간과 위치정보를 처리하여 정확한 위치와 속도를 구한다. ① GPS 수신기 : 위성으로부터 수신한 항법데이터를 사용하여 사용자 위치/속도를 계산한다. ② 수신기에 연결되는 GPS 안테나 : GPS 위성신호를 추적하며 하나의 위성신호만 추적하고 그 위성으로부터 다른 위성들의 상대적인 위치에 관한 정보를 얻을 수 있다.

- 1태양일 : 지구가 태양을 중심으로 한 번 자전하는 시간 24시간
- 1항성일 : 지구가 항성을 중심으로 한 번 자전하는 시간 23시간 56분 4초

우주부문(Space Segment)
- 연속적 다중위치 결정체계
- GPS는 55° 궤도 경사각, 위도 60°의 6개 궤도
- 고도 20,183km와 약 12시간 주기로 운행
- 3차원 후방 교회법으로 위치 결정

제어부문(Control Segment)
- 궤도와 시각 결정을 위한 위성의 추척
- 전리층 및 대류층의 주기적 모형화(방송궤도력)
- 위성시간의 동일화
- 위성으로의 자료전송

사용자 부문(User Segment)
- 위성으로부터 보내진 전파를 수신해 원하는 위치
- 또는 두 점 사이의 거리를 계산

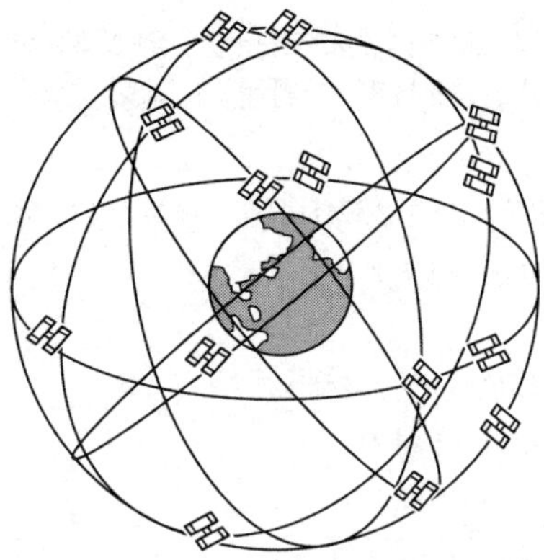

궤도 : 대략 원궤도
궤도수 : 6개
위성수 : 24개
궤도경사각 : 55°
높이 : 20,000km
사용좌표계 : WGS-84

[GPS 위성궤도]

3) GPS 신호

GPS 신호는 C/A코드, P코드 및 항법메시지 등의 측위 계산용 신호가 각기 다른 주파수를 가진 L_1 및 L_2파의 2개 전파에 실려 지상으로 방송되며 L_1/L_2파는 코드신호 및 항법메시지를 운반한다고 하여 반송파(Carrier Wave)라 한다.

신호	구분	내용
반송파 (Carrier)	L_1	• 주파수 1,575.42MHz(154×10.23MHz), 파장 19cm • C/A code와 P code 변조 가능
	L_2	• 주파수 1,227.60MHz(120×10.23MHz), 파장 24cm • P code만 변조 가능
코드 (Code)	P code	• 반복주기 7일인 PRN code(Pseudo Random Noise code) • 주파수 10.23MHz, 파장 30m(29.3m)
	C/A code	• 반복주기 : 1ms(milli-second)로 1.023Mbps로 구성된 PPN code • 주파수 1.023MHz, 파장 300m(293m)
Navigation Message	GPS 위성의 궤도, 시간, 기타 System Parameter들을 포함하는 Data bit	
	• 측위계산에 필요한 정보 – 위성탑재 원자시계 및 전리층 보정을 위한 Parameter 값 – 위성궤도정보 – 타 위성의 항법메시지 등을 포함	
	• 위성궤도정보에는 평균근점각, 이심률, 궤도장반경, 승교점적경, 궤도경사각, 근지점인수 등 기본적인 양 및 보정항이 포함	

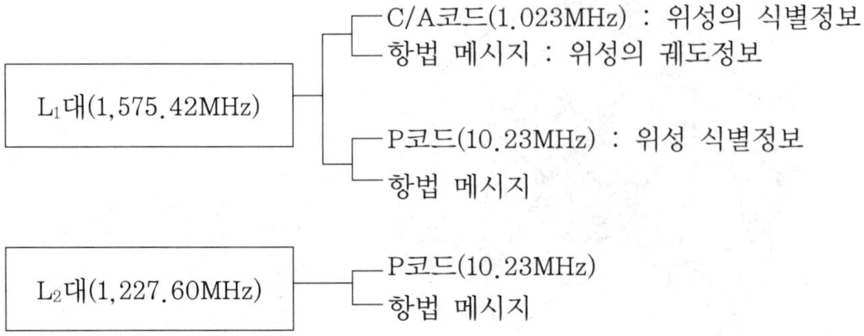

(1) GPS 위성의 코드형태와 항법 메시지 정리

구분 \ 코드	C/A	P(Y)	항법데이터
전송률	1.023Mbps	10.23Mbps	50bps
펄스당 길이	293m	29.3m	5950km
반복	1ms	1주	N/A
코드의 형태	Gold	Pseudo random	N/A
반송파	L_1	L_1, L_2	L_1, L_2
특징	포착하기가 용이함	정확한 위치 추적, 고장률이 적음	시간, 위치 추산표

4) GPS 측위 원리

GPS를 이용한 측위방법에는 코드신호 측정방식과 반송파신호 측정방식이 있으며 코드신호에 의한 방법은 위성과 수신기 간의 전파 도달 시간차를 이용하여 위성과 수신기 간의 거리를 구하며, 반송파 신호에 의한 방법은 위성으로부터 수신기에 도달되는 전파의 위상을 측정하는 간섭법을 이용하여 거리를 구한다.

구분		특징
코드신호 측정방식	의의	위성에서 발사한 코드와 수신기에서 미리 복사된 코드를 비교하여 두 코드가 완전히 일치할 때까지 걸리는 시간을 관측하며 여기에 전파속도를 곱하여 거리를 구하는데 이때 시간에 오차가 포함되어 있으므로 의사거리(Pseudo range)라 한다.
	공식	$R=[(X_R-X_S)^2+(Y_R-Y_S)^2+(-Z_S)^2]^{1/2}+\delta t \cdot c$ 여기서, R : 위성과 수신기 사이의 거리 X, Y, Z : 위성의 좌표값 X_R, Y_R, Z_R : 수신기의 좌표값 δt : GPS와 수신기 간의 시각 동기오차 c : 전파속도
	특징	① 동시에 4개 이상의 위성신호를 수신해야 함 ② 단독측위(1점 측위, 절대측위)에 사용되며 이때 허용오차는 5~15m ③ 2대 이상의 GPS를 사용하는 상대측위 중 코드 신호만을 해석하여 측정하는 DGPS(Differential GPS) 측위 시 사용되며 허용오차는 약 1m 내외임
반송파 신호 측정방식	의의	위성에서 보낸 파장과 지상에서 수신된 파장의 위상차를 관측하여 거리를 계산한다.
	공식	$R=\left(N+\frac{\phi}{2\pi}\right)\cdot\lambda+c(dT+dt)$ 여기서, R : 위성과 수신기 사이의 거리 λ : 반송파의 파장 N : 위성과 수신기 간의 반송파의 개수 ϕ : 위상각 c : 전파속도 $dT+dt$: 위성과 수신기의 시계오차
	특징	① 반송파신호 측정방식은 일명 간섭측위라 하여 전파의 위상차를 관측하는 방식인데 수신기에 마지막으로 수신되는 파장의 위상을 정확히 알 수 없으므로 이를 모호정수(Ambiguity) 또는 정수치편의(bias)라고 한다. ② 본방식은 위상차를 정확히 계산하는 방법이 매우 중요한데 그 방법으로 1중차, 2중차, 3중차의 단계를 거친다. ③ 일반적으로 수신기 1대만으로는 정확한 Ambiguity를 결정할 수 없으며 최소 2대 이상의 수신기로부터 정확한 위상차를 관측한다. ④ 후처리용 정밀기준점 측량 및 RTK법과 같은 실시간 이동측량에 사용된다.

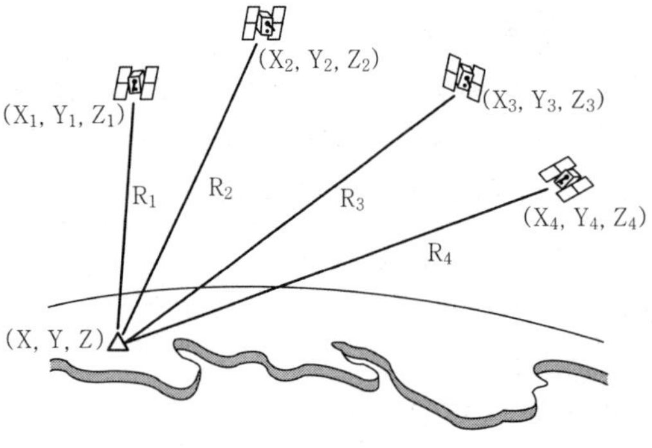

[의사거리를 이용한 위치해석방법]

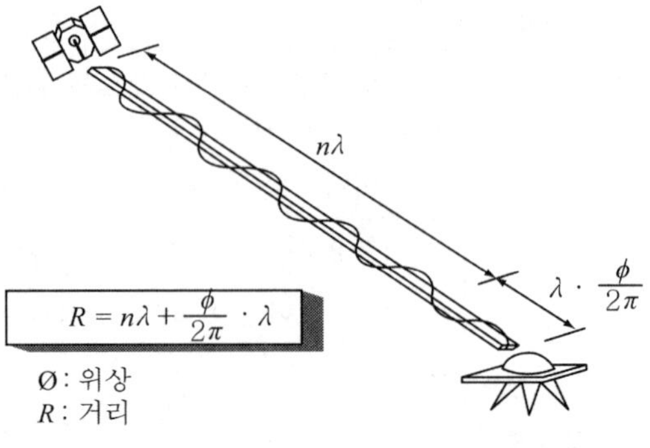

[반송파에 의한 위성과 수신기 간 거리측정]

5) 궤도 정보(Ephemeris : 위성력)

궤도정보는 GPS 측위정확도를 좌우하는 중요한 사항으로서 크게 방송력과 정밀력으로 구분되며 Almanac(달력, 역서, 연감)과 같은 뜻이다. 위성력은 시간에 따른 천체의 궤적을 기록한 것으로 각각의 GPS 위성으로부터 송신되는 항법메시지에는 앞으로의 궤도에 대한 예측치가 들어 있다. 형식은 30초마다 기록되어 있으며 Keplerian Element로 구성되어 있다.

구분	특징
방송력(Broadcast Ephemeris) : **방송궤도정보**	① GPS 위성이 타 정보와 마찬가지로 지상으로 송신하는 궤도 정보임 ② GPS 위성은 주관제국에서 예측한 궤도력, 즉 방송궤도력을 항법메시지의 형태로 사용자에게 전달하는데 이 방송궤도력은 1996년 당시 약 3m의 예측에 의한 오차가 포함되어 있었음 ③ 사전에 계산되어 위성에 입력한 예보궤도로서 실제운행궤도에 비해 정확도가 떨어짐 ④ 향후의 궤도에 대한 예측치가 들어 있으며 형식은 매30초마다 기록되어 있으며 16개의 Keplerian element로 구성되어 있음 ⑤ 위성전파를 수신하지 않고도 획득 가능하며 수신하는 순간부터도 사용이 가능하므로 측위결과를 신속히 알 수 있음 ⑥ 방송궤도력을 적용하면 정밀궤도력을 적용하는 것보다 기선결정의 정밀도가 떨어지지만 위성전파를 수신하지 않고도 획득 가능하며 수신하는 순간부터도 사용이 가능하므로 측위 결과를 신속하고 간편하게 알 수 있다.

구분	특징
정밀력(Precise Ephemeris) : **정밀궤도정보**	① 실제위성의 궤적으로서 지상추적국에서 위성전파를 수신하여 계산된 궤도정보임 ② 방송력에 비해 정확도가 떨어지며 위성관측 후에 정보를 취득하므로 주로 후처리 방식의 정밀기준점 측량 시 적용됨 ③ 방송궤도력은 GPS 수신기에서 곧바로 취득되지만, 정밀궤도력은 별도의 컴퓨터 네트워크를 통하여 IGS(GPS 관측망)로부터 수집하여야 하고 약 11일 정도 기다려야 함 ④ GPS 위성의 정밀궤도력을 산출하기 위한 국제적인 공동연구가 활발히 진행 ⑤ 전세계 약 110개 관측소가 참여하고 있는 국제 GPS 관측망(IGS)이 1994년 1월 발족하여 GPS 위성의 정밀궤도력을 산출하여 공급하고 있다. ⑥ 대덕연구단지 내 천문대 GPS 관측소와 국토지리정보원 내 GPS 관측소가 IGS 관측소로 공식 지정되어 우리나라 대표로 활동

6) 간섭측위에 의한 위상차 측정

정적 간섭측위(Static Positioning)를 통하여 기선해석을 하는 데 사용하는 방법으로서 두 개의 기지점에 GPS 수신기를 설치하고 위상차를 측정하여 기선의 길이와 방향을 3차원 벡터량으로 결정하는데 다음과 같은 위상차 차분기법을 통하여 기선해석 품질을 높인다.

구분	특징
일중위상차 (Single Phase Difference)	① 한 개의 위성과 두 대의 수신기를 이용한 위성과 수신기 간의 거리 측정차(행로차) ② 동일위성에 대한 측정치이므로 위성의 궤도오차와 원자시계에 의한 오차가 소거된 상태 ③ 그러나 수신기의 시계오차는 포함되어 있는 상태임
이중이상차 (Double Phase Difference)	① 두 개의 위성과 두 대의 수신기를 이용하여 각각의 위성에 대한 수신기 간 1중차끼리의 차이값 ② 두 개의 위성에 대하여 두 대의 수신기로 관측함으로써 같은 양으로 존재하는 수신기의 시계오차를 소거한 상태 ③ 일반적으로 최소 4개의 위성을 관측하여 3회의 이중차를 측정하여 기선해석을 하는 것이 통례임
삼중위상차 (Triple Phase Difference)	① 한 개의 위성에 대하여 어떤 시각의 위상적산치(측정치)와 다음 시각의 적산치와의 차이값을 적분위상차라고도 한다. ② 반송파의 모호정수(불명확상수)를 소거하기 위하여 일정시간 간격으로 이중차의 차이값을 측정하는 것을 말한다. ③ 즉, 일정시간 동안의 위성거리 변화를 뜻하며 파장의 정수배의 불명확을 해결하는 방법으로 이용된다.

2.2 선점 및 측량

1) 선점 및 관측

(1) 소구점 선점

소구점은 인위적인 전파장애, 지형·지물 등의 영향을 받지 않도록 다음 각 호의 장소를 피하여 선점하여야 한다.

① 건물 내부, 산림 속, 고층건물이 밀집한 시가지, 교량 아래 등 상공시계 확보가 어려운 곳
② 초고압 송전선, 고속철도 등의 전차경로 등 전기불꽃의 영향을 받는 곳
③ 레이더 안테나, TV탑, 방송국, 우주통신국 등 강력한 전파의 영향을 받는 곳
④ 관측망은 기지점과 소구점이 폐합다각형이 되도록 구성하여야 한다.

(2) 관측 시 위성의 조건과 주의사항

위성의 조건	주의사항
① 관측점으로부터 위성에 대한 고도각이 15° 이상에 위치할 것 ② 위성의 작동상태가 정상일 것 ③ 관측점에서 동시에 수신 가능한 위성수는 정지측량에 의하는 경우에는 4개 이상, 이동측량에 의하는 경우에는 5개 이상일 것	① 안테나 주위의 10미터 이내에는 자동차 등의 접근을 피할 것 ② 관측 중에는 무전기 등 전파발신기의 사용을 금한다. 다만, 부득이한 경우에는 안테나로부터 100미터 이상의 거리에서 사용할 것 ③ 발전기를 사용하는 경우에는 안테나로부터 20미터 이상 떨어진 곳에서 사용할 것 ④ 관측 중에는 수신기 표시장치 등을 통하여 관측상태를 수시로 확인하고 이상 발생 시에는 재관측을 실시할 것

2) 측량방법

(1) 정지측량

GPS 측량기를 사용하여 기초측량 또는 세부측량을 하고자 하는 때에는 정지측량(Static) 방법에 의한다.

정지측량방법은 2개 이상의 수신기를 각 측점에 고정하고 양 측점에서 동시에 4개 이상

의 위성으로부터 신호를 30분 이상 수신하는 방식이다.

① 관측 시 기준

㉠ 기지점과 소구점에 GPS 측량기를 동시에 설치하여 세션단위로 실시할 것

㉡ 관측성과의 점검을 위하여 다른 세션에 속하는 관측망과 1변 이상이 중복되게 관측할 것

㉢ 관측시간

구분	지적삼각측량	지적삼각보조측량	지적도근측량	세부측량
기지점과의 거리	10km 미만	5km 미만	2km 미만	1km 미만
세션 관측시간	60분 이상	30분 이상	10분 이상	5분 이상
데이터 취득간격	30초 이하	30초 이하	15초 이하	15초 이하

(2) 이동측량

① 관측기준 : GPS 측량기를 사용하여 이동측량(Kinematic)방법에 의하여 지적도근측량 또는 세부측량을 하고자 하는 경우의 관측은 다음의 기준에 의한다.

㉠ 기지점(지적측량기준점)에 기준국을 설치하고 측량성과를 구하고자 하는 지적도근점 등에 GPS 측량기를 순차적으로 이동하며 관측을 실시할 것

㉡ 이동 및 관측은 GPS 측량기의 초기화 작업을 한 후 실시하며, 이동 중에 전파수신의 단절 등이 된 때에는 다시 초기화 작업을 한 후 실시할 것

㉢ 관측시간

지적측량기준점과 지상경계점의 거리 제한	관측시간	데이터 취득 간격
5km 이내	60초 이상	5초 이내
2km 이내	30초 이상	5초 이내

② 실시간 이동측량(Real Time Kinematic) 시에는 위의 규정 외에 다음 사항을 고려하여야 한다.

㉠ 후처리에 의한 성과 산출 및 점검을 위하여 관측신호를 기록할 수 있도록 GPS 측량기에 기능을 설정할 것

㉡ 기준국과 이동관측점 간의 무선데이터 송수신이 원활하도록 설정하고, 관측 중 송수신 상황을 수시로 점검할 것

ⓒ 이동 관측점의 지적좌표를 구하여야 할 경우에는 제11조제2항의 규정에 의한 좌표변환계산방법을 적용할 것

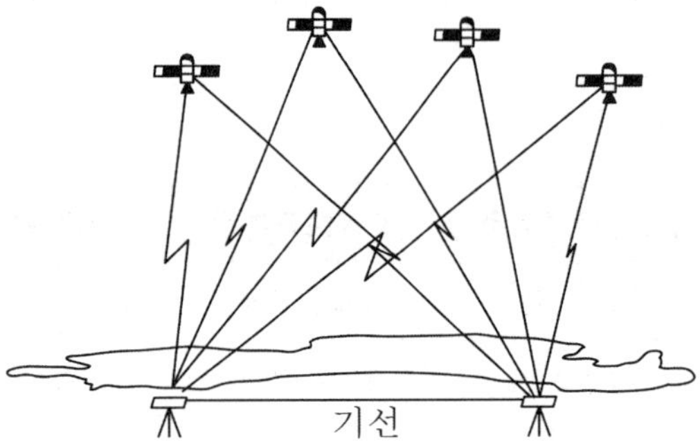

[스태틱 관측방법]

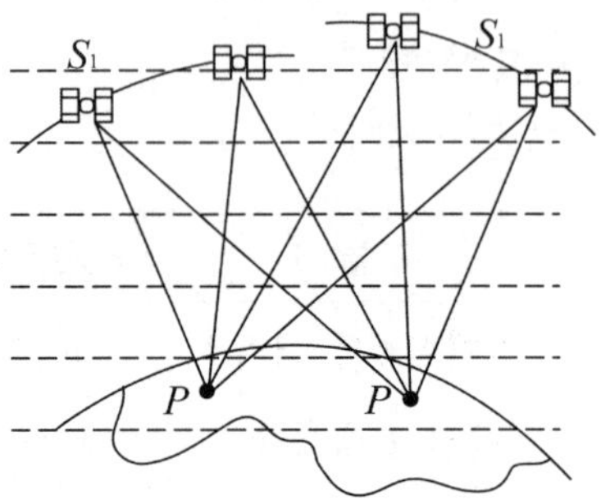

[키네마틱 관측방법]

3) 성과 계산

(1) 기선해석

지적위성측량에 의한 기선벡터의 산출(이하 "기선해석"이라 한다)은 다음의 기준에 의한다.

① 당해 관측지역의 가장 가까운 지적위성기준점 또는 지적위성좌표를 이미 알고 있는 지적측량기준점을 기점으로 하여 인접하는 소구점을 순차적으로 해석할 것
② GPS 위성의 위치는 기지점과 소구점 간의 거리가 50km를 초과하는 경우에는 정밀궤도력에 의하고 기타는 방송궤도력에 의할 것
③ 기선해석의 방법은 세션별로 실시하되 단일기선해석방법에 의할 것
④ 기선해석 시에 사용되는 단위는 미터 단위로 하고 계산은 소수점 이하 셋째자리까지 할 것
⑤ 2주파 관측데이터를 이용하여 처리할 경우에는 전리층 보정을 할 것
⑥ 기선해석의 결과를 기초로 기선해석계산부를 작성할 것

(2) 기선해석의 점검

① 서로 다른 세션에 속하는 중복기선으로 최소변수의 폐합다각형을 구성하여 기선벡터 각 성분(ΔX, ΔY, ΔZ)의 폐합차를 계산한다.

② 제1항에 의한 폐합차의 허용범위는 다음 표에 의하며, 그 기준을 초과하는 경우에는 다시 관측을 하여야 한다.

폐합기선장의 총합	ΔX, ΔY, ΔZ의 폐합차	비고
10km 미만	3cm 이내	
10km 이상	2cm+1ppm×D 이내	D : 기선장(km)

(3) 지적위성좌표의 산출

관측점의 지적위성좌표는 제8조의 규정에 의한 기선해석성과를 기준으로 조정계산에 의해 결정하되, 조정계산은 다음의 기준에 의한다.

① 고정점은 지적위성기준점 또는 정확한 지적위성좌표를 알고 있는 지적측량기준점으로 할 것

② 계산방법은 기선해석에 사용하는 소프트웨어에서 정한 방법에 의할 것

(4) 지적좌표의 계산

지적위성좌표를 지적좌표로 변환하는 때에는 좌표변환계산방법 또는 조정계산방법에 의한다.

① 좌표변환계산방법

㉠ 당해 관측지역에서 측정한 모든 기지점을 점검하여 변환계수산출에 사용할 3점 이상의 양호한 점을 결정할 것

㉡ 제1호의 규정에 의한 기지점의 지적좌표와 그 기지점을 좌표변환계산에 의하여 산출한 지적좌표 간의 수평성분교차(ΔX, ΔY)의 허용범위는 다음 표에 의하며, 그 기준을 초과하는 경우에는 조정계산에 의할 것

측량 범위	수평성분교차	비고
2km×2km 이내	6cm+2cm×$\sqrt{N}$ 이내	N은 점수
5km×5km 이내	10cm+4cm×$\sqrt{N}$ 이내	
10km×10km 이내	15cm+4cm×$\sqrt{N}$ 이내	

㉢ 제1호의 규정에 의하여 결정한 기지점을 이용하여 변환계수를 산출하고 이를 모든 관측점에 적용하여 지적좌표를 산출할 것. 다만, 좌표변환계수가 결정되어 있는 지역에는 그 값을 적용할 것

㉣ 좌표변환계산의 단위 및 자리수는 다음 표에 의한다.

구분	단위	자리수
평면직각 종·횡선수치	m	소수점 이하 3자리
경위도	도, 분, 초	소수점 이하 3자리
표고	m	소수점 이하 2자리

② 조정계산방법

㉠ 당해 관측지역에서 측정한 모든 기지점을 대상으로 기지점 성과를 점검하고 조정계산에 사용할 2점 이상의 고정점을 결정한다.

㉡ 제1호의 규정에 의하여 결정한 고정점을 이용하여 지적좌표를 산출한다.

4) 표고의 계산

지적위성기준점의 표고 결정은 직접수준측량에 의하여야 하며, 그 밖의 지적측량기준점은 직접·간접수준측량 또는 지적위성측량에 의한다.

(1) 지적위성측량에 의한 표고결정 기준

① 2점 이상의 표고점의 지오이드고를 내삽하여 소구점의 지오이드고를 산출하고 그 값과 타원체고와의 차이를 표고로 하며, 다음 산식에 의하여 계산할 것
소구점 표고=소구점 타원체고-소구점 지오이드고

② 소구점으로부터 2km 이내에 표고점이 있는 경우에는 소구점과 표고점 간의 타원체고의 차이를 표고차로 하며, 다음 산식에 의하여 계산할 것
소구점 표고=표고점 표고+(표고점 타원체고-소구점 타원체고)

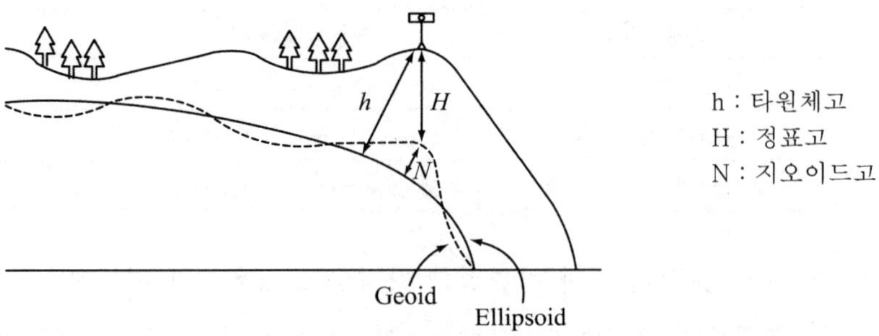

[GPS Levelling]

5) 성과작성

지적위성측량의 성과 및 측량기록은 관측데이터파일, 지적위성측량부, 지적위성측량 성과검사부 등에 정리한다.

6) 성과검사

지적위성측량의 성과검사는 다음의 방법에 의한다.

(1) 지적위성측량관측표, 지적위성측량관측망도 등에 근거하여 관측환경, 세션 및 관측망 구성 등이 적합한지를 검사할 것
(2) 지적위성측량관측기록부 등에 근거하여 위성측량기의 설치 및 입력 요소 등의 설정이 적합한지를 검사할 것
(3) 기선해석계산부, 기선벡터점검계산부, 기선벡터점검계산망도 등에 근거하여 제8조 및 제9조의 기준에 의거 기선해석이 되었는지 검사할 것
(4) 좌표변환계산부, 점간거리계산부 등에 의해 기지점 좌표의 부합 등을 확인하고 제11조에 의한 지적좌표의 산출이 이루어졌는지 검사할 것
(5) 지적위성측량성과표의 기재사항과 관측데이터의 관리 상태를 점검할 것
(6) 지적위성측량성과의 결정은 지적법 시행규칙 제54조의 규정에 의할 것

2.3 GPS의 오차

1) 구조적인 오차

종류	특징
위성시계오차	GPS 위성에 내장되어 있는 시계의 부정확성으로 인해 발생
위성궤도오차	위성궤도정보의 부정확성으로 인해 발생
대기권 전파지연	위성신호의 전리층, 대류권 통과 시 전파지연오차(약 2m)
전파적 잡음	수신기 자체에서 발생하며 PRN코드잡음과 수신기 잡음이 합쳐져서 발생
다중경로 (Multipath)	다중경로오차는 GPS 위성으로 직접 수신된 전파 이외에 부가적으로 주위의 지형, 지물에 의해 반사된 전파로 인해 발생하는 오차로서 측위에 영향을 미친다. ① 다중경로는 금속제 건물, 구조물과 같은 커다란 반사적 표면이 있을 때 일어난다. ② 다중경로의 결과로서 수신된 GPS 신호는 처리될 때 GPS 위치의 부정확성을 제공 ③ 다중경로가 일어나는 경우를 최소화하기 위하여 미션 설정, 수신기, 안테나 설계 시에 고려한다면 다중경로의 영향을 최소화할 수 있다. ④ GPS 신호시간의 기간을 평균하는 것도 다중경로의 영향을 감소시킨다. ⑤ 가장 이상적인 방법은 다중경로의 원인이 되는 장애물에서 멀리 떨어져서 관측하는 방법이다.

2) 위성의 배치상태에 따른 오차

(1) 정밀도 저하율(DOP : Dilution of Precision)

GPS 관측지역의 상공을 지나는 위성의 기하학적 배치상태에 따라 측위의 정확도가 달라지는데 이를 DOP(Dilution of Precision)이라 한다.(정밀도 저하율)

종류	특징
① GDOP : 기하학적 정밀도 저하율 ② PDOP : 위치 정밀도 저하율 ③ HDOP : 수평 정밀도 저하율 ④ VDOP : 수직 정밀도 저하율 ⑤ RDOP : 상대 정밀도 저하율 ⑥ TDOP : 시간 정밀도 저하율	① 3차원 위치의 정확도는 PDOP에 따라 달라지는데 PDOP는 4개의 관측위성들이 이루는 사면체의 체적이 최대일 때 가장 정확도가 좋으며 이때는 관측자의 머리 위에 다른 3개의 위성이 각각 120°를 이룰 때이다. ② DOP는 값이 작을수록 정확한데 1이 가장 정확하고 5까지는 실용상 지장이 없다.

3) 선택적 가용성에 따른 오차(SA : Selective Abailability/AS : Anti-Spoofing)

미 국방성의 정책적 판단에 의해 인위적으로 GPS 측량의 정확도를 저하시키기 위한 조치로 위성의 시각정보 및 궤도정보 등에 임의의 오차를 부여하거나 송신, 신호형태를 임의 변경하는 것을 SA라 하며, 군사적 목적으로 P코드를 암호화하는 것을 AS라 한다.

(1) SA의 해제

2000년 5월 1일 해제

(2) AS(Anti Spoofing : 코드의 암호화, 신호차단)

군사목적의 P코드를 적의 교란으로부터 방지하기 위하여 암호화시키는 기법

(3) Cycle Slip

사이클 슬립은 GPS 반송파위상 추적회로에서 반송파위상치의 값을 순간적으로 놓침으로 인해 발생하는 오차로서, 사이클 슬립은 반송파 위상데이터를 사용하는 정밀위치측정분야에서는 매우 큰 영향을 미칠 수 있으므로 사이클 슬립의 검출은 매우 중요하다.

원인	처리
① GPS 안테나 주위의 지형지물에 의한 신호단절 ② 높은 신호 잡음 ③ 낮은 신호 강도 ④ 낮은 위성의 고도각 ⑤ 사이클 슬립은 이동측량에서 많이 발생	① 수신회로의 특성에 의해 파장의 정수배만큼 점프하는 특성 ② 데이터 전처리 단계에서 사이클 슬립을 발견, 편집 가능 ③ 기선해석 소프트웨어에서 자동처리

2.4 GPS의 활용

(1) 측지측량분야

(2) 해상측량분야

(3) 교통분야

(4) 지도제작분야(GPS-VAN)

(5) 항공분야

(6) 우주분야

(7) 레저 스포츠분야

(8) 군사용

(9) GSIS의 DB 구축

(10) 기타 : 구조물 변위 계측, GPS를 시각동기장치로 이용 등

용어 정리

지적위성측량	"지적위성측량"이라 함은 GPS 측량기를 사용하여 실시하는 지적측량을 말한다.
지적위성좌표계	"지적위성좌표계"라 함은 국제적으로 정한 회전타원체의 수치, 좌표의 원점, 좌표축 등으로 정의된 것으로서 지적위성측량에 사용하는 세계좌표계를 말한다.
지적좌표계	"지적좌표계"라 함은 지적측량에 사용하고 있는 우리나라의 좌표계를 말한다.
지적위성기준점	"지적위성기준점"이라 함은 국토교통부장관이 설치한 GPS 상시관측시설의 안테나의 참조점을 말한다.
고정점	"고정점"이라 함은 조정계산 시 이용하는 경·위도좌표, 평면직각종횡선좌표 및 높이의 기지점을 말한다.
표고점	"표고점"이라 함은 수준점으로부터 직접 또는 간접수준측량에 의하여 표고를 결정하여 지적위성측량 시 표고의 기지점으로 사용할 수 있는 점을 말한다.
세션	"세션"이라 함은 당해 측량을 위하여 일정한 관측간격을 두고 동시에 지적위성측량을 실시하는 작업 단위를 말한다.

Chapter 02

실전문제

01

GPS의 정확도가 1ppm이라면 기선의 길이가 10km일 때 GPS를 이용하여 어느 정도로 정확하게 위치를 알아낼 수 있다는 것을 의미하는가?

$1\text{ppm} = \dfrac{1}{1,000,000}$

$\dfrac{1}{1,000,000} \times 10000\text{m} = 0.01\text{m}$

$0.01\text{m} = 1\text{cm}$

1cm까지 위치를 알아볼 수 있다.

02

위성의 기하학적 분포상태는 의사거리에 의한 단독측위의 선형화된 관측방정식을 구성하고 정규방정식의 역행렬을 활용하면 판단할 수 있다. 관측점 좌표 x, y, z 및 수신 시 시계 L에 대한 cofactor 행렬(Q)의 대각선 요소가 관측점에서의 GDOP, PDOP, HDOP는?
q_{xx}=0.5, q_{yy}=2.2, q_{zz}=2.5, q_{tt}=1.2

GDOP$= \sqrt{q_{xx}^2 + q_{yy}^2 + q_{zz}^2 + q_{tt}^2} = \sqrt{0.5^2 + 2.2^2 + 2.5^2 + 1.2^2} = 3.5749$

PDOP$= \sqrt{q_{xx}^2 + q_{yy}^2 + q_{zz}^2} = \sqrt{0.5^2 + 2.2^2 + 2.5^2} = 3.367$

HDOP$= \sqrt{q_{xx}^2 + q_{yy}^2} = \sqrt{0.5^2 + 2.2^2} = 2.256$

03

GPS station과 rover 사이의 공간적 변이가 ΔX=200m, ΔY=300m, ΔZ=50m가 발생하였다면 수신기 간의 공간거리는? (단, GPS station과 rover의 높이(h)는 같다.)

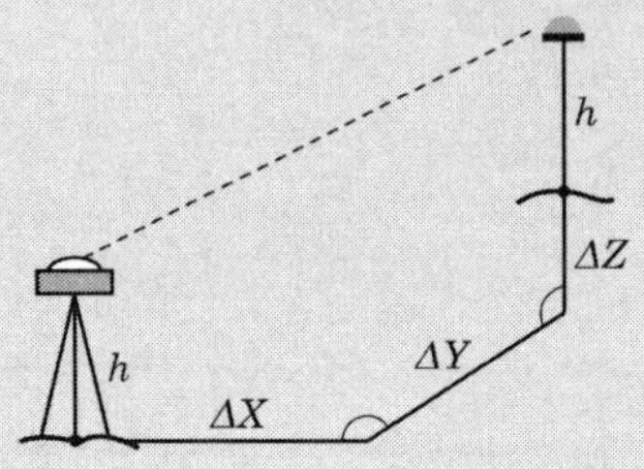

수신기 간의 공간거리

$$\text{PDOP}=\sqrt{(\sigma_x)^2+(\sigma_y)^2+(\sigma_z)^2}=\sqrt{200^2+300^2+50^2}=364.005\text{m}$$

04

4대 위성의 배치상태에 따른 정규행렬의 역행렬$((A^TA)^{-1})$이 다음과 같을 때 각각의 DOP를 구하시오. (단, 계산은 반올림하여 소수 1자리까지 구할 것)

$$((A^TA)^{-1})=\begin{vmatrix} \frac{8}{12} & 0 & 0 & 0 \\ 0 & \frac{8}{12} & 0 & 0 \\ 0 & 0 & \frac{7}{4} & 0 \\ 0 & 0 & 0 & \frac{7}{3} \end{vmatrix}$$

1) GDOP　　2) PDOP　　3) HDOP

$$((A^TA)^{-1})=\begin{vmatrix} \frac{8}{12} & 0 & 0 & 0 \\ 0 & \frac{8}{12} & 0 & 0 \\ 0 & 0 & \frac{7}{4} & 0 \\ 0 & 0 & 0 & \frac{7}{3} \end{vmatrix}$$

1) $\text{GDOP}=\sqrt{((\sigma_{xx})^2+(\sigma_{yy})^2+(\sigma_{zz})^2+(\sigma_{tt})^2)}=\sqrt{(\frac{8}{12})^2+(\frac{8}{12})^2+(\frac{7}{4})^2+(\frac{7}{3})^2}\fallingdotseq 3.065$

2) $\text{PDOP}=\sqrt{((\sigma_{xx})^2+(\sigma_{yy})^2+(\sigma_{zz})^2)}=\sqrt{(\frac{8}{12})^2+(\frac{8}{12})^2+(\frac{7}{4})^2}\fallingdotseq 1.988$

3) $\text{HDOP}=\sqrt{((\sigma_{xx})^2+(\sigma_{yy})^2)}=\sqrt{(\frac{8}{12})^2+(\frac{8}{12})^2}\fallingdotseq 0.943$

05

GPS 측량과 수준측량에 의한 높이값의 관계를 나타낸 내용이다. ( ) 안에 가장 적당한 용어를 순서대로 써 넣으시오.

> GPS 측량에 의해 결정되는 높이값은 (1)에 해당되며, 레벨에 의해 직접 수준측량으로 구해진 높이값은 (2)를 기준으로 한 (3)가 된다.
> 따라서, GPS 측량과 수준측량을 동일 관측점에서 실시하게 되면 그 지점의 (4)를 알 수 있게 된다.

1) 타원체고　2) 지오이드　3) 표고　4) 지오이드고

※ GPS Leveling : GPS Leveling은 간접 수준측량으로서 정표고는 평균해수면에 가장 근사한 중력 포텐셜면으로 정의되는 지오이드를 기준으로 하여 측량되며 GPS에 의해 측정되는 타원체고는 지오이드에 대하여 수학적으로 가장 근사한 가상면의 지심타원체(GRS 80)를 기준으로 측정된다. 그러므로 수준측량에 있어 GPS를 실용화하기 위해서는 정확한 Geoid가 산정되어야 한다.

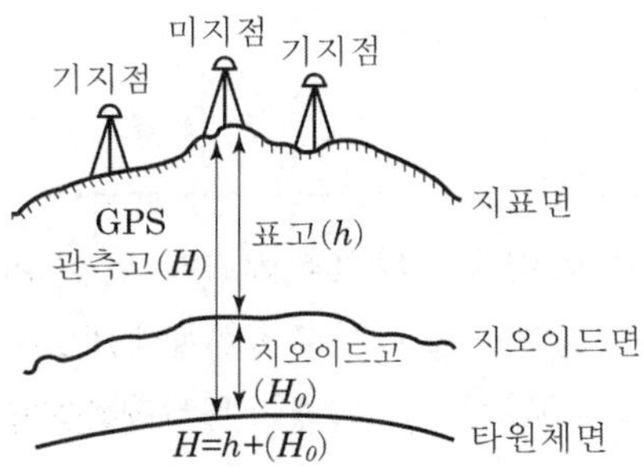

① 레벨에 의해 직접 수준측량으로 구해진 높이값은 표고에 해당하고, GPS에 의해 관측된 높이값은 타원체고에 해당한다.

② 표고는 지오이드로부터의 높이값이므로 GPS 측량과 수준측량을 동일 관측점에서 실시하면 그 지점의 지오이드고를 알 수 있다.

06

그림과 같이 A지점에서 GPS로 관측한 타원체고(h)가 37.238m이고 지오이드고(N)는 21.524m를 얻었다. A점에서 취득한 높이값을 이용하여 수준측량한 결과 C점의 표고는? (단, 거리는 타원체면상의 거리이고 A, B, C점의 지오이드는 동일하며 연직선편차는 0으로 가정한다.)

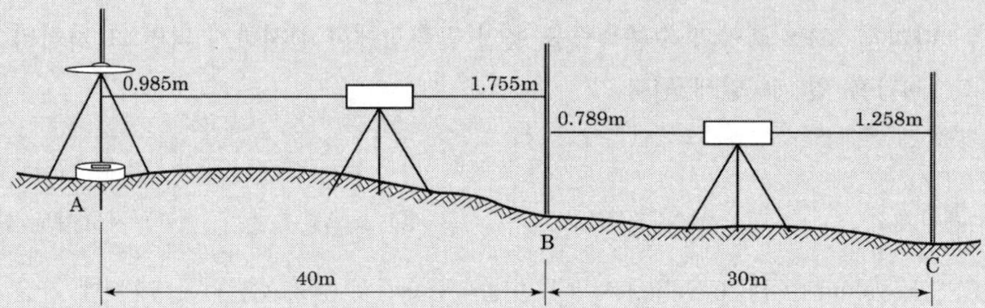

정표고=37.238−21.524=15.714m

C점의 표고=15.714+0.985−1.755+0.789−1.258=14.475m

07

그림과 같이 A지점에서 GPS로 관측한 타원체고(h)가 25.123m이고 지오이드고(N)는 10.235m를 얻었다. 이때 $\overline{AB}$기선의 길이가 100m이고 A점에서 B점의 방향으로 10m당 높이가 −0.1m씩 낮아지고 있을 때 B점의 표고는? (단, 거리는 타원체면상의 거리이고 A, B점의 지오이드는 동일하다.)

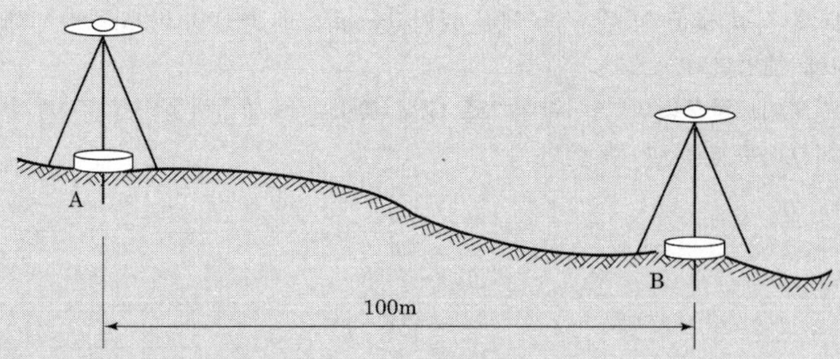

1) 정표고=타원체고−지오이드고=25.123−10.235=14.888m

A점에서 B점의 방향으로 10m당 높이가 −0.1m씩 낮아지므로 기선길이가 100m

$\therefore \ \frac{100}{10} \times 0.1 = 1\text{m}$ 가 낮아진다.

2) B점의 표고 : 14.888−1=13.888m

08

GPS 위성신호 L_1 및 L_2의 주파수는 각각 f_1=1575.42MHz, f_2= 1227.60MHz이다. 광속(c)을 약 300,000km/sec라고 할 때, wide lane($Lw = L_1 - L_2$) 인공주파수의 파장은 약 얼마인가?

$Lw = L_1 - L_2 = 1575.42 - 1227.60 = 347.82\text{MHz}$

$\lambda = \dfrac{v}{f}$ (여기서, λ : 파장, v : 광속도, f : 주파수)

km/sec → m/sec, MHz → Hz 단위로 환산하여 계산하면

$\lambda = \dfrac{v}{f} = \dfrac{300{,}000 \times 10^3}{347.82 \times 10^6} = 0.86\text{m}$

09

다음 그림에서 h, H, N의 높이를 무엇이라 하는가?

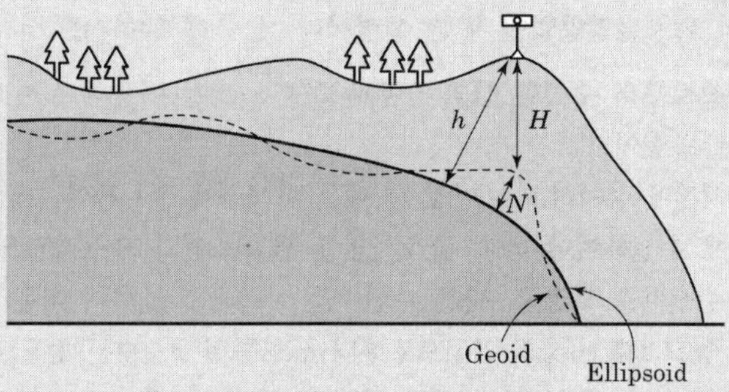

[GPS Levelling]

1) h : 타원체고
2) H : 정표고
3) N : 지오이드고

10

A측점에 대한 GPS 관측 결과, GRS80 타원체고가 123.456m, 지오이드고가 −23.456m이었다면 지오이드면에서 A점까지의 높이는?

정표고=타원체고−지오이드고이므로

123.456m−(−23.456m)=146.912m

11

GPS 위성은 지표면으로부터 약 20,200km 고도에서 궤도운동을 하고 있다. GPS 신호를 지표면에서 측정한다고 할 때, 신호의 대략적인 전달시간은? (단, 빛의 속도는 약 3×10^8m/s이다.)

가. 0.035초　　나. 0.07초　　다. 3.5초　　라. 7초

거리＝속도×시간

$$시간=\frac{거리}{속도}=\frac{20,200km}{300,000km}=0.0673초$$

따라서, 지상까지의 통과시간은 $\frac{7}{100}$초 이상이다.(0.07초)

12

다음은 GPS 측량의 위치결정방법에 대한 설명이다. 물음에 답하시오.

1) 4개 이상의 위성으로부터 수신한 신호 가운데 C/A code를 이용해 실시간 처리로 수신기의 위치를 결정하는 방법이다.
2) 수신기 1대는 기지점에 설치하고 나머지 한 대는 미지점에 설치하여 4대 이상의 위성으로부터 신호를 동시에 수신하여야 하며 관측시간은 관측조건과 요구정밀도에 따라 다르다.
3) 기지점의 1대의 수신기를 고정국, 다른 수신기를 이동국으로 하여 이동국을 순차로 이동하면서, 각 측점에 놓고 4대 이상의 위성으로부터 신호를 수초~수분 정도 수신하는 방식이다.
4) 기준점에 설치한 GPS 수신기로부터 취득 계산된 데이터를 무선으로 이동용 GPS 수신기에 전송시켜 실시각으로 이동점의 정확한 위치를 나타나게 한다.
5) 상대측위방법의 GPS 측량기법으로서 이미 알고 있는 기지점 좌표를 이용하여 오차를 최대한 줄여서 사용하기 위한 위치결정방법은?

1) 절대관측 방법(1점 측위)
2) 스태틱(Static) 측량(정지측량)
3) 키네마틱(Kinematic) 측량(이동측량)
4) RTK(Real time kinematic)
5) DGPS(Differential Global Positioning System)

13

GPS 위성으로부터 전송되는 L_1 신호의 주파수는 1,575.42MHz, L_2 신호의 주파수는 1,227.60 MHz이다. 광속 c=299,792,458m/sec일 때 L_1, L_2 신호 100,000파장의 거리를 구하시오.

$\lambda = \frac{c}{f}$ (여기서, λ : 파장, c : 광속도, f : 주파수)

1) MHz를 Hz 단위로 환산하여 계산하면

$$\lambda = \frac{299,792,458}{1,575.42 \times 10^6} = 0.190293672\text{m}$$

$$\lambda = \frac{299,792,458}{1,227.60 \times 10^6} = 0.244210213\text{m}$$

2) L_1, L_2 신호 100,000파장의 거리

$L_1 = 100,000 \times 0.190293672 = 19,092.3672\text{m}$

$L_2 = 100,000 \times 0.244210213 = 24,421.0213\text{m}$

14

다음은 위성배치에 따른 정확도의 영향을 수치로 나타내는 정밀도 저하율(DOP)에 관한 용어이다. 물음에 답하시오.

1) GDOP　　2) PDOP　　3) HDOP
4) VDOP　　5) RDOP　　6) TDOP

1) GDOP : 기하학적 정밀도 저하율
2) PDOP : 위치 정밀도 저하율
3) HDOP : 수평 정밀도 저하율
4) VDOP : 수직 정밀도 저하율
5) RDOP : 상대 정밀도 저하율
6) TDOP : 시간 정밀도 저하율

15

GPS의 구조적인 오차의 종류에 대하여 답하시오.

위성시계오차	GPS 위성에 내장되어 있는 시계의 부정확성으로 인해 발생
위성궤도오차	위성궤도정보의 부정확성으로 인해 발생
대기권전파지연	위성신호의 전리층, 대류권 통과 시 전파지연오차(약 2m)
전파적 잡음	수신기 자체에서 발생하며 PRN코드잡음과 수신기 잡음이 합쳐져서 발생
다중경로 (Multipath)	다중경로오차는 GPS 위성으로 직접 수신된 전파 이외에 부가적으로 주위의 지형, 지물에 의해 반사된 전파로 인해 발생하는 오차로서 측위에 영향을 미친다. ① 다중경로는 금속제 건물, 구조물과 같은 커다란 반사적 표면이 있을 때 일어난다. ② 다중경로의 결과로서 수신된 GPS 신호는 처리될 때 GPS 위치의 부정확성을 제공 ③ 다중경로가 일어나는 경우를 최소화하기 위하여 미션 설정, 수신기, 안테나 설계 시에 고려한다면 다중경로의 영향을 최소화할 수 있다. ④ GPS 신호시간의 기간을 평균하는 것도 다중경로의 영향을 감소시킨다. ⑤ 가장 이상적인 방법은 다중경로의 원인이 되는 장애물에서 멀리 떨어져서 관측하는 방법이다.

16

다음은 인공위성을 이용한 위성측량에 대한 설명이다. 물음에 답하시오.

1) 미 국방성에서 개발되어 현재까지 이용되는 항법 및 위치결정체계로서 약 20,000km 상공, 6개 궤도, 약 31개의 위성으로 운영되며 범지구위치결정시스템이라고도 한다.

2) 러시아에서 1976년 개발을 시작하여 약 19,000km 상공, 3개 궤도, 24개 이상의 위성으로 운영된다.

3) EU에서 개발하는 상업용 위성으로 약 23,000km 상공, 3개 궤도, 30개 이상의 위성으로 운영될 예정이다.

4) 중국에서 운영계획 중인 위치결정시스템으로 5개의 정지궤도위성과 30개의 궤도위성을 배치한 독자적인 위성항법시스템이다.

5) 일본에서 범지구위치결정시스템의 확장 위성으로 준천정위성시스템을 개발하여 일본 전역에서 고정밀 위성측위서비스를 제공하는 위성이다.

6) 인도에서 개발한 지역항법위성시스템으로 3개의 전지궤도위성, 4개의 궤도위성을 구성하여 인도지역을 서비스하는 위성이다.

1) GPS　　2) GLONASS
3) Galileo　　4) COMPASS(Beidou)
5) QZSS　　6) IRNSS

[전 세계 위성항법시스템 현황]

소유국	시스템 명	목적	운용 연도	운용 궤도	위성수
미국	GPS	전지구위성항법	1995	중궤도	31기 운용 중
러시아	GLONASS	전지구위성항법	2011	중궤도	24
EU	GALILEO	전지구위성항법	2012	중궤도	30
중국	COMPASS (Beidou)	전지구위성항법 (중국 지역위성항법)	2011	중궤도 정지궤도	30 5
일본	QZSS	일본 주변 지역위성항법	2010	고타원궤도	3
인도	IRNSS	인도 주변 지역위성항법	2010	정지궤도 고타원궤도	3 4

17

GPS 위성으로부터의 신호가 어떠한 오차도 포함되어 있지 않고 수신기의 시계도 오차가 없다면 GPS 위치결정방법에는 최소한 몇 개의 GPS 위성이 필요한가?

1) 단독측위(1점 측위)
2) 단독측위(높이가 필요하지 않을 경우)
3) DGPS

1) 4개　　2) 3개　　3) 4개

목적	개수
단독측위	4
단독측위(높이가 필요하지 않을 경우)	3
DGPS	4
GPS 측량	4
시각동기(자신의 시계를 GPS시에 맞추는 것)	1

18

다음은 GPS 측량에 대한 설명이다. 물음에 답하시오.

1) GPS 반송파위상 추적회로에서 반송파위상치의 값을 순간적으로 놓침으로 인해 발생하는 오차는?
2) 2개 이상의 수신기를 각 측점에 고정하고 양 측점에서 동시에 4개 이상의 위성으로부터 신호를 1시간 이상 수신하는 GPS 관측방법은?
3) 기종이 서로 다른 GPS 수신기를 혼합하여 관측하였을 경우 어떤 종류의 후처리 소프트웨어를 사용하더라도 수집된 GPS 데이터의 기선해석이 용이하도록 고안된 세계표준의 GPS date 포맷을 무엇이라 하는가?

1) Cycle Slip 2) Static 측량 3) RINEX 파일

19

다음은 간섭측위에 의한 위상차 관측방법에 대한 설명이다. 물음에 답하시오.

1) 간섭측위에 의한 기선해석의 1단계로 한 개의 위성과 두 대의 수신기를 이용한 위성과 수신기 간의 거리측정차(행로차)
2) 두 개의 위성과 두 대의 수신기를 이용하여 각각의 위성에 대한 수신기 간 1중차끼리의 차이값
3) 한 개의 위성에 대하여 어떤 시각의 위상적산치(측정치)와 다음 시각의 적산치와의 차이값을 적분위상차라고도 한다.

1) 일중위상차(Single Phase Difference) 관측법
2) 이중위상차(Double Phase Difference) 관측법
3) 삼중위상차(Triple Phase Difference) 관측법

구분	내용
일중위상차 (Single Phase Difference)	① 간섭측위에 의한 기선해석의 1단계로 한 개의 위성과 두 대의 수신기를 이용한 위성과 수신기 간의 거리측정차(행로차) ② 동일위성에 대한 측정치이므로 위성의 궤도오차와 원자시계에 의한 오차가 소거된 상태 ③ 그러나 수신기의 시계오차는 포함되어 있는 상태임
이중위상차 (Double Phase Difference)	① 두 개의 위성과 두 대의 수신기를 이용하여 각각의 위성에 대한 수신기 간 1중차끼리의 차이값 ② 두 개의 위성에 대하여 두 대의 수신기로 관측함으로써 같은 양으로 존재하는 수신기의 시계오차를 소거한 상태 ③ 일반적으로 최소 4개의 위성을 관측하여 3회의 이중차를 측정하여 기선해석을 하는 것이 통례임

삼중위상차 (Triple Phase Difference)	① 한 개의 위성에 대하여 어떤 시각의 위상적산치(측정치)와 다음 시각의 적산치와의 차이값을 적분위상차라고도 한다. ② 반송파의 모호정수(불명확상수)를 소거하기 위하여 일정시간 간격으로 이중차의 차이값을 측정하는 것을 말한다. ③ 즉, 일정시간 동안의 위성거리 변화를 뜻하며 파장의 정수배의 불명확을 해결하는 방법으로 이용된다.

20

GPS 측량을 실시하여 다음과 같이 RINEX 파일을 취득하였다. 다음 물음에 답하시오.

1) GPS 측량 관측 일자
2) GPS 측량 시작시간, 종료시간
3) GPS 수신 위성의 개수
4) GPS 신호 수신 간격
5) GPS 수신기 높이

```
     2.11           OBSERVATION DATA    M (MIXED)           RINEX VERSION / TYPE
Topcon Link 8                           11-FEB-14 17:08     PGM / RUN BY / DATE
build December 07, 2010  by (c) Topcon Positioning Systems  COMMENT
보68                                                         MARKER NAME
                                                            MARKER NUMBER
-Unknown-           -Unknown-                               OBSERVER / AGENCY
EMHT63Q7524         Topcon              -Unknown-           REC # / TYPE / VERS
                    TPS_HIPER_II    NONE                    ANT # / TYPE
 -3039688.3863  4024155.2352  3891855.9219                  APPROX POSITION XYZ
        1.4323        0.0000        0.0000                  ANTENNA: DELTA H/E/N
     1     1                                                WAVELENGTH FACT L1/2
  2014     2    11     0    30   30.0000000     GPS         TIME OF FIRST OBS
  2014     2    11     4    12   30.0000000     GPS         TIME OF LAST OBS
    15.000                                                  INTERVAL
    16                                                      LEAP SECONDS
    26                                                      # OF SATELLITES
     7    C1    P1    P2    L1    L2    D1    D2            # / TYPES OF OBSERV
   G 2   734   734   734   734   734   734   734            PRN / # OF OBS
   G 4   308   308   308   308   308   308   308            PRN / # OF OBS
   G 5   889   889   889   889   889   889   889            PRN / # OF OBS
   G 7   431   431   431   431   431   431   431            PRN / # OF OBS
   G 8   677   677   677   677   677   677   677            PRN / # OF OBS
   G 9   764   764   764   764   764   764   764            PRN / # OF OBS
   G10   451   451   451   451   451   451   451            PRN / # OF OBS
   G13    84    84    84    84    84    84    84            PRN / # OF OBS
   G15   719   719   719   719   719   719   719            PRN / # OF OBS
   G18   193   193   193   193   193   193   193            PRN / # OF OBS
   G21   433   433   433   433   433   433   433            PRN / # OF OBS
   G24   262   262   262   262   262   262   262            PRN / # OF OBS
   G26   889   889   889   889   889   889   889            PRN / # OF OBS
   G29   754   754   754   754   754   754   754            PRN / # OF OBS
   R 4   396   396   396   396   396   396   396            PRN / # OF OBS
   R 5   889   889   889   889   889   889   889            PRN / # OF OBS
   R 6   800   800   800   800   800   800   800            PRN / # OF OBS
   R 7   242   242   242   242   242   242   242            PRN / # OF OBS
   R 9   111   111   111   111   111   111   111            PRN / # OF OBS
   R14   342   342   342   342   342   342   342            PRN / # OF OBS
   R15   601   601   601   601   601   601   601            PRN / # OF OBS
   R16   385   385   385   385   385   385   385            PRN / # OF OBS
   R19   409   409   409   409   409   409   409            PRN / # OF OBS
   R20   707   707   707   707   707   707   707            PRN / # OF OBS
   R21   760   760   760   760   760   760   760            PRN / # OF OBS
```

1) GPS 측량 관측 일자 : 2014년 2월 11일
2) GPS 측량 시작시간, 종료시간
   시작시간 - 0시 30분 30초, 종료시간 - 04시 12분 30초
3) GPS 수신 위성의 개수 : 26개
4) GPS 신호 수신 간격 : 15초
5) GPS 수신기 높이 : 1.4323m

```
     2.11           OBSERVATION DATA    M (MIXED)           RINEX VERSION / TYPE
Topcon Link 8                           11-FEB-14 17:08     PGM / RUN BY / DATE
build December 07, 2010  by (c) Topcon Positioning Systems  COMMENT
보68                                                         MARKER NAME
                                                            MARKER NUMBER
-Unknown-           -Unknown-                               OBSERVER / AGENCY
EMHT63Q7524         Topcon              -Unknown-           REC # / TYPE / VERS
                    TPS_HIPER_II     NONE                   ANT # / TYPE
  -3039688.3863  4024155.2352  3891855.9219                 APPROX POSITION XYZ
        1.4323         0.0000         0.0000                ANTENNA: DELTA H/E/N
     1     1                                                WAVELENGTH FACT L1/2
  2014     2    11     0    30   30.0000000      GPS        TIME OF FIRST OBS
  2014     2    11     4    12   30.0000000      GPS        TIME OF LAST OBS
    15.000                                                  INTERVAL
    16                                                      LEAP SECONDS
    26                                                      # OF SATELLITES
     7    C1    P1    P2    L1    L2    D1    D2            # / TYPES OF OBSERV
   G 2   734   734   734   734   734   734   734            PRN / # OF OBS
   G 4   308   308   308   308   308   308   308            PRN / # OF OBS
   G 5   889   889   889   889   889   889   889            PRN / # OF OBS
   G 7   431   431   431   431   431   431   431            PRN / # OF OBS
   G 8   677   677   677   677   677   677   677            PRN / # OF OBS
   G 9   764   764   764   764   764   764   764            PRN / # OF OBS
   G10   451   451   451   451   451   451   451            PRN / # OF OBS
   G13    84    84    84    84    84    84    84            PRN / # OF OBS
   G15   719   719   719   719   719   719   719            PRN / # OF OBS
   G18   193   193   193   193   193   193   193            PRN / # OF OBS
   G21   433   433   433   433   433   433   433            PRN / # OF OBS
   G24   262   262   262   262   262   262   262            PRN / # OF OBS
   G26   889   889   889   889   889   889   889            PRN / # OF OBS
   G29   754   754   754   754   754   754   754            PRN / # OF OBS
   R 4   396   396   396   396   396   396   396            PRN / # OF OBS
   R 5   889   889   889   889   889   889   889            PRN / # OF OBS
   R 6   800   800   800   800   800   800   800            PRN / # OF OBS
   R 7   242   242   242   242   242   242   242            PRN / # OF OBS
   R 9   111   111   111   111   111   111   111            PRN / # OF OBS
   R14   342   342   342   342   342   342   342            PRN / # OF OBS
   R15   601   601   601   601   601   601   601            PRN / # OF OBS
   R16   385   385   385   385   385   385   385            PRN / # OF OBS
   R19   409   409   409   409   409   409   409            PRN / # OF OBS
   R20   707   707   707   707   707   707   707            PRN / # OF OBS
   R21   760   760   760   760   760   760   760            PRN / # OF OBS
   R22   264   264   264   264   264   264   264            PRN / # OF OBS
```

21

GPS 측량을 실시하여 다음과 같이 RINEX 파일을 취득하였다. 다음 물음에 답하시오.

1) GPS 측량 관측 일자
2) GPS 측량 시작시간, 종료시간
3) GPS 수신 위성의 개수
4) GPS 신호 수신 간격
5) GPS 수신기 높이

```
     2.11           OBSERVATION DATA    M (MIXED)           RINEX VERSION / TYPE
Spectrum Link 8.2                       31-MAY-13 16:54     PGM / RUN BY / DATE
build October 04, 2011  by (c) Topcon Positioning Systems   COMMENT
보262                                                        MARKER NAME
                                                            MARKER NUMBER
-Unknown-           -Unknown-                               OBSERVER / AGENCY
EOQ63AUBAIO         Topcon              -Unknown-           REC # / TYPE / VERS
                    SOKGRX1         NONE                    ANT # / TYPE
 -3042492.3712  4025411.0882  3888374.8311                  APPROX POSITION XYZ
        1.5063        0.0000        0.0000                  ANTENNA: DELTA H/E/N
     1     1                                                WAVELENGTH FACT L1/2
  2013     5    30     7     6    0.0000000     GPS         TIME OF FIRST OBS
  2013     5    30     8    22   45.0000000     GPS         TIME OF LAST OBS
    15.000                                                  INTERVAL
    16                                                      LEAP SECONDS
    20                                                      # OF SATELLITES
     7    C1    P1    P2    L1    L2    D1    D2            # / TYPES OF OBSERV
   G 3   308   308   308   308   308   308   308            PRN / # OF OBS
   G 6   308   308   308   308   308   308   308            PRN / # OF OBS
   G 7   254   254   254   254   254   254   254            PRN / # OF OBS
   G11    64    64    64    64    64    64    64            PRN / # OF OBS
   G13   308   308   308   308   308   308   308            PRN / # OF OBS
   G16   308   308   308   308   308   308   308            PRN / # OF OBS
   G19   308   308   308   308   308   308   308            PRN / # OF OBS
   G21   308   300   300   308   300   308   300            PRN / # OF OBS
   G23   308   308   308   308   308   308   308            PRN / # OF OBS
   G30   308   308   308   308   308   308   308            PRN / # OF OBS
   G31   259   259   259   259   259   259   259            PRN / # OF OBS
   R 2    66    66    66    66    66    66    66            PRN / # OF OBS
   R10   306   306   306   306   306   306   306            PRN / # OF OBS
   R11   308   308   308   308   308   308   308            PRN / # OF OBS
   R12   308   308   308   308   308   308   308            PRN / # OF OBS
   R13     8     8     8     8     8     8     8            PRN / # OF OBS
   R20   291   291   291   291   291   291   291            PRN / # OF OBS
   R21   308   308   308   308   308   308   308            PRN / # OF OBS
   R22   308   308   308   308   308   308   308            PRN / # OF OBS
   R23    10     9     9    10     9    10     9            PRN / # OF OBS
SE TPS 00000000                                             COMMENT
                                                            END OF HEADER
 13  5 30  7  6  0.0000000  0 16G 3G 6G13G16G19G21G23G30G31R 2R10R11
                                R12R20R21R22
  20667569.827 8  20667568.80346  20667573.81846 108608813.909 8  84630242.86446
```

1) GPS 측량 관측 일자 : 2013년 05월 30일

2) GPS 측량 시작시간, 종료시간

   시작시간 - 07시 06분 00초, 종료시간 - 08시 22분 45초

3) GPS 수신 위성의 개수 : 20개

4) GPS 신호 수신 간격 : 15초

5) GPS 수신기 높이 : 1.5063m

```
     2.11           OBSERVATION DATA     M (MIXED)           RINEX VERSION / TYPE
Spectrum Link 8.2                        31-MAY-13 16:54     PGM / RUN BY / DATE
build October 04, 2011  by (c) Topcon Positioning Systems    COMMENT
보262                                                        MARKER NAME
                                                             MARKER NUMBER
-Unknown-           -Unknown-                                OBSERVER / AGENCY
EOQ63AUBAIO         Topcon              -Unknown-            REC # / TYPE / VERS
                    SOKGRX1          NONE                    ANT # / TYPE
 -3042492.3712  4025411.0882  3888374.8311                   APPROX POSITION XYZ
        1.5063        0.0000        0.0000                   ANTENNA: DELTA H/E/N
     1     1                                                 WAVELENGTH FACT L1/2
  2013     5    30     7     6    0.0000000      GPS         TIME OF FIRST OBS
  2013     5    30     8    22   45.0000000      GPS         TIME OF LAST OBS
    15.000                                                   INTERVAL
    16                                                       LEAP SECONDS
    20                                                       # OF SATELLITES
     7    C1    P1    P2    L1    L2    D1    D2             # / TYPES OF OBSERV
   G 3   308   308   308   308   308   308   308             PRN / # OF OBS
   G 6   308   308   308   308   308   308   308             PRN / # OF OBS
   G 7   254   254   254   254   254   254   254             PRN / # OF OBS
   G11    64    64    64    64    64    64    64             PRN / # OF OBS
   G13   308   308   308   308   308   308   308             PRN / # OF OBS
   G16   308   308   308   308   308   308   308             PRN / # OF OBS
   G19   308   308   308   308   308   308   308             PRN / # OF OBS
   G21   308   300   300   308   300   308   300             PRN / # OF OBS
   G23   308   308   308   308   308   308   308             PRN / # OF OBS
   G30   308   308   308   308   308   308   308             PRN / # OF OBS
   G31   259   259   259   259   259   259   259             PRN / # OF OBS
   R 2    66    66    66    66    66    66    66             PRN / # OF OBS
   R10   306   306   306   306   306   306   306             PRN / # OF OBS
   R11   308   308   308   308   308   308   308             PRN / # OF OBS
   R12   308   308   308   308   308   308   308             PRN / # OF OBS
   R13     8     8     8     8     8     8     8             PRN / # OF OBS
   R20   291   291   291   291   291   291   291             PRN / # OF OBS
   R21   308   308   308   308   308   308   308             PRN / # OF OBS
   R22   308   308   308   308   308   308   308             PRN / # OF OBS
   R23    10     9     9    10     9    10     9             PRN / # OF OBS
SE TPS 00000000                                              COMMENT
                                                             END OF HEADER
 13  5 30  7  6  0.0000000  0 16G 3G 6G13G16G19G21G23G30G31R 2R10R11
                                R12R20R21R22
  20667569.827 8  20667568.80346  20667573.81846 108608813.909 8  84630242.86446
      2082.642          2402.820
```

Chapter 03

수준측량

3.1 수준측량의 정의 및 용어

1) 정의

수준측량(Leveling)이란 지구상에 있는 여러 점들 사이의 고저차를 관측하는 것으로 고저측량이라고도 한다.

2) 용어 설명

수직선 (vertical line)	지표 위 어느 점으로부터 지구의 중심에 이르는 선, 즉 타원체면에 수직한 선으로 삼각(트래버스)측량에 이용된다.
연직선 (plumb line)	천체 측량에 의한 측지좌표의 결정은 지오이드면에 수직한 연직선을 기준으로 하여 얻어진다.
수평면 (Level surface)	모든 점에서 연직방향과 수직인 면으로 수평면은 곡면이며 회전타원체와 유사하다. 정지하고 있는 해수면 또는 지오이드면은 수평면의 좋은 예이다.
수평선(Level line)	수평면 안에 있는 하나의 선으로 곡선을 이룬다.
지평면(Horizontal plane)	어느 점에서 수평면에 접하는 평면 또는 연직선에 직교하는 평면
지평선(Horizontal Line)	지평면 위에 있는 한 선을 말하며 지평선은 어느 한 점에서 수평선과 접하는 직선이며 연직선과 직교한다.

기준면(datum)	표고의 기준이 되는 수평면을 기준면이라 하며 표고는 0으로 정한다. 기준면은 계산을 위한 가상면이며 평균해면을 기준면으로 한다.
평균해면 (mean sea level)	여러해 동안 관측한 해수면의 평균값
지오이드(Geoid)	평균해수면으로 전 지구를 덮었다고 가정한 곡면
수준원점 (Original Bench Mark : OBM)	수준측량의 기준이 되는 기준면으로부터 정확한 높이를 측정하여 기준이 되는 점
수준점 (Bench Mark : BM)	수준원점을 기점으로 하여 전국 주요지점에 수준표석을 설치한 점 ① 1등 수준점 : 4km마다 설치 ② 2등 수준점 : 2 km마다 설치
표고(elevation)	국가 수준기준면으로부터 그 점까지의 연직거리
전시(fore sight)	표고를 알고자 하는 점(미지점)에 세운 표척의 읽음값
후시(back sight)	표고를 알고 있는 점(기지점)에 세운 표척의 읽음값
기계고(instrument height)	기준면에서 망원경 시준선까지의 높이
이기점(turning point)	기계를 옮길 때 한 점에서 전시와 후시를 함께 취하는 점
중간점(intermediate point)	표척을 세운 점의 표고만을 구하고자 전시만 취하는 점

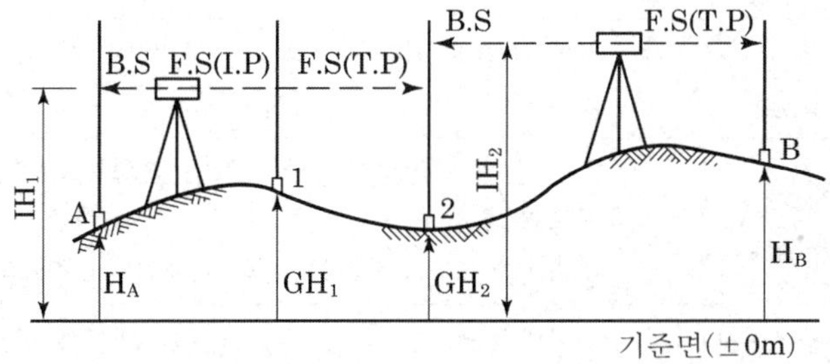

[직접수준측량의 원리]

3.2 수준측량의 분류

1) 측량방법에 의한 분류

분류		내용
직접수준측량(Direct leveling)		Level을 사용하여 두 점에 세운 표척의 눈금차로부터 직접 고저차를 구하는 측량
간접수준측량 (Indirect leveling)	삼각수준측량 (Trigonometrical leveling)	두 점간의 연직각과 수평거리 또는 경사거리를 측정하여 삼각법에 의하여 고저차를 구하는 측량
	스타디아 수준측량 (Stadia leveling)	스타디아 측량으로 고저차를 구하는 방법
	기압수준측량 (Barometric leveling)	기압계나 그 외의 물리적 방법으로 기압차에 따라 고저차를 구하는 방법
	공중사진수준측량 (Aerial photographic leveling)	공중사진의 실체시에 의하여 고저차를 구하는 방법
교호수준측량(Reciprocal leveling)		하천이나 장애물 등이 있을 때 두 점간의 고저차를 직접 또는 간접으로 구하는 방법
약 수준측량 (Approximate leveling)		간단한 기구로써 고저차를 구하는 방법

2) 목적에 의한 분류

분류	내용
고저수준측량(Differential leveling)	두 점간의 표고차를 직접 수준측량에 의하여 구한다.
종단수준측량(Profile leveling)	도로, 철도 등의 중심선 측량과 같이 노선의 중심에 따라 각 측점의 표고차를 측정하여 종단면에 대한 지형의 형태를 알고자 하는 측량
횡단수준측량(Cross leveling)	종단선의 직각 방향으로 고저차를 측량하여 횡단면도를 작성하기 위한 측량

3.3 직접수준측량

1) 수준측량방법

구분		식
기계고(IH)		IH=GH+BS
지반고(GH)		GH=IH−FS
고저차(H)	고차식	$H=\sum BS-\sum FS$
	기고식 승강식	$H=\sum BS-\sum TP$

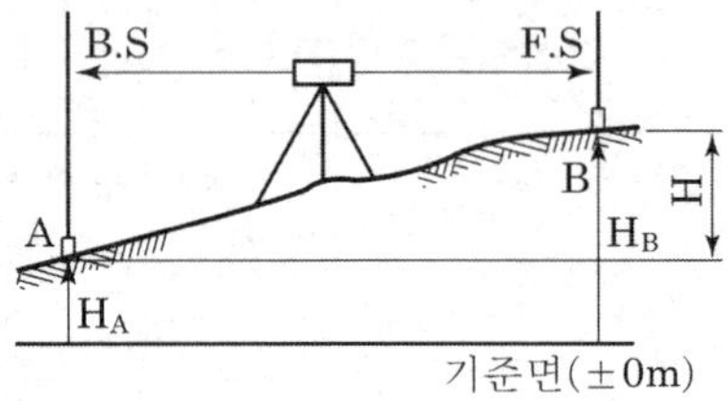

2) 야장기입방법

구분	내용
고차식	가장 간단한 방법으로 B.S와 F.S만 있으면 된다.
기고식	가장 많이 사용하며, 중간점이 많을 경우 편리하나 완전한 검산을 할 수 없는 것이 결점이다.
승강식	완전한 검사로 정밀측량에 적당하나, 중간점이 많으면 계산이 복잡하고, 시간과 비용이 많이 소요된다.

3) 전시와 후시의 거리를 같게 함으로써 제거되는 오차

(1) 레벨의 조정이 불완전(시준선이 기포관축과 평행하지 않을 때)할 때
(시준축오차 : 오차가 가장 크다.)

(2) 지구의 곡률오차(구차)와 빛의 굴절오차(기차)를 제거한다.

(3) 초점나사를 움직이는 오차가 없으므로 그로 인해 생기는 오차를 제거한다.

4) 직접수준측량의 주의사항

(1) 수준측량은 반드시 왕복측량을 원칙으로 하며, 노선은 다르게 한다.

(2) 정확도를 높이기 위하여 전시와 후시의 거리는 같게 한다.

(3) 이기점(T.P)은 1mm까지 그 밖의 점에서는 5mm 또는 1cm 단위까지 읽는 것이 보통이다.

(4) 직접수준측량의 시준거리

① 적당한 시준거리 : 40~60m(60m가 표준)

② 최단거리는 3m이며, 최장거리 100~180m 정도이다.

(5) 눈금오차(영점오차) 발생 시 소거방법

① 기계를 세운 표척이 짝수가 되도록 한다.

② 이기점(T.P)이 홀수가 되도록 한다.

③ 출발점에 세운 표척을 도착점에 세운다.

3.4 간접수준측량

1) 앨리데이드에 의한 수준측량

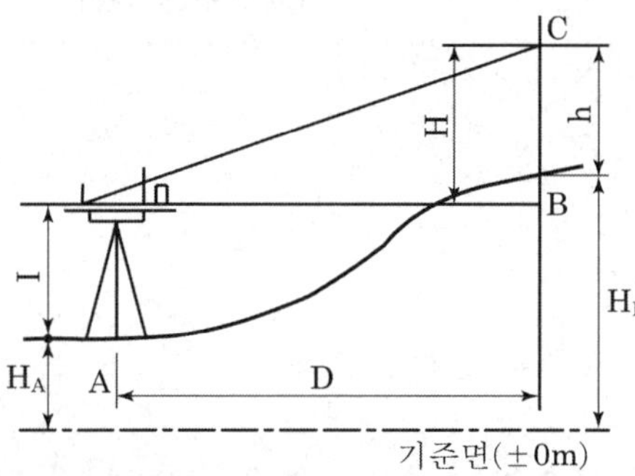

H_A : A점의 표고

H_B : B점의 표고

H : $\frac{n}{100}D$

I : 기계고

h : 시준고

(1) $H_B = H_A + I + H - h$(전시인 경우)

(2) 두 지점의 고저차$(H_B - H_A) = I + H - h$(전시인 경우)

2) 교호수준측량

전시와 후시를 같게 취하는 것이 원칙이나 2점 간에 강·호수·하천 등이 있으면 중앙에 기계를 세울 수 없을 때 양 지점에 세운 표척을 읽어 고저차를 2회 산출하여 평균하며 높은 정밀도를 필요로 할 경우에 이용된다.

(1) 교호수준측량을 할 경우 소거되는 오차

교호수준측량을 할 경우 소거되는 오차	① 레벨의 기계오차(시준축 오차) ② 관측자의 읽기오차 ③ 지구의 곡률에 의한 오차(구차) ④ 광선의 굴절에 의한 오차(기차)

(2) 두 점의 고저차

$$H=\frac{(a_1-b_1)+(a_2-b_2)}{2}=\frac{(a_1-b_2)+(a_1-b_2)}{2}$$

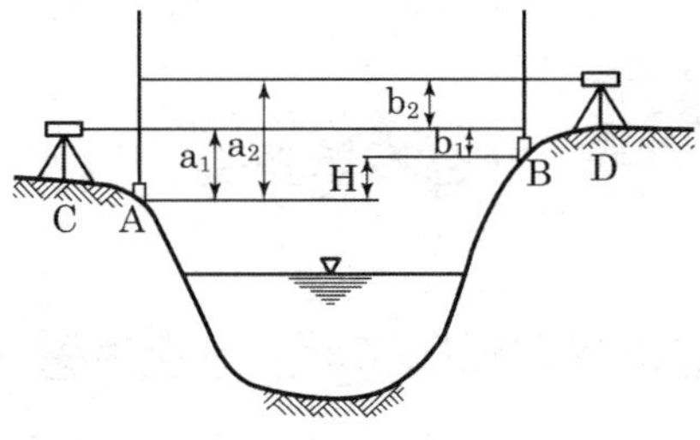

[교호수준측량]

(3) 임의점(B점)의 지반고

$H_B = H_A \pm H$

3.5 레벨의 구조

1) 망원경

대물렌즈	목표물의 상은 망원경 통 속에 맺어야 하고, 합성렌즈를 사용하여 구면수차와 색수차를 제거 ① 구면수차 : 광선의 굴절 때문에 광선이 한 점에서 만나지 않아 상이 선명하게 되지 않는 현상 ② 색수차 : 조준할 때 조정에 따라 여러 색(청색, 적색)이 나타나는 현상
접안렌즈	십자선 위에 와 있는 물체의 상을 확대하여 측정자의 눈에 선명하게 보이게 하는 역할을 한다.
망원경 배율	배율(확대율)$=\frac{\text{대물렌즈의 초점거리}}{\text{접안렌즈의 초점거리}}$(망원경의 배율은 20~30배)

2) 기포관

기포관의 구조	알코올이나 에테르와 같은 액체를 넣어서 기포를 남기고 양단을 막은 것
기포관의 감도	감도란 기포 한 눈금(2mm)이 움직이는 데 대한 중심각을 말하며, 중심각이 작을수록 감도는 좋다.
기포관이 구비해야 할 조건	① 곡률반지름이 클 것 ② 관의 곡률이 일정해야 하고, 관의 내면이 매끈해야 함 ③ 액체의 점성 및 표면장력이 작을 것 ④ 기포의 길이가 클 것

(1) 감도측정

$$\theta'' = \frac{l}{nD}\rho''$$

$$l = \frac{\theta'' nD}{\rho''}$$

$$R = \frac{d}{\theta''}\rho''$$

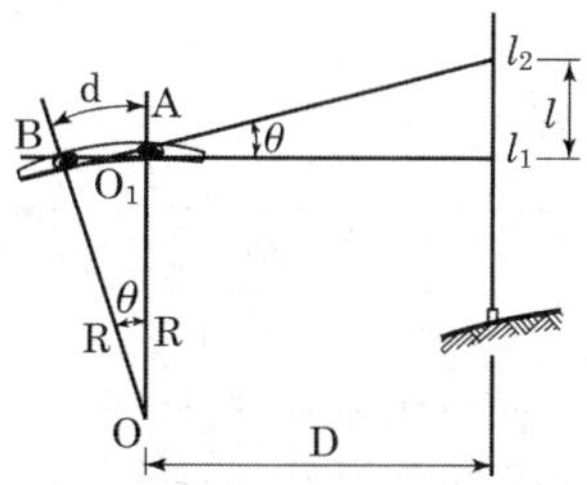

[기포관의 감도]

D: 수평거리, d: 기포 한 눈금의 크기(2mm), R: 기포관의 곡률반경, ρ'': 1라디안 초수(206265″)
θ'': 감도(측각오차), l: 위치오차($l_2 - l_1$), n: 기포의 이동눈금수, m: 축척의 분모수

3) 레벨의 조정

(1) 가장 엄밀해야 할 것(가장 중요시해야 할 것)

① 기포관축//시준선

② 기포관축//시준선=시준축오차(전시와 후시의 거리를 같게 취함으로써 소거)

(2) 기포관을 조정해야 하는 이유

기포관축을 연직축에 직각으로 할 것

(3) 항정법(레벨의 조정량)

기포관이 중앙에 있을 때 시준선을 수평으로 하는 것(시준선//기포관축)

조정량$(d)=\frac{D+e}{D}(a_1-b_1)-(a_2-b_2)$

정확한 읽음값$=b_2\pm d$

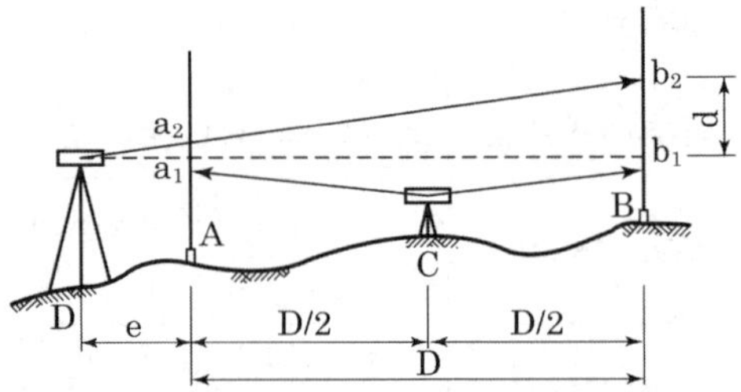

[항정법(말뚝 조정법)]

3.6 수준측량의 오차와 정밀도

1) 오차의 분류

정오차	부정오차
① 표척눈금부정에 의한 오차	① 레벨 조정 불완전(표척의 읽음 오차)
② 지구곡률에 의한 오차(구차)	② 시차에 의한 오차
③ 광선굴절에 의한 오차(기차)	③ 기상 변화에 의한 오차
④ 레벨 및 표척의 침하에 의한 오차	④ 기포관의 둔감
⑤ 표척의 영눈금(0점) 오차	⑤ 기포관의 곡률의 부등
⑥ 온도 변화에 대하 표척의 신축	⑥ 진동, 지진에 의한 오차
⑦ 표척의 기울기에 의한 오차	⑦ 대물경의 출입에 의한 오차

2) 우리나라 기본 수준측량의 오차 허용범위

구분	1등 수준측량	2등 수준측량	비고
왕복차	2.5mm $\sqrt{L}$	5.0mm $\sqrt{L}$	왕복했을 때 L은 노선 거리(km)
환폐합차	2.0mm $\sqrt{L}$	5.0mm $\sqrt{L}$	

3) 하천측량

4km에 대한 오차허용범위	유조부 : 10mm
	무조부 : 15mm
	급류부 : 20mm

4) 정밀도

오차는 노선거리의 제곱근에 비례한다.

$$E = C\sqrt{L}$$
$$C = \frac{E}{\sqrt{L}}$$

(여기서, E : 수준측량오차의 합, C : 1km에 대한 오차, L : 노선거리(km))

5) 직접수준측량의 오차조정

(1) 동일기지점의 왕복관측 또는 다른 표고기준점에 폐합한 경우

① 각 측점 간의 거리에 비례하여 배분한다. ② 각 측점의 조정량 $= \frac{\text{조정할 측점까지의 추가거리}}{\text{총 거리}(\sum L)} \times \text{폐합오차}$ ③ 각 측점의 최확값=각 측점의 관측값±조정량	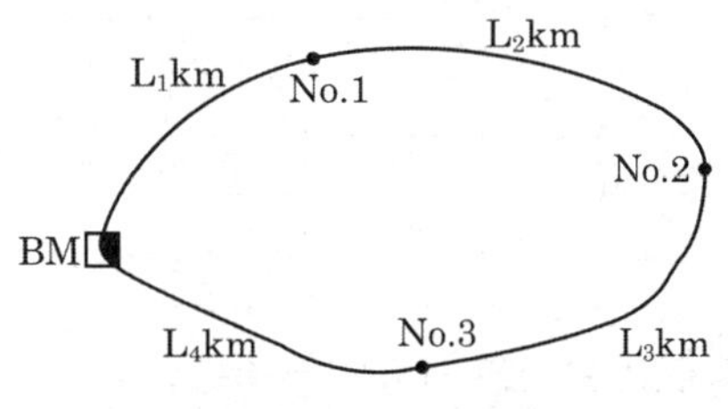 [환폐합의 수준측량]

(2) 두 점간의 직접수준측량의 오차조정 ☞ 거리측량 참조

두 점간의 거리를 2개 이상의 다른 노선을 따라 측량한 경우에는 경중률을 고려한 최확값을 산정한다.

① 경중률(P)은 거리에 반비례한다.	$P_1 : P_2 : P_3 = \frac{1}{S_1} : \frac{1}{S_2} : \frac{1}{S_3}$
② P점 표고의 최확값 $L_0 = \frac{P_1H_1 + P_2H_2 + P_3H_3}{P_1 + P_2 + P_3} = \frac{\Sigma P \cdot H}{\Sigma P}$	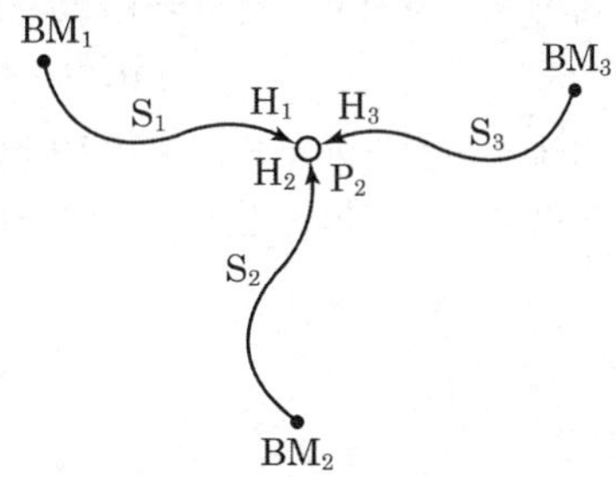

Chapter 03

실전문제

01

다음 수준측량 야장에서 측점 4의 지반고는 얼마인가?

측점	B.S	I.H	F.S		GH
			T.P	I.P	
1	0.95				10m
2				1.03	
3	0.90		0.36		
4			0.96		

$\sum$B.S $-$ $\sum$F.S(T.P) = 지반고차

$\sum$B.S = 0.95 + 090 = 1.85

$\sum$F.S = 0.36 + 0.96 = 1.32

1.85 − 1.32 = 0.53

∴ 측점 4지반고 = 10 + 0.53 = 10.53m

별해)

기계고 = 지반고 + 후시
지반고 = 기계고 − 전시

기계고 = 지반고 + 후시 = 10 + 0.95 = 10.95

지반고 = 기계고 − 전시 = 10.95 − 1.03 = 9.92

10.95 − 0.36 = 10.59

기계고 = 지반고 + 후시 = 10.59 + 0.90 = 11.49

지반고 = 기계고 − 전시 = 11.49 − 0.96 = 10.53

02

갱내에서의 수준측량 결과가 다음과 같을 때 B점의 지반고는? (단, 단위는 m임)

No	BS	FS	지반고	비고
A	2.40		110.00	
1	−1.20	−3.30		
2	−0.40	−0.20		
B		2.10		

$\Sigma B.S - \Sigma F.S =$ 지반고차

$\Sigma B.S = 2.4 - 1.2 - 0.4 = 0.8$

$\Sigma F.S = -3.3 - 0.2 + 2.1 = -1.4$

$0.8 - (-1.4) = 2.2$

$\therefore\ H_B = H_A + 2.2 = 112.20\text{m}$

별해)

1번 지반고 $= 110.00 + 2.40 - (-3.30) = 115.70$

2번 지반고 $= 115.70 - 1.20 - (-0.20) = 114.70$

3번 지반고 $= 114.70 - 0.40 - 2.10 = 112.20$

03

다음의 수준측량 야장에서 B점의 지반고를 구하면?

측점	후시	전시	지반고
A	2.20		100.00
1	3.10	1.20	
2	2.00	1.40	
3	1.80	2.50	
B		1.30	

$\Sigma B.S - \Sigma F.S =$ 지반고차이므로

$\Sigma B.S = 2.2 + 3.1 + 2.0 + 1.8 = 9.1$

$\Sigma F.S = 1.2 + 1.4 + 2.5 + 1.3 = 6.4$

$9.1 - 6.4 = 2.7\text{m}$

$\therefore\ H_B = 100 + 2.7 = 102.7\text{m}$

별해)

1번 지반고 = 100.00 + 2.20 − 1.20 = 101.00

2번 지반고 = 101.00 + 3.10 − 1.40 = 102.70

3번 지반고 = 102.70 + 2.00 − 2.50 = 102.20

B번 지반고 = 102.20 + 1.80 − 1.30 = 102.70

04

그림과 같은 교호수준측량을 시행한 경우 A점의 표고가 50m라면 D점의 표고는?

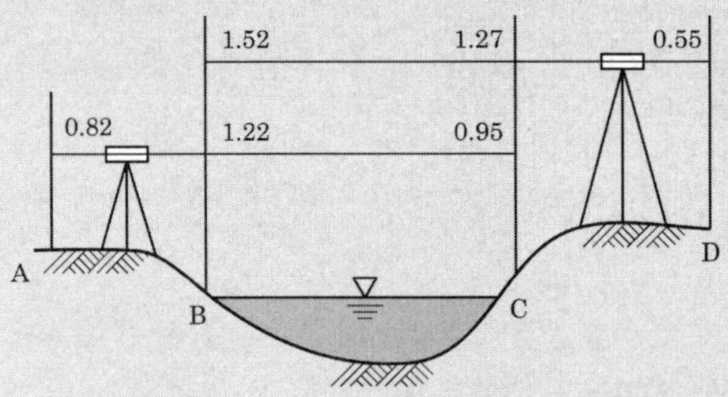

1) $H=\dfrac{(a_1-b_1)+(a_2-b_2)}{2}=\dfrac{(1.22-0.95)+(1.52-1.27)}{2}=0.26\text{m}$

2) HD=50+0.82−1.22+0.26+1.27−0.55=50.58m

05

그림과 같이 교호수준측량을 실시하여 B점의 표고를 구한 값은? (단, H_A=20m이다.)

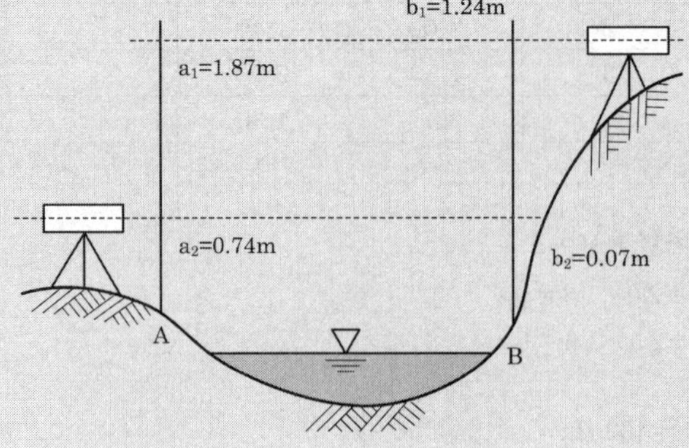

$$H = \frac{(a_1 - b_1) + (a_2 - b_2)}{2}$$
$$= \frac{(1.87 - 1.24) + (0.74 - 0.07)}{2}$$
$$= 0.65$$

$H_B = H_A + H = 20 + 0.65 = 20.65\text{m}$

06

다음 수준측량에서 AB 간의 고저차는?

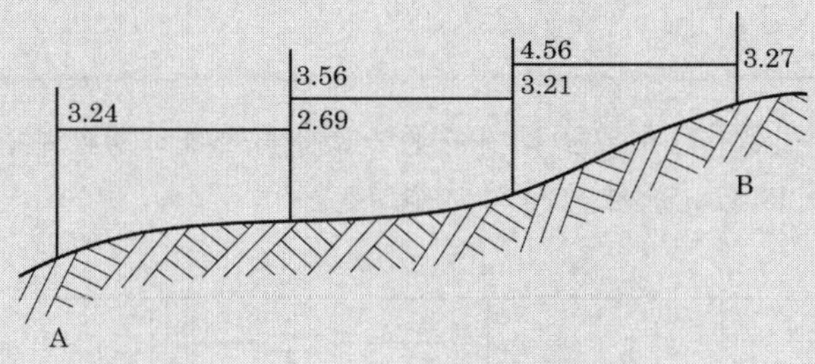

ΣB.S $-$ ΣF.S $=$ 지반고차

ΣB.S $= (3.24 + 3.56 + 4.56) = 11.36$m

ΣF.S $= (2.69 + 3.21 + 3.27) = 9.17$m

$\therefore$ AB의 고저차 $= 11.36 - 9.17 = 2.19$m

07

수준측량에서 담장 PQ가 있어, P점에서 표척을 QP 방향으로 거꾸로 세워 아래 그림과 같은 독정값을 얻었다. A점의 표고 H_A=51.25m이면 B점의 표고는?

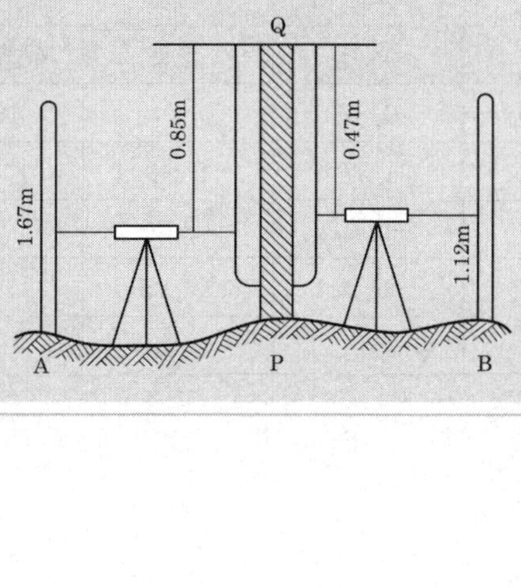

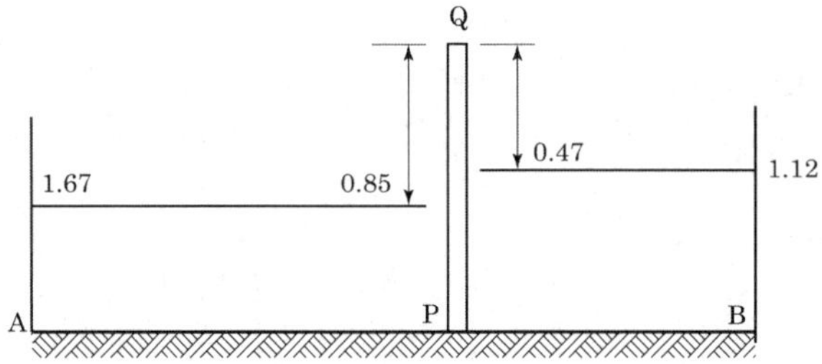

$H_B = 51.25 + 1.67 + 0.85 - 0.47 - 1.12 = 52.18\text{m}$

08

측점이 갱도의 천정에 설치되어 있는 갱내 수준측량에서 아래 그림과 같은 관측 결과를 얻었다. A점의 지반고가 15.32m일 때, C점의 지반고는?

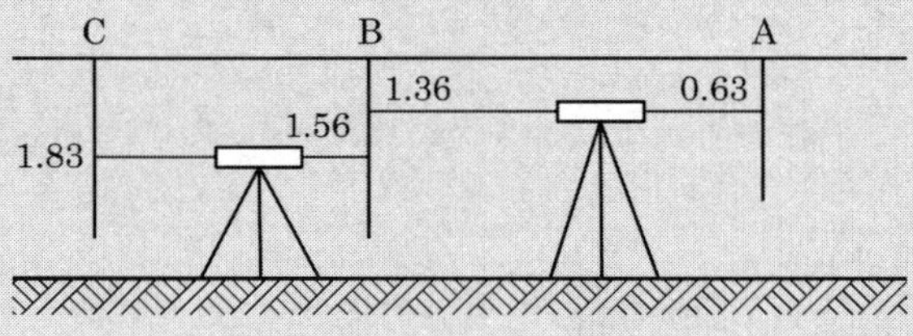

$H_C = 15.32 - 0.63 + 1.36 - 1.56 + 1.83 = 16.32\text{m}$

09

다음은 터널에서 수준측량을 실시한 결과이다. 측점 No.3의 지반고는 얼마인가?
(단, (−)는 측점이 천정에 있는 것임)

측점	후시	전시	지반고(m)
No.0	0.87		43.27
No.1	1.37	2.64	
No.2	−1.47	−3.29	
No.3	−0.22	−4.25	
No.4		0.69	

① No.0 지반고는 43.27m이며 지반고=기계고(지반고+후시)−전시이다.
② No.1 지반고=43.27+0.87−2.64=41.50m
③ No.2 지반고=41.50+1.37−(−3.29)=46.16m
④ No.3 지반고=46.16+(−1.47)−(−4.25)=48.94m
⑤ No.4 지반고=48.94+(−0.22)−0.69=48.03m

10

직접수준측량을 실시한 결과는 다음과 같다. D점의 지반고가 18.62m일 때 A점의 지반고는?

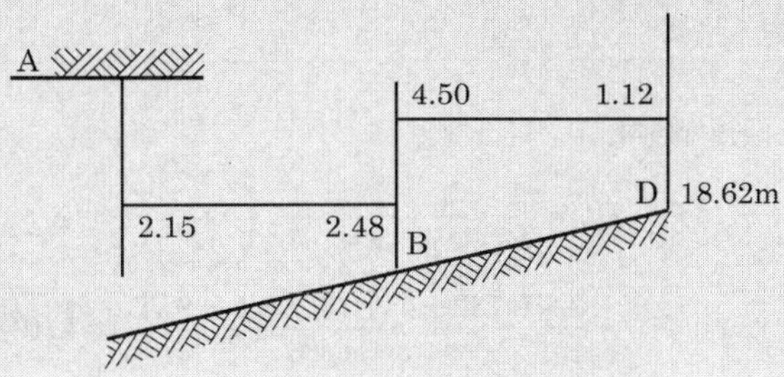

H_A=18.62+1.12−4.50+2.48+2.15=19.87m

11

그림에서와 같이 트랜싯에 의한 간접수준측방법으로 다음과 같은 관측값을 얻었다. B점의 표고 H_B는? (단, $H_A = 176.78$m, $I = 1.42$m, $S = 17.33$m, $\theta = 12°15'$, $f = 4.75$m)

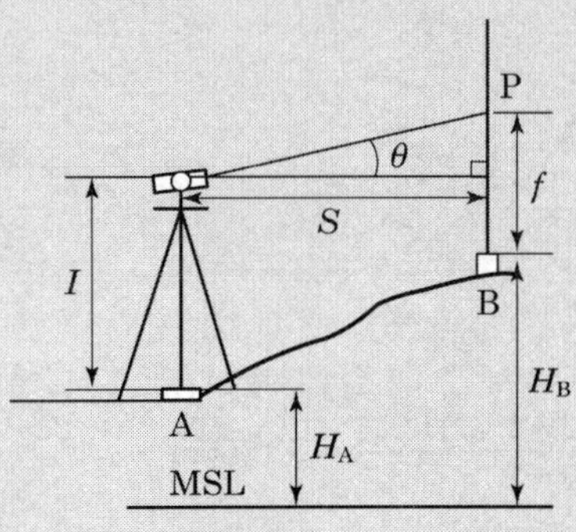

$H_B = H_A + I + S\tan\theta - f$
$= 176.78 + 1.42 + 17.33\tan 12°15' - 4.75 = 177.21$m

12

A, B, C 세 수준점으로부터 수준측량을 하여 P점의 표고를 결정한 값이 A→P에서 210.732m, B→P에서 210.758m, C→P에서 210.786m일 때 P점의 최확치는? (단, AP=4km, BP=3km, CP=2km임)

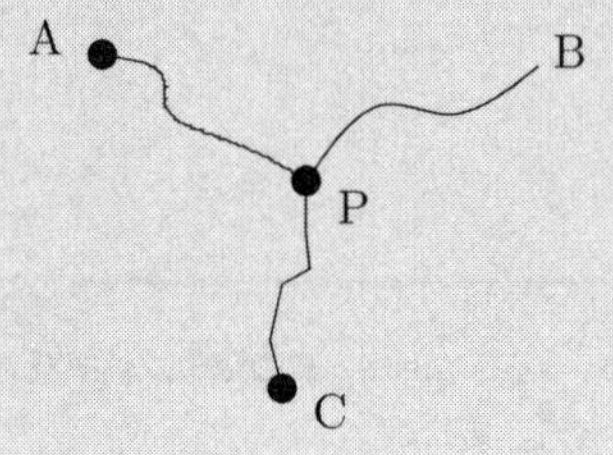

경중률은 거리에 반비례한다.

1) 경중률 계산 : $P_A : P_B : P_C = \frac{1}{S_A} : \frac{1}{S_B} : \frac{1}{S_C} = \frac{1}{4} : \frac{1}{3} : \frac{1}{2} = 3 : 4 : 6$

2) 최확치 계산 : $L_0 = 210 + \frac{3 \times 0.732 + 4 \times 0.758 + 6 \times 0.786}{3+4+6} = 210 + 0.765 = 210.765\text{m}$

13

다음 그림에서 A, B 두 개의 수준점으로부터 수준측량을 하여 P점의 표고를 구한 값 중 옳은 것은? (단, A→P : 31.363m, B→P : 31.375m이다.)

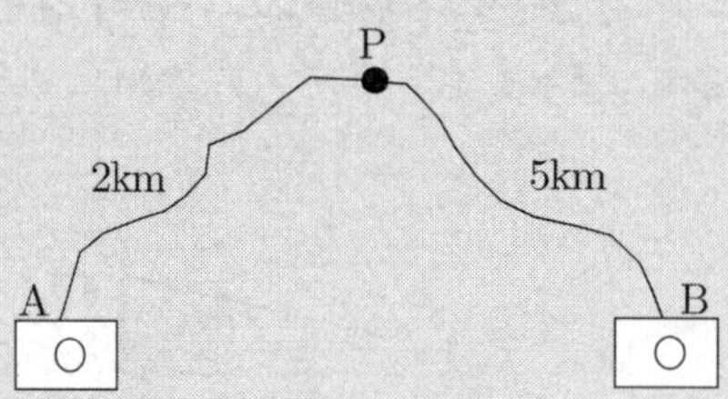

1) 경중률 : $P_A : P_B = \frac{1}{2} : \frac{1}{5} = 5 : 2$

2) 최확값 : $L_0 = \frac{5 \times 31.363 + 2 \times 31.375}{5+2} = 31.366\text{m}$

14

수준점 A, B, C에서 수준측량을 하여 P점의 표고를 얻었다. P점 표고의 최확값은?

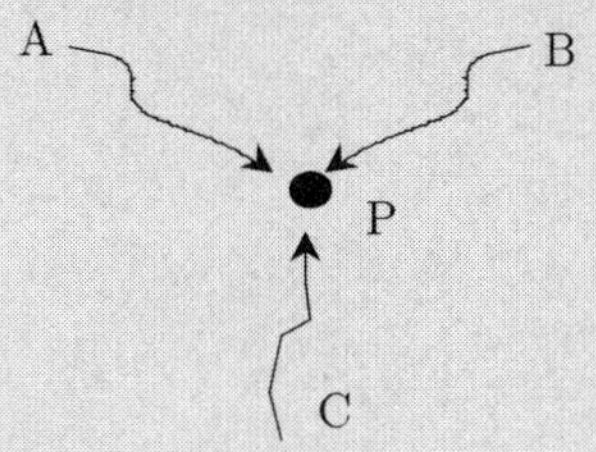

노선	P점 표고값	노선 거리
A → P	57.583m	2km
B → P	57.700m	3km
C → P	57.680m	4km

경중률은 노선거리에 반비례한다.

$$P_A : P_B : P_C = \frac{1}{2} : \frac{1}{3} : \frac{1}{4} = 6 : 4 : 3$$

$$H_0 = \frac{6 \times 57.583 + 4 \times 57.700 + 3 \times 57.680}{6+4+3} = 57.641\text{m}$$

15

P점의 높이를 직접수준측량에 의하여 ABCD의 4개의 수준점에서 관측한 결과가 다음과 같을 때 P점의 최확값은 ?

$\overline{AP}$: 43.548m(노선길이 : 1km)

$\overline{BP}$: 43.570m(노선길이 : 2km)

$\overline{CP}$: 43.551m(노선길이 : 3km)

$\overline{DP}$: 43.562m(노선길이 : 4km)

P점의 최확값은

$$P_1 : P_2 : P_3 : P_4 = \frac{1}{S_1} : \frac{1}{S_2} : \frac{1}{S_3} : \frac{1}{S_4}$$

$$= 1 : 0.5 : 0.33 : 0.25 = 1 : \frac{1}{2} : \frac{1}{3} : \frac{1}{4}$$

$$L_0 = \frac{P_1 l_1 + P_2 l_2 + P_3 l_3 + P_4 l_4}{P_1 + P_2 + P_3 + P_4}$$

$$= \frac{43.548 + (0.5 \times 43.570) + (0.33 \times 43.551) + (0.25 \times 43.562)}{1 + 0.5 + 0.33 + 0.25} = 43.555\text{m}$$

16

그림과 같이 P점의 표고를 정하기 위하여 수준점 A, B, C로부터 각각 수준측량을 실시하여 다음 결과를 얻었다. P점 표고의 최확값은?

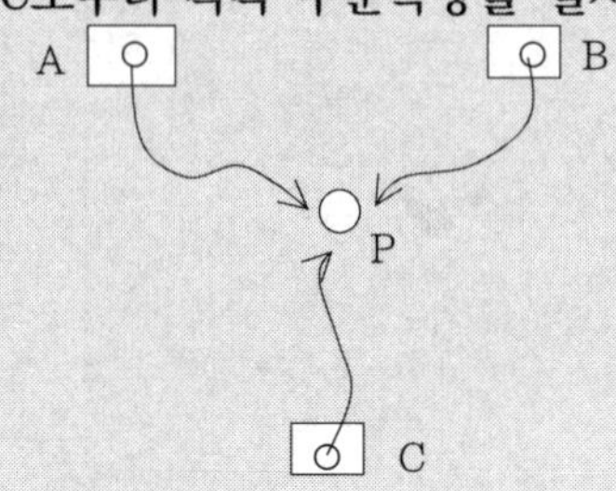

수준점	표고	관측표고차	노선거리
A	20.145	$l_1 = 1.538$	2.5km
B	24.030	$l_2 = -2.330$	4.0km
C	19.898	$l_3 = 1.782$	2.0km

1) 관측표고

$A \rightarrow P$: $H_1 = 20.145 + 1.538 = 21.683$

$B \rightarrow P$: $H_2 = 24.030 - 2.330 = 21.700$

$C \rightarrow P$: $H_3 = 19.898 + 1.782 = 21.680$

2) 각 노선의 경중률

$$P_1 = \frac{1}{2.5} = 0.4$$

$$P_2 = \frac{1}{4.0} = 0.25$$

$$P_3 = \frac{1}{2.0} = 0.5$$

3) 최확값

$$H_P = \frac{P_1H_1 + P_2H_2 + P_3H_3}{P_1 + P_2 + P_3}$$

$$= \frac{0.4 \times 21.683 + 0.25 \times 21.700 + 0.5 \times 21.680}{0.4 + 0.25 + 0.5} = 21.685\text{m}$$

17

다음 표는 수준측량의 결과이다. B점의 표고는 얼마이며, AB점의 고저차는 얼마인가? (단, A점의 지반고는 50m로 한다.)

측점	후시(m)	전시(m)	표고(m)
A	1.683		50.000
1	1.756	1.179	
2	1.893	1.253	
3	2.010	1.562	
4	1.950	1.055	
B		0.986	

1) 고저차 계산(고차식)

$H = \sum BS - \sum FS$

$= \{(1.683 + 1.756 + 1.893 + 2.010 + 1.950) - (1.179 + 1.253 + 1.562 + 1.055 + 0.986)\}$

$= 9.292 - 6.035 = +3.257\text{m}$

2) B점의 지반고$(H_B) = H_A \pm H = 50 + 3.257 = 53.257\text{m}$

18

A, B 두 점간의 고저차를 구하기 위하여 그림과 같이 (1), (2), (3)코스로 수준측량한 결과는 다음과 같다. 두 점간의 고저차는?

코스	측정결과	거리
(1)	23.234m	4km
(2)	23.245m	2km
(3)	23.240m	2km

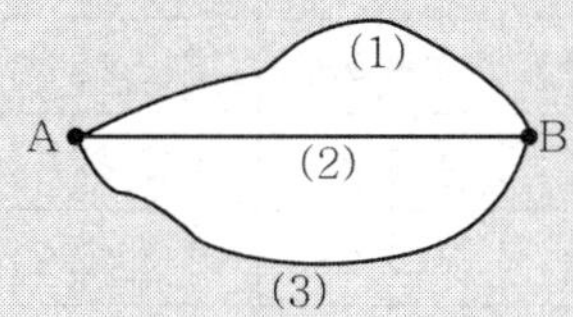

1) 경중률 계산$(P \propto \frac{1}{S})$

$P_1 : P_2 : P_3 = \frac{1}{S_1} : \frac{1}{S_2} : \frac{1}{S_3} = \frac{1}{4} : \frac{1}{2} : \frac{1}{2} = 0.25 : 0.5 : 0.5$

2) 최확값$(L_0) = \frac{P_1H_1 + P_2H_2 + P_3H_3}{P_1 + P_2 + P_3}$

$= \frac{(0.25 \times 23.234) + (0.5 \times 23.245) + (0.5 \times 23.240)}{0.25 + 0.5 + 0.5} = 23.241\text{m}$

19

A, B, C 세 지점에서 P까지 그림과 같이 수준측량을 하여 고저차 h를 얻었다. P점의 표고의 최확치 및 평균제곱근 오차를 구하시오.

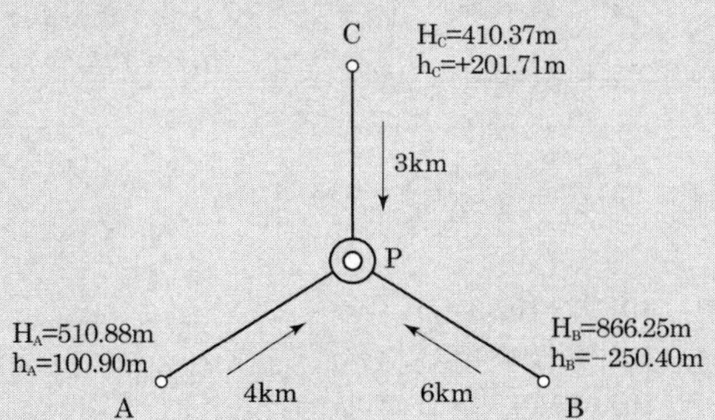

1) 경중률 계산 : $P_A : P_B : P_C = \frac{1}{4} : \frac{1}{6} : \frac{1}{3} = 3 : 2 : 4$

2) P점의 표고

① 노선 A → P　　510.88+100.90=611.78

② 노선 B → P　　866.25−250.40=615.85

③ 노선 C → P　　410.37+201.71=612.08

3) 최확치$= \frac{(611.78 \times 3) + (615.85 \times 2) + (612.08 \times 4)}{3+2+4}$

$= 612.82$

4) 평균제곱근 오차 : $M_0 = \sqrt{\frac{[PVV]}{[P](n-1)}} = \pm\sqrt{\frac{23.797}{9(3-1)}} = \pm 1.1498$

노선	측정치	최확치	V(m)	VV	P	PVV(m)
A→P	611.78	612.82	1.04	1.0816	3	3.2448
B→P	615.85	612.82	3.03	9.1809	2	18.3618
C→P	612.08	612.82	0.74	0.5476	4	2.1904
계					9	23.797

P점의 최확치 : 612.82m

평균제곱근 오차 : ±1.1498m

20

A, B, C 세 지점에서 P까지 그림과 같이 수준측량을 하여 고저차 h를 얻었다. P점의 표고의 최확치를 구하시오.

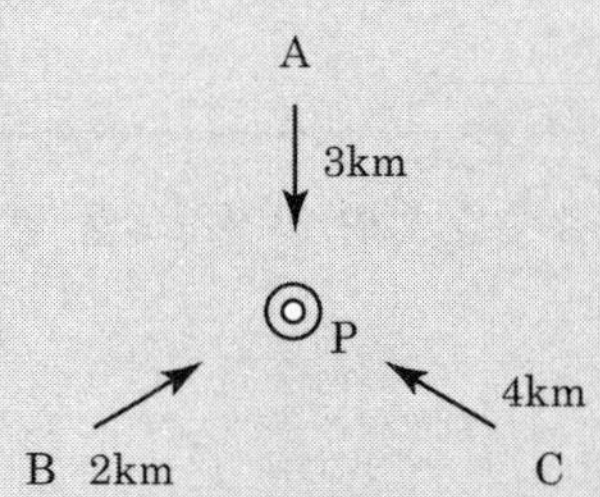

$H_A = 101.93m$
$h_A = 10.98m$

$H_B = 122.98m$
$h_B = -10.84m$

$H_C = 102.01m$
$h_C = 10.79m$

1) 경중률 계산 : $P_A : P_B : P_C = \frac{1}{3} : \frac{1}{2} : \frac{1}{4} = 4 : 6 : 3$

2) P점의 표고

① 노선 A→P　　101.93+10.98=112.91m

② 노선 B→P　　122.98−10.84=112.14m

③ 노선 C→P　　102.01+10.79=112.80m

3) 최확치$=\dfrac{(112.91\times4)+(112.14\times6)+(112.80\times3)}{4+6+3}=112.53\text{m}$

21

그림과 같은 수준점 A, B, C로부터 구한 P점의 표고를 이용하여 표준오차와 평균제곱근 오차를 구하시오.

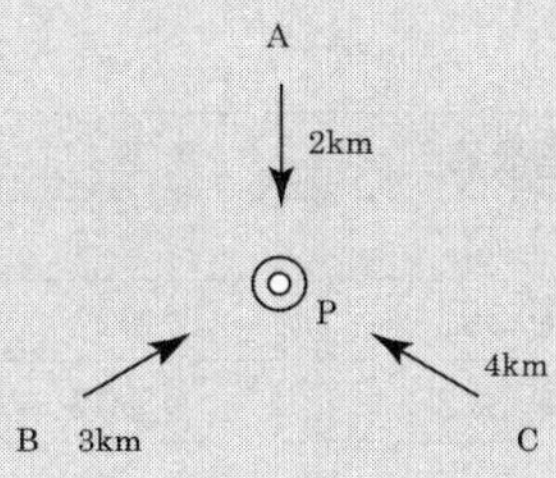

$P=H_P=112.53\text{m}$
$H_A=112.91\text{m}$
$H_B=112.14\text{m}$
$H_C=112.80\text{m}$

노선	측정값	최확값	V	VV	P	$P_V{}^2$
A → P	112.91	112.53	0.38	0.1444	4	0.5776
B → P	112.14	112.53	0.39	0.1521	6	0.9126
C → P	112.80	112.53	0.27	0.0729	3	0.2187
계				0.3694	13	1.7089

1) 경중률 계산 : $P_A:P_B:P_C=\dfrac{1}{3}:\dfrac{1}{2}:\dfrac{1}{4}=4:6:3$

2) 표준오차$(\delta)=\pm\sqrt{\dfrac{[VV]}{n(n-1)}}=t\sqrt{\dfrac{0.3694}{3(3-1)}}=\pm0.248\text{m}$

평균제곱근오차$=\pm\sqrt{\dfrac{[PVV]}{[P](n-1)}}=\pm\sqrt{\dfrac{1.7089}{13(3-1)}}=\pm0.2563\text{mm}$

22

그림과 같은 수준점 A, B, C로부터 P점의 표고를 구하기 위하여 수준측량을 실시한 결과 다음 표와 같다. P점의 표고에 대한 최확값과 표준오차를 구하시오.

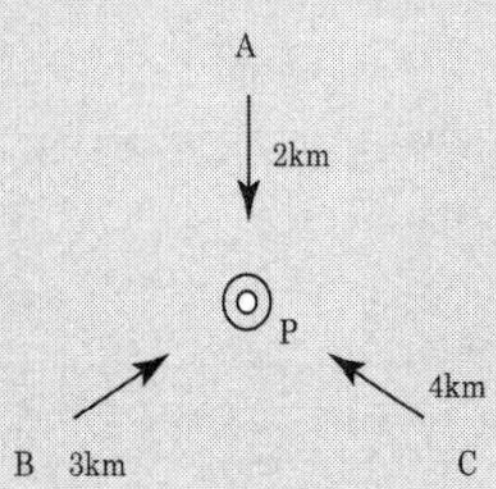

수준점	표고(m)	고저차 관측값		노선거리
A	29.382	A→P	−0.045	2
B	28.262	B→P	+1.068	3
C	30.362	C→P	−1.031	4

1) 경중률 계산 : $P_A : P_B : P_C = \frac{1}{2} : \frac{1}{3} : \frac{1}{4} = 6 : 4 : 3$

2) 표고 계산

① A→P=29.382−0.045=29.337m

② B→P=28.262+1.068=29.330m

③ C→P=30.362−1.031=29.331m

3) 최확값 계산 : $H_P = \frac{(29.337 \times 6) + (29.330 \times 4) + (29.331 \times 3)}{6+4+3} = 29.333\text{m}$

4) 최확값의 표준오차

노선	측정값	최확값	V	VV
A→P	29.337	29.333	0.004	0.000016
B→P	29.330	29.333	0.003	0.000009
C→P	29.331	29.333	0.002	0.000004
계				0.000029

표준오차 : $\delta = \pm \sqrt{\frac{[VV]}{n(n-1)}} = \pm \sqrt{\frac{0.000029}{3(3-1)}} = \pm 2.198\text{mm}$

23

A, B, C, D에서 P점까지 수준측량을 하여 다음과 같은 결과를 얻었다. P점의 최확값과 표준오차를 구하시오.

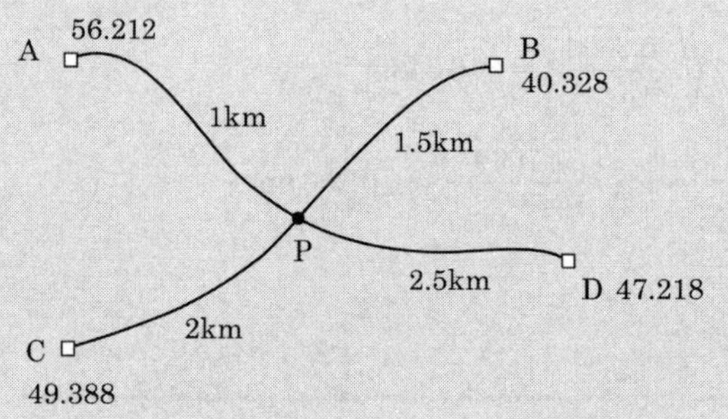

점	고저차
A→P	−7.924
B→P	+7.962
C→P	−1.105
D→P	+1.065

1) 경중률 계산 : $P_A : P_B : P_C : P_D = \frac{1}{1} : \frac{1}{1.5} : \frac{1}{2} : \frac{1}{2.5}$

$= 15 : 10 : 7.5 : 6$

$= 7.5 : 5 : 3.75 : 3$

2) 표고 계산

① 노선 A→P=56.212−7.924=48.288

② 노선 B→P=40.328+7.962=48.290

③ 노선 C→P=49.388−1.105=48.283

④ 노선 D→P=47.218+1.065=48.283

3) 최확값 계산

$$H_P = \frac{(48.288\times7.5)+(48.290\times5)+(48.283\times3.75)+(48.283\times3)}{7.5+5+3.75+3} = 48.287\text{m}$$

4) 표준오차

노선	측정치	최확값	V	VV
A→P	48.288	48.287	0.001	0.000001
B→P	48.290	48.287	0.003	0.000009
C→P	48.283	48.287	0.004	0.000016
D→P	48.283	48.287	0.004	0.000016
계				0.000042

표준오차 : $\delta = \pm\sqrt{\frac{[VV]}{n(n-1)}} = \sqrt{\frac{0.000042}{4(4-1)}} = \pm 1.871\text{mm}$

24

다음 레벨의 조정에서 실제 표척값(d)은? (단, d는 A점의 기계점으로부터 B점의 표척을 시준하여 수평으로 읽을 때의 값임)

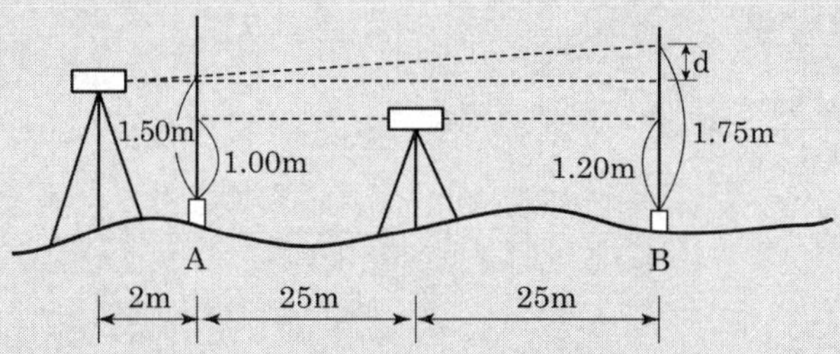

$(a_1 - b_1) = (a_2 - b_2)$ 이어야 함

(1−1.2)−(1.5−1.75)=0.05

$50 : e = 52 : d$

$d = \frac{52}{50}\times 0.05 = 0.052\text{m}$

∴ 실제 표척값은 1.75−0.052=1.698m

별해)

$$\text{조정량}(d) = \frac{D+e}{D}(a_1-b_1)-(a_2-b_2) = \frac{50+2}{50}(1-1.2)-(1.5-1.75)$$

$$= \frac{52}{50}(0.05) = 0.052$$

∴ 정확한 읽음값$= b_2 \pm d = 1.75 - 0.052 = 1.698\text{m}$

25

덤핑 레벨의 조정에서 말뚝 조정법으로 검사한 결과 그 조정량으로 0.052m를 얻었다. A점과 C점의 거리는?

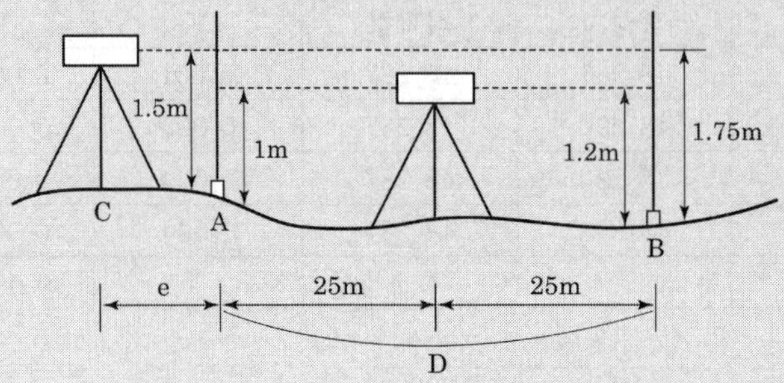

$$d=\frac{D+e}{D}\{(a_1-b_1)-(a_2-b_2)\}$$

$$d=\frac{D+e}{D}\{(1-1.2)-(1.5-1.75)\}$$

$$0.052=\frac{D+e}{D}(0.05)$$

∴ A점과 D점의 거리(e)

$$D+e=\frac{0.052\times 50}{0.05}$$

$$\therefore\ e=\frac{0.052\times 50}{0.05}-50$$

$$e=2\text{m}$$

26

교호수준측량을 하여 다음과 같은 결과를 얻었다. A점의 표고가 360.872m이면 B점의 표고는 얼마인가?

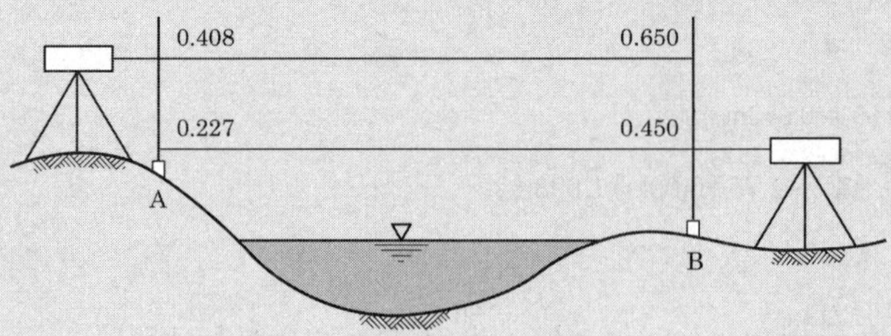

$$H=\frac{(a_1-b_1)+(a_2-b_2)}{2}=\frac{(0.227-0.450)+(0.408-0.650)}{2}=-0.233\text{m}$$

$$H_B=H_A+H=360.872+(-0.233)=360.639\text{m}$$

27

교호수준측량을 하여 다음과 같은 결과를 얻었다. A점의 표고가 170.291m이면 B점의 표고는 얼마인가?

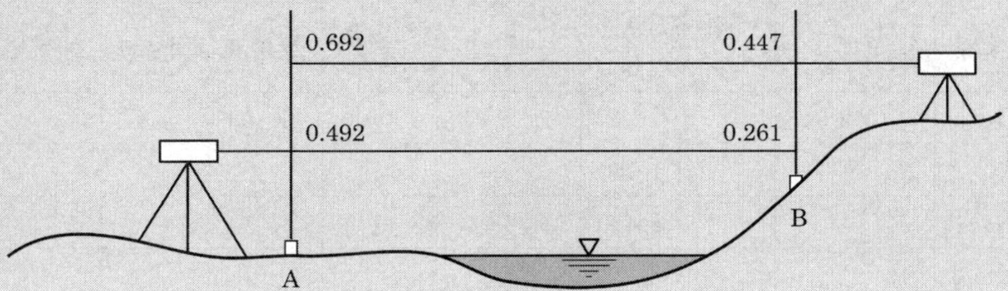

$$H=\frac{(a-b_1)+(a_2-b_2)}{2}=\frac{(0.492-0.261)+(0.692-0.441)}{2}=0.238\text{m}$$

$$H_D=H_A+H=170.291+0.238=170.529$$

28

폭 100m 하천에서 교호수준측량을 하였다. D점의 표고를 구하시오.
(단, A점의 표고는 3.826m이다.)

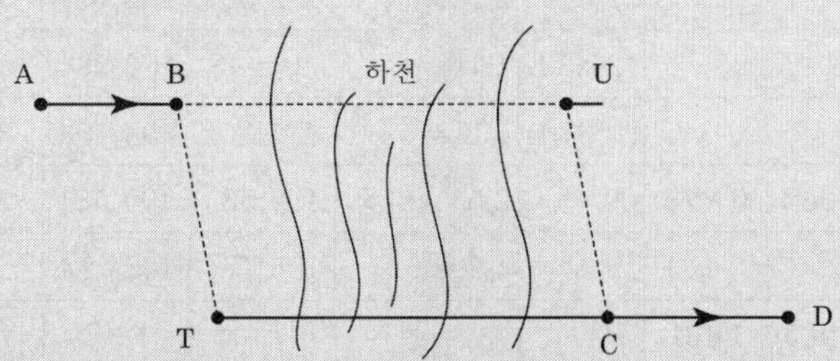

	A → B	h=−0.502m
레벨 T에서	B → C	h=−0.208m
레벨 U에서	C → B	h=+0.244m
	C → D	h=+0.608m

1) $H_B = H_A+h=3.826-0.502=3.324\text{m}$

2) BC 간의 고저차$=-\frac{1}{2}(0.208+0.244) = -0.226\text{m}$

3) $H_C= H_B+h = 3.324-0.226 = 3.098\text{m}$

4) $H_D = H_C+h = 3.098+0.608 = 3.706\text{m}$

$\therefore\ H_D= 3.706\text{m}$

29

아래 측량 야장을 보고 승, 강, 지반고, 계획고, 절토고, 성토고를 계산하시오. (단, 계획선은 No.1의 계획고와 No.4의 지반고를 직선 연결한 것으로 본다.)

측점	추가거리	후시(BS)	전시(FS)		승	강	지반고(GH)	계획고	성토고	절토고
			TP	IP						
No.1		3.543					100.00	101.00		
No.2	20			1.040						
No+15	35			2.430						
No.3	40			2.370						
No+5	45	3.362	0.978							
No.4	60		0.153							
계										

측점	추가거리	후시(BS)	전시(FS)		승	강	지반고(GH)	계획고	성토고	절토고
			TP	IP						
No.1		3.543					100.00	101.00	1.000	
No.2	20			1.040	2.503		102.503	102.591	0.088	
No+15	35			2.430	1.113		101.113	103.784	2.674	
No.3	40			2.370	1.173		101.173	104.183	3.010	
No+5	45	3.362	0.978		2.565		102.565	104.581	2.016	
No.4	60		0.153		3.209		105.774	105.774	0	
계		6.905	1.131							

1) 승, 강값 계산(B.S−F.S=(+)승, (−)강 란에 기재)

No.2	3.543−1.040=2.503(승)
No+15	3.543−2.430=1.113(승)
No.3	3.543−2.370=1.173(승)
No+5	3.543−0.978=2.565(승)
No.4	3.362−0.153=3.209(승)

2) 지반고 계산(첫 점의 지반고(+)승, (−)강으로 계산)

No.1	100.00
No.2	100.00+2.503=102.503
No+15	100.00+1.113=101.113
No.3	100.00+1.173=101.173
No+5	100.00+2.565=102.565
No.4	102.565+3.209=105.774
지반고 계산 검산 고저차 $= \sum BS - \sum FS = 6.905 - 1.131 = 5.774$ 고저차 = No.4지반고 − No.1지반고 = 105.774 − 100.00 = 5.774 ∴OK	

3) 계획고 계산 : 계획선은 No.1의 계획고(101.00)와 No.4의 지반고를 직선 연결한 것이라 그림으로 표시하면

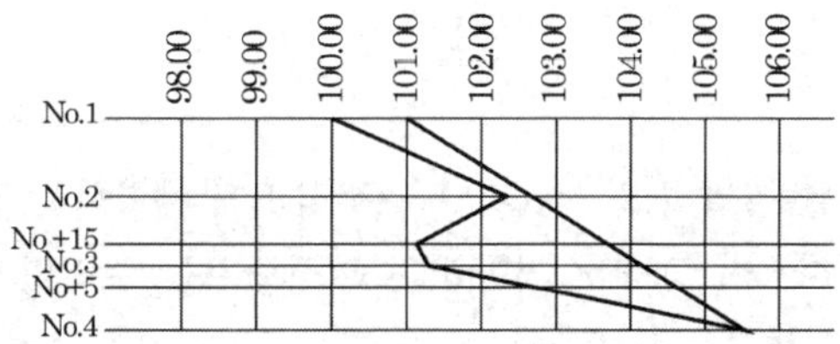

No.4의 지반고−No.1의 계획고=계획고의 차

105.774−101.00=4.774

각 측점의 계획고의 차는 비례식으로 계산한다.

4.774 : 60=x : 추가거리

$$x = \frac{4.774}{60} \times \text{추가거리}$$

여기서 No.1의 계획고를 더하여 각 점의 계획고를 구한다.

No.1의 계획고	101.00
No.2의 계획고	$\frac{4.774}{60} \times 20 + 101 = 102.591$
No+15의 계획고	$\frac{4.774}{60} \times 35 + 101 = 103.784$
No.3의 계획고	$\frac{4.774}{60} \times 40 + 101 = 104.183$
No+5의 계획고	$\frac{4.774}{60} \times 45 + 101 = 104.581$
No.4의 계획고	$\frac{4.774}{60} \times 60 + 101 = 105.774$
검산 : No.4의 지반고와 계획고가 105.774(OK)	

4) 절토, 성토 높이 계산

No.1	100.00−101.00=−1(성토)
No.2	102.503−102.591=−0.088(성토)
No+15	101.113−103.784=−2.671(성토)
No.3	101.173−104.183=−3.010(성토)
No+5	102.565−104.581=−2.016(성토)
No.4	105.774−105.774=0 (검산 OK)

지반고−계획고=(−) 성토 높이
(+) 절토 높이
고저차 $= \sum BS - \sum FS = 6.905 - 1.131 = 5.774$
고저차 = No.4 지반고 − No.1 지반고 = 105.774 − 100.00 = 5.774 ∴OK

30

다각점 P의 표고를 수준점 A를 출발하고 P를 지나 수준점 B에 폐합하는 직접수준측량을 하고 아래 표와 같이 결과를 얻었다. 이 측량에 의한 P의 조정표고는 얼마인가? (단, 수준점 A의 표고는 4.694m, 수준점 B의 표고는 5.971m)

측점	거리 (m)	후시 (BS)	전시 (FS)	고저차		측정표고	보정량	조정표고
				승(+)	강(−)			
B.M.A	65	2.125				4.694		4.694
No.1	66	3.306	2.098					
No.2	66	2.238	3.216					
No.3	68	1.296	1.223					
P	65	2.508	2.627					
No.4	68	1.411	1.296					
No.5	67	1.669	2.121					
No.6	65	3.002	1.095					
B.M.B			2.594					5.971
계								
검산								

측점	거리 (m)	후시 (BS)	전시 (FS)	고저차		측정표고	보정량	조정표고
				승(+)	강(−)			
B.M.A	65	2.125				4.694		4.694
No.1	66	3.306	2.098	0.027		4.721	−0.001	4.720
No.2	66	2.238	3.216	0.090		4.811	−0.002	4.809
No.3	68	1.296	1.223	1.015		5.826	−0.003	5.823
P	65	2.508	2.627		1.331	4.495	−0.004	4.491
No.4	68	1.411	1.296	1.212		5.707	−0.005	5.702
No.5	67	1.669	2.121		0.710	4.997	−0.006	4.991
No.6	65	3.002	1.095	0.574		5.571	−0.007	5.564
B.M.B			2.594	0.408		5.979	−0.008	5.971
계	530	17.555	16.270	3.326	2.041			
검산		오차=+1.285		오차=+1.285		차=1.285		

점 B의 표고가 기지이니까 계산으로 구한 점 B의 표고가 일치하는가를 조사하고 일치하지 않은 경우 폐합오차를 구하여 각 점에 배분하면 된다.

1) 고저차 계산(측점의 고저차=하나 앞의 측점 후시−그 점의 전시)

측점	후시(BS)	전시(FS)	고저차 계산
B.M.A	2.125		
No.1	3.306	2.098	2.125−2.098=+0.027
No.2	2.238	3.216	3.306−3.216=+0.090
No.3	1.296	1.223	2.238−1.223=+1.015
P	2.508	2.627	1.296−2.627=−1.331
No.4	1.411	1.296	2.508−1.296=+1.212
No.5	1.669	2.121	1.411−2.121=−0.710
No.6	3.002	1.095	1.669−1.095=0.574
B.M.B		2.594	3.002−2.594=0.408
계	17.555	16.27	
17.555−16.270=1.285			

2) 검산

① Σ후시 − Σ전시 =17.555−16.270=1.285

② Σ(+)고저차 − Σ(−)고저차=3.326−2.041=1.285 위와 동(OK)

③ 점 B의 관측표고=점 A의 관측표고+1.285=4.694+1.285=5.979(야장과 같으니까 OK)

3) 관측표고(측점의 관측표고=하나 앞의 관측표고+그 점의 고저차)

측점	고저차		관측표고
	승(+)	강(−)	
B.M.A			4.694
No.1	0.027		4.694+0.027=4.721
No.2	0.090		4.721+0.090=4.811
No.3	1.015		4.811+1.015=5.826
P		1.331	5.826−1.331=4.495
No.4	1.212		4.495+1.212=5.707
No.5		0.710	5.707−0.710=4.997
No.6	0.574		4.997+0.574=5.571
B.M.B	0.408		5.571+0.408=5.979

지반고 계산 검산

고저차 $=\sum BS-\sum FS=17.555-16.270=1.285$

고저차 $=B.M$ 마지막 지반고 $-B.M$ 시작 지반고 $=5.979-4.694=1.285$ $\quad\therefore\ OK$

4) 조정량

공식 $C_1=\dfrac{l_1}{[L]}$

$$C_2=\frac{l_1+l_2}{[L]}$$

$$\vdots$$

$$C_n=\frac{l_1+l_2\ldots l_n}{[L]}$$

$[L]$ =65+66+66+68+65+68+67+65=530

$$\text{보정(조정)량}=\frac{\sum\text{해당번호까지의 거리}}{\sum\text{거리}}\times\text{오차}$$

$\Delta h=$ 수준점 B의 표고 − 측점 B의 관측표고=5.971−5.979=−0.008

측점	거리(m)	조정량
B.M.A	65	
No.1	66	$\frac{65}{530}\times(-0.008)=-0.001$
No.2	66	$\frac{65+66}{530}\times(-0.008)=-0.002$
No.3	68	$\frac{65+66+66}{530}\times(-0.008)=-0.003$
P	65	$\frac{65+66+66+68}{530}\times(-0.008)=-0.004$
No.4	68	$\frac{65+66+66+68+65}{530}\times(-0.008)=-0.005$
No.5	67	$\frac{65+66+66+68+65+68}{530}\times(-0.008)=-0.006$
No.6	65	$\frac{65+66+66+68+65+68+67}{530}\times(-0.008)=-0.007$
B.M.B		$\frac{65+66+66+68+65+68+67+65}{530}\times(-0.008)=-0.008$
계	530	

5) 조정표고

측점	관측표고	보정량	조정표고
B.M.A	4.694		
No.1	4.721	-0.001	4.721-0.001=4.720
No.2	4.811	-0.002	4.811-0.002=4.809
No.3	5.826	-0.003	5.826-0.003=5.823
P	4.495	-0.004	4.495-0.004=4.491
No.4	5.707	-0.005	5.707-0.005=5.702
No.5	4.997	-0.006	4.997-0.006=4.991
No.6	5.571	-0.007	5.571-0.007=5.564
B.M.B	5.979	-0.008	5.979-0.008=5.971
계			

31

아래와 같이 종단측량을 하여 다음의 결과를 얻었다. 승강식에 의하여 각 점의 표고를 구하고 보정량을 구하여 각 측점의 표고를 보정하시오. (단, 보정량은 1mm 단위까지 구할 것)

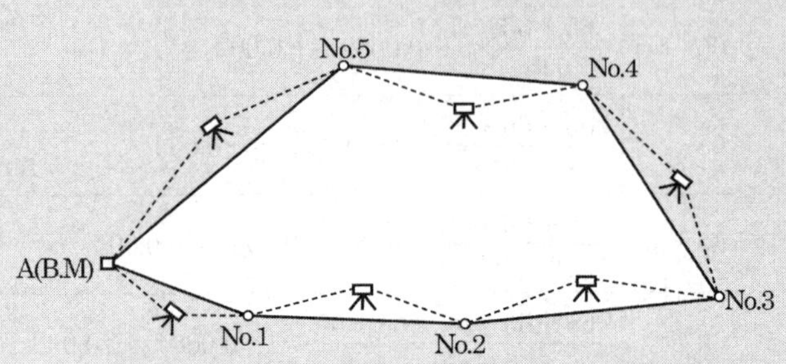

측점	추가 거리	후시 (BS)	전시 (FS)	고저차		측정표고	보정량	표고
				승(+)	강(−)			
B.M	0	2.523				98.825		98.825
No.1	33.00	1.982	2.784					
No.2	55.00	2.641	2.876					
No.3	60.00	2.322	3.657					
No.4	70.00	3.170	1.589					
No.5	65.00	2.708	1.922					
B.M	80.00		2.505					
계								
검산								

측점	거리 (m)	후시 (BS)	전시 (FS)	고저차		측정표고 (m)	보정량 (m)	표고
				승(+)	강(−)			
B.M	0	2.523				98.825		98.825
No.1	33.00	1.982	2.784		0.261	98.564	−0.001	98.563
No.2	55.00	2.641	2.876		0.894	97.670	−0.003	97.667
No.3	60.00	2.322	3.657		1.016	96.654	−0.005	96.649
No.4	70.00	3.170	1.589	0.733		97.387	−0.008	97.379
No.5	65.00	2.708	1.922	1.248		98.635	−0.010	98.625
B.M	80.00		2.505	0.203		98.838	−0.013	98.825
계	363.0	15.346	15.333	2.184	2.171	(15.346−15.333)+98.825 =98.838		
검산	오차=+0.013			오차=+0.013				

1) 승, 강값 계산(B.S−F.S=(+)승, (−)강 란에 기재)

No.1	2.523−2.784=−0.261(강)
No.2	1.982−2.876=−0.894(강)
No.3	2.641−3.657=−1.016(강)
No.4	2.322−1.589=+0.733(승)
No.5	3.170−1.922=+1.248(승)
B.M	2.708−2.505=+0.203(승)
검산	$\sum$승 − $\sum$강 = 2.184 − 2.171 = +0.013 $\sum B.S - \sum F.S = 15.346 - 15.333 = +0.013$ (∴ OK)

2) 측정표고 계산

No.1	98.825−0.261=98.564
No.2	98.564−0.894=97.670
No.3	97.670−1.016=96.654
No.4	96.654+0.733=97.387
No.5	97.387+1.248=98.635
B.M	98.635+0.203=98.838
지반고 계산 검산 고저차 = $\sum BS - \sum FS = 15.346 - 15.333 = +0.013$ 고저차 = B.M 마지막 지반고 − B.M 시작 지반고 = 98.838 − 98.825 = +0.013 ∴ OK	

3) 보정량 계산

측점	추가거리	보정량
B.M	0	
No.1	33.00	No.1의 보정량=$-\frac{33}{363}\times 13 \fallingdotseq -1.2$mm
No.2	55.00	No.2의 보정량=$-\frac{33+55}{363}\times 13 \fallingdotseq -3.2$mm
No.3	60.00	No.3의 보정량=$-\frac{33+55+60}{363}\times 13 \fallingdotseq -5.3$mm
No.4	70.00	No.4의 보정량=$-\frac{33+55+60+70}{363}\times 13 \fallingdotseq -7.8$mm
No.5	65.00	No.5의 보정량=$-\frac{33+55+60+70+65}{363}\times 13 \fallingdotseq -10.1$mm
B.M	80.00	B.M의 보정량=−$-\frac{33+55+60+70+65+80}{363}\times 13 \fallingdotseq -13.0$mm
계	363.00	
보정량= $\frac{\sum \text{해당번호까지의 거리}}{\sum \text{거리}} \times$ 오차		

Chapter 04

삼각 및 삼변측량

4.1 삼각측량의 정의 및 특징

1) 정의

삼각측량은 측량지역을 삼각형으로 된 망의 형태로 만들고 삼각형의 꼭지점에서 내각과 한 변의 길이를 정밀하게 측정하여 나머지 변의 길이는 삼각함수(sin법칙)에 의하여 계산하고 각 점의 위치를 정하게 된다. 이때 삼각형의 꼭지점을 삼각점(triangulation station), 삼각형들로 만들어진 형태를 삼각망(triangulation net), 직접 측정한 변을 기선(base line), 삼각형의 길이를 계산해 나가다가 그 계산값이 실제의 길이와 일치하는가를 검사하기 위하여 보통 15~20개의 삼각형마다 그 중 한 변을 실측하는데 이 변을 검기선(check base)이라 한다.

2) 삼각측량의 구분

측지 삼각측량 (geodetic triangulation)	지구의 곡률을 고려하여 지상 삼각측량과 천체 관측에 의하여 위도, 경도를 구하고 지구 표면의 여러 점 사이의 지리적 위치와 지구의 형상 및 크기 등을 계산하는 데 이용된다.
평면 삼각측량 (plane triangulation)	지구의 표면을 평면으로 간주하고 실시하는 측량으로 거리측량의 정밀도를 100만분의 1로 할 때 면적 380km^2(반경 약 11km) 이내의 측량이다.

3) 삼각측량의 원리

한 변(a)과 세 각을 알면 sin법칙을 이용하면

$$\frac{a}{\sin\alpha}=\frac{b}{\sin\beta}=\frac{c}{\sin\gamma}$$

$$b=\frac{\sin\beta}{\sin\alpha}\cdot a$$

$$c=\frac{\sin\gamma}{\sin\alpha}\cdot a$$

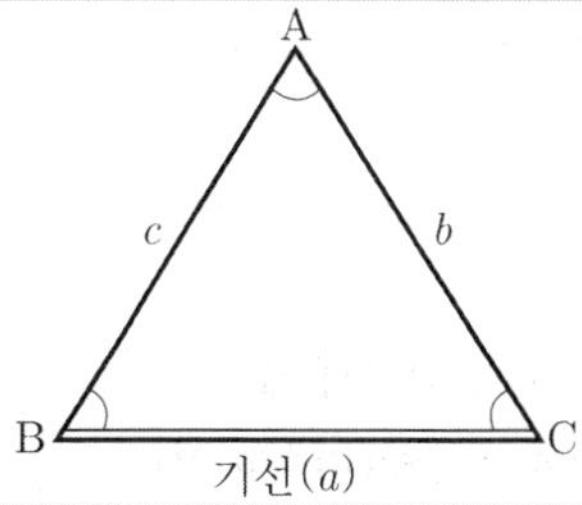

4.2 삼각점 및 삼각망

1) 삼각점(측량 정도의 높은 순서를 정하기 위해)

삼각점	평균변장	내각
대삼각본점(1등 삼각점)	30km	약 60°
대삼각보점(2등 삼각점)	10km	30~120°
소삼각 1등점(3등 삼각점)	5km	25~130°
소삼각 2등점(4등 삼각점)	2.5km	15° 이상

2) 삼각망의 종류

종류	특징	그림
단열삼각쇄(망) (single chain of triangles)	① 폭이 좁고 길이가 긴 지역에 적합하다. ② 노선·하천·터널 측량 등에 이용한다. ③ 거리에 비해 관측수가 적다. ④ 측량이 신속하고 경비가 적게 든다. ⑤ 조건식의 수가 적어 정도가 낮다.	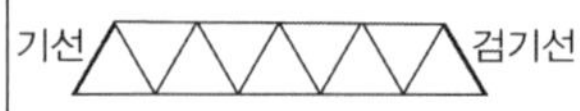
유심삼각쇄(망) (chain of central points)	① 동일 측점에 비해 포함면적이 가장 넓다. ② 넓은 지역에 적합하다. ③ 농지측량 및 평탄한 지역에 사용된다. ④ 정도는 단열삼각망보다 좋으나 사변형보다 작다.	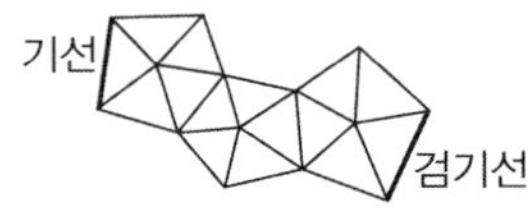
사변형삼각쇄(망) (chain of quadrilaterals)	① 조건식의 수가 가장 많아 정밀도가 가장 높다. ② 기선삼각망에 이용된다. ③ 삼각점 수가 많아 측량시간이 많이 걸리며 계산과 조정이 복잡하다	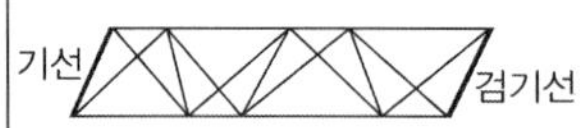

4.3 삼각측량의 순서

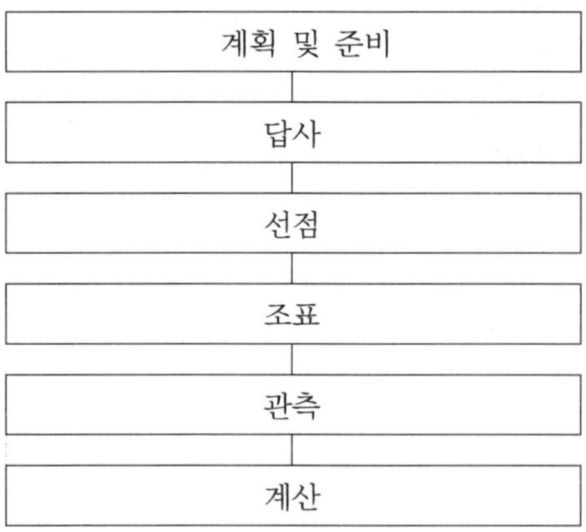

1) 기선 및 삼각점 선점 시 유의사항

기선	① 되도록 평탄한 장소를 택할 것. 그렇지 않으면 경사가 $\frac{1}{25}$ 이하이어야 한다. ② 기선의 양끝이 서로 잘 보이고 기선 위의 모든 점이 잘 보일 것 ③ 부근의 삼각점에 연결하는 데 편리할 것 ④ 기선장은 평균 변장의 $\frac{1}{10}$ 정도로 한다. ⑤ 기선의 길이는 삼각망의 변장과 거의 같아야 하므로 만일 이러한 길이를 쉽게 얻을 수 없는 경우는 기선을 증대시키는 데 적당할 것 ⑥ 기선의 1회 확대는 기선길이의 3배 이내, 2회는 8배 이내이고 10배 이상 되지 않도록 하여 확대 횟수도 3회 이내로 한다. ⑦ 오차를 검사하기 위하여 삼각망의 다른 끝이나 삼각형 수의 15~20개마다 기선을 설치한다. 이것을 검기선이라 한다. ⑧ 우리나라는 1등 삼각망의 검기선을 200km마다 설치한다.(기선길이의 20배 정도 검기선 설치)
삼각점 선점	① 각 점이 서로 잘 보일 것 ② 삼각형의 내각은 60°에 가깝게 하는 것이 좋으나 1개의 내각은 30~120° 이내로 한다. ③ 표지와 기계가 움직이지 않을 견고한 지점일 것 ④ 가능한 한 측점수가 적고 세부측량에 이용가치가 커야 한다. ⑤ 벌목을 많이 하거나 높은 시준탑을 세우지 않아도 관측할 수 있는 점일 것

4.4 편심(귀심) 계산

$\triangle P_1CB$에서 sin법칙 $\frac{e}{\sin x_1}=\frac{S_1'}{\sin(360-\phi)}$ $\therefore x_1=\frac{e}{S_1'}\sin(360-\phi)\rho''$	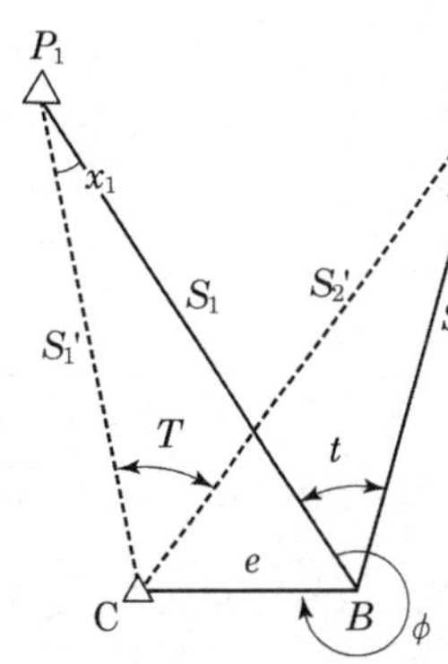
$\triangle P_2CB$에서 sin법칙 $\frac{e}{\sin x_2}=\frac{S_2'}{\sin(360-\phi+t)}$ $\therefore x_2=\frac{e}{S_2'}\sin(360-\phi+t)\rho''$	
$\therefore T+x_1=t+x_2$ $T=t+x_2-x_1$	

4.5 삼각측량의 조정

1) 관측각의 조정

각조건	삼각형의 내각의 합은 180°가 되어야 한다. 즉, 다각형의 내각의 합은 $180°(n-2)$이어야 한다.
점조건	한 측점 주위에 있는 모든 각의 합은 반드시 360°가 되어야 한다.
변조건	삼각망 중에서 임의의 한 변의 길이는 계산 순서에 관계없이 항상 일정하여야 한다.

2) 조건식의 수

각 조건식	$S-P+1$
변 조건식	$B-S-2P+2$
점 조건식	$w-l+1$
조건식의 총수	$B+a-2P+3$

여기서, w : 한 점 주위의 각 수　　l : 한 측점에서 나간 변의 수
a : 관측각의 총수　　B : 기선 수
S : 변의 총수　　P : 삼각점의 수

4.6 삼각측량의 오차

구분	내용	식
구차(h_1)	지구의 곡률에 의한 오차이며 이 오차만큼 높게 조정을 한다.	$h_1 = +\frac{S^2}{2R}$
기차(h_2)	지표면에 가까울수록 대기의 밀도가 커지므로 생기는 오차(굴절오차)를 말하며, 이 오차만큼 낮게 조정한다.	$h_2 = -\frac{KS^2}{2R}$
양차	구차와 기차의 합을 말하며 연직각 관측값에서 이 양차를 보정하여 연직각을 구한다.	양차 $= \frac{S^2}{2R} + (-\frac{KS^2}{2R})$ $= \frac{S^2}{2R}(1-K)$
여기서, R : 지구의 곡률반경, S : 수평거리, K : 굴절계수(0.12~0.14)		

4.7 삼변측량(trilateration)

1) 정의

삼각측량은 삼각형의 세 각을 측정하고 측정된 각을 사용하여 세 변의 길이를 구하지만 삼변측량은 세 변을 먼저 측정하고 세 각은 코사인 제2법칙 또는 반각법칙에 의해 삼각점의 위치를 결정하는 측량방법이다.

2) 수평각의 계산

구분	식	그림
코사인 제2법칙	$\cos A = \frac{b^2 + C^2 - a^2}{2bc}$ $\cos B = \frac{c^2 - a^2 - b^2}{2ca}$ $\cos C = \frac{a^2 + b^2 + c^2}{2ab}$	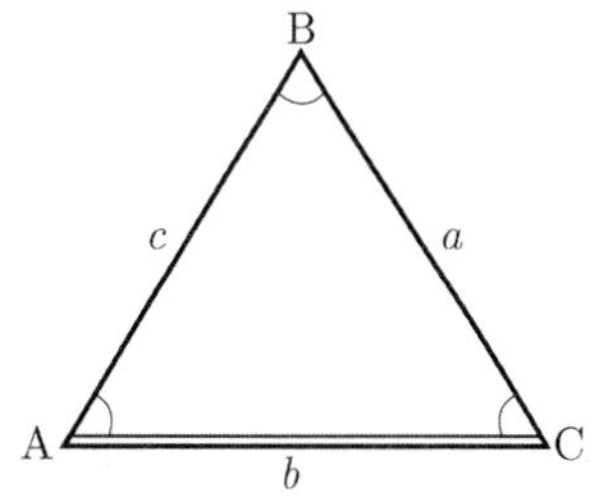
반각공식	$\sin\frac{A}{2} = \sqrt{\frac{(s-b)(s-c)}{bc}}$ $\cos\frac{A}{2} = \sqrt{\frac{s(s-a)}{bc}}$ $\tan\frac{A}{2} = \sqrt{\frac{(s-b)(s-c)}{s(s-a)}}$	

4.8 삼각측량의 성과표

성과표 내용	① 삼각점의 등급과 내용 ② 방위각 ③ 평균거리의 대수 ④ 측점 및 시준점의 명칭 ⑤ 자북 방향각 ⑥ 평면 직각좌표 ⑦ 위도, 경도 ⑧ 삼각점의 표고

4.9 삼각 및 삼변측량의 특징

삼각측량	삼변측량
① 넓은 지역에 동일한 정확도로 기준점을 배치하는 것이 편리하다. ② 삼각측량은 넓은 지역의 측량에 적합하다. ③ 삼각점은 서로 시통이 잘 되어야 한다. ④ 조건식이 많아 계산 및 조정방법이 복잡하다. ⑤ 각 단계에서 정밀도를 점검할 수 있다.	① 삼변을 측정해서 삼각점의 위치를 결정한다. ② 기선장을 실측하므로 기선확대가 필요없다. ③ 관측값에 비하여 조건식이 적은 것이 단점이다. ④ 좌표계산이 편리하다. ⑤ 조정방법은 조건방정식에 의한 조정과 관측방정식에 의한 조정이 있다.

Chapter 04

실전문제

01

그림에서 e=0.450m, ∠OBP=40°13′25″, θ=320°15′, D_1=1.5km, D_2=1km일 때 ∠OCP를 구하시오.

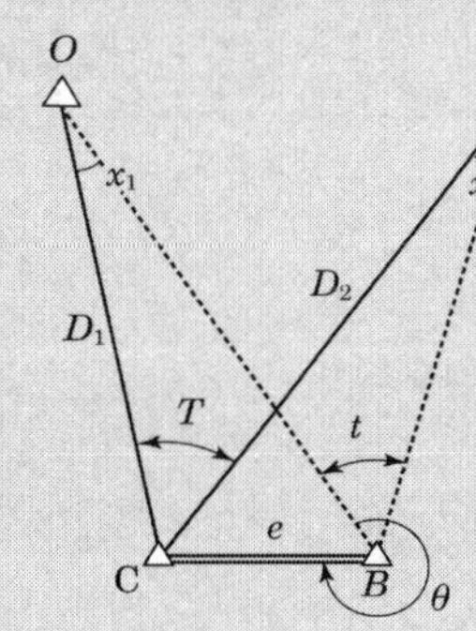

1) △OCB에서 x_1 계산

$$\frac{e}{\sin x_1}=\frac{D_1}{\sin(360°-\theta)}$$

$$\sin x_1=\frac{e\times\sin(360°-\theta)}{D_1}$$

$$x_1=\sin^{-1}\frac{0.45\times\sin(360°-320°15')}{1500}=0°00'40''$$

2) △PCB에서 x_2 계산

$$\frac{e}{\sin x_2}=\frac{D_2}{\sin(360°-\theta+t)}$$

$$\sin x_2=\frac{e\times\sin(360°-\theta+t)}{D_2}$$

$$x_2=\sin^{-1}\frac{0.45\times\sin(360°-320°15'+40°13'25'')}{1000}=0°01'31''$$

3) ∠OCP=∠OBP+X_2-X_1 ($T=t+x_2-x_1$) T 계산

∠OCP=40°13′25″+0°01′31″−0°00′40″=40°14′16″

02

그림에서 OPC를 삼각점으로 하고 C점에는 측표의 편심 K=10m, θ=229°23′이었을 때 T_1, T_2를 구하시오. (단, S=1,500m, $\gamma_1 = 58°36'20''$, $\gamma_2 = 72°14'40''$, $\gamma = 81°22'$)

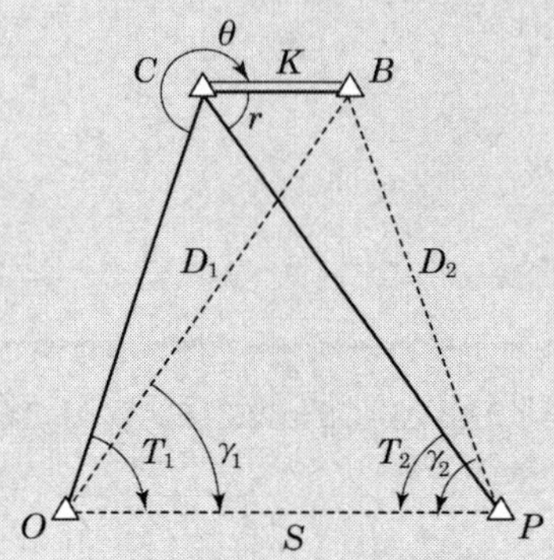

1) △BOP에서

$$\angle OBP = 180° - (\gamma_1 + \gamma_2)$$
$$= 180° - (58°36'20'' + 72°14'40'')$$
$$= 49°09'$$

$$\frac{D_1}{\sin\gamma_2} = \frac{D_2}{\sin\gamma_1} = \frac{S}{\sin\angle OBP}$$ 에서

$$D_1 = \frac{1500 \times \sin 72°14'40''}{\sin 49°9'} = 1886.6\text{m}$$

$$D_2 = \frac{1500 \times \sin 58°36'20''}{\sin 49°9'} = 1692.7\text{m}$$

2) △OCB에서

$$\frac{D_1}{\sin(360° - \theta)} = \frac{K}{\sin\angle COB}$$

$$\sin\angle COB = \frac{K \times \sin(360° - \theta)}{D_1}$$

$$\angle COB = \sin^{-1}\frac{10 \times \sin(360° - 229°23')}{1888.6}$$
$$= 0°13'49''$$

3) △PCB에서

$$\frac{D_2}{\sin\gamma} = \frac{K}{\sin\angle CPB}$$

$$\sin\angle CPB = \frac{K \times \sin\gamma}{D_2}$$

$$\angle CPB = \sin^{-1}\frac{10 \times \sin 81°22'}{1692.7} = 0°20'05''$$

4) $T_1 = \gamma_1 + \angle COB$
$= 58°36'20'' + 0°13'49'' = 58°50'09''$
$T_2 = \gamma_2 - \angle CPB$
$= 72°14'40'' - 0°20'05''$
$= 71°54'35''$

[검산] $\angle OCP = 360° - (\theta + \gamma)$
$= 360° - (229°23' + 81°22')$
$= 49°15'$
$\therefore T_1 + T_2 + \angle OCP = 58°50'09'' + 71°54'35'' + 49°15' = 179°59'44''$
폐합오차 $= -16''$

03

그림에서 K=3.560m, D₁=3462.28m, D₂=3911.66m, θ=286°36′20″, ∠OEP=57°31′08″일 때 ∠OCP를 구하시오.

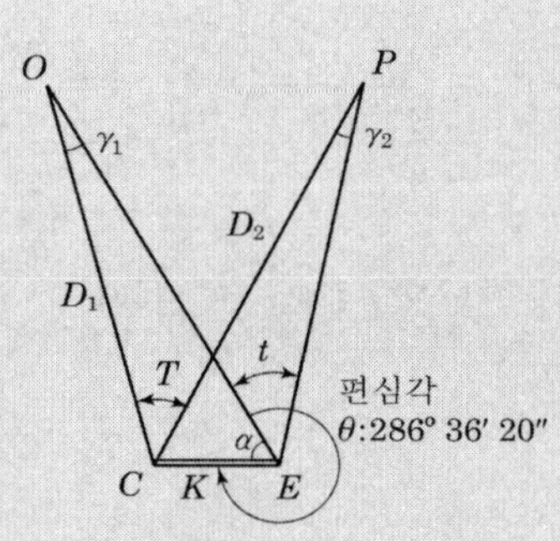

1) △COE에서 γ_1 계산

$$\frac{K}{\sin\gamma_1} = \frac{D_1}{\sin(360° - \theta)}$$

$$\sin\gamma = \frac{K \times \sin(360° - \theta)}{D_1}$$

$$\gamma_1 = \sin^{-1}\frac{K \times \sin(360° - \theta)}{D_1}$$

$$= \sin^{-1}\frac{3.560 \times \sin(360° - 286°36'20'')}{3462.28}$$

$$= 0°03'23.24''$$

2) △PCE에서 γ_2 계산

$$\frac{K}{\sin\gamma_2} = \frac{D_2}{\sin(360° - \theta + t)}$$

$$\sin\gamma_2 = \frac{K \times \sin(360° - \theta + t)}{D_2}$$

$$\gamma_2 = \sin^{-1}\frac{3.560 \times \sin(360° - 286°36'20'' + 57°31'08'')}{3911.66}$$

$$= 0°02'21.86''$$

3) ∠OCP(T) 계산

$\angle OCP = \angle OEP - \gamma_1 + \gamma_2$ (즉, $T = t - \gamma_1 + \gamma_2$)

$= 57°31'08'' - 0°03'23.24'' + 0°02'21.86''$

$= 57°30'6.62''$

04

그림에 의하면 e=0.450m, t=40°13′25″, ϕ=320°15′, S_1=1.5km, S_2=1km일 때 각 T는 얼마인가?

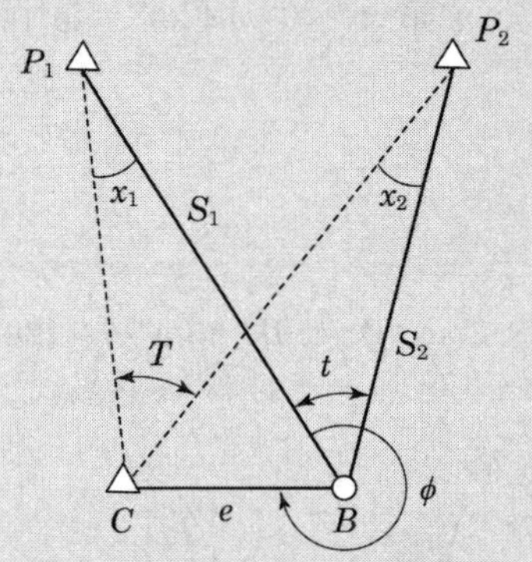

$\angle CP_1B = x_1$, $\angle CP_2B = x_2$, $\overline{CP_1} = S_1'$, $\overline{CP_2} = S_2'$일 때

$$\frac{e}{\sin x_1} = \frac{S_1'}{\sin(360° - \phi)}$$

또, $\triangle P_2CB$에 있어서

$$\frac{e}{\sin x_2} = \frac{S_2'}{\sin(360° - \phi + t)}$$

e는 S_1', S_2'에 비교하여 극소이므로 $x_1 \fallingdotseq 0°$로 하면,

$$x_1 = \frac{e \cdot \sin(360° - \phi)}{S_1'}\rho''$$

$$x_2 = \frac{e \cdot \sin(360° - \phi + t)}{S_2'}\rho''$$

여기서 $e \le S_1$, S_2이므로, $S_1' \fallingdotseq S_1$, $S_2' \fallingdotseq S_2$로 하면,

$$x_1 = \frac{e\sin(360° - \phi)}{S_1}\rho''$$

$$x_2 = \frac{e\sin(360° - \phi + t)}{S_2}\rho''$$

위 식에 모든 값을 대입하면,

$$x_1 = \frac{0.45 \times \sin(360° - 320°15')}{1,500} \times 206265'' = 40''$$

$$x_2 = \frac{0.45 \times \sin(360° - 320°15' + 40°13'25'')}{1,000} \times 206265'' = 91''$$

따라서, $t=40°13'25''$, $x_1=40''$, $x_2=91''$를 대입하여 구한 각 T는
$T=t+x_2-x_1=40°13'25''+91''-40''=40°14'16''$이다.

or. $x_1=\sin^{-1}\dfrac{0.45\times\sin(360°-320°15')}{1,500}=40''$

$x_2=\sin^{-1}\dfrac{0.45\times\sin(368-320°15'+40°13'25'')}{1,000}=91''$

05

그림에서 삼각점 A에 기계를 세워 삼각점 B가 시준되지 않아 점 P를 관측하여 다음의 결과를 얻었다. 보정각(∠DAB=T)을 구하시오. (단, 계산은 초 단위로 할 것)

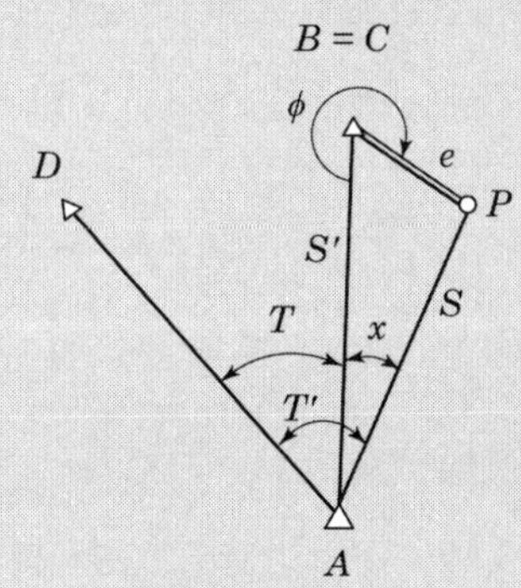

- $T'=62°10'24''$
- $S=1.2\text{km}$
- $e=10\text{m}$
- $\phi=320°20'15''$

1) △BAP에서 x 계산

$$\frac{e}{\sin x}=\frac{S}{\sin(360°-\phi)}$$

$$\frac{10}{\sin x}=\frac{1200}{\sin(360°-320°20'15'')}$$

$$x=\sin^{-1}\left(\frac{\sin(39°39'45'')\times 10}{1,200}\right)=0°18'17.1''$$

2) DAB(보정각) 계산

$T=T'-x$

$\therefore\ T=62°10'24''-0°18'17.1''$
$=61°52'7''$

06

삼각점 A에 기계를 세워 삼각점 B가 보이지 않아 P점에 편심측정하여 다음 결과를 얻었다. A점의 바른 각(T')를 구하시오 (단, 각은 초 단위로 할 것)

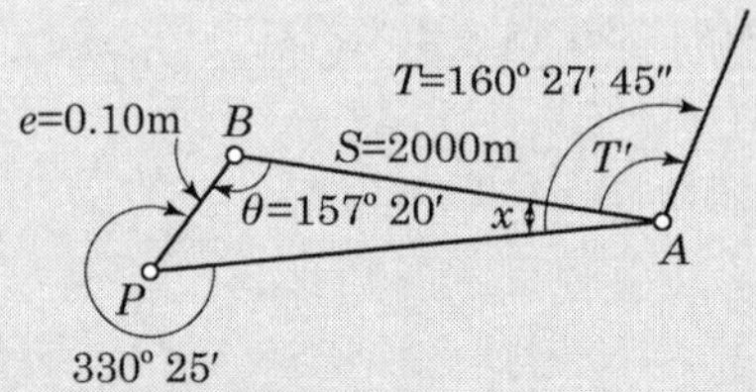

- e=0.10m
- T=160°27′45″
- s=2000m
- $\theta = 157°20'$
- $\phi = 330°25'$

1) △ABP에서 x 계산

$$\frac{e}{\sin x} = \frac{S}{\sin\theta}$$

$$\frac{0.10}{\sin x} = \frac{2000}{\sin 157°20'}$$

$$x = \sin^{-1}\frac{\sin 157°20' \times 0.10}{2{,}000}$$

$$= 0°0'4''$$

2) T' 계산

$$T' = T - x$$

$$= 160°27'45'' - 0°0'4''$$

$$= 160°27'41''$$

Chapter 05

사변형삼각망 조정

5.1 사변형삼각망의 조정

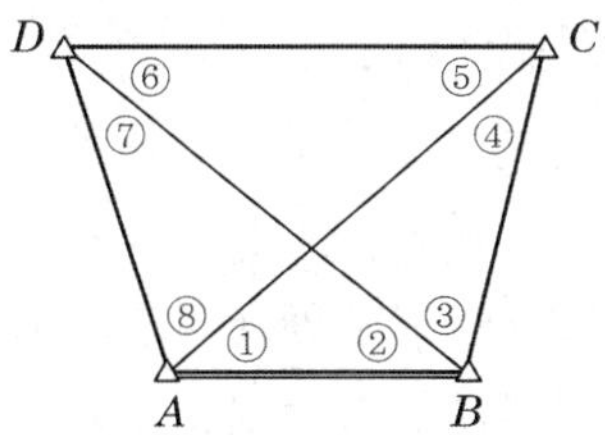

조건식의 총수 $= a - 2p + 3 + B = 8 - 2 \times 4 + 3 + 1 = 4$
각조건식의 수 $= l - p + 1 = 6 - 4 + 1 = 3$
변조건식의 수 $= l - 2p + 2 + B = 6 - 2 \times 4 + 2 + 1 = 1$

1) 각조건(제1조정)

∠①+∠②+∠③ ⋯ ∠⑧ $= 360°$

∠①+∠② = ∠⑤+∠⑥

∠③+∠④ = ∠⑦+∠⑧

2) 변조건(제2조정)

5.2 각조건에 의한 조정(제1조정)

1) V_1 조정

∠①+∠②+∠③+…… ∠⑧−360° = ±ε

조정량$\pm\frac{\varepsilon_1}{8}$에서 +이면 −, −이면 +로 관측각에 조정

2) V_2 조정

(∠①+∠②)−(∠⑤+∠⑥) = $\pm\varepsilon_2$

(∠③+∠④)−(∠⑦+∠⑧) = $\pm\varepsilon_3$

조정량 $\pm\frac{\varepsilon_2}{4}$에서 $+\frac{\varepsilon_2}{4}$이면 ∠①, ∠②에 (−), ∠⑤, ∠⑥에 (+)로 관측각에 보정

조정량 $\pm\frac{\varepsilon_3}{4}$에서 $+\frac{\varepsilon_3}{4}$이면 ∠③, ∠④에 (−), ∠⑦, ∠⑧에 (+)로 관측각에 보정

3) 각 조건에 의한 조정각 산정

홀수	짝수
① = ∠① $\pm\frac{\varepsilon_2}{4}\pm\frac{\varepsilon_1}{8}$	② = ∠② $\pm\frac{\varepsilon_2}{4}\pm\frac{\varepsilon_1}{8}$
③ = ∠③ $\pm\frac{\varepsilon_3}{4}\pm\frac{\varepsilon_1}{8}$	④ = ∠④ $\pm\frac{\varepsilon_3}{4}\pm\frac{\varepsilon_1}{8}$
⑤ = ∠⑤ $\pm\frac{\varepsilon_2}{4}\pm\frac{\varepsilon_1}{8}$	⑥ = ∠⑥ $\pm\frac{\varepsilon_2}{4}\pm\frac{\varepsilon_1}{8}$
⑦ = ∠⑦ $\pm\frac{\varepsilon_3}{4}\pm\frac{\varepsilon_1}{8}$	⑧ = ∠⑧ $\pm\frac{\varepsilon_3}{4}\pm\frac{\varepsilon_1}{8}$

5.3 변조정(제2조정)

1) log sin α, β 계산

log sin(홀수)	log sin(짝수)
∠①=log sin 각조정각+10=	∠②=log sin 각조정각+10=
∠③=	∠④=
∠⑤=	∠⑥=
∠⑦=	∠⑧=

log sin α, β값에 +10을 더한 co log sin α, β를 이용하여 계산한다.

2) 표차계산

표차계산은 대수를 소수점 몇 자리로 구하느냐에 따라서 간략식을 이용하면 편리하게 사용할 수 있다.

① 대수 일곱째자리까지 구할 경우 표차= $\dfrac{21.055}{\tan\theta}$

② 대수 여섯째자리까지 구할 경우 표차= $\dfrac{2.1055}{\tan\theta}$

③ 대수 다섯째자리까지 구할 경우 표차= $\dfrac{0.21055}{\tan\theta}$

④ 대수 넷째자리까지 구할 경우 표차= $\dfrac{0.021055}{\tan\theta}$

3) 변조정

$$\frac{\Sigma \log\sin \text{홀수} - \Sigma \log\sin \text{짝수}}{\text{표차의 합}}$$

$\Sigma \log\sin$ 홀수 > $\Sigma \log\sin$ 짝수이면

홀수각은 −값

짝수각은 +값으로 보정한다.

5.4 검산

변조건 조정각을 산정한 후 log sin(짝수각)의 합을 구하여 그 차가 10″ 이내이면 정확히 계산된 것으로 간주한다.

Chapter 05

실전문제

01

다음 사변형망 각을 조정하시오. (단, 각은 0.01″까지 대수는 소수 일곱째자리까지, 표차는 소수 둘째자리까지 계산)

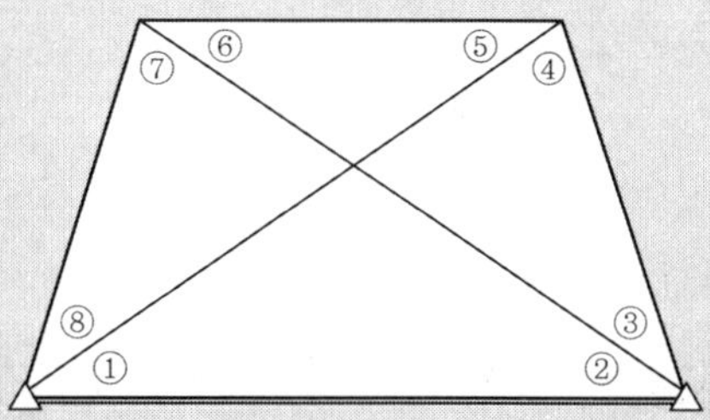

① 27°16′35″
② 48°31′50″
③ 55°12′55″
④ 48°58′35″
⑤ 53°03′57″
⑥ 22°44′29″
⑦ 40°35′17″
⑧ 63°36′14″

1) 각조정(제1 조정)

① 각조건에 의한 조정(V_1 조정)

①+② ⋯ +⑧−360°=−8″

조정량$=\frac{8}{8}=+1''$

∴ 관측각의 합이 360°보다 8″가 작으므로 각 관측각에 +1″씩 보정한다.

② 각조건에 의한 조정(V_2 조정)

(∠①+∠②)−(∠⑤+∠⑥)=−1″

조정량$=\frac{1}{4}=0.25''$

∠①+∠② < ∠⑤+∠⑥

∠⑤+∠⑥에 −0.25″

∠①+∠②에 +0.25″씩 보정

③ 각조건에 의한 조정(V_3 조정)

(∠③+∠④)−(∠⑦+∠⑧)=−1″

조정량= $\frac{1}{4}$ =0.25″

∠③ +∠④ < ∠⑦+∠⑧

∠③ +∠④에 +0.25″

∠⑦ +∠⑧에 −0.25″씩 보정

2) 변조정(제2 조정)

① log sin 계산 (log sin(각)+10)

log sin 홀수	log sin 짝수
∠①=log sin 27°16′36.25″ +10=9.6611392	∠②=log sin 48°31′51.25″ +10=9.8746633
∠③=log sin 55°12′56.25″ +10=9.9145044	∠④=log sin 48°58′36.25″ +10=9.8776265
∠⑤=log sin 53°03′57.75″ +10=9.9027254	∠⑥=log sin 22°44′29.75″ +10=9.5872346
∠⑦=log sin 40°35′17.75″ +10=9.8133265	∠⑧=log sin 63°36′14.75″ +10=9.9521837
Σ39.2916955	Σ39.2917081

② 표차 계산

표차 홀수	표차 짝수
∠①= $\frac{1}{\tan 27°16'36.25''} \times 21.055 = 40.83$	∠②= $\frac{1}{\tan 48°31'51.25''} \times 21.055 = 18.61$
∠③= $\frac{1}{\tan 55°12'56.25''} \times 21.055 = 14.63$	∠④= $\frac{1}{\tan 48°58'36.25''} \times 21.055 = 18.32$
∠⑤= $\frac{1}{\tan 53°03'57.75''} \times 21.055 = 15.83$	∠⑥= $\frac{1}{\tan 22°44'29.75''} \times 21.055 = 50.23$
∠⑦= $\frac{1}{\tan 40°35'17.75''} \times 21.055 = 24.58$	∠⑧= $\frac{1}{\tan 63°36'14.75''} \times 21.055 = 10.45$

∴ Σ193.48

③ 변조정량

$$\frac{\Sigma \text{logsin 홀수} - \Sigma \text{logsin 짝수}}{\text{표차의 합}} = \frac{6955-7081}{193.48} = -0.65'' = -0.7''$$

여기서, Σlog ~ 홀수 < Σlog ~ 짝수

∠①, ③, ⑤, ⑦ ⇒ +0.7″, ∠②, ④, ⑥, ⑧ ⇒ −0.7″씩 보정한다.

각명	관측각	각조건					변조건				
		제1 조정량	제2 조정량	제3 조정량	계	조정각	log sin(홀)	log sin(짝)	표차	변조정량	조정각
①	27°16′35″	+1″	+0.25″		+1.25″	27°16′36.25″	9.6611392		40.83	+0.7″	27°16′36.95″
②	48°31′50″	+1″	+0.25″		+1.25″	48°31′51.25″		9.8746633	18.61	−0.7″	48°31′50.55″
③	55°12′55″	+1″		+0.25″	+1.25″	55°12′56.25″	9.9145044		14.63	+0.7″	55°12′56.95″
④	48°58′35″	+1″		+0.25″	+1.25″	48°58′36.25″		9.8776265	18.32	−0.7″	48°58′35.55″
⑤	53°03′57″	+1″	−0.25″		+0.75″	53°03′57.75″	9.9027254		15.83	+0.7″	53°03′58.45″
⑥	22°44′29″	+1″	−0.25″		+0.75″	22°44′29.75″		9.5872346	50.23	−0.7″	22°44′29.05″
⑦	40°35′17″	+1″		−0.25″	+0.75″	40°35′17.75″	9.8133265		24.58	+0.7″	40°35′18.45″
⑧	63°36′14″	+1″		−0.25″	+0.75″	63°36′14.75″		9.9521837	10.45	−0.7″	63°36′14.05″
계	359°59′52″	+8″				360°00′00″	Σ39.2916955	39.2917081	193.48		360°00′00″

02

다음 사변형의 각을 조정하시오. (단, 각계산은 반올림하여 대수 7자리, 각도는 0.1″까지 계산)

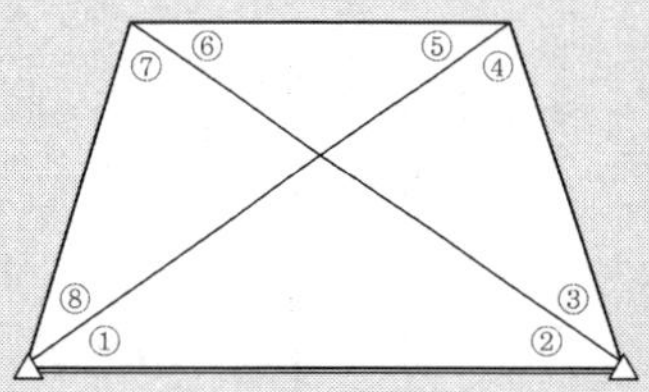

∠① = 10°28′50″　　∠⑤ = 62°46′12″
∠② = 97°06′40″　　∠⑥ = 44°49′15″
∠③ = 49°42′20″　　∠⑦ = 51°27′45″
∠④ = 22°42′00″　　∠⑧ = 20°56′40″

1) 각 조정(제1 조정)

① V_1 조정(360° 조정)

∠① +∠② …… +∠⑧ =359°59′42″

∴ 359°59′42″ − 360° =− 18″

관측각의 합이 360°보다 18″가 작으므로 관측각에 +2.25″씩 보정한다.

조정량$=\frac{18}{8}=2.25''$

② 각조건에 의한 조정(V_2 조정)

(∠①+∠②)−(∠⑤+∠⑥)=+3″

조정량$=\frac{3}{4}=0.75''$

∠①, ∠②에 −0.75″

∠⑤, ∠⑥에 +0.75″ 보정한다.

③ 각조건에 의한 조정(V_3 조정)

(∠③+∠④)−(∠⑦+∠⑧)=−5″

조정량$=\frac{5}{4}=1.25''$

∠③+∠④에 +1.25″

∠⑦+∠⑧에 −1.25″씩 보정한다.

2) 변조정(제 2조정)

① log sin 계산

log sin 홀수	log sin 짝수
∠①=log sin 10°28′51.5″+10=9.2598541	∠②=log sin 97°06′41.5″+10=9.9966461
∠③=log sin 49°42′23.5″+10=9.8823777	∠④=log sin 22°42′03.5″+10=9.5864992
∠⑤=log sin 62°46′15.0″+10=9.9489914	∠⑥=log sin 44°49′18.0″+10=9.8481290
∠⑦=log sin 51°27′46″+10=9.8933198	∠⑧=log sin 20°56′41″+10=9.5532361
38.9845430	38.9845104

② 표차 계산

표차(홀수)

$\angle ① = \dfrac{1}{\tan 10°28'51.5''} \times 21.055 = 113.81$

$\angle ③ = \dfrac{1}{\tan 49°42'23.5''} \times 21.055 = 17.85$

$\angle ⑤ = \dfrac{1}{\tan 62°46'15''} \times 21.055 = 10.83$

$\angle ⑦ = \dfrac{1}{\tan 51°27'46''} \times 21.055 = 16.77$

표차(짝수)

$\angle ② = \dfrac{1}{\tan 97°06'41.5''} \times 21.055 = -2.63$

$\angle ④ = \dfrac{1}{\tan 22°42'03.5''} \times 21.055 = 50.33$

$\angle ⑥ = \dfrac{1}{\tan 44°49'18''} \times 21.055 = 21.19$

$\angle ⑧ = \dfrac{1}{\tan 20°56'41''} \times 21.055 = 55.00$

$\Sigma 283.15$

③ 변조정량

$$\frac{\Sigma \log \sin(\text{홀수}) - \Sigma \log \sin(\text{짝수})}{\Sigma \text{표차}} = \frac{430-104}{283.15} = +1.15''$$

$\Sigma \log \sin(\text{홀수}) > \Sigma \log \sin(\text{짝수})$

∠①, ③, ⑤, ⑦ → −1.15″

∠②, ④, ⑥, ⑧ → +1.15″ 씩 보정한다.

④ 검산

변조건 조정각을 산정한 후 Σlog sin 짝수각을 구하여 2차가 10" 이내이면 정확히 계산된 것으로 간주한다.

log sin 각 +10 계산

log sin 홀수

∠①=log sin10°28'50.35"+10=9.2598410

∠③=log sin49°42'22.35"+10=9.8823756

∠⑤=log sin62°46'13.85"+10=9.9489902

∠⑦=log sin51°27'44.85"+10=9.8933179

Σ38.9845247

log sin 짝수

∠②=log sin97°06'42.65"+10=9.9966458

∠④=log sin22°42'04.65"+10=9.5865050

∠⑥=log sin44°49'19.15"+10=9.8481315

∠⑧=log sin20°56'42.15"+10=9.5532424

Σ38.9845247

각명	관측각	각조건					변조건				
		제1 조정량	제2 조정량	제3 조정량	계	조정각	log sin(홀)	log sin(짝)	표차	변조정량	조정각
①	10°28′50″	+2.25	−0.75		1.5	10°28′51.5″	9.2598541		113.81	−1.15″	10°28′50.35″
②	97°06′40″	+2.25	−0.75		1.5	97°06′41.5″		9.9966461	−2.63	+1.15″	97°06′42.65″
③	49°42′20″	+2.25		+1.25	3.5	49°42′23.5″	9.8823777		17.85	−1.15″	49°42′22.35″
④	22°42′00″	+2.25		+1.25	3.5	22°42′03.5″		9.5864992	50.33	+1.15″	22°42′04.65″
⑤	62°46′12″	+2.25	+0.75		3.0	62°46′15.0″	9.9489914		10.83	−1.15″	62°46′13.85″
⑥	44°49′15″	+2.25	+0.75		3.0	44°49′18.0″		9.8481290	21.19	+1.15″	44°49′19.15″
⑦	51°27′45″	+2.25		−1.25	1.0	51°27′46″	9.8933198		16.77	−1.15″	51°27′44.85″
⑧	20°56′40″	+2.25		−1.25	1.0	20°56′41″		9.5532361	55.00	+1.15″	20°56′42.15″
계	359°59′42″					360°00′ 00″	38.9845430	38.9845104	283.15		360°00′00″

Chapter 06

유심삼각망 조정

6.1 각조건(제1조정 : V_1 조정)

삼각형 내각의 합은 180°가 되어야 한다.

$(\alpha° + \beta° + \gamma°) - 180° = \pm V_1$

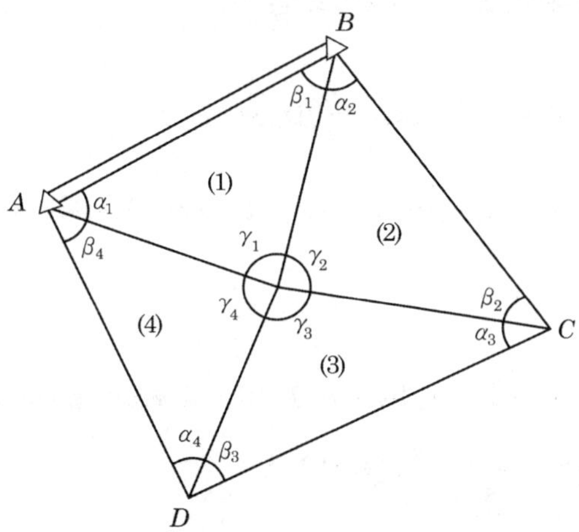

조정량$= \dfrac{V_1}{3}$

6.2 점조건(제2조정 : V_2 조정)

한 측점 주위의 각의 합은 360°가 되어야 한다.

$(\gamma_1+\gamma_2+\gamma_3+\gamma_4)-360°=\pm V_2$

조정량$=\pm\dfrac{V_2}{n}$ (n : 각의 개수)

γ각에 조정량 $\frac{1}{2}$씩을 삼각형의 나머지(α, β) 각에 보정한다. (단, γ의 조정량의 부호는 반대) 이것을 180° 조정(V_3 조정)

6.3 변조건(제3조정 : V_4 조정)

각각의 변장을 sin 법칙을 이용하여 정리하면

$$\sin\alpha_1+\sin\alpha_2+\sin\alpha_3+\sin\alpha_4=\sin\beta_1+\sin\beta_2+\sin\beta_3+\sin\beta_4$$

이것을 양변에 대수를 취하면

$$(\log\sin\alpha_1+\sin\alpha_2+\sin\alpha_3+\sin\alpha_4)-(\sin\beta_1+\sin\beta_2+\sin\beta_3+\sin\beta_4)=0$$

$$\text{변조정량}=\frac{\sum\log\sin\alpha-\sum\log\sin\beta}{\sum\text{표차}}$$

도형	각명	측선(변명)	거리(변장)	방위각	위거	경거	X좌표	Y좌표	측점
							기지점 :	기지점 :	
							기지점 :	기지점 :	
							기지점 :	기지점 :	
1	α_1	→							
	β_1	→							
	γ_1	→							
	계								
2	α_2	→							
	β_2	→							
	γ_2	→							
	계								
3	α_3	→							
	β_3	→							
	γ_3	→							
	계								
4	α_4	→							
	β_4	→							
	γ_4	→							
	계								

Chapter 06

실전문제

01

유심삼각망을 실시하여 다음과 같은 결과를 얻었다. 삼각망을 조정하시오.

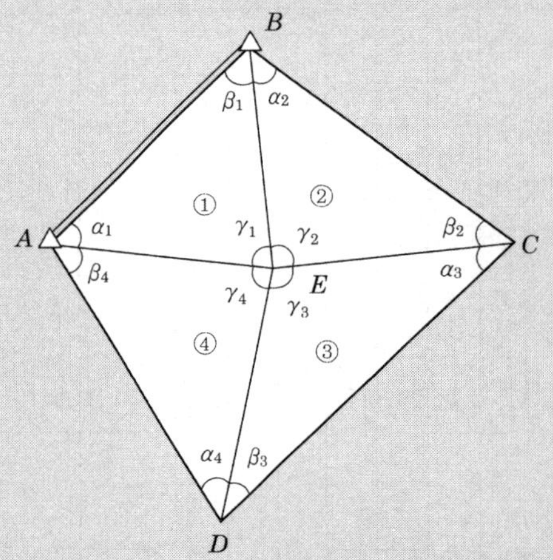

[기지좌표]

점명	X 좌표	Y 좌표
A	5356.35m	9002.26m
B	4462.36m	7882.33m

각명	관측각	각명	관측각
α_1	30°05′13.8″	α_3	56°18′33.0″
β_1	58°47′18.8″	β_3	32°34′06.0″
γ_1	91°07′21.8″	γ_3	91°07′25.8″
α_2	39°56′57.5″	α_4	53°58′26.2″
β_2	51°10′30.8″	β_4	37°08′58.2″
γ_3	88°52′38.9″	γ_4	88°52′28.0″

1. 기지점 간 거리 및 방위각 계산

$\Delta x = 4462.36 - 5356.35 = -893.99$

$\Delta y = 7882.33 - 9002.26 = -1119.93$

거리$(\overline{AB}) = \sqrt{\Delta x^2 + \Delta y^2} = \sqrt{(893.99)^2 + (1119.93)^2} = 1432.99$

$\theta = \tan^{-1}\dfrac{\Delta y}{\Delta x} = \tan^{-1}\dfrac{1119.93}{893.99} = 51°24'04.3''$ (3상한)

$V_A^B = 180° + 51°24'04.3'' = 231°24'04.3''$

2. 각조정(V_1 조정)

①번 삼각형 : $(\alpha_1+\alpha_2+\alpha_3)-180°=-5.6$

오차 $=\frac{5.6}{3}=1.9$

오차보정은 1.9″씩 나머지 90°에 가까운 각에 +1.8″ 보정한다.

②번 삼각형 : $(\alpha_2+\beta_2+\gamma_2)-180°=7.2$

오차$=\frac{7.2}{3}=2.4''(-2.4''$씩 보정)

③번 삼각형 : $(\alpha_3+\beta_3+\gamma_3)-180°=4.8$

오차$=\frac{4.8}{3}=1.6$ $(-1.6''$씩 보정)

④번 삼각형 : $(\alpha_4+\beta_4+\gamma_4)-180°=-7.6$

오차$=\frac{7.6}{3}=-2.5$

오차보정은 +2.5″씩 보정하고 90°에 가까운 각에 +2.6″ 보정

3. 점조정(V_2 조정)

1) $\gamma_1+\gamma_2+\gamma_3+\gamma_4=360°$

$91°07'21.8''+88°52'38.9''+91°07'25.8''+88°52'28.0''=359°59'54.5''$

$359°59'54.5''-360°=-5.5''$

오차$=\frac{5.5}{4}=1.4''$ (+1.4″씩 보정하면 0.1″ 차이가 나므로 90°에 가까운 각에 +1.3″ 보정한다.)

2) 180° 보정(V_3 조정) : γ각에 보정하고 나면 각 삼각형 내각의 합이 180°와 다르므로 나머지 각(α, β)에 γ각에 보장한 값의 $\frac{1}{2}$씩 보정하는데 부호는 반대

4. 변조정(제3 조정 : V_4 조정) (조정각을 사용)

$\Sigma\log\sin\alpha=\Sigma\log\sin\beta$ (같아야 한다)

1) log sin α, β 계산

log sin α+10	log sin β+10
$\alpha_1=\log\sin 30°05'15.0''+10=9.7001167$ $\alpha_2=\log\sin 39°56'54.4''+10=9.8076014$ $\alpha_3=\log\sin 56°18'30.7''+10=9.9201425$ $\alpha_4=\log\sin 53°58'28''+10=9.9078168$	$\beta_1=\log\sin 58°47'20''+10=9.9321001$ $\beta_2=\log\sin 51°10'27.7''+10=9.8915695$ $\beta_3=\log\sin 32°34'03.8''+10=9.7310212$ $\beta_4=\log\sin 37°09'00''+10=9.7809677$
Σlog sin α = 39.3356774	Σlog sin β = 39.3356585

2) 표차 계산(log sin θ와 log sin($\theta\pm1''$)의 차이값

일반적으로 소수 일곱째자리까지 취하므로 $\frac{21.055}{\tan\theta}$로 계산한다.

표차 α	표차 β
$\alpha_1 = \dfrac{21.055}{\tan 30°05'15''} = 36.34$ $\alpha_2 = \dfrac{21.055}{\tan 39°56'54.4''} = 25.14$ $\alpha_3 = \dfrac{21.055}{\tan 56°18'30.7''} = 14.04$ $\alpha_4 = \dfrac{21.055}{\tan 53°58'28.0''} = 15.31$	$\beta_1 = \dfrac{21.055}{\tan 58°47'20''} = 12.76$ $\beta_2 = \dfrac{21.055}{\tan 51°10'27.7''} = 16.94$ $\beta_3 = \dfrac{21.055}{\tan 32°34'03.8''} = 32.96$ $\beta_4 = \dfrac{21.055}{\tan 37°09'00''} = 27.79$
$\Sigma 181.28$	

3) 변조정량 계산

$$\text{변조정량} = \frac{\Sigma \log \sin\alpha - \Sigma \log \sin\beta}{\Sigma \text{표차}} = \frac{774 - 585}{181.28} = 1.04'' = 1.0''$$

$\Sigma \log \sin\alpha > \Sigma \log \sin\beta$

큰 각에 −보정

작은 각에 +보정

5. 각측선의 거리계산(변조정각으로 계산)

$$\text{소구변장} = \frac{\sin \text{소구변 대각}}{\sin \text{기지변 대각}} \times \text{기지변장}$$

①번 삼각형

$$A \rightarrow E = \frac{\sin\beta_1}{\sin\gamma_1} \times \overline{AB} = \frac{\sin 58°47'21.0''}{\sin 91°07'25''} \times 1432.99 = 1225.82$$

$$B \rightarrow E = \frac{\sin\alpha_1}{\sin\gamma_1} \times \overline{AB} = \frac{\sin 30°05'14.0''}{\sin 91°07'25''} \times 1432.99 = 718.52$$

②번 삼각형

$$B \rightarrow C = \frac{\sin\gamma_2}{\sin\beta_2} \times \overline{BE} = \frac{\sin 88°52'37.9''}{\sin 51°10'28.7''} \times 718.52 = 922.11$$

$$E \rightarrow C = \frac{\sin\alpha_2}{\sin\beta_2} \times \overline{BE} = \frac{\sin 39°56'53.4''}{\sin 51°10'28.7''} \times 718.52 = 592.20$$

③번 삼각형

$$C \rightarrow D = \frac{\sin\gamma_3}{\sin\beta_3} \times \overline{EC} = \frac{\sin 91°07'25.5''}{\sin 32°34'04.8''} \times 592.20 = 1099.92$$

$$E \rightarrow D = \frac{\sin\alpha_3}{\sin\beta_3} \times \overline{EC} = \frac{\sin 56°18'29.7''}{\sin 32°34'04.8''} \times 592.20 = 915.35$$

④번 삼각형

$$D \rightarrow A = \frac{\sin\gamma_4}{\sin\beta_4} \times \overline{ED} = \frac{\sin 88°52'32.0''}{\sin 37°09'01.0''} \times 915.35 = 1515.42$$

$$E \rightarrow A = \frac{\sin\alpha_4}{\sin\beta_4} \times \overline{ED} = \frac{\sin 53°58'27.0''}{\sin 37°09'01.0''} \times 915.35 = 1225.83$$

6. 방위각 계산($T_a = 231°24'04.3''$)

①번 삼각형

$V_A^E = T_a + \alpha_1 = 231°24'04.3'' + 30°05'14.0'' = 261°29'18.3''$

$V_B^E = T_a + 180° - \beta_1 = 231°24'04.3'' + 180° - 58°47'21.0'' = 352°36'43.3''$

②번 삼각형

$V_B^C = V_A^B + 180° - \beta_1 - \alpha_2 = 231°24'4.3'' + 180° - 58°47'21.0'' - 39°56'53.4''$
$= 312°39'49.9''$

$V_E^C = V_B^E - 180° + \gamma_2 = 352°36'43.3'' - 180° + 88°52'37.9'' = 261°29'21.2''$

③번 삼각형

$V_C^D = V_E^C + 180° - \alpha_3 = 261°29'21.2'' + 180° - 56°18'29.7'' = 25°10'51.5''$

$V_E^D = V_E^C + \gamma_3 = 261°29'21.2'' + 91°07'25.5'' = 352°36'46.7''$

④번 삼각형

$V_D^A = V_E^D - 180° - \alpha_4 = 352°36'46.7'' - 180° - 53°58'27'' = 118°38'19.7''$

$V_E^A = V_E^D + \gamma_4 = 352°36'46.7'' + 88°52'32'' = 81°29'18.7''$

7. 위거, 경거 계산

①번 삼각형

A → E 위거 $= 1225.82 \times \cos 261°29'18.3'' = -181.433$
경거 $= 1225.82 \times \sin 261°29'18.3'' = -1212.319$

B → E 위거 $= 718.52 \times \cos 352°36'43.3'' = 712.555$
경거 $= 718.52 \times \sin 352°36'43.3'' = -92.393$

②번 삼각형

B → C 위거 $= 922.11 \times \cos 312°39'49.9'' = 624.910$
경거 $= 922.11 \times \sin 312°39'49.9'' = -678.066$

E → C 위거 $= 592.20 \times \cos 261°29'21.2'' = -87.643$
경거 $= 592.20 \times \sin 261°29'21.2'' = -585.679$

③번 삼각형

C → D 위거 $= 1099.92 \times \cos 25°10'51.5'' = 995.393$
경거 $= 1099.92 \times \sin 25°10'51.5'' = 467.993$

E → D 위거 $= 915.35 \times \cos 352°36'46.7'' = 907.753$
경거 $= 915.35 \times \sin 352°36'46.7'' = -117.688$

④번 삼각형

D → A 위거 $= 1515.42 \times \cos 118°38'19.7'' = -726.320$
경거 $= 1515.42 \times \sin 118°38'19.7'' = 1330.021$

E → A 위거 $= 1225.83 \times \cos 81°29'18.7'' = 181.432$
경거 $= 1225.83 \times \sin 81°29'18.7'' = 1212.329$

8. 좌표계산

측점		X 좌표	Y 좌표
		A=5356.35 B=4462.36	A=9002.26 B=7882.33
E	A→E	5356.35−181.433=5174.917	9002.26−1212.319=7789.941
	B→E	4462.36+712.555=5174.915	7882.33−92.393=7789.937
	평균	5174.916	7789.939
C	B→C	4462.36+624.910=5087.270	7882.33−678.066=7204.264
	E→C	5174.916+(−87.643)=5087.273	7789.939−585.679=7204.260
	평균	5087.272	7204.262
D	C→D	5087.272+995.393=6082.665	7204.262+467.993=7672.255
	E→D	5174.916+907.753=6082.669	7789.939−117.688=7672.251
	평균	6082.667	7672.253
A	D→A	6082.667−726.320 =5356.347	7672.253+1330.021 =9002.274
	E→A	5174.916+181.432 =5356.348	7789.939+1212.329 =9002.268
	평균	5356.348	9002.271

도형	각명	관측각	각조건	점조건			조정각	변조건				
			V_1	V_2	V_3	계		log sin(α)	log sin(β)	표차	V_4	조정각
1	α_1	30° 05′ 13.8″	+1.9		−0.7	+1.2	30° 05′ 15.0″	9.7001167		36.34	−1.0	30° 05′ 14.0″
	β_1	58° 47′ 18.8″	+1.9		−0.7	+1.2	58° 47′ 20.0″		9.9321001	12.76	+1.0	58° 47′ 21.0″
	γ_1	91° 07′ 21.8″	+1.8	+1.4		+3.2	91° 07′ 25.0″					91° 07′ 25.0″
	계	179° 59′ 54.4″					180° 00′ 00″					180° 00′ 00″
2	α_2	39° 56′ 57.5″	−2.4		−0.7	−3.1	39° 56′ 54.4″	9.8076014		25.14	−1.0	39° 56′ 53.4″
	β_2	51° 10′ 30.8″	−2.4		−0.7	−3.1	51° 10′ 27.7″		9.8915695	16.94	+1.0	51° 10′ 28.7″
	γ_2	88° 52′ 38.9″	−2.4	+1.4		−1.0	88° 52′ 37.9″					88° 52′ 37.9″
	계	180° 00′ 07.2″					180° 00′ 00″					180° 00′ 00″
3	α_3	56° 18′ 33.0″	−1.6		−0.7	−2.3	56° 18′ 30.7″	9.9201425		14.04	−1.0	56° 18′ 29.7″
	β_3	32° 34′ 06.0″	−1.6		−0.6	−2.2	32° 34′ 03.8″		9.7310212	32.96	+1.0	32° 34′ 04.8″
	γ_3	91° 07′ 25.8″	−1.6	+1.3		−0.3	91° 07′ 25.5″					91° 07′ 25.5″
	계	180° 00′ 04.8″					180° 00′ 00″					180° 00′ 00″
4	α_4	53° 58′ 26.2″	+2.5		−0.7	+1.8	53° 58′ 28.0″	9.9078168		15.31	−1.0	53° 58′ 27.0″
	β_4	37° 08′ 58.2″	+2.5		−0.7	+1.8	37° 09′ 00.0″		9.7809677	27.79	+1.0	37° 09′ 01.0″
	γ_4	88° 52′ 28.0″	+2.6	+1.4		+4.0	88° 52′ 32.0″					88° 52′ 32.0″
	계	179° 59′ 52.4″					180° 00′ 00″					180° 00′ 00″
5	α_5											
	β_5											
	γ_5											
	계			+5.5				Σ 39.3356774	Σ 39.3356585	181.28		

도형	각명	측선(변명)	거리(변장)	방위각	위거	경거	X좌표 기지점 : A : 5356.35 기지점 : B : 4462.36 기지점 :	Y좌표 기지점 : A : 9002.26 기지점 : B : 7882.33 기지점 :	측점
1	α_1	A → E	1225.82	261° 29′ 18.3″	−181.433	−1212.319	5174.917	7789.941	
	β_1	B → E	718.52	352° 36′ 43.3″	712.555	−92.393	5174.915	7789.937	
	γ_1	→							
	계						5174.916	7789.939	E
2	α_2	B → C	922.11	312° 39′ 49.9″	624.910	−678.066	5087.270	7204.264	
	β_2	E → C	592.20	261° 29′ 21.2″	−87.643	−585.679	5087.273	7204.260	
	γ_2	→							
	계						5087.272	7204.262	C
3	α_3	C → D	1099.92	25° 10′ 51.5″	995.393	467.993	6082.665	7672.255	
	β_3	E → D	915.35	352° 36′ 46.7″	907.753	−117.688	6082.669	7672.251	
	γ_3	→							
	계						6082.667	7672.253	D
4	α_4	D → A	1515.42	118° 38′ 19.7″	−726.320	1330.021	5356.347	9002.274	
	β_4	E → A	1225.83	81° 29′ 18.7″	181.432	1212.329	5356.348	9002.268	
	γ_4	→							
	계						5356.348	9002.271	A
5	α_5	→					5356.35	9002.26	기존
	β_5								
	γ_5								
	계								

02

유심삼각망을 실시하여 다음 결과를 얻었다. 삼각망을 조정하시오. (단, 각은 0.1″까지, 표차는 소수점 아래 셋째자리에서 반올림)

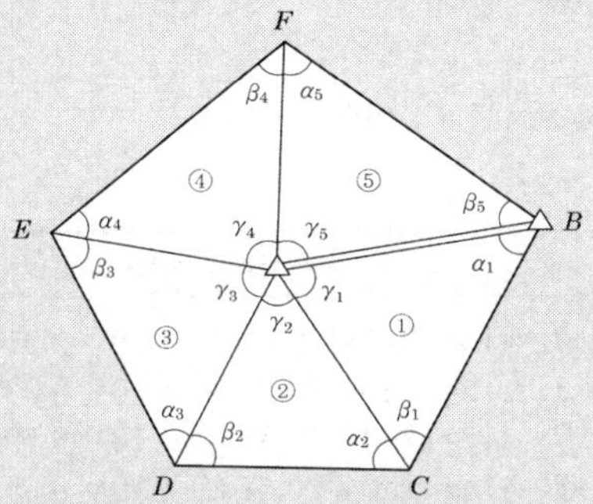

점명	X좌표	Y좌표
A	5356.35	9002.26
B	4462.36	7882.33

각명＼삼각형	①	②	③	④	⑤
α	44° 10′58.7″	56° 40′24.1″	64° 58′50.7″	61° 07′41.9″	43° 07′05.7″
β	54° 29′06.6″	58° 33′36.3″	38° 42′46.3″	64° 26′58.1″	53° 42′37.6″
γ	81° 19′57.7″	64° 46′03.6″	76° 18′18.0″	54° 25′23.0″	83° 10′22.7″

1. 기지점 역 계산

1) 기지점 간 거리

$\Delta x = 4462.36 - 5356.35 = -893.99$

$\Delta y = 7882.33 - 9002.26 = -1119.93$

$\overline{AB} = \sqrt{(\Delta x^2) + (\Delta y^2)} = 1432.99$

2) 방위 $\theta = \tan^{-1}\dfrac{\Delta y}{\Delta x} = \tan^{-1}\dfrac{1119.93}{893.99} = 51°24'4.3''$ (3상한)

3) 방위각 $V_A^B = 180° + 51°24'4.3'' = 231°24'04.3''$

2. 각조정(제1 조정 : V_1 조정)

①번 삼각형 $V_1 = (\alpha_1 + \beta_1 + \gamma_1) - 180° = 3''$

②번 삼각형 $V_1 = +4''$

③번 삼각형 $V_1 = -5''$

④번 삼각형 $V_1 = +3''$

⑤번 삼각형 $V_1 = +6''$

오차 $= \dfrac{V_1}{3}$ 씩 조정한다. (90°에 가까운 각에 보정)

3. 점조정(V_2 조정 : 제2 조정)

1) V_2 조정

$\gamma_1 + \gamma_2 + \gamma_3 + \gamma_4 + \gamma_5 = 360°$

$81°19'57.7'' + 64°46'03.6'' + 76°18'18.0'' + 54°25'23.0'' + 83°10'22.7'' = 360°00'05''$

$\Sigma\gamma - 360° = 360°00'05'' - 360° = +05''$

오차$= \frac{V_2}{n} = \frac{0.5}{5} = 1''$

2) V_3 조정(180° 보정) : γ각에 $-1''$씩 보정하면 각 삼각형 내각의 합이 180°와 다르므로 α, β각에 γ각에 보정한 값의 $\frac{1}{2}$씩 보정하는데 부호는 반대

4. 변조정(제3 조정 : V_4 조정) : $\Sigma\log\sin\alpha = \Sigma\log\sin\beta$ (같아야 한다)

1) log sin α, β 계산

log sin α+10	log sin β+10
$\alpha_1 = \log\sin 44°10'58.2'' + 10 = 9.8432018$	$\beta_1 = \log\sin 54°29'06.1'' + 10 = 9.9106051$
$\alpha_2 = \log\sin 56°40'23.6'' + 10 = 9.9219728$	$\beta_2 = \log\sin 58°33'35.8'' + 10 = 9.9310439$
$\alpha_3 = \log\sin 64°58'53.2'' + 10 = 9.9572101$	$\beta_3 = \log\sin 38°42'48.8'' + 10 = 9.7961768$
$\alpha_4 = \log\sin 61°07'41.4'' + 10 = 9.9423563$	$\beta_4 = \log\sin 64°26'57.6'' + 10 = 9.9553049$
$\alpha_5 = \log\sin 43°07'04.2'' + 10 = 9.8347392$	$\beta_5 = \log\sin 53°42'36.1'' + 10 = 9.9063522$
$\Sigma\log\sin\alpha$=49.4994802	$\Sigma\log\sin\beta$=49.4994829

2) 표차 계산 : log sinθ와 log sin($\theta \pm 1''$)의 차이값. 일반적으로 소수 일곱째자리까지 취하므로 $\frac{21.055}{\tan\theta}$로 계산한다.

표차 α	표차 β
$\alpha_1 = \frac{21.055}{\tan 44°10'58.2''} = 21.66$	$\beta_1 = \frac{21.055}{\tan 54°29'06.1''} = 15.03$
$\alpha_2 = \frac{21.055}{\tan 56°40'23.6''} = 13.84$	$\beta_2 = \frac{21.055}{\tan 58°33'35.8''} = 12.87$
$\alpha_3 = \frac{21.055}{\tan 64°58'53.2''} = 9.83$	$\beta_3 = \frac{21.055}{\tan 38°42'48.8''} = 26.27$
$\alpha_4 = \frac{21.055}{\tan 61°07'41.4''} = 11.61$	$\beta_4 = \frac{21.055}{\tan 64°26'57.6''} = 10.07$
$\alpha_5 = \frac{21.055}{\tan 43°07'04.2''} = 22.49$	$\beta_5 = \frac{21.055}{\tan 53°42'36.1''} = 15.46$
Σ159.13	

3) 변조정량 계산(V_4)

변조정량$= \frac{\Sigma\log\sin\alpha - \Sigma\log\sin\beta}{\Sigma\text{표차}} = \frac{802 - 829}{159.13} = -0.17 = -0.2''$

$\Sigma\log\sin\alpha < \Sigma\log\sin\beta$

큰 각에 − 보정

작은 각에 +보정

5. 각 측선의 거리 계산(변조정각으로 계산)

$$소구변장=\frac{\sin 소구변대각}{\sin 기지변대각}\times 기지변장$$

①번 삼각형

$$A\rightarrow C=\frac{\sin\alpha_1}{\sin\beta_1}\times\overline{AB}=\frac{\sin 44°\,10'\,58.4''}{\sin 54°\,29'\,05.9''}\times 1432.99=1226.99$$

$$B\rightarrow C=\frac{\sin\gamma_1}{\sin\beta_1}\times\overline{AB}=\frac{\sin 81°\,19'\,55.7''}{\sin 54°\,29'\,05.9''}\times 1432.99=1740.40$$

②번 삼각형

$$C\rightarrow D=\frac{\sin\gamma_2}{\sin\beta_2}\times\overline{AC}=\frac{\sin 64°46'\,0.6''}{\sin 58°\,33'\,35.6''}\times 1226.99=1300.90$$

$$A\rightarrow D=\frac{\sin\alpha_2}{\sin\beta_2}\times\overline{AC}=\frac{\sin 56°\,40'\,23.8''}{\sin 58°\,33'\,35.6''}\times 1226.99=1201.63$$

③번 삼각형

$$D\rightarrow E=\frac{\sin\gamma_3}{\sin\beta_3}\times\overline{AD}=\frac{\sin 76°\,18'\,18.0''}{\sin 38°\,42'\,48.6''}\times 1201.63=1866.67$$

$$A\rightarrow E=\frac{\sin\alpha_3}{\sin\beta_3}\times\overline{AD}=\frac{\sin 64°\,58'\,53.4''}{\sin 38°\,42'\,48.6''}\times 1201.63=1741.02$$

④번 삼각형

$$E\rightarrow F=\frac{\sin\gamma_4}{\sin\beta_4}\times\overline{AE}=\frac{\sin 54°\,25'\,21.0''}{\sin 64°\,26'\,57.4''}\times 1741.02=1569.52$$

$$A\rightarrow F=\frac{\sin\alpha_4}{\sin\beta_4}\times\overline{AE}=\frac{\sin 61°\,07'\,41.6''}{\sin 64°\,29'\,05.9''}\times 1741.02=1689.88$$

⑤번 삼각형

$$F\rightarrow B=\frac{\sin\gamma_5}{\sin\beta_5}\times\overline{AF}=\frac{\sin 83°\,10'\,19.7''}{\sin 53°\,42'\,35.9''}\times 1689.88=2081.67$$

$$A\rightarrow B=\frac{\sin\alpha_5}{\sin\beta_5}\times\overline{AF}=\frac{\sin 43°\,07'\,04.4''}{\sin 53°\,42'\,35.9''}\times 1689.88=1432.99$$

6. 방위각 계산($T_a=231°\,24'\,04.3''$)

①번 삼각형

$$V_A^C=V_A^B+\gamma_1=231°\,24'\,04.3''+81°\,19'\,55.7''=312°\,44'\,00''$$

$$V_B^C=V_A^B+180-\alpha_1=231°\,24'\,04.3''+180°-44°\,10'\,58.4''=367°\,13'\,05.9''$$

②번 삼각형

$$V_A^D=V_A^C+\gamma_2=312°\,44'\,00''+64°\,46'\,0.6''=17°\,30'\,0.6''$$

$$V_C^D=V_A^C+180°-\alpha_2=312°44'\,00''+180°-56°40'\,23.8''=76°\,03'\,36.2''$$

③번 삼각형

$V_A^E = V_A^D + \gamma_3 = 17°30'0.6'' + 76°18'18'' = 93°48'18.6''$

$V_D^E = V_A^D + 180° - \alpha_3 = 17°30'0.6'' + 180° - 64°58'53.4'' = 132°31'7.2''$

④번 삼각형

$V_A^F = V_A^E + \gamma_4 = 93°48'18.6'' + 54°25'21.0'' = 148°13'39.6''$

$V_E^F = V_A^E + 180° + \alpha_4 = 93°48'18.6'' + 180° - 61°07'41.6'' = 212°40'37.0''$

⑤번 삼각형

$V_A^B = V_A^F + \gamma_5 = 148°13'39.6'' + 83°10'19.7'' = 231°23'59.3''$

$V_F^B = V_A^F + 180° - \alpha_5 = 148°13'39.6'' + 180° - 43°07'04.4'' = 285°06'35.2''$

$T_a = V_A^B = 231°24'04.3'' - 231°23'59.3'' = +5''$

7. 위거, 경거 계산

①번 삼각형

A→C 위거=1226.99×cos 312°44'0"=832.620
경거=1226.99×sin 312°44'0"=−901.249

B→C 위거=1740.40×cos 367°13'5.9"=1726.607
경거=1740.40×sin 367°13'5.9"=218.682

②번 삼각형

A→D 위거=1201.63×cos 17°30'0.6"=1146.012
경거=1201.63×sin 17°30'0.6"=361.340

C→D 위거=1300.9×cos 76°03'36.2"=313.393
경거=1300.9×sin 76°03'36.2"=1262.587

③번 삼각형

A→E 위거=1741.02×cos 93°48'18.6"=−115.541
경거=1741.02×sin 93°48'18.6"=1737.182

D→E 위거=1866.67×cos 132°31'7.2"=−1261.552
경거=1866.67×sin 132°31'7.2"=1375.843

④번 삼각형

A→F 위거=1689.88×cos 148°13'39.6"=−1436.646
경거=1689.88×sin 148°13'39.6"=889.798

E→F 위거=1569.52×cos 212°40'37.0"=−1321.109
경거=1569.52×sin 212°40'37.0"=−847.386

⑤번 삼각형

A→B 위거=1432.99×cos 231°23'59.3"=−894.017
경거=1432.99×sin 231°23'59.3"=−1119.908

F→B 위거=2081.67×cos 285°06'35.2"=542.627
경거=2081.67×sin 285°06'35.2"=−2009.703

8. 위거, 경거 계산

측점		X 좌표	Y 좌표
		A=5356.35 B=4462.36	A=9002.26 B=7882.33
C	A → C B → C	5356.35+832.620=6188.970 4462.36+1726.607=6188.967	9002.26−901.249=8101.011 7882.33+218.682=8101.012
	평균	6188.969	8101.012
D	A → D C → D	5356.35+1146.012=6502.362 6188.969+313.393=6502.362	9002.26+361.340=9363.600 8101.012+1262.587=9363.599
	평균	6502.362	9363.600
E	A → E D → E	5356.35−115.541=5240.809 6502.362−1261.552=5240.810	9002.26+1737.182=10739.442 9363.600+1375.843=10739.443
	평균	5240.810	10739.443
F	A → F E → F	5356.35−1436.646=3919.704 5240.810−1321.109=3919.701	9002.26+889.798=9892.058 10739.443−847.386=9892.057
	평균	3919.703	9892.058
B	A → B F → B	5356.35−894.017=4462.333 3919.703+542.627=4462.33	9002.26−1119.908=7882.352 9892.058−2009.703=7882.355
	평균	4462.332	7882.354

도형	각명	관측각	각조건	점조건			조정각	변조건				
			V_1	V_2	V_3	계		log sin(α)	log sin(β)	표차	V_4	조정각
1	α_1	44° 10′ 58.7″	−1.0		+0.5	−0.5	44° 10′ 58.2″	9.8432018		21.66	0.2	44° 10′ 58.4″
	β_1	54° 29′ 06.6″	−1.0		+0.5	−0.5	54° 29′ 06.1″		9.9106051	15.03	−0.2	54° 29′ 05.9″
	γ_1	81° 19′ 57.7″	−1.0	−1		−2.0	81° 19′ 55.7″					81° 19′ 55.7″
	계	180° 00′ 03.0″					180° 00′ 00″					180° 00′ 00″
2	α_2	56° 40′ 24.1″	−1.0		+0.5	−0.5	56° 40′ 23.6″	9.9219728		13.84	0.2	56° 40′ 23.8″
	β_2	58° 33′ 36.3″	−1.0		+0.5	−0.5	58° 33′ 35.8″		9.9310439	12.87	−0.2	58° 33′ 35.6″
	γ_2	64° 46′ 03.6″	−2.0	−1		−3.0	64° 46′ 00.6″					64° 46′ 00.6″
	계	180° 00′ 04.0″					180° 00′ 00″					180° 00′ 00″
3	α_3	64° 58′ 50.7″	+2.0		+0.5	+2.5	64° 58′ 53.2″	9.9572101		9.83	0.2	64° 58′ 53.4″
	β_3	38° 42′ 46.3″	+2.0		+0.5	+2.5	38° 42′ 48.8″		9.7961768	26.27	−0.2	38° 42′ 48.6″
	γ_3	76° 18′ 18.0″	+1.0	−1			76° 18′ 18.0″					76° 18′ 18.0″
	계	179° 59′ 55.0″					180° 00′ 00″					180° 00′ 00″
4	α_4	61° 07′ 41.9″	−1.0		+0.5	−0.5	61° 07′ 41.4″	9.9423563		11.61	0.2	61° 07′ 41.6″
	β_4	64° 26′ 58.1″	−1.0		+0.5	−0.5	64° 26′ 57.6″		9.9553049	10.07	−0.2	64° 26′ 57.4″
	γ_4	54° 25′ 23.0″	−1.0	−1		−2.0	54° 25′ 21.0″					54° 25′ 21.0″
	계	180° 00′ 03.0″					180° 00′ 00″					180° 00′ 00″
5	α_5	43° 07′ 05.7″	−2.0		+0.5	−1.5	43° 07′ 04.2″	9.8347392		22.49	0.2	43° 07′ 04.4″
	β_5	53° 42′ 37.6″	−2.0		+0.5	−1.5	53° 42′ 36.1″		9.9063522	15.46	−0.2	53° 42′ 35.9″
	γ_5	83° 10′ 22.7″	−2.0	−1		−3.0	83° 10′ 19.7″					83° 10′ 19.7″
	계	180° 00′ 06.0″					180° 00′ 00″	49.4994802	49.4994829	159.13		180° 00′ 00″

도형	각명	측선(변명)	거리(변장)	방위각	위거	경거	X좌표 기지점 : A : 5356,35 기지점 : B : 4462,36 기지점 :	Y좌표 기지점 : A : 9002,26 기지점 : B : 7882,33 기지점 :	측점
1	α_1	A → C	1226,99	312° 44′ 00″	832,620	−901,249	6188,970	8101,011	
	β_1	B → C	1740,40	3672° 13′ 05,9″	1726,607	218,682	6188,967	8101,012	
	γ_1	→							
	계						6188,969	8101,012	C
2	α_2	A → D	1201,63	17° 30′ 0,6″	1146,012	361,340	6502,362	9363,600	
	β_2	C → D	1300,90	76° 03′ 36,2″	313,393	1262,587	6503,362	9363,599	
	γ_2	→							
	계						6502,362	9363,600	D
3	α_3	A → E	1741,02	93° 48′ 18,6″	−115,541	1737,182	5240,809	10739,442	
	β_3	D → E	1866,67	132° 31′ 07,2″	−1261,552	1375,843	5240,810	10739,443	
	γ_3	→							
	계						5240,810	10739,443	E
4	α_4	A → F	1689,88	148° 13′ 39,6″	−1436,646	889,798	3919,704	9892,058	
	β_4	C → F	1569,52	212° 40′ 37,0″	−1321,109	−847,386	3919,701	9892,057	
	γ_4	→							
	계						3919,703	9892,058	F
5	α_5	A → B	1432,99	231° 23′ 59,3″	−894,017	−1119,908	4462,333	7882,352	
	β_5	F → B	2081,67	285° 06′ 35,2″	542,627	−2009,703	4462,330	7882,355	
	γ_5								
	계						4462,332	7882,354	B

Chapter 07

단열삼각망의 조정

각 삼각형에서 기지변에 대한 각을 β로 하여 삼각형의 순서에 따라 β_1, β_2, β_3, β_4의 기호를 붙이고, 미지변(구변)에 대한 각을 α_1, α_2, α_3, α_4로 한다. 방향각과 관계각(A-C-B-D-E-F)을 사잇각 γ_1, γ_2, γ_3, γ_4로 부여한다.

7.1 각 조건에 대한 조정(제1조정)

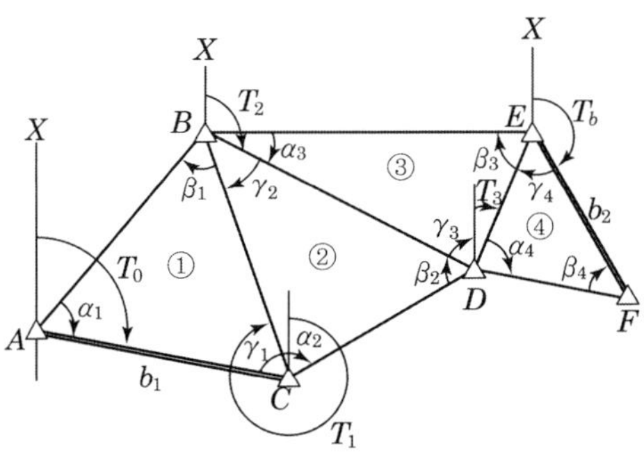

1) 삼각형의 합은 180°가 되어야 한다는 조건

①번 삼각형(α_1, β_1, γ_1)$-180° = \varepsilon_1$

②번 삼각형(α_2, β_2, γ_2)$-180° = \varepsilon_2$

③번 삼각형(α_3, β_3, γ_3)$-180° = \varepsilon_3$

④번 삼각형(α_4, β_4, γ_4)$-180° = \varepsilon_4$

2) 조정각 계산

①번 삼각형	②번 삼각형	③번 삼각형	④번 삼각형
$\alpha_1' = \alpha_1 \pm \frac{\varepsilon_1}{3}$	$\alpha_2' = \alpha_2 \pm \frac{\varepsilon_2}{3}$	$\alpha_3' = \alpha_3 \pm \frac{\varepsilon_3}{3}$	$\alpha_4' = \alpha_4 \pm \frac{\varepsilon_4}{3}$
$\beta_1' = \beta_1 \pm \frac{\varepsilon_1}{3}$	$\beta_2' = \beta_2 \pm \frac{\varepsilon_2}{3}$	$\beta_3' = \beta_3 \pm \frac{\varepsilon_3}{3}$	$\beta_4' = \beta_4 \pm \frac{\varepsilon_4}{3}$
$\gamma_1' = \gamma_1 \pm \frac{\varepsilon_1}{3}$	$\gamma_2' = \gamma_2 \pm \frac{\varepsilon_2}{3}$	$\gamma_3' = \gamma_3 \pm \frac{\varepsilon_3}{3}$	$\gamma_4' = \gamma_4 \pm \frac{\varepsilon_4}{3}$

7.2 방향각에 대한 조정(제2조정)

측점 A에 있어서 측선 AC의 방향각 T_0로부터 시작하여 계산한 측선 EF의 방향각 T_b'가 측선 EF의 기지 방향각 T_b와 같지 않을 경우에 실시한다.

1) 방향각 계산

CB의 방향각(T_1)= T_0+180° $+\gamma_1'$

BD의 방향각(T_2)= T_1+180° $+\gamma_2'$

DE의 방향각(T_3)= T_2+180° $+\gamma_3'$

EF의 방향각(T_4)= T_3+180° $+\gamma_4'$

최종 방향각 T_b'는 방향각 수를 n으로 하면

$T_b' = T_0 + 180° \times n$−[$\gamma_1'$짝수]+[$\gamma_1'$홀수]

γ_1'의 부호 결정

γ_1', γ_3' : 진행 방향의 좌측각(+)

γ_2', γ_4' : 진행 방향의 우측각(−)

2) 조정량 계산

$T_b' - T_b = w_2$

γ_1'에 대한 조정량 $V_2 = -\dfrac{w_2}{n}$

α_1', β_1'에 대한 조정량 $V_3 = -\dfrac{w_2}{2n}$

$T_b' = T_a + (180° \times n) - [\gamma'\text{짝수}] + [\gamma'\text{홀수}]$일 때

$T_b' - T_b = +w_2$인 경우 $\dfrac{w_2}{n}$를 $\left[\begin{array}{l}\gamma'\text{ 홀수각에 }(-)\\ \gamma'\text{ 짝수각에 }(+)\end{array}\right.$

$T_b' - T_b = -w_2$인 경우 $\dfrac{w_2}{n}$를 $\left[\begin{array}{l}\gamma'\text{ 홀수각에 }(+)\\ \gamma'\text{ 짝수각에 }(-)\end{array}\right.$

$T_b' = T_a + (180° \times n) - [\gamma'\text{짝수}] - [\gamma'\text{홀수}]$일 때

$T_b' - T_b = +w_2$인 경우 $\dfrac{w_2}{n}$를 $\left[\begin{array}{l}\gamma'\text{ 홀수각에 }(+)\\ \gamma'\text{ 짝수각에 }(-)\end{array}\right.$

$T_b' - T_b = -w_2$인 경우 $\dfrac{w_2}{n}$를 $\left[\begin{array}{l}\gamma'\text{ 홀수각에 }(-)\\ \gamma'\text{ 짝수각에 }(+)\end{array}\right.$로 조정한다.

7.3 변조건에 대한 조정(제3조정)

AC 측선의 기선(b_1)에서 계산하여 구한 EF의 기선(b_2)과 주어진 기선(b_2)의 값이 같지 않을 경우 실시하는 조정을 말한다. (각조건과 방향각 조정 후의 조정각을 α'', β'', γ''라 함)

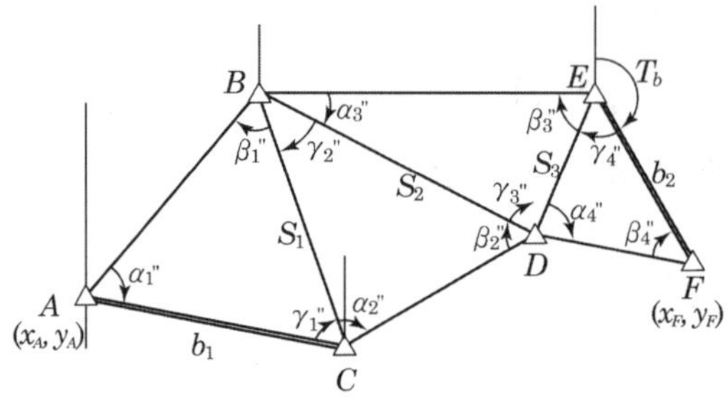

[단열삼각망]

1) 변(S_1, S_2, S_3, b_2) 계산(sin 법칙에서)

$\dfrac{b_1}{\sin\beta_1''} = \dfrac{S_1}{\sin\alpha_1''}$에서

$S_1 = \dfrac{\sin\alpha_1''}{\sin\beta_1''} \times b_1$, $S_2 = \dfrac{\sin\alpha_2''}{\sin\beta_2''} \times S_1$, $S_3 = \dfrac{\sin\alpha_3''}{\sin\beta_3''} \times S_2$, $b_2 = \dfrac{\sin\alpha_4''}{\sin\beta_4''} \times S_3$가 된다. 그러므로 b_2는 다음과 같다.

$$b_2 = b_1 \frac{\sin\alpha_1'' \cdot \sin\alpha_2'' \cdot \sin\alpha_3'' \cdot \sin\alpha_4''}{\sin\beta_1'' \cdot \sin\beta_2'' \cdot \sin\beta_3'' \cdot \sin\beta_4''}$$

2) 변조정 오차(w_3)와 조정량(V_3) 계산

위 식의 양변에 대수를 취하면

$\log\ b_2 = \log\ b_1 + \Sigma\log\ \sin\alpha'' - \Sigma\log\ \sin\beta''$

① 변조정 오차$(w_3) = (\log b_1 + \Sigma\log\sin\alpha'') - (\log b_2 + \Sigma\log\sin\beta'')$

② 조정량$(V_3) = \dfrac{w_3}{\Sigma d}$　　(Σd : 표차의 총합)

$(\log\ b_1 + \Sigma\log\sin\alpha'') > (\log\ b_2 + \Sigma\log\sin\beta'')$[$\angle\alpha''$ 각에 조정량은 (−), $\angle\beta''$ 각에 조정량은 (+)

$(\log\ b_1 + \Sigma\log\sin\alpha'') < (\log\ b_2 + \Sigma\log\sin\beta'')$[$\angle\alpha''$ 각에 조정량은 (+), $\angle B''$ 각에 조정량은 (−)

Chapter 07

실전문제

01

삼각측량으로 단열삼각망을 측정한 결과가 다음과 같다. 삼각망을 조정하여 표를 완성하시오. (단, 대수는 소수 7째자리, 표차는 소수 2째자리, 각도는 0.1″ 단위까지 구하시오.) (기선과 검기선 값이 주어질 때 계산)

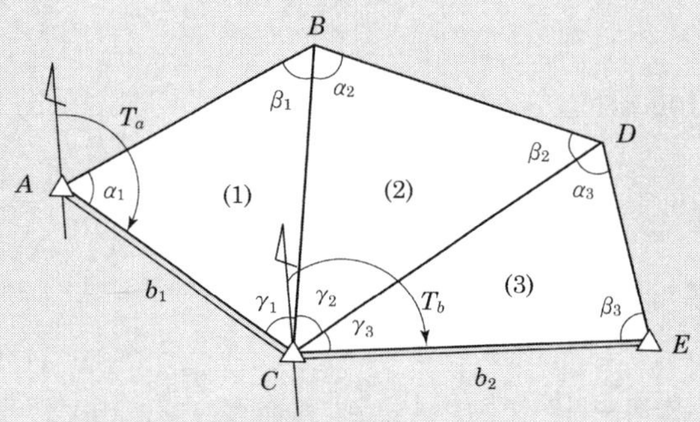

기지좌표

점명	X 좌표	Y 좌표
A	5703.08	5539.64
C	8930.74	5866.38
E	12327.70	5804.01

각명 \ 삼각형	(1)	(2)	(3)
α	60° 12′ 29.2″	64° 42′ 21.3″	60° 30′ 28.2″
β	65° 18′ 45.8″	55° 21′ 58.0″	60° 43′ 41.6″
γ	54° 28′ 37.9″	59° 55′ 44.1″	58° 45′ 45.7″

1. 기지점 간 거리 및 방위각 계산

   1) A → C 계산

   $\Delta x = 8930.74 - 5703.08 = +3227.66$

   $\Delta y = 5866.38 - 5539.64 = +326.74$

   $\overline{AC}(\text{거리}) = \sqrt{\Delta x^2 + \Delta y^2} = \sqrt{3227.66^2 + 326.74^2} = 3244.16\text{m}$

   $\theta = \tan^{-1}\dfrac{\Delta y}{\Delta x} = \tan^{-1}\dfrac{326.74}{3227.66} = 5°46'49.6''$

   $V_A^C = 5°46'49.6''$ (여기서, 1상한)

   여기서 주의할 것은 Δx, Δy의 값에서 몇 상한인가를 알아야 한다. 상환에 따라 방위각이 다르기 때문이다.

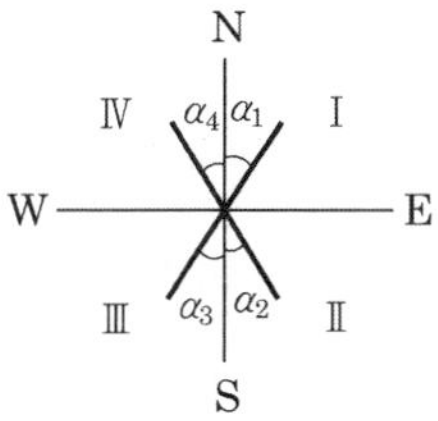

상환	방위	방위각	부호
Ⅰ	$N\alpha_1 E$	a=α_1	+ +
Ⅱ	$S\alpha_2 E$	a=$180°-\alpha_2$	− +
Ⅲ	$S\alpha_3 W$	a=$180°+\alpha_3$	− −
Ⅳ	$N\alpha_4 W$	a=$360°-\alpha_4$	+ −

2) C → E 계산

$\Delta x = 12327.70 - 8930.74 = +3396.96$
$\Delta y = 5804.01 - 5866.38 = -62.37$

$\overline{CE}$(거리) $= \sqrt{\Delta x^2 + \Delta y^2} = \sqrt{(3396.96)^2 + (62.37)^2} = 3397.53\,\text{m}$

$\theta = \tan^{-1}\dfrac{\Delta y}{\Delta x} = \tan^{-1}\dfrac{62.37}{3396.96} = 1°03'06.7''$

$V_C^E = 360° - 1°03'06.7'' = 358°56'53.3''$ (4상환)

2. 각조정(제1 조정) (V_1 조정)

①번 삼각형 $(\alpha_1+\beta_1+\gamma_1)-180° = -7.1''$ 오차$=\dfrac{7.1}{3}=2.4$

②번 삼각형 $(\alpha_2+\beta_2+\gamma_2)-180° = -3.4''$ 오차$=\dfrac{3.4}{3}=1.1$

③번 삼각형 $(\alpha_3+\beta_3+\gamma_3)-180° = -4.5''$ 오차$=\dfrac{4.5}{3}=1.5$

※ ①번 오차 2.4×3=7.2″이니까 0.1″ 작은 2.3″ 값은 90°에 가까운 값에 가감
②번 오차 1.1×3=3.3″이니까 0.1″ 큰 1.2″ 값은 90°에 가까운 값에 가감

3. 방향각 조정(γ각 조정 : 각조정각으로 계산) (V_2, V_3 조정)

$V_A^C = T_a = 5°46'49.6''$

방향각 : $T_a + 180° + \gamma_1 + \gamma_2 + \gamma_3 = T_b$가 되어야 한다.
$= 5°46'49.6'' + 180° + 54°28'40.3'' + 59°55'43.0'' + 58°45'47.2''$
$= 358°57'0.1''$

방향각 : T_b−계산방위각=358°56′53.3″−358°57′0.1″=−6.8″

오차보정$=\dfrac{-6.8}{3}=2.3''$

(2.3×3=6.9″가 되어 0.1″ 차이가 난 것은 큰 각에서 보정한다.)

γ_1, γ_2, γ_3각에 보정하고 α_1, α_2, α_3, β_1, β_2, β_3에는 γ각에 보정한 값의 $\dfrac{1}{2}$씩 보정하되 부호는 반대로 한다.

4. 변조정(제3 조정 : V_4 조정) (방향각 조정각을 사용한다.)

1) log sinα, β 계산(방향각 조정각을 사용하고 +10을 보정)

log sin α+10	log sin β+10
$\alpha_1 = \log\sin 60°12'32.7'' + 10 = 9.9384418$	$\beta_1 = \log\sin 65°18'49.3'' + 10 = 9.9583766$
$\alpha_2 = \log\sin 64°42'21.2'' + 10 = 9.9562292$	$\beta_2 = \log\sin 55°21'58.0'' + 10 = 9.9152945$
$\alpha_3 = \log\sin 60°30'30.8'' + 10 = 9.9397335$	$\beta_3 = \log\sin 60°43'44.3'' + 10 = 9.9406741$
$\Sigma\log\sin\alpha = 29.8344045$	$\Sigma\log\sin\beta = 29.8143452$
$\log b_1 = \log 3244.16 = 3.5111023$	$\log b_2 = \log 3397.53 = 3.5311633$
$\Sigma\log\sin\alpha + \log b_1 = 33.3455068$	$\Sigma\log\sin\beta + \log b_2 = 33.3455085$

2) 표차 계산

표차 α	표차 β
$\alpha_1 = \dfrac{21.055}{\tan 60°12'32.7''} = 12.05$	$\beta_1 = \dfrac{21.055}{\tan 65°18'49.3''} = 9.68$
$\alpha_2 = \dfrac{21.055}{\tan 64°42'21.2''} = 9.95$	$\beta_2 = \dfrac{21.055}{\tan 55°21'58.0''} = 14.54$
$\alpha_3 = \dfrac{21.055}{\tan 60°30'30.8''} = 11.91$	$\beta_3 = \dfrac{21.055}{\tan 60°43'44.3''} = 11.80$
$\Sigma 69.93$	

3) 변조정량 계산(V_4)

$$\text{변조정량}(V_4) = \frac{(\Sigma\log\sin\alpha + \log b_1) - (\Sigma\log\sin\beta + \log b_2)}{\Sigma\text{표차}}$$

$$= \frac{33.3455068 - 33.3455085}{69.93} = \frac{68-85}{69.93}$$

$$= -0.24 = -0.2''$$

$\Sigma\log\sin\alpha < \Sigma\log\sin\beta$

큰 각에 (−)보정, 작은 각에 (+)보정한다.

5. 각 측선의 거리 계산(변 조정각으로 계산)

$$\text{소구변장} = \frac{\text{sin소구변대각}}{\text{sin기지변대각}} \times \text{기지변장}$$

①번 삼각형

$$A \rightarrow B = \frac{\sin\gamma_1}{\sin\beta_1} \times b_1 = \frac{\sin 54°28'38.0''}{\sin 65°18'49.1''} \times 3244.16 = 2905.95$$

$$C \rightarrow B = \frac{\sin\alpha_1}{\sin\beta_1} \times b_1 = \frac{\sin 60°12'32.9''}{\sin 65°18'49.1''} \times 3244.16 = 3098.62$$

②번 삼각형

$$B \rightarrow D = \frac{\sin\gamma_2}{\sin\beta_2} \times \overline{CB} = \frac{\sin 59°55'40.8''}{\sin 55°21'57.8''} \times 3098.62 = 3259.04$$

$$C \rightarrow D = \frac{\sin\alpha_2}{\sin\beta_2} \times \overline{CB} = \frac{\sin 64°42'21.4''}{\sin 55°21'57.8''} \times 3098.62 = 3404.89$$

③번 삼각형

$$D \rightarrow E = \frac{\sin\gamma_3}{\sin\beta_3} \times \overline{CD} = \frac{\sin 58°45'44.9''}{\sin 60°43'44.1''} \times 3404.89 = 3337.40$$

$$C \rightarrow E = \frac{\sin\alpha_3}{\sin\beta_3} \times \overline{CD} = \frac{\sin 60°30'31.0''}{\sin 60°43'44.1''} \times 3404.89 = 3397.53$$

$b_2 = C \rightarrow E = 3397.53$ ∴ OK

6. 방위각 계산($T_a = 5°46'49.6''$, $T_b = 358°56'53.3''$)

①번 삼각형

$V_A^B = T_a - \alpha_1 = 5°46'49.6'' - 60°12'32.9'' + 360° = 365°34'16.7''$

$V_C^B = T_a + 180° + \gamma_1 = 5°46'49.6'' + 180° + 54°28'38.0'' = 240°15'27.6''$

②번 삼각형

$V_B^D = V_A^B + 180° - B_1 - \alpha_2$

$= 305°34'16.7'' - 65°18'49.1'' - 64°42'21.4'' + 180° = 355°33'6.2''$

$V_c^D = V_c^B + \gamma_2 = 240°15'27.6'' + 59°55'40.8'' = 300°11'8.4''$

[별해] $V_C^A + r_1 + r_2 = V_A^C + 180° + r_1 + r_2$

$= 5°46'49.6'' + 180° + 54°28'38'' + 59°55'40.8'' = 300°11'8.4''$

③번 삼각형

$V_D^E = V_C^D + 180° - \alpha_3 = 300°11'8.4'' + 180° - 60°30'31'' = 59°40'37.4''$

$V_C^E = V_C^D + \gamma_3 = 300°11'8.4'' + 58°45'44.9'' = 358°56'53.3''$

7. 위거, 경거 계산

①번 삼각형

A→B 위거=2905.95× cos 305°34′16.7″ =1690.437

경거=2905.95× sin 305°34′16.7″ =−2363.677

C→B 위거=3098.62× cos 240°15′27.6″ =−1537.226

경거=3098.62× sin 240°15′27.6″ =−2690.424

②번 삼각형

B→D 위거=3259.04× cos 355°33′6.2″ =3249.223

경거=3259.04× sin 355°33′6.2″ =−252.768

C→D 위거=3404.89× cos 300°11′8.4″ =1711.991

경거=3404.89× sin 300°11′8.4″ =−2943.189

③번 삼각형

D→E 위거=3337.40× cos 59°40′37.4″ =1684.964

경거=3337.40× sin 59°40′37.4″ =2880.822

C → E 위거 $= 3397.53 \times \cos 358° 56' 53.3'' = 3396.957$

경거 $= 3397.53 \times \sin 358° 56' 53.3'' = -62.370$

8. 좌표 계산

측점		X 좌표	Y 좌표
A		5703.08	5539.64
C		8930.74	5866.38
E		12327.70	5804.01
B	A → B	5703.08+1690.437=7393.517	5539.64−2363.677=3175.963
	C → B	8930.74+(−1537.226)=7393.514	5866.38−2690.424=3175.956
	평균	7393.516	3175.959
D	B → D	7393.516+3249.223=10642.739	3175.959−252.768=2923.191
	C → D	8930.74+1711.911=10642.731	5866.38−2943.189=2923.191
	평균	10642.735	2923.191
E	D → E	10642.735+1684.964=12327.699	2923.191+2880.822=5804.013
	C → E	8930.74+3396.957=12327.697	5866.38−62.370=5804.010
	평균	12327.698	5804.020

도형	각명	관측각	각조건		방향각조정			변조건				
			V_1	조정각	V_2	V_3	조정각	log sin(α)	log sin(β)	표차	변조정량(V_4)	조정각
1	α_1	60° 12′ 29.2″	+2.4	60° 12′ 31.6″		+1.1	60° 12′ 32.7″	9.9384418		12.05	+0.2	60° 12′ 32.9″
	β_1	65° 18′ 45.8″	+2.3	65° 18′ 48.1″		+1.2	65° 18′ 49.3″		9.9583766	9.68	−0.2	65° 18′ 49.1″
	γ_1	54° 28′ 37.9″	+2.4	54° 28′ 40.3″	−2.3		54° 28′ 38.0″					54° 28′ 38.0″
	계	179° 59′ 52.9″		180° 00′ 00″			180° 00′ 00″					180° 00′ 00″
2	α_2	64° 42′ 21.3″	−1.2	64° 42′ 20.1″		+1.1	64° 42′ 21.2″	9.9562292		9.95	+0.2	64° 42′ 21.4″
	β_2	55° 21′ 58.0″	−1.1	55° 21′ 56.9″		+1.1	55° 21′ 58.0″		9.9152945	14.54	−0.2	55° 21′ 57.8″
	γ_2	59° 55′ 44.1″	−1.1	59° 55′ 43.0″	−2.2		59° 55′ 40.8″					59° 55′ 40.8″
	계	180° 00′ 03.4″		180° 00′ 00″			180° 00′ 00″					180° 00′ 00″
3	α_3	60° 30′ 28.2″	+1.5	60° 30′ 29.7″		+1.1	60° 30′ 30.8″	9.9397335		11.91	+0.2	60° 30′ 31.0″
	β_3	60° 43′ 41.6″	+1.5	60° 43′ 43.1″		+1.2	60° 43′ 44.3″		9.9406741	11.80	−0.2	60° 43′ 44.1″
	γ_3	58° 45′ 45.7″	+1.5	58° 45′ 47.2″	−2.3		58° 45′ 44.9″					58° 45′ 44.9″
	계	179° 59′ 55.5″		180° 00′ 00″			180° 00′ 00″	29.8344045	29.8143452	69.93		180° 00′ 00″
4	α_4											
	β_4											
	γ_4											
	계											

도형	각명	측선(변명)	거리(변장)	방위각	위거	경거	X좌표 기지점 : A : 5703.08 기지점 : C : 8930.74 기지점 : E : 12327.70	Y좌표 기지점 : A : 5539.64 기지점 : C : 5866.38 기지점 : E : 5804.01	측점
1	α_1	A → B	2905.95	305° 34′ 16.7″	1690.437	−2363.677	7393.517	3175.963	
	β_1	C → B	3098.62	240° 15′ 27.6″	−1537.226	−2690.424	7393.514	3175.956	
	γ_1	→							
	계					평균	7393.516	3175.959	B
2	α_2	B → D	3259.04	355° 33′ 06.2″	3249.223	−252.768	10642.739	2923.191	
	β_2	C → D	3404.89	300° 11′ 08.4″	1711.991	−2943.189	10642.731	2923.191	
	γ_2	→							
	계					평균	10642.735	2923.191	D
3	α_3	D → E	3337.40	59° 40′ 37.4″	1684.964	2880.822	12327.699	5804.013	
	β_3	C → E	3397.53	358° 56′ 53.3″	3396.957	−62.370	12327.697	5804.010	
	γ_3	→							
	계					평균	12327.698	5804.020	E
4	α_4	→							
	β_4	→							
	γ_4	→							
	계								

02

다음 그림과 같은 단열삼각망을 조정하시오. (단, T_a=338°14′52.6″, T_b=331°39′31.2″, b_1=4114.65, b_2=5312.04, 표차는 소수점 아래 2자리에서 반올림, 각은 0.1″까지, 대수는 7째자리까지 계산)

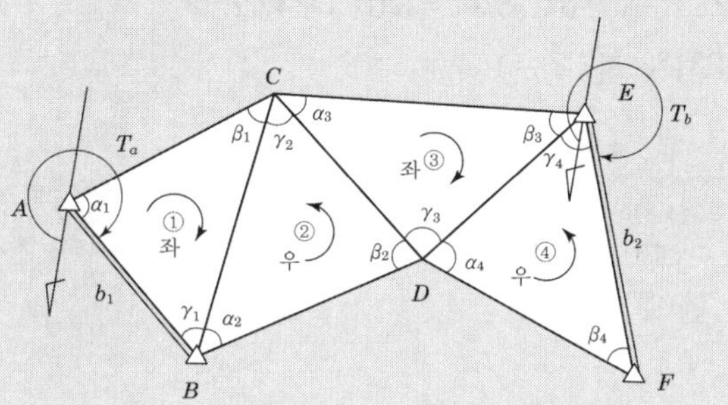

각명	관측각	각명	관측각
α_1	85°17′29.6″	α_3	82°06′28.7″
β_1	57°06′29.4″	β_3	59°57′23.9″
γ_1	37°35′52.8″	γ_3	37°56′17.0″
α_2	62°35′05.3″	α_4	73°12′07.7″
β_2	72°22′27.5″	β_4	69°43′00.5″
γ_2	45°02′21.5″	γ_4	37°04′51.1″

1. 각조정(제1 조정)

①번 삼각형

$\alpha_1+\beta_1+\gamma_1=179°59'51.8''$

180°−179°59′51.8″=8.2″

오차 보정 $\frac{8.2}{3}$=2.7″[180°보다 작으므로 +2.7″씩 보정하고 +2.8″는 제일 큰 각(90°에 가까운 각)에 보정]

②번 삼각형

$\alpha_2+\beta_2+\gamma_2=179°59'54.3''$

179°59′54.3″−180°=5.7″

오차 보정=$\frac{-5.7}{3}$=−1.9″(180°보다 작으므로 +1.9″씩 보정)

③번 삼각형

$\alpha_3+\beta_3+\gamma_3=180°00'09.6''$

180°−180°00′09.6″=9.6″(180°보다 크므로 $-\frac{9.6}{3}$씩 보정)

$\frac{9.6}{3}=3.2''$

④번 삼각형

$(\alpha_4+\beta_4+\gamma_4)-180°=-0.7''$

오차 보정=$\frac{-0.7}{3}=0.2''$

∴ 180°보다 작으므로 +0.2″씩 보정하고 +0.3″는 90°에 가까운 각에 보정한다.

2. 방향각 조정(γ각 조정 : 각조정각으로 계산) V_2, V_3 조정

$V_A^B = T_a = 338°14'52.6''$

$V_B^C = V_A^B - 180° + \gamma_1 = 338°14'52.6'' - 180° + 37°35'55.5'' = 195°50'48.1''$

$V_C^D = V_B^C + 180° - \gamma_2 = 195°50'48.1'' + 180° - 45°02'27.4'' = 330°48'24.7''$

$V_D^E = V_C^D - 180° + \gamma_3 = 330°48'24.7'' - 180° + 37°56'09.8'' = 188°44'38.5''$

$V_E^F = V_D^E + 180° - \gamma_4 = 188°44'38.5'' + 180° - 37°04'55.3'' = 331°39'47.2''$

2차$= T_b -$계산 방위각 $=331°39'31.2'' - 331°39'47.2'' = 16''$

2차 보정$= \dfrac{\varepsilon}{n} = \dfrac{-16}{4} = -4''$

계산 방위각이 크면 [우측각 +보정, 좌측각 −보정]

계산 방위각이 작으면 부호만 반대

좌측각 : γ_1, γ_3, 우측각 : γ_2, γ_4

$\gamma_1 \sim \gamma_4$를 보정하면 180°와 다르므로 나머지 α, β각에는 γ각에 보정값을 $\dfrac{1}{2}$씩 보정하되 부호는 반대

3. 변조정(V_4 조정)

1) log sin α, β 계산(방향각 조정된 각을 사용하고 +10을 보정)

log sin α+10	log sin β+10
$\alpha_1 = \log\sin 85°17'34.4'' + 10 = 9.9985327$ $\alpha_2 = \log\sin 62°35'05.2'' + 10 = 9.9482628$ $\alpha_3 = \log\sin 82°06'25.5'' + 10 = 9.9958667$ $\alpha_4 = \log\sin 73°12'06.0'' + 10 = 9.9810607$	$\beta_1 = \log\sin 57°06'34.1'' + 10 = 9.9241291$ $\beta_2 = \log\sin 72°22'27.4'' + 10 = 9.9791179$ $\beta_3 = \log\sin 59°57'22.7'' + 10 = 9.9373392$ $\beta_4 = \log\sin 69°42'58.7'' + 10 = 9.9721971$
$\Sigma \log\sin\alpha = 39.9237229$	$\Sigma \log\sin\beta = 39.8127833$
$\log b_1 = \log 4114.65 = 3.6143329$	$\log b_2 = \log 5312.04 = 3.7252613$
$\Sigma \log\sin\alpha + \log b_1 = 43.5380519$	$\Sigma \log\sin\beta + \log b_2 = 43.5380446$

2) 표차 계산

표차 α	표차 β
$\alpha_1 = \dfrac{21.055}{\tan 85°17'34.4''} = 1.7$ $\alpha_2 = \dfrac{21.055}{\tan 62°35'05.2''} = 10.9$ $\alpha_3 = \dfrac{21.055}{\tan 82°06'27.5''} = 2.9$ $\alpha_4 = \dfrac{21.055}{\tan 73°12'06.0''} = 6.4$	$\beta_1 = \dfrac{21.055}{\tan 57°06'34.1''} = 13.6$ $\beta_2 = \dfrac{21.055}{\tan 72°22'27.4''} = 6.7$ $\beta_3 = \dfrac{21.055}{\tan 59°57'22.7''} = 12.2$ $\beta_4 = \dfrac{21.055}{\tan 69°42'58.7''} = 7.8$
$\Sigma 62.2$	

3) 변조정량 계산

$$변조정량=\frac{(\Sigma \log \sin\alpha+\log b_1)-(\Sigma \log \sin\beta+\log b_2)}{\Sigma 표차}$$

$$=\frac{43.5380519-43.5380446}{62.2}=\frac{519-446}{62.2}=1.2''$$

$(\Sigma \log \sin\alpha+\log b_1)>(\Sigma \log \sin\beta+\log b_2)$

$\alpha_1,\ \alpha_2,\ \alpha_3,\ \alpha_4$: − 보정
$\beta_1,\ \beta_2,\ \beta_3,\ \beta_4$: + 보정 한다. (γ각은 보정 안 한다.)

4. 각 측선의 거리 계산(변조정각으로 계산)

①번 삼각형

$$A\rightarrow C=\frac{\sin\gamma_1}{\sin\beta_1}\times b_1=\frac{\sin 37°35'51.5''}{\sin 57°06'35.3''}\times 4114.65=2989.59$$

$$B\rightarrow C=\frac{\sin\alpha_1}{\sin\beta_1}\times b_1=\frac{\sin 85°17'33.2''}{\sin 57°06'35.3''}\times 4114.65=4883.54$$

②번 삼각형

$$C\rightarrow D=\frac{\sin\alpha_2}{\sin\beta_2}\times \overline{BC}=\frac{\sin 62°35'04.0''}{\sin 72°22'28.6''}\times 4883.54=4548.60$$

$$B\rightarrow D=\frac{\sin\gamma_2}{\sin\beta_2}\times \overline{BC}=\frac{\sin 45°02'27.4''}{\sin 72°22'28.6''}\times 4883.54=3625.86$$

③번 삼각형

$$D\rightarrow E=\frac{\sin\alpha_3}{\sin\beta_3}\times \overline{CD}=\frac{\sin 82°06'26.3''}{\sin 59°57'23.9''}\times 4548.60=5204.79$$

$$C\rightarrow E=\frac{\sin\gamma_3}{\sin\beta_3}\times \overline{CD}=\frac{\sin 37°56'09.8''}{\sin 59°57'23.9''}\times 4548.60=3230.41$$

④번 삼각형

$$D\rightarrow F=\frac{\sin\gamma_4}{\sin\beta_4}\times \overline{DE}=\frac{\sin 37°04'55.3''}{\sin 69°42'59.9''}\times 5204.79=3345.74$$

$$E\rightarrow F=\frac{\sin\alpha_4}{\sin\beta_4}\times \overline{DE}=\frac{\sin 73°12'04.8''}{\sin 69°42'59.9''}\times 5204.79=5312.09$$

$\overline{EF}(b_2)=5312.04$
$E\rightarrow F: 5312.09$] 5mm 오차

5. 방위각 계산($T_a=338°14'52.6''$, $T_b=331°39'31.2''$)

①번 삼각형

$$V_A^C=V_A^B-\alpha_1=338°14'52.6''-85°17'33.2''=252°57'19.4''$$

$$V_B^C=V_A^B-180°+\gamma_1=338°14'52.6''-180°+37°35'51.5''=195°50'44.1''$$

②번 삼각형

$$V_C^D=V_B^C+180°-\gamma_2=195°50'44.1''+180°-45°02'27.4''=330°48'16.7''$$

$V_B^D = V_B^C + \alpha_2 = 195°50'44.1'' + 62°35'04.0'' = 258°25'48.1''$

③번 삼각형

$V_C^E = V_C^D + \alpha_3 = 330°48'16.7'' - 82°06'26.3'' = 248°41'50.4''$

$V_D^E = V_C^D - 180° - \gamma_3 = 330°48'16.7'' - 180° + 37°56'09.8'' = 188°44'26.5''$

④번 삼각형

$V_E^F = V_D^E + 180° - \gamma_4 = 188°44'26.5'' + 180° - 37°04'55.3'' = 331°39'31.2''$

$V_D^F = V_D^E + \alpha_4 = 188°44'26.5'' + 73°12'04.8'' = 261°56'31.3''$

$T_b = V_E^F = 331°39'31.2''$ (OK)

6. 위거, 경거 계산

위거 : 일정한 자오선에 대한 어떤 측선의 정사투영거리(북쪽 +, 남쪽 −)

경거 : 일정한 동서선에 대한 어떤 측선의 정사투영거리(동쪽 +, 서쪽 −)

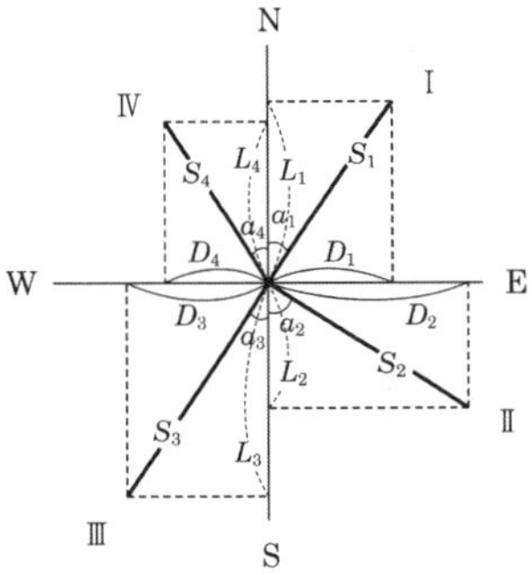

경, 위거 \ 상환	I	II	III	IV
위거(L)(cos)	$+S_1 \cos \alpha_1$	$-S_2 \cos \alpha_2$	$-S_3 \cos \alpha_3$	$-S_4 \cos \alpha_4$
경거(D)(sin)	$+S_1 \sin \alpha_1$	$+S_2 \sin \alpha_2$	$+S_3 \sin \alpha_3$	$+S_4 \sin \alpha_4$

①번 삼각형 $\overline{AC}$

위거(L_1)=2989.59×cos 252°57′19.4″=−876.297

경거(D_1)=2989.59×sin 252°57′19.4″=−2858.278

①번 삼각형 $\overline{BC}$

위거(L_2)=4883.54×cos 195°50′44.1″=−4697.971

경거(D_2)=4883.54×sin 195°50′44.1″=−1333.430

②번 삼각형 $\overline{CD}$

위거=4548.60×cos 330°48′16.7″=3970.753

경거=4548.60×sin 330°48′16.7″=−2218.757

②번 삼각형 $\overline{BD}$

위거=3625.86×cos 258°25′48.1″=−727.219

경거=3625.86×sin 258°25′48.1″=−3552.184

③번 삼각형 $\overline{CE}$

위거=3230.41×cos 248°41′50.4″=−1173.590

경거=3230.41×sin 248°41′50.4″=−3009.690

③번 삼각형 $\overline{DE}$

위거=5204.79×cos 188°44′26.5″=−5144.343

경거=5204.79×sin 188°44′26.5″=−790.935

④번 삼각형 $\overline{DF}$

위거=3345.74×cos 261°56′31.3″=−468.987

경거=3345.74×sin 261°56′31.3″=−3312.707

④번 삼각형 $\overline{EF}$

위거=5312.09×cos 331°39′31.2″=4675.357

경거=5312.09×sin 331°39′31.2″=−2521.773

7. 좌표 계산

측점		X	Y
A		**4635.000m**	**1954.200m**
C	A−B	4635.000+3821.672=8456.672	1954.200−1524.851=429.349
	A−C	4635.000+(−876.297)=3758.703	1954.200−2858.278=−904.078
	B−C	8456.672−4697.971=3758.701	429.349−1333.430=−904.081
평균		3758.702	−904.080
D	C−D	3758.702+3970.753=7729.455	−904.080−2218.757=−3122.837
	B−D	8456.672−727.219=7729.453	429.349−3552.184=3122.835
평균		7729.454	−3122.836
E	C−E	3758.702−1173.590=2585.112	−904.080−3009.690=−3913.770
	D−E	7729.454−5144.343=2585.111	−3122.836−790.935=−3913.771
평균		2585.112	−3913.771
F	D−E	7729.454−468.989=7260.465	−3122.836−3312.707=6435.543
	E−F	2585.112+4675.357=7260.469	−3913.771−2521.773=6435.544
평균		7260.467	6435.544

도형	각명	관측각	각조건		방향각조정			변조건				
			V_1	조정각	V_2	V_3	조정각	log sin(α)+10	log sin(β)+10	표차	변조정량(V_4)	조정각
1	α_1	85° 17′ 29.6″	+2.8	85° 17′ 32.4″		+2	85° 17′ 34.4″	9.9985327		1.7	−1.2	85° 17′ 33.2″
	β_1	57° 06′ 29.4″	+2.7	57° 06′ 32.1″		+2	57° 06′ 34.1″		9.9241291	13.6	+1.2	57° 06′ 35.3″
	γ_1	37° 35′ 52.8″	+2.7	37° 35′ 55.5″	−4		37° 35′ 51.5″					37° 35′ 51.5″
	계	179° 59′ 51.8″					180° 00′ 00″					180° 00′ 00″
2	α_2	62° 35′ 05.3″	+1.9	62° 35′ 07.2″		−2	62° 35′ 05.2″	9.9482628		10.9	−1.2	62° 35′ 04.0″
	β_2	72° 22′ 27.5″	+1.9	72° 22′ 29.4″		−2	72° 22′ 27.4″		9.9791179	6.7	+1.2	72° 22′ 28.6″
	γ_2	45° 02′ 21.5″	+1.9	45° 02′ 23.4″	+4		45° 02′ 27.4″					45° 02′ 27.4″
	계	179° 59′ 54.3″					180° 00′ 00″					180° 00′ 00″
3	α_3	82° 06′ 28.7″	−3.2	82° 06′ 25.5″		+2	82° 06′ 27.5″	9.9958667		2.9	−1.2	82° 06′ 26.3″
	β_3	59° 57′ 23.9″	−3.2	59° 57′ 20.7″		+2	59° 57′ 22.7″		9.9373392	12.2	+1.2	59° 57′ 23.9″
	γ_3	37° 56′ 17.0″	−3.2	37° 56′ 13.8″	−4		37° 56′ 09.8″					37° 56′ 09.8″
	계	180° 00′ 09.6″					180° 00′ 00″					180° 00′ 00″
4	α_4	73° 12′ 07.7″	+0.3	73° 12′ 08.0″		−2	73° 12′ 06.0″	9.9810607		6.4	−1.2	73° 12′ 04.8″
	β_4	69° 43′ 00.5″	+0.2	69° 43′ 00.7″		−2	69° 42′ 58.7″		9.9721971	7.8	+1.2	69° 42′ 59.9″
	γ_4	37° 04′ 51.1″	+0.2	37° 04′ 51.3″	+4		37° 04′ 55.3″					37° 04′ 55.3″
	계	179° 59′ 59.3″					180° 00′ 00″	39.9237229	39.8127833	62.2		180° 00′ 00″

도형	각명	측선(변명)	거리(변장)	방위각	위거	경거	X좌표	Y좌표	측점
							기지점 A : 4635.000	기지점 A : 1954.200	
1	α_1	A → B	4114.65	338° 14′52.6″	3821.672	−1524.851	8456.672	429.349	B
	β_1	A → C	2989.59	252° 57′19.4″	−876.297	−2858.278	3758.703	−904.078	C
	γ_1	B → C	4883.54	195° 50′44.1″	−4697.971	−1333.430	3758.701	−904.081	C
	계					평균	3758.702	−904.080	C
2	α_2	C → D	4548.60	330° 48′16.7″	3970.753	−2218.757	7729.455	−3122.837	D
	β_2	B → D	3625.86	258° 25′48.1″	−727.219	−3552.184	7729.453	−3122.835	D
	γ_2	→							
	계					평균	7729.454	−3122.836	D
3	α_3	C → E	3230.41	248° 41′50.4″	−1173.590	−3009.690	2585.112	−3913.770	E
	β_3	D → E	5204.79	188° 44′26.5″	−5144.343	−790.935	2585.111	−3913.770	E
	γ_3	→							
	계					평균	2585.112	−3913.771	E
4	α_4	D → F	3345.74	261° 56′31.3″	−468.989	−3312.707	7260.465	6435.543	F
	β_4	E → F	5312.09	331° 39′31.2″	4675.357	−2521.773	7260.469	6435.544	F
	γ_4	기존데이터	(5312.04)	331° 39′31.2″					
	계					평균	7260.467	6435.544	F

03

다음 단열삼각망의 측량 결과에 의하여 각을 조정하시오. (단, b_1=109.314, b_2=110.984, 각은 0.1″까지, 표차는 소수 2자리에서 반올림할 것) V_A^B=110°20′21″, A측점(X=100, Y=100)

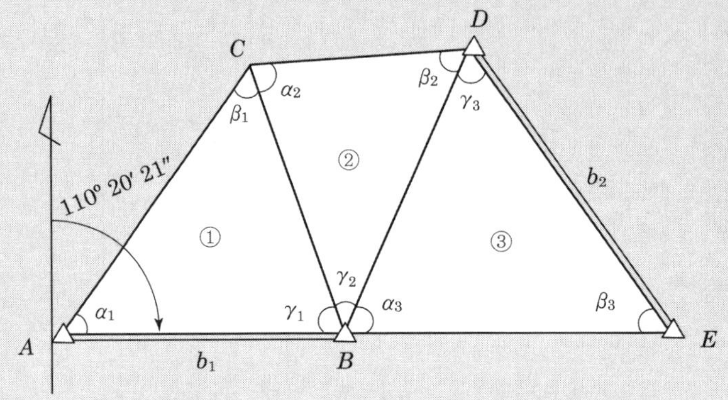

	①	②	③
α	61° 43′ 20″	60° 24′ 18″	59°44′ 54″
β	58° 13′ 39″	60° 34′ 24″	61°37′ 51″
γ	60° 02′ 49″	59° 01′ 26″	58°37′ 00″

1. 각조정(제1 조정)

①번 삼각형

$\alpha_1+\beta_2+\gamma_3$=179°59′48″

180°−179°59′48″=12″

오차 보정=$\frac{12}{3}$=4″(180°보다 작으므로 +4″씩 보정)

②번 삼각형

$\alpha_2+\beta_2+\gamma_2$=180°00′09″

180°−180°00′09″=−9″

오차 보정=$\frac{-9''}{3}$=−3″(180°보다 크므로 −3″씩 보정)

③번 삼각형

$\alpha_3+\beta_3+\gamma_3$=179°59′45″

180°−179°59′45″=15″

오차 보정=$\frac{15}{3}$=5″(+5″씩 보정)

2. 변조정(제2 조정)

1) log sin α, β 계산(각조정된 각을 사용)

log sin α	log sin β
α_1=log sin 61° 43′ 24″ +10=9.9448134 α_2=log sin 60° 24′ 15″ +10=9.9392850 α_3=log sin 59° 44′ 59″ +10=9.9364298	β_1=log sin 58° 13′ 43″ +10=9.9294985 β_2=log sin 60° 34′ 22″ +10=9.9400084 β_3=log sin 61° 37′ 56″ +10=9.9444412
Σlog sin α=29.8205282	Σlog sin β=29.8139481
log b_1=log 109.314=2.0386758	log b_2=log 110.984=2.0452604
Σlog sin α+log b_1=31.8592040	Σlog sin β+log b_2=31.8592085

2) 표차 계산

각명	표차(α)	각명	표차(β)
$\alpha_1 = \dfrac{21.055}{\tan 61°43'24''} = 11.3$ $\alpha_2 = \dfrac{21.055}{\tan 60°24'15''} = 12.0$ $\alpha_3 = \dfrac{21.055}{\tan 59°44'59''} = 12.3$		$\beta_1 = \dfrac{21.055}{\tan 58°13'43''} = 13.0$ $\beta_2 = \dfrac{21.055}{\tan 60°34'22''} = 11.9$ $\beta_3 = \dfrac{21.055}{\tan 61°37'56''} = 11.4$	
Σ71.9			

3) 변조정량 계산

$$변조정량 = \frac{(\Sigma \log \sin\alpha + \log b_1) - (\Sigma \log \sin\beta + \log b_2)}{\Sigma 표차}$$

$$= \frac{31.8592040 - 31.8592085}{71.9} = \frac{40-85}{71.9} = -0.6''$$

4) 조정각 계산 : 변조정량을 각조정에 (±)가감하여 기재한다.

3. 각 측선의 거리 계산(변조정각으로 계산)

$$소구변장 = \frac{소구변의\ 대각\sin}{기지변의\ 대각\sin} \times 기지변$$

1) ①번 삼각형

$$\overline{AC} = \frac{\sin\gamma_1}{\sin\beta_1} \times \overline{AB} = \frac{\sin 60°02'53''}{\sin 58°13'42.4''} \times 109.314 = 111.409$$

$$\overline{CB} = \frac{\sin\alpha_1}{\sin\beta_1} \times \overline{AB} = \frac{\sin 61°43'24.6''}{\sin 58°13'42.4''} \times 109.314 = 113.238$$

②번 삼각형

$$\overline{CD}=\frac{\sin\gamma_2}{\sin\beta_2}\times\overline{CB}=\frac{\sin 59°01'23''}{\sin 60°34'21.4''}\times 113.238=111.469$$

$$\overline{DB}=\frac{\sin\alpha_2}{\sin\beta_2}\times\overline{CB}=\frac{\sin 60°24'15.6''}{\sin 60°34'21.4''}\times 113.238=113.050$$

③번 삼각형

$$\overline{BE}=\frac{\sin\gamma_3}{\sin\beta_3}\times\overline{DB}=\frac{\sin 58°37'05''}{\sin 61°37'55.4''}\times 113.050=109.698$$

$$\overline{DE}=\frac{\sin\alpha_3}{\sin\beta_3}\times\overline{DB}=\frac{\sin 59°44'59.6''}{\sin 61°37'55.4''}\times 113.050=110.984$$

5. 방위각 계산($V_a^b=110°20'21''$)

①번 삼각형

$V_A^C=V_A^B=\alpha_1=110°20'21''-61°43'24.6''=48°36'56.4''$

$V_B^C=V_A^B+180°-\gamma_1=110°20'21''+180°+60°02'53''=350°23'14''$

②번 삼각형

$V_C^D=V_A^C+180°-\beta_1-\alpha_2$

$=48°36'56.4''+180°-58°13'42.4''-60°24'15.6''=109°58'58.4''$

$V_B^D=V_b^c+\gamma^2=350°23'14''+59°01'23''=49°24'37''$

③번 삼각형

$V_B^E=V_B^D+\alpha_3=49°24'37''+59°44'59.6''=109°09'36.6''$

$V_D^E=V_B^D+180°-\gamma^3=49°24'37''+180°-58°37'05''=170°47'32''$

6. 위거, 경거의 계산

위거 : 일정한 자오선에 대한 어떤 측선의 정사 투명거리(북쪽 : + , 남쪽 : −)

경거 : 일정한 동서선에 대한 어떤 측선의 정사 투명거리(동쪽 : + , 서쪽 : −)

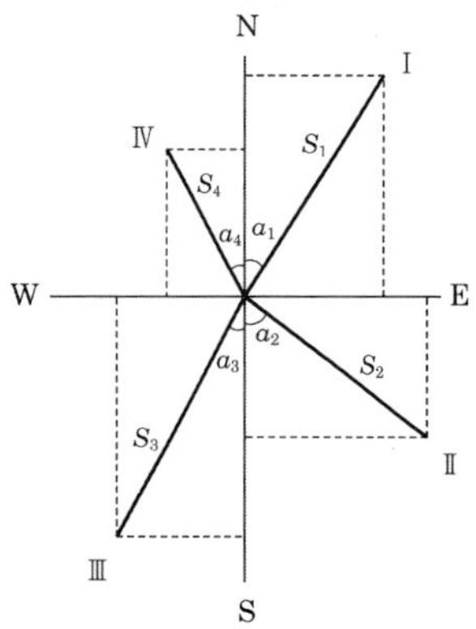

경, 위거 상한	I	II	III	IV
위거(cos)	$+S_1\cos\alpha_1$	$-S_2\cos\alpha_2$	$-S_3\cos\alpha_3$	$+S_4\cos\alpha_4$
경거(sin)	$+S_1\sin\alpha_1$	$+S_1\sin\alpha_2$	$-S_2\sin\alpha_3$	$-S_4\sin\alpha_4$

①번 삼각형 $\overline{AC}$

위거=거리×cos V=111.409×cos 48°36′56.4″=73.653

경거=거리×sin V=111.409×sin 48°36′56.4″=83.589

①번 삼각형 $\overline{BC}$

위거=113.238×cos 350°23′14″=111.648

경거=113.238×sin 350°23′14″=−18.909

②, ③번 삼각형도 같은 방법으로 계산한다.

7. X, Y 좌표 계산 : A측점(X=100m, Y=100m)

1) X 좌표

측점 A=100.000

측점 B=100+(−37.995)=62.005

측점(B→C)=62.005+111.648=173.653
측점(A→C)= 100+73.653=173.653

측점(C→D)=173.653−38.093=135.560
측점(B→D)= 62.005+73.555=135.560

측점(B→E)=62.005−36.004=26.001
측점(D→E)= 135.560−109.554=26.006

2) Y 좌표

측점 A=100.000

측점 B=100+102.498=202.498

측점 C(B→C)=202.498−18.909=183.589

(A→C)=100+83.589=183.589

측점 D(C→D)=183.589+104.758=288.347

(B→D)=202.498+85.849=288.347

측점 E(B→E)=202.498+103.621=306.119

(D→E)=288.347+17.759=306.106

$$평균=\frac{306.119+306.106}{2}=306.113$$

도형	각명	관측각	각조건		변조건				
			조정량(V_1)	조정각	log sin(α)	log sin(β)	표차	변조정량(V_4)	조정각
1	α_1	61° 43′ 20″	+4″	61° 43′24″	9.9448134		+11.3	+0.6	61° 43′24.6″
	β_1	58° 13′ 39″	+4″	58° 13′43″		9.9294985	−13.0	−0.6	58° 13′42.4″
	γ_1	60° 02′ 49″	+4″	60° 02′53″					60° 02′53″
	계	179° 59′ 48″		180° 00′00″					180° 00′00″
2	α_2	60° 24′ 18″	−3″	60° 24′15″	9.9392850		12.0	+0.6	60° 24′15.6″
	β_2	60° 34′ 25″	−3″	60° 34′22″		9.9400084	11.9	−0.6	60° 34′21.4″
	γ_2	59° 01′ 26″	−3″	59° 01′23″					59° 01′23″
	계	180° 00′ 09″		180° 00′00″					180° 00′00″
3	α_3	59° 44′ 54″	+5″	59° 44′59″	9.9364298		12.3	+0.6	59° 44′59.6″
	β_3	61° 37′ 51″	+5″	61° 37′56″		9.9444412	11.4	−0.6	61° 37′55.4″
	γ_3	58° 37′ 00″	+5″	58° 37′05″					58° 37′05″
	계	179° 59′ 45″		180° 00′00″	29.8205282	29.8139481	71.9		180° 00′00″
4	α_4								
	β_4								
	γ_4								
	계								

도형	각명	측선(변명)	거리(변장)	방위각	위거	경거	좌표(m)		측점
							X A측점(100.0000)	Y A측점(100.0000)	A
1	α_1	$\overline{AC}$	111.409	48° 36′ 56.4″	73.653	83.589	173.653	183.589	C
	β_1	$\overline{BC}$	113.238	350° 23′ 14″	111.648	−18.909	173.653	183.589	C
	γ_1	$\overline{AB}$	109.314	110° 20′ 21″	−37.995	102.498	62.005	202.498	B
	계					평균	173.653	183.589	C
2	α_2	$\overline{CD}$	111.469	109° 58′ 58.4″	−38.093	104.758	135.560	288.347	D
	β_2	$\overline{BD}$	113.050	49° 24′ 37″	73.555	85.849	135.560	288.347	D
	γ_2								
	계					평균	135.560	288.347	D
3	α_3	$\overline{BE}$	109.698	109° 09′ 36.6″	−36.004	103.621	26.001	306.119	E
	β_3	$\overline{DE}$	110.984	170° 47′ 32″	−109.554	17.759	26.006	306.106	E
	γ_3								
	계					평균	26.003	306.113	E
4	α_4								
	β_4								
	γ_4								
	계								

거리 소구변 변장$=\dfrac{\sin \text{소구변대각}}{\sin \text{기지변대각}}\times$기지변

위거 = 거리 × $\cos V$
경거 = 거리 × $\sin V$

Chapter 08

관측값 해석이론

8.1 변조건에 대한 조정(제3조정)

오차란 참값과 관측값의 차이를 말하며, 측량에 있어서 요구되는 정확도를 미리 정하고 관측값의 오차가 허용오차 범위 내에 있음을 확인하는 것이 매우 중요한 일이다. 이러한 오차는 자연오차, 기계의 결함 또는 관측자의 습관과 부주의에 의해 일어나며, 일반적으로 관측값과 기준값의 차이에 따른 오차, 수치해석상의 오차, 성질에 의한 오차, 원인에 의한 오차로 크게 분류된다.

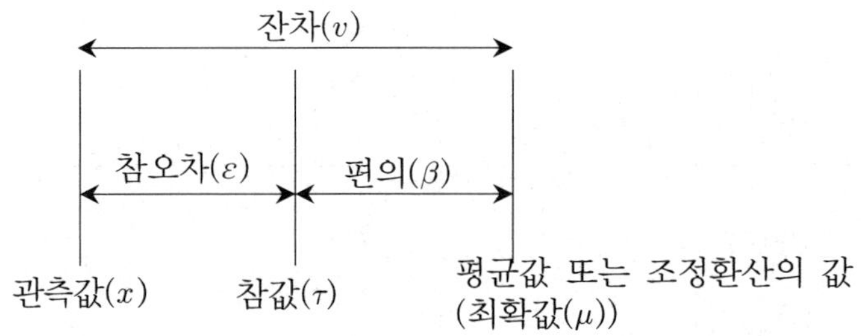

최확값(most probable value)이란 대상에 대한 참값을 알기 위하여 관측할 경우에 오차가 있으므로 관측값에 대한 보정(정오차인 경우) 및 조정(부정오차인 경우)한 값을 최확값 또는 조정환산값이라 한다. 일반적으로 최확값을 평균값이라고도 한다.

8.2 측량 오차의 분류

1) 관측값과 기준값의 차이에 따른 오차의 분류

참오차(Ture Error)	$\varepsilon = x - \tau$(관측값과 참값)의 차이
잔차(Residual Error)	$v = x - \mu$(관측값과 최확값)의 차이
편의(Bias)	$Re = \frac{\lvert v \rvert}{x}$(최확값과 참값)의 차이
상대오차 (Relative Error)	잔차의 절대값에 대한 관측값의 비율 $Re = \frac{\lvert v \rvert}{x}$
평균오차 (Mean Error)	잔차의 절대값에 대한 평균오차 $Me = \frac{\sum \lvert v \rvert}{n}$
평균제곱오차 (Mean Square Error : MSE)	정확도의 척도 $M^2 = \sigma^2 + \beta^2 = E[(x-\tau)^2]$
평균제곱근오차 (Root Mean Square Error : RMSE)	잔차의 제곱을 산술평균한 값의 제곱근을 평균제곱근오차라 하며 밀도함수 전체의 68.26%인 범위이다. 또한 표준편차와 같은 의미로 사용되며 독립관측값인 경우의 분산(σ^2)이 제곱근이다. $\sigma = \pm\sqrt{\frac{[vv]}{n-1}}$
표준편차 (Standard Deviation)	독립관측값의 정밀도의 척도 • 잔차의 제곱을 평균하여 제곱한 오차 • 분산(σ^2)의 제곱근 $\sigma = \pm\sqrt{\frac{[vv]}{n-1}}$
표준오차 (Standard Error)	조정환산값(평균값)의 정밀도의 척도 $\sigma = \pm\sqrt{\frac{[vv]}{n(n-1)}}$
확률오차 (Probable Error)	밀도함수의 50% 범위를 나타내는 오차로서 표준편차 승수 k가 0.6745(67.45%)인 오차를 말한다. $\gamma = \pm 0.6745\sqrt{\frac{[vv]}{n(n-1)}}$

2) 수치 해석상의 오차의 분류

절단오차(Truncation Error)	수치처리과정에서 무한급수가 유한급수로 처리될 때 발생되는 오차
마무리오차(Round-off Error)	Computer의 유한한 기억자리수를 표현할 때 생기는 오차
입력오차(Input Error)	Computer의 무한한 수를 유한한 수로 입력시킬 때 발생되는 오차
변환오차(Translation Error)	Computer의 기억장치에서 진법환산 시 발생되는 오차

3) 성질에 의한 오차의 분류

과실 (착오, 과대오차 : Blunders, Mistakes)	관측자의 미숙과 부주의에 의해 일어나는 오차로서 눈금읽기나 야장기입을 잘못한 경우를 포함하며 주의하면 방지할 수 있다.
정오차 (계통오차, 누차 : Constant, Systematic Error)	일정한 관측값이 일정한 조건하에서 같은 크기와 같은 방향으로 발생되는 오차를 말하며 관측 횟수에 따라 오차가 누적되므로 누차라고도 한다. 이는 원인과 상태를 알면 제거할 수 있다. ① 기계적 오차 : 관측에 사용되는 기계의 불안전성 때문에 생기는 오차 ② 물리적 오차 : 관측 중 온도변화, 광선굴절 등 자연현상에 의해 생기는 오차 ③ 개인적 오차 : 관측자 개인의 시각, 청각, 습관 등으로 생기는 오차
부정오차 (우연오차, 상차 : Random Error)	일어나는 원인이 확실치 않고 관측할 때 조건이 순간적으로 변화하기 때문에 원인을 찾기 힘들거나 알 수 없는 오차를 말한다. 때때로 부정오차는 서로 상쇄되므로 상차라고도 하며, 부정오차는 대체로 확률법칙에 의해 처리되는데 최소제곱법이 널리 이용된다.

4) 원인에 의한 오차의 분류

개인적 오차(Personal Error)	관측자 개인의 시각, 청각, 습관 등으로 인하여 생기는 오차
기계적 오차 (Instrumental Error)	관측에 사용되는 기계의 불안전성 때문에 생기는 오차
자연적 오차(Natural Error)	관측 중 온도변화, 광선굴절 등 자연현상에 의해 생기는 오차

8.3 정확도와 정밀도

관측값의 오차 해석 시 정확도(accuracy)와 정밀도(Precision)의 차이를 이해하는 것이 무엇보다 중요하다.

정밀도는 어느 관측에 대한 관측값의 균질성을 표시하며, 정확도는 관측값이 참값과 얼마나 일치되는가를 표시하는 척도이다.

1) 정확도와 정밀도의 특징

정확도(accuracy)	① 관측값과 참값이 얼마나 일치되는가 표시하는 척도 ② 관측의 정교성이나 균질성과는 무관하다. ③ 정오차와 착오가 얼마나 제거되었는가에 관계
정밀도(precision)	① 관측의 균질성을 표시하는 척도 ② 관측값의 편차가 작으면 정밀하고 편차가 크면 정밀하지 못함 ③ 정밀도는 관측과정과 밀접한 관계가 있음 ④ 관측장비와 관측방법에 크게 영향을 받음 ⑤ 우연오차와 매우 밀접한 관계가 있음

2) 정확도와 정밀도의 표현

그림에서 보는 바와 같이 ⓐ는 정확도가 좋고, ⓑ는 정밀도가 좋으며, ⓒ는 정밀도 및 정확도와는 무관하다.

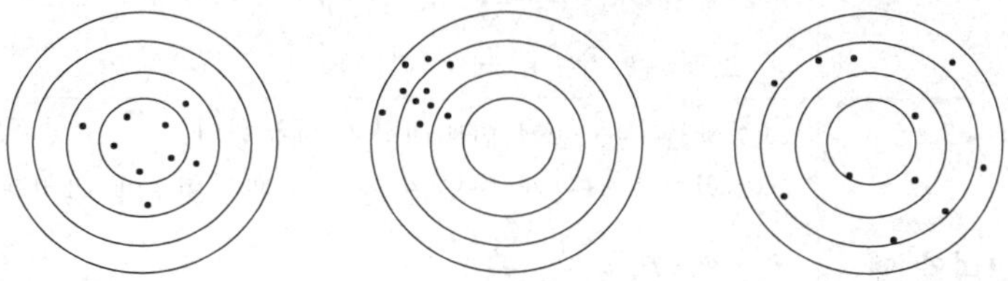

ⓐ ⓑ ⓒ

[정확도와 정밀도 표현]

8.4 최확값(Most Probable Value)

측량은 반복 관측하여도 참값을 얻을 수 없으며 참값에 가까운 값에 도달될 수밖에 없으므로, 이 값을 참값에 대한 최확값이라 한다.

최확값 산정은 독립관측에서는 관측값들을 경중률에 따라 평균값의 산정을 의미하고 어떤 조건하에서 수행되는 조건부 관측에서는 관측값과 조건 이론값의 차이를 경중률에 따라 보정하는 과정을 의미한다.

1) 독립관측

경중률이 일정할 때	$L_0 = \frac{L_1 + P_2 + L_3 + ... + L_n}{n}$ 여기서, L_0 : 최확값, L_1, L_2, L_3, ……, L_n : 관측값
경중률을 고려할 때	$L_0 = \frac{P_1 L_1 + P_2 P_2 + P L_3 + ... + P_n L_n}{P_1 + P_2 + ... + P_n}$ 여기서, P_1, P_2, P_3, ……, P_n : 경중률

2) 조건부 관측

경중률이 일정할 때	관측값과 조건이론값의 차이를 등분배한다. ① 조건=$\alpha + \beta = \gamma$ ② 오차=$(\alpha + \beta) - \gamma$ ③ 조정=$\frac{\text{오차}}{\text{각의 수(3)}}$ ④ 보정=큰 각(−), 작은 각(+)
경중률을 고려할 때	보정량을 경중률에 반비례하여 배분한다. 관측횟수를 다르게 하였을 경우는 관측횟수에 반비례하여 배분한다. $P_1 : P_2 : P_3 = \frac{1}{n_1} : \frac{1}{n_2} : \frac{1}{n_3}$ 조정량=오차×$\frac{\text{조정할 각의 경중률}}{\text{경중률의 합}}$

3) 경중률(무게, 중량값, 비중)

경중률이란 일반적으로 측정할 경우 동일한 정밀도로 측정하는 경우와 서로 상이한 정밀도로 측정하는 경우가 있는데, 정밀도를 서로 상이하게 측정하는 경우에 최확값을 구할 때 정밀도를 고려하는 적용계수를 경중률(Weight)이라고 하는데, 관측값의 신뢰도를 나타내며 다음과 같은 성질을 가진다.

경중률과 관측횟수의 관계	경중률은 관측횟수(N)에 비례한다. $P_1 : P_2 : P_3 = N_1 : N_2 : N_3$
경중률과 노선거리의 관계	경중률은 노선거리(S)에 반비례한다. $P_1 : P_2 : P_3 = \frac{1}{S_1} : \frac{1}{S_2} : \frac{1}{S_3}$
경중률과 평균제곱근 오차의 관계	경중률은 평균제곱근오차(m)의 제곱에 반비례한다. $P_1 : P_2 : P_3 = \frac{1}{m_1^2} : \frac{1}{m_2^2} : \frac{1}{m_3^2}$
경중률과 정밀도의 관계	경중률은 정밀도의 제곱에 비례한다. $(P_1 : P_2 : P_3 = R_1^2 : R_2^2 : R_3^2)$
직접수준측량	직접수준측량에서 오차는 노선거리(S)의 제곱근($\sqrt{S}$)에 비례한다. $(m_1 : m_2 : m_3 = \sqrt{S_1} : \sqrt{S_2} : \sqrt{S_3})$
	직접수준측량에서 경중률은 노선거리(S)에 반비례한다. $(P_1 : P_2 : P_3 = \frac{1}{S_1} : \frac{1}{S_2} : \frac{1}{S_3})$
간접수준측량	간접수준측량에서 오차는 노선거리(S)에 비례한다. $(m_1 : m_2 : m_3 = S_1 : S_2 : S_3)$
	간접수준측량에서 경중률은 노선거리(S)의 제곱에 반비례한다. $(P_1 : P_2 : P_3 = \frac{1}{S_1^2} : \frac{1}{S_2^2} : \frac{1}{S_3^2})$

8.5 오차법칙

측량에 있어서 미지량을 관측할 경우 부정오차가 일어날지 또는 일어나지 않을지가 확실하지 않을 경우, 이 오차가 일어날 가능성의 정도를 확률이라 한다. 이런 오차는 어떤 법칙을 갖고 분포하게 되며 분포특성을 다음과 같이 정의할 수 있다.

① 큰 오차가 생길 확률은 작은 오차가 생길 확률보다 매우 작다.
② 같은 크기의 정(+) 오차와 부(−) 오차가 생길 확률은 거의 같다.
③ 매우 큰 오차는 거의 생기지 않는다.
④ 오차들은 확률법칙을 따른다.

이와 같은 법칙을 오차의 법칙이라 한다.

8.6 정규분포(확률곡선)

미지량 관측 시 부정오차의 발생 가능성 정도를 확률이라 하고, 연속적인 확률변수 X가 분포할 때 평균 μ와 분산 σ^2을 갖는 분포를 정규분포(가우스 분포)라고 하며, 이 분포곡선이 확률곡선이다.

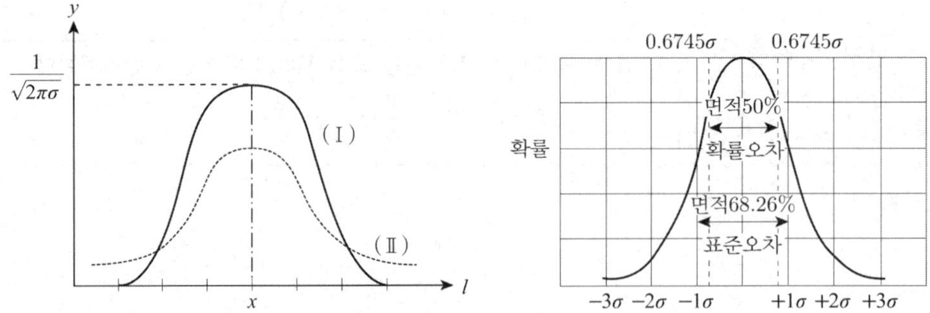

[오차곡선과 확률분포]

8.7 표준오차와 표준편차(평균제곱근오차)·확률오차

1) 표준오차와 표준편차

관측값으로부터 최확값을 해석하는 방법으로 가장 많이 사용하는 평가 및 비교 방법은 표준편차(standard deviation)에 의한 것이다.

잔차의 제곱을 산술 평균한 값의 제곱근을 평균제곱근오차라 하며, 밀도 함수 전체의 68.3%인 범위의 오차이다. 평균제곱근오차(R.M.S.E)는 표준편차와 같은 의미로 사용되며, 계산식은 다음과 같다.

1관측의 평균제곱근오차	관측정밀도가 같을 때	$m = \pm\sqrt{\frac{[v^2]}{n-1}}$
	관측정밀도가 다를 때	$m = \pm\sqrt{\frac{[Pv^2]}{n-1}}$
최확값의 평균제곱근오차 (표준오차)	관측정밀도가 같을 때	$m = \pm\sqrt{\frac{[v^2]}{n(n-1)}}$
	관측정밀도가 다를 때	$m = \pm\sqrt{\frac{[Pv^2]}{[P](n-1)}}$

2) 확률 오차(probable error)

확률 오차(probable error)는 밀도 함수 전체의 50% 범위를 나타내는 오차로서 표준편차의 67.45%를 나타내며, 이것을 식으로 표시하면 다음과 같다.

$$r = \pm 0.6745 M_o = \pm 0.6745\sqrt{\frac{\Sigma P v^2}{\Sigma P(n-1)}}$$

최확값의 확률 오차는

$$r_m = \pm\frac{r}{\sqrt{n}} = \pm 0.6745\sqrt{\frac{\Sigma v^2}{(n-1)}}$$

이 된다.

앞의 그림은 같은 (+) 또는 (−)값을 가지는 오차의 범위에 해당되는 확률 곡선과 면적의 백분율(%)을 나타내는 그래프이다. 곡선으로부터 오차가 $+\sigma$와 $-\sigma$ 사이에 있는 면적은 확률 곡선 아래의 전 면적의 68.3%이다. 이는 최확값이 $\pm\sigma$ 내에 존재할 확률이 68.3%라는 것을 의미한다.

1관측에 대한 확률 오차	관측정밀도가 같을 때	$r=\pm 0.6745\sqrt{\frac{[v^2]}{n-1}}$
	관측정밀도가 다를 때	$r=\pm 0.6745\sqrt{\frac{[Pv^2]}{n-1}}$
최확값에 대한 확률 오차	관측정밀도가 같을 때	$r=\pm 0.6745\sqrt{\frac{[v^2]}{n(n-1)}}$
	관측정밀도가 다를 때	$r=\pm 0.6745\sqrt{\frac{[Pv^2]}{[P](n-1)}}$

예상문제

A, B 두 점의 수평거리를 5회 측정하여 다음 값을 얻었다. 이 거리의 최확치, 평균자승오차(중등 오차), 확률 오차 정도를 구하시오.

구분	관측값	최확값	잔차(V)	V^2
1	36.460		0.03	0.0009
2	36.400		−0.03	0.0009
3	36.380		−0.05	0.0025
4	36.410		−0.02	0.0004
5	36.500		0.07	0.0049
계	182.150		0	0.0096

1) 최확값

$$L_o=\frac{[M]}{m}=\frac{182.150}{5}=36.430$$

2) 평균자승오차(중등 오차)

$$M_o=\sqrt{\frac{V^2}{n(n-1)}}=\sqrt{\frac{0.0096}{5(5-1)}}=\pm 0.022$$

3) 확률오차

$$Y_o=\pm 0.6745\sqrt{\frac{V^2}{n(n-1)}}$$

$$=\pm 0.6745\times 0.022=\pm 0.015$$

4) 정도

$$\text{정도}=\frac{\text{확률오차}}{\text{최확치}}=\frac{0.015}{36.430}=\frac{1}{2428.6}\fallingdotseq\frac{1}{2429}$$

8.8 최확값, 평균제곱근오차, 확률오차, 정밀도 산정

	경중률(P)이 일정한 경우 (경중률을 고려하지 않은 경우)	경중률(P)이 다른 경우 (경중률을 고려한 경우)
최확값 (L_0)	$L_0 = \frac{l_1 + l_2 + ... + l_n}{n} = \frac{[l]}{n}$	$L_0 = \frac{P_1 l_1 + P_2 l_2 + ... + P_n l_n}{P_1 + P_2 + ... + P_n} = \frac{[Pl]}{[P]}$
잔차(v)	잔차=최확치−관측치 $v = L_0 - l$	잔차=최확치−관측치 $v = L_0 - l$
평균제곱근오차 (중등(표준)오차) (m_0)	① 1회 관측(개개의 관측값)에 대한 $m_0 = \pm\sqrt{\frac{VV}{n-1}}$ ② n회 관측값(최확값)에 대한 $m_0 = \pm\sqrt{\frac{VV}{n(n-1)}}$	① 1회 관측(개개의 관측값)에 대한 $m_0 = \pm\sqrt{\frac{PVV}{n-1}}$ ② n회 관측값(최확값)에 대한 $m_0 = \pm\sqrt{\frac{PVV}{[P](n-1)}}$
확률오차 (r_0)	① 1회 관측(개개의 관측값) $r_0 = \pm\ 0.6745\, m_0$ ② n회 관측값(최확값) $r_0 = \pm\ 0.6745\, m_0$	① 1회 관측(개개의 관측값) $r_0 = \pm\ 0.6745\, m_0$ ② n회 관측(최확값) $r_0 = \pm\ 0.6745\, m_0$
정밀도 (R)	① 1회 관측(개개의 관측값) $R = \frac{m_0}{l}$ or $\frac{r_0}{l}$ ② n회 관측값(최확값) $R = \frac{m_0}{L_0}$ or $\frac{r_0}{L_0}$	① 1회 관측(개개의 관측값) $R = \frac{m_0}{l}$ or $\frac{r_0}{l}$ ② n회 관측(최확값) $R = \frac{m_0}{L_0}$ or $\frac{r_0}{L_0}$

8.9 오차 전파

1) 정오차의 전파(Propagation of Systematic Errors)

정오차의 전파는 오차의 부호와 크기를 알 때 각각의 변수는 정오차를 가지고 해석하는 함수식이며, 이는 편미분방정식으로 표시하며 오차율을 나타낸다.

오차의 함수가 $y=f(x_1,\ x_2,\ x_3, \cdots\cdots,\ x_n)$으로 구성되면 정오차 전파식은

$$\Delta y=\frac{\partial y}{\partial x_1}\Delta x_1+\frac{\partial y}{\partial x_2}\Delta x_2+\cdots+\frac{\partial y}{\partial x_n}\Delta x_n$$

(1) 정오차 전파 예

$D=L\cos\theta$에서	$\Delta D=\Delta L\cos\theta+L(-\sin\theta)\cdot\frac{d\theta''}{\rho''}$ 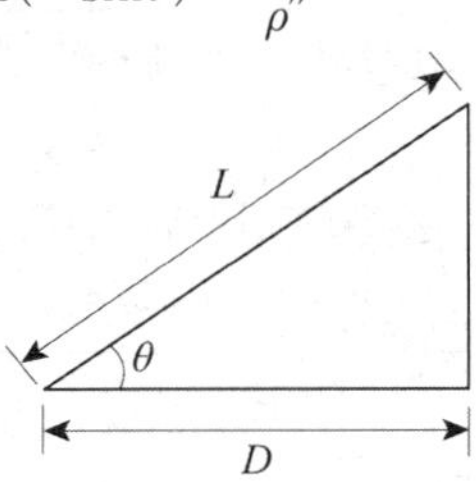

2) 부정오차의 전파(Propagation of Random Errors)

부정오차의 전파는 구하려고 하는 값이 결과값을 어떻게 형성하느냐에 따라 각각의 측정값의 정확도가 다르게 표현된다.

어떤 양 X가 $x_1,\ x_2,\ x_3, \cdots,\ x_n$의 함수로 표시되고 관측된 평균제곱근오차를 $\pm m_1,\ \pm m_2,\ \pm m_3, \cdots,\ \pm m_n$이라 하면, $X=f(x_1,\ x_2,\ x_3,\ \cdots,\ x_n)$에서 부정오차의 총합의 일반식은 다음과 같이 표시할 수 있다.

$$M=\pm\sqrt{(\frac{\partial X}{\partial x_1})^2 m_1^2+(\frac{\partial X}{\partial x_2})^2 m_2^2+\ldots\ldots(\frac{\partial X}{\partial x_n})^2 m_n^2}$$

(1) 부정오차의 전파응용

<table>
<tr><td>$X=f(x_1, x_2, x_3, \cdots, x_n)$인 경우</td><td>$M=\pm\sqrt{m_1^2+m_2^2+m_3^2+\cdots+m_n^2}$
여기서, M : 부정오차 총합
$m_1, m_2, \cdots, m_n$: 각 구간의 평균제곱근오차</td></tr>
<tr><td>$Y=X_1 \cdot X_2$인 경우</td><td>$M=\pm\sqrt{(X_2 \cdot m_1)^2+(X_1 \cdot m_2)^2}$</td></tr>
</table>

(2) 거리측량의 오차 전파

<table>
<tr><td>구간 거리가 다르고
평균제곱근오차가 다를 때</td><td>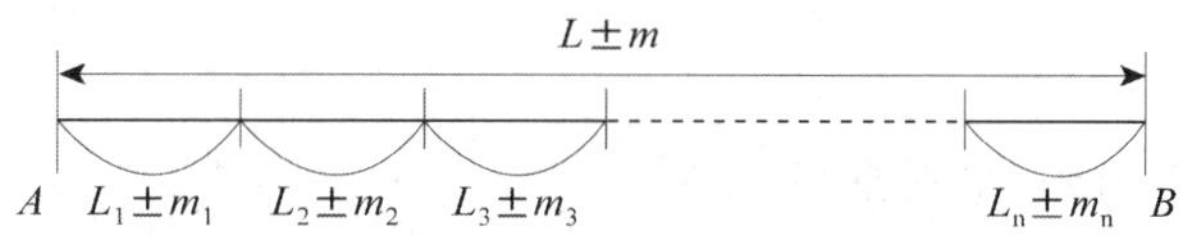

$L=L_1+L_2+L_3+\cdots\cdots+L_n$
$M=\pm\sqrt{{m_1}^2+{m_2}^2+{m_3}^2+\cdots\cdots+{m_n}^2}$
여기서, L : 전구간 최확길이
M : 최확값의 평균제곱근오차
$L_1, L_2, \cdots\cdots, L_n$: 구간 최확값
$m_1, m_2, \cdots\cdots, m_n$: 구간 평균제곱근오차</td></tr>
<tr><td>평균제곱근오차를 같다고
가정할 때</td><td>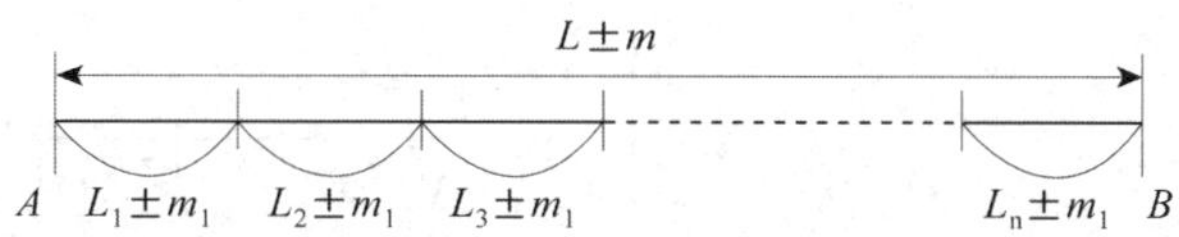

$L=L_1+L_2+L_3+\cdots\cdots+L_n$
$M=\pm\sqrt{{m_1}^2+{m_2}^2+{m_3}^2+\cdots\cdots+{m_n}^2}=\pm m_1\sqrt{n}$
여기서, m_1 : 1구간 평균제곱근오차
n : 관측횟수</td></tr>
</table>

(3) 스타디아측량의 오차 전파

<table>
<tr><td>수평거리(D)</td><td>$D=k\cdot l\cdot \cos^2\alpha+c\cdot \cos\alpha$</td><td rowspan="2">여기서, k : 승정수
l : 협장
c : 가정수
α : 연직각</td></tr>
<tr><td>높이(H)</td><td>$H=\frac{1}{2}k\cdot l\cdot \sin2\alpha+c\cdot \sin\alpha$</td></tr>
<tr><td>수평거리에 영향을 미치는 총오차(단, c=0)</td><td colspan="2">$\Delta D=\pm\sqrt{(\Delta kl\cos^2\alpha)^2+(k\Delta l\cos^2\alpha)^2+(kl\sin2\alpha\frac{da''}{\rho''})^2}$</td></tr>
<tr><td>높이에 영향을 미치는 총오차 (단, c=0)</td><td colspan="2">$\Delta H=\pm\sqrt{(\frac{1}{2}\Delta kl\sin2\alpha)^2+(\frac{1}{2}k\Delta l\sin2\alpha)^2+(kl\cos2\alpha\frac{da''}{\rho''})^2}$
여기서,
ΔD: 총오차
Δl : 협장오차
Δk: 시거정수오차
da'' : 연직각오차</td></tr>
</table>

(4) 면적의 부정오차 전파

<table>
<tr><td>면적관측 시 최확값 및 평균제곱근오차 합</td><td>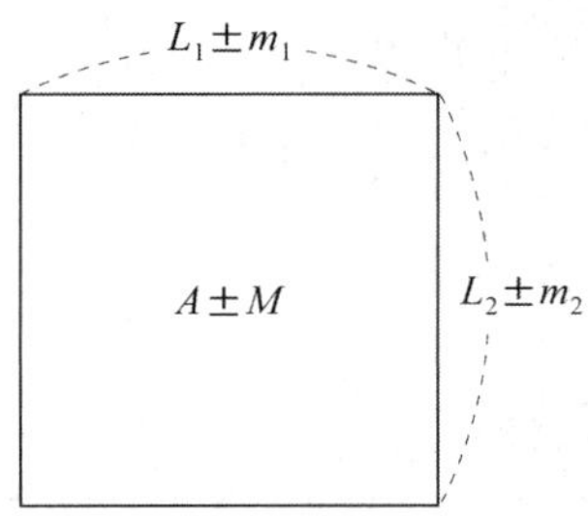

$A=L_1\cdot L_2$
$M=\pm\sqrt{(L_2m_1)^2+(L_1m_2)^2}$
여기서, L_1, L_2 : 구간 최확값
m_1, m_2 : 구간 평균제곱근오차</td></tr>
</table>

8.10 최소제곱법

일반적으로 엄밀한 참값은 얻기 어려우므로 여러 번 관측하여 얻은 관측값으로부터 최확값을 구해서 참값 대신 이용하고 있다. 이 최확값을 얻기 위한 조정방법에는 간이법, 최소제곱법, 미정계수법 등이 있다. 특히 최소제곱법(Least Square Method)은 측량의 부정오차 처리에 널리 이용되고 있으며 풀이방법에는 관측방정식과 조건방정식이 있다. 최소제곱법의 기본 이론은 다음과 같다.

1) 최소제곱법의 기본 이론

$$
\begin{aligned}
v_1 &= x - \mu_1 \\
v_2 &= x - \mu_2 \\
&\vdots \\
v_n &= x - \mu_n
\end{aligned}
$$

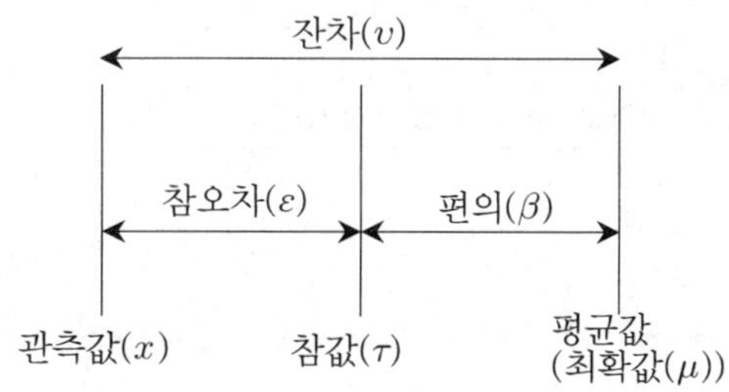

잔차($x-\mu$) v_1, v_2, $\cdots$, v_n이 발생할 확률 P_1, P_2, $\cdots$, P_n은

$$P_i = \frac{h}{\sqrt{\pi}} e^{-h^2 v^2} = Ce^{-h^2 v^2} \left(C = \frac{h}{\sqrt{\pi}} \right)$$

$$
\begin{aligned}
P_1 &= Ce^{-h_1^2 v_1^2} \\
P_2 &= Ce^{-h_2^2 v_2^2} \\
&\vdots \\
P_n &= Ce^{-h_n^2 v_n^2}
\end{aligned}
$$

로 표시할 수 있으며 이들 확률이 동시에 일어날 확률 P는

$$P = P_1 \times P_2 \times \cdots \times P_n = Ce^{-(h_1^2 v_1^2 + h_2^2 v_2^2 + \cdots + h_n^2 v_n^2)} = \frac{C}{e^{(h_1^2 v_1^2 + h_2^2 v_2^2 + \cdots + h_n^2 v_n^2)}}$$

여기서, P가 최대로 되기 위해서는 분모항이 최소가 되어야 하므로 잔차의 제곱의 합이 최소가 되는 값이 최확값이다.

$$h_1^2 v_1^2 + h_2^2 v_2^2 + \cdots + h_n^2 v_n^2 = \text{최소}$$

2) 최소제곱법의 조정 과정

관측방정식	조건방정식
관측방정식 산정	조건수식 결정
↓	↓
잔차(v) 정리	최소제곱법 원리 적용 (Lagrange 승수 K 고려)
↓	↓
최소제곱법 원리 적용	편미분(각 잔차)
↓	↓
편미분(미지변수)	Lagrange 승수 K 산정(연립방정식)
↓	↓
최확값 산정(연립방정식)	잔차 산정
	↓
	최확값 산정

8.11 거리, 면적 및 체적의 정확도

면적과 체적은 거리관측을 통하여 계산되므로 거리측량의 정확도와 면적·체적측량의 정확도 사이의 관계를 고려하면 거리측량의 정확도를 통해 면적·체적의 측량의 정확도를 산정할 수 있다.

면적측량의 정확도

관측된 수평거리 x, y의 거리오차를 dx, dy라 하고 거리관측의 정확도가 $\frac{dx}{x}=\frac{dy}{y}=k$로 동일하다고 할 때 면적오차 dA는 다음과 같다.

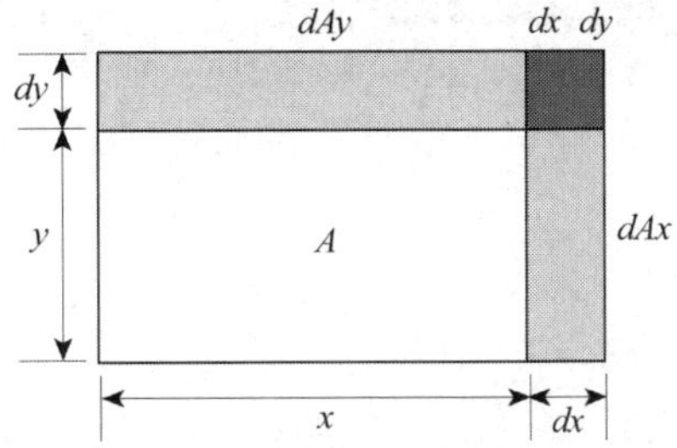

[면적측량의 정확도]

$$dA=(x+dx)(y+dy)-xy=xdy+ydx+dxdy$$

미소항의 2차식을 무시하고, 양변을 면적(A)으로 나누면 면적정확도는 다음과 같다.

$$\frac{dA}{A}=\frac{dy}{y}+\frac{dx}{x}=2k$$

즉, 면적측량의 정확도는 거리측량 정확도의 2배이다.

체적측량의 정확도

관측된 수평 및 수직거리 x, y, z의 거리오차를 dx, dy, dz라 하고 거리관측의 정확도가 k로 일정하다고 할 때 체적오차 dV는 다음과 같다.

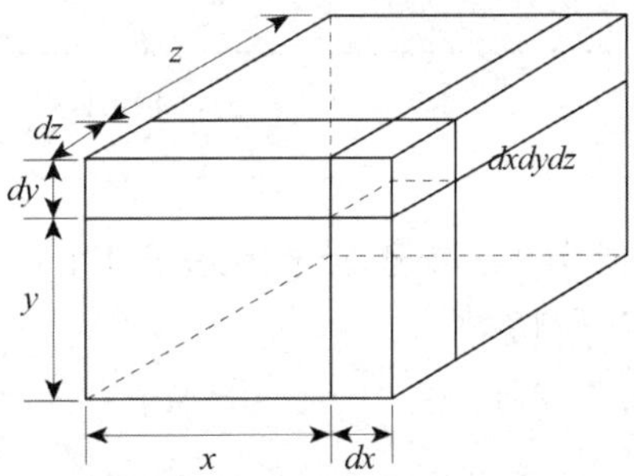

[체적측량의 정확도]

$$\begin{aligned} dV &= (x+dx)(y+dy)(z+dz)-xyz \\ &= xydz+xzdy+xdydz+yzdx+ydxdz+zdxdy+dxdydz \end{aligned}$$

미소항의 2차식을 무시하고, 양변을 체적(V)으로 나누면 체적측량의 정확도는 다음과 같다.

$$\frac{dV}{V}=\frac{dz}{z}+\frac{dy}{y}+\frac{dx}{x}=3k$$

즉, 체적측량의 정확도는 거리측량 정확도의 3배가 된다.

Chapter 08

실전문제

[최소제곱법]

01

거리를 측정한 결과 다음과 같을 때 관측방정식과 미정계수법에 의해 최확값을 구하시오.

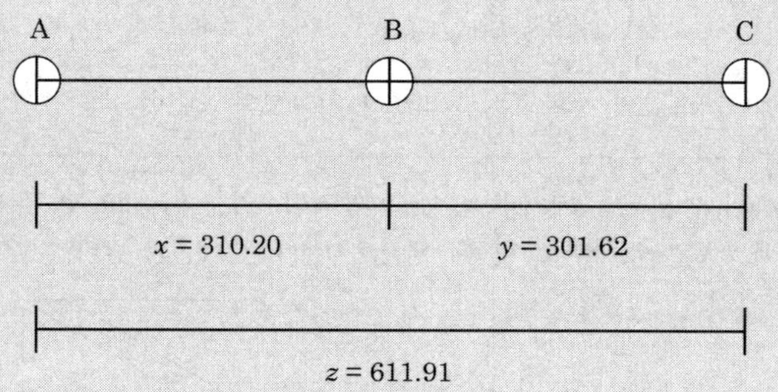

1. 관측방정식[최확값(또는 평균값=관측값+잔차)]

   1) 관측방정식을 세우면

   $\bar{x} = x_1 + v_1$
   $\bar{y} = y + v_2$
   $\bar{z} = z + v_3 = \bar{x} + \bar{y}$

   2) 잔차정리[잔차(v)=최확값($\bar{x}$)−관측값(x)]

   $v_1 = \bar{x} - x = \bar{x} - 310.20$
   $v_2 = \bar{y} - y = \bar{y} - 301.62$
   $v_3 = \bar{x} + \bar{y} - z = \bar{x} + \bar{y} - 611.91$

   3) 최소제곱법원리에 의하여

   $P = v_1^2 + v_2^2 + v_3^2 = (\bar{x} - 310.20)^2 + (\bar{y} - 301.62)^2 + (\bar{x} + \bar{y} - 611.91)^2$

   4) 미지변수에 대한 편미분

   $$\frac{\partial P}{\partial x} = 2(\bar{x} - 310.20) + 2(\bar{x} + \bar{y} - 611.91) = 0$$

   $$\frac{\partial P}{\partial y} = 2(\bar{y} - 301.62) + 2(\bar{x} + \bar{y} - 611.91) = 0$$

5) 두 식을 정리하면

① $2\bar{x}-620.4+2\bar{x}+2\bar{y}-1223.82=0$

$4\bar{x}+2\bar{y}=1844.22$

② $2\bar{y}-603.24+2\bar{x}+2\bar{y}-1223.82=0$

$4\bar{y}+2\bar{x}=1827.06$

①식에 2를 곱하면

$$\begin{aligned} 4\bar{y}+8\bar{x}&=3688.44 \\ -\ \underline{4\bar{y}+2\bar{x}}&\underline{=1827.06} \\ 6\bar{x}&=1861.38 \\ \therefore\ \bar{x}&=310.23 \end{aligned}$$

x값을 ①식에 대입하면

$\therefore \bar{y}=301.65$

$\therefore z=\bar{x}+\bar{y}=310.23+301.65=611.88$

[정답] $\bar{x}=310.23\text{m}$
$\bar{y}=301.65\text{m}$
$z=611.88\text{m}$

2. 조건방정식

1) 조건식

$x+y-z=0$

2) 관측오차

$310.20+301.62-611.91=-0.09$

3) 보정

$v_1+v_2-v_3=0.09$

4) 최소제곱법의 원리

$P=v_1^2+v_2^2+v_3^2-2k_1(v_1+v_2-v_3-0.09)$

5) 각 잔차에 대한 편미분

$\dfrac{\partial P}{\partial v_1}=2v_1-2k_1=0 \qquad \therefore\ v_1=k_1$

$\dfrac{\partial P}{\partial v_2}=2v_2-2k_1=0 \qquad \therefore\ v_2=k_1$

$\dfrac{\partial P}{\partial v_3}=2v_3+2k_1=0 \qquad \therefore\ v_3=-k_1$

6) 조정

$k_1+k_1+k_1=0.09 \quad \therefore k_1=0.03$

k_1값을 이용해서 각각의 잔차를 구하면

$v_1=0.03$
$v_2=0.03$
$v_3=-0.03$

7) 최확값은

$\overline{x} = x + v_1 = 310.20 + 0.03 = 310.23\text{m}$

$\overline{y} = y + v_2 = 301.62 + 0.03 + 301.65\text{m}$

$\overline{z} = z + v_3 = 611.91 - 0.03 = 611.88\text{m}$

02

그림과 같이 AB=200.00m, BC=200.00m, CD=200.08m, AC=400.04m, BD=400.00m값을 얻었다. 각각 측정치는 서로 독립되고 같은 정밀도를 갖고 있다. 최확치와 AD 간 거리를 최소제곱법의 원리를 이용하여 계산하시오.

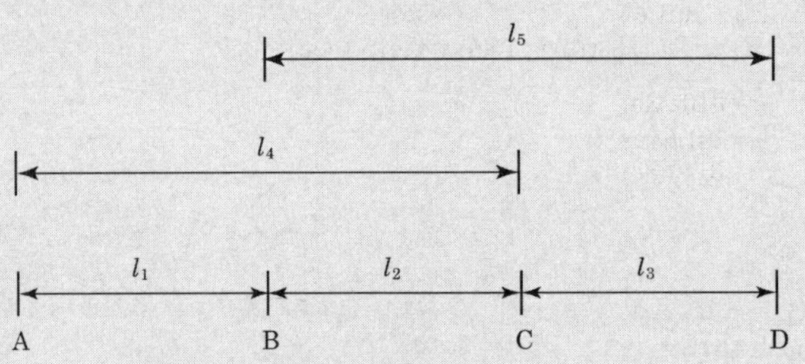

1. 관측방정식

1) 관측방정식

$\overline{l_1} = l_1 + v_1$

$\overline{l_2} = l_2 + v_2$

$\overline{l_3} = l_3 + v_3$

$\overline{l_1} + \overline{l_2} = l_4 + v_4$

$\overline{l_2} + \overline{l_3} = l_5 + v_5$

2) 잔차정리

$v_1 = \overline{l_1} - 200$

$v_2 = \overline{l_2} - 200$

$v_3 = \overline{l_3} - 200.08$

$v_4 = \overline{l_1} + \overline{l_2} - 400.04$

$v_5 = \overline{l_2} + \overline{l_3} - 400$

3) 최소제곱법원리 적용

$p = v_1^2 + v_2^2 + v_3^2 + v_4^2 + v_5^2$

$p = (\overline{l_1} - 200)^2 + (\overline{l_2} - 200)^2 + (\overline{l_3} - 200.08)^2 + (\overline{l_1} + \overline{l_2} - 400.04)^2 + (\overline{l_2} + \overline{l_3} - 400)^2$

4) 잔차에 대한 편미분(p의 최소값을 구하기 위해 v_1, v_2, v_3, v_4, v_5에 대하여 편미분한다.)

① $\frac{\partial p}{\partial l_1} = 2(l_1 - 200) + 2(l_1 + l_2 - 400.04) = 0$

② $\frac{\partial p}{\partial l_2} = 2(l_2 - 200) + 2(l_1 + l_2 - 400.04) + 2(l_2 + l_3 - 400) = 0$

③ $\frac{\partial p}{\partial l_3} = 2(l_3 - 200.08) + 2(l_2 + l_3 - 400) = 0$

위 식을 정리하면

① $2l_1 - 400 + 2l_1 + 2l_2 - 800.08 = 04l_1 + 2l_2 - 1200.08 = 0$

② $2l_2 - 400 + 2l_1 + 2l_2 - 800.08 + 2l_2 + 2l_3 - 800 = 0$
$2l_1 + 6l_2 + 2l_3 - 2000.08 = 0$

③ $2l_3 - 400.16 + 2l_2 + 2l_3 - 800 = 0$
$2l_2 + 4l_3 - 1200.16 = 0$

5) 정규방정식

②식×2−①식

$$
\begin{array}{r}
4l_1 + 12l_2 + 4l_3 = 4000.16 \\
-\ \underline{4l_1 + 2l_2 \qquad = 1200.08} \\
10l_2 + 4l_3 = 2800.08 \\
-\ \underline{2l_2 + 4l_3 = 1200.16} \\
8l_2 \qquad = 1599.92
\end{array}
$$

$\therefore\ l_1 = 200.025\text{m},\ l_2 = 199.990\text{m},\ l_3 = 200.045\text{m}$

6) AD 간의 최확치

$l_1 + l_2 + l_3 = 199.99 + 200.045 + 200.025 = 600.06\text{m}$

2. 미정계수법(조건방정식)

1) 조건식

$l_1 + l_2 = l_4$
$l_2 + l_3 = l_5$

2) 오차

① $200 + 200 - 400.04 = -0.04$

② $200 + 200.08 - 400 = 0.08$

3) 보정

$v_1 + v_2 - v_4 - 0.04 = 0$
$v_2 + v_3 - v_5 + 0.08 = 0$

4) 최소제곱법 원리

$p = v_1^2 + v_2^2 + v_3^2 + v_4^2 + v_5^2 - 2k_1(v_1 + v_2 - v_4 - 0.04) - 2k_2(v_2 + v_3 - v_5 + 0.08)$

5) 잔차에 대한 편미분

① $\frac{\partial p}{\partial v_1} = 2v_1 - 2k_1$ $\qquad\therefore\ v_1 = k_1$

② $\frac{\partial p}{\partial v_2} = 2v_2 - 2k_1 - 2k_2 = 0$ $\qquad\therefore\ v_2 = k_1 + k_2$

③ $\dfrac{\partial p}{\partial v_3} = 2v_3 - 2k_2 = 0$ $\qquad\qquad\qquad\qquad$ $\therefore\ v_3 = k_2$

④ $\dfrac{\partial p}{\partial v_4} = 2v_4 + 2k_1 = 0$ $\qquad\qquad\qquad\qquad$ $\therefore\ v_4 = k_1$

⑤ $\dfrac{\partial p}{\partial v_5} = 2v_5 + 2k_2 = 0$ $\qquad\qquad\qquad\qquad$ $\therefore\ v_5 = k_2$

6) 조정(3) 보정식에서)

① $k_1 + k_1 + k_2 - (-k_1) = 0.04$

② $k_1 + k_2 + k_2 - (-k_2) = -0.08$

$\therefore\ 3k_1 + k_2 = 0.04 \quad \cdots\cdots$ ③

$k_1 + 3k_2 = -0.08 \quad \cdots\cdots$ ④

③식×3−④식

$$\begin{array}{rl} & 9k_1 + 3k_2 = 0.12 \\ - & k_1 + 3k_2 = -0.08 \\ \hline & 8k_1 \qquad = 0.20 \end{array}$$

$\therefore k_1 = 0.025$

$k_2 = -0.035$

7) 최확치

	거리	잔차	관측값	잔차	최확치(m)
AB	l_1	$v_1 = k_1$	200,00	0,025	200,025
BC	l_2	$v_2 = k_1 + k_2$	200,00	−0,01	199,99
CD	l_3	$v_3 = k_2$	200,08	−0,035	200,045
AC	l_4	$v_4 = -k_1$	400,04	−0,025	400,015
BD	l_5	$v_5 = -k_2$	400,00	0,035	400,035

8) $\overline{AD} = \overline{AB} + \overline{BC} + \overline{CD}$

$= 200.025 + 199.99 + 200.045$

$= 600.06\text{m}$

03

A점에서 수준측량한 값이 다음과 같다. P, Q점의 표고를 관측방정식과 미정계수법에 의하여 구하시오. (단, A점의 표고는 27.532m이고, 각 구간 거리는 같은 것으로 한다.)

노선	고저차(m)
(1) l_1	4.251
(2) l_2	−8.538
(3) l_3	−12.782
(4) l_4	−8.558

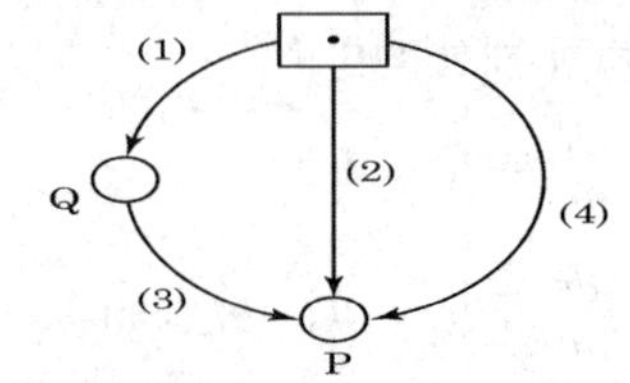

1. 관측방정식

1) 관측방정식

$$H_A+\overline{l_1}-HQ=0 \qquad H_A+l_1+v_1-HQ=0$$
$$H_A+\overline{l_2}-HP=0 \qquad H_A+l_2+v_2-HP=0$$
$$H_Q+\overline{l_3}-HP=0 \qquad H_Q+l_3+v_3-HP=0$$
$$H_A+\overline{l_4}-HP=0 \qquad H_A+l_4+v_4-HP=0$$

2) 잔차정리

$$V_1=H_Q-H_A-l_1=H_Q-27.532-4.251=H_Q-31.783$$
$$V_2=H_P-H_A-l_2=H_P-27.532-(-8.538)=H_P-18.994$$
$$V_3=H_P-H_Q-l_3=H_P-H_Q-(-12.782)$$
$$V_4=H_P-H_A-l_4=H_P-27.532-(-8.558)=H_P-18.974$$

3) 최소제곱법 적용

$$P=V_1^2+V_2^2+V_3^2+V_4^2$$
$$=(HQ-31.783)^2+(HP-18.994)^2+(HP-HQ+12.782)^2+(HP-18.974)^2$$

4) 미지변수에 대한 편미분

$$\frac{\partial P}{\partial HP}=2(HP-18.994)+2(HP-HQ+12.782)+2(HP-18.974)$$
$$=2HP-37.988+2HP-2HQ+25.564+2HP-37.948$$
$$=6HP-2HQ-50.372 \cdots\cdots ①$$
$$\frac{\partial P}{\partial HQ}=2(HQ-31.783)-2(HP-HQ+12.782)$$
$$=2HQ-63.566-2HP+2HQ-25.564$$
$$=4HQ-2HP-89.13 \cdots\cdots ②$$

5) 두 식을 정리하면

①식에 2를 곱하면

$$12HP-4HQ=100.744$$
$$+\underline{4HQ-2HP=89.130}$$
$$10HP=189.874$$
$$\therefore HP=18.9874$$
$$\therefore HQ=31.7762$$

2. 조건방정식(미정계수법)

1) 조건방정식 수

조건식 수	수준측량=노선-측점+기지점 수 각측량=측정각-변수+1 삼각측량=변수-삼각점 수+1

수준측량=4-3+1=2개

2) 조건식

$$(1)+(3)-(2)=0$$
$$(1)+(3)-(4)=0$$

3) 관측오차

$$4.251+(-12.782)-(-8.538)=0.007$$
$$4.251+(-12.782)-(-8.558)=0.027$$

4) 보정

$v_1 + v_3 - v_2 + 0.007 = 0$
$v_1 + v_3 - v_4 + 0.027 = 0$

5) 최소제곱법 원리

$p = v_1^2 + v_2^2 + v_3^2 + v_4^2 - 2k_1(v_1 + v_3 - v_2 + 0.007) - 2k_2(v_1 + v_3 - v_4 + 0.027)$

여기서, −2는 잔차를 구분할 때 (−)부호가 생기는 것을 방지하기 위해 (−)부호를 붙였으며, 2는 계산의 편의를 위해 단순히 첨가된 숫자이다.

k_1, k_2는 Lagrange의 미정계수이다.

6) 잔차에 대한 편미분

$\frac{\partial p}{\partial v_1} = 2v_1 - 2k_1 - 2k_2 = 0 \qquad \therefore v_1 = k_1 + k_2$

$\frac{\partial p}{\partial v_2} = 2v_2 - 2k_1(-1) = 2v_2 + 2k_1 = 0 \qquad \therefore v_2 = -k_1$

$\frac{\partial p}{\partial v_3} = 2v_3 - 2k_1 - 2k_2 = 0 \qquad \therefore v_3 = k_1 + k_2$

$\frac{\partial p}{\partial v_4} = 2v_4 + 2k_2 = 0 \qquad \therefore v_4 = -k_2$

7) 조정 (4) 보정식에서)

$(k_1 + k_2) + (k_1 + k_2) - (-k_1) = -0.007$
$(k_1 + k_2) + (k_1 + k_2) - (-k_2) = -0.027$

8) 정리하면

$3k_1 + 2k_2 = -0.007 \cdots\cdots ①$
$2k_1 + 3k_2 = -0.027 \cdots\cdots ②$

①식×2−②식×3

$$\begin{array}{r} 6k_1 + 4k_2 = -0.014 \\ -\underline{\;6k_1 + 9k_2 = -0.081} \\ -5k_2 = 0.067 \end{array}$$

$\therefore k_2 = -0.0134$
$\therefore k_1 = 0.0066$

9) 잔차

$v_1 = k_1 + k_2 = -0.0068$
$v_2 = -k_1 = -0.0066$
$v_3 = k_1 + k_2 = -0.0068$
$v_4 = -k_2 = -(-0.0134) = 0.0134$

10) P, Q점의 표고는

최확값(보정고저차)=측정값+잔차

$HP = H_A + (2) = 27.532 + (-8.538 - 0.007) = 18.987\text{m}$
$H_A + (4) = 27.532 + (-8.558 + 0.013) = 18.987\text{m}$
$HQ = H_A + (1) = 27.532 + (4.251 - 0.007) = 31.776\text{m}$

04

수준측량한 결과가 다음과 같다. 수준점 A, B, C로부터 P점의 표고를 최소제곱법의 원리를 이용하여 계산하라.

노선	고저차	저반고	조정량	조정 지반고
A → P	−2.541			
B → P	4.472			
C → P	2.458			

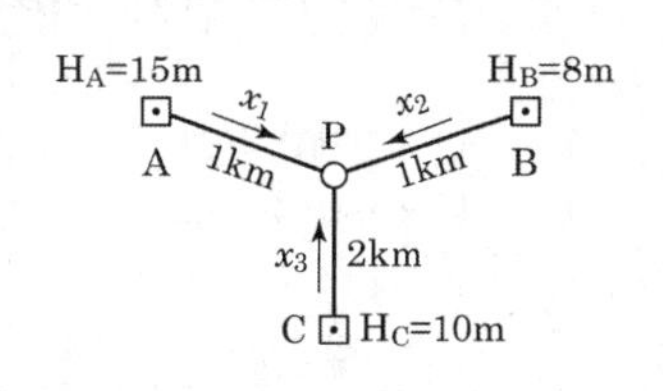

1. 관측방정식

 1) 관측방정식

$$H_A+\overline{x_1}-AP=0$$
$$H_B+\overline{x_2}-AP=0$$
$$H_C+\overline{x_3}-AP=0$$

 2) 잔차정리

$$V_1=-H_A-\text{고저차}+HP=-15-(-2.541)+HP=-12.459+HP$$
$$V_2=-H_B-\text{고저차}+HP=-8-4.472+HP=-12.472+HP$$
$$V_3=-H_C-\text{고저차}+HP=-10-2.458+HP=-12.458+HP$$

 3) 최소제곱법원리 적용(경중률 적용)

$$P=2V_1^2+2V_2^2+V_3^2$$
$$=2(-12.459+HP)^2+2(-12.472+HP)^2+(-12.458+HP)^2$$

 4) 잔차에 대한 미분

$$\frac{\partial P}{\partial H_P}=4(-12.459+HP)+4(-12.472+HP)+2(-12.458+HP)$$

 5) 정리(조정지반고)

$$-49.836+4HP-49.888+4HP-24.916+2HP=0$$
$$10HP=124.64$$
$$\therefore HP=12.464\text{m}\ (\text{조정지반고})$$

2. 미정계수법(조건방정식)

 1) 조건식 수

조건식 수	수준측량=노선−측점+기지점수 각측량=측정각−변수+1 삼각측량=변수−삼각점수+1

수준측량=노선수−측점수+기지점 수
=3−4+3=2개

2) 조건식

$H_A + x_1 - x_3 = H_c$
$H_B + x_2 - x_3 = H_c$

3) 오차

$15 + (-2.541) - 2.458 - 10 = 0.001$
$8 + 4.472 - 2.458 - 10 = 0.014$

4) 보정

$V_1 - V_3 + 0.001 = 0$
$V_2 - V_3 + 0.014 = 0$

5) 경중률

$$A : B : C = \frac{1}{1} : \frac{1}{1} : \frac{1}{2} = 2 : 2 : 1$$

6) 최소제곱법 원리

$$P = 2V_1^2 + 2V_2^2 + 2V_3^2 - 2k_1(V_1 - V_3 + 0.001) - 2k_2(V_2 - V_3 + 0.014)$$

7) 잔차에 대한 편미분

$$\frac{\partial P}{\partial V_1} = 4V_1 - 2k_1 = 0 \qquad \therefore\ V_1 = \frac{k_1}{2}$$

$$\frac{\partial P}{\partial V_2} = 4V_2 - 2k_2 = 0 \qquad \therefore\ V_2 = \frac{k_2}{2}$$

$$\frac{\partial P}{\partial V_3} = 2V_3 + 2k_1 + 2k_2 = 0 \qquad \therefore\ V_3 = -k_1 - k_2$$

$$V_1 - V_3 = -0.001 \qquad \frac{k_1}{2} - (-k_1 - k_2) = -0.001 \cdots\cdots ①$$

$$V_2 - V_3 = -0.014 \qquad \frac{k_2}{2} - (-k_1 - k_2) = -0.014 \cdots\cdots ②$$

①식 × 2 $\quad 2\left(\frac{k_1}{2} + k_1 + k_2\right) = 2 \times (-0.001)$
$k_1 + 2k_1 + 2k_2 = -0.002$
$\therefore 3k_1 + 2k_2 = -0.002$

②식 × 2 $\quad 2\left(\frac{k_2}{2} + k_1 + k_2\right) = 2 \times (-0.014)$
$k_2 + 2k_1 + 2k_2 = -0.028$
$\therefore 2k_1 + 3k_2 = -0.028$

8) 두 식을 정리하면

$3k_1 + 2k_2 = -0.002 \cdots\cdots ①$
$2k_1 + 3k_2 = -0.028 \cdots\cdots ②$

①식×2-②식×3

$$\begin{array}{r} 6k_1 + 4k_2 = -0.004 \\ -\ \underline{6k_1 + 9k_2 = -0.084} \\ -5k_2 = +0.08 \end{array}$$

$\therefore k_2 = -0.016$
$k_1 = +0.010$

9) 잔차

$$V_1 = \frac{k_1}{2} = \frac{0.01}{2} = 0.005$$
$$V_2 = \frac{k_2}{2} = -0.008$$
$$V_3 = -k_1 - k_2 = 0.006$$

노선	고저차	지반고	조정량	조정지반고
$H_A \rightarrow$ HP	−2.541	15−2.541=12.459	0.005	12.464
$H_B \rightarrow$ HP	4.472	8+4.472=12.472	−0.008	12.464
$H_C \rightarrow$ HP	2.458	10+2.458=12.458	0.006	12.464

05

수준측량에 의해서 다음과 같은 값을 얻었다. P_1, P_2, P_3의 최확치를 최소제곱법에 의하여 구하시오.

노선	관측값	거리 (m)	조정량	조정값	측정	최확치
$A \rightarrow P_1$	3.353	4				
$P_1 \rightarrow P_2$	2.092	3				
$P_2 \rightarrow P_3$	−3.302	2				
$P_3 \rightarrow A$	−2.157	1				
$A \rightarrow P_2$	5.463	2				

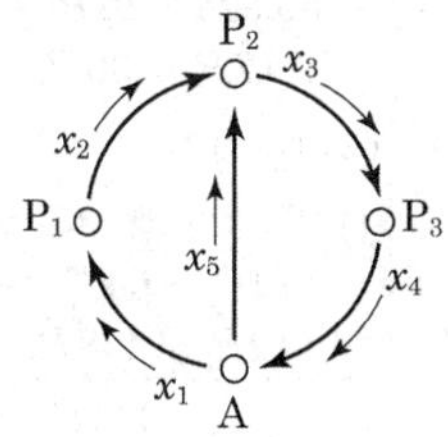

1. 관측방정식

1) 관측방정식

$$A + \overline{lx_1} - P_1 = 0$$
$$P_1 + \overline{lx_2} - P_2 = 0$$
$$P_2 + \overline{lx_3} - P_3 = 0$$
$$P_3 + \overline{lx_4} - A = 0$$
$$A + \overline{lx_5} - P_2 = 0$$

2) 잔차

$$Vx_1 = -A - \overline{lx_1} + P_1 = -10 - 3.353 + P_1$$
$$Vx_2 = -P_1 - \overline{lx_2} + P_2 = -2.092 - P_1 + P_2$$
$$Vx_3 = -P_2 - \overline{lx_3} + P_3 = 3.302 - P_2 + P_3$$
$$Vx_4 = -P_3 - \overline{lx_4} + A = 10 + 2.157 - P_3 = 12.157 - P_3$$
$$Vx_5 = -A - \overline{lx_5} + P_2 = -10 - 5.463 + P_2 = -15.463 + P_2$$

3) 경중률

$$P_1 : P_2 : P_3 : P_4 : P_5 = \frac{1}{4} : \frac{1}{3} : \frac{1}{2} : \frac{1}{1} : \frac{1}{2} = 3 : 4 : 6 : 12 : 6$$

4) 최소제곱법 원리 적용

$$P=3V_1^2+4V_2^2+6V_3^2+12V_4^2+6V_5^2$$
$$=3(-13.343+P_1)^2+4(-2.092-P_1+P_2)^2+6(3.302-P_2+P_3)^2+12(12.157-P_3)^2$$
$$+6(-15.463+P_2)^2$$

5) 편미분

① $\frac{\partial P}{\partial P_1}=6(-13.353+P_1)-8(-2.092-P_1+P_2)=0$

② $\frac{\partial P}{\partial P_2}=8(-2.092-P_1+P_2)-12(3.302-P_2+P_3)+12(-15.463+P_2)=0$

③ $\frac{\partial P}{\partial P_3}=12(3.302-P_2+P_3)-24(12.157-P_3)=0$

위 식 정리

① $-80.118+6P_1+16.736+8P_1-8P_2=0$
$14P_1-8P_2=63.382$

② $-16.736-8P_1+8P_2-39.624+12P_2-12P_3-185.556+12P_2=0$
$-8P_1+32P_2-12P_3=241.916$

③ $39.624-12P_2+12P_3-291.768+24P_3=0$
$-12P_2+36P_3=252.144$

6) 연립방정식

①식 $\times 8+$ ②식 $\times 14$

$$112P_1-64P_2=507.056$$
$$-112P_1+448P_2-168P_3=3386.824$$
$$384P_2-168P_3=3893.88 \cdots\cdots ④$$

③식 $\times 168+$ ④식 $\times 36$

$$-2016P_2+6048P_3=42360.192$$
$$13824P_2-6048P_3=140179.68$$
$$11808P_2=182539.872$$

$\therefore P_1=13.361 \quad P_2=15.459 \quad P_3=12.157$

2. 미정계수법(조건방정식)

1) 조건식 수

조건식 수	각측량=측정각−변수+1 삼각측량=변수−삼각점 수+1 수준측량=노선+측점+기지점 수

수준측량=5−4+1=2개

2) 조건식

$1 \cdot x_1+x_2-x_5=0$
$2 \cdot x_5+x_3+x_4=0$

3) 관측오차

$1.3.353+2.092-5.463=-0.018$
$2.5.463+(-3.302)+(-2.157)=0.004$

4) 경중률

$$P_1 : P_2 : P_3 : P_4 = \frac{1}{4} : \frac{1}{3} : \frac{1}{2} : \frac{1}{1} : \frac{1}{2} = 3:4:6:12:6$$

공통분모 12

$\therefore 3:4:6:12:6$

5) 보정

① $V_1 + V_2 - V_5 - 0.018 = 0$

② $V_5 + V_3 + V_4 + 0.004 = 0$

6) 최소제곱법 원리 적용

$$P = 3V_1^2 + 4V_2^2 + 6V_3^2 + 12V_4^2 + 6V_5^2 - 2k_1(V_1 + V_2 - V_5 - 0.018) - 2k_2(V_5 + V_3 + V_4 + 0.004)$$

7) 편미분

① $\frac{\partial P}{\partial V_1} = 6V_1 - 2k_1 = 0$ $\quad\therefore V_1 = \frac{k_1}{3}$

② $\frac{\partial P}{\partial V_2} = 8V_2 - 2k_1 = 0$ $\quad\therefore V_2 = \frac{k_1}{4}$

③ $\frac{\partial P}{\partial V_3} = V_3 - 2k_2 = 0$ $\quad\therefore V_3 = \frac{k_2}{6}$

④ $\frac{\partial P}{\partial V_4} = 24V_4 - 2k_2 = 0$ $\quad\therefore V_4 = \frac{k_2}{12}$

⑤ $\frac{\partial P}{\partial V_5} = 12V_5 + 2k_1 - 2k_2 = 0$ $\quad\therefore V_5 = \frac{k_2 - k_1}{6}$

8) 보정값

$\frac{k_1}{3} + \frac{k_1}{4} - \frac{1}{6}(k_2 - k_1) = 0.018$ ⋯⋯ ①

$\frac{1}{6}(k_2 - k_1) + \frac{k_2}{6} + \frac{k_2}{12} = -0.004$ ⋯⋯ ②

①식, ②식을 정리하면

$4k_1 + 3k_1 - 2k_2 + 2k_1 = 0.216$

$9k_1 - 2k_2 = 0.216$ ⋯⋯⋯⋯⋯ ③

$2k_2 - 2k_1 + 2k_2 + k_2 = -0.048$

$5k_2 - 2k_1 = -0.048$ ⋯⋯⋯⋯ ④

③식×5+④식×2

$$\begin{array}{r} 45k_1 - 10k_2 = 1.08 \\ -4k_1 + 10k_2 = -0.096 \\ \hline 41k_1 \qquad = 0.984 \end{array}$$

$\therefore k_1 = 0.024$

$\therefore k_2 = 0$

9) 잔차(조정량)

$V_1 = \frac{k_1}{3} = 0.008$

$V_2 = \frac{k_1}{4} = 0.006$

$V_3 = \frac{k_2}{6} = 0$

$V_4 = \frac{k_2}{12} = 0$

$V_5 = \frac{k_2 - k_1}{6} = -0.004$

노선	관측값(m)	거리(km)	조정량	조정값	측정	최확값
$A \to P_1$	3.353	4	0.008	3.341	A	10.000m
$P_1 \to P_2$	-2.092	3	0.006	2.098	P_1	13.341
$P_2 \to P_3$	-3.302	2	0	-3.302	P_2	15.439
$P_3 \to A$	-2.157	1	0	-2.157	P_3	12.137
$A \to P_2$	-5.463	2	-0.004	5.459		
(계산상 +0.02가 차이남)						

06

삼각형의 내각을 측정한 결과 $\alpha = 59°27'$, $\beta = 41°32'$, $\gamma = 78°58'$을 얻었다. 관측방정식, 미정계수법(Lagrange의 미정계수법)에 의해 조정각을 구하시오.

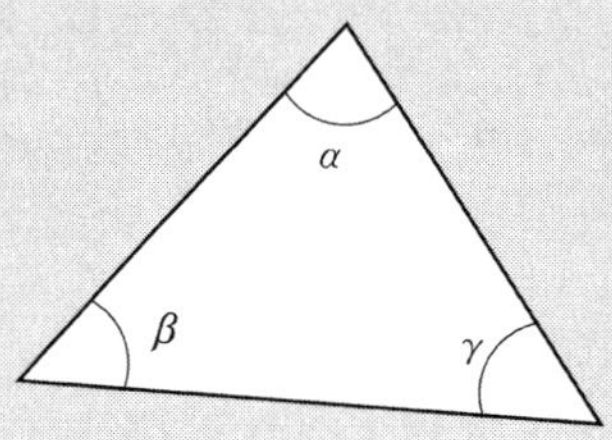

1. 관측방정식

1) 관측방정식을 세우면

$\overline{\alpha} = \alpha + v_1$

$\overline{\beta} = \beta + v_2$

$\overline{\gamma} = \gamma + v_3 = 180 - (\overline{\alpha} + \overline{\beta})$

2) 잔차(v), 즉 조정량에 대해 정리하면

$v_1 = \overline{\alpha} - \alpha = \overline{\alpha} - 59°27'$

$v_2 = \overline{\beta} - \beta = \overline{\beta} - 41°32'$

$v_3 = 180° - (\overline{\alpha} + \overline{\beta}) - \gamma = (180° - \gamma) - \overline{\alpha} - \overline{\beta} = 101°02' - \overline{\alpha} - \overline{\beta}$

3) 최소제곱원리에 의하여

$P = v_1^2 + v_2^2 + v_3^2 = (\overline{\alpha} - 59°27')^2 + (\overline{\beta} - 41°32')^2 + (101°02' - \overline{\alpha} - \overline{\beta})^2$

4) 미지변수에 대한 편미분

$\frac{\partial p}{\partial a} = 2(\overline{\alpha} - 59°27') - 2(101°02' - \overline{\alpha} - \overline{\beta})$

$$\frac{\partial p}{\partial b}=2(\overline{\beta}-41°32')-2(101°02'-\overline{\alpha}-\overline{\beta})$$

5) 두 식을 정리하면

$$2\overline{\alpha}-118°54'-202°04'+2\overline{\alpha}+2\overline{\beta}=4\overline{\alpha}+2\overline{\beta}=320°58'$$
$$2\overline{\beta}-83°4'-202°04'+2\overline{\alpha}+2\overline{\beta}=2\overline{\alpha}+4\overline{\beta}=285°08'$$

6) 이원일차연립방정식을 풀면

$$4\overline{\alpha}+2\overline{\beta}=320°50' \cdots\cdots ①$$
$$2\overline{\alpha}+4\overline{\beta}=285°08' \cdots\cdots ②$$

②식에 곱하기 2를 하면

$$4\overline{\alpha}+2\overline{\beta}=320°58'$$
$$4\overline{\alpha}+8\overline{\beta}=570°16'$$
$$6\beta=249°18'$$
$$\therefore \beta=41°33'$$

β를 ①식에 대입하면

$$4\overline{\alpha}+2\times 41°33'=320°58'$$
$$4\overline{\alpha}=237°52'$$
$$\therefore \overline{\alpha}=59°28'$$
$$\therefore \overline{\gamma}=(\overline{\alpha}+\overline{\beta})-180°=(41°33'+59°28')-180°=78°59'$$

[정답] $\alpha=59°28'$
$\beta=41°33'$
$\gamma=78°59'$

2. 조건방정식(미정계수법)

1) 조건방식을 세우면

$$\alpha+\beta+\gamma-180°=0$$

2) 관측오차는 $(59°27'+41°32'+78°58')-180°=-3'$

3) 보정 : $v_1+v_2+v_3-3'=0$

4) 최소제곱법의 원리 : $P=v_1{}^2+v_2{}^2+v_3{}^2-2k_1(v_1+v_2+v_3-3')$

5) 각 잔차에 대한 편미분

$$\frac{p}{\alpha v_1}=2v_1-2k_1=0 \quad \therefore v_1=k_1$$
$$\frac{p}{\alpha v_2}=2v_2-2k_1=0 \quad \therefore v_2=k_1$$
$$\frac{p}{\alpha v_3}=2v_3-2k_1=0 \quad \therefore v_3=k_1$$

6) 조정

$$k_1+k_2+k_3=3'$$
$$\therefore k_1=1'=v_1$$

7) 최확값

$$\overline{\alpha}=59°27'+1'=59°28'$$
$$\overline{\beta}=41°32'+1'=41°33'$$
$$\overline{\gamma}=78°58'+1'=78°59'$$

07

그림과 같은 각 측량을 하여 다음의 같은 결과값을 얻었다. 최소제곱 중 관측방정식과 미정계수법에 의해 구하시오. (단, 관측각의 경중률은 동일하다.)

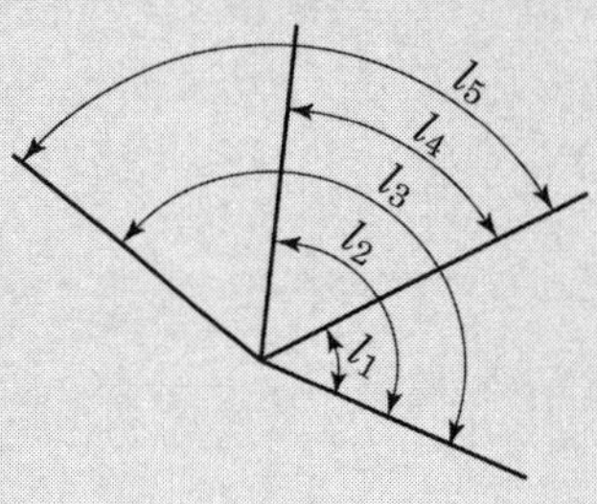

$l_1 = 48.36°$
$l_2 = 96.86°$
$l_3 = 152.94°$
$l_4 = 48.56°$
$l_5 = 104.62°$

1. 관측방정식에 의한 해법

1) 관측방정식

$\overline{l_1} = l_1 + v_1$
$\overline{l_1} + \overline{l_4} = l_2 + v_2$
$\overline{l_5} + \overline{l_1} = l_3 + v_3$
$\overline{l_4} = l_4 + v_4$
$\overline{l_3} - \overline{l_1} = l_5 + v_5$

2) 잔차정리

$v_1 = \overline{l_1} - 48.36°$
$v_2 = \overline{l_1} + \overline{l_4} - 96.86°$
$v_3 = \overline{l_5} + \overline{l_1} - 152.94°$
$v_4 = \overline{l_4} - 48.56°$
$v_5 = \overline{l_3} - \overline{l_1} - 104.62°$

3) 최소제곱법 원리 적용

$$P = v_1^2 + v_2^2 + v_3^2 + v_4^2 + v_5^2$$
$$= (\overline{l} - 48.36)^2 + (\overline{l_1} + \overline{l_4} - 96.86)^2 + (\overline{l_5} + \overline{l_1} - 152.94)^2 + (\overline{l_4} - 48.56)^2 + (\overline{l_3} - \overline{l_1} - 104.62)^2$$

4) 편미분(P의 최소값을 구하기 위해 v_1, v_2, v_3, v_4, v_5에 대하여 편미분

① $\dfrac{\partial p}{\partial l_1} = 2(\overline{l_1} - 48.36°) + 2(\overline{l_1} + \overline{l_4} - 96.86°) + 2(\overline{l_5} + \overline{l_1} - 152.94°) - 2(\overline{l_3} - \overline{l_1} - 104.62°)$

② $\dfrac{\partial p}{\partial l_2} = 0$

③ $\dfrac{\partial p}{\partial l_3} = 2(\overline{l_3} - \overline{l_1} - 104.62°) = 0$

④ $\dfrac{\partial p}{\partial l_4} = 2(\overline{l_1} + \overline{l_4} - 96.86°) + 2(\overline{l_4} - 48.56°) = 0$

⑤ $\dfrac{\partial p}{\partial p_5} = 2(\overline{l_5} + \overline{l_1} - 152.94°) = 0$

5) 위 식을 정리하면

① $2\overline{l_1}-96.72° + 2\overline{l_1}+2\overline{l_4}-193.72° + 2\overline{l_5}+2l_1 + 305.88° - 2\overline{l_3}+2\overline{l_1}+209.24°$

$= 8\overline{l_1}-2\overline{l_3}+2\overline{l_4}+2\overline{l_5}= 387.08°$

② $2\overline{l_3}-2\overline{l_1}= 209.24$

③ $2\overline{l_1}+2\overline{l_4}-193.72 + 2\overline{l_4}-97.12 = 0$
$= 2\overline{l_1}+4\overline{lL_4}= 290.84$

④ $2\overline{l_5}+2\overline{l_1}= 305.88$

6) 정규방정식에 의해

① $8\overline{l_1}-2\overline{l_3}+2\overline{l_4}+2\overline{l_5}= 387.08$

② $2\overline{l_3}-2\overline{l_1}= 209.24$

③ $2\overline{l_1}+4\overline{l_4}= 290.84$

④ $2\overline{l_5}+2\overline{l_1}= 305.88$

②×4+1

$$\begin{array}{l} 8\overline{l_3}-8\overline{l_1}= 836.96 \\ \underline{+8\overline{l_1}-2\overline{l_3}+2\overline{l_4}+2\overline{l_5}= 387.08} \\ = 6\overline{l_3}+2\overline{l_4}+2\overline{l_5}= 1224.04 \cdots\cdots ⑤ \end{array}$$

②+④

$$\begin{array}{l} 2\overline{l_3}-2\overline{l_1}= 209.24 \\ \underline{+2\overline{l_5}+2\overline{l_1}= 305.88} \\ = 2\overline{l_3}+2\overline{l_5}= 515.12 \cdots\cdots ⑥ \end{array}$$

⑤+⑥

$$\begin{array}{l} 6\overline{l_3}+2\overline{l_4}+2\overline{l_5}= 1224.04 \\ \underline{-2\overline{l_3}+ \qquad 2\overline{l_5}= 515.12} \\ = 4\overline{l_3}+2\overline{l_4}= 708.92 \cdots\cdots ⑦ \end{array}$$

②+③

$$\begin{array}{l} 2l_3 - 2_1 = 209.24 \\ \underline{+2l_1 + 4\overline{l_4}= 290.84} \\ = 2l_3 + 4l_4 = 500.08 \cdots\cdots ⑧ \end{array}$$

⑦+⑧×2

$$\begin{array}{l} 4\overline{l_3}+2\overline{l_4}= 708.92 \\ \underline{-4\overline{l_3}+8\overline{l_4}= 1000.16} \\ -6l_4 =- 291.24 \\ \therefore l_4 = 152.96 \end{array}$$

⑥식에서 $2 \times 152.96 + 2\overline{l_5}= 515.12$

$305.92 + 2\overline{l_5}= 515.12$

$\therefore l_5 = 104.60$

④식에서 $2\times 104.58+2l_1=305.88$
$209.16+2l_1=305.88$
$\therefore l_1=48.36$

정리하면 $l_1=48.36°$
$l_2=l_1+l_4=96.88°$
$l_3=152.96°$
$l_4=48.54°$
$l_5=104.60°$

2. 조건방정식(미정계수법)

1) 조건식 수

각 측량=측정각−변수+1

삼각측량=변수−삼각점 수+1

수준측량+노선−측점+기지점 수

각 측량=측정각−변수+1= 5−4+1=2개

2) 조건식

① $l_1+l_4=l_2$

② $l_1+l_5=l_3$

3) 관측오차

① $48.36°+48.56°-96.86°=0.06°$

② $48.36°+104.62°-152.94°=0.04°$

4) 보정

$v_1+v_4-v_2+0.06°=0$
$v_1+v_5-v_3+0.04°=0$

5) 최소제곱법 원리 적용

$P=v_1{}^2+v_2{}^2+v_3{}^2+v_4{}^2+v_5{}^2-2k_1(v_1+v_4-v_2+0.06°)-2k_2(v_1+v_5-v_3+0.06°)$

6) 편미분

① $\dfrac{\partial p}{\partial v_1}=2v_1+2k_1-2k_2=0$ $\therefore\ v_1=k_1+k_2$

② $\dfrac{\partial p}{\partial v_2}=2v_2+2k_1=0$ $\therefore\ v_2=-k_1$(부호 주의)

③ $\dfrac{\partial p}{\partial v_3}=2v_3+2k_2=0$ $\therefore\ v_3=-k_2$

④ $\dfrac{\partial p}{\partial v_4}=2v_4-2k_1=0$ $\therefore\ v_4=k_1$

⑤ $\dfrac{\partial p}{\partial v_5}=2v_5-2k_2=0$ $\therefore\ v_5=k_2$

7) 조정

① $(k_1+k_2)+k_1-(-k_1)=-0.06°$

② $(k_1+k_2)+k_2-(-k_2)=-0.04°$

위 식을 정리하면

$$3k_1 + k_2 = -0.06 \cdots\cdots ③$$
$$k_1 + 3k_2 = -0.04 \cdots\cdots ④$$

③식에 곱하기 3을 하면

$$9k_1 + 3k_2 = -0.18$$
$$-k_1 + 3k_2 = -0.04$$
$$8k_1 \qquad = -0.14$$
$$\therefore k_1 = -0.0175$$
$$k_2 = 0.0075$$

8) 그러므로 보정값은

$$l_1 = 48.36° + v_1 = 48.36° + (k_1 + k_2) = 48.35°$$
$$l_2 = 96.86° + v_2 = 96.86° + (-k_1) = 96.88°$$
$$l_3 = 152.94° + v_3 = 152.40° + (-k_2) = 152.93°$$
$$l_4 = 48.56° + v_4 = 48.56° + (k_1) = 48.54°$$
$$l_5 = 104.62° + v_5 = 104.62° + (k_2) = 104.63°$$

08

각 측량에서 $\angle AOB$, $\angle BOC$, $\angle COD$를 결정하기 위해서 다음 값을 얻었다.

$\angle AOB = 47°54'29.8''$ $P_1 = 4$
$\angle AOC = 83°14'37.4''$ $P_2 = 16$
$\angle AOD = 135°27'15.0''$ $P_3 = 9$
$\angle BOD = 87°32'45.0''$ $P_4 = 2$

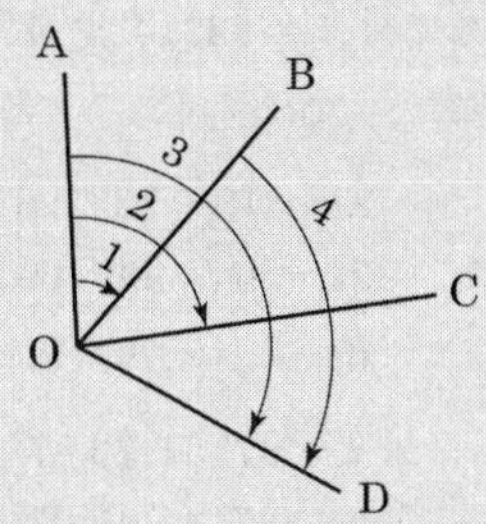

여기서 $\angle AOB$, $\angle BOC$, $\angle COD$의 최확치를 최고제곱법에 의해 구하시오. (단, 각은 0.01″까지)

1. 관측방정식에 의한 해법

1) 관측방정식

$$\overline{l_1} = l_1 + v_1$$
$$\overline{l_2} = l_2 + v_2$$
$$\overline{l_1} + \overline{l_4} = l_3 + v_3$$
$$\overline{l_4} = l_4 + v_4$$

2) 잔차 정리

$$v_1 = \overline{l_1} - 47°54'29.8''$$
$$v_2 = \overline{l_2} - 83°14'37.4''$$
$$v_3 = \overline{l_1} + \overline{l_4} - 135°27'15''$$
$$v_4 = \overline{l_4} - 87°32'45.0''$$

3) 최고제곱법 원리 적용

$P = v_1^2 + v_2^2 + v_3^2 + v_4^2$

$= \left(\overline{l_1} - 47°54'29.8''\right)^2 + \left(\overline{l_2} - 83°14'37.4''\right)^2 + \left(\overline{l_1} + \overline{l_4} - 135°27'15''\right)^2 + \left(\overline{l_4} - 87°32'45.0''\right)^2$

$= \min$

4) 편미분(P의 최소값을 구하기 위해 $\overline{l_1}$, $\overline{l_2}$, $\overline{l_4}$에 대해 편미분한다.)

① $\dfrac{\partial \rho}{\partial \overline{l_1}} = 2\left(\overline{l_1} - 47°54'29.8''\right) + 2\left(\overline{l_1} + \overline{l_4} - 135°27'15''\right) = 0$

② $\dfrac{\partial \rho}{\partial \overline{l_4}} = 2\left(\overline{l_1} + \overline{l_4} - 135°27'15''\right) + 2\left(\overline{l_4} - 87°32'45.0''\right) = 0$

5) 위 식을 정리하면

① $2\overline{l_1} - 95°48'59.6'' + 2\overline{l_1} + 2\overline{l_4} - 270°54'30'' = 0$

$\therefore 4\overline{l_1} + 2\overline{l_4} = 366°43'29.6''$

② $2\overline{l_2} = 166°29'14.8''$

③ $2\overline{l_1} + 2\overline{l_4} - 270°54'30'' + 2\overline{l_4} - 175°05'30'' = 0$

$2\overline{l_1} + 4\overline{l_4} = 446°00'00''$

①, ②, ③식에서 연립방정식을 풀면

②식에서 $\overline{l_2} = 83°14'37.4''$

①식×2−③식에서

$$\begin{array}{rl} 8\overline{l_1} + 4\overline{l_4} &= 733°26'59.2'' \\ -\ 2\overline{l_1} + 4\overline{l_4} &= 446°00'00'' \\ \hline 6\overline{l_1} \qquad &= 287°26'59.2'' \end{array}$$

$\therefore \overline{l_1} = 47°54'29.87''$

$\therefore \overline{l_4} = 87°32'45.07''$

6) 최확값은

$\angle AOB = 47°54'29.87''$

$\angle BOC = \overline{l_2} - \overline{l_1} = 83°14'37.4'' - 47°54'29.87'' = 35°20'7.53''$

$\angle COD = \overline{l_4} - \angle BOC = 87°32'45.07'' - 35°20'7.35'' = 52°12'37.54''$

2. 미정계수법(조건방정식)

1) 조건식 수

조건식 수	각 측량=측정각−변수+1 삼각측량=변수−삼각점 수+1 수준측량=노선−측점+기지점 수

각 측량=측정각−변수+1=4−4+1=1개

2) 조건식 : $\angle AOB + \angle BOD = \angle AOD$

3) 관측오차 : $47°54'29.8'' + 87°32'45'' - 135°27'15'' = -0.2''$

4) 보정 : $v_1 + v_4 - v_3 = 0.2'' = 0$

5) 경중률 : $P_1 : P_2 : P_3 : P_4 = 4 : 16 : 9 : 2$

6) 최소제곱법 원리 적용 : $P=4v_1^2+16v_2^2+9v_3^2+2v_4^2-2k_1(v_1+v_4-v_3-0.2'')$

7) 잔차에 대해 편미분

① $\dfrac{\partial\rho}{\partial v_1}=8v_1-2k_1=0 \quad \therefore v=\dfrac{k_1}{4}$

② $\dfrac{\partial\rho}{\partial v_2}=36v_2=0 \quad \therefore v_2=0$

③ $\dfrac{\partial\rho}{\partial v_3}=18v_3+2k_1=0 \quad \therefore v_3=\dfrac{-k_1}{9}$

④ $\dfrac{\partial\rho}{\partial v_4}=4v_4-2k_1=0 \quad \therefore v_4=\dfrac{k_1}{2}$

8) 조정

$v_1+v_4-v_3=0.2''$ 에서

$\dfrac{k_1}{4}+\dfrac{k_1}{2}-\left(-\dfrac{k_1}{9}\right)=0.2''$

공통분모는 $72=4\times2\times9$

$\dfrac{18k_1+36k_1+8k_1}{72}=0.2$

$\dfrac{62k_1}{72}=0.2$

$\therefore k_1=0.23''$

9) 잔차

$V_1=\dfrac{k_1}{4}=\dfrac{0.23}{4}=0.0575=0.06''$

$V_2=0$

$V_3=\dfrac{-k_1}{9}=\dfrac{-0.23}{9}=0.0255=-0.03''$

$V_4=\dfrac{k_1}{2}=\dfrac{0.23}{2}=0.115=0.12''$

10) 최확값

$\angle AOB=47°54'29.8''+0.06''=47°54'29.86''$

$\angle BOC=(\angle AOC+V_2)-\angle AOB=83°14'37.4''+0-47°54'29.8''=35°20'7.6''$

$\angle COD=(\angle BOD+V_4)-\angle BOC=87°32'45''+0.12''-35°20'7.6''=52°12'37.52''$

09

그림과 같은 각측량에서 l_1, l_2, l_3, l_4를 균등한 정밀도로 측정하여 ∠AOB, ∠BOC, ∠COA의 최확치를 구하시오.

$l_1 = 70°00'00''$

$l_2 = 140°00'10''$

$l_3 = 210°00'00''$

$l_4 = 150°00'00''$의 값을 얻었다.

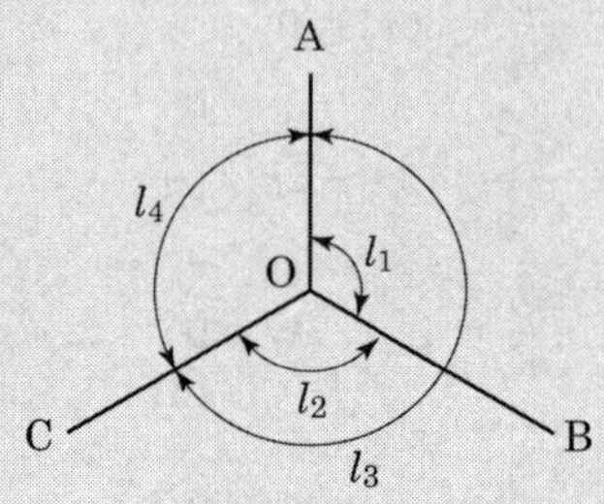

1. 관측방정식에 의한 해법

1) 관측방정식

$\overline{l_1} = 70° + v_1$

$\overline{l_2} = 140°00'10'' + v_2$

$\overline{l_1} + \overline{l_2} = 210° + v_3$

$360° - (\overline{l_1} + \overline{l_2}) = 150 + v_4$

2) 잔차 정리

$V_1 = \overline{l_1} - 70°$

$V_2 = \overline{l_2} - 140°00'10''$

$V_3 = \overline{l_1} + \overline{l_2} - 210°$

$V_4 = 210° - \overline{l_1} - \overline{l_2}$

3) 최소제곱법 원리 정리

$P = v_1^2 + v_2^2 + v_3^2 + v_4^2$

$= (\overline{l_1} - 70°)^2 + (\overline{l_2} - 140°00'10'')^2 + (\overline{l_1} + \overline{l_2} - 210°)^2 + (210 - \overline{-l_1} - \overline{-l_2})^2$

4) 편미분(P의 최소값을 구하기 위해 $\overline{l_1}$, $\overline{l_2}$에 대한 편미분)

① $\dfrac{\partial p}{\partial l_1} = 2(\overline{l_1} - 70°) + 2(\overline{l_1} + \overline{l_2} - 210°) - 2(210° - \overline{l_1} - \overline{l_2}) = 0$ (여기서, 부호주의 (−)가 된다.)

② $\dfrac{\partial p}{\partial \overline{\ell_2}} = 2(\overline{l_2} - 140°00'10'') + 2(\overline{l_1} + \overline{l_2} - 210°) - 2(210° - \overline{l_1} - \overline{l_2}) = 0$

5) 두 식을 정리하면

① $2\overline{l_1} - 140° + 2\overline{l_1} + 2\overline{l_2} - 420° - 420° + 2\overline{l_1} + 2\overline{l_2} = 0$

$6\overline{l_1} + 4\overline{l_2} = 980°$

② $2\overline{l_2} - 280°00'20'' + 2\overline{l_1} + 2\overline{l_2} - 420° - 420° + 2\overline{l_1} + 2\overline{l_2} = 0$

$4\overline{l_1} + 6\overline{l_2} = 1120°00'20''$

6) 정규방정식을 풀면

$$24\bar{l_1}+16\bar{l_2}=3920°$$
$$-24\bar{l_1}+36\bar{l_2}=6720°02'00''$$
$$-20\bar{l_2} = -2800°02'$$
$$\therefore \bar{l_2}=140°00'06''$$
$$\bar{l_1}=69°59'56''$$

7) 그러므로

$$\angle AOB=69°59'56''$$
$$\angle BOC=140°00'06''$$
$$\angle COA=360°-(69°59'56''+140°00'06'')=149°59'58''$$

2. 미정계수법(조건방정식)

1) 조건식 수

조건식 수	각 측량=측정각−변수+1 삼각측량=변수−삼각점 수+1 수준측량=노선−측점+기지점 수

각 측량=측정각−변수+1=4−3+1=2개

2) 조건식

$$l_1+l_2=l_3$$
$$l_3+l_4=360°$$

3) 관측오차

$$70°+140°00'10''-210°=10''$$
$$210°00'00''+150°00'00''=360°=0$$

4) 보정

① $v_1+v_2-v_3+10''=0$

② $v_3+v_4=0$

5) 최소제곱법 원리 적용

$$P=v_1{}^2+v_2{}^2+v_3{}^2+v_4{}^2-2k_1(v_1+v_2-v_3+10)-2k_2(v_3+v_4)$$

6) 각 잔차에 대한 편미분

① $\frac{\partial p}{\partial v_1}=2v_1-2k_1=0 \qquad v_1=k_1$

② $\frac{\partial p}{\partial v_2}=2v_2-2k_1=0 \qquad v_2=k_1$

③ $\frac{\partial p}{\partial v_3}=2v_3+2k_1-2k_2=0 \qquad v_3=-k_1+k_2$

④ $\frac{\partial p}{\partial v_4}=2v_4-2k_2=0 \qquad v_4=k_2$

7) 조정

$$k_1+k_1-(-k_1+k_2)=-10$$
$$(-k_1+k_2)+k_2=0$$

두 식을 정리하면

$3k_1 - k_2 = -10 \cdots\cdots$ ①
$-k_1 + 2k_2 = 0 \cdots\cdots$ ②

연립방정식을 풀기 위해 ①식에 2를 곱하면

$$6k_1 - 2k_2 = -20$$
$$+ \; -k_1 + 2k_2 = 0$$
$$5k_1 = -20$$
$$\therefore k_1 = 4''$$
$$k_2 = -2''$$

8) 그러므로 내각

$\angle AOB = l_1 + v_1 = 70° - 4'' = 69° 59' 56''$
$\angle BOC = l_2 + v_2 = 140° 00' 10'' - 4'' = 140° 00' 06''$
$\angle COA = l_4 + v_4 = 150° - 2'' = 149° 59' 58''$

10

삼각수준측량에서 높이(H)를 구하고자 다음과 같은 값을 얻었다. 높이(H)와 높이에 대한 표준오차를 구하시오.

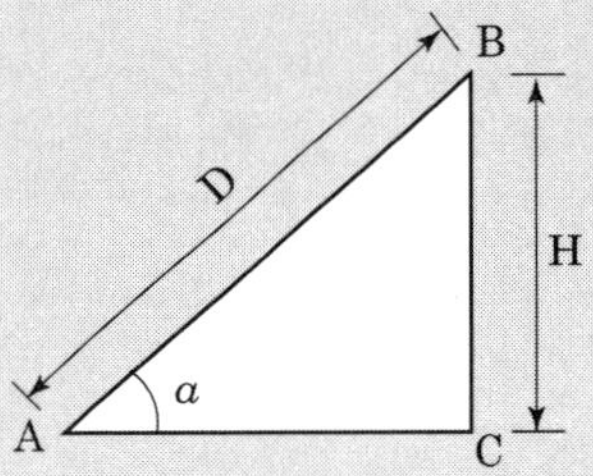

경사거리$(D) = 40.00\text{m} \pm 0.05\text{m}$
경사각$(\alpha) = 30° 20' 00'' \pm 30''$

1. 높이 계산 : $H = D\sin\alpha = 40 \times \sin 30° 20' = 20.20\text{mm}$

2. 높이에 대한 표준오차 계산

$H = D\sin\alpha$에서

$$\frac{\partial H}{\partial D} = \sin\alpha$$
$$\frac{\partial H}{\partial \alpha} = D \cdot \cos\alpha$$
$$\therefore \Delta H = \sqrt{\left(\frac{\partial H}{\partial D}\right)^2 \cdot md^2 + \left(\frac{\partial H}{\partial \alpha}\right)^2 \cdot m\alpha^2}$$
$$= \sqrt{\sin^2\alpha \cdot mD^2 + D \cdot \cos^2\alpha \cdot m\alpha^2}$$
$$= \sqrt{(\sin 30° 20')^2 \times 0.05^2 + 40 \times (\cos 30° 20')^2 \times \left(\frac{30''}{206265''}\right)^2}$$
$$= \pm 0.025\text{m}$$

3. 높이와 표준오차 : $H = 20.20\text{m} \pm 0.025\text{m}$

11

직육면체의 저수탱크의 용적을 구하고자 밑변 a, b와 높이 H에 대해 측정한 값이다. 부피와 용적오차를 구하시오.

$$a = 30.00\text{m} \pm 0.04\text{m}$$
$$b = 40.00\text{m} \pm 0.05\text{m}$$
$$H = 20.00\text{m} \pm 0.03\text{m}$$

1. 체적 계산

$$V = a \cdot b \cdot h$$
$$= 30 \times 40 \times 20 = 24.000\text{m}^3$$

2. 체적오차 계산

$$\Delta V = \pm\sqrt{(bh)^2 m_1^2 + (ah)^2 m_2^2 + (ab)^2 m_3^2}$$
$$= \pm\sqrt{(40 \times 20)^2 \times 0.04^2 + (30 \times 20)^2 \times 0.05^2 + (30 \times 40)^2 \times 0.03^2}$$
$$= \pm 56.75\text{m}^3$$

3. 체적과 체적오차 : $V = 24.000\text{m}^3 \pm 56.75\text{m}^3$

12

원기둥의 지름과 높이를 측정한 결과 $D = 10\text{m} \pm 0.02\text{m}$, $H = 30.0\text{m} \pm 0.04\text{m}$ 이라고 한다. 원기둥의 부피와 이에 대한 표준오차를 구하시오.

1. 면적 계산

$$A = \frac{1}{4}\pi D^2$$
$$= \frac{1}{4}\pi \times 10^2 = 78.54\text{m}^2$$

2. 면적에 대한 오차 계산

$$\Delta A = \pm \frac{1}{4}\pi D^2 \sqrt{2\left(\frac{m_1}{D}\right)^2}$$
$$= \pm 78.54\sqrt{2 \times \left(\frac{0.02}{10}\right)^2} = \pm 0.222\text{m}^2$$

3. 체적 계산

$$V = A \cdot H$$
$$= 78.54 \times 30 = 2356.2\text{m}^3$$

4. 부피에 대한 표준오차

$$\Delta V = \pm A \cdot H \sqrt{\left(\frac{m_1}{A}\right)^2 + \left(\frac{m_2}{H}\right)^2}$$

$$= 2356.2 \sqrt{\left(\frac{0.222}{78.54}\right)^2 + \left(\frac{0.04}{30}\right)^2}$$

$$= \pm 7.36\text{m}^3$$

5. 원기둥의 부피와 표준오차 : $V = 2356.2\text{m}^3 \pm 7.36\text{m}^3$

13

공의 반지름을 측정한 결과 $R = 20.00\text{m} \pm 0.04\text{m}$ 였다고 한다. 부피에 대한 표준오차와 부피의 최확값을 구하라. $(\pi = 3.14159)$

1. 공의 부피 계산

$$V = \frac{4}{3}\pi R^3$$

$$= \frac{4}{3}\pi \times 20^3 = 33{,}510.29\text{m}^3$$

2. 표준오차

$$\Delta V = \pm \frac{4}{3}\pi R^3 \sqrt{n\left(\frac{m}{R}\right)^2} = \frac{4\sqrt{3}}{3}\pi R^2 m_1$$

$$= \pm \frac{4}{3} \times \pi \times 20^3 \sqrt{3\left(\frac{0.04}{20}\right)^2} = 116.08\text{m}^3$$

$$\Delta V = \frac{4}{3}\sqrt{3} \times \pi \times 20^2 \times 0.04 = 116.08\text{m}^3$$

3. 부피의 최확값 : $V = 33510.29\text{m}^3 \pm 116.08\text{m}^3$

14

직선 $\overline{AB}$를 그림과 같이 세 구간으로 나누어 독립적으로 측정한 결과가 다음과 같다. 직선 $\overline{AB}$의 거리와 이에 대한 표준오차를 계산하시오.

$x_1 = 52.00\text{m} \pm 0.04\text{m}$

$x_2 = 35.50\text{m} \pm 0.05\text{m}$

$x_3 = 25.65\text{m} \pm 0.03\text{m}$

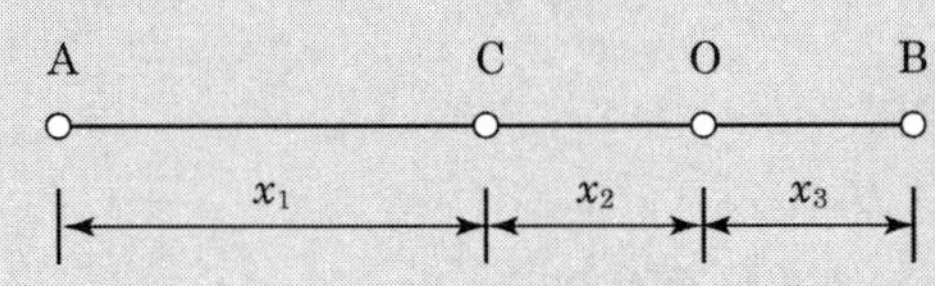

1. $\overline{AB}$의 거리

$$\overline{AB} = x_1 + x_2 + x_3 = 52.00 + 35.50 + 25.65 = 113.15\text{m}$$

2. 표준오차 계산

$$\Delta H = \pm\sqrt{{m_1}^2 + {m_2}^2 + {m_3}^2} = \pm\sqrt{0.04^2 + 0.05^2 + 0.03^2} = \pm 0.07\text{m}$$

3. AB의 거리와 표준오차 : $\overline{AB} = 113.15\text{m} \pm 0.07\text{m}$

15

그림에서 높이 H를 구하기 위하여 다음과 같은 값을 측정하였다. 수직거리에 포함된 표준오차를 계산하시오. (단, 계산은 소수 넷째자리까지)

$\overline{AB}$ 경사거리 = 20m
연직각(α) = 60°
거리측정에 대한 표준오차 = ±0.02m
각관측에 대한 표준편차 = ±10″

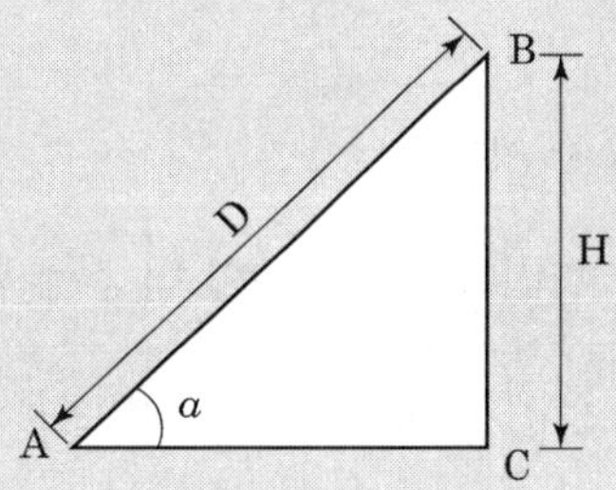

1. 높이(H) 계산 : $H = D \cdot \sin\alpha = 20 \times \sin 60° = 17.3205\text{m}$

2. 표준오차(ΔH) : 오차 전파 법칙 적용

$$\Delta H = \pm\sqrt{(\sin\alpha)^2 \cdot \Delta D^2 + (D \cdot \cos\alpha)^2 \cdot \left(\frac{\Delta\alpha}{p''}\right)^2}$$
$$= \pm\sqrt{(\sin 60°)^2 \times 0.02^2 + (20 \times \cos 60°)^2 \times \left(\frac{10''}{206265''}\right)^2}$$
$$= \pm 0.0173\text{m}$$

3. 수직거리 및 표준오차 : $H = 17.3205 \pm 0.0173\text{m}$

16

그림에서 다음과 같은 값을 얻었다. 면적과 면적오차를 구하시오.

$b = 140.25\text{m} \pm 0.04\text{m}$

$c = 210.36\text{m} \pm 0.05\text{m}$

$\alpha = 56°22'00'' \pm 20''$

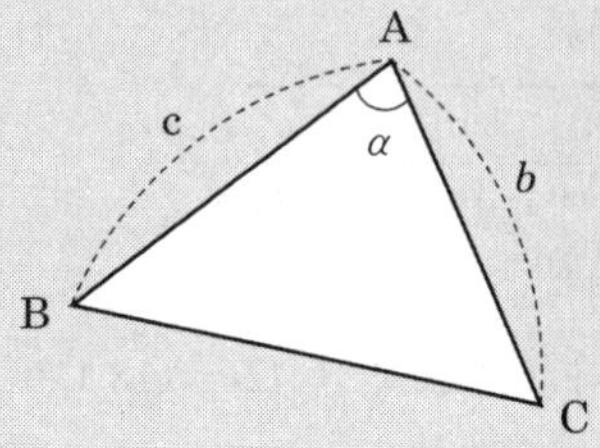

1. 면적 계산

$$A = \frac{1}{2}bc\sin\alpha = \frac{1}{2} \times 140.25 \times 210.36 \times \sin 56°22' = 12{,}282.08\text{m}^2$$

2. 면적오차 계산

$$\Delta A = \pm\sqrt{\left(\frac{1}{2}c \sim \alpha\right)^2 \cdot m_1^2 + \left(\frac{1}{2}b \sim \alpha\right)^2 \cdot {m_1}^2 + \left(\frac{1}{2}bc \sim \alpha\right)^2 \cdot \left(\frac{\Delta\alpha}{\rho''}\right)^2}$$

$$= \pm\sqrt{\left(\frac{1}{2} \times 210.36 \times \sim 56°22'\right)^2 \times 0.04^2 + \left(\frac{1}{2} \times 140.25 \times \sim 56°22'\right)^2 \times 0.05^2 + \left(\frac{1}{2} \times 140.25 \times 210.36 \times \cos 56°22'\right)^2 \times \left(\frac{20''}{206265''}\right)^2}$$

$$= \pm 4.96\text{m}^2$$

3. 면적과 면적오차 : $A = 12{,}282.08\text{m}^2 \pm 4.96\text{m}^2$

17

삼각형의 토지면적을 구하기 위하여 다음 값을 얻었다. 면적과 면적오차를 계산하시오.

$a = 85\text{m} \pm 0.02\text{m}$
$b = 72\text{m} \pm 0.01\text{m}$

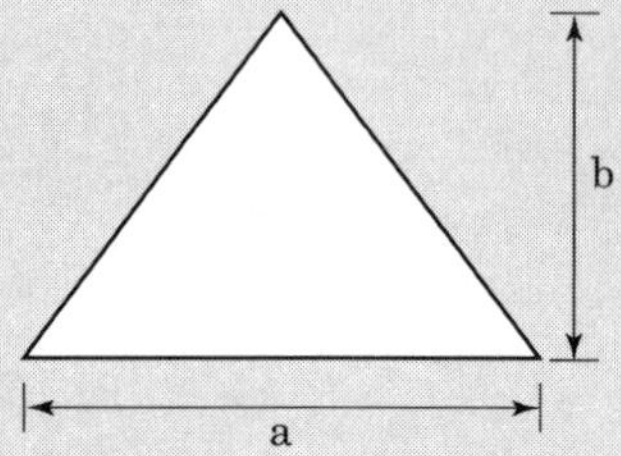

1. 면적 계산

$$A=\frac{1}{2}ab=\frac{1}{2}\times 85\times 72=3{,}060\text{m}^2$$

2. 면적오차 계산

$$\begin{aligned}\Delta A&=\pm\sqrt{\left(\frac{b}{2}\right)^2\cdot {m_1}^2+\left(\frac{a}{2}\right)^2\cdot {m_2}^2}\\&=\pm\sqrt{\left(\frac{72}{2}\right)^2\times 0.02^2+\left(\frac{85}{2}\right)^2\times 0.01^2}\\&=\pm 0.84\text{m}^2\end{aligned}$$

3. 면적과 면적오차 : $A=3{,}060\text{m}^2\pm 0.84\text{m}^2$

18

아래 그림 직각삼각형에서 직각을 낀 두 변 a, b를 측정한 결과이다. 빗변 c의 거리와 오차를 계산하시오.

$a=45.32\pm 0.04$
$b=89.65\pm 0.08$

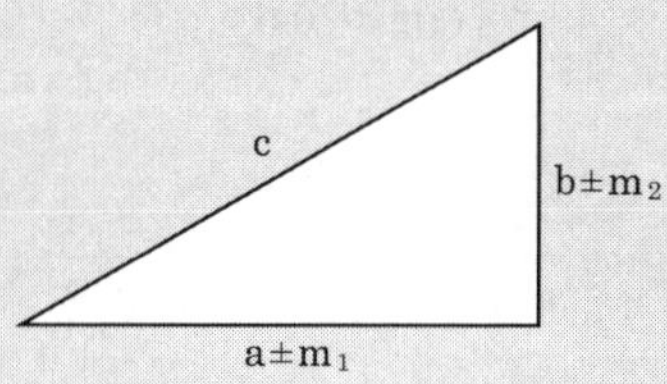

1. 빗변 길이(c)

$$c=\sqrt{a^2+b^2}=\sqrt{45.32^2+89.65^2}=100.454\text{m}$$

2. 총 오차(M) 산정 : 부정오차 전파 응용

$Y=X_1+X_2+\cdots+X_n$ 인 경우	$M=\pm\sqrt{m_1^2+m_2^2+m_3^2+\cdots\cdots+m_n^2}$ 여기서, M : 부정오차 총합 $m_1,\ m_2,\ \cdots\ m_n$: 각 구간의 평균제곱근오차
$Y=X_1\cdot X_2$인 경우	$M=\pm\sqrt{(X_2\cdot m_1)^2+(X_1\cdot m_2)^2}$
$Y=X_1/X_2$인 경우	$M=\pm\frac{X_1}{X_2}\sqrt{(\frac{m_1}{X_1})^2+(\frac{m_2}{X_2})^2}$
$Y=\sqrt{{X_1}^2+{X_2}^2}$ 인 경우	$M=\pm\sqrt{\left(\frac{X_1}{\sqrt{{X_1}^2+{X_2}^2}}\right)^2{m_1}^2+\left(\frac{X_2}{{X_1}^2+{X_2}^2}\right)^2{m_2}^2}$

$$M = \pm\sqrt{\left(\frac{a}{\sqrt{a^2+b^2}}\right)^2 \cdot {m_1}^2 + \left(\frac{b}{\sqrt{a^2+b^2}}\right)^2 \cdot {m_2}^2}$$

$$= \pm\sqrt{\left(\frac{45.32}{\sqrt{45.32^2+89.65^2}}\right)^2 \times 0.04^2 + \left(\frac{89.65}{\sqrt{45.32^2+89.65^2}}\right)^2 \times 0.08^2}$$

$$= \pm 0.073$$

3. 빗변길이 : $c = 100.454 \pm 0.073\text{m}$

19

그림과 같은 직사각형의 가로, 세로를 측정한 결과이다. 면적과 면적에 대한 표준오차를 구하시오. (단, A와 B는 서로 독립이다.)

$a = 100.00\text{m} \pm 0.05\text{m}$
$b = 75.00\text{m} \pm 0.03\text{m}$

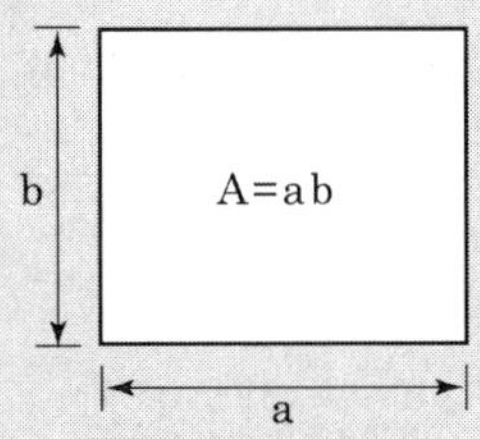

1. 면적 계산

$$A = a \cdot b$$
$$= 100 \times 75 = 7{,}500\text{m}^2$$

2. 면적오차 계산

$$A = a \cdot b$$

$$M = \pm\sqrt{\left(\frac{\partial A}{\partial}\right)^2 \cdot {m_1}^2 + \left(\frac{\partial A}{\partial b}\right)^2 \cdot {m_2}^2}$$

$$= \pm\sqrt{b^2 \cdot {m_1}^2 + a^2 \cdot {m_2}^2}$$

$$= \pm\sqrt{(75 \times 0.05)^2 + (100 \times 0.03)^2}$$

$$= \pm 4.80\text{m}^2$$

3. 면적과 면적오차 : $A = 7500\text{m}^2 + 4.80\text{m}^2$

20

직사각형 토지의 가로, 세로의 길이를 측정하여 다음과 같은 값을 얻었다. 면적과 면적오차를 구하시오.

$a = 50\text{m} \pm 0.01\text{m}$
$b = 60\text{m} \pm 0.02\text{m}$

1. 면적 계산

$$A = a \cdot b$$
$$= 50 \times 60 = 3{,}000\text{m}^2$$

2. 면적오차 계산

$$M = \pm\sqrt{(b \cdot m_1)^2 + (a \cdot m_2)^2}$$
$$= \pm\sqrt{(60 \times 0.01)^2 + (50 \times 0.02)^2}$$
$$= \pm 1.16\text{m}^2$$

3. 면적과 면적오차 : $A = 3{,}000\text{m}^2 \pm 1.16\text{m}^2$

21

A, B 두 점의 수평거리를 5회 측정하여 다음 값을 얻었다. 이 거리의 최확치, 평균자승오차(중등오차), 확률오차, 정도를 구하시오.

구분	관측값	최확값	잔차(V)	V^2
1	36.460			
2	36.400			
3	36.380			
4	36.410			
5	36.500			
계	182.150			

1. 최확값

$$L_0 = \frac{[M]}{m} = \frac{182.150}{5} = 36.430$$

구분	관측값	최확값	잔차(V)	V^2
1	36.460	36.430	0.03	0.0009
2	36.400		−0.03	0.0009
3	36.380		−0.05	0.0025
4	36.410		−0.02	0.0004
5	36.500		0.07	0.0049
계	182.150		0	0.0096

2. 평균자승오차(중등오차)

$$M_0 = \sqrt{\frac{V^2}{n(n-1)}} = \sqrt{\frac{0.0096}{5(5-1)}} = \pm 0.022$$

3. 확률오차

$$Y_0 = \pm 0.6745\sqrt{\frac{V^2}{n(n-1)}}$$
$$= \pm 0.6745 \times 0.022 = \pm 0.015$$

4. 정도

$$\text{정도} = \frac{\text{확률오차}}{\text{최확치}} = \frac{0.015}{36.430} = \frac{1}{2428.6} \fallingdotseq \frac{1}{2429}$$

22

A, B 두 점의 수평거리를 5회 측정하여 다음 값을 얻었다. 이 거리의 최확치, 평균제곱근오차, 확률오차 정도를 구하시오.

관측값	측정횟수
36.462	4
36.467	2
36.460	3
36.461	5
36.463	1

1. 경중률(비중, 무게) : 경중률은 측정횟수에 비례한다.

$P_1 : P_2 : P_3 : P_4 : P_5 = 4 : 2 : 3 : 5 : 1$

2. 최확값

$$M_o = \frac{l_1P_1 + l_2P_2 + l_3P_3 + l_4P_4 + l_5P_5}{P_1 + P_2 + P_3 + P_4 + P_5}$$

$$= 36.460 + \frac{4\times2 + 2\times7 + 5\times1 + 1\times3}{4+2+3+5+1}$$

$$= 36.460 + 0.002 = 36.462$$

3. 평균제곱근오차

$$m_0 = \sqrt{\frac{[PVV]}{[P](n-1)}}$$

측정값	최확값	잔차(V)	VV	경중률	PVV
36.462	36.462	0	0	4	0
36.467		5	25	2	50
36.460		−2	4	3	12
36.461		−1	1	5	5
36.463		1	1	1	1
				15	68

$$m_0 = \sqrt{\frac{68}{15(5-1)}} = \pm 1.064\text{mm} = 0.00106\text{mm}$$

4. 확률오차

$$r_o = \pm 0.6745 \times m_o$$

$$= \pm 0.6745 \times 0.00106 = \pm 0.00071\text{m}$$

5. 정밀도

1) 확률오차에 대한 정밀도

$$\text{정밀도} = \frac{\text{확률오차}}{\text{최확값}} = \frac{0.00071}{36.462} = \frac{1}{51354} \fallingdotseq \frac{1}{510,000}$$

2) 평균제곱근오차에 대한 정밀도

$$\text{정밀도} = \frac{\text{평균제곱근오차}}{\text{최확값}} = \frac{0.0.00106}{36.462} = \frac{1}{34,398} \fallingdotseq \frac{1}{34,000}$$

23

수준점 A, B, C, D에서 P점의 표고를 구하기 위해서 수준측량을 한 결과이다. P점에 대한 최확치, 확률오차, 정도를 구하시오.

수준점	거리	관측값
A	4	35.376
B	2	35.375
C	2	35.373
D	3	35.370

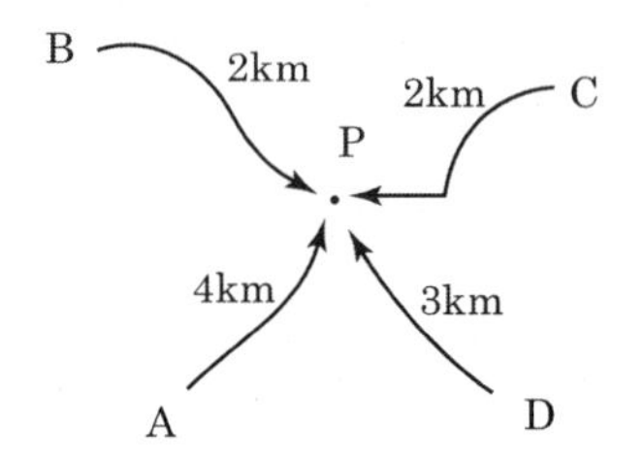

1. 경중률 : 경중률은 거리에 반비례하므로

$$P_1 : P_2 : P_3 : P_4 = \frac{1}{4} : \frac{1}{2} : \frac{1}{2} : \frac{1}{3} = 3:6:6:4$$

2. 최확값

$$L_o = \frac{l_1P_1 + l_2P_2 + l_3P_3 + l_4P_4}{P_1 + P_2 + P_3 + P_4}$$

$$= 35.0 + \frac{3 \times 0.376 + 6 \times 0.375 + 6 \times 0.373 + 4 \times 0.37}{3+6+6+4}$$

$$= 35.0 + 0.373 = 35.373\text{m}$$

3. 무게가 다를 때

관측치	최확값	잔차(V)	V^2	P	PV^2
35.376	35.373	3mm	9	3	27
35.375		2	4	6	24
35.373		0	0	6	0
35.370		−3	9	4	36
				19	87

4. 평균제곱근오차

$$M_0 = \pm\sqrt{\frac{\Sigma PV^2}{\Sigma P(n-1)}}$$

$$= \pm\sqrt{\frac{87}{19(4-1)}} = 1.24\text{mm} \fallingdotseq 0.001\text{m}$$

5. 확률오차 : $r_0 = \pm 0.6745 \times 0.001 = \pm 0.0007 \fallingdotseq 0.001$

6. 정도

$$\text{정도} = \frac{\text{확률오차}}{\text{최확치}} = \frac{0.001}{35.373} = \frac{1}{35373} \fallingdotseq \frac{1}{35{,}000}$$

24

아래와 같은 그림에서 각을 관측하였다. 최확치를 구하시오.

각	관측치	측정횟수
$\angle AOB$	25° 24′ 20″	3
$\angle BOC$	52° 28′ 15″	2
$\angle AOC$	77° 52′ 05″	6

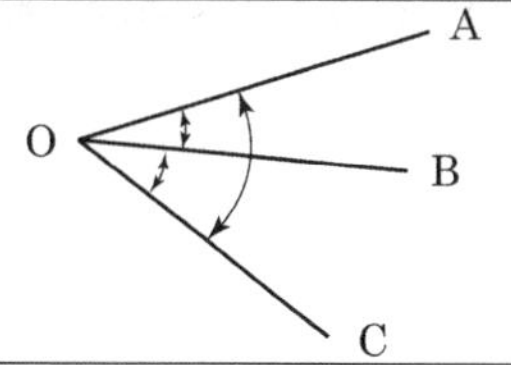

1. 조건 : $\angle AOB + \angle BOC = \angle AOC$ (같아야 한다.)

2. 오차

   25° 24′ 20″ + 52° 28′ 15″ − 77° 52′ 05″ = 30″

   오차가 큰 각은 (−), 작은 각은 (+)해 준다.

3. 경중률 : 조건부 관측이므로 경중률은 관측횟수에 반비례한다.

   $P_1 : P_2 : P_3 = \frac{1}{3} : \frac{1}{2} : \frac{1}{6} = 2 : 3 : 1$

4. 보정량

   ① $\angle AOB = \frac{30}{2+3+1} \times 2 = 10''$

   ② $\angle BOC = \frac{30}{2+3+1} \times 3 = 15''$

   ③ $\angle AOC = \frac{30}{2+3+1} \times 1 = 5''$

5. 조정각

   ① AOB = 25° 24′ 20″ − 10″ = 25° 24′ 10″

   ② $\angle BOC$ = 52° 28′ 15″ − 15″ = 52° 28′ 00″

   ③ $\angle AOC$ = 77° 52′ 05″ + 5″ = 77° 52′ 10″

   ①+②=③ 검산 완료

6. 최확값 : $\angle AOC$ = 77° 52′ 10″

25

갑과 을 두 사람이 A, B 두 점간의 고저차를 구하기 위해 서로 다른 표척을 갖고 여러 번 측정한 결과이다. A, B 두 점 사이의 최확값은?

49.004m ± 0.004m
48.995m ± 0.008m

경중률(무게, 비중)은 평균제곱근오차의 제곱에 반비례한다.

1. 경중률

$$P_1 : P_2 = \frac{1}{(0.004)^2} : \frac{1}{(0.008)^2}$$
$$= \frac{1}{16} : \frac{1}{64} = 4 : 1$$

2. 최확값

$$L_0 = \frac{P_1 l_1 + P_2 l_2}{P_1 + P_2}$$
$$= 48 + \frac{4 \times 1{,}004 + 1 \times 0{,}995}{4+1} = 49{,}002\text{m}$$

26

삼각형 △ABC에서 ∠A와 변 길이 b와 c를 측정한 값이 다음과 같다. 삼각형 면적에 대한 표준오차와 면적에 대한 99%의 신뢰구간을 계산하시오.

$\angle A = 50°10'$
$b = 400\text{m}$
$c = 300\text{m}$
각에 대한 표준오차 $\Delta a = \pm 30''$
변에 대한 표준오차 $\Delta x = \pm\left(0.01 \pm \frac{D}{10{,}000}\right)$
(단, D는 수평거리)

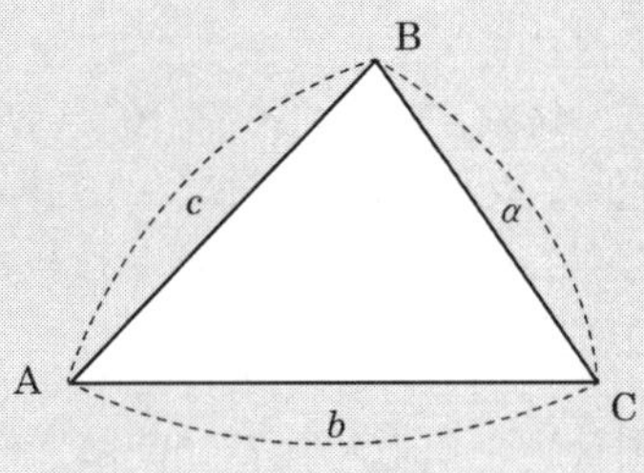

1. 면적계산

$$A = \frac{1}{2} ab \sin\alpha = \frac{1}{2} \times 400 \times 300 \times \sin 50°10' = 46{,}074.66\text{m}^2$$

2. 면적에 대한 표준오차

$A = \frac{1}{2} ab \sin\alpha$ 에서 오차전파법칙에 따라

$$\Delta A\sqrt{\left(\frac{\partial A}{\partial b}\right)^2\times\Delta b^2+\left(\frac{\partial A}{\partial c}\right)^2+\left(\frac{\partial A}{\partial a}\right)^2\Delta\alpha^2}$$

여기서,

$$\frac{\partial A}{\partial b}=\frac{1}{2}c\cdot\sin\alpha$$
$$\frac{\partial A}{\partial c}=\frac{1}{2}a\cdot\sin\alpha$$
$$\frac{\partial A}{\partial a}=\frac{1}{2}bc\cos\alpha=A\cdot\cot\alpha$$

다시 정리하면

$$\Delta A=\sqrt{\left(\frac{1}{2}c\cdot\sin\alpha\right)^2\cdot\Delta b^2+\left(\frac{1}{2}b\cdot\sin\alpha\right)^2\cdot\Delta c^2+\left(\frac{1}{2}b\cdot\cos\alpha\right)^2\cdot\Delta\alpha^2}$$

여기서, 변길이 Δb, Δc에 대한 오차는

$$\Delta b=\pm\sqrt{(0.01)^2+\left(\frac{400}{10,000}\right)^2}=\pm 0.041\text{m}$$

$$\Delta c=\pm\sqrt{(0.01)^2+\left(\frac{300}{10,000}\right)^2}=\pm 0.032\text{m}$$

$$\Delta\alpha=\pm 30''$$

$$\therefore\ \Delta A=\sqrt{\left(\frac{1}{2}\times300\times\sin50°\,10'\right)^2\times0.041^2+\left(\frac{1}{2}\times400\times\sin50°\,10'\right)^2\times0.032^2+\left(\frac{1}{2}\times300\times400\times\cos52°\,10'\right)^2\times\left(\frac{30''}{206265''}\right)^2}$$

$$=\pm 8.666\text{m}^2$$

3. 면적에 대한 99%의 신뢰구간

$P[k-0.6745\sigma\le x\le n+0.6745\sigma]=0.50$

$P[k-1.960\sigma\le x\le n+1.960\sigma]=0.95$

$P[k-2.576\sigma\le x\le n+2.576\sigma]=0.99$

$P[k-3.29\sigma\le x\le n+3.29\sigma]=0.999$

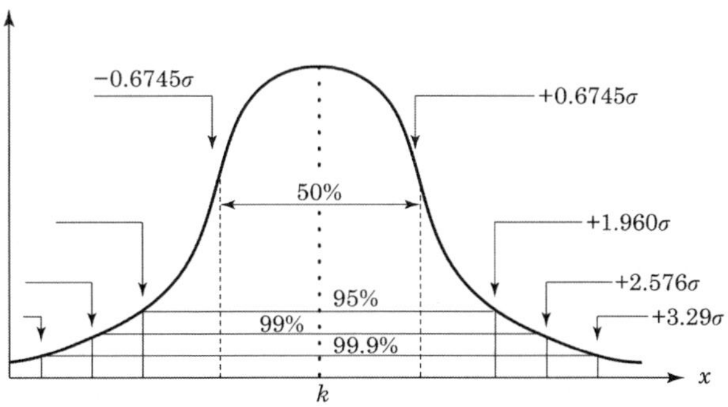

정규분포에서는 2.576σ일 때 99%의 확률을 가지므로 신뢰구간은

$$A\pm2.576\sigma_A=46074.66\pm2.576\times8.666$$
$$=46,052\text{m}^2\sim46,097\text{m}^2$$

그러므로 면적에 대한 99%의 신뢰구간은 $46,052\text{m}^2\sim46,097\text{m}^2$이다.

PART 04

측량외업

荀子曰 不積蹞步면 無以至千里요

不積少流면 無以成江河니라

순자가 말씀하기를

천리 길도 한 걸음부터이고 작은 흐름이 모여 강과 바다가 되느니라.

* 열심히 배우고 공부하여 태산 같은, 강처럼 바다처럼 큰 사람이 됩시다.

Chapter 01

외업시험 대비요령

1.1 실기시험 장비 및 점수배점

(1) 2014년 측량 및 지형공간정보기사, 측량 및 지형공간정보산업기사, 측량기능사 실기시험 종목 및 점수배점

등급	종목명		비고	
			변경 전	변경 후
기사	측량 및 지형공간정보기사	시험방법	복합형[작업(45)+필답(55)]	복합형 [작업(40)+필답(60)]
		시험장비	레벨, 데오돌라이트, 평판	레벨, 토털스테이션
산업기사	측량 및 지형공간정보산업기사	시험방법	복합형[작업(45)+필답(55)]	복합형 [작업(50)+필답(50)]
		시험장비	레벨, 데오돌라이트, 평판	레벨, 토털스테이션
기능사	측량기능사	시험방법	복합형[작업(55)+필답(45)]	작업형[작업(100)]
		시험장비	레벨, 데오돌라이트, 평판	레벨, 토털스테이션, 평판

※ 연장시간 : 각 작업별로 5분, 5분 연장 시 3점 감점, 5분 초과 시 0점 처리

1.2 토털스테이션 측량 시험방법

1) TS측량

측점 A와 B의 좌표가 (1000, 1000), (970, 1030)이라 가정할 때, 측점 A, B에 기계를 설치하여 각 측선 AC, AF, BD, BE의 방위각과 거리 및 측점 C, D, E, F의 좌표를 관측하고, CE의 거리를 구하시오.

※ 프리즘 상수는 감독위원의 지시에 따르고 프리즘의 중앙을 시준하시오. (단, A점의 좌표의 단위는 m이고, AB의 방위각은 135°이다.)

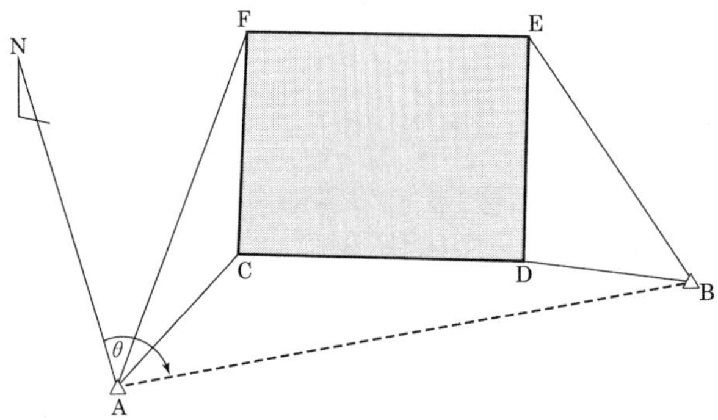

1.3 수험자 유의사항

1) 지급된 장비의 이상 유무를 확인한다.
2) 코스별 부호의 명칭을 확인하여 기재하고 현장을 확인한다.
3) 장비 사용을 완료한 경우에는 본래대로 조정한 후 원위치에 반환한다.
4) 수험 도중 수험자 간에 대화를 해서는 안 된다.
5) 실기시험 중 설치된 시설물이 파손되지 않도록 주의해야 한다.
6) 답안지 작성은 지적관계법령의 관련 규정에 맞도록 기재해야 한다.
7) 답안 작성 시 반드시 흑색 또는 청색 필기구(연필류 제외) 중 동일한 색의 필기구만을 계속 사용하여야 하며, 기타의 필기구를 사용한 답항은 0점 처리된다.
8) 각 작업별로 표준시간에서 5분까지 연장할 수 있으나 3점을 감점하고 5분을 초과한 경우에는 해당 작업을 0점 처리한다.
9) 전 수험과정(작업형, 필답형)을 응시하지 않으면 실격으로 처리된다.
10) 요구사항의 측점에 대한 관측값 또는 도면 표시 등이 누락된 과정은 미완성으로 각 과정별 0점 처리된다.

Chapter 02

토털스테이션 측량

2.1 개요

토털스테이션(Total Station)은 거리뿐만 아니라 수평 및 연직각을 관측할 수 있는 측량기계로서 관측된 Data가 자동적으로 저장되며 현장 데이터 수집으로부터 지도의 작성까지 가능한 측량장비이다. GPS 및 레벨(Level)과 함께 현장에서 가장 많이 사용하는 장비로서 특히 3차원 좌표 측량에 많이 활용되고 있다. 측량 및 지형공간정보기사와 산업기사가 동일한 방법으로 문제가 출제되며 답안 작성 시 좌표와 방위각, 거리를 구하여야 한다. 좌표는 X, Y값만 관측하고 Z값은 관측하지 않는다.

※ 토털스테이션은 시험자의 장비나 개인이 지참할 경우 개인장비(정밀도 5″ 이하)를 사용할 수 있다. 시험장의 장비는 시험장의 여건에 따라 상이하고 변경될 수 있으며 구체적인 장비(제작사, 모델)는 실기시험 접수 시 확인하여야 한다.

2.2 관측 장비 소개

토털스테이션은 거리, 연직각, 수평각, 방위각, 좌표(x, y, z) 등을 측량할 수 있는 다목적 측량장비이다. 토털스테이션은 망원경의 상하 이동으로 생기는 연직각을 측정하는 연직각 측정부, 본체의 좌우 회전으로 생기는 수평각을 측정하는 수평각 측정부, 본체의 중심부에서 프리즘까지의 거리를 측정하는 거리 측정부, 본체의 수평을 측정하고 보정하는 틸팅 센서의 4가지 구조로 되어 있다. 최근에는 한글지원이 가능하고 블루투스와 GPS 기능이 결합된 제품이 출시되기도 한다. 미리 입력된 기계고, 프리즘고 및 기계점 좌표에서 목표점까지의 사거리, 수평각(방위각), 고도각을 측정하여 목표점의 3차원 좌표를 결정할 수 있다. 토털스테이션은 초기 세팅과 장비 설치가 다른 측량기기에 비하여 어려울 수 있으므로 반드시 시험 전에 충분한 사용방법의 숙지와 연습이 필요하다.

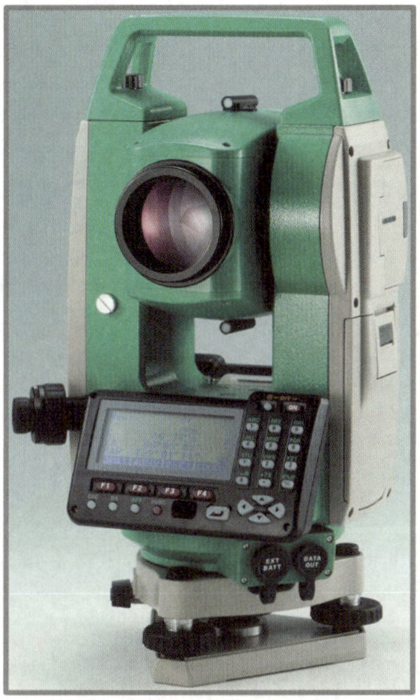

[소끼아(SOKKIA) SET 20K]

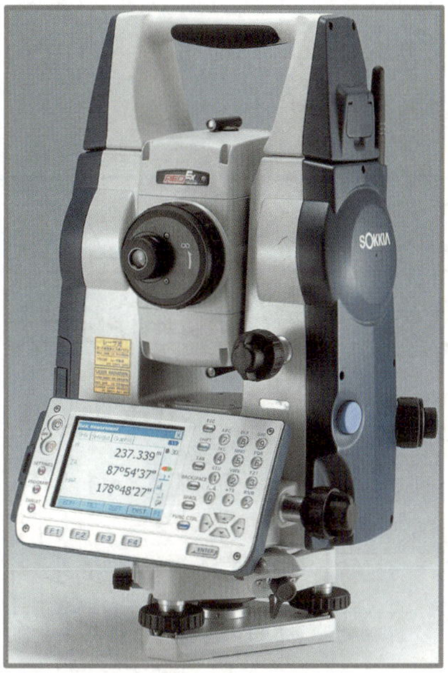

[소끼아(SOKKIA) SET X]

[트림블(Trimble) M3]

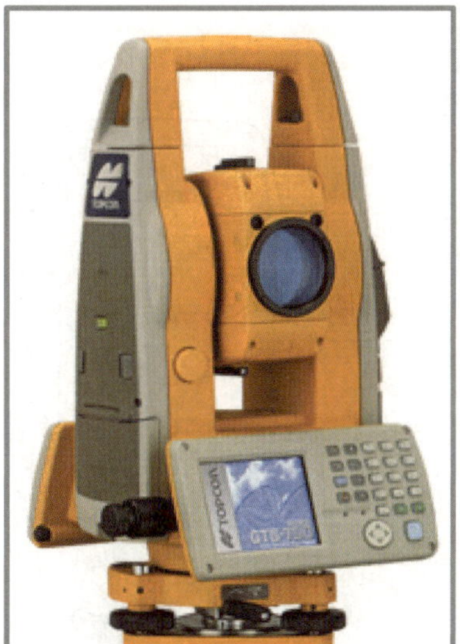

[톱콘(TOPCON) GTS-752]

1) 토털스테이션(Total Station)의 구조 및 주요명칭

토털스테이션은 제작사 및 모델에 따라서 다양한 종류의 제품이 있으며 구조 및 사용법 또한 조금씩 차이가 난다. 최근에는 한글지원이 보편화되었으며 장비의 기능 또한 평준화되는 추세에 있다. 각 시험장의 상황에 따라서 장비의 종류는 달라질 수 있다. 하지만 어떠한 장비를 사용하여도 자격검정 시험의 결과값을 얻는 데는 무리가 없을 것이다. 장비의 회사와 종류보다는 수험생이 가장 많이 사용한 즉 평소 연습한 장비로 시험을 치르는 것이 가장 좋다고 할 수 있다.

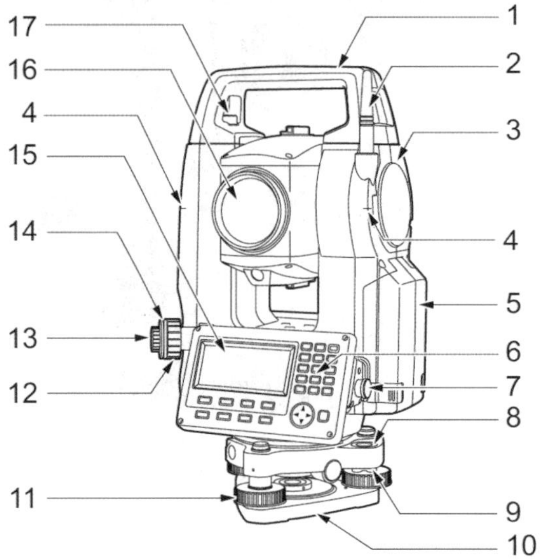

1. 운반손잡이
2. 블루투스 안테나
3. 인터페이스 장치 덮개(USB 포트)
4. 기계고 표시 마크
5. 배터리 커버
6. 조작 키보드
7. 데이터 입출력 포트, 외부전원 포트
8. 원형 기포
9. 원형 기포 조정 나사
10. 베이스 플레이트
11. 수평나사
12. 구심초점나사
13. 구심접안
14. 구심조정커버
15. 디스플레이
16. 대물렌즈
17. 운반손잡이 고정 나사

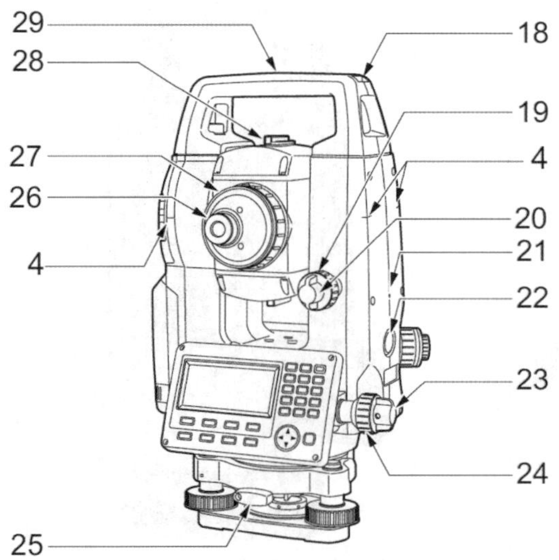

18. 나침판 슬롯
19. 수직미동나사
20. 수직고정나사
21. 스피커
22. 트리거 키
23. 수평고정나사
24. 수평미동나사
25. 트리브리지 클램프
26. 접안렌즈
27. 접안초점나사
28. 시준경
29. 기계중심마크

※ 장비의 구조 및 명칭은 제작사와 모델에 따라서 다를 수 있음

2.3 측량 순서도

측량계획	• 문제지 확인 • 시험장 측점 배치 확인 • 측량 계획 수립
↓	
장비 점검 및 준비	• 장비 이상유무 확인 • 삼각대 정준나사 조정
↓	
TS 세우기	• 수평 맞추기 • 구심 맞추기 • 장비 세팅하기
↓	
관 측	• 프리즘 관측
↓	
계 산	• 방위각, 수평거리, 좌표 관측 • 거리 계산
↓	
점 검	• 야장 양식 확인 • 계산 결과 점검

2.4 세부 작업 요령

1) 계획 및 준비

TS(Total Station) 측량 외업 시험 시 대기석에서 시험장 측점 배치상태를 확인한 후 측량계획을 수립한다. 문제지를 받는 즉시 측량계획을 점검하고 기계의 이상 유무를 확인한다. 이상이 없으면 측량에 용이하도록 삼각대와 정준나사를 조정한다.

감독위원의 지시에 따라 수험번호를 배정받고 기계가 지급되면 이상 유무를 확인한 후 이상이 없으면 그림과 같이 측량에 용이하도록 자신의 키에 맞추어 삼각대의 높이를 조절한다.

삼각대와 TS 사이에 편심이 있는 경우 고정나사를 풀어서 TS가 삼각대의 중앙에 오도록 조정한다.

정준나사 3개를 중앙 표시 눈금에 오도록 조정한다.

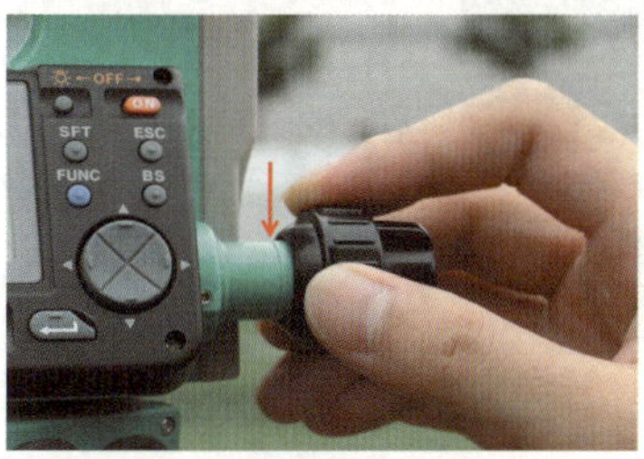

수평, 수직 나사를 중앙 표시눈금에 오도록 조정한다. 나사가 한쪽으로 많이 돌아가 있으면 필요 시 나사를 돌릴 수가 없다.

2) 토털스테이션 세우기

TS는 수평과 구심 맞추기를 동시에 진행해야 하므로 정확하게 세우기 위해서는 반복적인 연습이 필요하다. 수평을 맞추면 구심이 어긋나기 쉽기 때문에 처음 기계를 세우는 단계에서부터 주의가 필요하다. 원형 기포관을 보면서 대략적인 수평맞추기는 삼각대를 이용하고, 수평기포관을 이용하여 정밀한 수평맞추기를 실시한다. 수평맞추기가 완료되면 광학 구심만원경을 이용하여 구심을 맞춘다.

(1) 구심 맞추기

시험이 시작되면 기계를 첫 번째 측점으로 이동하여 삼각대 다리 중 하나를 측점 앞쪽에 고정하고 두 개의 다리는 구심망원경을 보면서 구심을 고려하여 지면에 내려 놓는다.
이때 측점 가까이 발을 위치시켜 구심망원경으로 측점을 찾기 용이하도록 한다.

(2) 원형 기포관을 이용한 수평 맞추기

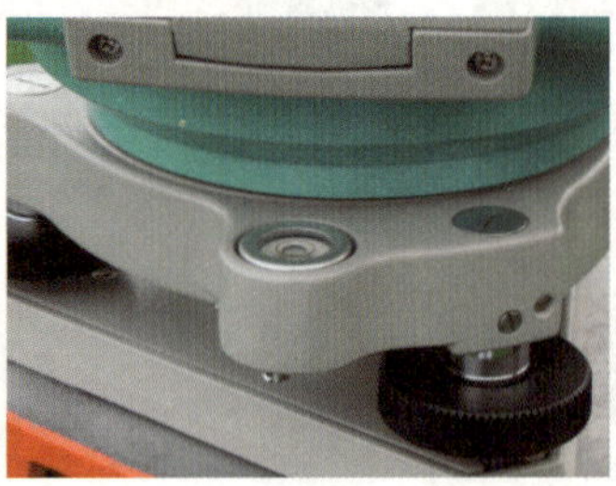

원형 기포관을 보면서 삼각대의 높이 조절나사를 사용하여 수평을 맞춘다.
원형 기포관은 정준대에 있으며 기포가 중앙에 있는 원 안에 들어오면 1차 수평맞추기가 끝난다.

(3) 수평기포관을 이용한 정밀 수평 맞추기

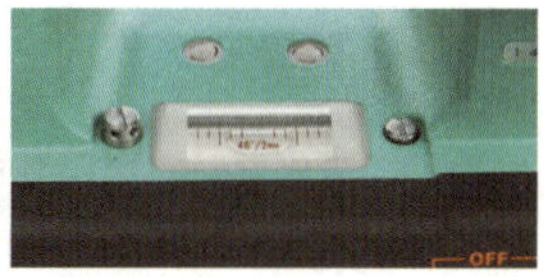

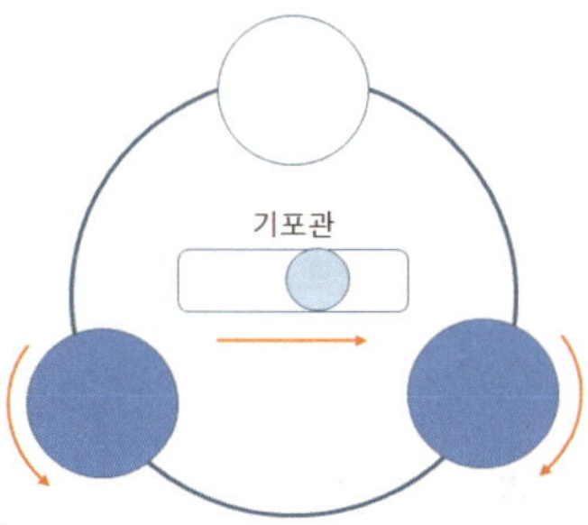

좌우 수평 맞추기

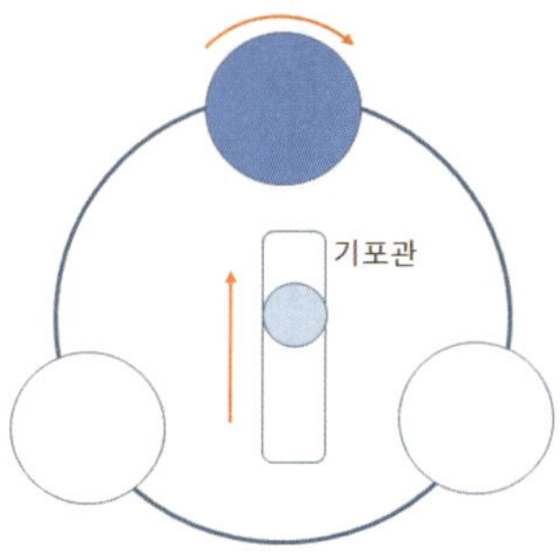

앞뒤 수평 맞추기

수평기포관은 감도가 민감하기 때문에 정준나사를 천천히 회전시킨다.
수평을 맞춘 후에는 TS를 회전시켜 다시 한번 수평을 확인한다.

(4) 정밀 구심 맞추기

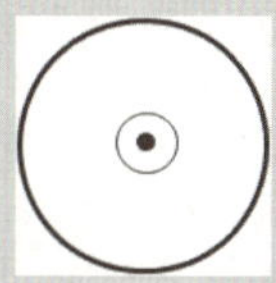

구심망원경을 보면서 삼각대의 고정나사를 살짝 풀어서 구심을 맞춘다.

(5) 수평 및 구심 맞추기 마무리

구심 맞추기가 끝나면 수평을 확인하고 기계를 90도 회전시켜서 다시 수평을 확인한다. 이때 수평이 맞지 않으면 다시 수평을 조정하고 구심망원경을 이용하여 반드시 구심을 확인하여야 한다.

3) 기계점 데이터 입력 및 방위각 입력

(1) 시험장 배치도

TS 측량의 시험장 배치도는 아래 그림과 같다. 4개의 측점에는 프리즘이 세워져 있다. 기계는 A, B 두 점에 각각 설치하게 된다. 측점 A에서 측점 C, F를 관측하고, 측점 B에서 측점 D, E를 관측한다. 시험 시작 전 측점의 배치 및 관측방법 등을 충분히 숙지하여야 한다.

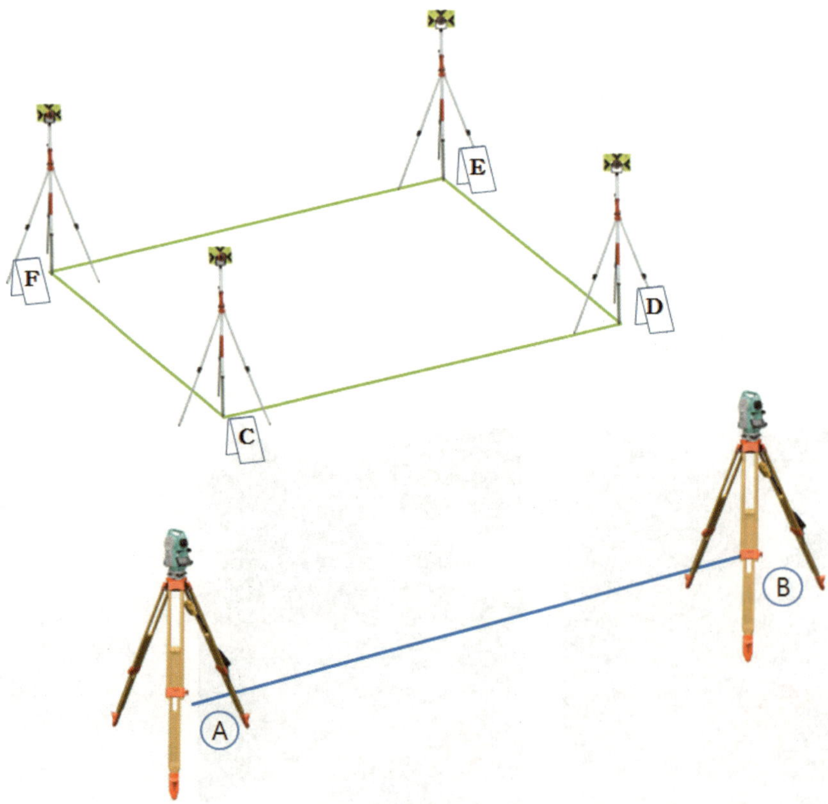

(2) A점 좌표(X, Y) 입력

TS 측량을 시작하기 위하여 전원 ON 버튼을 누르고 기계점 데이터를 입력하여야 한다. 시험에서는 방위각과 X, Y값만 요구하므로 기계고, 프리즘고 등 높이(Z)에 대한 설정은 생략하여도 된다. 토털스테이션 제작사와 모델에 따라서 입력 화면이 다를 수 있으므로 시험장에 비치된 장비 종류를 사전에 문의한 후 사용법을 숙지해 가는 것이 도움이 된다. 시험문제지에 A, B점의 X, Y좌표가 주어진다. 주어진 A점의 좌표를 기계에 입력한다.

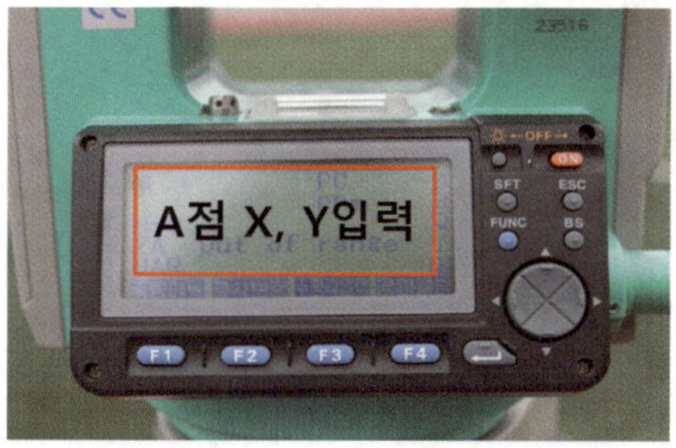

※입력방식은 제조사 및 모델에 따라 다름

(3) 프리즘 상수 입력

TS 측량의 관측은 측점을 직접 측량하는 것이 아니라 측점 위에 세워진 프리즘을 관측하는 것이다. 다양한 프리즘이 있으며 프리즘에 따라 프리즘 상수값이 다르다. 프리즘 상수는 시험 전 감독위원이 알려준다. 감독위원이 알려준 프리즘 상수를 기계에 입력한다.

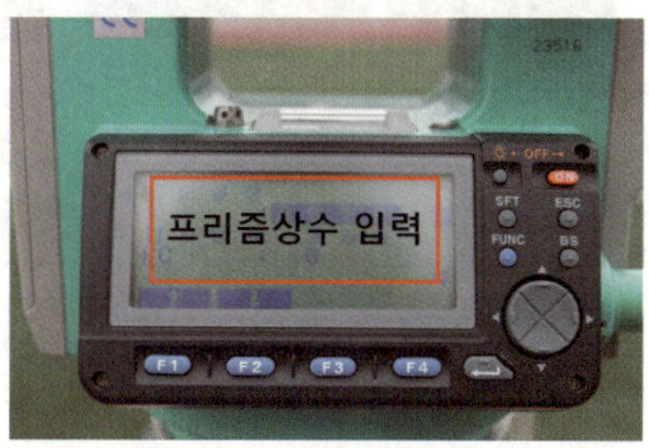

(4) 방위각 설정

측점 AB의 방위각은 시험문제지에 제시되며 제시된 AB의 방위각을 기계에 입력하여야 한다. 방위각을 입력하기 위해서는 측점 A에서 측점 B를 시준한 후 수평고정나사로 기계를 고정하고 직접 방위각을 입력하여야 한다.

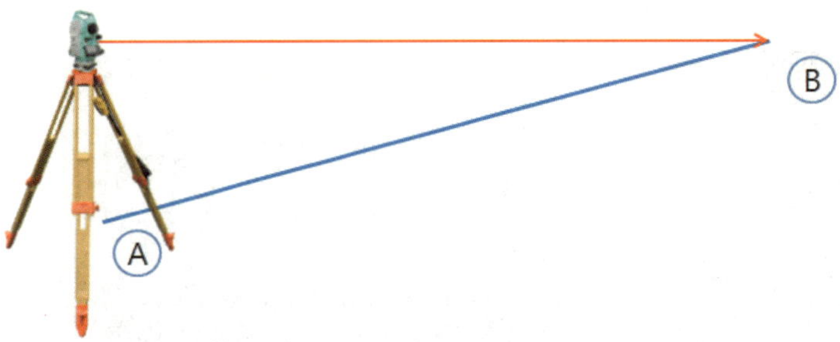

① 조준경을 사용한 측점 B 시준

조준경을 사용하여 측점 B를 시준한다.	조준경의 삼각형 상단 끝지점에 측점을 시준한다.	수평고정나사를 잠근다.

② 십자선 선명도 조정

	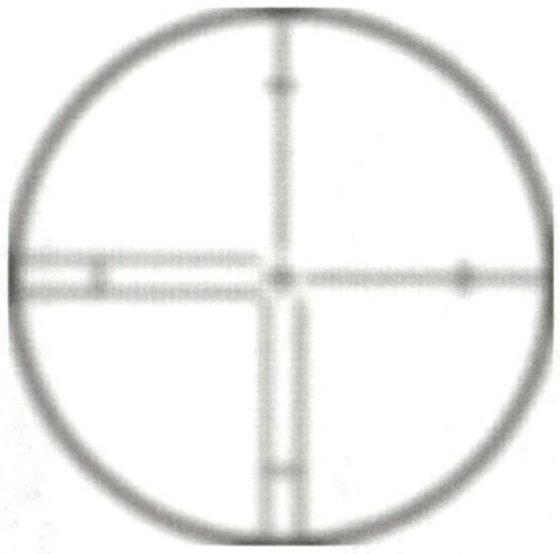	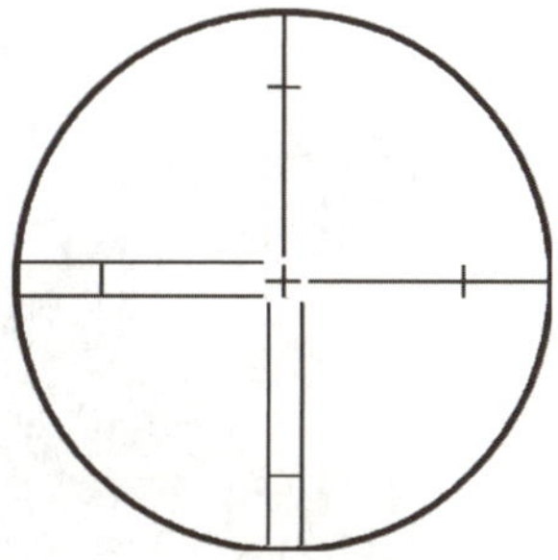
접안 렌즈를 사용하여 십자선의 선명도를 맞춘다.	조정 전	조정 후

③ 대물렌즈 초점 조정

대물렌즈의 초점나사를 이용하여 초점을 맞춘다.	조정 전	조정 후

④ 수직 방향 맞추기

수직방향으로 측점을 시준한 후 망원경 고정나사를 잠근다.

⑤ 정밀 측점 방향 맞추기

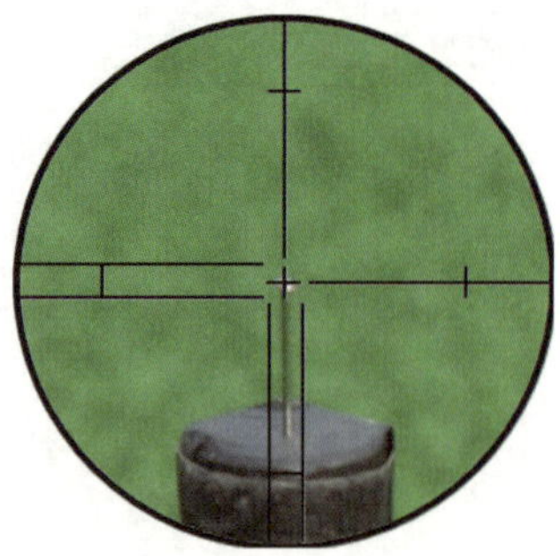

수평 미동나사를 조정하여 십자선의 수평방향 정밀 조정	연직 미동나사를 조정하여 십자선의 수직방향 정밀 조정

⑥ 방위각 입력

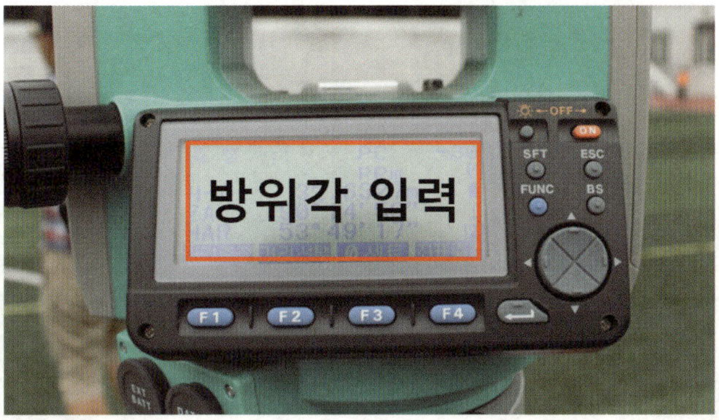

정밀 측점 방향 조정이 완료되면 버튼을 가볍게 눌러 주어진 방위각을 입력한다.
방위각 입력 후 수평, 수직 고정나사를 풀고 다음 측점시준을 준비한다.

4) 관측

기계점 데이터 입력 및 방위각 설정이 끝나면 기계점 A에서 TS의 방향만 회전하여 측점 C, F를 관측한다. 기계점 A에서 측점 D, E는 시준하지 못하도록 프리즘을 돌려놓으므로 A점에서는 측점 C, F만 측량하고 기계점 B로 이동한다.

(1) 측점 C, F 관측

방위각 설정의 ① ② ③ ④ ⑤의 측량 방법을 참조하여 측점 C의 프리즘을 시준한다.

기계에 대한 설정은 모두 끝났으므로 측점 C의 프리즘 중앙에 십자선을 시준하고 관측(측량) 버튼을 누르면 자동으로 관측이 이루어진다. 관측이 끝나면 화면에 나타난 C점의 방위각, 수평거리, XY 좌표를 TS 측량야장에 옮겨 적는다. 측점 F도 동일한 방법으로 관측하고 그 결과값을 야장에 옮겨 적는다.

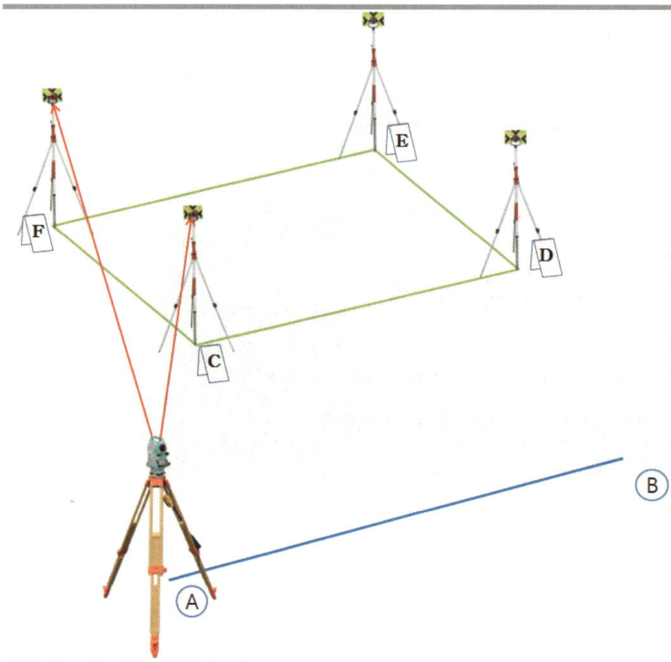

십자선을 프리즘의 중앙에 시준한다.

(2) 관측점 이동

관측이 끝난 후 측점을 건드리지 않도록 주의하면서 삼각대를 접는다. 기계를 수직방향으로 몸 쪽에 붙여서 천천히 다음 측점으로 이동한다. 이동 시 측점을 발 또는 기계로 건드리지 않도록 각별히 주의한다.

(3) 후시점 관측 및 방위각 입력

기계점 A에서 모든 관측이 끝나면 기계점 B로 이동하여 후시점인 기계점 A를 시준한다. 기계점 B의 좌표 X, Y와 AB의 역방위각인 BA의 방위각을 입력한다.

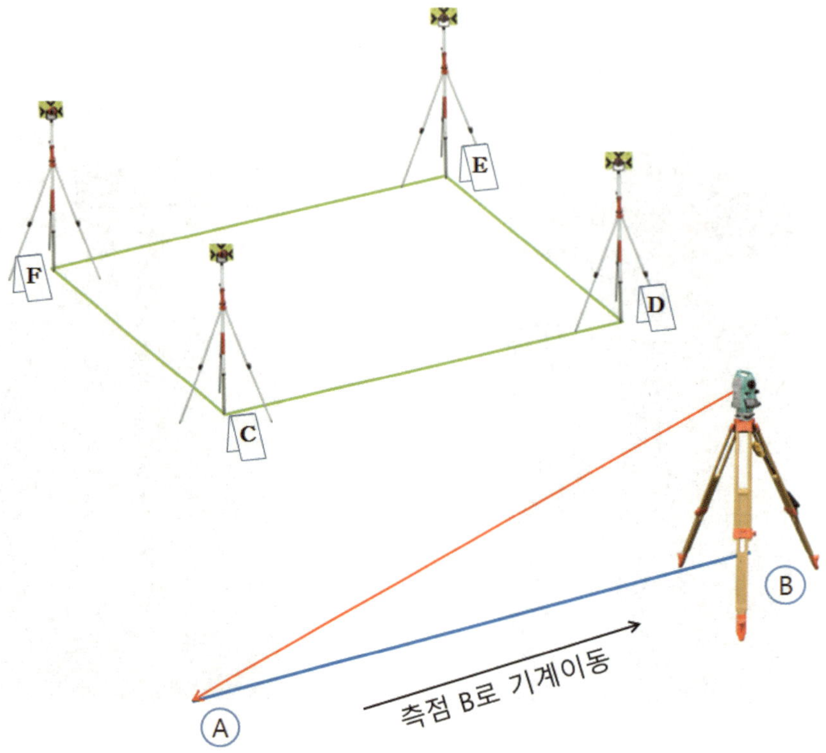

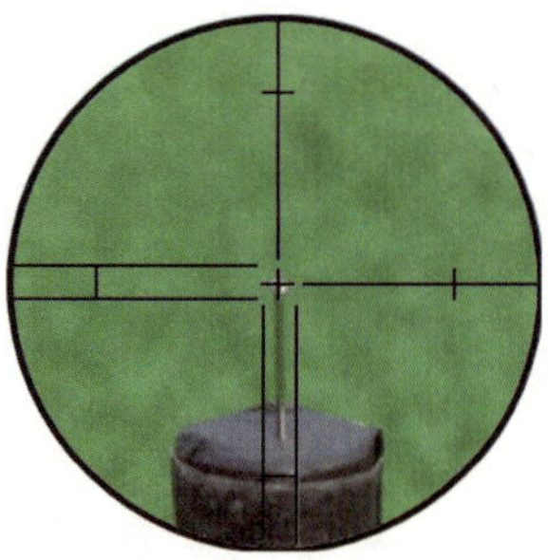

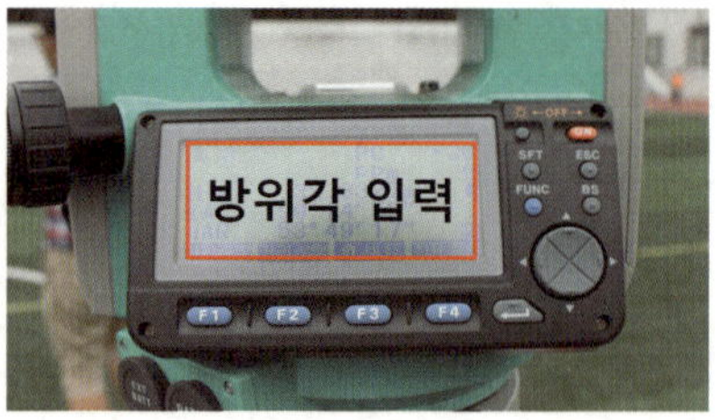

정밀 측점 방향 조정이 완료되면 버튼을 가볍게 눌러 X, Y 좌표와 BA의 방위각을 입력한다. 방위각 입력 후 수평, 수직 고정나사를 풀고 다음 측점시준을 준비한다.

(4) 측점 D, E 관측

기계점 좌표와 방위각 입력이 끝나면 앞에서와 동일한 방법으로 측점 D, E를 관측하고 D, E점의 방위각, 수평거리, XY 좌표를 TS 측량야장에 옮겨 적는다.

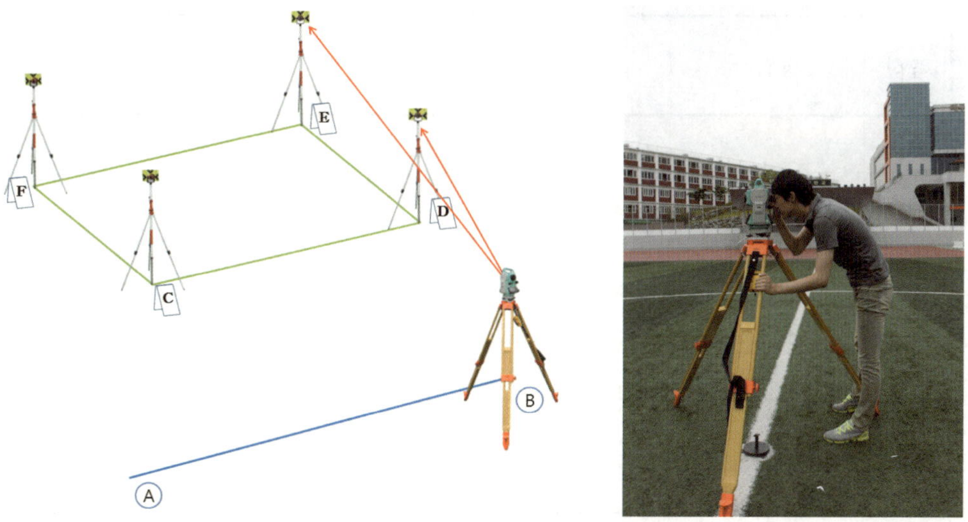

5) 거리 계산

모든 관측이 끝나고 나면 측점 C와 E의 좌표를 이용하여 CE의 수평거리를 계산한다.

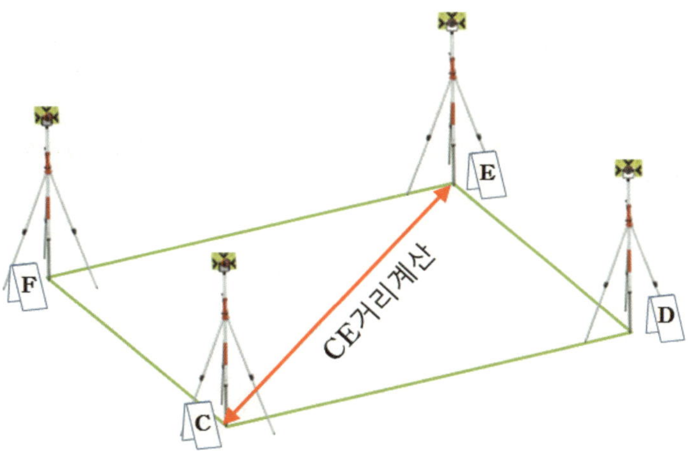

T S 측 량 야 장

득 점

코스 번호 :

측선	방위각	수평거리	* 각오차	* 배점	* 거리오차	* 배점
AC						
AF						
BD						
BE						
CE 거리 = $\sqrt{(X_E - X_C)^2 - (Y_E - Y_C)^2}$						

측점	좌 표		* X 오차	* Y 오차	* 배점
	X	Y			
C					
D					
E					
F					

* 란은 수검생이 기재하지 않는다.

Chapter 03

수준측량

3.1 외업시험 대비요령

1) 실기시험 장비 및 점수 배점

(1) 2013년 측량 및 지형공간정보기사, 측량 및 지형공간정보산업기사, 실기시험 종목 및 점수배점

<table>
<tr><th rowspan="2">등급</th><th rowspan="2" colspan="2">종목명</th><th colspan="2">비 고</th></tr>
<tr><th>변경 전</th><th>변경후</th></tr>
<tr><td rowspan="2">기사</td><td rowspan="2">측량 및 지형공간정보기사</td><td>시험방법</td><td>복합형[작업(45)+필답(55)]</td><td>복합형
[작업(40)+필답(60)]</td></tr>
<tr><td>시험장비</td><td>레벨, 데오돌라이트, 평판</td><td>레벨, 토털스테이션</td></tr>
<tr><td rowspan="2">산업기사</td><td rowspan="2">측량 및 지형공간정보산업기사</td><td>시험방법</td><td>복합형[작업(45)+필답(55)]</td><td>복합형
[작업(50)+필답(50)]</td></tr>
<tr><td>시험장비</td><td>레벨, 데오돌라이트, 평판</td><td>레벨, 토털스테이션</td></tr>
<tr><td colspan="5">※ 연장시간 : 각 작업별로 5분, 5분 연장 시 3점 감점, 5분 초과 시 0점 처리</td></tr>
</table>

2) 수준측량 시험방법

① 레벨측량

시험장에 설치된 No.0~No.10 측점을 수준측량하여 각 점의 지반고를 계산하시오.
(단. No.0점의 지반고는 0.500~1.500m의 범위 내에서 시험위언이 임의로 제시하며, 기계는 3회 이상 거치하고 No.4, No.7 측점은 천정에 있다.)

3) 수험자 유의사항

1) 지급된 장비의 이상 유무를 확인한다.
2) 코스별 부호의 명칭을 확인하여 기재하고 현장을 확인한다,
3) 장비 사용을 완료한 경우에는 본래대로 조정한 후 원위치에 반환한다.
4) 수험 도중 수험자 간에 대화를 해서는 안 된다.
5) 실기시험 중 설치된 시설물이 파손되지 않도록 주의해야 한다.
6) 답안지 작성은 지적관계법령의 관련 규정에 맞도록 기재해야 한다.
7) 답안 작성 시 반드시 흑색 또는 청색 필기구(연필류 제외) 중 동일한 색의 필기구만을 계속 사용하여야 하며, 기타의 필기구를 사용한 답항은 0점 처리된다.
8) 각 작업별로 표준시간에서 5분까지 연장할 수 있으나 3점을 감점하고 5분을 초과한 경우에는 해당 작업을 0점 처리한다.
9) 전 수험과정(작업형, 필답형)을 응시하지 않으면 실격으로 처리된다.
10) 요구사항의 측점에 대한 관측값 또는 도면 표시 등이 누락된 과정은 미완성으로 각 과정별 0점 처리된다.

3.2 수준측량

1) 개요

수준측량(Leveling)이란 지표면 위에 있는 여러 점들 사이의 고저차를 측정하여 지도 제작, 설계 및 시공에 필요한 자료를 제공하는 중요한 측량이다. 측량 및 지형공간정보기사와 산업기사가 동일한 방법으로 문제가 출제되며 기고식 야장기입법을 사용한다. 단, 기사 시험에서는 4번과 7번 수준척(staff)을 거꾸로 뒤집어서 설치한다. 외업 시험에 응시하기 위해서는 계산기, 연필, 지우개, 볼펜을 준비하여야 한다.

2) 관측 장비 소개

레벨(Level)은 기포관(氣泡管)에 의해 시준선(視準線)을 수평으로 하고 각 측점에 세운 수준척(staff)을 시준하여 수준척의 읽음값 차이로 고저를 측정하는 기계로 수준의(水準儀)라고도 한다. 수평으로 설치한 망원경에 의해서 수평면을 시준(視準)하여 이것을 기준면으로 해서 높낮이차를 측량한다. Y레벨, 덤핑 레벨, 가역 레벨, 틸팅 레벨, 자동 레벨, 핸드 레벨 등이 있다. 최근에는 틸팅 레벨, 자동 레벨이 널리 쓰이고 있다. 자동 레벨은 관형 기포관은 없고 원형 기포관만으로 대략 기계를 수평으로 세우면 망원경 속에 장치된 프리즘이 자동적으로 시준선을 수평으로 되게 하는 레벨이다.

(1) 레벨(Level)의 구조 및 주요명칭

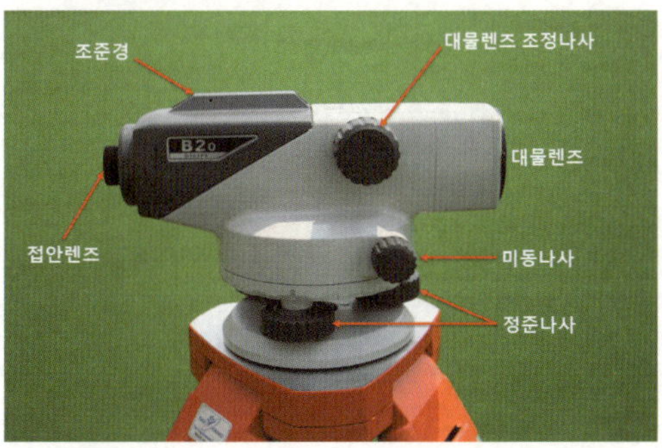

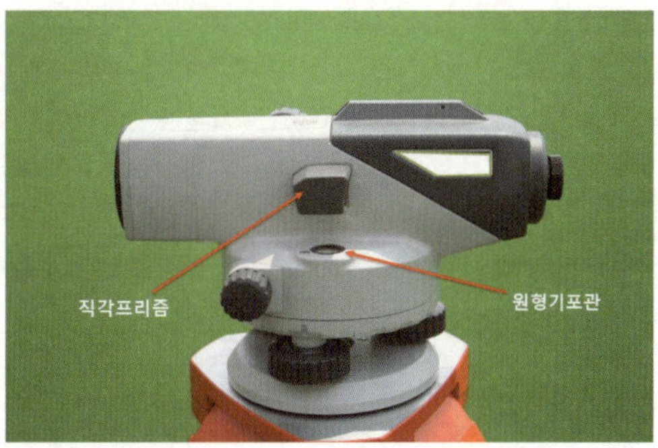

3) 측량 순서도

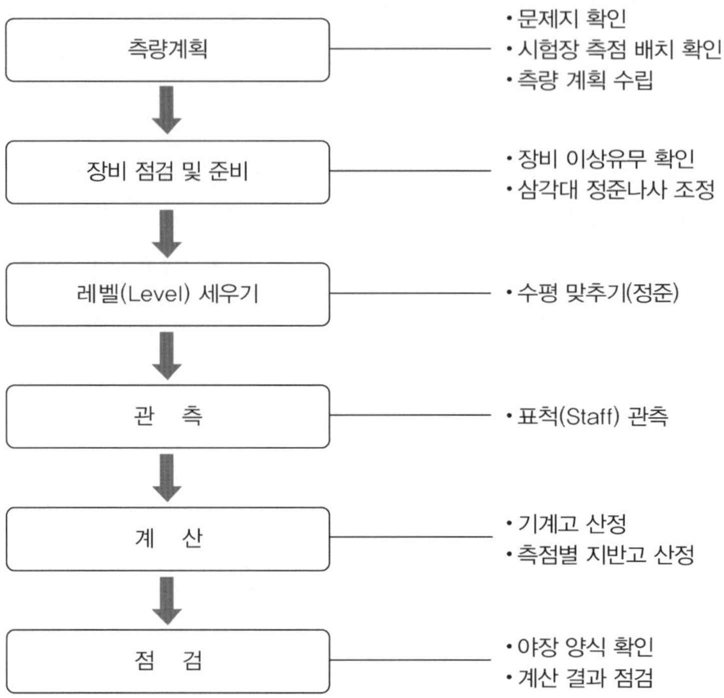
측량계획
• 문제지 확인
• 시험장 측점 배치 확인
• 측량 계획 수립
장비 점검 및 준비
• 장비 이상유무 확인
• 삼각대 정준나사 조정
레벨(Level) 세우기
• 수평 맞추기(정준)
관 측
• 표척(Staff) 관측
계 산
• 기계고 산정
• 측점별 지반고 산정
점 검
• 야장 양식 확인
• 계산 결과 점검

4) 세부 작업 요령

(1) 계획 및 준비

수준측량 외업 시험 시 대기석에서 시험장 측점 배치상태를 확인한 후 측량계획을 수립한다. 문제지를 받는 즉시 측량계획을 점검하고 기계의 이상 유무를 확인한다. 이상이 없으면 측량에 용이하도록 삼각대와 정준나사를 조정한다.

(2) 레벨(Level) 세우기

최근 실기시험에서는 자동레벨을 많이 사용하고 있는 추세이다. 레벨은 구심을 맞출 필요가 없어서 토털스테이션보다 세우기 쉬운 편이지만 제한된 시간 안에 측량을 수행해야 하므로 반복적인 연습을 통하여 시간을 단축하여야 한다. 삼각대를 이용하여 대략적인 수평을 맞추고 원형 기포관을 보면서 정준나사를 사용하여 정확한 수평을 맞춘다.

① 기계 세우기

⇨

감독위원의 지시에 따라 수험번호를 배정받고 기계가 지급되면 이상 유무를 확인한 후 이상이 없으면 그림과 같이 측량에 용이하도록 키에 맞추어 삼각대의 높이를 조절한다. 가슴까지 삼각대를 빼올린 후 고정나사를 조인다.

⇨

시험이 시작되면 기계를 첫 번째 관측점으로 이동하여 삼각대 다리 중 하나를 앞쪽에 고정하고 두 개의 다리는 양손으로 잡고 몸 쪽으로 당기면서 지면에 내려놓는다.

⇨

그림과 같이 삼각대와 레벨 사이에 편심이 있는 경우 고정나사를 풀어서 레벨이 삼각대의 중앙에 오도록 조정한다.

② 원형 기포관을 이용한 수평 맞추기

⇨

직각프리즘을 통해 원형 기포관을 보면서 정준대의 정준나사를 사용하여 수평을 맞춘다.
기포가 중앙에 있는 원 안에 들어오면 수평 맞추기가 끝난다.

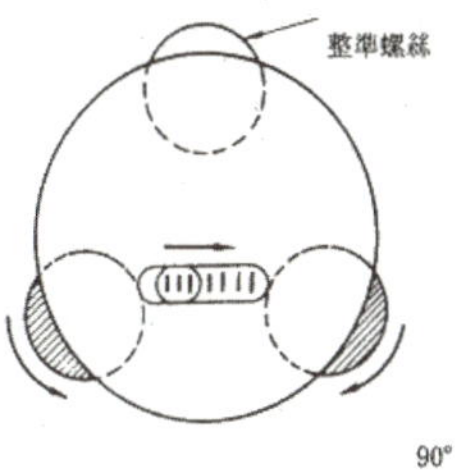

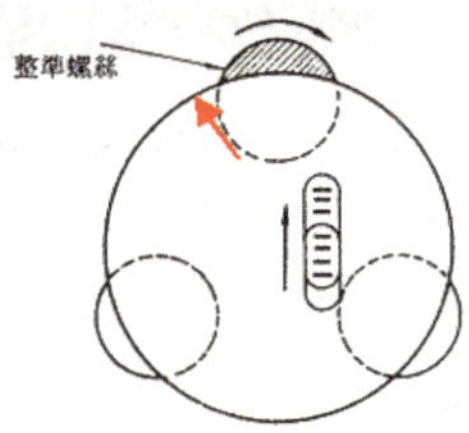

수평기포관은 감도가 민감하기 때문에 정준나사를 천천히 회전시킨다.
수평을 맞춘 후에는 데오돌라이트를 회전시키면서 다시 한번 수평을 확인한다.

⇨

원형 기포관의 위치와 직각프리즘을 통해 본 원형 기포관

③ 수평확인하기

⇨

수평 맞추기가 끝나면 기계를 180도 회전시켜서 다시 수평을 확인한다. 이때 수평이 맞지 않으면 원형 기포관에 이상이 있으므로 감독관에게 기계 교체를 요구한다.

(3) 관측

① 수준척 시준

조준경을 사용하여 No.0번 측점의 수준척을 시준한다.	조준경의 삼각형 상단 끝지점에 수준척(표척)의 중앙이 오도록 시준한다.

② 십자선 선명도 조정

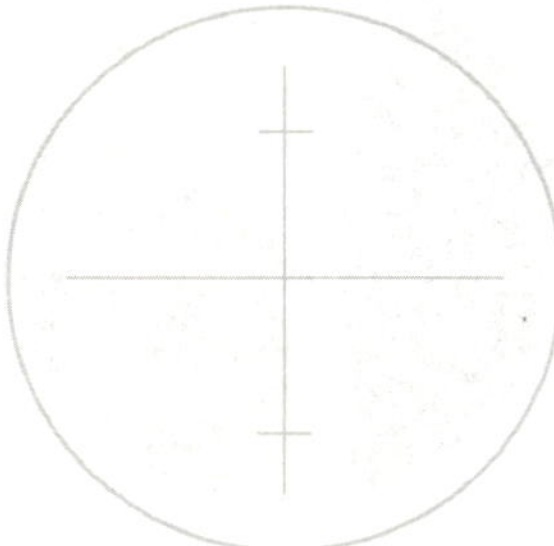

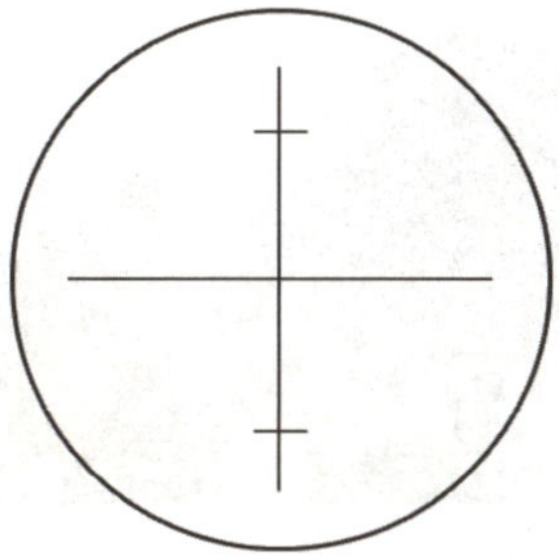

접안렌즈를 사용하여 십자선의 선명도를 맞춘다.	조정 전	조정 후

③ 대물렌즈 초점 조정

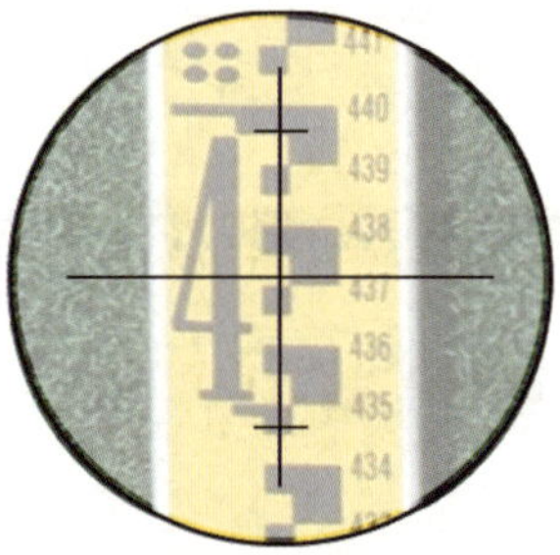

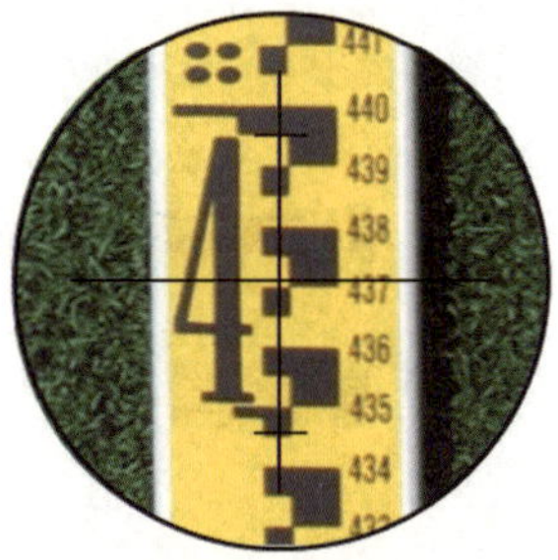

대물렌즈의 초점나사를 이용하여 초점을 맞춘다.	조정 전	조정 후

④ 수평방향 맞추기

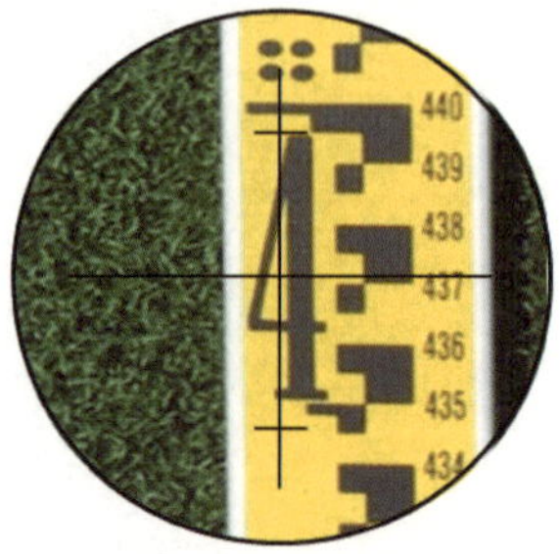

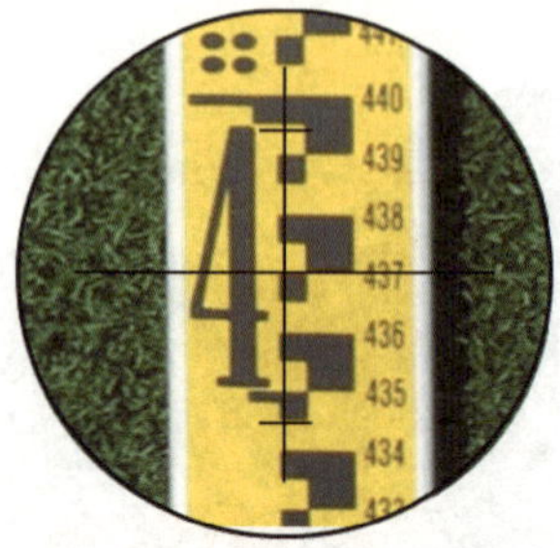

미동나사를 사용하여 십자선의 수평위치를 조정한다.	조정 전	조정 후

⑤ 수준척(staff) 읽기

수준척은 표척이라고도 하며 수준측량 시 시준선의 높이를 결정할 때 사용하는 것으로 눈금이 새겨진 판형이나 상자형의 단면을 갖고 있는 기구이다. 운반하기 쉽게 보통 2단~5단으로 뽑아낼 수 있는 구조로 되어 있다.

앞면

뒷면

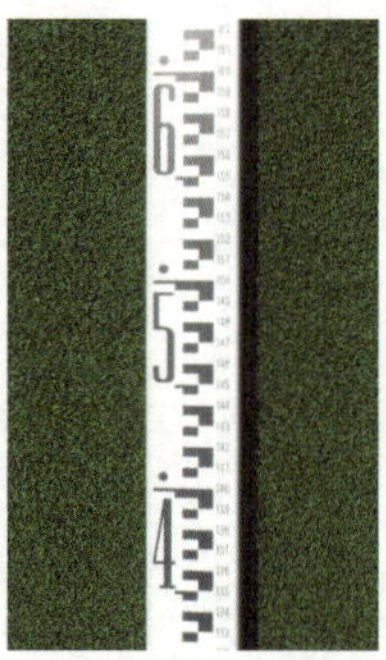

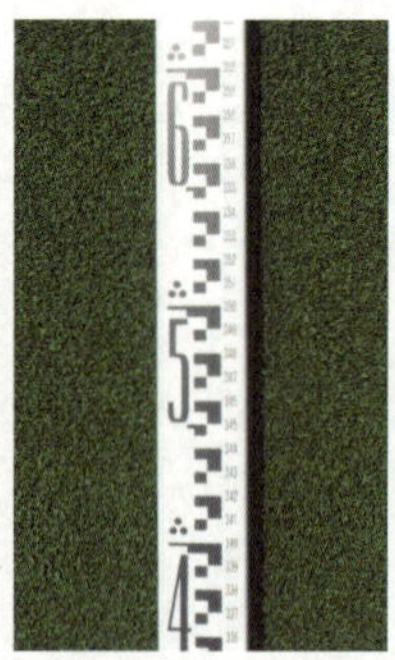

1단 : 0~1m	● 2단 : 1~2m	●● 3단 : 2~3m	●●● 4단 : 3~4m	●●●● 5단 : 4~5m

수준측량에서 수준척은 보통 5단을 주로 사용하며 시험장의 여건에 따라서 설치하는 위치가 달라질 수 있다. 1단은 노란색으로 0.000~1.000m까지의 높이를 표시하며 ●이 표시되어 있지 않다. 2단에서 5단까지는 관측자의 착오를 예방하기 위하여 각각의 숫자 위에 ●, ●●, ∴, ⁘ 표시가 되어 있다.

실제 시험장에서는 5단을 모두 뽑아서 설치하는 것이 아니라 각각의 단을 분리하여 설치하기도 한다. 수검자는 레벨을 사용하여 정확한 수준척의 눈금을 읽어야 한다.

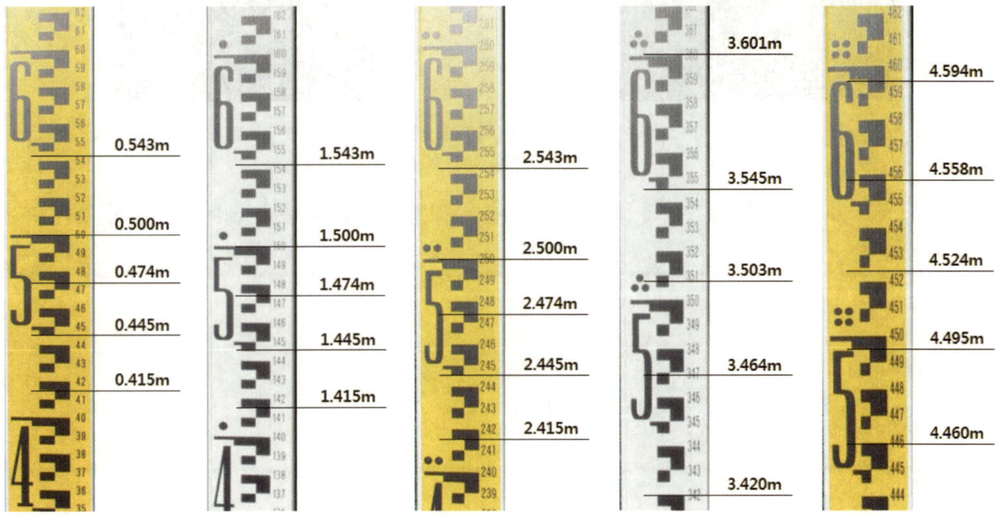

⑥ 관측점 이동

수준측량은 기계를 총 3회 이상 이동하여야 하므로 시험 시작 전에 기계를 설치할 지점을 미리 파악하는 것도 도움이 된다.
관측이 끝난 후 주의하면서 삼각대를 접는다. 기계를 수직방향으로 몸 쪽에 붙여서 천천히 다음 측점으로 이동한다.

⑦ 각관측

㉠ 측량 및 지형공간정보산업기사

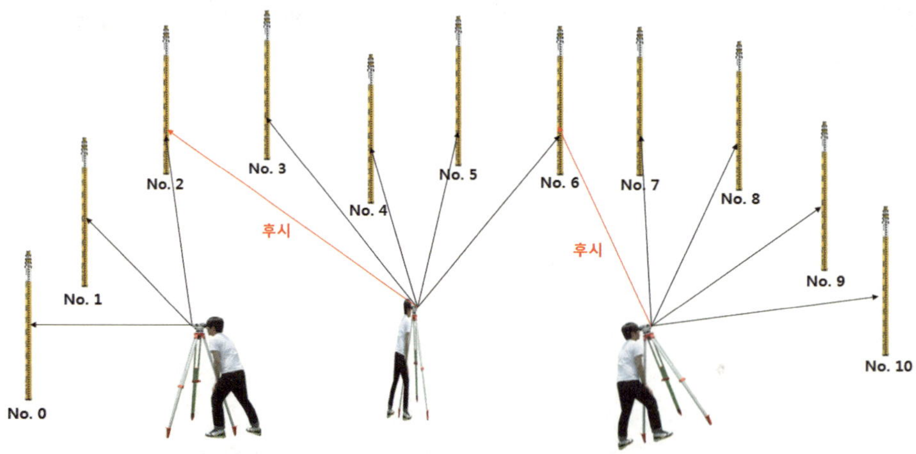

다음 측점으로 이동 후 앞 측점과 동일한 방법으로 기계를 측설하고 신속하게 관측한다.
기계를 옮긴 관측점에서는 반드시 후시를 관측해야 한다.
3회 이상 기계를 설치하여야 하므로 최적의 위치를 선정하는 것이 중요하다.

㉡ 측량 및 지형공간정보기사

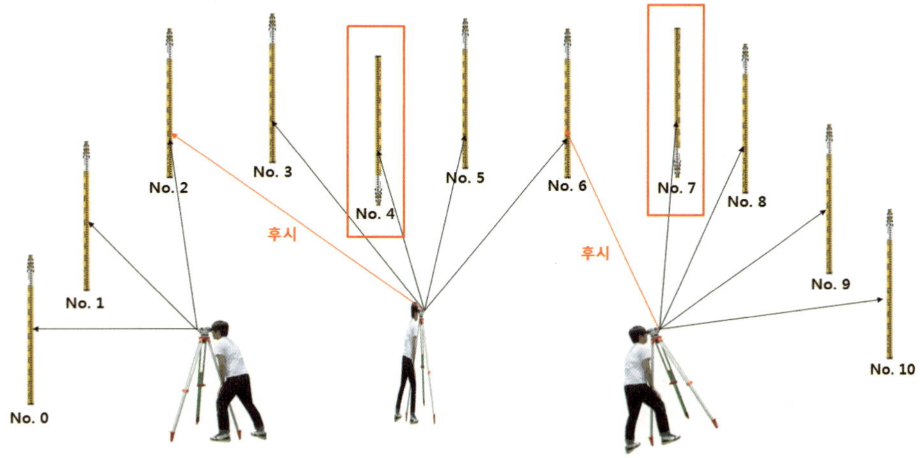

측량 및 지형공간정보기사는 산업기사와 동일한 방법으로 시험을 치르지만 No.4과 No.7번 수준척이 거꾸로 설치되어 있다.

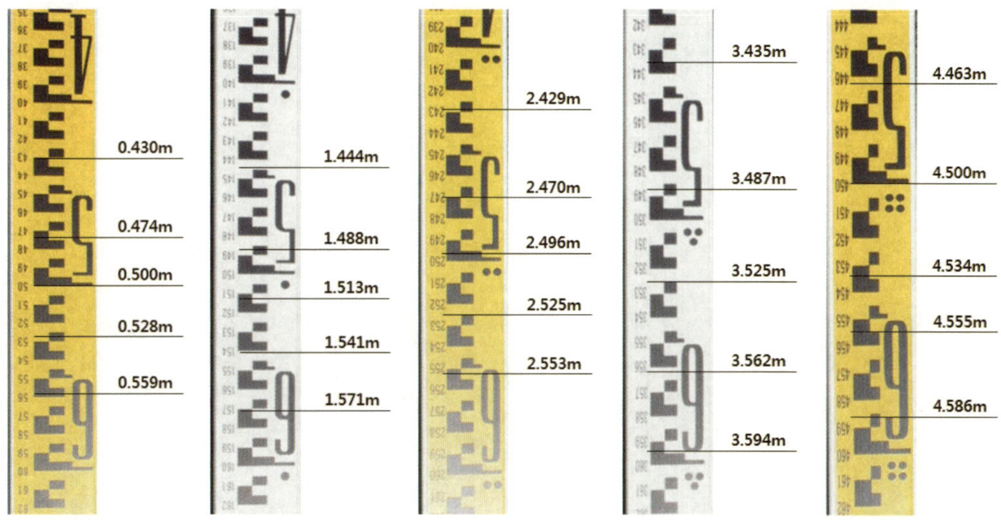

뒤집어진 수준척은 시준선에 표시된 값을 그대로 읽고 야장에 기입할 때 앞에 마이너스(−)를 붙인다. 계산할 때도 (−)를 그대로 적용하여 계산하여야 한다.

(4) 계산

수준측량은 기사와 산업기사 모두 기고식 야장기입법을 사용하여 각 측점의 지반고를 산출하도록 출제되고 있다. 기사시험에서는 No.4번과 No.7번의 수준척은 뒤집어서 설치한다. 이는 수준척을 바닥에 세울 수 없는 동굴과 같은 조건에서 천정에 수준척을 설치하는 것과 같은 조건을 만들기 위해서이다. 다음은 수준측량 답안지 양식이다.

득 점

수 준 측 량 야 장

수검장 번호 :

측점	후시	전시		기계고	지반고	* 정확치	* 오차	* 점수
		이 점	중간점					
No. 0								
No. 1								
No. 2								
No. 3								
No. 4								
No. 5								
No. 6								
No. 7								
No. 8								
No. 9								
No. 10								
계								

* 란은 수검생이 기재하지 않는다.

연 장 시 간 사 용 여 부	
연장시간	감독위원 확인
(　　　) 분	(인)

야장정리

득 점

수 준 측 량 야 장

수검장 번호 :

측 점	후 시	전시		기계고	지반고	* 정확치	* 오 차	* 점 수
		이 점	중간점					
No. 0	1.515			11.515	10.000			
No. 1			1.875		9.640			
No. 2			2.752		8.763			
No. 3	3.165	1.632		13.048	9.883			
No. 4			−1.632		14.680			
No. 5			3.188		9.860			
No. 6	2.242	3.345		11.945	9.703			
No. 7			−1.958		13.903			
No. 8			2.137		9.808			
No. 9			1.758		10.187			
No. 10		1.376			10.569			
계	6.922	6.353						

* 란은 수검생이 기재하지 않는다.

연 장 시 간 사 용 여 부	
연장시간	감독위원 확인
(　　　) 분	(인)

검산

① $\sum$후시 $-$ $\sum$전시(이기점) $= 6.922 - 6.353 = 0569$

② No.10지반고 $-$ No.0지반고 $= 10.569 - 10.000 = 0.569$

∴ 계산 결과는 이상이 없다.(만약 차이가 나면 처음부터 새로 계산하여야 한다.)

주의사항

① 부(−) 검측은 이기점으로 안 하는 것이 좋으며 부호에 주의한다.

② 검산에서 오차가 있는 것은 계산상에 잘못된 것이며, 측량에 의한 지반고 관측값 오차와는 상관없다.

③ 후시와 이기점의 횟수가 동일하며 마지막 점은 검산을 위하여 이기점란에 기입한다.

계산 과정

수 준 측 량 야 장

수검장 번호 :

측 점	후 시	전시		기계고	지반고	계산
		이 점	중간점			
No. 0	1.515			11.515	10.000 (주어짐)	기계고=10+1.515=11.515
No. 1			1.875		9.640	지반고=11.515−1.875=9.640
No. 2			2.752		8.763	지반고=11.515−2.752=8.763
No. 3	3.165	1.632		13.048	9.883	지반고=11.515−1.632=9.883 기계고=9.883+3.162=13.048
No. 4			−1.632		14.680	지반고=13.048−(−1.632)=14.680
No. 5			3.188		9.860	지반고=13.048−3.188=9.860
No. 6	2.242	3.345		11.945	9.703	지반고=13.048−3.345=9.703 기계고=9.703+2.242=11.945
No. 7			−1.958		13.903	지반고=11.945−(−1.958)=13.903
No. 8			2.137		9.808	지반고=11.945−2.137=9.808
No. 9			1.758		10.187	지반고=11.945−1.758=10.187
No. 10		1.376			10.569	지반고=11.945−1.376=10.569
계	6.922	6.353				

기계고=지반고+후시
지반고=기계고−전시

☞ 검산

① Σ후시 − Σ전시(이기점) = 6.922 − 6.353 = 0569

② No.10지반고 − No.0지반고 = 10.569 − 10.000 = 0.569

∴ 계산 결과는 이상이 없다.(만약 차이가 나면 처음부터 새로 계산하여야 한다.)

☞ 주의사항

① 부(−) 검측은 이기점으로 안 하는 것이 좋으며 부호에 주의한다.

② 검산에서 오차가 있는 것은 계산상에 잘못된 것이며, 측량에 의한 지반고 관측값오차와는 상관없다.

③ 후시와 이기점의 횟수가 동일하며 마지막 점은 검산을 위하여 이기점란에 기입한다.

국가기술자격 실기시험문제

자격종목	**측량 및 지형공간정보기사**	교제명	**레벨측량, TS측량**

※ 시험시간 : [• 표준시간 : • 연장시간 : 없음]
– 레벨측량, 35분, TS측량 : 35분

1. 요구사항

① 레벨측량

시험장에 설치된 No.0~No.10 측점을 수준측량하여 각 점의 지반고를 계산하시오. (단, No.0점의 지반고는 0.500~1.500m의 범위 내에서 시험위원이 임의로 제시하며, 기계는 3회 이상 거치하고 No.4, No.7 측점은 천정에 있다.)

② TS측량

측점 A와 B의 좌표가 (1000, 1000), (970, 1030)이라 가정할 때, 측점 A, B에 기계를 설치하여 각 측선 AC, AF, BD, BE의 방위각과 거리 및 측점 C, D, E, F의 좌표를 관측하고, CE의 거리를 구하시오.

※ 프리즘 상수는 감독위원의 지시에 따르고 프리즘의 중앙을 시준하시오.
(단, A점의 좌표의 단위는 m이고, AB의 방위각은 135°이다.)

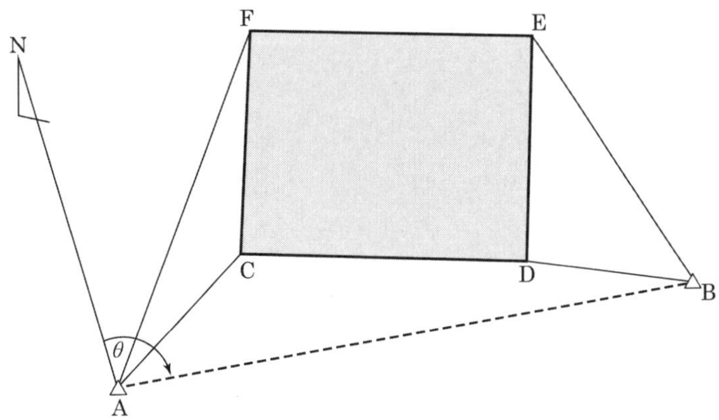

2. 수험자 유의사항

① 측량기계는 안전에 유의하여 조심스럽게 다루고 측량이 끝나면 제자리에 놓습니다.

② 측점에는 충격이 없도록 기계를 세웁니다.

③ 평판측량의 도면작성을 제외한 모든 답안의 작성은 흑색 또는 청색 필기구(연필류 제외) 중 동일한 색의 필기구만 이용하여 기록하고, 기타의 필기구를 사용한 답항은 0점 처리됩니다. (답안을 정정할 때에는 정정부분을 두 줄로 그어 표시하여야 하며, 두 줄로 긋지 않은 답안은 정정하지 않은 것으로 간주합니다.)

④ 다음과 같은 경우에는 채점 대상에서 제외(실격)합니다.

㉠ 복합형(작업형+필답형)으로 구성된 시험문제 있어서 전과정에 응시하지 아니한 경우

㉡ 시험 중 시설, 장비의 조작 또는 재료의 취급이 미숙하여 위해를 일으킬 것으로 시험위원 전원이 합의하여 판단되는 경우

㉢ 레벨측량, TS측량 2과제 중 1개의 과제라도 미완성이거나 0점인 경우

국가기술자격 실기시험답안지

감독위원 확인란	

자격종목	**측량 및 지형공간정보기사**	비번호	

※ 답안의 작성 시 반드시 흑색 또는 청색필기구(연필류 제외) 중 동일한 색의 필기구만 이용하여 기록하고, 기타의 필기구를 사용한 답항은 0점 처리됩니다.
(답안을 정정할 때에는 정정부분을 두 줄로 그어 표시하여야 하며, 두 줄로 긋지 않은 답안은 정정하지 않은 것으로 간주합니다.

레 벨 측 량 야 장

득점

코스 번호 :

측 점	후 시	전 시		기계고	지반고	*정확치	*오 차	* 점 수
		이기점	중간점					
No.0								
No.1								
No.2								
No.3								
No.4								
No.5								
No.6								
No.7								
No.8								
No.9								
No.10								
계								

* 란은 수험생이 기재하지 않습니다.

국가기술자격 실기시험답안지

감독위원 확인란	

자격종목	**측량 및 지형공간정보기사**	비번호	

※ 답안의 작성 시 반드시 흑색 또는 청색필기구(연필류 제외) 중 동일한 색의 필기구만 이용하여 기록하고, 기타의 필기구를 사용한 답항은 0점 처리됩니다.
(답안을 정정할 때에는 정정부분을 두 줄로 그어 표시하여야 하며, 두 줄로 긋지 않은 답안은 정정하지 않은 것으로 간주합니다.

T S 측 량 야 장 | 득점

코스 번호 :

측선	방위각	수평거리	*각오차	*배점	*거리오차	*배점
AC						
AF						
BD						
BE						
CE거리=						

측점	좌 표		*X 오차	*Y 오차	*배점
	X	Y			
C					
D					
E					
F					

* 란은 수험생이 기재하지 않습니다.

국가기술자격 실기시험 채점기준표

<table>
<tr><th>주요항목</th><th>세부항목</th><th>항목번호</th><th colspan="5">항목별 채점방법</th><th>배점</th></tr>
<tr><td rowspan="4">평판측량
(30점)</td><td rowspan="4">평판측량의 정밀도
(측선 AB 기준)</td><td>1</td><td colspan="5">Q측점의 위치오차가 ±1.5mm 이하이면 3점 ±1.5mm를 벗어나면 0점(측선 AB 기준)</td><td>3</td></tr>
<tr><td rowspan="3">2~4</td><td colspan="5">측선 DP, AQ PQ의 실거리로 채점(9×3=27)</td><td rowspan="3">27</td></tr>
<tr><td>오차(cm)</td><td>±20 이하</td><td>±30 이하</td><td>±50 이하</td><td>±50 초과</td></tr>
<tr><td>배점</td><td>9</td><td>6</td><td>3</td><td>0</td></tr>
<tr><td rowspan="3">레벨측량
(30점)</td><td rowspan="3">수준측량의 정밀도</td><td rowspan="3">5~9</td><td colspan="5">측점(No.3, 4, 5, 7, 9)×6=30점</td><td rowspan="3">30</td></tr>
<tr><td>오차(mm)</td><td>±5 이하</td><td>±10 이하</td><td>±15 이하</td><td>±15 초과</td></tr>
<tr><td>배점</td><td>6</td><td>4</td><td>2</td><td>0</td></tr>
<tr><td rowspan="9">TS측량
(40점)</td><td rowspan="3">방위각의 정확도</td><td rowspan="3">10~11</td><td colspan="5">측선 AC, BD의 오차(2개)×9점</td><td rowspan="3">18</td></tr>
<tr><td>오차(초)</td><td>±10 이하</td><td>±20 이하</td><td>±30 이하</td><td>±30 초과</td></tr>
<tr><td>배점</td><td>9</td><td>6</td><td>2</td><td>0</td></tr>
<tr><td rowspan="3">좌표의 정확도</td><td rowspan="3">12~13</td><td colspan="5">측점(E, F)의 좌표 오차(2개)×7점</td><td rowspan="3">14</td></tr>
<tr><td>오차(mm)</td><td>±10 이하</td><td>±20 이하</td><td>±30 이하</td><td>±30 초과</td></tr>
<tr><td>배점</td><td>7</td><td>4</td><td>2</td><td>0</td></tr>
<tr><td rowspan="3">거리의 정확도</td><td rowspan="3">14~15</td><td colspan="5">측선 AF, CE의 거리 오차(2개)×4점</td><td rowspan="3">8</td></tr>
<tr><td>오차(mm)</td><td>±10 이하</td><td>±20 이하</td><td>±20 초과</td><td rowspan="2"></td></tr>
<tr><td>배점</td><td>4</td><td>2</td><td>0</td></tr>
<tr><td>총점
(100점)</td><td></td><td></td><td colspan="5"></td><td>100</td></tr>
</table>

신경향

측량 및 지형공간정보 실무 　　값 25,000원

저 자	이 영 욱 안 병 구 이 영 수
발행인	문 형 진

판권 검인

2016년 6월 22일 제1판 제1쇄 인쇄
2016년 6월 29일 제1판 제1쇄 발행

발행처 **세 진 사**

(〒02859) 서울특별시 성북구 보문로 38 세진빌딩
TEL : 922-6371~3, 923-3422 / FAX : 927-2462
〈등록. 1976. 9. 21 / 등록번호. 서울 제307-2009-22호〉